Oldenbourg

Photonik

Grundlagen, Komponenten und Systeme

von
Prof. Dr. Jürgen Jahns
FernUniversität Hagen

Oldenbourg Verlag München Wien

Das Titelbild stellt ein Photophon nach Alexander Graham Bell, 1880 dar.
(Mit freundlicher Genehmigung von Bell Laboratories, Lucent Technologies)

Die Deutsche Bibliothek - CIP-Einheitsaufnahme

Jahns, Jürgen:
Photonik : Grundlagen, Komponenten und Systeme / von Jürgen Jahns. -
München ; Wien : Oldenbourg, 2001
    ISBN 3-486-25425-1

© 2001 Oldenbourg Wissenschaftsverlag GmbH
Rosenheimer Straße 145, D-81671 München
Telefon: (089) 45051-0
www.oldenbourg-verlag.de

Lektorat: Irmela Wedler
Herstellung: Rainer Hartl
Umschlagkonzeption: Kraxenberger Kommunikationshaus, München
Gedruckt auf säure- und chlorfreiem Papier
Gesamtherstellung: Grafik + Druck, München

Inhaltsverzeichnis

Einleitung

Und welche Boten kämen so geschwind zu uns?

Hephaistos, der vom Ida hellen Glanz entsandt.
Ja! Brand auf Brand entbot die Feuerpost bis her
Zu uns.

Aischylos, Agamemnon

Seit langem hat sich die Menschheit Licht zu Zwecken der Informationsübermittlung zunutze gemacht. Leuchtfeuer, Rauchzeichen, das Flaggenalphabet – dies sind einige Beispiele früher „Übertragungsverfahren". Bei diesen Verfahren war allerdings die „Datenübertragungsrate" noch durch die Fähigkeiten des Menschen beschränkt. Den Anfang der modernen optischen Übertragungstechnik kann man auf das Jahr 1880 datieren, in dem Alexander Graham Bell (1847–1922) das *Photophon*, ein optisches Telefon, erfand (Abbildung 0.1). Beim Photophon wird Licht (in diesem Fall von der Sonne) durch einen sehr dünnen Spiegel moduliert. Der Spiegel wird durch die Schallwellen am Ende eines Sprachrohres in Schwingungen versetzt. Das modulierte Lichtsignal wird durch den freien Raum zum Empfänger hin übertragen, wo ein Telefonhörer die Intensitätsschwankungen des ankommenden Signals wieder in Schallwellen verwandelt. Mangelnde technische Voraussetzungen sorgten allerdings dafür, daß das Photophon sich nicht durchsetzen konnte.

Abbildung 0.1: A. G. Bells Photophon (Quelle: Bell Labs, Lucent Technologies).

Entscheidende Bedeutung erlangte die *optische Nachrichtentechnik* erst ab den 1960er Jahren, als mit der Entwicklung der Elektronik, Laser- und Glasfasertechnik die technologischen Voraussetzungen für die optische Nachrichtenübertragung geschaffen wurden. Heute spricht man von dem Gebiet der *Photonik*, womit vor allem angedeutet werden soll, daß mit Hilfe von Licht (Photonen) mehr und mehr Aufgaben der Informationstechnik durchgeführt werden sollen, welche man bisher mit elektrischen und elektronischen Verfahren realisiert hat.

Zum Ausklang des 20. und zu Beginn des 21. Jahrhunderts erleben wir nun eine Entwicklung im Bereich der Informationstechnik, welche man auf Grund der dramatischen Veränderungen, die mit ihr einhergehen, durchaus als revolutionär bezeichnen kann. Diese Revolution, welche sich am deutlichsten in der Entwicklung des Internets zeigt, wurde bewirkt durch die enormen Steigerungen der Rechenleistung von Computern und der Kapazität von Übertragungssystemen. Seit mittlerweile drei Jahrzehnten wächst die Rechenleistung von Computern exponentiell an, so daß heute auch die Bearbeitung großer Datenmengen (Beispiel: Bilder oder Bildsequenzen) in jedem PC problemlos möglich ist. Die Leistungsfähigkeit eines Rechners wird nicht nur durch die Anzahl der logischen Gatter auf dem Prozessor bestimmt und durch die Taktrate, mit der der Prozessor beschrieben wird, sondern auch durch die Größe des Arbeitsspeichers und die Kapazität der Verbindungsleitungen. Heute befinden sich auf einem Prozessor etwa zehn Millionen Transistoren im Vergleich zu etwa 1000 im Jahr 1970. Bei den Taktraten wird gerade zum Zeitpunkt der Fertigstellung dieses Buches (im Frühjahr 2000) die Schallmauer von 1 GHz durchbrochen. Arbeitsspeicher haben mittlerweile Kapazitäten von 100 MB und mehr. Ein Ende der Entwicklung ist noch nicht abzusehen. Problematisch für Computer ist allerdings die Begrenzung der Kommunikationsfähigkeit bedingt durch Einschränkungen in der Bandbreite und der Anzahl der Verbindungsleitungen.

Auch im Bereich der Telekommunikation hat ein exponentielles Wachstum der Übertragungskapazitäten stattgefunden. Bei der Fernübertragung wie z. B. den Transatlantiksystemen werden pro Einzelkanal Datenmengen von mehreren Gb/s übertragen im Vergleich zu einigen Mb/s vor 30 Jahren. Auch hier sind die theoretischen Grenzen noch bei weitem nicht erreicht, die Entwicklung wird sich noch über Jahre hinziehen. Als Folge ergibt sich u. a. (neben dem angenehmen Effekt der geringeren Kosten), daß eine höhere Bandbreite für Privatteilnehmer zur Verfügung steht. Dies wiederum bewirkt, daß über das Internet praktisch jederzeit und an jedem Ort auf beliebige Informationen zugegriffen werden kann. Erste Auswirkungen des Internets auf unser Arbeitsleben und Leben im allgemeinen sind bereits zu erkennen, obwohl vermutlich noch lange nicht in ihrer vollen Konsequenz.

Gegenstand dieses Buches ist es allerdings nicht, über die Folgen der informationstechnischen Revolution zu spekulieren, sondern ihre physikalischen und technologischen Grundlagen zu verstehen. Vor allem zwei Disziplinen haben zu dem jetzigen Stand in der Informationstechnik geführt, die Mikroelektronik und die Optik. Seit Erfindung des Transistors im Jahr 1947 hat sich mit der Halbleiterelektronik eine außerordentlich leistungsfähige Technologie entwickelt, welche die oben genannten Fortschritte auf dem Rechnergebiet ermöglicht hat. Die Optik hat im Bereich der Kommunikation u. a. durch die Erfindung des Lasers und der Glasfasertechnik Entscheidendes beigetragen. Während man zu Beginn der Entwicklung die Bereiche Elektronik und Optik inhaltlich noch weitgehend trennen konnte, sind im Laufe der Zeit beide Bereiche auf unterschiedlichen Ebenen ineinander verwachsen. Diesem Umstand entspricht die Entstehung neuer Disziplinen, der *Optoelektronik* und der *Photonik*. Während sich die Optoelektronik eher auf den Bauelementebereich beschränkt, beinhaltet das Gebiet der Photonik zusätzlich Aspekte der Integration, sowohl auf Komponenten- als auch auf Systemebene.

Im Zentrum der Photonik steht die Verwendung von Licht, als „Informationsträger" und als „Energieträger". Information und Energie stellen die beiden fundamentalen Begriffe im naturwissenschaftlich-technischen Bereich dar (s. Anmerkung). Information kann übertragen, verarbeitet und gespeichert werden. Die optische Informationstechnik befaßt sich also mit der *Übertragung*, der *Speicherung* und der *Verarbeitung* von Information unter Verwendung von Licht als physikalischem Trägersignal. (Licht wird auch als „Werkzeug" verwendet, zum Beispiel im Bereich der Materialbearbeitung, der Aktuatorik (Stichwort: „optische Pinzette") und der Lithographie. Man könnte sagen, daß in diesen Bereichen Licht als „Energieträger" eingesetzt wird.) Die Verwendung von Lichtsignalen ist aus unterschiedlichen Gründen von Interesse. Die zeitliche Breitbandigkeit des Signalträgers wird u. a. in der Übertragungstechnik genutzt, die große räumliche Bandbreite bei optischen Abbildungssystemen. Die Berührungslosigkeit spielt eine wesentliche Rolle in der Speichertechnik, Materialbearbeitung und Aktuatorik. Weitere physikalische Parameter finden z. B. in der Sensorik Verwendung.

Überblick

Dieses Buch ist in der Absicht geschrieben, Studenten (hauptsächlich der Fachrichtungen Elektrotechnik, Informationstechnik, Nachrichtentechnik, Informatik und Physik) und Berufstätigen einen Einstieg in das Gebiet der Photonik zu ermöglichen, ohne zuviele Kenntnisse vorauszusetzen. Daher wurde hier den Grundlagen der Optik und Halbleiterphysik relativ breiter Raum gegeben. Kenntnisse über die Bereiche Differential- und Integralrechnung, Differentialgleichungen und Fourier-Mathematik sowie Festkörperphysik werden vorausgesetzt. Anhänge dienen dazu, zusätzliches Werkzeug bereitzustellen. Im Glossar werden wesentliche Begriffe stichpunktartig erläutert.

Ein weiteres Anliegen war es, neben der Vermittlung der Grundlagen einen Bezug zu Systemanwendungen herzustellen, ohne sich in zu sehr in vergängliche Details des momentanen Stands der Technik zu verlieren. I. w. soll der Leser in der Lage sein, auf der Grundlage des Buches die aktuelle und zukünftige Entwicklung des Gebiets der Photonik einzuordnen. Die Bereitstellung von Übungsaufgaben zu den einzelnen Kapiteln (zu finden unter dem Titel „Photonik" im Internet auf der Seite http://www.oldenbourg-verlag.de) soll die selbständige Erarbeitung des Stoffes unterstützen.

Die Darstellung eines solch weiten Feldes wie der Photonik, zu dem eine Vielzahl an Sachgebieten beitragen, ist naturgemäß nicht in „abgeschlossener" Form möglich. Je nach Wissensstand und Interesse wird für den Leser manches offen bleiben. Zum weitergehenden Studium sind daher am Ende einige hoffentlich nützliche Literaturangaben zusammengestellt worden, nicht zuletzt, um auch solchen Büchern Ehre zu erweisen, die als Vorbild und Vorlage für dieses Buch gedient haben. Wie bei Lehrbüchern üblich, sind keine Zitate aus wissenschaftlichen Zeitschriften gemacht worden, da dies den Rahmen sprengen würde.

Danksagung

Dieses Buch entstand weitgehend aus einem Kurs zum Thema Optische Nachrichtentechnik an der Universität Hagen. Hierzu gab es im Verlauf der Jahre kleine und große Beiträge einer Reihe von Mitarbeitern, denen ich an dieser Stelle danke. Zu nennen sind u. a. Susanne Großmann, Peter Reich und U. Struck-Sonneborn sowie vor allem Susanne Kinne, der ich für ihre vielfältigen Beiträge und ihren Fleiß besonders danken möchte.

Für Bildmaterial bedanke ich mich bei Herrn Prof. Dr. H. Bartelt und Herrn Dr. S. Schröter (Institut für Physikalische Hochtechnologie, Jena), Herrn Prof. Dr. R. Schwarte und Herrn Dipl.-Ing. B. Buxbaum (Universität Siegen) sowie der Firma Lucent Technologies, Nürnberg, hier bedanke ich mich bei Herrn Dr. R. Fechner für seine Hilfe.

Herrn M. Reck und Frau I. Wedler vom Verlag Oldenbourg danke ich herzlich für die gute Zusammenarbeit und ihre Geduld.

Schließlich sei es mir an dieser Stelle erlaubt, Herrn Prof. em. A. W. Lohmann zu danken, der mir die ersten Schritte auf dem Gebiet der Optik beibrachte.

Widmung

Ich widme dieses Buch meinen Kindern Oliver, Stefan und Andrea.

1 Was ist Licht?

In diesem Kapitel beschäftigen wir uns mit Licht als physikalischem Phänomen und seiner mathematischen Beschreibung. Nach einem kurzen geschichtlichen Abriß in Abschnitt 1.1 wenden wir uns zunächst der Darstellung von Licht als Welle zu. Es ist üblich und angebracht, hierbei von den Maxwell-Gleichungen auszugehen, um die Wellengleichung herzuleiten (Abschnitt 1.2). Wir beschreiben unterschiedliche idealisierte Wellentypen: ebene Wellen, Kugelwellen und zylindrische Wellen (1.3). Die Beschreibung von Licht im Teilchenbild (als Photonen) oder im Bild der geometrischen Optik (als Lichtstrahlen) läßt sich mit der Wellenbeschreibung in Verbindung bringen (1.4). Wir stellen Lichtstrahlen als Wellenvektoren dar (1.5). Die Ausbreitung von Lichtstrahlen ist verknüpft mit der Ausbreitung von Lichtenergie, was durch den Poynting-Vektor beschrieben wird (1.6).

1.1 Blick in die Geschichte

Licht als Naturphänomen hat seit jeher die Neugier der Menschen erregt, insbesondere durch Erscheinungen wie die Farben des Himmels, Farbeffekte infolge von Lichtbrechung, Lichtspiegelungen an Wasseroberflächen usw. Wie im Falle anderer Naturerscheinungen hat man auch schon früh begonnen, sich Gedanken zu machen, was Licht eigentlich sei. Es dauerte jedoch bis ins 19. und 20. Jahrhundert, bis man Licht als physikalisches Phänomen richtig verstand und in das Gesamtkonzept der Physik einordnen konnte.

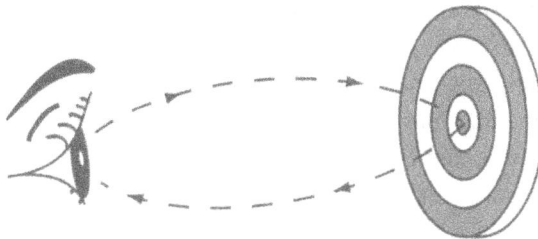

Abbildung 1.1: Prinzip des optischen LIDAR: ein Lichtsignal läuft vom „Sender/Empfänger" zu einem Meßobjekt und wieder zurück.

Im klassischen Griechenland gab es Philosophen wie Pythagoras, Demokrit, Empedokles, Plato, Euklid und Aristoteles, die sich mit dem Verständnis der Natur von Licht beschäftigten. Die geradlinige Ausbreitung von Lichtstrahlung war bekannt, ebenfalls das Reflexionsgesetz. Das Brennglas (eine Sammellinse) wurde von Aristophanes in seiner Komödie „Die Wolken" (424 v. Chr.) erwähnt, die Veränderung der Gestalt eines Gegenstandes beim Eintauchen in Wasser in Platons „Der Staat" (378 v. Chr.). Manche Theorien über das menschliche Sehen vertraten die Ansicht, daß Licht vom Auge entspringt, zum beobachteten Objekt läuft und dann wieder zum Auge zurückkehrt (Abbildung 1.1): *„Ich bin der, der seine Augen öffnet, und es wird Licht; wenn sich seine Augen schließen, senkt sich Dunkelheit herab"* (Worte des ägyptischen Gottes Ra im Turiner Papyrus, 1300 v. Chr.). Im heutigen Sprachgebrauch würde man dies mit dem Fachbegriff LIDAR (*light detection and ranging*) oder optisches RADAR (*radio detection and ranging*) bezeichnen. Im Mittelalter begannen Wissenschaftler anzunehmen, daß die visuelle Wahrnehmung wie „passives LIDAR" ist, d. h., daß die Lichtstrahlung nur den Rückweg vom Objekt zum Auge läuft, nicht auch den Hinweg.

Zu Beginn der Neuzeit entwickelten sich im Zeitalter der Aufklärung die Anfänge der Naturwissenschaften, die sich u. a. mit der Fragestellung des Aufbaus des Weltalls beschäftigten. Einer der ersten Wissenschaftler, der sich von den hergebrachten Anschauungen freimachte, war Galileo Galilei (1564–1642). Galilei war nicht nur davon überzeugt, daß sich die Erde um die Sonne bewegt und nicht umgekehrt, sondern auch, daß sich Licht mit einer zwar sehr großen, aber doch endlichen Geschwindigkeit ausbreitet. Eine Messung der Lichtgeschwindigkeit gelang ihm allerdings nicht. Dies gelang im Jahr 1676 Olaf Römer (1644–1710) durch Beobachtung der Phasen des Jupitermondes Io. Der Wert, den er für die Lichtgeschwindigkeit errechnete, war 214.000 km/s.

Isaac Newton (1642–1727) wurde geboren als Galilei starb. Newton, der u. a. für die Erklärung der Gravitation bekannt ist, beschäftigte sich auch mit unterschiedlichen Lichtphänomenen. Bekannt sind seine Experimente, mit denen er die Dispersion (Farbaufspaltung) von Licht mit Hilfe eines Prismas nachwies. Zitat aus seinen Aufzeichnungen: "*I procured me a triangular glass prism to try therewith the celebrated phenomena of colours*". Newton folgerte aus seinen Experimenten, daß sich das weiße sichtbare Licht aus einer Vielzahl voneinander unabhängiger Farbanteile zusammensetzt. Newton blieb lange Zeit unentschieden über die Natur von Licht. Im Verlauf seines Lebens kam er allerdings immer mehr zu der Meinung, daß Licht ein Strom von Teilchen ist, was u. a. die Entstehung von Schattenbereichen gut erklärt. Newton beobachtete auch die nach ihm benannten „Newton-Ringe", farbige Erscheinungen, wie sie z. B. bei Ölfilmen auf einer nassen Straße auftreten. Diese Newton-Ringe sah wiederum Huygens (1629–1695) als einen der besten Beweise für die Wellennatur von Licht an. Im Gegensatz zu Newton schloß Huygens aus seinen Beobachtungen korrekt, daß sich die Lichtausbreitung verlangsamt, wenn es in ein optisch dichteres Material eintritt. Er war in der Lage, die Gesetze für die Brechung und Reflexion von Licht herzuleiten und beobachtete das Phänomen der Polarisation.

Der Streit über die Eigenschaften von Licht hielt über einen langen Zeitraum an. Die Wellentheorie wurde wieder in den Vordergrund gebracht durch Thomas Young (1773–1829). Er beschrieb in den ersten Jahren des 19. Jahrhunderts mehrere Experimente (siehe Abbildung 1.2), mit deren Hilfe er einen neuen Begriff in die Optik einführte, nämlich den der Interferenz zweier Wellen. Zitat: *"When two undulations, from different origins, coincide either perfectly or very nearly in direction, their joint effect is a combination of the motions belonging to each."* Durch Anwendung des Interferenzprinzips konnte Young die Entstehung von Farben in dünnen Filmen erklären und mit Hilfe von Newtons Originaldaten die Wellenlängen mehrerer Farben bestimmen. Dennoch wurde er für seine Theorie angegriffen und zog sich schließlich enttäuscht zurück.

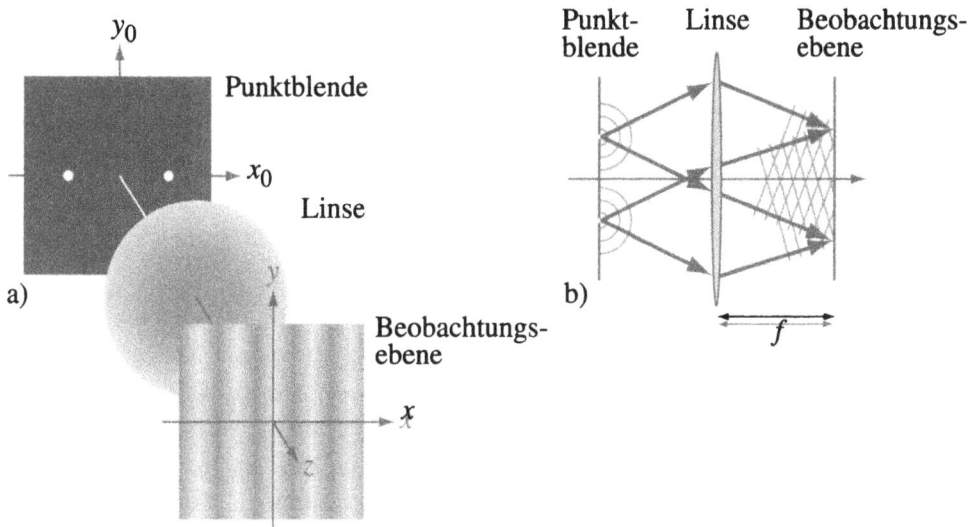

Abbildung 1.2: Young-Interferometer: Prinzipieller Aufbau in a) räumlicher und b) schematischer Darstellung.

Als Nachweis für die Wellennatur von Licht sieht man eines der Experimente von Young an. Beim Young'schen Interferenzexperiment beleuchtet eine Lichtquelle eine Blende mit zwei Punktöffnungen (Abbildung 1.2). Diese wirken wie zwei virtuelle Lichtquellen, die jeweils eine Kugelwelle aussenden. Bei fester Phasenbeziehung der Wellenzüge beobachtet man durch ihre Überlagerung ein Interferenzmuster. In großer Entfernung von der Blende (praktisch realisiert durch Beobachtung in der hinteren Brennebene einer Sammellinse) entsteht ein regelmäßiges Streifenmuster, die „Young'schen Interferenzstreifen".

Unabhängig von den Entwicklungen in der Optik, schritten im 19. Jahrhundert die Untersuchungen der Elektrizität und des Magnetismus voran. Eine Beziehung zwischen der Optik und dem Elektromagnetismus wurde experimentell durch Michael Faraday (1791–1867) hergestellt. Er fand heraus, daß der Polarisationszustand einer

Lichtwelle, welche sich durch ein Medium ausbreitet, verändert werden kann, indem man ein starkes Magnetfeld an das Material anlegt. Die unterschiedlichen experimentellen Befunde wurden von James Clark Maxwell (1831–1879) in einem einzigen Satz von mathematischen Gleichungen zusammengefaßt. Rein auf theoretischen Überlegungen aufbauend, konnte er zeigen, daß sich ein elektromagnetisches Feld als Transversalwelle ausbreiten kann. Die Ausbreitungsgeschwindigkeit c der Welle wird durch die elektrischen und magnetischen Eigenschaften des Ausbreitungsmediums (des „Äthers") bestimmt. Für die Lichtausbreitung im Vakuum errechnete Maxwell mit Hilfe der Formel

$$c = \frac{1}{\sqrt{\varepsilon_0 \, \mu_0}} \tag{1.1}$$

einen Wert, der mit dem gemessenen Wert der Lichtgeschwindigkeit übereinstimmte. Die Schlußfolgerung war: Licht ist eine elektromagnetische Wellenerscheinung (*"an electromagnetic disturbance in the form of waves"*). In der Gleichung bezeichnen ε_0 die elektrische und μ_0 die magnetische Feldkonstante. Die Theorie wurde 1888 durch Heinrich Hertz (1857–1894) experimentell bestätigt, der mehrere Experimente mit langwelliger elektromagnetischer Strahlung durchführte, die Maxwells Theorie unterstützten.

Die Akzeptierung der Wellentheorie schien als Konsequenz zu beinhalten, daß zur Lichtausbreitung ein Medium (ein „Äther") erforderlich ist. Wenn es Wellen gab, dann mußte es auch ein unterstützendes Medium geben. Große wissenschaftliche Anstrengungen folgten, die Natur dieses „Äthers" zu untersuchen und ihn nachzuweisen. Diese Aufgabe stellte sich auch der in Königsberg geborene und in den Vereinigten Staaten wirkende Albert Abraham Michelson (1852–1931), der bereits in der Lage gewesen war, präzise Messungen der Lichtgeschwindigkeit durchzuführen. Zusammen mit Edward Williams Morley (1838–1923) führte er ein Experiment durch, das den Nachweis für die Existenz des Äthers bringen sollte — mit negativem Ergebnis. Für Michelson war dies eine große Enttäuschung, weil er vermutete, sein Experiment sei nicht präzise genug.

Die wahre Bedeutung des Michelson-Morley-Experiments wurde Jules Henri Poincaré (1854–1912) bewußt. Im Jahr 1900 stellte er fest: *"Our aether, does it really exist? I do not believe that more precise observations could ever reveal anything ... "*. Im Jahr 1905 stellte Albert Einstein (1879–1955) seine Spezielle Relativitätstheorie auf. Er lehnte die Vorstellung eines Äthers ab und postulierte u. a., daß Licht sich als elektromagnetische Erscheinung im leeren Raum mit einer Geschwindigkeit c ausbreitet. Innerhalb Einsteins Theorie konnten unterschiedliche experimentelle Befunde erklärt werden. Insbesondere begann man nun zu verstehen, daß entgegen der geplanten Absicht das Michelson-Morley-Experiment tatsächlich ein experimenteller Beweis für die Nichtexistenz des Äthers ist.

Obwohl sich also im Verlauf von etwa 100 Jahren allmählich das Verständnis der Welleneigenschaften von Licht entwickelt hatte, kam zu Beginn des 20. Jahrhunderts durch die entstehende Atom- und Quantenphysik das Bild von Lichtteilchen wieder zum Vorschein. 1900 beschrieb Max Planck (1858–1947) eine Theorie zur Beschreibung von Strahlungsquellen, welches auf der Annahme gründet, daß Lichtenergie in diskreten „Quanten" vorkommt, also nicht beliebig klein sein kann. Damit konnte er theoretische Probleme beseitigen, die durch eine klassische Beschreibung von Lichtstrahlung nach Rayleigh und Jeans nicht lösbar war. Mit Plancks Arbeiten wurde das Zeitalter der Quantenphysik eingeläutet, welches submikroskopische Phänomene beschreibt. Plancks Aussage ist, daß ein Lichtquant oder „Photon" eine Energie $\mathcal{E}$ besitzt, die der Frequenz ν der entsprechenden Lichtwelle proportional ist:

$$\mathcal{E} = h \cdot \nu \tag{1.2}$$

Die Proportionalitätskonstante h nennt man das Planck'sche Wirkungsquantum ($h = 6{,}6260755 \cdot 10^{-34}$ Js).

Im Verlauf der 20er Jahre dieses Jahrhunderts sorgten die Arbeiten von Bohr, Born, Heisenberg, Schrödinger, De Broglie, Pauli, Dirac und anderen zur Quantenphysik dafür, daß Strahlung und Materie sowohl Wellen- als auch Teilchennatur aufweisen. Man fand z. B., daß „Teilchen" wie Elektronen ebenfalls Interferenzmuster erzeugen können. Vielleicht sollte man besser sagen: daß man auch im Teilchenbild Erscheinungen wie z. B. die Interferenz beschreiben kann. Die Quantenmechanik und die Relativitätstheorie Einsteins sorgten dafür, daß Begriffe, die man ursprünglich nur mit „Teilchen" oder nur mit „Wellen" assoziierte, fast austauschbar wurden. De Broglie zeigte, daß man einem Teilchen mit dem Impuls p eine Wellenlänge λ zuschreiben kann:

$$\lambda = \frac{h}{p} \tag{1.3}$$

Einsteins berühmte Formel verbindet Masse m mit Energie $\mathcal{E}$:

$$\mathcal{E} = mc^2 \tag{1.4}$$

Eine eindeutige Antwort auf die Frage: *Was ist Licht?* läßt sich also nicht geben. Die vielleicht beste Antwort stammt von Einstein, der sagte: Licht ist wie der französische Philosoph Voltaire. Voltaire wurde katholisch geboren, trat als junger Mann zum Protestantismus über, und kehrte kurz vor seinem Tod zum Katholizismus zurück. Licht wird als Teilchen geboren, lebt als Welle und stirbt wieder als Photon, wenn es absorbiert wird.

Neben der grundsätzlichen Frage nach den Eigenschaften von Licht interessiert uns natürlich die Frage: *Wie beschreibt man Licht mathematisch?* Damit wollen wir uns im Rest dieses Kapitels beschäftigen.

1.2 Die Wellengleichung

Die folgende Herleitung der Wellengleichung ist bewußt mathematisch-formal gehalten. Wir beginnen mit den Maxwell'schen Gleichungen in ihrer differentiellen Darstellung:

$$\nabla \times \boldsymbol{E} + \dot{\boldsymbol{B}} = 0 \qquad\qquad \nabla \cdot \boldsymbol{E} = \frac{\varrho}{\varepsilon}$$
$$\nabla \times \boldsymbol{B} - \varepsilon\mu\dot{\boldsymbol{E}} = \mu\boldsymbol{j} \qquad\qquad \nabla \cdot \boldsymbol{B} = 0 \tag{1.5}$$

Dazu kommt folgende Gleichung:

$$\boldsymbol{j} = \sigma\,\boldsymbol{E} \tag{1.6}$$

Hierbei bezeichnen:

$\boldsymbol{E}$ das elektrische Feld,

$\boldsymbol{B}$ das magnetische Feld,

$\dot{\boldsymbol{B}}$ die zeitliche Ableitung $\partial \boldsymbol{B}/\partial t$,

$\boldsymbol{j}$ die Ladungsstromdichte,

ε die Dielektrizitätskonstante,

μ die magnetische Permeabilität,

ρ die Ladungsträgerdichte und

σ die elektrische Leitfähigkeit.

$\boldsymbol{E}$ und $\boldsymbol{B}$ sind Funktionen von vier Variablen, nämlich den drei Ortskoordinaten x, y und z sowie der Zeit t. In isotropen und homogenen Medien sind die „Materialkonstanten" ε, μ, ρ und σ konstant. Wir wollen im folgenden außerdem annehmen, daß ihre Werte nicht von der elektrischen und magnetischen Feldstärke abhängen. In diesem Fall sind die Maxwell-Gleichungen linear. Das heißt, wenn $\boldsymbol{E}_1$ und $\boldsymbol{B}_1$ Lösungen sind und auch $\boldsymbol{E}_2$ und $\boldsymbol{B}_2$, dann sind auch alle Linearkombinationen $a_1\boldsymbol{E}_1 + a_2\boldsymbol{E}_2$ und $b_1\boldsymbol{B}_1 + b_2\boldsymbol{B}_2$ Lösungen der Maxwell-Gleichungen. Die Annahme der Linearität ist übrigens nicht immer gewährleistet, wie z. B. beim Auftreten hoher elektrischer und magnetischer Feldstärken. Die i. a. nichtlineare Abhängigkeit von ε und μ wird bewußt beim elektro-optischen bzw. magneto-optischen Effekt ausgenützt.

Wir beschränken uns nun auf Isolatoren ($\sigma = 0$) und vernachlässigen auch den Einfluß von Ladungsträgern ($\rho = 0$). Unter diesen Gegebenheiten wird aus den Maxwell-Gleichungen:

$$\nabla \times \boldsymbol{E} + \dot{\boldsymbol{B}} = 0 \qquad\qquad \nabla \cdot \boldsymbol{E} = 0 \tag{1.7}$$
$$\nabla \times \boldsymbol{B} - \varepsilon\mu\dot{\boldsymbol{E}} = 0 \qquad\qquad \nabla \cdot \boldsymbol{B} = 0 \tag{1.8}$$

Um diese Gleichungen zu lösen, wenden wir auf (1.7) den Rotationsoperator an und auf (1.8) den Operator $\partial/\partial t$:

$$\nabla \times \Bigg| \quad \nabla \times \boldsymbol{E} + \dot{\boldsymbol{B}} = 0 \quad \rightarrow \quad \nabla \times \nabla \times \boldsymbol{E} + \nabla \times \dot{\boldsymbol{B}} = 0 \tag{1.9}$$

$$\frac{\partial}{\partial t} \Bigg| \quad \nabla \times \boldsymbol{B} - \varepsilon\mu\dot{\boldsymbol{E}} = 0 \quad \rightarrow \quad \nabla \times \dot{\boldsymbol{B}} - \varepsilon\mu\ddot{\boldsymbol{E}} = 0 \tag{1.10}$$

Für den Ausdruck $\nabla \times \nabla \times \boldsymbol{E}$ gibt es die folgende Identität:

$$\nabla \times \nabla \times \boldsymbol{E} \quad = \quad \nabla(\nabla \cdot \boldsymbol{E}) - \Delta\boldsymbol{E} \quad = \quad -\Delta\boldsymbol{E} \tag{1.11}$$

Hier ist Δ der Laplace-Operator (in kartesischer Darstellung):

$$\Delta = \frac{\partial^2}{\partial x^2} + \frac{\partial^2}{\partial y^2} + \frac{\partial^2}{\partial z^2} \tag{1.12}$$

Mit $\nabla \cdot \boldsymbol{E} = 0$ kann man nun schreiben:

$$\Delta\boldsymbol{E} = \nabla \times \dot{\boldsymbol{B}} \tag{1.13}$$

Wegen (1.10) wird hieraus:

$$\Delta\boldsymbol{E} = \varepsilon\,\mu\,\ddot{\boldsymbol{E}} \tag{1.14}$$

oder nach Umstellung

$$\Delta\boldsymbol{E} - \frac{1}{c^2}\,\ddot{\boldsymbol{E}} = 0 \tag{1.15}$$

Analog zu Gleichung (1.15) läßt sich eine ähnliche Gleichung für das Magnetfeld $\boldsymbol{B}$ herleiten.

$$\Delta\boldsymbol{B} - \frac{1}{c^2}\,\ddot{\boldsymbol{B}} = 0 \tag{1.16}$$

Gleichungen (1.15) und (1.16) sind Wellengleichungen, deren physikalische Bedeutung wir im folgenden genauer diskutieren wollen. c ist die Lichtgeschwindigkeit in einem Medium mit der relativen Dielektrizitätskonstanten ε_r und der relativen magnetischen Permeabilität μ_r.

$$c = (\varepsilon\,\mu)^{-\frac{1}{2}} \;=\; (\varepsilon_0\,\mu_0\,\varepsilon_r\,\mu_r)^{-\frac{1}{2}} = c_0\,(\varepsilon_r\,\mu_r)^{-\frac{1}{2}} \tag{1.17}$$

mit $\varepsilon_0 \approx 8{,}854188 \cdot 10^{-12}$ (As/Vm) und $\mu_0 = 4\pi \cdot 10^{-7} (\text{N/A}^2) \approx 1{,}256637 \cdot 10^{-6}$ (Vs/Am). Die Lichtgeschwindigkeit im Vakuum ist $c_0 = 2{,}99792458 \cdot 10^8$ m/s.

1.3 Lösungen der Wellengleichung

1.3.1 Ebene Welle

Es gibt unterschiedliche Lösungen für die Wellengleichung. Wir wollen zunächst die
so genannten ebenen Wellen untersuchen. Die Ausführlichkeit, mit der die ebenen
Wellen untersucht werden sollen, ist ihrer Bedeutung für die mathematische Beschreibung von optischen Wellenfeldern angemessen. Wie wir später sehen werden, kann
man ein Feld nach ebenen Wellen entwickeln, was mathematisch einer Fourier-Transformation entspricht. Ebene Wellen sind Raum-Zeit-Funktionen, für die zu einem festen Zeitpunkt der geometrische Ort konstanter Schwingungsphase eine Ebene ist (Abbildung 1.3). Die Gleichung einer solchen Ebene ist von der Form

$$\boldsymbol{k} \cdot \boldsymbol{r} = k_x x + k_y y + k_z z = \text{const.} \tag{1.18}$$

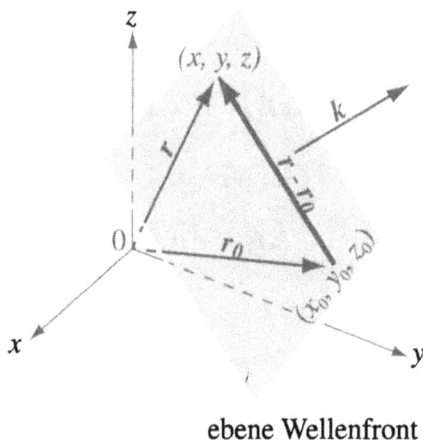

ebene Wellenfront

Abbildung 1.3: Ebene Welle. Hier bezeichnet $\boldsymbol{k}$ den Wellenvektor senkrecht zur Phasenfront. $\boldsymbol{r}$ und $\boldsymbol{r}_0$
sind Vektoren, die zu Punkten in der Ebene weisen.

Hierbei bezeichnet $\boldsymbol{r} = (x, y, z)$ einen Punkt der Ebene. $k^{-1}\,\boldsymbol{k}$ ist der Einheitsvektor,
der senkrecht auf der Ebene gleicher Phase steht, und somit auch der Vektor, in dessen
Richtung sich die ebene Welle ausbreitet. Eine beliebige ebene Welle $\boldsymbol{E}(x, y, z, t)$,
welche Lösung der Wellengleichung ist, hat die Form

$$\boldsymbol{E}(\boldsymbol{r}, t) = \boldsymbol{E}_k\, f(\boldsymbol{k} \cdot \boldsymbol{r} - ckt) \tag{1.19}$$

Dabei ist f eine beliebige stetige und ableitbare Funktion. Um die Eigenschaften weiter zu untersuchen, legen wir vorübergehend die Richtung des Normalenvektors $\boldsymbol{k}$ mit
der z-Achse zusammen. Dann ist

$$\boldsymbol{E}(z, t) = \boldsymbol{E}_k\, f(kz - ckt) \tag{1.20}$$

Für ein festes Argument der Funktion f gilt die Gleichung:

$$kz - ckt = \text{const.} \qquad \text{bzw.} \qquad z = z_0 + ct \qquad (1.21)$$

Daraus folgt, daß die Lichtgeschwindigkeit c die Phasengeschwindigkeit einer elektromagnetischen Welle ist. Bisher haben wir die Funktion f nicht näher spezifiziert. Im allgemeinen sind für die Beschreibung einer Lichtwelle die harmonischen Funktionen, also die Sinus- und die Kosinus-Funktion, von Interesse. Für eine mathematische Beschreibung ist deren komplexe Darstellung günstig:

$$e^{iA} = \cos A + i \sin A \qquad (1.22)$$

Eine ebene harmonische Welle wird also durch folgenden Ausdruck beschrieben:

$$\boldsymbol{E}\left(\boldsymbol{r}, t\right) = \boldsymbol{E}_k \, e^{i(\boldsymbol{k} \cdot \boldsymbol{r} \pm \omega t)} \qquad (1.23)$$

An einem festen Ort beobachtet man eine zeitliche Schwingung mit einer (Kreis-)Frequenz $\omega = ck$.

Anmerkung

Eine ebene Welle, welche sich in $+z$-Richtung ausbreitet, wird durch den Ausdruck $\exp\left[i(kz - \omega t)\right]$ beschrieben, aber auch durch $\exp\left[-i(kz - \omega t)\right]$. Die Wahl des Vorzeichens im Exponenten ist physikalisch gesehen nicht relevant, sondern erfolgt per Festlegung. Insofern findet man in unterschiedlichen Büchern unterschiedliche Darstellungen. Im folgenden wird die Darstellung $\exp\left[i(kz - \omega t)\right]$ verwendet.

Statt (1.23) schreibt man manchmal auch:

$$\boldsymbol{E}(\boldsymbol{r}, t) = \boldsymbol{E}_k \, e^{i[k(\alpha x + \beta y + \gamma z) \pm \omega t]} \qquad (1.24)$$

wobei α, β und γ die Komponenten des Einheitsvektors $k^{-1}\boldsymbol{k}$ darstellen, die man auch als die Richtungskosinus des Vektors $\boldsymbol{k}$ bezeichnet. Bei einer harmonischen Welle wiederholt sich die räumliche Schwingungsphase periodisch (Abbildung 1.4). Die Periode, d. h. also zum Beispiel der Abstand zwischen zwei Schwingungsmaxima, nennt man die Wellenlänge λ. Im folgenden betrachten wir eine Welle, die sich in z-Richtung ausbreitet. Die räumliche Periodizität bedeutet, daß folgende Identität gegeben sein muß:

$$e^{ikz} = e^{i[k(z+\lambda)]} = e^{ikz} e^{ik\lambda} \qquad (1.25)$$

Damit dies für alle Werte von k, z und λ gewährleistet ist, muß gelten, daß $e^{ik\lambda} = 1$ ist, woraus folgt:

$$k\lambda = 2\pi \qquad \text{bzw.} \qquad k = \frac{2\pi}{\lambda} \qquad (1.26)$$

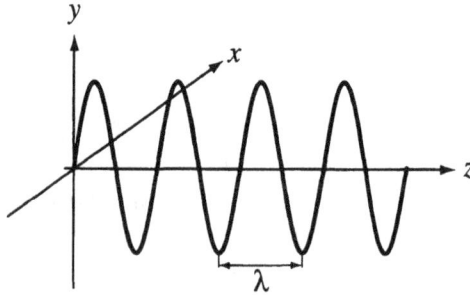

Abbildung 1.4: Harmonische Schwingung. λ bezeichnet die Wellenlänge.

Für den Wellenvektor $\boldsymbol{k}$ gilt allgemein die folgende Beziehung:

$$|\boldsymbol{k}| = k = \left(k_x{}^2 + k_y{}^2 + k_z{}^2\right)^{1/2} = \frac{2\pi}{\lambda} \tag{1.27}$$

Gleichung (1.27) beinhaltet übrigens, daß die drei Komponenten des Wellenvektors voneinander abhängig sind. Anders ausgedrückt, wenn für eine ebene Welle die Komponenten k_x und k_y vorgegeben sind, dann ist damit die z-Komponente gemäß $k_z = [(2\pi/\lambda)^2 - (k_x{}^2 + k_y{}^2)]^{1/2}$ festgelegt.

Der Vektor $\boldsymbol{E}_k = (E_{k,x}, E_{k,y}, E_{k,z})$ beschreibt die physikalischen Eigenschaften einer ebenen Welle, die mit der Amplitude zusammenhängen: die Orientierung der Schwingung (d. h. den Polarisationszustand) sowie den räumlichen Verlauf. Zunächst sei angenommen, daß $\boldsymbol{E}_k$ unabhängig vom Ort und der Zeit ist; dann haben wir den Fall einer unendlich ausgedehnten linear polarisierten ebenen Welle vor uns, welche sich in Richtung von $\boldsymbol{k}$ ausbreitet.

Beispiel 1.1   Ebene Welle mit Ausbreitungsrichtung entlang der z-Achse

Wir nehmen an, daß $\boldsymbol{k}$ parallel zur z-Achse verläuft (Abbildung 1.4). In diesem Fall ist der $\boldsymbol{E}$-Vektor unabhängig von x und y. Wir benutzen nun die Maxwell-Gleichungen (1.7) und (1.8) für ladungsfreie Felder:

$$\boldsymbol{\nabla} \cdot \boldsymbol{E} = \frac{\partial E_x}{\partial x} + \frac{\partial E_y}{\partial y} + \frac{\partial E_z}{\partial z} = 0 \tag{1.28}$$

Wenn $\boldsymbol{E}$ von x und y unabhängig ist, dann reduziert sich dieser Ausdruck auf

$$\frac{\partial E_z}{\partial z} = 0 \tag{1.29}$$

Nun nehmen wir noch an, daß die Welle linear polarisiert sei, d. h. ihre Schwingungsamplitude liegt in einer bestimmten Ebene, von der wir ohne Verlust der Allgemeinheit unserer Herleitung annehmen, es sei die (y, z)-Ebene (siehe Abb. 1.4). Dies bedeutet nun, daß

$$E(x, y, z, t) = \begin{pmatrix} 0 \\ E(x, t) \\ 0 \end{pmatrix} \tag{1.30}$$

ist. Eine ebene Welle, die sich in z-Richtung ausbreitet und in y-Richtung linear polarisiert ist, wird gemäß Gleichung (1.24) mathematisch wie folgt dargestellt:

$$E_y(z, t) = E_0 \, e^{i(kz - \omega t)} \tag{1.31}$$

Mit Hilfe von Gleichung (1.13) folgt nun, daß für das magnetische Feld B gilt:

$$\frac{\partial E_y}{\partial z} = -\frac{\partial B_x}{\partial t} \tag{1.32}$$

und B_y sowie B_z konstant und somit vorläufig nicht von Interesse sind. Durch einfache Integration können wir nun B_x berechnen.

$$\begin{aligned} B_x &= -\int \frac{\partial E_y}{\partial z} \, dt \\ &= ik E_0 \, e^{ikz} \int e^{-i\omega t} \, dt \\ &= \left(\frac{k}{\omega}\right) E_0 \, e^{i(kz - \omega t)} \end{aligned} \tag{1.33}$$

Die Integrationskonstante, die ein zeitunabhängiges Feld repräsentiert, wurde hier weggelassen. Wir vergleichen nochmals (1.31) mit (1.34) und stellen fest, daß sich E_y und B_x nur um einen konstanten Faktor unterscheiden und daher die gleiche Zeitabhängigkeit besitzen. Der Proportionalitätsfaktor ist $k/\omega = 1/(\lambda\nu) = 1/c$, so daß wir schreiben können: $E = cB$. Dieses Ergebnis, welches hier für ebene Wellen hergeleitet wurde, ist auch auf die unten behandelten Kugel- und Zylinderwellen anwendbar. E und B sind daher an sämtlichen Orten r in Phase. Darüber hinaus sind sie wegen $E = E_y(z, t)e_y$ und $B = B_x(z, t)e_x$ überall orthogonal zueinander. Der Vektor $E \times B$ zeigt in z-Richtung, also in Ausbreitungsrichtung.

1.3.2 Kugelwelle

Wenn man einen Stein ins Wasser wirft, beobachtet man hinterher, wie sich kreisförmige Wellen bilden, die sich von einem Zentrum wegbewegen. Wenn man sich dies auf die dritte Dimension erweitert vorstellt, dann hat man das Bild einer Quelle vor sich, die ständig kugelförmige Wellen in alle Richtungen hin abstrahlt. Wir stellen uns eine beliebig kleine Lichtquelle im Ursprung eines Koordinatensystems vor, d. h. als sogenannte „Punktquelle". Die Strahlung, die von ihr ausgeht, ist dann gleichförmig über alle Richtungen oder „isotrop". Die Wellenfronten (Flächen gleicher Phase) sind

Kugeloberflächen. Diese Kugelsymmetrie führt dazu, daß man die mathematische Beschreibung am günstigsten in sphärischen Polarkoordinaten durchführt (siehe Abbildung 1.5). Die kartesischen Koordinaten x, y und z gehen über in einen Satz von
Koordinaten r, θ und φ gemäß:

$$r = \sqrt{x^2 + y^2 + z^2} \tag{1.34}$$

$$\theta = \arctan \frac{\sqrt{x^2 + y^2}}{z} \tag{1.35}$$

$$\varphi = \arctan \frac{y}{x} \tag{1.36}$$

In Kugelkoordinaten lautet der Laplace-Operator:

$$\Delta = \frac{1}{r^2} \frac{\partial}{\partial r} \left(r^2 \frac{\partial}{\partial r} \right) + \frac{1}{r^2 \sin\theta} \frac{\partial}{\partial\theta} \left(\sin\theta \frac{\partial}{\partial\theta} \right) + \frac{1}{r^2 \sin^2\theta} \frac{\partial^2}{\partial\varphi^2} \tag{1.37}$$

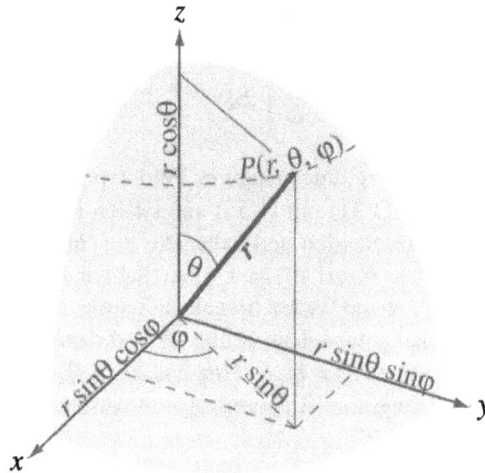

Abbildung 1.5: Polarkoordinatensystem.

Die Kugelsymmetrie der Wellen bedeutet nun, daß die Lösungen $E(r,\theta,\varphi) = E(r)$
nur von der radialen Koordinate abhängen. Im Laplace-Operator sind dann die winkel-
abhängigen Terme nicht von Bedeutung. Die Wellengleichung lautet dann also z. B.
für das elektrischen Feld:

$$\Delta E = \frac{1}{r^2} \frac{\partial}{\partial r} \left(r^2 \frac{\partial E}{\partial r} \right) = \frac{1}{c^2} \ddot{E} \tag{1.38}$$

Die allgemeine Lösung dieser sphärischen Wellengleichung lautet $(C_1/r)\, f_1(r-ct) +$ $(C_2/r)\, f_2(r+ct)$. Hier sind C_1 und C_2 beliebige Konstanten. Ein spezieller Fall ist die harmonische Kugelwelle:

$$E(r,t) = E_r \frac{e^{ik(r\pm ct)}}{r} \tag{1.39}$$

Die Richtung von k ist parallel zu r, das E-Feld ist senkrecht zu r. Bemerkenswert ist, daß die Amplitude der Kugelwelle von r abhängt, was natürlich auch aus Gründen der Energieerhaltung notwendig ist. Für größer werdenden Abstand vom Zentrum der Welle beobachtet man ein Abflachen der Wellenfront (Abbildung 1.6). Bei genügend großem Abstand kann man den $1/r$-Abfall der Amplitude vernachlässigen und statt (1.39) unter Vernachlässigung des zeitabhängigen Faktors schreiben:

$$E(r,t) \approx E_r\, e^{\frac{2\pi i}{\lambda}(x^2+y^2+z^2)^{1/2}} e^{\pm i\omega t} \tag{1.40}$$

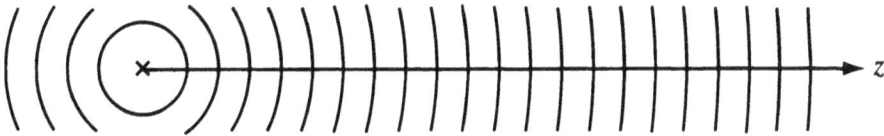

Abbildung 1.6: Abflachen der Wellenfront einer Kugelwelle mit zunehmendem Abstand von der Quelle.

Wenn man sich nun einen kleinen Bereich um die z-Achse betrachtet wie in Abbildung 1.6 dargestellt, d. h. wenn $x^2 + y^2 \ll z^2$ ist, dann kann man den Exponenten in (1.40) in eine Taylorreihe entwickeln:

$$\begin{aligned} (x^2 + y^2 + z^2)^{1/2} &= z\left(1 + \frac{x^2+y^2}{z^2}\right)^{1/2} \\ &= z\left(1 + \frac{1}{2}\frac{x^2+y^2}{z^2} - \frac{1}{8}\left(\frac{x^2+y^2}{z^2}\right)^2 + \cdots\right) \end{aligned} \tag{1.41}$$

Wenn nun der dritte Term in der Taylor-Reihe gegenüber den beiden anderen vernachlässigbar ist, dann erhält man folgenden Ausdruck für die paraxiale Näherung einer Kugelwelle, die vom Punkt $z = 0$ ausgeht und sich in $+z$-Richtung ausbreitet:

$$E(r,t) \approx E_r e^{i(kz-\omega t)} \cdot e^{\frac{i\pi}{\lambda z}(x^2+y^2)}, \ z > 0 \tag{1.42}$$

Der erste Exponentialausdruck auf der rechten Seite dieser Gleichung beschreibt eine ebene Welle, die sich mit der Zeit t in $+z$-Richtung ausbreitet. Der zweite exp(...)-Term beschreibt eine divergente Kugelwelle in paraxialer Näherung. Für große z-Werte wird $(x^2 + y^2)/\lambda z \approx$ const., d. h. es liegt i. w. eine ebene Welle vor.

Was passiert für den Fall, daß r gegen Null geht? Die Lösung e^{ikr}/r ist nur für den Fall $r \neq 0$ definiert, da sonst für $r = 0$ die Amplitude unendlich groß werden würde. Dies macht nun wiederum physikalisch keinen Sinn, da der Energieinhalt einer Welle endlich sein muß. Wie behilft man sich nun von der Anschauung her? Angenommen, wir stellen uns eine konvergente Kugelwelle vor. Dann müßte selbst bei endlichem Energiegehalt der Welle die Amplitude im Fokus, d. h. dem unendlich kleinen Punkt, auf den die Welle zuläuft, unendlich groß werden. Glücklicherweise hilft einem hier die Unschärferelation, die besagt, daß man grundsätzlich eine Welle nicht auf einen beliebig kleinen Punkt konzentrieren kann (siehe Kapitel 3). Wir müssen also verstehen, daß der Begriff der Kugelwelle wie auch die Begriffe ebene Welle und Zylinderwelle mathematische Idealisierungen darstellen, mit denen sich die Physik i. a. gut beschreiben läßt.

1.3.3 Zylinderwelle

Eine weitere idealisierte Wellenform ist die zylindrische Welle. Im zylindrischen Koordinatensystem werden r, φ und z als Koordinaten verwendet (Abbildung 1.7).

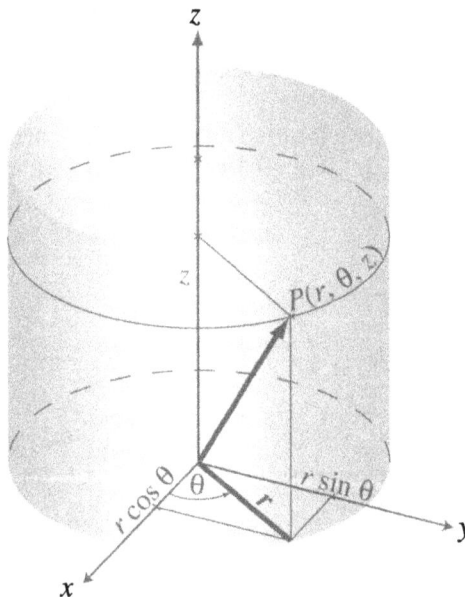

Abbildung 1.7: Zylindrisches Koordinatensystem.

Es ist zu beachten, daß r jetzt ein zweidimensionaler Vektor ist: $\boldsymbol{r} = (x, y)$. Es gelten folgende Beziehungen:

$$r^2 = x^2 + y^2$$
$$\varphi = \arctan \tfrac{y}{x}$$

$$(1.43)$$

Der Laplace-Operator lautet in zylindrischen Koordinaten:

$$\Delta = \frac{1}{r}\frac{\partial}{\partial r}\left(r\frac{\partial}{\partial r}\right) + \frac{1}{r^2}\frac{\partial^2}{\partial \varphi^2} + \frac{\partial^2}{\partial z^2} \qquad (1.44)$$

Die zylindrische Symmetrie erfordert nun, daß die Lösungen der Wellengleichung nur von r abhängen. Die Wellengleichung lautet dann:

$$\frac{1}{r}\frac{\partial}{\partial r}\left(r\frac{\partial E}{\partial r}\right) = \frac{1}{c^2}\frac{\partial^2 E}{\partial t^2} \qquad (1.45)$$

Eine spezielle Lösung ist die zylindrische harmonische Welle:

$$E(r,t) = E_r \frac{e^{ik(r \pm ct)}}{\sqrt{r}} \qquad (1.46)$$

1.4 Darstellung von Photonen im Wellenbild

Wir haben dieses Kapitel mit der Frage begonnen, ob Licht eine Welle oder ein Teilchen ist. Dieser Frage wollen wir uns zum Ende dieses Kapitels noch einmal zuwenden. Wie oben festgestellt, hat Licht sowohl Wellen- als auch Teilchencharakter. Somit hängt es von der speziellen Situation ab, ob eine Beschreibung im Photonenbild oder im Wellenbild geeigneter ist. Hier wollen wir kurz darauf eingehen, wie man ein Teilchen im Wellenbild mathematisch beschreibt. Im Grunde ist dies auch der Inhalt der Quantenmechanik. Somit verwendet man in der Optik und der „Wellenmechanik" zum Teil die gleiche Mathematik.

Eine wesentliche Aussage der Quantenmechanik ist, daß eine Wellenfunktion eine Wahrscheinlichkeit für den Aufenthalt eines Teilchens beschreibt. Sei also $E(r,t)$ ein räumliches Wellenfeld. Die Wahrscheinlichkeit $P(r)\,dr$ für ein Photon, sich zum Zeitpunkt t im Volumentintervall $d^3r = dx\,dy\,dz$ zu befinden ist gegeben durch:

$$P(r;t)\,dr = \frac{|E(r,t)|^2\,d^3r}{\int |E(r,t)|^2\,d^3r} \qquad (1.47)$$

Die Integration erstreckt sich hier von $-\infty$ bis $+\infty$ in den jeweiligen Koordinaten. $P(r)$ ist eine Wahrscheinlichkeitsdichte, die auf den Wert 1 normiert ist:

$$\int P(r;t)\,d^3r = 1 \qquad (1.48)$$

Diese Normierung bedeutet physikalisch, daß das Teilchen sich in dem Gesamtvolumen irgendwo aufhalten muß, obwohl wir seine genaue Position nicht kennen. Der wahrscheinlichste Aufenthaltsort zum Zeitpunkt t ist

$$\langle \boldsymbol{r} \rangle_t = \int \boldsymbol{r}\, P(\boldsymbol{r};t)\, d^3 r \tag{1.49}$$

Die Ungenauigkeit oder Varianz dieser Angabe ist gegeben durch

$$\langle \Delta \boldsymbol{r} \rangle_t{}^2 = \int \left(\boldsymbol{r} - \langle \boldsymbol{r} \rangle_t \right)^2 P(\boldsymbol{r};t)\, d^3 r \tag{1.50}$$

1.4.1 Unendlich ausgedehnte ebene Welle

Für eine unendliche ausgedehnte ebene Welle, die sich in z-Richtung ausbreitet, ist $\boldsymbol{E}(\boldsymbol{r},t) = e^{ik(z-ct)}$ und somit $|\boldsymbol{E}|^2 = 1$. Die Wahrscheinlichkeit ist über alle Orte $\boldsymbol{r}$ gleichmäßig verteilt. In diesem Falle können wir nichts über den Aufenthaltsort des Photons sagen. Umgekehrt aber können wir mit $\boldsymbol{k}$ seine Richtung genau angeben. Dies ist übrigens eine Konsequenz der Unschärferelation, die aussagt, daß man entweder nur den Ort oder die Richtung einer Welle beliebig genau angeben kann. Die Unschärferelation gilt allgemein für Materie- und elektromagnetische Wellen.

1.4.2 Gauß'sches Wellenpaket

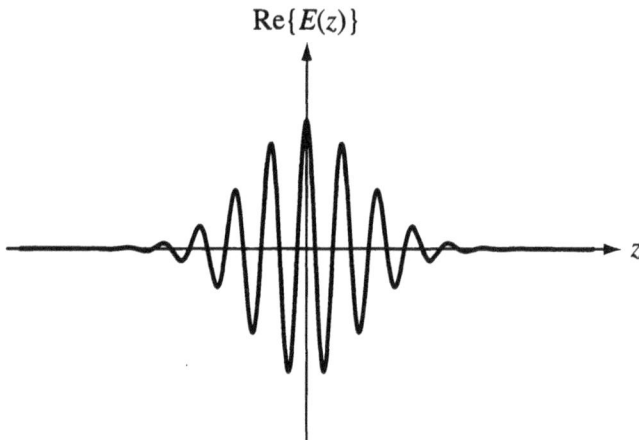

Abbildung 1.8: Gauß'sches Wellenpaket.

Wir betrachten nun als Beispiel eine eindimensionale Welle der mathematischen Form

$$|\boldsymbol{E}(\boldsymbol{r},t)| = e^{-\frac{(z-ct)^2}{2b^2}}\, e^{ik(z-ct)} \tag{1.51}$$

Das Wellenfeld ist in Abbildung 1.8 dargestellt. Die einhüllende Amplitude dieses „Wellenpakets" wird bestimmt durch die Gauß-Funktion $\exp[-z^2/2b^2]$. $2b$ ist die Breite des Pakets an den Wendepunkten der Gaußfunktion. Wir berechnen zunächst den wahrscheinlichsten Aufenthaltsort des Photons. Mit $|\boldsymbol{E}(z,t)|^2 = \exp[-(z-ct)^2/b^2]$ berechnet man

$$\int |\boldsymbol{E}(z,t)|^2 \, dz = \int e^{-\left(\frac{z'}{b}\right)^2} \, dz' = \sqrt{\pi}\, b \tag{1.52}$$

wobei die Variablentransformation $z' = z - ct$ verwendet wurde. Die Berechnung von $\langle z \rangle_t$ erfolgt gemäß Gl. (1.49) :

$$\langle z \rangle_t = \frac{\int z\, e^{-\left(\frac{z-ct}{b}\right)^2} dz}{\int e^{-\left(\frac{z-ct}{b}\right)^2} dz} \tag{1.53}$$

Der Ausdruck im Nenner ergibt wie in Gl. (1.52) den Wert $\sqrt{\pi}\, b$. Mit der gleichen Variablentransformation wie oben ($z' = z - ct$) berechnet sich der Zähler zu $ct\sqrt{\pi}b$. Somit ergibt sich also $\langle z \rangle_t = c\,t$, das heißt, der wahrscheinlichste Aufenthaltsort bewegt sich mit der Welle in z-Richtung. Nun wollen wir berechnen, wie groß die „Unschärfe" der Positionsangabe ist.

$$\langle \Delta z \rangle_t^2 = \frac{\int (z - ct)^2\, |\boldsymbol{E}(z,t)|^2\, dz}{\int |\boldsymbol{E}(z,t)|^2\, dz} \tag{1.54}$$

Das Integral im Nenner haben wir bereits oben berechnet. Mit

$$\int z'^2 e^{-\left(\frac{z'}{b}\right)^2} dz' = \frac{\sqrt{\pi}}{2}\, b^3 \tag{1.55}$$

erhalten wir das Ergebnis, daß $\langle \Delta z \rangle^2 = \frac{b^2}{2}$ ist, also zeitunabhängig.

1.4.3 Photon als Gauß'sches Wellenpaket

Im Teilchenbild entspricht eine Lichtwelle einem Photon (bzw. einem Strom von Photonen). Es ist üblich, Gleichung (1.51) als wellenoptische Beschreibung eines Photons zu verwenden, welches sich mit Lichtgeschwindigkeit in z-Richtung bewegt. Neben $\langle r \rangle$ als den wahrscheinlichen Aufenthaltsort und $\langle \Delta r \rangle$ als die Ungenauigkeit der Position können wir einem Photon weitere Merkmale eines Teilchens zuweisen. Einer davon ist sein Impuls p, der mit dem Wellenvektor k verknüpft ist

$$\boldsymbol{p} = \hbar\, \boldsymbol{k} \tag{1.56}$$

mit $\hbar = h/2\pi$. Den Betrag von $\boldsymbol{p}$ kann man wegen $k = 2\pi/\lambda$ auch schreiben als

$$p = h/\lambda \tag{1.57}$$

Die Energie eines Photons, welches durch eine Welle der Zeitfrequenz ν beschrieben wird, ist

$$\mathcal{E} = h\nu \tag{1.58}$$

Die Energie der Welle ist quantisiert in Einheiten von $h\nu$, d. h. man kann ihr Energie nur in diesen Einheiten hinzufügen oder wegnehmen.

Ebenso wie für den Ort kann man für den Impuls eines Photons einen mittleren Wert $\langle \boldsymbol{p} \rangle$ und eine Varianz $\langle \Delta \boldsymbol{p} \rangle$ bestimmen. Für das Produkt $\langle \Delta \boldsymbol{r} \rangle \langle \Delta \boldsymbol{p} \rangle$ gilt, daß es nie kleiner als ein bestimmter Wert werden kann. Es gilt die sogenannte Heisenberg'sche Unschärferelation, die für den eindimensionalen Fall lautet:

$$\langle \Delta z \rangle \langle \Delta p_z \rangle \geq h \tag{1.59}$$

Die Aussage der Unschärferelation ist, daß wir jeweils nur die Position oder den Impuls (d. h. die Richtung) eines Photons präzise angeben können. Gauß'sche Wellenpakete entsprechen Teilchen minimaler Unschärfe. In diesem Fall gilt in Gleichung (1.59) das Gleichheitszeichen.

1.5 Was ist ein Lichtstrahl?

Das einfachste Modell zur Beschreibung von Licht und der Lichtausbreitung ist das der geometrischen Optik. Dieses Modell ist ausreichend, um einfache Phänomene wie die Lichtbrechung und die optische Abbildung zu erklären. Der geometrischen Optik liegt das Konzept des „Lichtstrahls" zu Grunde, welcher sich in einem homogenen Medium geradlinig ausbreitet. Das Strahlenmodell wird für das Design und die Simulation optischer Systeme vielfach verwendet. Das sogenannte „ray tracing" (d. h. das Verfolgen von Bündeln von Lichtstrahlen durch ein optisches System) ist eines der gebräuchlichsten Werkzeuge für das Design von optischen Systemen oder Komponenten.

Die theoretische Grundlage für das Strahlenmodell bildet der Satz von Fermat. Dieser besagt, daß sich Licht zwischen zwei Punkten A und B so ausbreitet, daß die dafür erforderliche Zeit extremal (i. a. minimal) wird (Abbildung 1.9). Das Fermat'sche Prinzip stellt also eine Anwendung des allgemeineren Variationsprinzips auf die Optik dar. Mathematisch ausgedrückt lautet es wie folgt:

$$\delta \int_A^B n(\boldsymbol{r})\, ds = 0 \tag{1.60}$$

Hier ist ds eine differentielle Strecke entlang der Trajektorie zwischen den Punkten A und B (Abbildung 1.9).

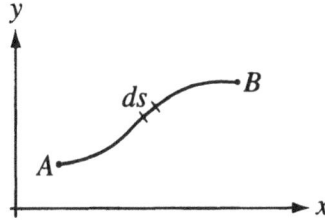

Abbildung 1.9: Zur Erläuterung des Fermat'schen Prinzips.

Wie läßt sich ein Lichtstrahl innerhalb des Wellenkonzepts darstellen? Eine Möglichkeit ist die „parageometrische Optik". Zusammenfassend kann man diesen Ansatz so beschreiben: eine Lichtwelle, welche auf eine relativ weite Öffnung der Breite Δx fällt, breitet sich weiter innerhalb eines Konus aus mit dem Öffnungswinkel $2\lambda/\Delta x$. Außerhalb dieses Bereichs ist die Lichtamplitude nahezu Null („Schattenbereich"). In einer solchen Situation breiten sich Wellen wie Strahlen aus. Im Bild der parageometrischen Optik wird allerdings die Phase des Lichtes verwendet im Gegensatz zur klassischen geometrischen Optik.

In der geometrischen Optik wird von geradliniger Lichtausbreitung ausgegangen und man eliminiert den Einfluß der Beugung, indem man von großen Blendendurchmessern im Vergleich zur Lichtwellenlänge ausgeht. Beugung tritt allerdings natürlich immer auf, wenn der Lichtweg „gestört" wird. Um Beugungserscheinungen ignorieren zu können, wird die geometrische Optik häufig auch als Grenzfall für $\lambda \to 0$ dargestellt, da Beugungseffekte ja proportional zu λ sind. Dies stellt m. E. eine unnötige Einschränkung dar, zumindest dann, wenn man einen Lichtstrahl mit den Wellenvektoren gleichsetzt. Mit dem Formalismus der k-Vektoren läßt sich die Lichtausbreitung durch beliebige Elemente (auch Beugungsgitter) gut nachvollziehen.

Hierzu betrachten wir zunächst erneut die idealisierten Wellenformen: ebene Welle und Kugelwelle bzw. Zylinderwelle. Die Phasenfronten für diese Wellentypen sind noch einmal in Abbildung 1.10 dargestellt. Sie werden mathematisch durch die Funktion $\varphi(r) = $ const. beschrieben. Wir konstruieren uns die k-Vektoren, indem wir uns an jeder Position im Raum einen Vektor bilden, der an dieser Stelle senkrecht auf der Fläche $\varphi = $ const. steht. Mit diesem Verfahren erhalten wir eine ganze Schar von Vektoren, außer im Fall der ebenen Welle, die durch einen einzigen k-Vektor gekennzeichnet ist. Mathematisch wird der Vorgang, den wir eben beschrieben haben, durch Gradientenbildung beschrieben:

$$k(r) = \nabla\varphi(r) \qquad (1.61)$$

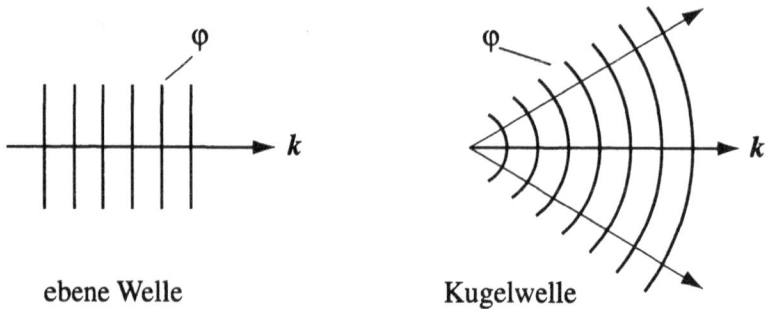

Abbildung 1.10: Deutung von Lichtstrahlen als k-Vektoren. Die k-Vektoren stehen senkrecht auf den Wellenfronten.

Ein Lichtstrahl, beschrieben durch den Vektor k, der von einem Punkt r_1 ausgeht, folgt also einer Geraden, die durch folgende Gleichung definiert ist (Abb. 1.11):

$$r = r_1 + L\, k^{-1}\, k \tag{1.62}$$

Hierbei hat der Parameter L die Dimension einer Länge. $k^{-1}k = (2\pi/\lambda)k$ ist ein dimensionsloser Einheitsvektor. Der Betrag von L kann von $-\infty$ bis $+\infty$ variieren (Abb. 1.11).

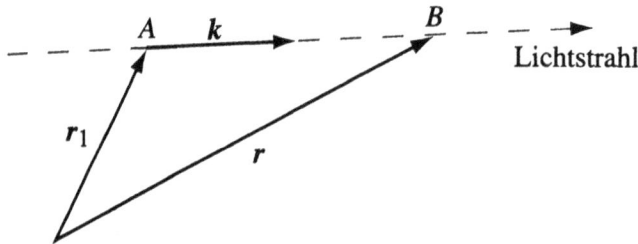

Abbildung 1.11: Vektorielle Beschreibung eines Lichtstrahls.

Bei Reflexion eines Lichtstrahls an einer spiegelnden Fläche verändert sich seine Richtung. Wenn wir annehmen, daß sich der Spiegel in der (x, y)-Ebene ($z = 0$) befindet, dann ändert sich die z-Komponente des k-Vektors von k_z in $k_z{}' = -k_z$.

Den Fall der Beugung eines Lichtstrahles behandeln wir in Kapitel 3. Hier sei abschließend noch erwähnt, daß man aus Gleichung (1.61) für eine gegebene Verteilung von Vektoren $k(r)$ auch φ berechnen kann.

$$\varphi(x, y, z) = \tag{1.63}$$
$$\varphi(x_0, y_0, z_0) + \int_{x_0}^{x} k_x\,(\xi, y_0, z_0)\ d\xi + \int_{y_0}^{y} k_y\,(x, \eta, z_0)\ d\eta + \int_{z_0}^{z} k_z\,(x, y, \zeta)\ d\zeta$$

Zusammenfassend kann man zu diesem Abschnitt festhalten, daß sich Lichtstrahlen mathematisch durch die k-Vektoren beschreiben lassen. Ein einziger k-Vektor entspricht einer idealen ebenen Welle. Eine Welle mit einer endlich ausgedehnten oder gekrümmten Phasenfront wird durch mehrere k-Vektoren beschrieben. Die Entwicklung von Wellenfeldern nach ebenen Wellen wird im nächsten Kapitel beschrieben.

1.6   Wie beobachtet man Licht?

Gleichgültig, ob es sich um das menschliche Auge handelt oder um eine Photodiode aus Silizium, es wird jeweils nicht die Amplitude $u(r, t)$ der Lichtwelle beobachtet, sondern die zeitgemittelte Licht*intensität*. Der Term „Intensität" ist nicht ganz präzise definiert, hat sich aber im allgemeinen Sprachgebrauch eingebürgert und soll auch hier verwendet werden. Gemeint ist die elektromagnetische Energie, die eine Lichtwelle enthält. Aus der Elektrodynamik ist der Poynting-Vektor bekannt, der definiert ist als:

$$S = \mu^{-1} E \times B \tag{1.64}$$

Wie wir in Abschnitt 1.3 gelernt haben, steht für jede elektromagnetische Welle E senkrecht auf B. $E \times B$ ist wiederum senkrecht zu E und zu B und weist in Ausbreitungsrichtung (Abb. 1.12). Ein weiteres Ergebnis aus der Elektrodynamik besagt, daß die elektrische bzw. die magnetische Energiedichte jeweils gegeben sind als:

$$w_e = \frac{1}{2}\, \varepsilon\, E^2 \quad \text{und} \quad w_m = \frac{1}{2\mu}\, B^2 \tag{1.65}$$

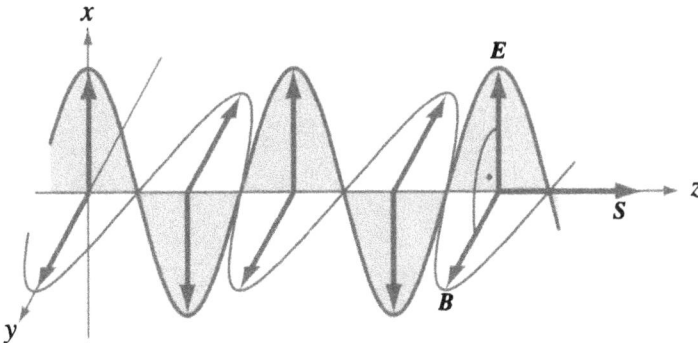

Abbildung 1.12: Poynting-Vektor einer ebenen Welle. Gezeigt ist eine Welle, die sich in z-Richtung ausbreitet mit ihrem E-Feld (schattiert) und B-Feld.

Damit kann man für den Poynting-Vektor schreiben:

$$S = c\,(w_e + w_m)\, k^{-1}\, k \tag{1.66}$$

Dieser Ausdruck bedeutet, daß sich bei einer ebenen Welle die Energiedichte $w_{em} = w_e + w_m$ mit Lichtgeschwindigkeit in Richtung des k-Vektors ausbreitet. Mit $\varepsilon\mu = (1/c^2)$ und wegen der Beziehung $E = cB$ für eine ebene Welle (die sich auf andere Wellenformen verallgemeinern läßt), erhält man somit folgenden Ausdruck:

$$\boldsymbol{S} = \varepsilon\, E^2\, c\, k^{-1}\, \boldsymbol{k} \tag{1.67}$$

Entscheidend ist hier, was wir bereits eingangs festgestellt haben. Jeder Detektor für optische Strahlung ist nur empfindlich für die (zeitgemittelte) Energie, welche auf ihn fällt. Der Photostrom i_F einer Photodiode ist somit proportional zu

$$i_F \propto \int_0^\tau S(t)\, dt \tag{1.68}$$

Die Integrationskonstante τ wird durch die „Trägheit" oder das zeitliche Auflösungs-vermögen des Detektors bestimmt. Für das menschliche Auge ist beispielsweise $\tau = 0{,}1$ s. Sofern man nicht an Absolutmessungen interessiert ist, kann man auf die Propor-tionalitätsfaktoren verzichten. I. a. wird daher die Lichtintensität I mit dem Ausdruck $|E|^2$ gleichgesetzt bzw. dem Zeitmittel von $|E|^2$:

$$I = \langle |\boldsymbol{E}|^2 \rangle = \frac{1}{\tau} \int_0^\tau |\boldsymbol{E}(t)|^2\, dt \tag{1.69}$$

2 Interferenz, Kohärenz und Polarisation

Ein optisches Wellenfeld stellt eine Überlagerung von Grundmoden dar. Bei der „kohärenten" Überlagerung zweier oder mehrerer Wellen kommt es zur Interferenz. Mit dem Kohärenzgrad beschreibt man den Zustand eines Wellenfeldes, der angibt, wie stark das Feld räumlich und zeitlich korreliert ist. Kohärenz wird auch als die „Interferenzfähigkeit" eines Wellenfeldes bezeichnet. Der Kohärenzzustand eines Wellenfeldes hängt von der Art der Strahlungsquelle ab und von der Lichtausbreitung. Wir werden in diesem Abschnitt also neben den Grundformeln zur Beschreibung von Interferenz und Kohärenz auch einfache Modelle für Lichtquellen liefern.

Licht als elektromagnetische Transversalwelle weist zwei voneinander unabhängige Polarisationsrichtungen auf. Die Polarisation stellt also einen Freiheitsgrad einer Mode dar. Der Polarisationszustand zweier Wellen ist mit entscheidend darüber, ob sie interferieren können. Der Polarisationszustand einer Lichtwelle hängt ebenfalls von der Art der Strahlungsquelle ab wie auch von der Lichtausbreitung. I. a. ändert sich der Polarisationszustand durch Streuung, Brechung, Beugung und Reflexion.

2.1 Interferenz

Wenn zwei oder mehrere Wellen sich überlagern, dann beobachtet man unter geeigneten Bedingungen charakteristische Muster, die man als Interferenzmuster bezeichnet. Solche Erscheinungen sind einem zum Beispiel von Wasserwellen her vertraut. Auch im Bereich des sichtbaren Lichtes kann man gelegentlich im Alltag Interferenzerscheinungen beobachten, z. B. die sogenannten Newton'schen Ringe bei glasgerahmten Dias oder bei Ölfilmen auf einer nassen Straße. Im technischen und naturwissenschaftlichen Bereich werden Interferenzeffekte sehr zahlreich ausgenutzt, zum Beispiel als Nachweis- und Meßmethoden. Interferenz stellt auch die Ursache dar für die Entstehung von Beugungsmustern. Mit Hilfe von Interferenz läßt sich das Entstehen eines diskreten Beugungsspektrums bei einem periodischen Gitter erklären als auch das Entstehen eines diskreten Modenspektrums in Wellenleitern. In der Übertragungstechnik kennt man schon seit langem den Überlagerungsempfang, insbesondere bei Radiowellen, der auch unter dem Stichwort „kohärente Kommunikation" in der optischen Nachrichtenübertragung vorkommt.

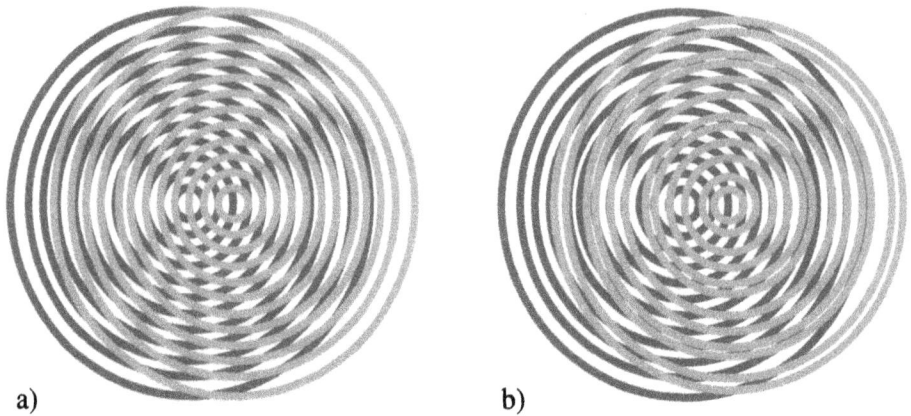

a)   b)

Abbildung 2.1: Zur Erläuterung der Begriffe Interferenz und Kohärenz ist die Überlagerung zweier Kreiswellen dargestellt (wie man sie z. B. bei Wasserwellen beobachten könnte). Im kohärenten Fall (a) sind die beiden Ringsysteme völlig regelmäßig (zur Unterscheidung sind diese mit unterschiedlichen Graustufen dargestellt), was zu einer stabilen Phasenbeziehung zwischen beiden führt, die sich in einem regelmäßigen Interferenzmuster äußert (dargestellt als Moiré-Streifen). Im inkohärenten (oder: partiell kohärenten) Fall (b) ist die Phasenlage des rechten Kreissystems instabil. Dies führt zu einer deutlichen Verzerrung der Interferenzmusters und zu einer Reduzierung des Streifenkontrasts.

Interferenzmuster beobachtet man nur bei Wellen, welche zueinander „kohärent" sind (Abb. 2.1). „Kohärenz" heißt, daß eine feste Phasen- und Amplitudenbeziehung zwischen beiden Wellen besteht oder, anders ausgedrückt, daß sie miteinander zeitlich und räumlich korreliert sind. Wenn die Phasen oder Amplituden der Wellen statistisch fluktuieren, dann nimmt die Kohärenz zwischen den Wellen ab und die Ordnung des Interferenzmuster wird (partiell) zerstört.

2.1.1 Mathematische Beschreibung

Wir beginnen zunächst mit einer Vereinfachung, indem wir für die mathematische Beschreibung eines Wellenfeldes eine skalare Darstellung verwenden. D. h., daß wir statt der drei Komponenten von $E(r, t)$ nur eine verwenden, die wir im folgenden mit $U(r, t)$ bezeichnen. Die Beschränkung auf eine einzige Komponente des E-Feldes ist gerechtfertigt, wenn Polarisationseigenschaften keine Rolle spielen. Dies sei im folgenden angenommen.

Zur mathematischen Beschreibung von Interferenzerscheinungen betrachten wir die Überlagerung zweier Wellen $U_1(r, t)$ und $U_2(r, t)$. Als komplexe Amplitude ergibt sich:

$$U(r, t) = U_1(r, t) + U_2(r, t) \tag{2.1}$$

Mit einem Detektor wird die zeitgemittelte Intensität beobachtet, also

$$\langle |U(\boldsymbol{r}, t)|^2 \rangle = \langle |U_1(\boldsymbol{r}, t) + U_2(\boldsymbol{r}, t)|^2 \rangle$$

$$= \langle |U_1(\boldsymbol{r}, t)|^2 \rangle + \langle |U_2(\boldsymbol{r}, t)|^2 \rangle + 2 \operatorname{Re}\{\langle U_1(\boldsymbol{r}, t) \, U_2^*(\boldsymbol{r}, t) \rangle\} \quad (2.2)$$

Hier bezeichnen Re$\{\ldots\}$ den Realteil, die eckigen Klammern deuten eine Zeitmittelung an:

$$\langle f(t) \rangle = \frac{1}{T} \int\limits_t^{t+T} f(t') \, dt' \quad (2.3)$$

Für stationäre Felder ergeben die Mittelwerte $\langle |U_1(\boldsymbol{r}, t)|^2 \rangle$ und $\langle |U_2(\boldsymbol{r}, t)|^2 \rangle$ konstante Lichtverteilungen unabhängig von t. Den Ausdruck $2 \operatorname{Re}\{\langle U_1(\boldsymbol{r}, t) \, U_2^*(\boldsymbol{r}, t) \rangle\}$ bezeichnet man als Interferenzterm. Er beschreibt das Aussehen des räumlichen oder zeitlichen Interferenzmusters.

Wir nehmen im folgenden an, $U_1(\boldsymbol{r}, t)$ und $U_2(\boldsymbol{r}, t)$ seien ebene Wellen der Form:

$$\begin{aligned} U_1(\boldsymbol{r}, t) &= A_1 \, e^{\frac{2\pi i}{\lambda}(\alpha x + \gamma z)} \, e^{-i[2\pi\nu_1 t + \varphi_1(\boldsymbol{r}, t)]} \quad \text{bzw.} \\ U_2(\boldsymbol{r}, t) &= A_2 \, e^{\frac{2\pi i}{\lambda}(-\alpha x + \gamma z)} \, e^{-i[2\pi\nu_2 t + \varphi_2(\boldsymbol{r}, t)]} \end{aligned} \quad (2.4)$$

$\varphi_1(t)$ und $\varphi_2(t)$ sind Funktionen, die den Phasenverlauf der Welle bestimmen. In der Ebene $z = 0$ ergibt sich somit für den Interferenzterm folgender Ausdruck:

$$\operatorname{Re}\{\langle U_1 U_2^* \rangle\} = 2 A_1 A_2 \cos(4\pi\alpha x/\lambda)\langle\cos[2\pi(\nu_1 - \nu_2)t + \varphi_1(\boldsymbol{r}, t) - \varphi_2(\boldsymbol{r}, t)]\rangle$$

$$(2.5)$$

Für den Fall, daß $\nu_1 = \nu_2$ und $\varphi_1(t) - \varphi_2(t) = \text{const.}$, ergibt der Ausdruck in den eckigen Klammern eine Konstante. Als Lichtverteilung beobachtet man in diesem Fall vollständig kohärenter Beleuchtung ein sinusoidales Streifenmuster. Für $\nu_1 \neq \nu_2$ und/oder $\varphi_1(t) - \varphi_2(t) \neq \text{const.}$, ergibt sich kein stationäres Streifenmuster. Die Zeitmittelung über T ergibt dann eine intensitätsmäßige Mittelung über unterschiedliche Streifenmuster, was u. U. dazu führt, daß der Interferenzterm eine konstante Lichtverteilung liefert. Nur wenn die beiden Felder $U_1(\boldsymbol{r}, t)$ und $U_2(\boldsymbol{r}, t)$ über den Zeitraum T miteinander korreliert sind, ergibt sich ein beobachtbares Interferenzmuster und man spricht von kohärentem Licht.

Anmerkung

Die Tatsache, daß die Zeitkonstante T des Detektors entscheidend ist, ob man die Interferenzmuster „sehen" kann, bedeutet, daß man den Begriff der Kohärenz vom praktischen Gesichtspunkt aus sehen muß. Dies spielt u. a. beim optischen Überlagerungsempfang eine Rolle. Dort sind die „Beobachtungszeiten" (sprich: die Zeitdauer eines optischen Pulses) kurz genug, so daß man keine großen Anforderungen an die Lichtquellen stellen muß. — In theoretischen Optikbüchern wird übrigens bei der Definition der Kohärenzfunktion immer T als unendlich angesetzt.

Neben der Kohärenz gilt als weitere Bedingung für die Interferenzfähigkeit zweier Wellen, daß sie gleichartig polarisiert sein müssen. Für zwei linear polarisierte Wellen $\boldsymbol{E}_1(\boldsymbol{r}, t)$ und $\boldsymbol{E}_2(\boldsymbol{r}, t)$ ergibt sich bei Überlagerung die Intensität I gemäß Gleichung (1.69) zu:

$$I = \langle |\boldsymbol{E}_1|^2 \rangle + \langle |\boldsymbol{E}_2|^2 \rangle + 2 \langle \boldsymbol{E}_1 \cdot \boldsymbol{E}_2 \rangle \tag{2.6}$$

Für orthogonal polarisierte Wellen ist das skalare Vektorprodukt $\boldsymbol{E}_1 \cdot \boldsymbol{E}_2 = 0$. In diesem Fall ist also die Gesamtintensität gleich der Summe der Einzelintensitäten.

2.1.2 Interferometertypen

Interferenz wird in einer Vielzahl von Anwendungen ausgenutzt, praktisch in allen Teilbereichen der Photonik wie der Übertragungstechnik, der Speichertechnik, insbesondere auch in der der Meßtechnik. Entsprechend gibt es eine Vielzahl von optischen Aufbauten, welche als optische Interferometer genutzt werden können. Man unterscheidet zwischen Zweistrahlinterferometern und Mehrstrahlinterferometern. Die mathematische Beschreibung des vorigen Abschnittes entspricht dem Fall der Zweistrahlinterferenz. Mit dem Young-Interferometer haben wir bereits ein Zweistrahlinterferometer kennengelernt. Von größerer praktischer Bedeutung sind allerdings die drei Anordnungen, welche in Abb. 2.2 gezeigt sind, nämlich das Michelson-Interferometer (MI), das Mach-Zehnder-Interferometer (MZI) und das Sagnac-Interferometer (SI). Eine einkommende Lichtwelle (hier jeweils nur schematisch durch einen Pfeil dargestellt) wird in zwei Wellen aufgespalten. Beim MI und MZI laufen die beiden Wellen unterschiedliche Wege, beim SI denselben Weg, allerdings in entgegengesetzter Richtung. Wegen des gemeinsamen optischen Wegs gehört das SI zur Klasse der „*common path interferometer*", welche sich durch große mechanische Stabilität auszeichnen.

Für MI und MZI ergibt sich bedingt durch die unterschiedlichen Wege bei der Überlagerung der beiden Teilwellen eine Phasenverzögerung

$$\varphi = 2\pi L/\lambda \tag{2.7}$$

und somit ein entsprechender Intensitätsverlauf in Abhängigkeit von L:

$$I(L) = 2I_0[1 + \cos(2\pi L/\lambda)] \tag{2.8}$$

Spiegel

$\frac{L}{2}$

$\frac{L}{2}$

Strahlteilung bzw. -kombination

a)   b)   c)

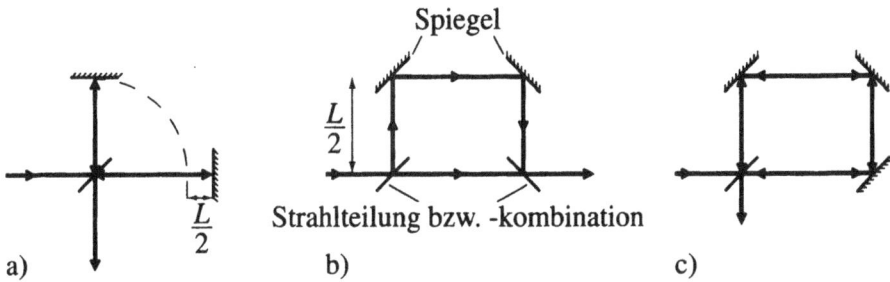

Abbildung 2.2: Zweistrahlinterferometer: a) Michelson-, b) Mach-Zehnder-, c) Sagnac-Interferometer.

Eine Veränderung im Interferenzmuster von Hell nach Dunkel z. B. erfordert eine Veränderung des Gangunterschiedes von einer halben Wellenlänge. Diese hohe Auflösung macht man sich in der optischen Meßtechnik zunutze. Bei Verwendung rauscharmer Detektoren kann man entsprechend sehr feine Weglängenunterschiede (im Subnanometerbereich) auflösen.

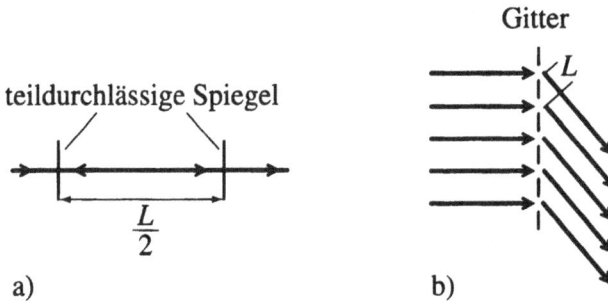

Gitter

L

teildurchlässige Spiegel

$\frac{L}{2}$

a)   b)

Abbildung 2.3: Vielstrahlinterferometer: a) Fabry-Perot-, b) Gitter-Interferometer.

Wenn N optische Wellen einander überlagert werden, spricht man von Vielstrahlinterferenz. Zwei wichtige Vielstrahlinterferometer sind das Fabry-Perot-Interferometer (FPI) und das Gitterinterferometer (GI), siehe Abb. 2.3. Beim Fabry-Perot-Interferometer, welches u. a. für den Aufbau von Laserresonatoren große Bedeutung hat, wird die Strahlteilung und -kombination durch zwei kollinear angeordnete teildurchlässige Spiegel realisiert. Es tritt hier also optische Rückkopplung auf. Vielstrahlinterferenz beobachtet man auch bei der Beugung an einem Gitter. Die unterschiedlichen Teilstrahlen, welche durch die Gitterspalte erzeugt werden, überlagern sich mit unterschiedlichen Phasenverzögerungen, abhängig von der Ausbreitungsrichtung. Auf die Gitterbeugung gehen wir im kommenden Kapitel genauer ein.

Die Mathematik der Vielstrahlinterferenz ergibt sich durch Erweiterung der Ausdrücke für die Zweistrahlinterferenz. Die Amplitude der Ausgangswelle läßt sich wie folgt schreiben:

$$U = \sum_{n=-N/2}^{+N/2} A_n \, e^{[2\pi i n(L/\lambda)]} \tag{2.9}$$

Die A_n sind die Amplituden der Teilwellen, L ist der zusätzliche optische Weg, den die $n+1$-ste Teilwelle gegenüber der n-ten laufen muß. Für das FPI entspricht L dem Doppelten des Spiegelabstands, für ein GI ist in der ersten Beugungsordnung $L = \lambda$. Beim GI sind im einfachsten Fall alle Teilwellen gleich, also $A_n = A$. Beim FPI ist auf Grund der rückgekoppelten Anordnung und der Dämpfungsverluste pro Umlauf $A_{n+1}/A_n < 1$, d. h. die Amplitude der Teilwellen fällt exponentiell ab. Gitterbeugung und die Funktion des FPIs werden in späteren Kapiteln ausführlich behandelt, so daß wir an dieser Stelle nicht weiter auf ihre Beschreibung eingehen wollen. Es sei hier nur festgehalten, daß die Summe mit den $N + 1$ jeweils Interferenzmuster beschreibt, welche deutlicher ausgeprägte Maxima enthalten als die Kosinusfunktion für die Zweistrahlinterferenz.

2.2 Kohärenz und Lichtquellen

Die Eigenschaften eines Wellenfeldes werden u. a. von den Eigenschaften der Strahlungsquelle bestimmt. Man unterscheidet zwei Arten von Lichtquellen: sogenannte klassische (auch: natürliche) Lichtquellen (Glühlampen, Gasentladungslampen, Leuchtdioden, ...) sowie Laserquellen. Beide Arten von Lichtquellen unterscheiden sich bezüglich ihrer statistischen Eigenschaften. Bei den klassischen Strahlern erfolgt die Lichtemission der unterschiedlichen Atome der Lichtquelle voneinander unabhängig, d. h. die einzelnen Emissionsvorgänge sind unkorreliert, bei einer Laserquelle dagegen stark korreliert. Beide Situationen sind in Abbildung 2.4 dargestellt. Bei der klassischen Lichtquelle senden die Atome Wellenpakete (Photonen) aus, die z. B. als exponentiell gedämpfte Schwingungen modelliert werden können (s. Beispiel 2.2). Die relative Phasenlage dieser Schwingungen ist völlig zufällig. Die Überlagerung dieser Wellenpakete ergibt somit unregelmäßige, zeitlich schnell veränderliche Phasenfronten. Die statistischen Mittelwerte sind allerdings i. a. zeitlich konstant; man spricht in diesem Fall von stationären Wellenfeldern. Beim Laser ist die Situation anders: die Abstrahlung aller Punktquellen erfolgt hier zumindest im Idealfall völlig gleichphasig, so daß sich regelmäßige Wellenfronten ausbilden. Bei genügend großer Entfernung von der Laserquelle beobachtet man ebene Wellen wie in Abbildung 2.4 gezeigt.

An einem beliebigen Punkt r ergibt sich das Wellenfeld $U(r, t)$ als Überlagerung der Beiträge aller Punktquellen. Eine Punktquelle am Ort r_n erzeugt in r ein Feld, was wir wie folgt beschreiben können:

$$U_n(r, t) = A_n(r_n, t) \, e^{-i[2\pi\nu t - \varphi(r_n, t)]} \tag{2.10}$$

klassische Lichtquelle   Wellenfeld   Laserquelle   Wellenfeld

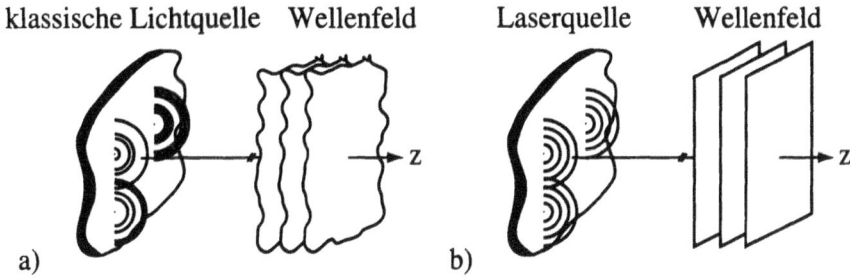

a)   b)

Abbildung 2.4: Abstrahlung und Wellenfelder bei klassischen Lichtquellen und Laserlichtquellen.

Die Felder von allen Punktquellen addieren sich linear:

$$
\begin{aligned}
U(\boldsymbol{r}, t) &= \sum_{n=1}^{N} U_n(\boldsymbol{r}, t) \\
&= \sum_{n=1}^{N} |U_n|\, e^{i\varphi_n}
\end{aligned}
\tag{2.11}
$$

Diese Summe von Phasoren läßt sich in der komplexen Ebene darstellen wie in Abb. 2.5.a gezeigt. Für eine klassische Strahlungsquelle ergibt sich $U(\boldsymbol{r}, t)$ als Summe von zufallsverteilten Phasoren. Somit ist $U(\boldsymbol{r}, t)$ selbst eine Zufallsgröße, über deren momentanen Wert wir keine genauen Aussagen machen können, nur über ihre Mittelwerte und über die Wahrscheinlichkeitsverteilung, der $U(\boldsymbol{r}, t)$ unterliegt. Bei einer genügend großen Anzahl von Punktstrahlern (d. h. bei genügend großem N) ergibt sich die Wahrscheinlichkeitsverteilung für $U(\boldsymbol{r}, t)$ wie beim „*random walk*"-Problem durch Anwendung des zentralen Grenzwertsatzes (siehe Anhang D) als eine Gauß-Verteilung (Abb. 2.5.b). Daher werden klassische Lichtquellen in der Quantenoptik auch Gauß'sche Strahler genannt.

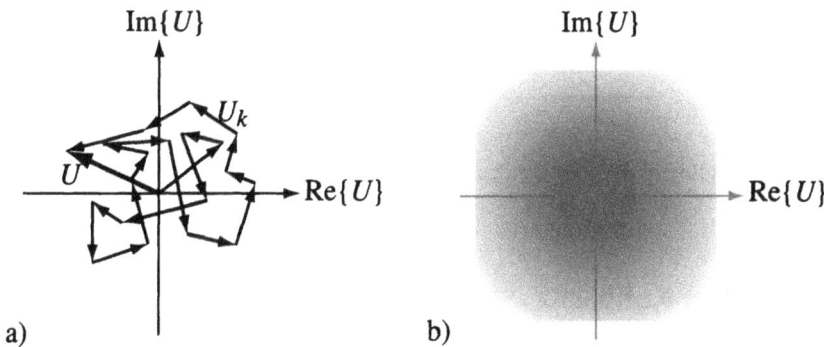

a)   b)

Abbildung 2.5: Klassische Lichtquelle: a) Aufsummierung der einzelnen Phasoren, b) Wahrscheinlichkeitsverteilung $P\{U(\boldsymbol{r}, t)\}$ für eine klassische Strahlungsquelle.

Für eine Laserquelle, die infolge der Korrelation der Lichtabstrahlung auch als ein einziger Punktstrahler aufgefaßt werden kann, wird $U(\boldsymbol{r}, t)$ durch einen einzigen Phasor beschrieben. Unter der Annahme, daß die Amplitude der Laserquelle konstant sei, ist nur die Phase nicht genau festgelegt, sondern kann alle Werte von 0 bis 2π annehmen. Somit befindet sich der Endpunkt von $U(\boldsymbol{r}, t)$ immer auf einem Kreis in der komplexen Ebene mit einem bestimmten Radius, welcher der Lichtamplitude entspricht (Abb. 2.6).

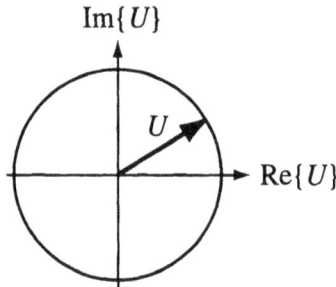

Abbildung 2.6: Ideale Laserquelle: Wahrscheinlichkeitsverteilung $P\{U(\boldsymbol{r}, t)\}$.

Die statistischen Eigenschaften des Wellenfeldes werden mit dem Begriff Kohärenz beschrieben. Man unterscheidet zwischen zeitlicher und räumlicher Kohärenz (Abb. 2.7). Zeitliche Kohärenz bedeutet, daß das Wellenfeld an einem Punkt $\boldsymbol{r}$ zum Zeitpunkt t mit dem Wellenfeld zum Zeitpunkt $t + \tau$ korreliert ist. Räumliche Kohärenz bedeutet, daß die Amplituden des Wellenfeldes an zwei Orten $\boldsymbol{r}_1$ und $\boldsymbol{r}_2$ zum Zeitpunkt t miteinander korreliert sind.

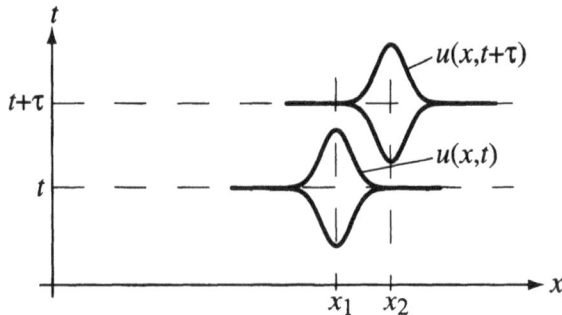

Abbildung 2.7: Zum Begriff der zeitlichen und räumlichen Kohärenz. Das optische Wellenfeld ist durch die Einhüllende eines Gauß-Wellenzuges dargestellt.

2.2.1 Zeitliche Kohärenz

Die zeitliche Autokorrelation von $U(\boldsymbol{r}, t)$ ist mathematisch wie folgt definiert:

$$\Gamma(\tau) = \langle U^*(\boldsymbol{r}, t)\, U(\boldsymbol{r}, t + \tau)\rangle \qquad (2.12)$$

$\Gamma(\tau)$ heißt die zeitliche Kohärenzfunktion. Als komplexen Kohärenzgrad bezeichnet man die normierte Größe

$$\gamma(\tau) = \frac{\Gamma(\tau)}{\Gamma(0)} \qquad (2.13)$$

Allgemein gilt: $0 \leq |\gamma(\tau)| \leq 1$. Weiterhin ist es eine allgemeine Eigenschaft der Autokorrelationsfunktion $\Gamma(\tau)$ und damit auch der normierten Funktion $\gamma(\tau)$, daß sie für $\tau = 0$ einen Maximalwert annimmt: $|\gamma(0)| \geq |\gamma(\tau)|$. Für reine Zufallsfunktionen fällt $|\gamma(\tau)|$ monoton ab, wie in Abbildung 2.8 dargestellt.

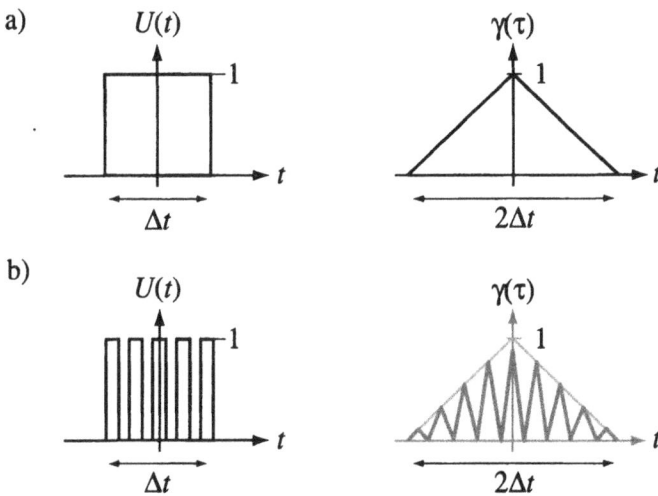

Abbildung 2.8: Darstellung der normierten Autokorrelationsfunktion $\gamma(\tau)$ für a) eine Rechteckfunktion und b) eine endliche Folge von Rechteckfunktionen.

Die Breite der Funtion $\gamma(\tau)$ stellt ein Maß dafür dar, wie stark die Funktion $U(t)$ korreliert ist. Je stärker $U(t)$ fluktuiert, um so schmaler ist $\gamma(\tau)$. Den Zeitraum $\tau = t_k$, innerhalb dessen $\gamma(\tau)$ auf einen bestimmten Wert abfällt, bezeichnet man als die Kohärenzzeit. Als mathematische Definition für t_k verwendet man folgendes Integral:

$$t_k = \int |\gamma(\tau)|^2 \, d\tau \qquad (2.14)$$

Während der Zeit t_k durchläuft eine Lichtwelle eine Strecke l_k, die man als Kohärenzlänge bezeichnet. Wellenfronten, die einen Gangunterschied von weniger als l_k aufweisen sind kohärent.

$$l_k = c \, t_k \qquad (2.15)$$

Beispiel 2.1   Kohärenzfunktion im Falle einer idealen Laserquelle

Das Feld, welches in einem Punkt r von einer idealen Laserquelle erzeugt wird, läßt sich unter Vernachlässigung uninteressanter Faktoren, wie folgt beschreiben:

$$U_L(t) = e^{-2\pi i \nu_0 t} \tag{2.16}$$

Die zeitliche Kohärenzfunktion $\Gamma(\tau)$ und der komplexe zeitliche Kohärenzgrad $\gamma(\tau)$ berechnen sich mit Gleichung (2.12) und (2.13) wie folgt:

$$\Gamma_L(\tau) = e^{2\pi i \nu_0 t} = \gamma_L(\tau) \tag{2.17}$$

Mit $|\gamma(\tau)| = 1$ für alle Zeiten ist das Wellenfeld vollkommen korreliert, d. h. aus $U(t)$ können wir $U(t + \tau)$ für beliebige Werte von τ bestimmen (bis auf einen unwesentlichen Phasenwert). Der Feldverlauf $U(t)$ und $|\gamma(\tau)|$ sind für einen idealen Laser in Abbildung 2.9 dargestellt.

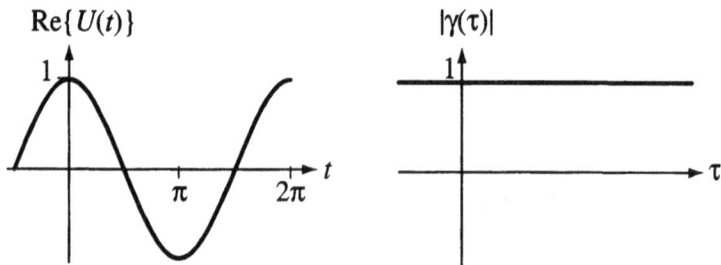

Abbildung 2.9: a) Feldverlauf $U(t)$ und b) Kohärenzgrad $|\gamma(\tau)|$ für ein Wellenfeld, welches von einer idealen Laserquelle erzeugt wird.

Für eine ideale Laserquelle ist die Phasengröße $\varphi(t)$ eine Konstante. In der Realität sind die Wellenzüge, die von einem Laser ausgehen, jedoch von Phasensprüngen unterbrochen (Abbildung 2.10). Für einen herkömmlichen Helium-Neon-Gaslaser z. B. ist φ im Mittel über einen Zeitraum von 10^{-8} s konstant. Dieser Zeitraum entspricht der Kohärenzzeit t_k.

Im Falle der klassischen Strahlungsquelle emittieren einzelne Atome Wellenpakete, allerdings völlig unkorreliert, also zu beliebigen Zeitpunkten und mit beliebigen Phasenlagen. Ein solches Wellenpaket kann als sinusoidale Schwingung mit exponentiell abfallender Amplitude modelliert werden und läßt sich mathematisch wie folgt beschreiben:

$$U_p(t) = \begin{cases} e^{-\frac{t}{t_k}} e^{-i[2\pi \nu_0 t - \varphi(t)]} & , t \geq 0 \\ 0 & , t < 0 \end{cases} \tag{2.18}$$

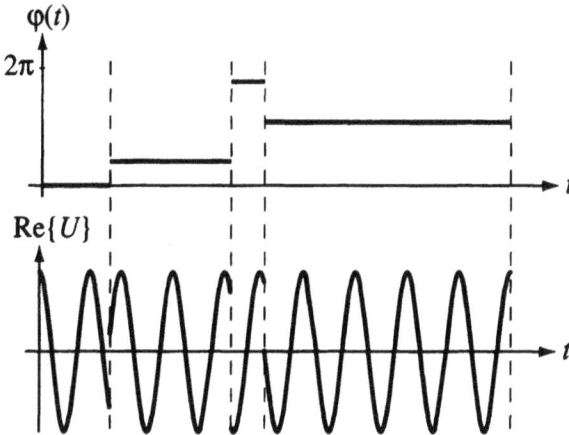

Abbildung 2.10: Verlauf der Phasenfunktion φ und des Feldes $U(t)$.

Die Amplitude an einem Ort r ergibt sich aus der Aufsummierung über verschiedene Beiträge:

$$U_c(t) = \sum_{n=1}^{N} U_p(t - t_n; \varphi_n) \qquad (2.19)$$

Beispiel 2.2   Kohärenzfunktion im Falle einer klassischen Lichtquelle

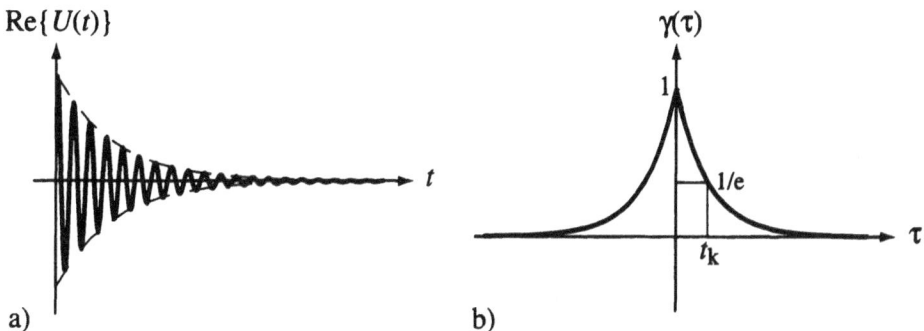

Abbildung 2.11: Feldverlauf $U(t)$ und Kohärenzgrad $|\gamma(\tau)|$ für ein Wellenfeld, welches von einer klassischen Strahlungsquelle erzeugt wird.

Abbildung 2.11.a zeigt den Verlauf einer exponentiell gedämpften Schwingung $U(t)$. Ihre Autokorrelation berechnet sich wie folgt:

$$\Gamma_c(\tau) = e^{-\frac{|\tau|}{t_k}} e^{2\pi i \nu_0 \tau} = \gamma_c(\tau) \tag{2.20}$$

Hier wurde ein konstanter Wert vernachlässigt, der sich aus dem Integral $(1/T)\int \exp(-2t/t_k)dt$ ergibt. $|\gamma(\tau)|$ ist in Abbildung 2.11.b dargestellt. Die obige Darstellung der exponentiell gedämpften Schwingung mit einer Einhüllenden $\exp(-t/t_k)$ ist kompatibel mit der Definition für die Kohärenzzeit t_k aus Gleichung (2.14), wie folgende Rechnung bestätigt:

$$\int |\gamma_c(\tau)|^2 \, d\tau = \int e^{-\frac{2|\tau|}{t_k}} \, d\tau = t_k \tag{2.21}$$

Es ist von Bedeutung, daß sich an der Form von $|\gamma(\tau)|$ nichts ändert, wenn man nicht ein einzelnes Wellenpaket betrachtet, sondern eine Zufallsfolge von Wellenpaketen.

Eine wesentliche Größe eines Wellenfeldes ist seine spektrale Leistungsdichte $S(\nu)$ (das „Spektrum"), welche angibt, wie sich die Lichtleistung auf unterschiedliche Zeitfrequenzen ν verteilt. Nach dem Wiener-Khinchin-Theorem (siehe Anhang E) berechnet sich $S(\nu)$ als die Fourier-Transformierte der Autokorrelation von $U(t)$, also der zeitlichen Kohärenzfunktion $\Gamma(\tau)$:

$$S(\nu) = \int \Gamma(\tau) \, e^{-2\pi i \nu \tau} d\tau \tag{2.22}$$

Beispiel 2.3 Spektren im Fall einer idealen Laserquelle und einer klassischen Lichtquelle

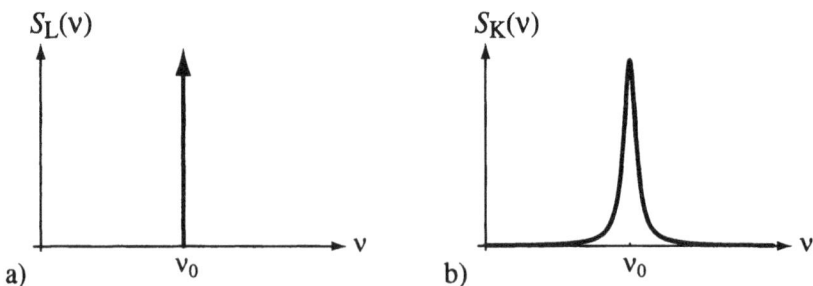

Abbildung 2.12: Spektren $S(\nu)$ für a) Laserstrahlung und b) klassische Strahlung.

Mit (2.16) ergibt sich als Spektrum für ein von einem idealen Laser erzeugtes Wellenfeld ein Peak an der Stelle $\nu = \nu_0$:

$$S_{\mathrm{L}}(\nu) = \delta(\nu - \nu_0) \tag{2.23}$$

Für den klassischen Strahler ist $S_{\mathrm{K}}(\nu)$ bis auf eine Konstante:

$$S_K(\nu) = \frac{2t_k}{1 + [2\pi t_k(\nu - \nu_0)]^2}$$

$$= \frac{\Delta\nu/2\pi}{(\frac{\Delta\nu}{2})^2 + (\nu - \nu_0)^2} \qquad (2.24)$$

Diese Gleichung beschreibt eine sogenannte Lorentz-Kurve. Ihre Halbwertsbreite $\Delta\nu = 1/\pi t_k$ ist umgekehrt proportional zur Kohärenzzeit.

Die Kohärenzfunktion ist eine meßbare Größe. Im Falle kohärenter Strahlung ist man in der Lage Interferenzerscheinungen zu beobachten. Zeitliche Kohärenz kann man mit Hilfe eines sogennanten Michelson-Interferometers messen. Beim Michelson-Interferometer spaltet man Licht von einer Punktquelle (realisiert z. B. mit Hilfe eines sogenannten „Pinholes") durch einen Strahlteiler in zwei Wellen auf, die unterschiedlich lange Wege zurücklegen, bis sie durch den Strahlteiler wieder vereinigt werden und auf einen Detektor treffen. Der Gangunterschied L entspricht einer Verzögerung $\tau = L/c$, so daß sich am Detektor $U(r,t)$ und $U(r,t+\tau)$ überlagern.

Die Intensität am Detektor ist abhängig von der Zeitverzögerung τ:

$$I(\tau) = \langle|U(t) + U(t+\tau)|^2\rangle$$

$$= \langle|U(t)|^2\rangle + \langle|U(t+\tau)|^2\rangle + 2\,\text{Re}\{\langle U^*(t)\,U(t+\tau)\rangle\} \qquad (2.25)$$

Für ein stationäres Wellenfeld ist $\langle|U(t)|^2\rangle = \langle|U(t+\tau)|^2\rangle = \Gamma(0)$. Im folgenden bezeichnen wir $I_0 = \Gamma(0)$. Mit Gleichung (2.12) und (2.13) können wir nun schreiben:

$$I(\tau) = 2I_0[1 + \text{Re}\{\gamma(\tau)\}] \qquad (2.26)$$

Der Intensitätsverlauf in Abhängigkeit von Δz gibt also die Kohärenzfunktion wieder. Als Beispiel betrachten wir die Kohärenzfunktion, die wir in Gleichung (2.20) für die klassische Strahlungsquelle berechnet haben. $\gamma(\tau) = \exp(-\tau/t_k)\exp(2\pi i\nu_0\tau)$. Wenn wir dies in (2.26) einsetzen und die Beziehungen $\tau = L/c$, $\nu_0/c = \lambda_0$ sowie $l_k = c\,t_k$ verwenden, dann erhalten wir folgendes Ergebnis:

$$I(\Delta z) = 2I_0[1 + e^{-\frac{L}{l_k}}\cos(2\pi\frac{L}{\lambda})] \qquad (2.27)$$

Diese Kurve ist ist Abbildung 2.13 dargestellt. Am Detektor beobachtet man also abwechselnd Helligkeit und Dunkelheit abhängig vom Gangunterschied der beiden Wellen. Wenn Δz ein Vielfaches der Wellenlänge λ_0 ist, tritt konstruktive Interferenz auf und man beobachtet Helligkeit. Für ungeradzahlige Vielfache von $\lambda_0/2$ als Gangunterschied löschen sich die Amplituden der beiden Wellen gerade aus. Der Kontrast zwischen hell und dunkel nimmt mit zunehmendem Δz ab entsprechend der

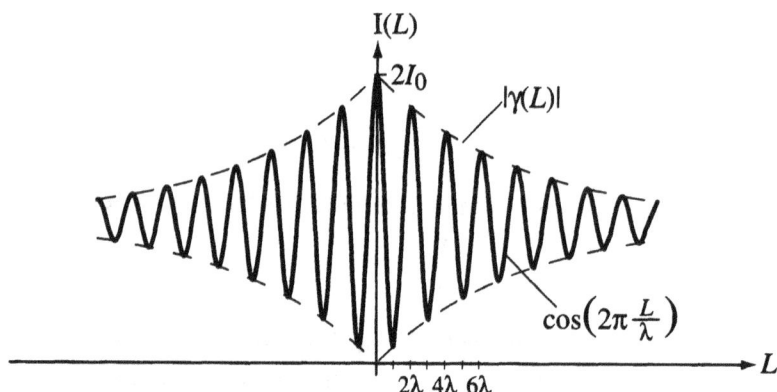

Abbildung 2.13: Verlauf der Intensität $I(L)$ beim Michelson-Interferometer in Abhängigkeit vom Gangunterschied L.

Einhüllenden $\gamma(\Delta z)$. Für $|\Delta z| > l_k$ geht der Kontrast der Hell-Dunkel-Übergänge gegen Null, d. h. die beiden gegeneinander verschobenen Wellen interferieren nicht mehr. Die Intensität in der Beobachtungsebene ist dann durch die Summe der Einzelintensitäten gegeben.

2.2.2　Räumliche Kohärenz

In Erweiterung des Konzeptes der Kohärenz kann man die Korrelationseigenschaften des Wellenfeldes $U(r, t)$ an unterschiedlichen Punkten r_1 und r_2 betrachten. Wir gehen von der Situation aus, die in Abbildung 2.14 dargestellt ist.

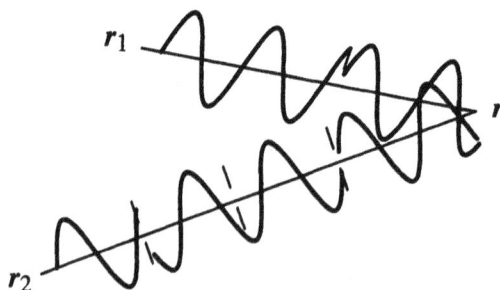

Abbildung 2.14: Überlagerung zweier Wellen am Ort r.

Wir betrachten die Lichtamplitude $U(r, t)$, die von zwei Punktlichtquellen an einem Ort r erzeugt wird. Wir nehmen den Fall monochromatischer Strahlung ($\nu_1 = \nu_2$) an und schreiben mit Gleichung (2.1):

$$U(r, t) = U_1(r, t) + U_2(r, t) \tag{2.28}$$

Der Anteil $U_1(r, t)$ ist proportional zum Wellenfeld am Ort r_1 zum früheren Zeitpunkt $t - (l_1/c)$. Hier ist $l_1 = |r - r_1|$ die Entfernung zwischen der Lichtquelle und dem Beobachtungspunkt und c die Ausbreitungsgeschwindigkeit des Lichtes. Entsprechendes gilt für U_2. Falls $l_1 \gg |r_1 - r_2|$ und $l_2 \gg |r_1 - r_2|$, kann man unter Vernachlässigung von Proportionalitätskonstanten schreiben:

$$
\begin{aligned}
U(r, t) &= U_1(r_1, t - \tfrac{l_1}{c}) + U_2(r_2, t - \tfrac{l_2}{c}) \\
&= U_1(r_1, t - t_1) + U_2(r_2, t - t_2)
\end{aligned}
\tag{2.29}
$$

mit $t_1 = l_1/c$ und $t_2 = l_2/c$. Damit wird:

$$
\langle |U(r,t)|^2 \rangle = \langle |U_1(t - t_1)|^2 \rangle + \langle |U_2(t - t_2)|^2 \rangle + 2\,\mathrm{Re}\{\langle U_1(t - t_1) U_2^*(t - t_2) \rangle\}
\tag{2.30}
$$

wobei die Abkürzungen $U_1(t) = U_1(r_1, t)$ und $U_2(t) = U_2(r_2, t)$ benutzt wurden. Wir nehmen an, daß das Wellenfeld stationär ist, d. h. daß die Zeitmittelwerte unabhängig von der Zeit sind, dann kann man den Zeitnullpunkt beliebig verschieben. Somit kann man schreiben:

$$
\langle |U(r,t)|^2 \rangle = I_1 + I_2 + 2\,\mathrm{Re}\{\Gamma_{12}(\tau)\} \quad \text{mit} \quad
\begin{aligned}
I_1 &= \langle U_1(t)\,U_1^*(t) \rangle \\
I_2 &= \langle U_2(t)\,U_2^*(t) \rangle
\end{aligned}
\tag{2.31}
$$

und mit t_2 als Zeitnullpunkt und $t = t_2 - t_1$

$$
\Gamma_{12}(\tau) = \langle U_1(t + \tau)\,U_2^*(t) \rangle
\tag{2.32}
$$

$\Gamma_{12}(\tau)$ nennt man die wechselseitige Kohärenzfunktion des Lichtfeldes an den Orten r_1 und r_2. Wie man sieht, bestimmt ihr Realteil die räumliche Intensitätsverteilung. $\mathrm{Re}\{\Gamma_{12}(\tau)\}$ haben wir weiter oben in Abschnitt 2.1 als den „Interferenzterm" bezeichnet. Offensichtlich ist $I_1 = \Gamma_{11}(0)$ und $I_2 = \Gamma_{22}(0)$. Damit kann man anstelle von (2.31) schreiben:

$$
I(r) = \Gamma_{11}(0) + \Gamma_{22}(0) + 2\,\mathrm{Re}\{\Gamma_{12}(\tau)\}
\tag{2.33}
$$

Definiert man den komplexen Kohärenzgrad als

$$
\gamma_{12}(\tau) = \frac{\Gamma_{12}(\tau)}{\sqrt{\Gamma_{11}(0)\,\Gamma_{22}(0)}}
\tag{2.34}
$$

dann erhält man auch

$$
I(r) = I_1 + I_2 + 2\sqrt{I_1 I_2}\,\mathrm{Re}\{\gamma_{12}(\tau)\}
\tag{2.35}
$$

$\gamma_{12}(\tau)$ ist eine komplexe Größe und man kann es daher in der Form

$$\gamma_{12}(\tau) = |\gamma_{12}(\tau)|\, e^{i\Phi_{12}(\tau)} \tag{2.36}$$

schreiben, wobei Φ_{12} auf die Phasendifferenz der beiden Wellen zurückgeht. Hiermit wird schließlich:

$$I(\boldsymbol{r}) = I_1 + I_2 + 2\sqrt{I_1\,I_2}\,|\gamma_{12}(\tau)|\,\cos\Phi_{12}(\tau) \tag{2.37}$$

Mit Hilfe der Schwarz'schen Ungleichung kann man zeigen, daß

$$0 \le |\gamma_{12}| \le 1 \tag{2.38}$$

Für $|\gamma_{12}(t)| = 0$ verschwindet der Interferenzterm; man spricht von inkohärentem Licht. $|\gamma_{12}(t)| = 1$ bedeutet, daß die Modulation des Interferenzterms maximal wird. Hier liegt kohärente Beleuchtung vor. Für $0 < |\gamma_{12}(t)| < 1$ nennt man das Licht partiell kohärent. $|\gamma_{12}(t)|$ entscheidet also, wie gut die Interferenzstruktur sichtbar ist. Als quantitative Größe hierfür definiert man den Kontrast

$$K = \frac{I_{\max} - I_{\min}}{I_{\max} + I_{\min}} \tag{2.39}$$

Offensichtlich ist

$$K = \frac{2\sqrt{I_1\,I_2}}{I_1 + I_2}\,|\gamma_{12}(\tau)| \tag{2.40}$$

Insbesondere gilt im Spezialfall $I_1 = I_2$, daß $K = |\gamma_{12}(\tau)|$. Zur Messung der räumlichen Kohärenzfunktion eignet sich ein Young-Interferometer mit zwei Punktöffnungen an den Stellen $\boldsymbol{r}_1$ und $\boldsymbol{r}_2$ (s. Abb. 1.2). Jede der beiden virtuellen Punktquellen erzeugt in großer Entfernung eine verkippte Welle, die sich in einer Beobachtungsebene überlagern. In Abbildung 2.15 sind Computersimulationen dieses Streifenmusters für unterschiedliche Werte von γ_{12} dargestellt, um zu demonstrieren, wie sich der Kontrast verändert.

Die Kohärenzfunktion ist also eine beobachtbare Größe. Darüberhinaus kann man, wenn $\Gamma_{12}(t)$ in einer Ebene bekannt ist, die Kohärenzfunktion in einer anderen Ebene berechnen, da sie der Wellengleichung genügt:

$$\Delta_i\,\Gamma_{12}(\tau) - \frac{1}{c^2}\frac{\partial^2\,\Gamma_{12}(\tau)}{\partial\tau^2} = 0 \tag{2.41}$$

Δ_i ($i = 1, 2$) bezeichnet den Laplace-Operator in den Koordinaten x_1 und y_1 bzw. x_2 und y_2.

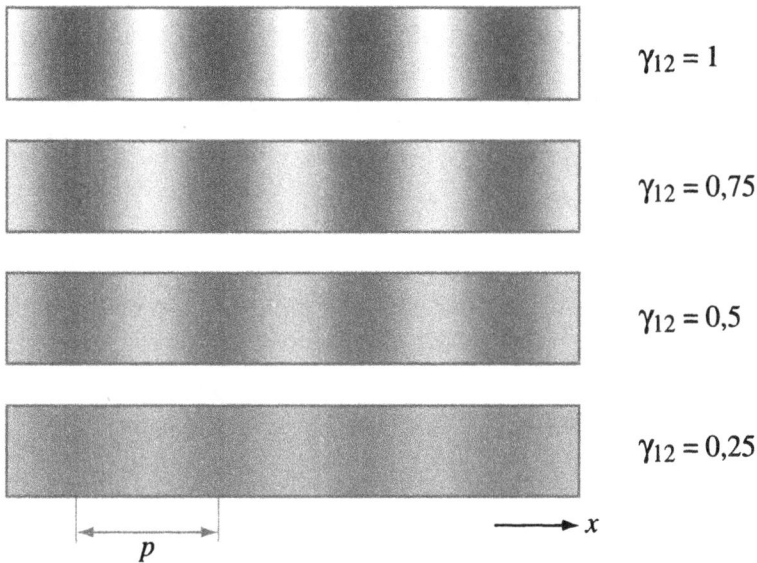

Abbildung 2.15: Für $I_1 = I_2$ berechnete Interferenzmuster für unterschiedliche Werte des Kohärenzgrades γ_{12}. Für $\gamma_{12} = 1$ nimmt die Intensität Werte von 0 bis 1 an.

2.3 Polarisation

Um Interferenz zwischen zwei oder mehreren Wellen zu beobachten, ist es also notwendig, daß diese Wellen kohärent zueinander sind. Eine weitere Bedingung ist, daß sie den gleichen Polarisationszustand aufweisen. Licht ist eine elektromagnetische Erscheinung und breitet sich als Transversalwelle im Raum aus. D. h., das elektrische Feld E und das magnetische Feld B oszillieren in isotropen Medien senkrecht zur Ausbreitungsrichtung k. Ein Medium heißt isotrop, wenn seine Materialeigenschaften unabhängig von der Richtung sind. Für die mathematische Darstellung ist es meist ausreichend — und allgemein üblich — nur das E-Feld zu betrachten. Dieses kann bei Ausbreitung einer Lichtwelle in z-Richtung in x- und y-Richtung oszillieren. Mathematisch wird eine monochromatische Welle, die sich in z-Richtung ausbreitet, folgendermaßen beschrieben:

$$E(r, t) = \text{Re}\{E_0\, e^{i(kz - \omega t)}\} \tag{2.42}$$

E_0 ist ein konstanter Vektor in der (x, y)-Ebene, der komplex sein kann. Durch Zerlegung in x- und y-Komponente wird:

$$E_0 = e_x E_{x_0}\, e^{i\varphi_x} + e_y E_{y_0} e^{i\varphi_y} \tag{2.43}$$

e_x und e_y bezeichnen die Einheitsvektoren in x- und y-Richtung. Hierbei sind die Amplituden E_{x_0}, E_{y_0} sowie die Phasenwinkel φ_x und φ_y positive Größen. Die drei

Komponenten des realwertigen physikalischen elektrischen Feldes sind gegeben als:

$$
\begin{aligned}
E_x(z,t) &= E_{x0} \cos(kz - \omega t + \varphi_x) \\
E_y(z,t) &= E_{y0} \cos(kz - \omega t + \varphi_y) \\
E_z(z,t) &= 0
\end{aligned}
\tag{2.44}
$$

Man unterscheidet unterschiedliche Polarisationszustände: linear polarisiertes Licht, zirkular polarisiertes Licht, elliptisch polarisiertes Licht, unpolarisiertes Licht. Wir wollen im folgenden diese Zustände mathematisch darstellen.

Linear polarisiertes Licht tritt auf für folgende drei Fälle: Erstens, eine der beiden Amplituden ist Null, d. h. entweder $E_{x0} = 0$ oder $E_{y0} = 0$ (Abbildung 2.16).

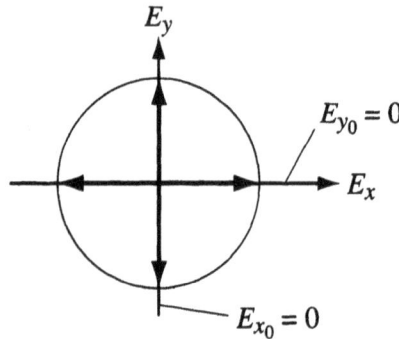

Abbildung 2.16: Linear polarisiertes Licht für die beiden Fälle $E_{x0} = 0$ und $E_{y0} = 0$.

Linear polarisiertes Licht tritt ebenfalls auf für den Fall, daß $E_{x0} \neq 0$ und $E_{y0} \neq 0$, aber die Phasendifferenz

$$
\Delta\varphi = \varphi_x - \varphi_y
\tag{2.45}
$$

entweder 0 oder π ist. Für diese Fälle ist nämlich

$$
E_y =
\begin{cases}
E_x \dfrac{E_{y0}}{E_{x0}} & \text{für } \varphi = 0 \\[2mm]
-E_x \dfrac{E_{y0}}{E_{x0}} & \text{für } \varphi = \pi
\end{cases}
\tag{2.46}
$$

d. h. E_y ist proportional zu E_x. Für eine feste Position z führt das elektrische Feld eine harmonische Schwingung entlang einer Linie aus. Im Falle, daß $E_{x0} = E_{y0}$ ist, verläuft diese Linie entlang der $\pm 45°$-Achsen (Abb. 2.17).

Zirkular polarisiertes Licht tritt auf für den Fall, daß $E_{x0} = E_{y0}$ und $\varphi = \pm\frac{\pi}{2}$ (Abb. 2.18). In diesem Fall ist

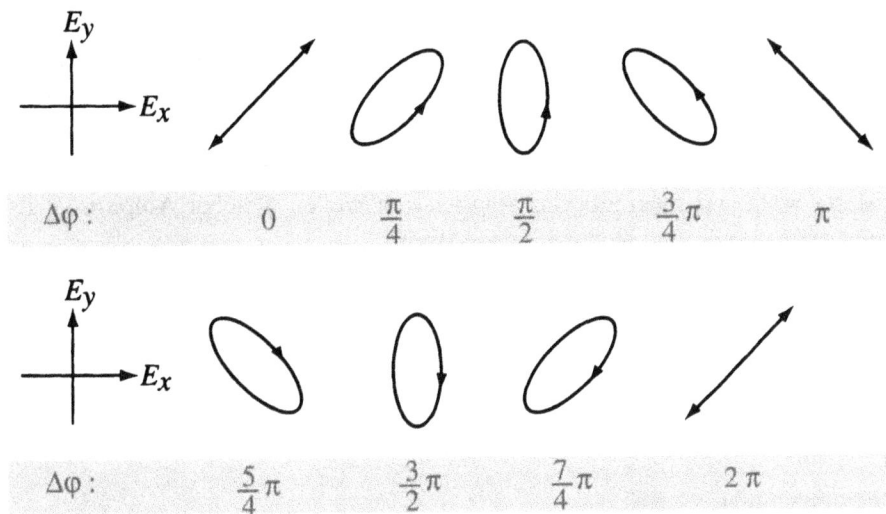

Abbildung 2.17: Mehrere Polarisationskonfigurationen für unterschiedliche Werte von $\Delta\varphi$. Das Licht wäre zirkular für $\varphi = \pm\frac{\pi}{2}$ und $E_{x0} = E_{y0}$.

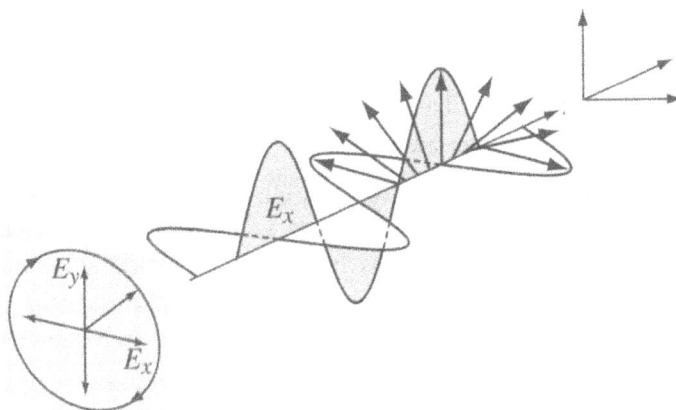

Abbildung 2.18: Zirkular polarisiertes Licht (hier dargestellt: links-zirkular polarisierte Welle).

$$
\begin{aligned}
E_x &= E_0 \cos(kz - \omega t + \varphi_x) \\
E_y &= E_0 \cos\left(kz - \omega t + \varphi_y \pm \tfrac{\pi}{2}\right) \\
    &= \mp E_0 \sin(kz - \omega t + \varphi_x)
\end{aligned}
\qquad (2.47)
$$

Man spricht von links-zirkularer Polarisation, wenn bei Beobachtung in Ausbreitungsrichtung (also hier in Richtung der z-Achse) der E-Vektor im Uhrzeigersinn wandert.

Entsprechend spricht man von rechts-zirkularer Polarisation, wenn bei Beobachtung entlang der Ausbreitungsrichtung der E-Vektor entgegen dem Uhrzeigersinn kreist. Wie aus Abb. 2.7 hervorgeht, sind lineare und zirkulare Polarisation Spezialfälle elliptisch polarisierten Lichtes. So wie man eine beliebig polarisierte Welle als Überlagerung zweier linear polarisierter Wellen darstellen kann, so kann man eine linear polarisierte Welle aus zwei zirkular polarisierten Wellen gleicher Amplitude zusammensetzen. Wenn wir eine rechtszirkulare Welle

$$E_{\text{re}} = E_0[e_x \cos(kz - \omega t) + e_y \sin(kz - \omega t)] \tag{2.48}$$

und eine links-zirkulare Welle

$$E_{\text{li}} = E_0 [e_x \cos(kz - \omega t) - e_y \sin(kz - \omega t)] \tag{2.49}$$

addieren, dann erhalten wir:

$$E_{\text{re+li}} = 2E_0 \, e_x \cos(kz - \omega t) \tag{2.50}$$

Den Polarisationszuständen rechts- und links-zirkular entspricht im Photonenbild ein Drehimpuls oder Spin. Der Spin eines Photons mit Energie $\mathcal{E} = h\nu$ ist $\pm h/(2\pi)$. Das Vorzeichen hängt von der Orientierung der Bewegung des E-Vektors ab. h ist das Planck'sche Wirkungsquantum. Den Drehimpuls einer zirkular polarisierten Lichtwelle kann man messen, wie von Richard A. Beth 1935 mit Hilfe eines extrem empfindlichen Torsionspendels nachgewiesen wurde.

Licht von natürlichen Lichtquellen setzt sich aus vielen Wellen zusammen, deren Phasen unkorreliert sind. Licht von natürlichen Lichtquellen ist daher unpolarisiert. Danach, was in den vorangegangenen Abschnitten gesagt wurde, sollte man eigentlich besser sagen, Licht von natürlichen Lichtquellen ist eine Folge von sehr schnell wechselnden unterschiedlichen Polarisationszuständen. Mathematisch kann man unpolarisiertes Licht durch zwei linear polarisierte Wellen mit statistisch schwankender Phasendifferenz beschreiben.

Wie im Falle des Kohärenzzustandes eines Wellenfeldes sind die Zustände „vollständig polarisiert" und „vollständig unpolarisiert" Idealisierungen. I. a. ist Licht partiell polarisiert. Analog zum Kohärenzgrad kann man einen Polarisationsgrad definieren. Auf eine mathematische Herleitung soll hier allerdings verzichtet werden.

Da der Polarisationszustand einer Lichtwelle i. a. bei jeder Form der Interaktion beeinflußt wird, kann man unterschiedliche Prinzipien verwenden, um Polarisatoren herzustellen. Unter einem Polarisator verstehen wir eine Komponente, die eine einfallende Lichtwelle in wohldefinierter Weise in ihrem Polarisationszustand verändert. Folgende Mechanismen werden ausgenutzt: Dichroismus (auch: selektive Absorption), Reflexion, Streuung, Doppelbrechung und Beugung.

Obwohl in ihrer Physik unterschiedlich, ist allen Mechanismen gemein, daß bei ihnen eine Asymmetrie für die Ausbreitung der x- und der y-Komponente des E-Vek-
tors auftritt. Polarisation durch Dichroismus, Reflexion und Streuung läßt sich jeweils
durch die Eigenschaften des schwingenden Dipols erklären. Das elektromagnetische
Feld des Dipols in Richtung seiner Schwingungsachse ist Null. Dies bewirkt die Asymmetrie, die vorhin angesprochen wurde.

Reflexion und Streuung werden wir in den nächsten Kapiteln behandeln. An dieser
Stelle wollen wir daher nur auf die selektive Absorption und die Doppelbrechung
eingehen. Die selektive Absorption wirkt unterschiedlich auf die Amplituden E_{0x} und
E_{0y} des Feldvektors E wie in Gleichung (2.44) dargestellt. Bei der Doppelbrechung
tritt eine unterschiedliche Phasenverzögerung für die x- und y-Komponente auf.

Es gibt eine Klasse von anisotropen Materialien, welche die unterschiedlichen Komponenten des E-Feldes unterschiedlich stark absorbieren. Ein Beispiel ist ein Gitter von
metallischen Drähten, mit dem die Eigenschaften von elektromagnetischen Transversalwellen von Heinrich Hertz untersucht wurden. In der Optik verwendet man häufig
Polaroidfolien, bei denen Moleküle während der Herstellung entlang einer Richtung
gestreckt werden, oder Kristalle wie Turmalin, die aufgrund ihrer Kristallstruktur eine
starke Anisotropie aufweisen. Dies erlaubt es den Elektronen der Moleküle sich praktisch nur in einer Richtung zu bewegen, während die Oszillation entlang der anderen
Richtung stark behindert wird. Im Idealfall wird die Komponente des E-Feldes parallel zu den Gitterdrähten bzw. zur Vorzugsrichtung der Moleküle komplett absorbiert,
während die Komponente senkrecht dazu komplett transmittiert wird (Abb. 2.19).

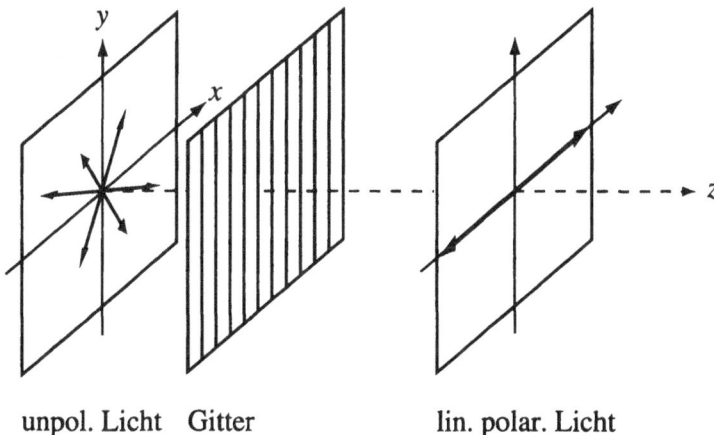

unpol. Licht   Gitter   lin. polar. Licht

Abbildung 2.19: Polarisation durch selektive Absorption (Dichroismus) am Beispiel eines Gitters aus
Metalldrähten.

Bei der Doppelbrechung, wie sie in manchen Kristallen oder auch in Folge von mechanischer Spannung auftritt, liegt ebenfalls eine Anisotropie der molekularen Struk-

tur vor, die sich hier als Anisotropie im Brechungsindex bemerkbar macht. D. h., daß sich die beiden Komponenten des E-Feldes mit unterschiedlichen Phasengeschwindigkeiten ausbreiten. Hierdurch tritt eine Phasendifferenz und somit eine Veränderung des Polarisationszustandes auf. Ein doppelbrechendes Material, welches eine Komponente des E-Feldes zusätzlich absorbiert, ist auch dichroitisch.

Wie analysiert man den Polarisationszustand einer Lichtwelle? Im allgemeinen Fall durch eine geeignete Kombination von Polarisatoren, durch die man die Lichtwelle schickt, und Intensitätsmessungen. Im einfachen Fall einer linear polarisierten Welle genügt eine Polarisator-Analysator-Anordnung wie in Abb. 2.20 dargestellt. Eine Welle von unpolarisiertem Licht wird zunächst linear polarisiert und trifft dann auf einen zweiten linearen Polarisator, den Analysator. Die maximale Lichtmenge passiert dann durch den Analysator, wenn die Achsen der beiden Polarisatoren parallel zueinander sind. Im allgemeinen, wenn zwischen den Achsen der Polarisatoren ein Winkel θ liegt, wird die Lichtmenge, die durch die gesamte Anordnung läuft, beschrieben durch das Gesetz von Malus:

$$I(\theta) = I_0 \cos^2 \theta \qquad (2.51)$$

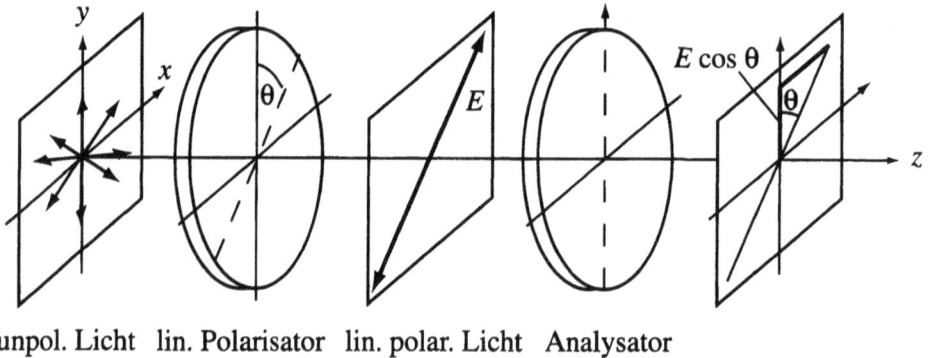

unpol. Licht   lin. Polarisator   lin. polar. Licht   Analysator

Abbildung 2.20: Anordnung von zwei linearen Polarisatoren — Gesetz von Malus.

In der optischen Nachrichtenübertragung mit Hilfe von Glasfasern und Wellenleitern trifft man an unterschiedlichen Stellen auf das Phänomen der Polarisation. Bei gekrümmten Fasern tritt als Folge der mechanischen Spannung Doppelbrechung auf. Dies ist häufig kein Problem, wenn es wie beim Direktempfang nicht auf den Polarisationszustand des Lichtsignals ankommt. Ein Problem stellt dies allerdings beim bereits erwähnten optischen Überlagerungsempfang dar, wo die Polarisationszustände der Signalwelle und der Welle vom lokalen Oszillator übereinstimmen müssen, um Interferenz zu erhalten. Um dies zu gewährleisten, setzt man faseroptische oder integriertoptische Bauelemente ein, die den Polarisationszustand des ankommenden Signals detektieren und so verändern, daß er mit dem des lokalen Oszillators übereinstimmt. Hierzu mehr in einem späteren Kapitel.

3 Streuung und Beugung

In diesem Kapitel betrachten wir zunächst den elektrischen Dipol und die Eigenschaften der Dipolstrahlung. Ausgehend davon lassen sich Phänomene wie die Streuung, Beugung und Brechung behandeln. Die Streuung ist eine der Ursachen für die Dämpfung eines Lichtsignals in einer Glasfaser. Die Beugung ist ein Phänomen, welches vielfältig in Erscheinung tritt und u. a. in speziellen optischen Komponenten (wie Wellenlängenmultiplexer) genutzt wird.

3.1 Dipolstrahlung

Aus der Elektrodynamik ist der Hertz'sche Dipol bekannt. Ein Dipol entsteht, indem man einen LC-Schwingkreis „aufbiegt", so daß ein linearer Metallstab entsteht. Die Elektronen im Metallstab sind in der Lage, wie in einem konventionellen Schwingkreis hin- und herzuschwingen. Angenommen, die Elektronen befinden sich zunächst in der unteren Hälfte. Dann herrscht ein E-Feld, das die Elektronen nach oben bewegt. Der Elektronenstrom erzeugt ein B-Feld mit kreisförmigen Feldlinien. Bei dessen Zerfall wird ein Elektronenstrom induziert, der die obere Stabhälfte negativ auflädt. Das aus dieser Ladungsverteilung erzeugte E-Feld verursacht nun wiederum einen nach unten gerichteten Elektronenstrom, der wieder von einem kreisförmigen Magnetfeld umgeben ist, usw.

Die Eigenfrequenz ω_0 dieses Hertz'schen Dipols ist durch die geometrischen Parameter bestimmt, die die Induktivität und Kapazität festlegen. In der Umgebung des Dipols werden abwechselnd elektrische und magnetische Felder erzeugt und auch abgestrahlt. Qualitativ ist das erzeugte E-Feld in Abbildung 3.1 dargestellt.

Zur Vereinfachung sind nur einige Feldlinien gezeigt. In großer Entfernung r findet man näherungsweise eine linear polarisierte ebene Welle. In diesem Bereich sind E und B durch Vektorpfeile dargestellt, wie wir es bereits gewöhnt sind. Für die elektrische Feldstärke in hinreichend großer Entfernung gilt folgende Beziehung:

$$E(r,t) = -\frac{q}{4\pi\varepsilon_0 c^2}\, a\left(t - \frac{r}{c}\right) \frac{\sin\theta_y}{r}\, e_r \tag{3.1}$$

Dabei sind q die elektrische Elementarladung, c die Lichtgeschwindigkeit und ε_0 die elektrische Feldkonstante. Θ_y bezeichnet den Azimuthwinkel. $a(t - r/c)$ ist die Be-

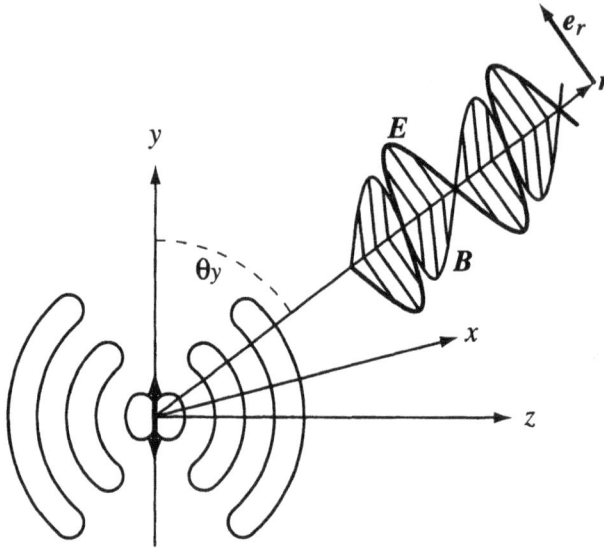

Abbildung 3.1: Feld eines Hertz'schen Dipols.

schleunigung einer Ladung am Ort r zum Zeitpunkt $(t - r/c)$, auch die retardierte Be-schleunigung genannt. e_r ist der Einheitsvektor senkrecht zur Richtung von r, welcher in einer Ebene mit der Schwingungsachse des Dipols liegt. Im Falle einer harmoni-schen Welle, hervorgerufen durch eine Ladungsbewegung gemäß

$$y(t) = \frac{L}{2} \cos(\omega t) \tag{3.2}$$

ist

$$a(t) = -\omega^2 \frac{L}{2} \cos(\omega t) \tag{3.3}$$

Dabei ist L die Länge des Dipols. Seine Eigenfrequenz ist

$$\omega_0 = \frac{\pi c}{L} \tag{3.4}$$

Damit wird

$$E = \frac{q}{4\pi\varepsilon_0 c^2} \omega^2 \frac{L}{2} \frac{\sin\theta_y}{r} \cos\left[\omega\left(t - \frac{r}{c}\right)\right] \tag{3.5}$$

Die wesentlichen Inhalte dieser Gleichung sind: das E-Feld eines Hertz'schen Dipols fällt linear mit der Entfernung ab, d. h. mit $1/r$. Diese $1/r$-Abhängigkeit hängt damit zusammen, daß vom Dipol Energie wegströmt, die nach dem Energieerhaltungssatz nicht verloren gehen kann. (Es ist interessant, daß das E-Feld einer ruhenden Punkt-ladung wesentlich schneller, nämlich mit $1/r^2$, abfällt.) Der Betrag der Feldstärke verändert sich mit dem Azimuthwinkel θ_y relativ zur Schwingungsachse (hier die y-Achse) gemäß $\sin\theta_y$. Insbesondere wird in Richtung der Dipolachse keine Energie abgestrahlt. Dies erklärt sich aus dem Umstand, daß nur eine Beschleunigung lateral (d. h. senkrecht) zur Beobachtungsrichtung für die Abstrahlung von elektromagneti-scher Strahlung beiträgt. Wenn wir von oben auf den Dipol schauen, dann „sehen" wir keine Oszillation der Elektronen. Diese Winkelabhängigkeit der Dipolstrahlung ist die Ursache für die Polarisationsabhängigkeit der Streuung und der Brechung.

Die Energiestromdichte (= Strahlungsleistung/Fläche) der elektromagnetischen Welle ist gemäß Gleichung (1.67) gegeben als

$$S = \varepsilon_0\, c\, E^2 \tag{3.6}$$

Die Größe $\varepsilon_0\, c$ tritt häufig in Gleichungen auf, die sich mit der Ausbreitung von Ra-diowellen befassen. Die inverse Größe $1/(\varepsilon_0\, c)$ wird als die Impedanz des Vakuums bezeichnet:

$$\frac{1}{\varepsilon_0 c} \approx 377\ \Omega \tag{3.7}$$

(3.6) und (3.7) ergeben zusammen:

$$S = \frac{q^2}{32\,\pi^2\varepsilon_0 c^3}\,\omega^4\left(\frac{L}{2}\right)^2\frac{\sin^2\theta_y}{r^2} \tag{3.8}$$

Die gesamte Leistung, die vom Dipol abgestrahlt wird, berechnet sich als das Integral über eine Kugeloberfläche, in deren Zentrum sich der Dipol befindet. D. h.

$$P = \int S\, dA = \frac{q^2\omega^4(L/2)^2}{12\pi\varepsilon_0 c^3} \tag{3.9}$$

Das Ergebnis auf der rechten Seite von (3.9) geben wir ohne Herleitung an. Die Berech-nung wird in einer der Übungsaufgaben am Ende dieses Kapitels durchgeführt.

3.2 Streuung

Die Streuung von Licht ist das Phänomen, welches u. a. dafür verantwortlich ist, daß der Himmel blau ist. Die Lichtstreuung bedingt durch Brechzahlfluktuationen ist auch wesentlich für die Dämpfung in Glasfasern verantwortlich. In diesem Abschnitt wollen wir versuchen, diesen Sachverhalt quantitativ zu verstehen. In Vorbereitung auf die-sen Abschnitt müssen wir zunächst auf die Ergebnisse des vorangegangenen Kapi-tels zurückgreifen. Dort haben wir die Interferenz behandelt und insbesondere den

Fall zweier sich überlagernder Wellen, um die Unterschiede zwischen kohärenter und inkohärenter Überlagerung zu betrachten. Bei kohärenter Überlagerung liegt eine stabile Phasenbeziehung zwischen den Wellenfeldern vor, bei inkohärenter Überlagerung schwankt die Phase (und u. U. die Polarisation) so schnell, daß bei der Beobachtung keine Amplitudenschwankungen zu beobachten sind. Bei inkohärenter Überlagerung ergibt sich die Gesamtintensität aus der Summe (bzw. dem Integral) von Einzelintensitäten. Die Bewegung von Luftmolekülen erfolgt statistisch. Bereits Bewegungen über Bruchteile der Lichtwellenlänge genügen, um die Phase der gestreuten Welle zu verändern. Wenn diese Änderung der Phase in einem Zeitraum geschieht, der klein gegenüber der Mittelungsdauer des Detektors (z. B. menschliches Auge) ist, dann hat man es mit inkohärenter Überlagerung der gestreuten Wellen zu tun. Um zu untersuchen, wieviel Licht von einem Gas in eine bestimmte Richtung gestreut wird, genügt es daher, den Einfluß eines Streuzentrums zu untersuchen und anschließend über die Anzahl aller Streuzentren aufzusummieren.

Wir nehmen an, daß eine harmonische Welle auf einen Streuer (z. B. ein Molekül) fällt. Der zeitliche Verlauf des E-Feldes sei gegeben als

$$E = E_0\,e^{i\omega t} \tag{3.10}$$

Das Molekül reagiert auf dieses Feld mit einer Auslenkung seiner Elektronen (Abb. 3.2).

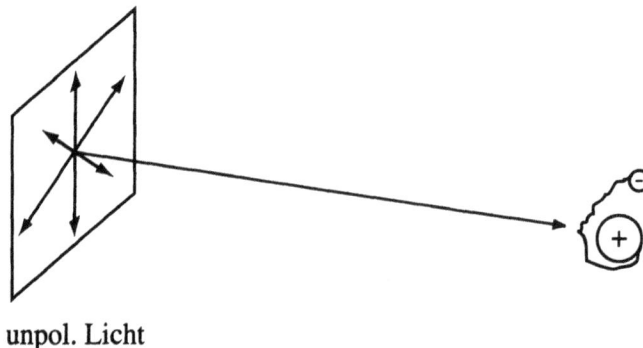

unpol. Licht

Abbildung 3.2: Eine elektromagnetische Welle fällt auf ein Atom oder Molekül und verursacht eine Bewegung der Ladungen (Elektronen). Diese Bewegung ist die Ursache für die Abstrahlung von Streulicht in unterschiedliche Richtungen.

Im Falle einer ungedämpften Schwingung ist die Amplitude der Schwingung

$$x = \frac{q\,E_0}{m(\omega^2 - \omega_0{}^2)} \tag{3.11}$$

Hierbei ist ω die Kreisfrequenz der anregenden Welle und ω_0 die Eigenfrequenz des atomaren Dipols. Wir interessieren uns nun für die gesamte Energie, die von dem

Streuer ausgeht. Dazu verwenden wir Gleichung (3.9), setzen $y_0 = |x|$ und erhalten nach Umstellung verschiedener Ausdrücke:

$$P = \left(\frac{1}{2}\varepsilon_0 c E_0{}^2\right)\left(\frac{8\pi r_0{}^2}{3}\right)\frac{\omega^4}{(\omega^2 - \omega_0{}^2)^2} \quad \text{mit} \quad r_0 = \frac{q^2}{4\pi\varepsilon_0 m c^2} \quad (3.12)$$

In dieser Form ist das Ergebnis relativ leicht zu interpretieren. Der erste Term auf der rechten Seite ist die Strahlungsdichte der erregenden Welle. Je stärker die einfallende Primärwelle, um so stärker die gestreute Sekundärwelle. Welcher Anteil der einfallenden Strahlung wird gestreut? Hierzu schreiben wir (3.12) als

$$P = \frac{1}{2}\varepsilon_0 c E^2 \cdot \sigma_s \quad (3.13)$$

σ_s nennt man den Wirkungsquerschnitt für die Streuung. σ_s hat die Dimension einer Fläche. Es ist:

$$\sigma_s = \frac{8\pi r_0{}^2}{3}\frac{\omega^4}{(\omega^2 - \omega_0{}^2)^2} \quad (3.14)$$

Wir betrachten zwei Fälle:

1. Fall: $\omega_0 = 0$ Im Fall völlig ungebundener Elektronen ist die Eigenfrequenz Null. Diesen Fall von Streuung an freien Elektronen nennt man Thompson-Streuung. Der Streuquerschnitt ist

$$\sigma_s = \frac{8\pi r_0{}^2}{3} = \text{const.} \quad \text{für } \omega_0 = 0 \quad \text{(Thompson-Streuung)} \quad (3.15)$$

2. Fall: $\omega_0 \gg \omega$ Im Fall von Luftmolekülen ist die Eigenfrequenz der Dipole wesentlich größer als die der anregenden Lichtwelle. In diesem Fall der Rayleigh-Streuung kann man im Nenner von (3.14) ω vernachlässigen und gelangt zu

$$\sigma_s = \frac{8\pi r_0{}^2}{3}\left(\frac{\omega}{\omega_0}\right)^4 \quad \text{für } \omega \ll \omega_0 \quad \text{(Rayleigh-Streuung)} \quad (3.16)$$

Bemerkenswert an diesem Fall ist die starke Frequenzabhängigkeit der Streuintensität, die mit der vierten Potenz von ω geht. Übertragen auf den Wellenlängenbereich bedeutet dies, daß blaues Licht ($\lambda_{\text{blau}} \approx 400\ldots450$ nm) im Vergleich zu rotem Licht ($\lambda_{\text{rot}} \approx 600\ldots750$ nm) wesentlich stärker gestreut wird, und zwar um einen Faktor $(\lambda_{\text{rot}}/\lambda_{\text{blau}})^4 \approx 1{,}5^4 = 5$. Dies ist u. a. die Ursache für die blaue Farbe des Himmels. Das Licht, welches aus der Atmosphäre zu uns gelangt, ist Streulicht (Abb. 3.3). (Auf dem Mond, welcher keine eigene Atmosphäre besitzt, ist der Himmel schwarz.) Die starke Frequenzabhängigkeit der Streuung sorgt dafür, daß aus der Atmosphäre wesentlich mehr blaues Licht zu uns gestreut wird als rotes oder grünes.

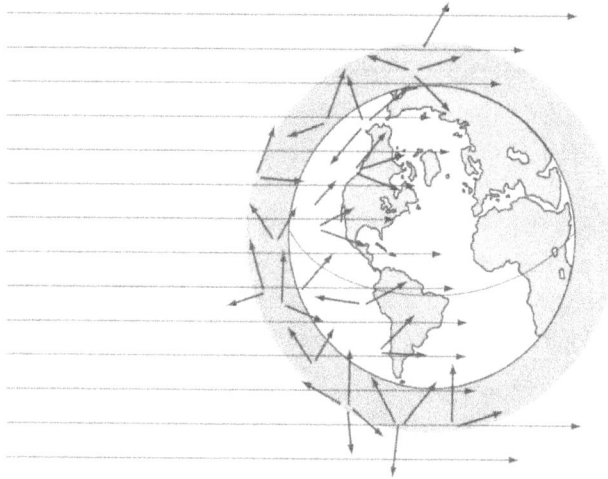

Abbildung 3.3: Die blaue Farbe des Himmels ist eine Folge der starken Wellenlängenabhängigkeit der Rayleigh-Streuung an den Molekülen der Atmosphäre.

Wir haben bisher eine wesentliche Voraussetzung für die Rayleigh-Streuung nur implizit erwähnt. Die Größe der Streuzentren muß klein sein im Vergleich zur Wellenlänge. Ein Atom besitzt einen Durchmesser von einigen Angström. Die Amplitude der Dipolschwingung ist daher sehr klein im Vergleich zur Wellenlänge von sichtbarem Licht, die für grünes Licht z. B. 5000 Å beträgt. Bei Teilchen, die groß sind im Vergleich zur Wellenlänge, z. B. Wassertröpfchen in der Atmosphäre, verhält sich die Situation anders. In diesem Fall der sogenannten Mie-Streuung entfällt die Wellenlängenabhängigkeit. Alle Wellenlängen werden gleich stark gestreut. Was sich ebenfalls ändert, ist die Helligkeit des Streulichtes. Ein Tröpfchen, das aus N Atomen besteht, streut Licht N-mal so stark wie ein einzelnes Atom. Daher erscheinen Wolken am blauen Himmel in einem sehr hellen Weiß.

Abschließend wollen wir noch auf den Einfluß der Streuung auf die Polarisation eingehen, die bereits im vorhergegangenen Abschnitt erwähnt wurde. Wie aus Abbildung 3.4 hervorgeht, sorgt die $\sin\theta$-Abhängigkeit der Streuung dafür, daß Licht, welches unter 90° relativ zur Einfallrichtung beobachtet wird, linear polarisiert ist, auch wenn die einfallende Strahlung unpolarisiert ist. Diesen Effekt kann man mit Hilfe eines einfachen Polaroid-Polarisators auch am Himmelslicht beobachten.

3.3 Beugung — eine physikalische Darstellung

In Kapitel 3 haben wir im Zusammenhang mit der mathematischen Beschreibung der Lichtausbreitung bereits die Beugung kennengelernt. In diesem Kapitel wollen wir die

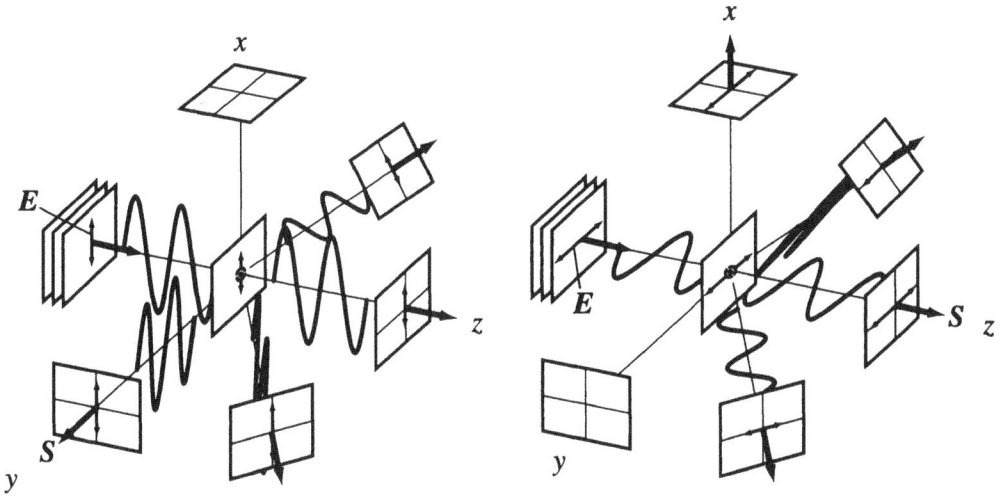

Abbildung 3.4: Polarisation durch Rayleigh-Streuung. Dargestellt sind die beiden Fälle, wo die in z-Richtung einfallende Welle in x-Richtung (a) bzw. y-Richtung (b) linear polarisiert ist. In dem Fall, daß die einfallende Welle unpolarisiert wäre, also sowohl x- wie auch y-Komponenten besäße, würde man in Richtung der x-Achse y-polarisiertes Licht sehen, in Richtung der y-Achse x-polarisiertes Licht.

physikalischen Ursachen etwas genauer untersuchen. Hierzu betrachten wir die Situation in Abb. 3.5, wo wir eine regelmäßige Anordnung von N Punktquellen (Dipolstrahlern) sehen. (Eine solche Anordnung wird in der Mikrowellentechnik und auch in der Optik als „*phased array*" bezeichnet. Durch Kontrolle der Phasen zwischen den Punktstrahlern kann man ein bestimmtes Abstrahlprofil erzeugen.) Wir nehmen an, daß alle Dipole gleichphasig schwingen und zwar mit gleicher Amplitude.

In einer beliebigen Richtung α relativ zur z-Achse weisen die Wellenzüge von zwei benachbarten Quellen einen Gangunterschied δs auf (Abbildung 3.5). Dieser ergibt sich aus der Periode p gemäß:

$$\delta s = p \sin \alpha \qquad (3.17)$$

Um in dieser Richtung konstruktive Interferenz zu beobachten, muß δs ein Vielfaches einer Wellenlänge sein, d. h. $\delta s = m\lambda$ (m ganzzahlig), woraus sich die Gleichung für die Gitterbeugung ergibt:

$$\sin \alpha = m\frac{\lambda}{p}, \qquad m = 0, \pm 1, \pm 2, \dots \qquad (3.18)$$

Positive Werte von m beschreiben positive Beugungsordnungen, negative Werte negative Beugungsordnungen. Für $m = 0$ spricht man von der nullten Ordnung, welche nicht-abgebeugtes Licht führt.

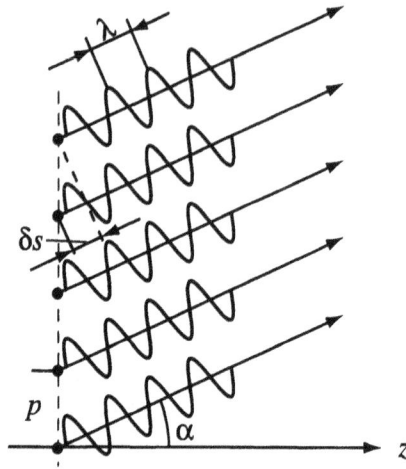

Abbildung 3.5: Regelmäßige Anordnung von Oszillatoren in einer Richtung. p ist die Periode, α die Beobachtungsrichtung relativ zur z-Achse. Um konstruktive Interferenz zu erhalten, muß der Gangunterschied benachbarter Wellenzüge ein Vielfaches der Wellenlänge λ sein.

Was, wenn die obige Bedingung für den Gangunterschied nicht erfüllt ist? Nehmen wir an, es sei $\delta s \neq m\lambda$. Nehmen wir weiterhin an, daß das Gitter eine sehr große Anzahl von Oszillatoren enthält. Dann wird man für jeden Oszillator einen anderen finden, der in Richtung α eine Welle mit einer Modulo-Phasenverzögerung von (annähernd) π aussendet. D. h. beide Wellenzüge löschen sich (im wesentlichen) aus und man beobachtet in dieser Richtung kein Licht oder nur sehr wenig. Je mehr Oszillatoren das Sendearray enthält, um so schärfer sind die Richtungen α_m definiert, in denen konstruktive Interferenz beoabachtet wird.

Bisher haben wir von einzelnen Punktstrahlern gesprochen. Bei realen Beugungsgittern hat man es aber immer mit endlichen Spaltöffnungen zu tun oder mit beliebigen optischen Elementen. Für die Berechnung von Beugungsmustern eignet sich der Formalismus der Fourier-Optik, der im nächsten Kapitel dargestellt wird. Hier behandeln wir zunächst einige elementare Beispiele.

3.3.1 Spaltbeugung

Wir betrachten die Beugung an einer endlichen Öffnung. Wir beschränken uns der Einfachheit halber auf den 1-D Fall, also einen Spalt der in x-Richtung sich von $-b/2$ bis $+b/2$ erstrecke (Abb. 3.6). Der Spalt werde von einer ebenen monochromatischen Welle kohärent beleuchtet. Gemäß dem Huygens'schen Prinzip ergibt sich das Feld hinter dem Spalt durch Aufsummierung aller virtuellen Dipolstrahler in der Spaltöffnung.

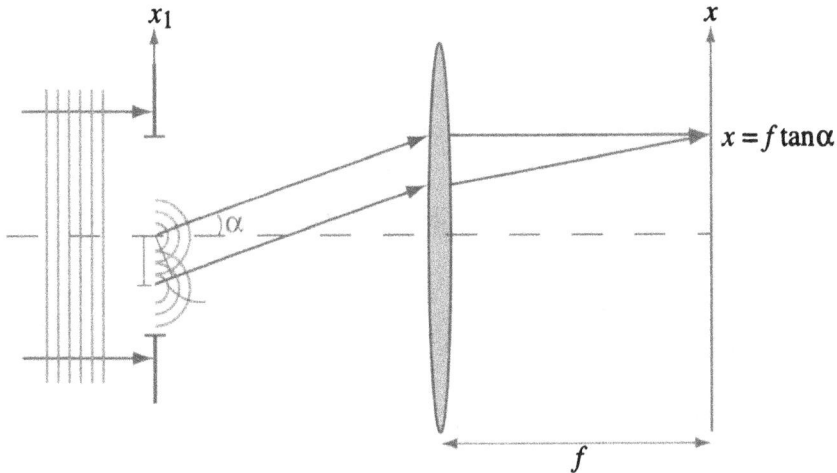

Abbildung 3.6: Spaltbeugung: Der Spalt der Breite b wird von einer ebenen Welle beleuchtet. Von den virtuellen Punktquellen in der Spaltebene gehen divergente Kugelwellen aus. Die Beobachtung erfolgt in Richtung α.

Wir berechnen das stationäre Feld, welches in Richtung α relativ zur optischen Achse erzeugt wird. Mit Hilfe einer Sammellinse wird dieser Anteil in der hinteren Brennebene der Linse an der Stelle $x = f \tan \alpha$ beobachtet:

$$u(\alpha) \propto \int\limits_{-b/2}^{+b/2} \frac{e^{ikr_1}}{r_1}\, dx_1 \qquad (3.19)$$

Mit $r_1 = r + x_1 \sin \alpha$ ergibt sich:

$$u(\alpha) \propto \int\limits_{-b/2}^{+b/2} \frac{e^{ik(r+x_1 \sin \alpha)}}{r + x_1 \sin \alpha}\, dx_1 \qquad (3.20)$$

Wie schon im vorigen Beispiel kann man im Integranden $x_1 \sin \alpha$ gegen r vernachlässigen. Im Exponenten des Zählers ist diese Vernachlässigung wegen des Verhaltens der Exponentialfunktion nicht gestattet. Wenn wir den konstanten Faktor $\exp(ikr)/r$ weglassen, erhalten wir:

$$u(\alpha) \propto \int\limits_{-b/2}^{+b/2} e^{ikx_1 \sin \alpha}\, dx_1 \qquad (3.21)$$

Die Integration läßt sich leicht durchführen. Man erhält:

$$u(\alpha) \propto b \, \frac{\sin[(kb\sin\alpha)/2]}{(kb\sin\alpha)/2} \tag{3.22}$$

Die Intensität ergibt sich durch Bildung des Betragsquadrats. Mit $k = 2\pi/\lambda$ und $\phi = b\sin\alpha/\lambda$ kann man schreiben:

$$I(\phi) \propto \text{sinc}^2\phi \tag{3.23}$$

Der Verlauf von $\text{sinc}^2\phi$ ist in Abbildung 3.7 dargestellt. Für $\phi = 0$ nimmt diese Funktion den Wert 1 an. Ihre Nullstellen liegen bei $\phi = m$ (m ganze Zahl $\neq 0$), also $\sin\alpha = m\lambda/b$.

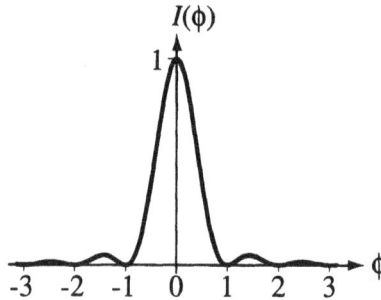

Abbildung 3.7: Spaltbeugungsfigur: Intensitätsprofil.

3.3.2 Gitterbeugung

In Gleichung (3.18) haben wir bereits aufgrund einer einfachen Bedingung die Richtungen berechnet, in denen wir ein regelmäßiges Array von Punktstrahlern berechnet haben. Nun wollen wir den Verlauf der Amplitude bzw. der Intensität für ein Beugungsgitter berechnen, welches aus Spaltöffnungen mit endlicher Breite b mit Periode p besteht (Abbildung 3.8). Die gesamte Ausdehnung des Gitters sei von $-(N/2)p$ bis $+(N/2)p$.

Wie bei der Beugung am Einzelspalt nehmen wir an, daß das Gitter von einer ebenen Welle beleuchtet wird. Die vorzunehmende Integration über die Beiträge aller Punkte im Gitter führt wie bei der Spaltbeugung zu folgendem Ausdruck für die Feldamplitude in Richtung α:

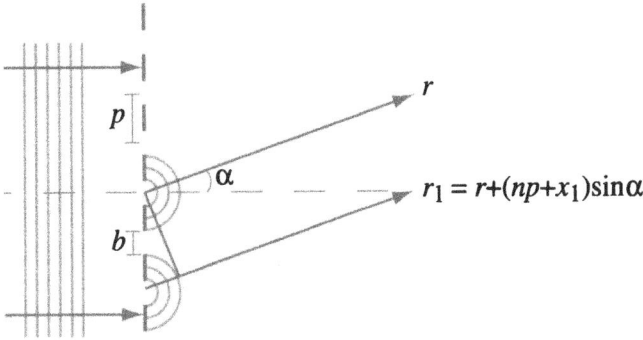

Abbildung 3.8: Gitterbeugung: Scharf ausgeprägte Maxima beobachtet man im Fernfeld für Umwege $np \sin \alpha = m\lambda$. Die Form der Spaltöffnung bestimmt die Intensität der unterschiedlichen Beugungsordnungen.

$$
\begin{aligned}
u(\alpha) \quad &\propto \quad \sum_{n=-N/2}^{+N/2} \int_{-b/2}^{+b/2} e^{ik(np+x_1)\sin\alpha} dx_1 \\
&\propto \quad \sum_{n=-N/2}^{+N/2} e^{iknp\sin\alpha} \int_{-b/2}^{+b/2} e^{ikx_1\sin\alpha} dx_1 \\
&= \quad u_{\mathrm{g}}(\alpha)\, u_{\mathrm{s}}(\alpha)
\end{aligned}
\tag{3.24}
$$

Das mit u_{s} bezeichnete Integral kennen wir von der Spaltbeugung. Der als Faktor auftretende Term u_{g} stellt eine geometrische Reihe dar, die man leicht aufsummieren kann:

$$
u_{\mathrm{g}} = \sum_{n=-N/2}^{+N/2} e^{ikNp\sin\alpha} = \frac{\sin[(Nkp\sin\alpha)/2]}{\sin[(kp\sin\alpha)/2]}
\tag{3.25}
$$

Mit $\phi = b\sin\alpha/\lambda$ ergibt sich:

$$
I(\phi) \propto \mathrm{sinc}^2(\phi) \left[\frac{\sin(N\pi\frac{p}{b}\phi)}{\sin(\pi\frac{p}{b}\phi)} \right]^2 = I_{\mathrm{s}}(\phi)\, I_{\mathrm{g}}(\tfrac{p}{b}\phi)
\tag{3.26}
$$

Dabei nennt man I_{g} den Gitterfaktor. Man erkennt, daß der Gitterfaktor dazu führt, daß im Gitterbeugungsbild nur für $\sin\alpha = m\lambda/p$ auftritt. Die Breite einer Beugungsordnung ist durch λ/Np gegeben. I_{s} nennt man den Formfaktor. Er bestimmt die Intensitäten der Beugungsordnungen. Die Intensität der m-ten Beugungsordnung ist

$$
I_m \propto \mathrm{sinc}^2\left(\frac{mb}{p} \right)
\tag{3.27}
$$

Der Verlauf von I_{s}, I_{g} und I ist in Abbildung 3.9 für ein konkretes Beispiel dargestellt.

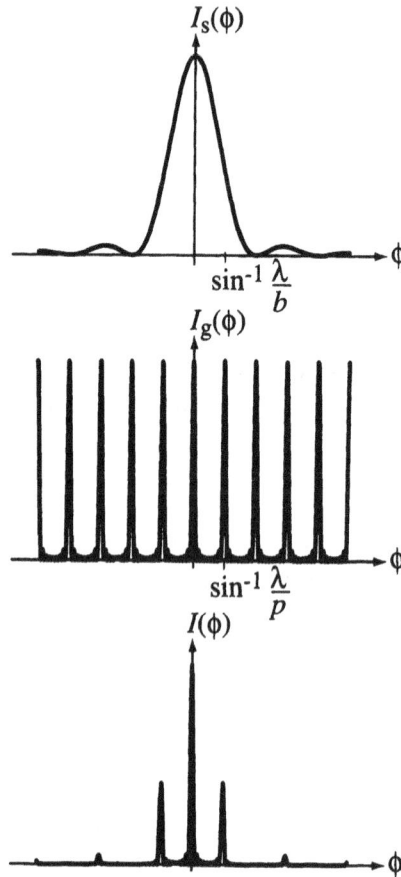

Abbildung 3.9: Gitterbeugung: Verlauf von I_s, I_g und I. Es ist angenommen, daß $p/b = 2$.

3.4 Inkohärente Abstrahlung: Lambert'sches Strahlungsgesetz

Der Fall der inkohärenten Abstrahlung von einer Ebene beschreibt die klassischen Strahlungsquellen, die man bezüglich ihrer Abstrahlcharakteristik auch als Lambert'sche Strahler bezeichnet. Ein Lambert-Strahler besteht aus vielen Punktquellen, die unkorreliert Kugelwellen isotrop abstrahlen. Die Abstrahlcharakteristik eines einzelnen Punktstrahlers ist

$$I(r) = \frac{I_0}{r^2} \tag{3.28}$$

Die $1/r^2$-Abhängigkeit ergibt sich aus der Forderung nach Energieerhaltung. Zur Berechnung der Abstrahlcharakteristik einer Lichtquelle mit einer endlichen Fläche betrachten wir Abb. 3.10. Den Durchmesser der Quelle bezeichnen wir mit D.

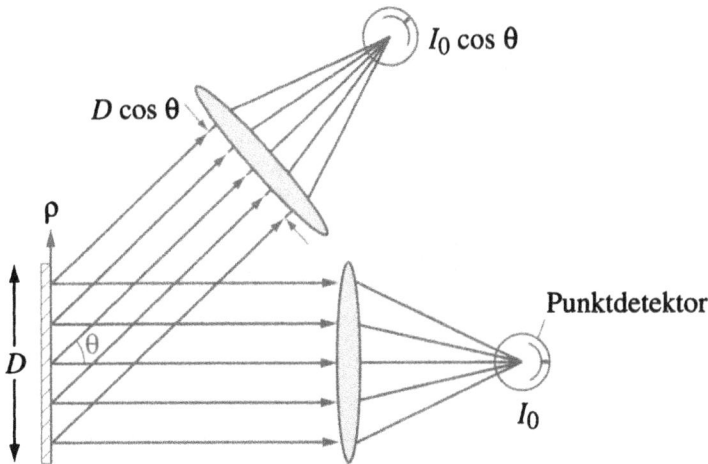

Abbildung 3.10: Lambert'sche Strahlungsquelle. ρ: radiale Koordinate in der Ebene der Lichtquelle.

Wir nehmen an, daß wir senkrecht zur Lichtquelle, also in Richtung der z-Achse, alle Strahlen mit einer Linse auffangen und mit Hilfe eines punktförmigen Detektors sammeln. Diese Lichtmenge bezeichnen wir mit I_0. In Richtung θ relativ zur z-Achse ist die aufgefangene Lichtmenge um einen Faktor $\cos \theta$ kleiner. Mit anderen Worten, ein Beobachter in dieser Richtung sieht eine um einen Faktor $\cos \theta$ kleinere strahlende Fläche. Die Beziehung

$$I(\theta) = I_0 \cos\theta \tag{3.29}$$

beschreibt die Abstrahlcharakteristik einer Lambert'schen Strahlungsquelle. Das vermeintlich Paradoxe ist, daß sich der Lambert'sche Strahler aus isotropen Punktstrahlern zusammensetzt, die in alle Richtungen gleichmäßig abstrahlen, und daß sich für die ausgedehnte Quelle dennoch eine Richtungsabhängigkeit ergibt. Die Ursache hierfür ist der Übergang von einem infinitesimalen Punktstrahler zu einer Quelle mit endlicher Ausdehnung. Die $\cos \theta$-Abhängigkeit erklärt übrigens, warum ein Lambert'scher Strahler von allen Richtungen gleich hell erscheint. Die Flächenhelligkeit ist gegeben als die gesamte Lichtmenge in einer bestimmten Richtung geteilt durch die projizierte Fläche. Da die Fläche mit dem Kosinus des Azimuthwinkels θ kleiner wird, sieht man eine Lambert'sche Strahlungsquelle unter allen Richtungen gleich hell.

Ein Beispiel für einen Lambert'schen Strahler ist ein Blatt Papier oder eine andere hinreichend rauhe Fläche, die von einer beliebigen Lichtquelle beleuchtet wird. Ein Gegenbeispiel ist demnach eine mehr oder weniger spiegelnde Fläche, von der das Licht nicht isotrop gestreut wird. Ein weiteres Beispiel für einen Lambert-Strahler aus dem Bereich der optischen Kommunikation ist eine LED (*light emitting diode*). Ein Gegenbeispiel ist eine Laserdiode, die eine relativ stark ausgeprägte Abstrahlcharakteristik hat. Der Idealfall einer Laserquelle ist die unendlich ausgedehnte Ebene, die kohärent abstrahlt, wie weiter oben besprochen. Abbildung 3.11 zeigt die Abstrahl-charakteristik des Lambert'schen Strahlers sowie einige der eben erwähnten Beispiele.

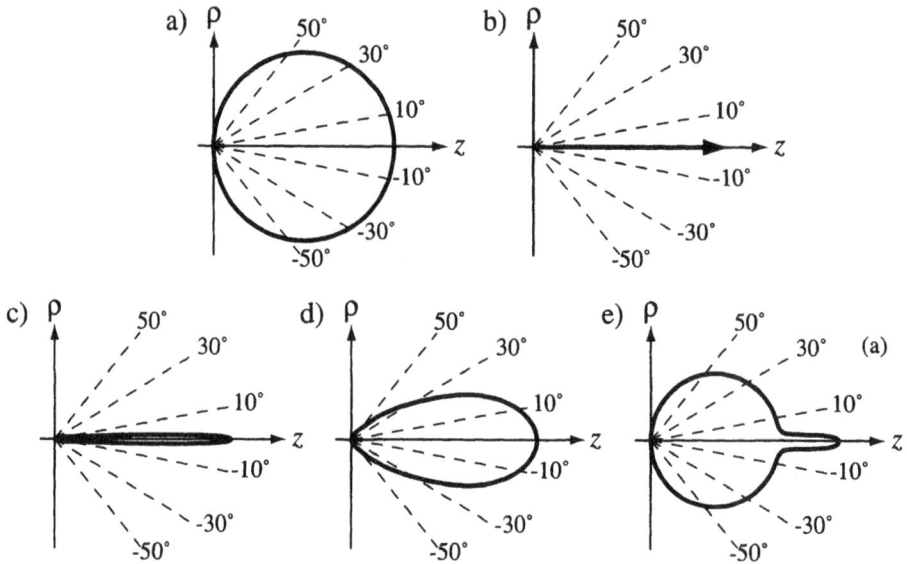

Abbildung 3.11: Abstrahlcharakteristiken: (a) Lambert'scher Strahler, (b) ideale Laserquelle bzw. idealer Spiegel, (c) reale Laserquelle: Festkörper- oder Gaslaser haben i. a. eine Winkeldivergenz von wenigen Grad, (d) Halbleiterlaserdiode mit einer Winkeldivergenz von ca. 30 Grad, (e) Abstrahlcharakteristik einer matt spiegelnden Oberfläche: Überlagerung von Lambert'scher Charakteristik und Spiegelcharak-teristik. Die Kurven in dieser Abbildung sind nicht normiert, sondern es kommt hier nur darauf an, die typische Form der jeweiligen Abstrahlcharakteristiken darzustellen.

4 Brechung und Absorption

Man klassifiziert Materialien nach ihrer elektrischen Leitfähigkeit als Nichtleiter (auch Dielektrika genannt), Halbleiter und metallische Leiter. Als Medien für die Lichtausbreitung kommen i. a. dielektrische Materialien (Luft, Glas usw.) in Frage, für Lichtquellen und Detektoren Halbleitermaterialien und Metalle. In diesem Kapitel betrachten wir zunächst die atomaren Eigenschaften von Dielektrika (Abschnitte 4.1 und 4.2). Mit Hilfe eines einfachen Modells für das Verhalten atomarer Oszillatoren in elektromagnetischen Wechselfeldern, welches in Abschnitt 4.3 hergeleitet wird, können wir die physikalischen Ursachen des Brechungsindex und der Absorption (4.4) herleiten. Brechungsindex und Absorption sind frequenzabhängig, was man als Dispersion bezeichnet (4.5). Die Lichtbrechung (4.6) ist ein Phänomen, welches die Funktion optischer Bauelemente wie Linsen und Prismen erklärt. In Abschnitt 4.7 behandeln wir die innere Totalreflexion, die die physikalische Grundlage optischer Wellenleiter darstellt. 4.8 schließlich beschreibt Formeln zur Berechnung des Reflexions- und Transmissionsgrads.

4.1 Dielektrika

In einem Dielektrikum bewirkt ein angelegtes elektrisches Feld keinen Stromfluß, sondern eine Induktion von Dipolen. Das erzeugte Dipolmoment pro Volumeneinheit bezeichnet man als die elektrische Polarisation P. In einem linearen Medium besteht zwischen P und E ein linearer Zusammenhang. Neben der Linearität gibt es weitere Merkmale, die ein Medium charakterisieren. Ein Medium wird homogen genannt, wenn seine Eigenschaften unabhängig vom Ort r sind. Weiterhin ist ein Medium isotrop, wenn für ein festes r die Beziehung zwischen P und E unabhängig von der Orientierung des E-Vektors ist. In einem linearen, homogenen und isotropen Medium ist

$$P = \varepsilon_0 \chi E = \varepsilon_0 (\varepsilon_r - 1) E \qquad (4.1)$$

$\chi = \varepsilon_r - 1$ ist eine skalare Größe, die man als elektrische Suszeptibilität bezeichnet. In einem nichtlinearen, aber homogenen und isotropen Medium besteht zwischen P und E eine Beziehung, die sich folgendermaßen darstellen läßt:

$$P = \varepsilon_0 (\chi E + \chi_2 E^2 + \chi_3 E^3 + \dots) \qquad (4.2)$$

Die lineare Suszeptibilität χ ist i. a. wesentlich größer als die Terme χ_2 und χ_3, die die nichtlinearen Wechselwirkungen beschreiben. Daher sind diese nichtlinearen Terme erst bei hohen Feldstärken von Bedeutung. Nichtlineare Effekte wie den elektrooptischen Effekt oder den Kerr-Effekt beobachtet man zum Beispiel in Materialien wie Kaliumniobat, Lithiumniobat, aber auch in kristallinem Quarz, wenn auch dort die Effekte wesentlich schwächer sind.

In einem linearen, homogenen, aber nicht isotropen Medium ist P i. a. nicht parallel zu E. In diesem Fall ist die Suszeptibilität nicht durch eine skalare Größe gegeben, sondern wird durch einen Tensor dargestellt:

$$P_i = \varepsilon_0 \sum_{j=1}^{3} \chi_{ij} E_j \qquad (4.3)$$

wobei die Indizes i und $j = 1, 2, 3$ die x-, y- bzw. z-Komponente von E und P bezeichnen. Zu den anisotropen Materialien gehören z. B. Kristalle wie Lithiumniobat oder Lithiumtantalat.

Zu den soeben beschriebenen Eigenschaften eines dielektrischen Mediums kommt noch die Dispersion. Ein Medium wird als dispersiv bezeichnet, wenn die Beziehung zwischen P und E von der Frequenz der elektromagnetischen Welle abhängt:

$$P = \varepsilon_0 \chi(\omega) E \qquad (4.4)$$

Diese Frequenzabhängigkeit wirkt sich auf den Brechungsindex und die Ausbreitungsgeschwindigkeit der Welle aus, die in einem dispersiven Medium ebenfalls frequenzabhängig sind.

4.2 Polarisierbarkeit

Das elektrische Feld, welches die Polarisation bestimmt, ist nicht notwendigerweise das äußere E-Feld, sondern das lokale Feld E_{lok} in der unmittelbaren Umgebung des Dipols (Abb. 4.1.a). In einem Medium, in dem die einzelnen Dipole sich gegenseitig praktisch nicht beeinflussen, wie in einem stark verdünnten Gas, ist das lokale Feld gleich dem äußeren angelegten Feld, $E_{\text{lok}} = E$ (Abb. 4.1.b). Bei hohen Gasdichten und erst recht in kondensierten Medien (Flüssigkeiten, Festkörpern) muß der Einfluß der polarisierten Umgebung auf den betrachteten Dipol berücksichtigt werden.

Die Polarisation P läßt sich als ein Gesamtdipolmoment pro Volumen ansehen, welches sich additiv aus den Momenten d der Elementardipole zusammensetzt. Daher genügt es, für einen polarisierten Gitterbaustein (Elementardipol) das elektrische Mo-

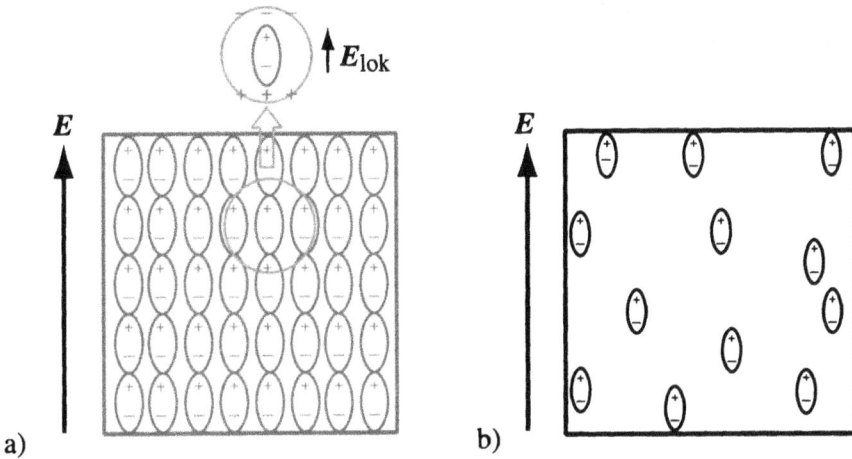

Abbildung 4.1: a) Polarisation eines Dielektrikums durch den Einfluß eines äußeren Feldes E. Am Ort eines elementaren Dipols herrscht ein Feld E_{lok}, welches sich durch den Einfluß der polarisierten Umgebung auf den Dipol ergibt. b) Im Falle eines stark verdünnten Mediums ohne Wechselwirkung zwischen den Dipolen ist $E = E_{lok}$.

ment d zu berechnen. P ergibt sich als Produkt des Elementarmomentes mit der Konzentration N der Elementardipole:

$$P = Nd \tag{4.5}$$

N wird in Anzahl pro Volumeneinheit angegeben. Das mittlere elementare Dipolmoment d ist proportional zur lokalen Feldstärke, die am Ort des betrachteten Dipols herrscht.

$$d = a\,E_{lok} \tag{4.6}$$

Die Proportionalitätskonstante a heißt Polarisierbarkeit und ist charakteristisch für einen betreffenden Gitterbaustein. (Bemerkung: In der Festkörperphysik wird für die Polarisierbarkeit i. a. der Buchstabe α verwendet, mit dem wir allerdings in diesem Kapitel den Absorptionskoeffizienten bezeichnen.) Für die Polarisierbarkeit a sind unterschiedliche physikalische Mechanismen zuständig. Die wesentlichen Mechanismen sind:

– Deformation der Elektronenhülle, welche zu einer Polarisierbarkeit a_{el} führt. Dieser Fall tritt auf bei nichtpolaren Materialien, bei denen das elektrische Feld eine Verschiebung der Elektronenhülle bewirkt. Beispiele sind Materialien mit kovalenter Bindung wie Diamant oder manche Gase (Gläser, Sauerstoff, Edelgase).

– Verschiebung der Ionen (a_{ion}). Bei polaren Substanzen findet zusätzlich zur Verschiebung der Elektronenhülle eine elastische Verschiebung der Ionen statt. Beispiele: Alkalihalogenide.

– Orientierung permanenter Dipole im äußeren Feld (a_{orient}). Dipolare Substanzen können neben den Möglichkeiten a) und b) eine weitere Polarisierbarkeit aufweisen, die durch die Ausrichtung ihrer permanenten Dipole im äußeren Feld zustandekommt. Beispiel: Wasser.

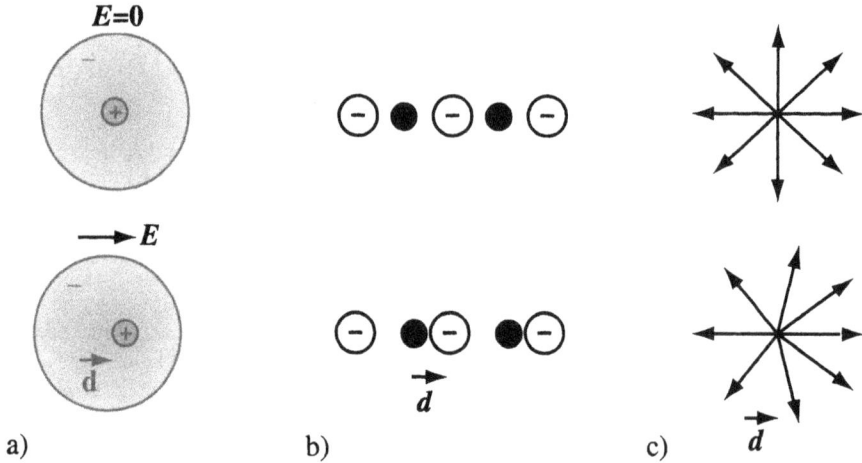

Abbildung 4.2: Darstellung der Mechanismen, die zur Polarisation beitragen. a) elektronische Polarisierbarkeit, b) ionische Polarisierbarkeit, c) Polarisierbarkeit durch permanente Dipole. Die Pfeile sollen die Orientierungen der Dipole andeuten. Im Falle eines angelegten Feldes wird aus der ursprünglich isotropen Verteilung der Orientierungen eine anisotrope Verteilung mit Vorzugsrichtung in Richtung des E-Feldes.

Die drei Fälle sind in Abb. 4.2 schematisch dargestellt. Wenn freie Ladungsträger im Festkörper vorhanden sind, kann eine zusätzliche Form der Polarisierbarkeit auftreten, die Raumladungspolarisierbarkeit genannt wird. Sie erweist sich meist als Störung der drei genannten Fälle. I. w. können wir also für a schreiben:

$$a = a_{\text{el}} + a_{\text{ion}} + a_{\text{orient}} \tag{4.7}$$

Bei den Fällen a) und b) aus Abb. 4.2 hat man es mit der elastischen Bindung von Teilchen zu tun (Elektron an Atomkern bzw. zwischen Ionen). Die Teilchen wechselwirken miteinander über die Coulombkraft. Diese bewirkt, daß im Falle $E = 0$ eine „Ruhelage" eingenommen wird. Im Falle eines periodisch veränderlichen Feldes, verursacht z. B. durch eine elektromagnetische Welle, findet eine Oszillation um diese Ruhelage statt. In diesem Fall handelt es sich um eine erzwungene Schwingung mit den bekannten Phänomenen wie Resonanzen bei einer Eigenfrequenz usw. Für den Fall a) handelt es sich um Elektronen mit niedrigerer Masse als die Ionen im Fall b). Insofern ist es verständlich, daß die Anregung einer Schwingung von der Frequenz des elektromagnetischen Feldes abhängt und für elektronische Dipolmomente bei höheren

Frequenzen liegt als für ionische. Schwingungen der Elektronenhülle treten für optische Frequenzen auf (daher auch die Bezeichnung optische Polarisierung), während ionische Schwingungen für niedrigere Frequenzen im Infraroten auftreten. Im Fall c) der Orientierungspolarisation bei permanent vorhandenen Dipolen ist die Situation grundlegend anders, insofern, als daß hier eine Rückstellkraft fehlt, die einen Dipol in eine Ruhelage zurückbringen könnte. Hier tritt an die Stelle der Schwingungsdauer oder Eigenfrequenz eine Relaxationszeit. Diese gibt an, innerhalb welcher Zeit nach Abschalten eines elektrischen Feldes die Dipole sich aufgrund ihrer Wärmebewegung wieder bis auf den e-ten Teil in einem ungeordneten Zustand befinden. Da die Ausrichtungsbewegung der Dipole langsam ist, ergibt sich ein Beitrag der Orientierungspolarisierung nur bei langsamen Feldern. Der typische Verlauf für a in Abhängigkeit von der Frequenz des äußeren Feldes ist in Abbildung 4.3 dargestellt.

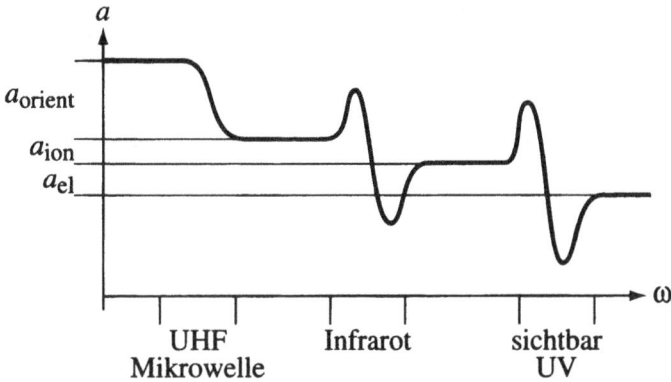

Abbildung 4.3: Frequenzabhängigkeit der Polarisierbarkeit a.

Das lokale Feld E_{lok} an einem bestimmten Punkt in einem Medium setzt sich zusammen aus dem makroskopischen, äußeren Feld E und einem Beitrag, der durch die Polarisation der umgebenden Dipole zustandekommt. Dabei kommt es auf die Anordnung der Materiebausteine an, die völlig statistisch sein kann wie in einer Flüssigkeit oder völlig geordnet wie in einem Kristall. Für einen Kristall mit kubischem Gitter z. B. gilt die Lorentz-Beziehung:

$$E_{lok} = (\varepsilon_r + 2)E/3 \tag{4.8}$$

Bei der Polarisierbarkeit a handelt es sich um eine atomare Eigenschaft. Über die Gleichungen (4.1) sowie (4.5) bis (4.8) können wir sie mit der Dielektriziätskonstanten ε verknüpfen, welche nur makroskopisch definiert ist:

$$P = Nd = Na\,E_{lok} = (\varepsilon_r - 1)\varepsilon_0 E = \frac{3(\varepsilon_r - 1)\varepsilon_0}{\varepsilon_r + 2}\,E_{lok} \tag{4.9}$$

Durch Koeffizientenvergleich erhält man die Clausius-Mosotti'sche Beziehung:

$$\frac{Na}{3\varepsilon_0} = \frac{\varepsilon_r - 1}{\varepsilon_r + 2} \qquad (4.10)$$

4.3 Optische Eigenschaften atomarer Oszillatoren

Die optische Polarisierbarkeit beruht auf einer Deformation der Elektronenhülle. Wir verwenden das Modell eines klassischen Oszillators zur Beschreibung dieser Deformation. Wir betrachten ein Elektron, welches elastisch mit einer Rückstellkraft an einen Kern gebunden ist. Die Elongation der Elektronenhülle führt zu einem atomaren Dipolmoment, welches in eine Polarisierbarkeit umgerechnet werden kann. Das anregende Feld am Ort des Elektrons ist das lokale E-Feld. Die Bewegungsgleichung für den gedämpften Oszillator lautet:

$$\ddot{x} + 2\gamma\dot{x} + \omega_0{}^2 x = \frac{q}{m} E_{\text{lok}} \qquad (4.11)$$

γ ist die Dämpfungskonstante für die erzwungene Schwingung, ω_0 die Eigenfrequenz des ungedämpften Oszillators. Von der Auslenkung in x kommen wir zu einer Differentialgleichung für P, wenn wir (4.5) und $d = qx$ verwenden:

$$\ddot{P} + 2\gamma\dot{P} + \omega_0{}^2 P = \frac{q^2 N}{m} E_{\text{lok}} \qquad (4.12)$$

Ersetzen wir in (4.12) das lokale Feld mit Hilfe von (4.1) und (4.8), dann erhalten wir:

$$\ddot{P} + 2\gamma\dot{P} + \left(\omega_0{}^2 - \frac{q^2 N}{3\varepsilon_0 m}\right) P = \frac{q^2 N}{m} E \qquad (4.13)$$

Für E und für P machen wir einen periodischen Ansatz:

$$E = E_0\, e^{i\omega t} \qquad \text{und} \qquad P = P_0\, e^{i\omega t} \qquad (4.14)$$

mit dem man als Lösung der Differentialgleichung erhält:

$$P = \frac{\dfrac{q^2 N}{m}}{\left(\omega_0{}^2 - \dfrac{q^2 N}{3\varepsilon_0}\right) - \omega^2 + 2i\gamma\omega}\, E \qquad (4.15)$$

Durch Vergleich mit (4.9) erhalten wir somit folgenden Ausdruck für die Dielektrizitätskonstante, welche sich als komplexe Größe herausstellt, für die wir $\hat{\varepsilon}_r$ schreiben:

$$\hat{\varepsilon}_r = 1 + \frac{\dfrac{q^2 N}{\varepsilon_0 m}}{\omega_{\text{res}}{}^2 - \omega^2 + 2i\gamma\omega} \qquad (4.16)$$

mit der Resonanzfrequenz ω_{res}

$$\omega_{\text{res}} = \left(\omega_0{}^2 - \frac{q^2 N}{3\varepsilon_0 m}\right)^{1/2} \tag{4.17}$$

Realteil und Imaginärteil von $\hat{\varepsilon}_{\text{r}}$ berechnen sich zu:

$$
\begin{aligned}
\text{Re}\{\hat{\varepsilon}_{\text{r}}\} &= 1 + \frac{\frac{q^2 N}{\varepsilon_0 m}(\omega_{\text{res}}{}^2 - \omega^2)}{(\omega_{\text{res}}{}^2 - \omega^2)^2 + (2\gamma\omega)^2} \\[2mm]
\text{Im}\{\hat{\varepsilon}_{\text{r}}\} &= -\frac{2\gamma\omega\,\frac{q^2 N}{\varepsilon_0 m}}{(\omega_{\text{res}}{}^2 - \omega^2)^2 + (2\gamma\omega)^2}
\end{aligned}
\tag{4.18}
$$

Im folgenden wollen wir die physikalische Bedeutung dieser beiden Ausdrücke untersuchen.

4.4 Brechungsindex, Absorptionskoeffizient und Ausbreitungskonstante

Über die Maxwellsche Beziehung (4.34) $n^2 = \varepsilon_{\text{r}}\mu_{\text{r}}$ sind die Brechzahl und die Dielektrizitätskonstante miteinander verknüpft. Insofern kann der komplexen Dielektrizitätskonstanten $\hat{\varepsilon}_{\text{r}}$ eine komplexe Brechzahl $\hat{n}$ zugeordnet werden. Für dielektrische Materialien ist $\mu_{\text{r}} \approx 1$, somit können wir schreiben:

$$\hat{\varepsilon}_{\text{r}} \approx \hat{n}^2 \tag{4.19}$$

Mit der Aufspaltung von $\hat{n}$ in Real- und Imaginärteil

$$\hat{n} = n + in' \tag{4.20}$$

wird

$$\hat{\varepsilon}_{\text{r}} = n^2 - n'^2 + 2inn' \tag{4.21}$$

Bei Materialien, die zur Lichtausbreitung verwendet werden, ist i. a. die Absorption gering, so daß gilt $n' \ll n$. Damit können wir schreiben:

$$\hat{\varepsilon}_{\text{r}} \approx n^2 + 2inn' = \text{Re}\{\hat{\varepsilon}_{\text{r}}\} + i\,\text{Im}\{\hat{\varepsilon}_{\text{r}}\} \tag{4.22}$$

Die physikalische Bedeutung von $\text{Re}\{\hat{\varepsilon}_{\text{r}}\}$ und $\text{Im}\{\hat{\varepsilon}_{\text{r}}\}$ wird klar, wenn wir eine ebene Welle betrachten, die sich in einem Medium mit Index n in z-Richtung ausbreitet:

$$E(z,t) = E_0\, e^{i\left(\frac{2\pi \hat{n} z}{\lambda_0} - \omega t\right)} = E_0\, e^{-\frac{\alpha}{2} z}\, e^{i\left(\frac{2\pi \hat{n} z}{\lambda_0} - \omega t\right)} \tag{4.23}$$

Die Intensität der Welle fällt mit

$$\left|\frac{E(z,t)}{E_0}\right|^2 = e^{-\alpha z} \tag{4.24}$$

ab, so daß der Koeffizient α den Absorptionskoeffizienten (auch: Extinktionskoeffizient) darstellt:

$$\alpha = \frac{2\pi n'}{\lambda_0} = k_0 n' \tag{4.25}$$

Der Realteil der komplexen Dielektrizitätskonstanten ist also gemäß Gleichung (4.22) mit dem Brechungsindex des Materials verknüpft, der Imaginärteil mit dem Absorptionskoeffizienten:

$$\mathrm{Im}\{\hat{\varepsilon}_\mathrm{r}\} = 2\frac{n}{k_0}\alpha \tag{4.26}$$

Mit Hilfe von Gleichung (4.23) können wir nun auch eine komplexe Ausbreitungskonstante $\hat{k}$ definieren, indem wir mit der gewohnten Darstellung für eine ebene Welle vergleichen:

$$E(z,t) = E_0\,e^{i(\hat{k}z - \omega t)} \tag{4.27}$$

Damit ergibt sich für $\hat{k}$:

$$\hat{k} = nk_0 + i\frac{\alpha}{2} = \beta + i\frac{\alpha}{2} \tag{4.28}$$

β ist die Ausbreitungskonstante, die angibt, wie sich die Phase der Welle mit z ändert. Insbesondere bei der Berechnung der Lichtausbreitung in Wellenleitern wird i. a. mit β statt mit k gerechnet, da der Brechungsindex n somit implizit mitgeführt wird. β ist mit der Wellenzahl k_0 im Vakuum über die Brechzahl verknüpft:

$$\beta = nk_0 \tag{4.29}$$

4.5 Dispersion

Brechungsindex und Absorption sind frequenzabhängig, was man als Dispersion bezeichnet. Im Bereich der Resonanzfrequenz wird die Dispersion besonders stark. Der qualitative Verlauf von n und α im Bereich der Resonanzfrequenz ist in Abbildung 4.4 gezeigt. Im statischen Grenzfall ($\omega \to 0$) geht α gegen Null und n gegen 1. Den Bereich mit $dn/d\omega > 0$ (dies entspricht dem Fall $dn/d\lambda < 0$) bezeichnet man als Bereich normaler Dispersion, für $dn/d\omega < 0$ sprechen wir von anomaler Dispersion.

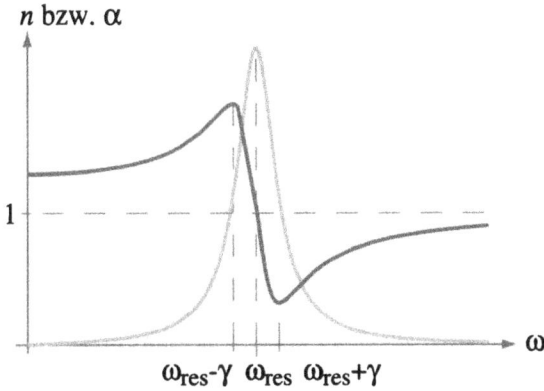

Abbildung 4.4: Brechungsindex n und Absorptionskoeffizient α (schattiert) im Bereich einer Resonanzlinie.

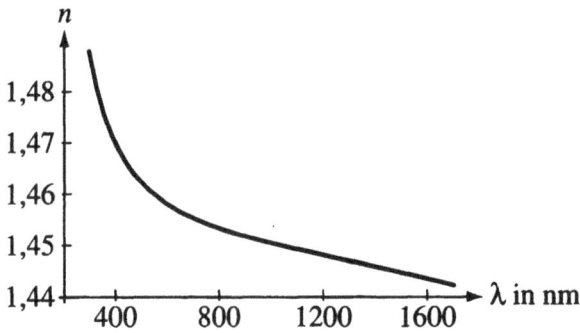

Abbildung 4.5: Verlauf des Brechungsindexes n in Abhängigkeit der Wellenlänge für SiO_2.

Der Fall der anomalen Dispersion tritt nur im Bereich einer Absorptionslinie auf, wie aus Abb. 4.4 hervorgeht. I. a. ist der Fall $dn/d\lambda < 0$ gegeben. In Abbildung 4.5 ist der Verlauf von $n(\lambda)$ für SiO_2 dargestellt. Man erkennt an Hand der Kurve u. a., daß der Brechungsindex für blaues Licht größer ist als für rotes.

I. a. weisen die Verläufe von α und n mehrere Resonanzlinien auf (s. Abb. 4.3), was dazu führt, daß zur mathematischen Darstellung von α und n Summenterme verwendet werden. Häufig verwendet werden die Dispersionsgleichungen nach Sellmeier:

$$n^2 = 1 + \sum_j \frac{A_j \lambda^2}{\lambda^2 - \lambda_j{}^2} \tag{4.30}$$

Die λ_j bestimmen die Lage der Resonanzwellenlängen. Die „Sellmeier-Koeffizienten" A_j legen den Verlauf der Kurve fest. Für SiO_2 sind die relevanten A_j und λ_j für $j = 1, 2, 3$ gegeben:

A_1	A_2	A_3
0,6961663	0,4079426	0,8974794

λ_1	λ_2	λ_3
0,0684043 μm	0,1162414 μm	9,896161 μm

Tabelle 4.1: Sellmeier-Koeffizienten für SiO_2.

Real- und Imaginärteil der Dielektrizitätskonstanten sind nicht unabhängig voneinander. Kramers und Kronig zeigten 1928, daß unter sehr allgemeinen Bedingungen zwischen dem Real- und dem Imaginärteil einer Funktion Integralbeziehungen bestehen. Ohne in die Einzelheiten eindringen zu wollen, seien hier die sogenannten Kramers-Kronig-Beziehungen für n und α angegeben:

$$n(\omega) = 1 + \frac{1}{\pi} \int_0^\infty \frac{c_0 \alpha(\omega') d\omega'}{\omega'^2 - \omega^2} \tag{4.31}$$

und

$$\frac{c_0 \alpha(\omega)}{\omega^2} = -\frac{4}{\pi} \int_0^\infty \frac{n(\omega) - 1}{\omega'^2 - \omega^2} \, d\omega \tag{4.32}$$

Die Aussage der Kramers-Kronig-Beziehungen ist, daß ein dispersives Material absorbiert und die Absorption frequenzabhängig ist. Mit Hilfe dieser Beziehungen läßt sich der Imaginärteil von ε_r berechnen, wenn man den Realteil kennt und umgekehrt.

4.6 Brechung

4.6.1 Brechungsindex und Lichtgeschwindigkeit

Elektromagnetische Wellen breiten sich in linearen, homogenen, isotropen Materialien mit der Geschwindigkeit c aus, die in den Maxwell'schen Gleichungen vorkommt. Gemäß Gleichung (1.17) ist

$$c = c_0 (\varepsilon_r \mu_r)^{-1/2} \tag{4.33}$$

wobei c_0 die Lichtgeschwindigkeit im Vakuum ist. Das Verhältnis von c_0/c bezeichnet man als den Brechungsindex n des Materials. n ist eine dimensionslose Zahl und hängt von der relativen Dielektrizitätskonstanten ε_r und der relativen magnetischen Permeabilität μ_r des Mediums ab:

$$n = \sqrt{\varepsilon_r \mu_r} = \frac{c_0}{c} \tag{4.34}$$

Man unterscheidet die „Phasengeschwindigkeit", mit der sich eine sinusförmige (d. h. monofrequente) Welle ausbreitet von der „Signalgeschwindigkeit" oder „Gruppengeschwindigkeit", mit der sich ein Puls ausbreitet. Ein Puls enthält gemäß dem Fourier-Prinzip mehrere Frequenzanteile. In einem dispersiven Medium hängt der Brechungsindex n von der Frequenz ab:

$$n = n(\nu) \tag{4.35}$$

Dies bewirkt eine Phasenverschiebung zwischen den einzelnen monofrequenten Wellenzügen, so daß sich die Form des Pulses mit der Laufstrecke verändert und die Pulsbreite zunimmt. Die Gruppengeschwindigkeit ist die Geschwindigkeit, mit der sich der „Schwerpunkt" des Pulses ausbreitet. Die Phasengeschwindigkeit ist gelegentlich größer als c_0 (nämlich für $n < 1$), die Signalgeschwindigkeit ist immer $\leq c_0$. Information enthaltende Signale breiten sich immer höchstens mit c_0 fort. Im Vakuum, wo keine Dispersion auftritt, sind sowohl die Phasengeschwindigkeit und die Signalgeschwindigkeit gleich c_0.

Die Frequenz einer elektromagnetischen Welle ist nicht abhängig vom Brechungsindex. Dies ist eine Folge des Zusammenhangs zwischen der Energie eines Photons und der Frequenz ν der entsprechenden Welle, d. h. $\mathcal{E} = h\nu$, und des Prinzips der Energieerhaltung. Wegen der Beziehung $\lambda\nu = c = c_0/n$ ändern sich die Wellenlänge λ und der Betrag des k-Vektors mit dem Brechungsindex:

$$\lambda = \nu c_0/n = \lambda_0/n \tag{4.36}$$

und entsprechend

$$k = 2\pi n/\lambda_0 = k_0 n \tag{4.37}$$

Dabei sind λ_0 und k_0 die Vakuumwellenlänge bzw. der Betrag des k-Vektors im Vakuum.

Einige Werte für den Brechungsindex unterschiedlicher Materialien sind in Tab. 4.2 gegeben. Die physikalischen Ursachen des Brechungsindex und seiner Frequenzabhängigkeit werden im folgenden Kapitel behandelt, wo es um die Lichtausbreitung in dielektrischen Medien geht. Die verbleibenden Abschnitte dieses Kapitels befassen sich mit der Brechung von Licht beim Übergang zwischen zwei Medien.

4.6.2 Snellius'sches Brechungsgesetz

Wenn Licht von einem Medium in ein anderes übertritt, wird es in seiner Richtung abgelenkt. Diese Ablenkung hängt mit der Abhängigkeit der Ausbreitungsgeschwindigkeit vom Brechungsindex zusammen. Wir wollen das Snellius'sche Brechungsgesetz im Bild der k-Vektoren herleiten (Abbildung 4.6). In der Abbildung ist auch der

Luft	1,0003
Wasser (bei 20° C)	1,333
Äthanol	1,361
Magnesiumfluorid	1,38
Synthetisches Quarzglas	1,458
Bariumfluorid	1,474
Borkronglas BK7	1,51
Magnesiumoxid	1,75
Zinksulfid	2,32
Diamant	2,419

Tabelle 4.2: Brechungsindizes einiger Materialien (für $\lambda = 0,589$ μm).

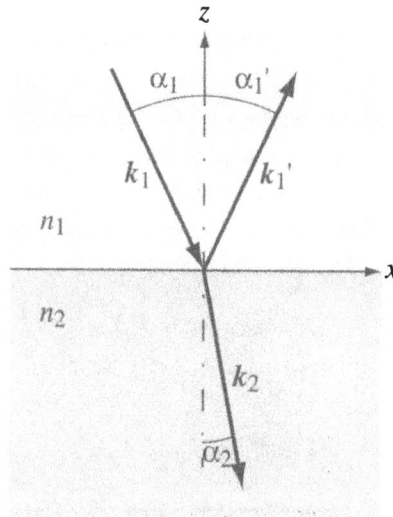

Abbildung 4.6: Brechungsgesetz: k_1 bezeichnet den einfallenden Strahl, k_1' den reflektierten Strahl, k_2 den gebrochenen Strahl.

an der Grenzfläche reflektierte Strahl eingezeichnet. Die Darstellung ist so gewählt, daß $k_y = 0$ ist.

Folgende Überlegungen führen zum Brechungsgesetz:

a) die Beträge von k_1 und k_2 in beiden Medien sind nach Gleichung (4.37) unterschiedlich:

$$k_1 = 2\pi n_1/\lambda_0 \qquad \text{und} \qquad k_2 = 2\pi n_2/\lambda_0 \qquad (4.38)$$

b) Wegen der Symmetrie der dargestellten Situation kann keine Änderung der Komponenten der k-Vektoren parallel zur Grenzfläche auftreten. D. h. es ist $\Delta k_x = 0$ sowohl für den reflektierten als auch für den gebrochenen Strahl. Es gelten für die Konfiguration wie in der Zeichnung dargestellt folgende einfache Beziehungen:

$$
\begin{aligned}
k_{1x} &= k_1 \sin \alpha_1 & k_{1z} &= k_1 \cos \alpha_1 \\
k'_{1x} &= k_1 \sin \alpha'_1 & k'_{1z} &= k_1 \cos \alpha'_1 \\
k_{2x} &= k_2 \sin \alpha_2 & k_{2z} &= k_2 \cos \alpha_2
\end{aligned}
\tag{4.39}
$$

Die Gleichheit von k_{1x} und k'_{1x} ergibt das Reflexionsgesetz, welches besagt, daß der Einfallswinkel gleich dem Ausfallswinkel ist:

$$
\alpha_1 = \alpha'_1 \tag{4.40}
$$

Aus der Gleichheit von k_{1x} und k_{2x} ergibt sich das Brechungsgesetz:

$$
n_1 \sin \alpha_1 = n_2 \sin \alpha_2 \tag{4.41}
$$

oder auch

$$
\frac{\sin \alpha_1}{\sin \alpha_2} = \frac{k_2}{k_1} = \frac{n_2}{n_1} = n_{12} \tag{4.42}
$$

Der Quotient $n_{12} = n_2/n_1$ wird als relativer Brechungsindex bezeichnet.

4.7 Totalreflexion

Nun kommen wir zu einem für die optische Nachrichtenübertragung wesentlichen Punkt, der sogenannten inneren Totalreflexion. Dieser physikalische Effekt erklärt z. B. die Funktion von optischen Wellenleitern. Wir nennen ein Medium 1 optisch dichter als ein Medium 2, wenn $n_1 > n_2$. Wir nennen das erste Medium optisch dünner, wenn $n_1 < n_2$. Bei der Brechung am optisch dichteren Medium ist $\alpha_2 < \alpha_1$; der Strahl wird zum Lot (d. h. der Trennflächennormalen) hin gebrochen. Bei der Brechung am optisch dichteren Medium ist $\alpha_2 > \alpha_1$; der Strahl wird vom Lot weg gebrochen (Abb. 4.7).

Eine Brechung am optisch dünneren Medium ist nur für $\alpha_2 < 90°$ möglich. Es muß also die Ungleichung

$$
\sin \alpha_1 = n_{12} \sin \alpha_2 < n_{12} = \sin \alpha_g \tag{4.43}
$$

erfüllt sein. Der einfallende Strahl kann nur noch reflektiert werden und nicht mehr gebrochen, wenn der Einfallswinkel größer als der Grenzwinkel α_g für die Totalreflexion wird:

$$
\alpha_g = \sin^{-1} n_{12} \tag{4.44}
$$

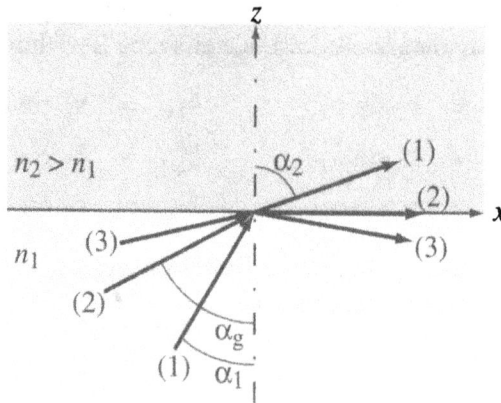

Abbildung 4.7: Totalreflexion am optisch dünneren Medium. Die drei Strahlengänge stellen die Fälle dar (1) $\alpha < \alpha_g$, (2) $\alpha = \alpha_g$ und (3) $\alpha > \alpha_g$.

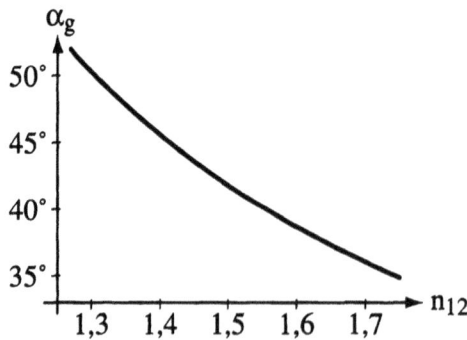

Abbildung 4.8: Abhängigkeit des Grenzwinkels α_g für die innere Totalreflexion vom relativen Brechungsindex n_{12}.

Abb. 4.8 zeigt den Verlauf von $\alpha_g = \sin^{-1}(n_{12})$ im Bereich von $1,3 \leq n_{12} \leq 1,7$. Für $\alpha > \alpha_g$ wird die Komponente k_{2z} imaginär:

$$
\begin{aligned}
k_{2z} &= k_2 \cos\alpha_2 \\
&= n_{12}\, k_1 \left(1 - \frac{\sin^2\alpha_2}{n_{12}{}^2}\right)^{1/2} \\
&= i\, k_1 \left(\sin^2\alpha_1 - n_{12}{}^2\right)^{1/2}
\end{aligned}
\qquad (4.45)
$$

Die gebrochene Welle ist eine „quergedämpfte" Welle, die sich in x-Richtung ausbreitet und deren Amplitude in z-Richtung exponentiell abfällt:

$$
E(x,z,t) \propto e^{-k\sqrt{\sin^2\alpha_1 - n_{12}}\, z}\, e^{i(k_{1y}x - \omega t)}
\qquad (4.46)
$$

Der Ausdruck „Totalreflexion" ist somit im Wellenbild nicht ganz zutreffend. Die einfallende Welle dringt auch für $\alpha_1 > \alpha_g$ in das optisch dünnere Medium ein. Diesen Effekt, der nach den Vorstellungen der geometrischen Optik nicht erklärbar ist, kann man ausnutzen, um sehr dünne Schichten eines optisch dünneren Materials zu durchdringen, was man als den „optischen Tunneleffekt" bezeichnet. Dieser Effekt spielt eine Rolle bei integrierten Wellenleiterstrukturen wie z. B. dem optischen Richtkoppler, den wir später im Rahmen der integrierten Wellenleiteroptik diskutieren werden. Dabei handelt es sich i. w. um zwei parallel verlaufende Wellenleiter, die voneinander nur um einige Mikrometer getrennt sind. Beide Wellenleiter sind über die Felder der quergedämpften Wellen miteinander optisch gekoppelt.

Beispiel 4.1   Zahlenbeispiele für α_g

Medium 1		Medium 2		α_g
Glas	($n_1 = 1{,}5$)	Luft	($n_2 = 1$)	$\sin^{-1}(2/3) = 41{,}8°$
Wasser	($n_1 = 1{,}333$)	Luft	($n_2 = 1$)	$\sin^{-1}(3/4) = 48{,}6°$
Germanium-dotiertes Quarzglas		reines Quarzglas		
Ge:SiO$_2$	($n_1 = 1{,}463$)	SiO$_2$	($n_2 = 1{,}458$)	$\sin^{-1}(0{,}997) = 85{,}3°$

Der letzte Fall beschreibt die Situation für Glasfasern, wie sie in der optischen Nachrichtenübertragung eingesetzt werden.

4.8 Reflexions- und Transmissionsgrad

Beim Übergang von Licht von einem Medium mit einem Brechungsindex n_1 in ein anderes mit Brechungsindex n_2 ergibt sich die Situation, daß nur ein Teil des Lichtes in das zweite Medium eintritt, während ein anderer Teil reflektiert wird (Abbildung 4.9). Im Falle, daß keine Absorption auftritt, muß gemäß dem Prinzip der Energieerhaltung gelten, daß

$$I_{ein} = I_r + I_t \tag{4.47}$$

Dabei sind I_{ein}, I_r bzw. I_t die Intensitäten des einfallenden, des reflektierten bzw. des transmittierten Strahles.

Wenn man die Intensität des einfallenden Lichtstrahls auf 1 festlegt, wird aus (4.47):

$$I_r + I_t = 1 \tag{4.48}$$

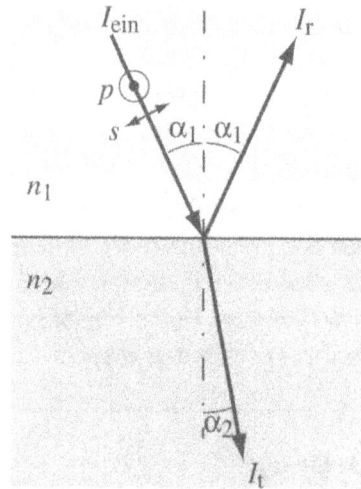

Abbildung 4.9: s- und p-polarisiertes Licht bei der Lichtbrechung.

Dies gilt jeweils für beide Polarisationskomponenten. Der Geometrie entsprechend werden die beiden Polarisationskomponenten wie folgt bezeichnet: die parallele Komponente, bei der der E-Vektor parallel zur Einfallsebene ist, wird durch den Buchstaben p oder das Symbol $\parallel$ bezeichnet (also I_p oder $I_\parallel$), die dazu senkrechte Komponente mit s oder $\perp$ (also I_s oder $I_\perp$). In der Zeichnung ist die s-Komponente durch den Pfeil $\leftrightarrow$ gekennzeichnet, die p-Komponente durch die Pfeilspitze $\bullet$, die aus der Zeichenebene hinauszeigt.

Aus den Übergangsbedingungen für die Komponenten des E-Feldes kann man nun Gleichungen für die Reflektivität herleiten. Für dielektrische Materialien (magnetische Permeabilität $\mu = 1$) ergeben sich für die beiden Komponenten folgende Reflexionsgrade für die Intensitäten:

$$R_s = \left(\frac{n_1 \cos \alpha_1 - n_2 \cos \alpha_2}{n_1 \cos \alpha_1 + n_2 \cos \alpha_2} \right)^2 \tag{4.49}$$

und

$$R_p = \left(\frac{n_2 \cos \alpha_1 - n_1 \cos \alpha_2}{n_1 \cos \alpha_2 - n_2 \cos \alpha_1} \right)^2 \tag{4.50}$$

Der Winkel α_2 ergibt sich gemäß $\alpha_2 = \arcsin((n_1/n_2) \sin \alpha_1)$. Die Intensitäten der transmittierten Strahlen ergeben sich aus (4.48). Als Beispiel für den Verlauf der Kurven R_s und T_s sowie R_p und T_p in Abhängigkeit vom Einfallswinkel α_1 nehmen wir den Fall, daß das Medium 1 Luft ist ($n_1 = 1$) und das Medium 2 Glas ($n_2 = 1,5$). In diesem Fall erhält man einen Verlauf wie in Abbildung 4.10 dargestellt.

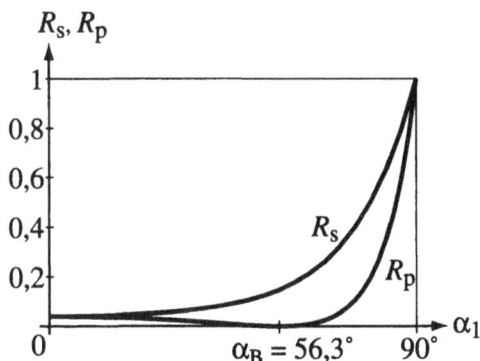

Abbildung 4.10: Reflexionsgrad und Transmissionsgrad der s- und p-Komponenten in Abhängigkeit des Einfallswinkels α_1 für den Fall $n_1 = 1$ und $n_2 = 1,5$. α_B ist der Brewster-Winkel.

Folgende Punkte sind bemerkenswert am Verlauf der Kurve in Abb. 4.10:

1. Für senkrechten Einfall ($\alpha_1 = 0$) gibt es keinen physikalischen Unterschied zwischen der s- und der p-Komponente. Daher ist $R_s = R_p = 0,04$ und somit $T_s = T_p = 0,96$ (für Luft/Glas).

2. Für $\alpha_1 \neq 0$ ist die Situation für s und p unterschiedlich, was sich im unterschiedlichen Verlauf der Kurven äußert. Für die s-Komponente steigt der Reflexionsgrad kontinuierlich an, während er für die p-Komponente erst einmal abfällt. Für einen bestimmten Winkel, den man als Brewster-Winkel α_B bezeichnet geht der Reflexionsgrad ganz auf Null herunter und somit wird $T_p = 1$. Dieser Umstand ist recht interessant vom physikalischen Verständnis her, worauf wir unten eingehen werden, hat aber auch technische Bedeutung. Für einen ganz bestimmten Winkel kann man also parallel polarisiertes Licht vollkommen verlustfrei aus einem Fenster auskoppeln. Diesen Umstand macht man sich z. B. beim Aufbau von Gaslasern zunutze.

3. Für größere Winkel als α_B steigt R_p dann schnell an. Für den Fall, daß der Einfallswinkel gegen $90°$ geht („streifender Einfall"), gehen sowohl R_s wie auch R_p gegen 1. Dies bedeutet, daß praktisch jede einigermaßen glatte dielektrische Oberfläche spiegelnd wirkt, wenn man sie unter einem sehr schrägen Einfallswinkel betrachtet. Selbst ein Blatt Papier wirkt glänzend, wenn man es unter einem sehr schrägen Winkel betrachtet.

Betrachten wir nun die Situation, daß Licht unter dem Brewster-Winkel auf eine Glasfläche trifft. Aus dem Verlauf der beiden Kurven in Abb. 4.10 geht hervor, daß das reflektierte Licht vollständig polarisiert ist, da $R_p = 0$ ist und also nur s-polarisiertes Licht reflektiert wird. Dies läßt sich wiederum mit Hilfe des Dipolverhaltens der Moleküle im Glas anschaulich erklären. Wir wissen, daß ein Dipol in Richtung seiner Schwingungsachse nicht abstrahlt. Wenn Licht unter einem Winkel α_1 einfällt, wird es unter der Richtung $\alpha_2 = \sin^{-1}(\sin\alpha_1/n_2)$ in das Medium 2 hineingebrochen (für $n_1 = 1$) (Abb. 4.11). Die Bewegung der Ladungen erzeugt den reflektierten Strahl. Wenn nun der einfallende und der gebrochene Strahl senkrecht aufeinander stehen (dann ist $\alpha_1 + \alpha_2 = 90°$), dann ist die Schwingungsachse der Dipole parallel zur Richtung des reflektierten Strahles. In diesem Fall wird keine p-Komponente abgestrahlt.

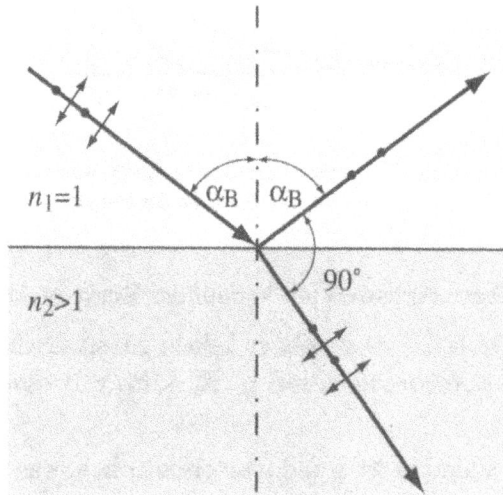

Abbildung 4.11: Polarisation durch Reflexion: Bei Einfall unter dem Brewster-Winkel ist das reflektierte Licht vollständig polarisiert.

Für diesen Fall gilt also

$$\sin\alpha_2 = \sin(90° - \alpha_1) = \cos\alpha_1 = \frac{1}{n_2}\sin\alpha_1 \qquad (4.51)$$

und somit

$$\tan\alpha_1 = n_2 = \tan\alpha_B \qquad (\text{für } n_1 = 1) \qquad (4.52)$$

Für den allgemeinen Fall mit $n_1 \neq 1$ ist $\tan\alpha_B = n_2/n_1$.

5 Lichtausbreitung im freien Raum

Häufig interessieren einen Situationen, bei denen die Zeitabhängigkeit einer Lichtwelle oder eines Wellenfeldes nicht von Bedeutung ist. Für diesen statischen Fall geht man von der zeitunabhängigen Wellengleichung (Helmholtz-Gleichung) aus, die wir zu Beginn dieses Kapitels herleiten werden (5.1). Spezielle Lösungen der Wellengleichung haben wir in Kapitel 1 mit den ebenen Wellen, den Kugel- und den Zylinderwellen als idealisierten Elementarwellen kennengelernt. Eine weitere spezielle Lösung der Helmholtz-Gleichung stellt ein sogenannter Gauß'scher Strahl dar. Gauß'sche Strahlen spielen u. a. eine wichtige Rolle zur Beschreibung der Strahlung von Laserresonatoren. Wir werden ihre wichtigsten Eigenschaften in Abschnitt 5.2 beschreiben. Anschließend befassen wir uns mit der mathematischen Darstellung von beliebigen Wellenfeldern. Jedes beliebige Wellenfeld läßt sich als Überlagerung von Elementarwellen darstellen. Am gebräuchlichsten ist die Darstellung eines Wellenfelds als Überlagerung von ebenen Wellen, welche mathematisch durch eine Fourier-Transformation beschrieben wird. Die Fourier-Transformierte eines Wellenfeldes bezeichnet man als sein Winkelspektrum (5.3). Das Konzept des Winkelspektrums ist sowohl für die mathematische Formulierung der Lichtausbreitung als auch für das Verständnis optischer Systeme nützlich. In Abschnitt 5.4 werden wir sehen, wie sich das Winkelspektrum im Falle der Freiraumausbreitung verändert. Ein optisches System setzt sich abwechselnd aus Abschnitten mit freier Lichtausbreitung und Durchgang durch optische Elemente (Linsen, Gitter, usw.) zusammen. Der Einfluß eines Elements auf die Lichtwelle läßt sich in vielen Fällen durch die sog. Kirchhoff-Approximation beschreiben (5.5). Beim Durchgang durch ein Objekt wird die Lichtwelle moduliert und somit sein Winkelspektrum verändert. Dies bezeichnet man als Beugung. Die Lichtausbreitung hinter einem beugenden Objekt läßt sich näherungsweise durch das Kirchhoff'sche Beugungsintegral beschreiben, für das man mit Nahfeld- und Fernfeld-Beugung zwei Spezialfälle unterscheidet (5.6). Von der Fernfeld-Beugung gelangen wir zur optischen Abbildung (5.7). Ein spezielles „Abbildungs"verfahren ist die Holographie, bei der die Amplitude und Phase einer Wellenfront aufgezeichnet wird (5.8). Am Ende des Kapitels werden wir uns im Detail mit evaneszenten Wellen beschäftigen (5.9).

5.1 Helmholtz-Gleichung

Wir verwenden wieder eine skalare Darstellung des Wellenfeldes, beschrieben durch eine Komponente $U(\boldsymbol{r}, t)$ des elektrischen Felds. $U(\boldsymbol{r}, t)$ ist i. a. eine komplexe Größe. Mit Hilfe einer Fourier-Transformation (siehe Anhang A) bezüglich der Zeit t kann man $U(\boldsymbol{r}, t)$ darstellen als

$$U(\boldsymbol{r}, t) = \int u(\boldsymbol{r}, \nu)\, e^{-2\pi i \nu t}\, d\nu \tag{5.1}$$

Setzt man das Integral an Stelle von $U(\boldsymbol{r}, t)$ in die Wellengleichung (1.15) ein, so erhält man:

$$\int \left[\Delta u(\boldsymbol{r}, \nu) + \left(\frac{2\pi\nu}{c} \right)^2 u(\boldsymbol{r}, \nu) \right] e^{-2\pi i \nu t}\, d\nu = 0 \tag{5.2}$$

Diese Entwicklung soll für alle Zeiten t gültig sein, was bedeutet, daß der Integrand in den eckigen Klammern Null sein muß. Mit $2\pi\nu/c = 2\pi/\lambda = k$ schreiben wir

$$\Delta u(\boldsymbol{r}, \nu) + \left(\frac{2\pi\nu}{c} \right)^2 u(\boldsymbol{r}, \nu) = 0 \tag{5.3}$$

Diese zeitunabhängige Wellengleichung bezeichnet man als Helmholtz-Gleichung. Sie stellt u. a. den Ausgangspunkt für die sogenannte Fourier-Optik dar. Der Nutzen der Helmholtz-Gleichung liegt darin, daß man jede Frequenzkomponente $u(\boldsymbol{r}, \nu)$ einzeln nur auf ihre Ortsabhängigkeit untersuchen kann (monochromatisch). Kennt man alle $u(\boldsymbol{r}, \nu)$, dann ergibt sich $U(\boldsymbol{r}, t)$ aus Gleichung (5.1). Der Einfachheit wegen werden wir im folgenden statt $u(\boldsymbol{r}, \nu)$ einfach $u(\boldsymbol{r})$ schreiben, wenn keine genaue Angabe der Zeitfrequenz nötig ist. $u(\boldsymbol{r})$ bezeichnet man als die komplexe Amplitude eines statischen monochromatischen Wellenfeldes.

Beispiel 5.1   Ebene Welle und ihre paraxiale Darstellung

Eine Lösung der Helmholtz-Gleichung ist zum Beispiel gegeben durch den Ausdruck

$$u(\boldsymbol{r}) = e^{i\boldsymbol{k} \cdot \boldsymbol{r}} = e^{i(k_x x + k_y y + k_z z)} \tag{5.4}$$

der den statischen Anteil einer ebenen Welle beschreibt. Bei Ausbreitung der Welle unter einem kleinen Winkel relativ zur z-Achse ist $(k_x{}^2 + k_y{}^2)^{1/2} \ll k \approx k_z$ (paraxiale Näherung). Damit läßt sich in diesem Fall schreiben:

$$k_z = (k^2 - k_x{}^2 - k_y{}^2)^{1/2} \approx k - \frac{k_x{}^2 + k_y{}^2}{2k} \tag{5.5}$$

In der paraxialen Näherung können wir also eine ebene Welle durch folgenden Ausdruck darstellen:

$$u(x, y, z) \approx e^{i[k_x x + k_y y - \frac{k_x{}^2 + k_y{}^2}{2k} z]} e^{ikz} \tag{5.6}$$

Allgemein kann man im paraxialen Fall die komplexe Amplitude eines Wellenfeldes wie folgt darstellen:

$$u(x, y, z) = v(x, y, z) \, e^{ikz} \tag{5.7}$$

wobei $v(x, y, z)$ die Amplitudenverteilung beschreibt und e^{ikz} die Ausbreitung in z-Richtung. Häufig verzichtet man auf die explizite Mitführung des Phasenfaktors e^{ikz}. Die Darstellung in (5.7) verwenden wir nun zur Herleitung einer zeitunabhängigen Wellengleichung für den paraxialen Fall, indem wir mit diesem Ausdruck in Gleichung (5.3) eingehen. Nach Durchführung der Differentiation und Umformen erhält man

$$\left(\frac{\partial^2 v}{\partial x^2} + \frac{\partial^2 v}{\partial y^2} + \frac{\partial^2 v}{\partial z^2} + 2ik \frac{\partial v}{\partial z} \right) e^{ikz} = 0 \tag{5.8}$$

Da dies für beliebige Werte von z gelten muß, folgt, daß der Ausdruck in Klammern Null sein muß. Für eine in z langsam veränderliche Funktion ist nun außerdem

$$\frac{\partial^2 v}{\partial z^2} \ll k \frac{\partial v}{\partial z} \tag{5.9}$$

so daß man insgesamt erhält:

$$\Delta_T v + 2ik \frac{\partial v}{\partial z} = 0 \tag{5.10}$$

Hierbei ist $\Delta_T = \partial^2/\partial x^2 + \partial^2/\partial y^2$ der zweidimensionale (oder laterale) Laplace-Operator. Gleichung (5.10) wird als die paraxiale Helmholtz-Gleichung bezeichnet. (Bemerkung: In der Literatur findet man auch die Form $\Delta_T v - 2ik \partial v/\partial z = 0$. Das Minuszeichen kommt dann von einer anderen Darstellung der ebenen Welle in Gleichung (5.4), nämlich $u(\mathbf{r}) = \exp[-i\mathbf{k} \cdot \mathbf{r}]$.) Eine wichtige Lösung der paraxialen Helmholtz-Gleichung ist ein Lichtstrahl mit einem Gauß'schen Intensitätsprofil. Ein Gaslaser (z. B. ein Helium-Neon-Laser) emittiert i. a. als Grundmode einen „Gauß'schen Strahl".

5.2 Gauß'scher Strahl

Eine Lösung für die paraxiale Helmholtz-Gleichung stellt die paraxiale Kugelwelle dar:

$$u(\mathbf{r}) = \frac{u_1}{z} e^{-ik \frac{r^2}{2z}} \tag{5.11}$$

Hieraus kann man formal die mathematische Beschreibung für einen Gauß'schen Strahl herleiten. Zunächst stellen wir fest, daß eine in z-Richtung um den konstanten Betrag

ξ verschobene paraxiale Kugelwelle ebenfalls eine Lösung der Wellengleichung ist. Als neue Koordinate führen wir nun ein:

$$q(z) = z - \xi \tag{5.12}$$

Wenn ξ komplex ist, bleibt $u(r)$ eine Lösung der Wellengleichung. Insbesondere dann, wenn ξ rein komplex ist, z. B. $\xi = -iz_0$, dann wird aus dem Ausdruck in Gleichung (5.11):

$$u(r) = \frac{u_1}{q(z)} e^{-ik\frac{r^2}{2q(z)}} \quad \text{mit} \quad q(z) = z + iz_0 \tag{5.13}$$

Dieser Ausdruck beschreibt mathematisch die komplexe Einhüllende einer Gauß'schen Welle. z_0 bezeichnet man als die Rayleigh-Konstante. Um Amplitude und Phase der komplexen Einhüllenden zu separieren, wird die komplexe Funktion $1/q(z)$ durch ihren Real- und Imaginärteil dargestellt:

$$\frac{1}{q(z)} = \frac{1}{R(z)} - i\frac{\lambda}{\pi w^2(z)} \tag{5.14}$$

$R(z)$ und $w(z)$ sind reelle Funktionen und beschreiben den Krümmungsradius des Gauß'schen Strahls bzw. den Radius des Strahlquerschnitts in lateraler Richtung. Die komplexe Amplitude des Gauß'schen Strahles ergibt sich dann durch

$$u(r,z) = u_0\frac{w_0}{w(z)} e^{-\frac{r^2}{w^2(z)}} e^{[-ikz-ik\frac{r^2}{2R(z)}+i\zeta(z)]} \tag{5.15}$$

mit $u_0 = u_1/(iz_0)$. Die Strahlparameter sind

$$w(z) = w_0 \left[1 + \left(\frac{z}{z_0}\right)^2\right]^{1/2} \tag{5.16}$$

$$R(z) = z\left[1 + \left(\frac{z_0}{z}\right)^2\right] \tag{5.17}$$

$$\zeta(z) = \tan^{-1}\left(\frac{z}{z_0}\right) \tag{5.18}$$

$$w_0 = \left(\frac{\lambda z_0}{\pi}\right)^{1/2} \tag{5.19}$$

Die optische Intensität eines Gauß'schen Strahles ist $I(r) = |u(r)|^2$, also

$$I(r) = I_0 \left(\frac{w_0}{w(z)}\right)^2 e^{-\frac{2r^2}{w^2(z)}} \tag{5.20}$$

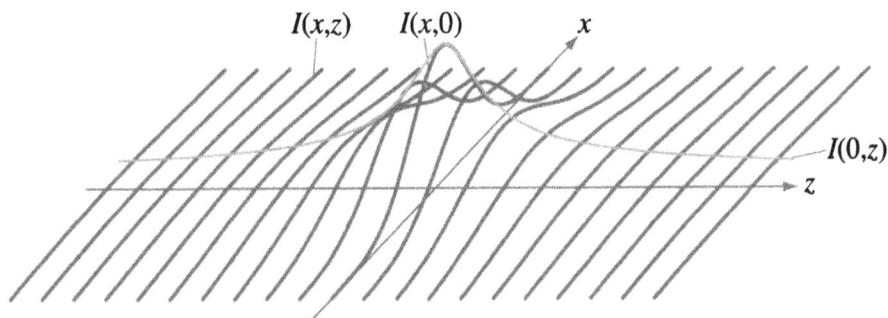

Abbildung 5.1: Darstellung des Intensitätsverlaufs eines Gauß-Strahls im Bereich der Strahltaille dargestellt durch 1-D Intensitätsplots $I(x, z)$. Schattiert eingezeichnet ist der Verlauf der Intensität entlang der optischen Achse, $I(0, z)$.

mit $I_0 = |u_0(r)|^2$. Abbildungen 5.1 und 5.2 zeigen den Verlauf eines Gauß-Strahls im Bereich der Strahltaille (Fokus). Die Darstellung in Abb. 5.1 zeigt Intensitätsprofile $I(x, z)$ für unterschiedliche z-Koordinaten.

Für jeden beliebigen Wert von z ist der Strahlquerschnitt durch eine Gauß-Funktion gegeben. Der Strahldurchmesser ist mit $2w_0$ minimal für $z = 0$ und nimmt mit zunehmendem Abstand zu. Die Intensität auf der optischen Achse (d. h. für $r = 0$) ist für $z = 0$ maximal und variiert mit

$$I(r = 0, z) = \frac{I_0}{1 + (\frac{z}{z_0})} \tag{5.21}$$

Als Schärfentiefebereich oder konfokalen Parameter bezeichnet man das z-Intervall, innerhalb dessen $w(z) \leq 2w_0$; siehe Abbildung 5.2. Aus Gleichung (5.19) ist ersichtlich, daß der Schärfentiefebereich durch

$$2z_0 = \frac{2\pi w_0^2}{\lambda} \tag{5.22}$$

gegeben ist. z_0 bezeichnet man als die „Rayleigh-Länge". Interessant ist der Verlauf der Phasenfront im Bereich der Strahltaille. Wenn man annimmt, daß sich die Welle in $+z$-Richtung ausbreitet, dann liegt für $z < 0$ und genügend großen Abstand vom Brennpunkt eine konvergente Welle vor, für $z > 0$ eine divergente Welle. Im Fokuspunkt wechselt also der Krümmungsradius das Vorzeichen (negativ für eine konvergente Welle, positiv für eine divergente Welle). Im Fokus selbst liegt also eine ebene Welle mit einer geraden Phasenfront vor.

Im Fernfeld, d. h. für $z \gg z_0$, nimmt der Strahldurchmesser linear zu, wie man aus dem Ausdruck für $w(z)$ in Gleichung (5.19) entnehmen kann. In diesem Fall kann man schreiben

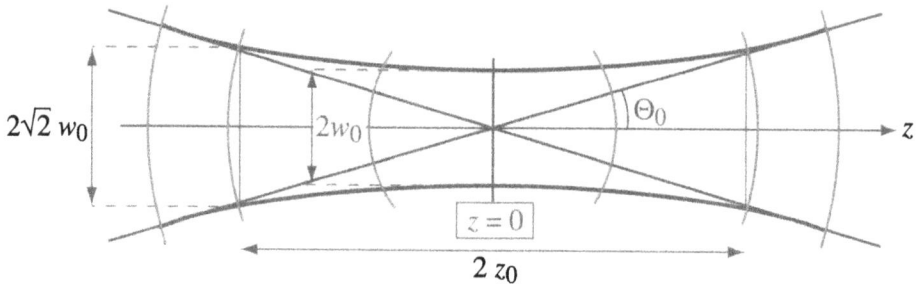

Abbildung 5.2: Fokusbereich des Gauß'schen Strahles: $2z_0$ ist der Schärfentiefebereich. Im Fokus ($z = 0$) ist der Strahldurchmesser $2w_0$. Gezeigt ist auch der Divergenzwinkel Θ_0. Schattiert eingezeichnet sind die Wellenfronten im Fokusbereich. Die gekrümmten durchgezogenen Linien stellen Linien gleicher Intensität dar, keine Lichtstrahlen.

$$w(z) \approx \frac{w_0 z}{z_0} = \Theta_0 z \tag{5.23}$$

wobei $\Theta_0 = w_0/z_0 = \lambda/(\pi w_0)$ den Divergenzwinkel beschreibt. Die Wellenfront im Fernfeld ist annähernd sphärisch.

5.3 Winkelspektrum

Jedes monochromatische Wellenfeld $u(r)$ kann als Überlagerung von räumlichen Elementarwellen dargestellt werden. Von besonderer Bedeutung ist die Zerlegung nach komplexen harmonischen Funktionen, mathematisch ausgedrückt durch die Fourier-Transformation (siehe Anhang A).

$$u(r) = \iiint \tilde{u}(\nu_x, \nu_y, \nu_z) \, e^{2\pi i(\nu_x x + \nu_y y + \nu_z z)} \, d\nu_x \, d\nu_y \, d\nu_z \tag{5.24}$$

Der Ausdruck $\exp[2\pi i(\nu_x x + \nu_y y + \nu_z z)]$ stellt physikalisch den statischen Anteil einer ebenen Welle dar. ν_x, ν_y und ν_z bezeichnet man als räumliche Frequenzkoordinaten. Sie sind mit den Richtungskosinus α, β und γ aus Gleichung (1.24) über $\nu_x = \alpha/\lambda$ usw. verknüpft und mit den Komponenten des k-Vektors über $2\pi\nu_x = k_x$ usw. Für sie gilt mit (1.27):

$$\nu_x{}^2 + \nu_y{}^2 + \nu_z{}^2 = \left(\frac{1}{\lambda}\right)^2 \tag{5.25}$$

Die Frequenzkoordinaten sind also voneinander abhängig. Gleichung (5.25) beschreibt eine Kugelfläche im Frequenz-Raum, die sogenannte Ewald-Kugel, die auch in der Festkörperphysik eine Rolle spielt (Abbildung 5.3). Im paraxialen Fall ist bei Ausbreitung in z-Richtung ν_z wesentlich größer als ν_x und ν_y. In diesem Fall enthält das

Winkelspektrum i. w. Komponenten im Bereich der Pole der Ewald-Kugel (in der Abbildung schattiert dargestellt).

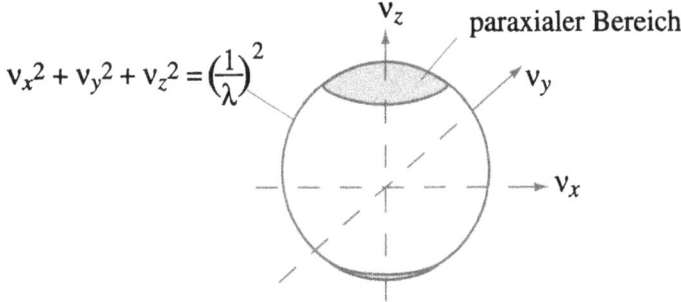

Abbildung 5.3: Die Ewald-Kugel stellt im Frequenzraum eine Kugel um den Ursprung mit dem Radius $1/\lambda$ dar. Der Fall der paraxialen Ausbreitung einer Welle entspricht den schattiert dargestellten Bereichen.

Das Integral in (5.24) kann auf ein zweidimensionales Integral vereinfacht werden, wenn man sich, wie häufig der Fall, für die Lichtverteilung in einer Ebene interessiert. Wir bezeichnen diese mit $z = z_0$. Die Amplitude in dieser Ebene kann man dann nach ebenen Wellen entwickeln gemäß:

$$u(x, y, z = z_0) = \iint \tilde{u}(\nu_x, \nu_y; z_0)\, e^{2\pi i(\nu_x x + \nu_y y)} d\nu_x\, d\nu_y \qquad (5.26)$$

$\tilde{u}(\nu_x, \nu_y; z_0)$ nennt man das Winkelspektrum der Lichtamplitude $u(x, y; z_0)$. Für einen bestimmten Punkt in der (ν_x, ν_y)-Ebene ergibt sich die z-Komponente von $k^{-1}\boldsymbol{k}$ nach (5.25).

Beispiel 5.2   Winkelspektrum eines Gauß'schen Strahls

Berechnen Sie das Winkelspektrum eines Gauß'schen Strahles für den eindimensionalen Fall, d. h. für eine Amplitudenverteilung in der Ebene z, die gegeben ist durch $u(x) = u_0 \cdot \exp[-x^2/w(z)^2]$. Stellen Sie für den Fall $z \gg z_0$ das Winkelspektrum mit Hilfe des Divergenzwinkels Θ_0 dar und berechnen Sie den Wert der normierten Leistungsdichte für die spatiale Frequenz $\nu = \Theta_0/\lambda$.

Lösung: Wir bezeichnen das Winkelspektrum mit $u(\nu)$, wobei ν die spatiale Frequenzkoordinate ist. $u(\nu)$ berechnet sich aus $u(x)$ per Fourier-Transformation:

$$\tilde{u}(\nu) = \int u(x)\, e^{-2\pi i \nu x} dx \qquad (5.27)$$

Da konstante Faktoren nicht von Bedeutung zur Berechnung des Winkelspektrums sind, verwenden wir als Ausdruck für einen Gauß'schen Strahl $u(x) = \exp[-x^2/w^2]$. Damit ist

$$\tilde{u}(\nu) = \int e^{-\left(\frac{x}{w}\right)^2} e^{-2\pi i \nu x} dx \tag{5.28}$$

Wir entwickeln den Ausdruck im Exponenten:

$$\left(\frac{x}{w}\right)^2 + 2\pi i \nu x = \frac{1}{w^2}\left[\left(x + i\pi w^2 \nu\right)^2 - \left(\pi w^2 \nu\right)^2\right] \tag{5.29}$$

und können damit schreiben:

$$\tilde{u}(\nu) = e^{-(\pi w \nu)^2} \int e^{(x + i\pi w^2 \nu)^2 / w^2} dx \tag{5.30}$$

Mit Hilfe der Methode der stationären Phase (siehe Anhang B) erhalten wir:

$$\tilde{u}(\nu) = \text{const.} \cdot e^{-(\pi w \nu)^2} \tag{5.31}$$

Das Winkelspektrum wird also wie die Amplitudenverteilung selbst durch eine Gauß-Funktion beschrieben. Bei der Gauß-Funktion handelt es sich um ein Beispiel einer Funktion, die zu sich selbst Fourier-reziprok ist. Die Breite des Winkelspektrums ist $1/2w$. D. h., je kleiner der Durchmesser des Gauß-Strahles, gegeben durch $2w$, ist, um so breiter ist das Winkelspektrum — wie man es auch erwartet. Für $z \gg z_0$ ist $w \approx w_0 z/z_0 = \lambda/(\pi\Theta_0)\ z/z_0$ und somit $\tilde{u}(\nu) \approx \text{const.} \cdot e^{-(\lambda\nu/\Theta_0)^2(z/z_0)^2}$. Für $\nu_0 = \Theta_0/\lambda$ ist die Leistungsdichte auf $1/e^2$ ihres Maximalwertes abgefallen:

$$\left|\tilde{u}(\nu = \frac{\Theta_0}{\lambda})\right|^2 = \frac{1}{e^2}\left|\tilde{u}(\nu = 0)\right|^2 \tag{5.32}$$

Die Darstellung eines Wellenfeldes durch sein Winkelspektrum eignet sich zur Beschreibung der Lichtausbreitung. Wir betrachten zunächst den Fall der ungestörten Lichtausbreitung im freien Raum und untersuchen anschließend, was beim Durchgang einer Lichtwelle durch ein Objekt (z. B. ein Beugungsgitter) passiert. Als freien Raum bezeichnet man ein Ausbreitungsmedium, in dem die Lichtausbreitung isotrop ungestört erfolgen kann. Gegenbeispiel ist die Lichtausbreitung in einem Wellenleiter, bei dem die Welle durch eine laterale Variation des Brechungsindex geführt wird (siehe hierzu Kapitel 7).

5.4 Lichtausbreitung und Winkelspektrum

Die Fragestellung lautet: wenn die komplexe Amplitude $u(x_0, y_0; 0)$ in einer Ebene $z = 0$ bekannt ist, wie sieht dann $u(x, y; z)$ in einer beliebigen Ebene $z > 0$ aus (siehe Abbildung 5.4)? Es gibt mehrere Möglichkeiten $u(x, y; z)$ zu berechnen, strahlenoptisch (mit Hilfe des „*Ray Traycing*"-Verfahrens) oder wellenoptisch. Zu den wellenoptischen Verfahren gehört z. B. die Berechnung mit Hilfe des Winkelspektrums, die

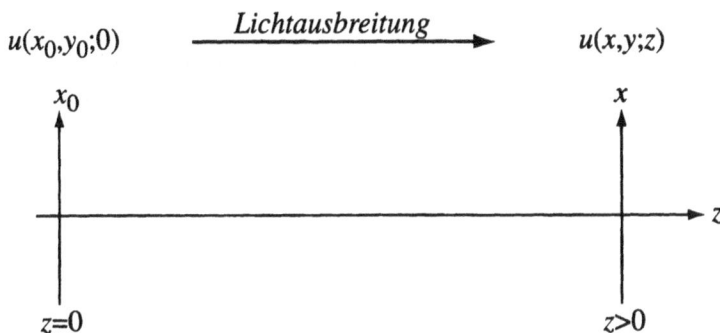

$$u(x_0, y_0; 0) \qquad \xrightarrow{\text{\textit{Lichtausbreitung}}} \qquad u(x, y; z)$$

Abbildung 5.4: Zur Berechnung der Lichtausbreitung im freien Raum.

wir in diesem Abschnitt behandeln, als auch die Näherungsverfahren für Nahfeld und Fernfeld (siehe Abschnitt 5.6). Auf die Darstellung numerischer Verfahren (wie z. B. sogenannter „*beam propagation methods*" wird hier verzichtet.

Wir wollen nun die Lichtausbreitung mit Hilfe des Konzeptes des Winkelspektrums mathematisch beschreiben. Das Wellenfeld muß bekanntlich der Helmholtz-Gleichung (5.3) genügen. Geht man nun mit der Darstellung (5.26) für das Winkelspektrum in die Helmholtz-Gleichung ein, so erhält man:

$$\iint \left[(2\pi i \nu_x)^2 \, \tilde{u} + (2\pi i \nu_y)^2 \, \tilde{u} + \frac{\partial^2 \tilde{u}}{\partial z^2} + k^2 \tilde{u} \right] e^{2\pi i (\nu_x x + \nu_y y)} \, d\nu_x \, d\nu_y = 0 \quad (5.33)$$

Da dieser Ausdruck für beliebige Werte von x und y gelten soll, muß der Ausdruck in den eckigen Klammern Null sein, woraus sich für $\tilde{u}(\nu_x, \nu_y; z)$ folgende Differentialgleichung ergibt:

$$\frac{\partial^2 \tilde{u}}{\partial z^2} + k^2 \left[1 - \lambda^2 \left(\nu_x^2 + \nu_y^2 \right) \right] \tilde{u} = 0 \quad (5.34)$$

Diese Gleichung besitzt die allgemeine Lösung

$$\tilde{u}(\nu_x, \nu_y; z) = \tilde{a}_+ \, e^{ikz\sqrt{[\cdots]}} + \tilde{a}_- \, e^{-ikz\sqrt{[\cdots]}} \qquad \text{mit } [\cdots] = 1 - \lambda^2 (\nu_x^2 + \nu_y^2) \quad (5.35)$$

Bei Ausbreitung des Wellenfeldes in positiver z-Richtung muß $\tilde{a}_- = 0$ sein („Abstrahlbedingung"). Ein weiterer Grund dafür, daß $\tilde{a}_- = 0$ sein muß, ergibt sich aus der sogenannten „Dämpfungsbedingung". Beim Integral

$$u(x, y, z) = \quad (5.36)$$

$$\iint \left[\tilde{a}_+(\nu_x, \nu_y; z) \, e^{+ikz\sqrt{1-\lambda^2(\nu_x^2 - \nu_y^2)}} + \tilde{a}_- \, e^{-ikz\sqrt{\cdots}} \right] e^{2\pi i (\nu_x x + \nu_y y)} \, d\nu_x \, d\nu_y$$

erfolgt die Integration über den gesamten (ν_x, ν_y)-Bereich. Für $\nu_x{}^2 + \nu_y{}^2 \leq 1/\lambda^2$ ist der Ausdruck unter dem Wurzelzeichen nicht negativ. In diesem Fall stellt der Term $\exp[\pm ikz\sqrt{1 - \lambda^2(\nu_x{}^2 + \nu_y{}^2)}]$ eine ebene Welle dar. Je nach Vorzeichen vor der geschweiften Klammer breitet sich die Welle in unterschiedliche Richtungen aus. k_+ entspricht dem positiven, k_- dem negativen Vorzeichen. Für $\nu_x{}^2 + \nu_y{}^2 > 1/\lambda^2$ wird die Wurzel imaginär:

$$\sqrt{1 - \lambda^2(\nu_x{}^2 + \nu_y{}^2)} \quad = \quad i\sqrt{\lambda^2(\nu_x{}^2 + \nu_y{}^2) - 1} \tag{5.37}$$

Damit wird aus dem Ausdruck für unsere ebenen Wellen:

$$\tilde{a}_+ \, e^{-\left(\frac{2\pi}{\lambda}\right)z\sqrt{\lambda^2(\nu_x{}^2+\nu_y{}^2)-1}} \, e^{2\pi i(\nu_x x + \nu_y y)} \quad \text{bzw.}$$

$$\tilde{a}_- \, e^{+\left(\frac{2\pi}{\lambda}\right)z\sqrt{\lambda^2(\nu_x{}^2+\nu_y{}^2)-1}} \, e^{2\pi i(\nu_x x + \nu_y y)} \tag{5.38}$$

In diesem Fall hat sowohl die $\tilde{a}_+$- als auch die $\tilde{a}_-$-Welle keine z-Komponente. Die Amplitude der $\tilde{a}_+$-Welle nimmt mit z exponentiell ab. Daher nennt man diese Welle „quergedämpft" oder „evaneszent". Mehr über quergedämpfte Wellen und ihre physikalischen Eigenschaften werden wir später erfahren. Die $\tilde{a}_-$-Welle hat eine Amplitude die mit z exponentiell anwächst. Dies macht aus physikalischen Gründen keinen Sinn (Energieerhaltung), so daß auch aus diesem Grund $\tilde{a}_- = 0$ gesetzt werden muß.

Wegen der Randbedingung

$$\lim_{z \to 0} u(x, y, z) = u(x_0, y_0, 0) \tag{5.39}$$

muß weiterhin gelten

$$\tilde{a}_+ = \tilde{u}(\nu_x, \nu_y; 0) \tag{5.40}$$

womit sich schließlich als Lösung ergibt:

$$\tilde{u}(\nu_x, \nu_y; z) = \tilde{u}(\nu_x, \nu_y; 0) \, e^{ikz\sqrt{1 - \lambda^2(\nu_x{}^2 + \nu_y{}^2)}} \tag{5.41}$$

Gleichung (5.41) gibt an, wie sich das Winkelspektrum ausbreitet. Mit Hilfe der Fourier-Transformation kann man die Lichtausbreitung in integraler Form auch für das Wellenfeld $u(x, y, z)$ angeben:

$$u(x, y, z) = \tag{5.42}$$

$$\iiiint u(x_0, y_0, 0) \, e^{2\pi i[\nu_x(x-x_0)+\nu_y(y-y_0)+\sqrt{1-\lambda^2(\nu_x{}^2+\nu_y{}^2)}(z/\lambda)]} \, d\nu_x \, d\nu_y \, dx_0 \, dy_0$$

Dieser Ausdruck gilt allgemein, auch für den nicht-paraxialen Fall. Im folgenden werden andere, speziellere mathematische Formulierungen für die Lichtausbreitung behandelt.

5.5 Kirchhoff-Näherung

Ein optisches System besteht aus einzelnen Komponenten und dazwischen Abschnitten von freier Lichtausbreitung. Die Lichtausbreitung in einem homogenen Medium haben wir im obigen Abschnitt kennengelernt. Was passiert beim Durchgang einer Welle durch ein optisches Element und wie ist die mathematische Beschreibung? Wir nehmen an, daß das Objekt zweidimensional sei und beschreiben es durch seine komplexe Amplitudentransmission $u_0(x, y)$:

$$u_0(x, y) = a(x, y)\, e^{i\varphi(x,y)} \tag{5.43}$$

Man kann folgende Fälle unterscheiden: ein Objekt mit $\varphi = $ const. und $a \neq$ const. nennt man ein „Amplitudenobjekt", weil es nur die Amplitude der einfallenden Welle moduliert. Für $|a| = 1$ spricht man von einem reinen „Phasenobjekt", weil nur die Phase der Lichtwelle moduliert wird.

Wir betrachten den Durchgang einer Welle durch ein „dünnes" Objekt. Für diesen Fall gilt die sogenannte Kirchhoff-Näherung. Diese besagt, daß die komplexe Amplitude des Wellenfeldes unmittelbar hinter dem Objekt, hier mit $u(x_0, y_0, +0)$ bezeichnet, durch folgendes Produkt beschrieben wird:

$$u(x_0, y_0, +0) = u_0(x_0, y_0)\, u(x_0, y_0, -0) \tag{5.44}$$

Dabei ist $u(x_0, y_0, -0)$ die komplexe Amplitude des Wellenfeldes unmittelbar vor dem Objekt und $u_0(x_0, y_0)$ die komplexe Transmissionsfunktion des Objekts (Abb. 5.5). Die Kirchhoff-Näherung ist dann gültig, wenn man annehmen kann, daß während des Lichtdurchganges keine Mehrfachwechselwirkung der Welle mit dem Objekt auftritt, die zu Resonanzeffekten wie z. B. dem Bragg-Effekt führen kann. Der Bragg-Effekt tritt bei dem Durchgang einer Welle durch einen Kristall oder ein sogenanntes „dickes" Gitter auf, welches eine z-Ausdehnung von mehreren Wellenlängen besitzt.

Die Modulation der Lichtwelle $u(x, y, z)$ durch ein Objekt verändert das Winkelspektrum der Welle. Das Winkelspektrum der transmittierten Welle ergibt sich mathematisch durch eine Faltung der Spektren der einfallenden Welle und des Objektes.

$$\tilde{u}(\nu_x, \nu_y; z + 0) = \iint \tilde{u}(\nu'_x, \nu'_y; z - 0)\, \tilde{u}_0(\nu'_x - \nu_x, \nu'_y - \nu_y; z - 0)\, d\nu'_x d\nu'_y \tag{5.45}$$

Dabei ist $\tilde{u}(\nu_x, \nu_y; z + 0)$ das Winkelspektrum in der Ebene unmittelbar vor und $\tilde{u}(\nu_x, \nu_y; z - 0)$ das Winkelspektrum unmittelbar hinter dem Objekt. Diese Gleichung stellt im Grunde bereits eine Beschreibung der Lichtbeugung dar, welche wir später ausführlich behandeln werden. Beugung tritt immer auf, wenn eine Welle auf ein Objekt mit lateraler Struktur fällt. Von besonderer Bedeutung ist die Beugung an

einem periodischen Objekt (Gitter), wie sie u. a. in der Spektroskopie und im Zusammenhang mit optischen Übertragungssystemen bei Wellenlängen(de)multiplexern
ausgenutzt wird. Bei Beleuchtung eines Gitters mit einer monochromatischen ebenen
Welle erhält man hinter dem Gitter ein diskretes Winkelspektrum, welches Auskunft
über die Gitterstruktur liefert.

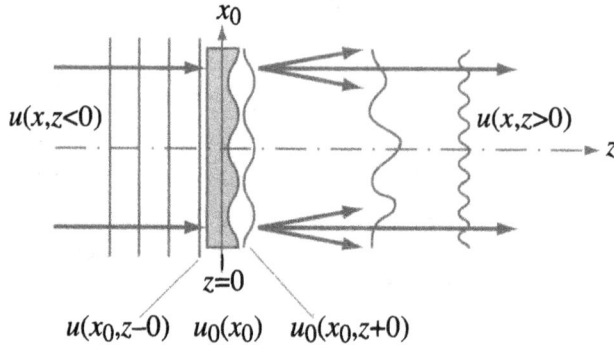

Abbildung 5.5: Zur Erläuterung der Kirchhoff-Näherung.

Beispiel 5.3   Beugung an einem Amplitudengitter

Als Beispiel für die Anwendung der Kirchhoff-Näherung und der Beschreibung der Lichtausbreitung mit Hilfe des Winkelspektrums betrachten wir die Beugung an einem Gitter.

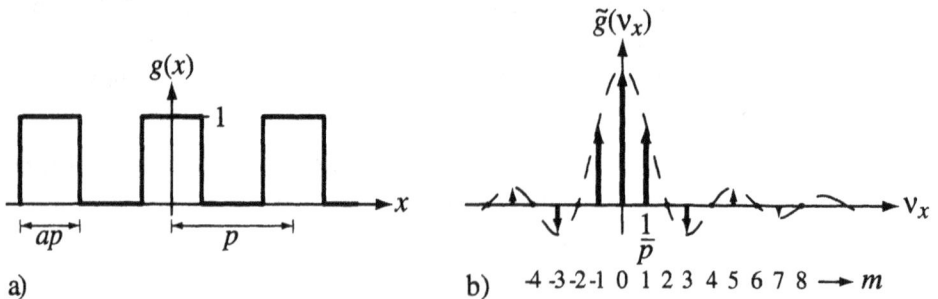

Abbildung 5.6: a) Transmissionsfunktion eines binären Beugungsgitters und b) sein Fourier-Spektrum.
Der Index m gibt die Beugungsordnung wieder.

Wir betrachten ein binäres Amplitudengitter der Periode p (Abb. 5.6.a). Die Breite der durch-
lässigen Gitterspalte sei ap mit $0 < a < 1$. Mathematisch läßt sich seine Transmissionsfunktion als Summe verschobener Rechteckfunktionen darstellen, ausgedrückt durch die rect-
Funktion:

$$g(x) = \sum_{k=-\infty}^{\infty} \text{rect}\left(\frac{x - kp}{ap}\right) \qquad (0 < a < 1) \tag{5.46}$$

Das Gitter befinde sich in der Ebene $z = 0$ und werde mit einer ebenen Welle beleuchtet. Die Amplitude der ebenen Welle im Bereich $z < 0$ ist

$$z < 0 : \qquad u(x, z) = e^{ikz} \tag{5.47}$$

Unmittelbar hinter dem Gitter ist die Lichtamplitude $u(x, y, z = +0)$ gemäß der Kirchhoff'schen Näherung

$$z = +0 : \qquad u(x, z = +0) = g(x) \tag{5.48}$$

Das Winkelspektrum berechnet sich nach (5.26):

$$\tilde{u}(\nu_x; z = +0) = \int g(x) \, e^{-2\pi i \nu_x x} \, dx \tag{5.49}$$

Nach Durchführung der Integration erhält man:

$$\tilde{u}(\nu_x; z = +0) = \sum_{(m)} G_m \, \delta\left(\nu_x - \frac{m}{p}\right) \qquad \text{mit} \quad G_m = a \, \text{sinc}\left(m \, \frac{a}{p}\right) \tag{5.50}$$

Das Winkelspektrum besteht aus diskreten Peaks an den Positionen $\nu_x = m/p$, wobei m eine ganze Zahl ist. Der Abstand der Peaks im Frequenzraum ist umgekehrt proportional zur Periode des Gitters. Die Amplitude der Peaks wird moduliert mit der Einhüllendenfunktion $a \, \text{sinc}(a\nu_x)$. Ihre Form wird also bestimmt durch die Struktur der einzelnen Periode im Gitter. Die Breite der sinc-Funktion ist umgekehrt proportional zur Breite der Gitteröffnungen. An den Positionen der Peaks im Frequenzspektrum sind die Amplituden gegeben als $G_m = a \, \text{sinc}(ma/p)$. Für den Spezialfall $a = 1/2$ werden alle Peaks mit geradzahligem Index m ($m \neq 0$) zu null. Dieser Fall ist in Abbildung 5.6.b dargestellt.

Die Peaks im Winkelspektrum an den Positionen $\nu_x = m/p$ stellen nichts anderes dar als eine mathematische Repräsentation der Beugungsordnungen, die durch das Gitter erzeugt werden. Jede Beugungsordnung stellt eine ebene Welle dar. Die Beugungsordnungen sind in Abb. 5.7 dargestellt. Hier sieht man einen Querschnitt durch die Ewald-Kugel für $\nu_y = 0$. Der Radius des Kreises ist gegeben durch $\nu_x^2 + \nu_z^2 = 1/\lambda^2$. Den Winkel α_m relativ zur ν_z-Achse, unter dem eine bestimmte Ordnung sich ausbreitet, berechnet man mit Hilfe einfacher trigonometrischer Überlegungen (Abb. 5.7). Es ist nämlich

$$\sin \alpha_m = \frac{\nu_{x,m}}{\sqrt{\nu_{x,m}^2 + \nu_{z,m}^2}} = m \, \frac{\lambda}{p} \tag{5.51}$$

Dies stellt die bekannte Formel für die Ausbreitungsrichtungen von Gitterbeugungsordnungen dar.

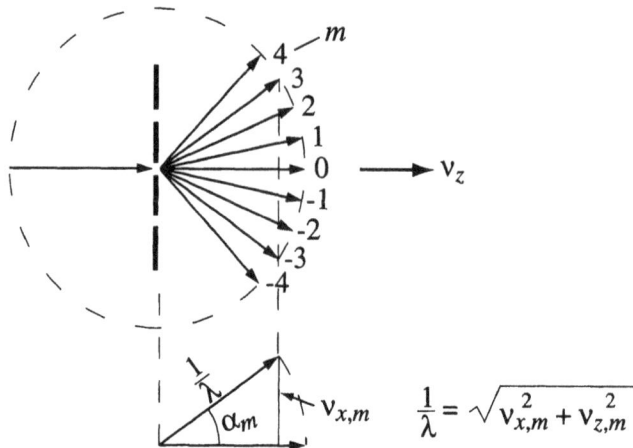

Abbildung 5.7: Gitterbeugung — Darstellung im Ortsfrequenzraum. Die Ordnungen liegen alle auf einem Kreis, welcher einen Schnitt durch die Ewald-Kugel darstellt.

5.6 Nahfeld- und Fernfeldbeugung

In Kapitel 3 haben wir den Fall der Gitterbeugung im Zusammenhang mit dem Begriff der Interferenz behandelt. Dabei wurde das Bild einzelner Punktstrahler verwendet, welche Elementarwellen aussenden, die sich in bestimmten Richtungen konstruktiv überlagern und in anderen Richtungen auslöschen. Wie berechnet man die Lichtverteilung in der Beugungsebene im Fall eines beliebigen Objekts? Hierfür eignet sich der Fourier-Formalismus, der es einem erlaubt, in einem gewissen Rahmen Beugungserscheinungen zu berechnen und optische Systeme im Rahmen der linearen Systemtheorie sehr elegant zu beschreiben.

5.6.1 Kirchhoff'sches Beugungsintegral

Ansatzpunkt für die Entwicklung des Fourier-Formalismus ist das Kirchhoff'sche Beugungsintegral. Dazu betrachten wir Abbildung 5.8.

Unter der Voraussetzung, daß man sich auf kleine Werte der Ortskoordinaten x und y, d. h. kleine Beugungswinkel ε, beschränkt („paraxiale Näherung"), kann man durch Integration von (5.42) zu folgendem Ausdruck für die komplexe Wellenamplitude u gelangen:

$$u(x, y, z) \propto \frac{i}{\lambda} \iint u(x_0, y_0, z_0) \frac{e^{ikr}}{r} \cos \varepsilon \, dx_0 \, dy_0 \tag{5.52}$$

Der Ausdruck $\exp(ikr/r)$ beschreibt, wie wir aus Kapitel 1 wissen, eine Kugelwelle.

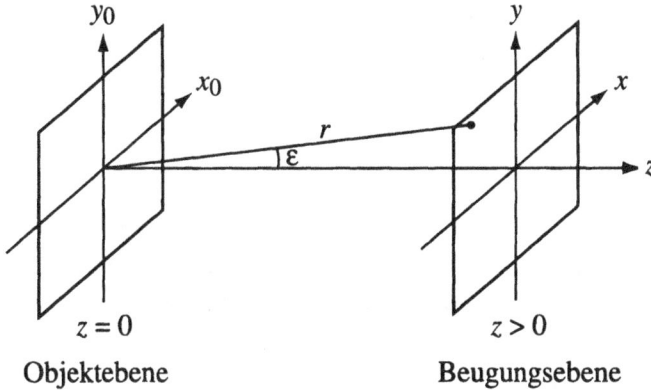

Abbildung 5.8: Zur Geometrie beim Kirchhoff'schen Beugungsintegral.

Anmerkung

In der Schreibweise

$$u(x, y, z) = \iint u'(x_0, y_0) \frac{e^{ikr}}{r} \, dx_0 \, dy_0 \tag{5.53}$$

mit

$$u'(x_0, y_0) = \frac{i}{\lambda} \cos \varepsilon \, u(x_0, y_0) \tag{5.54}$$

kann man Gleichung (5.52) so interpretieren, daß das Feld am Ort (x, y, z) in der Beobachtungsebene von unendlich vielen sekundären Punktquellen in der Objektebene erzeugt wird, aus denen sich das Objekt zusammensetzt. Diese mathematische Beschreibung entspricht der Vorstellung des Huygens-Fresnel'schen Prinzips.

Ausgehend von Gleichung (5.52) kann man zwei wichtige Fälle unterscheiden, nämlich die sogenannte Nahfeld-Beugung („Fresnel-Beugung") und die Fernfeld-Beugung („Fraunhofer-Beugung").

5.6.2 Fresnel-Beugung

Bei der Nahfeldbeugung wird angenommen, daß der z-Abstand zwischen dem Objekt und der Beobachtungsebene „klein" ist. Die Entfernung zwischen dem Punkt $(x_0, y_0, 0)$ und dem Beobachtungspunkt (x, y, z) ist gegeben durch:

$$r = z \left[1 + \left(\frac{x - x_0}{z} \right)^2 + \left(\frac{y - y_0}{z} \right) \right]^{1/2} \tag{5.55}$$

Wir verwenden nun die Entwicklung $(1+b)^{1/2} = 1 + (1/2)b - (1/8)b^2 + \ldots$ für $|b| < 1$. Im Rahmen der paraxialen Näherung können wir daher schreiben:

$$r \approx z \left[1 + \frac{1}{2} \left(\frac{x - x_0}{z} \right)^2 + \frac{1}{2} \left(\frac{y - y_0}{z} \right)^2 \right] \tag{5.56}$$

Dies entspricht der Situation, daß wir die Kugelwellen durch parabolische Wellenfronten ersetzen (siehe auch Gleichung (1.41)). Hierfür ist es notwendig, daß die Phase der parabolischen Welle über einen bestimmten Winkelbereich nicht zu stark von der Phase der Kugelwelle abweicht (Abb. 5.9). Dafür ist also erforderlich, daß der erste weggelassene Term in der obigen Entwicklung für r eine Phasendifferenz verursacht, die deutlich kleiner ist als z. B. $\pi/2$:

$$\frac{2\pi}{\lambda} \cdot \frac{z}{8} \left[\left(\frac{x - x_0}{z} \right)^2 + \left(\frac{y - y_0}{z} \right)^2 \right]^2 \ll \frac{\pi}{2} \tag{5.57}$$

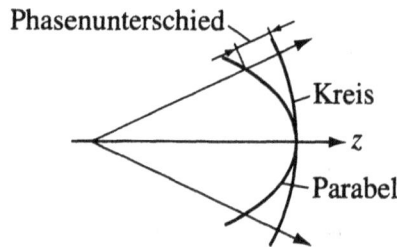

Abbildung 5.9: Parabolische Näherung.

Durch Umformung erhalten wir damit die Bedingung:

$$z^3 \gg \frac{\lambda}{4} \left[(x - x_0)^2 + (y - y_0)^2 \right]^2 \tag{5.58}$$

Unter dieser Voraussetzung erhält man für die Amplitude in der Beugungsebene:

$$u(x, y, z) \approx \frac{i}{\lambda} \frac{e^{ikz}}{z} \iint u(x_0, y_0) \, e^{\frac{i\pi}{\lambda z} \left[(x-x_0)^2 + (y-y_0)^2 \right]} \, dx_0 \, dy_0 \tag{5.59}$$

Hierbei wurde verwendet:

$$\frac{\cos \varepsilon}{r} \approx \frac{1}{z} \tag{5.60}$$

Der Faktor vor dem Integral (5.59) ist i. a. unwichtig, insbesondere, wenn man sich nur für die Lichtintensität in der Beugungsebene interessiert.

Gleichung (5.59) nennt man die quadratische Näherung der Kirchhoff'schen Beugungsformel. Das Integral stellt eine zweidimensionale Fresnel-Transformation dar, die für eine Funktion $f(x_0, y_0)$ definiert ist als:

$$\hat{f}(x, y) = \iint f(x_0, y_0)\, e^{i\pi[(x-x_0)^2+(y-y_0)^2]}\, dx_0\, dy_0 \qquad (5.61)$$

Beispiel 5.4   Impulsantwort des freien Raumes

Als Faltungsoperation beschreibt Gleichung (5.59) ein ortsinvariantes lineares System (siehe Anhang B). Die Impulsantwort der Lichtausbreitung im freien Raum ist für den paraxialen Fall gegeben durch

$$h(x, y) = e^{\frac{i\pi}{\lambda z}\,(x^2+y^2)} \qquad (5.62)$$

Hier wurde eine Konstante vernachlässigt. Die Übertragungsfunktion als die Fourier-Transformierte von $h(x, y)$ lautet:

$$\tilde{h}(\nu_x, \nu_y) = e^{i\pi\lambda z\,(\nu_x{}^2+\nu_y{}^2)} \qquad (5.63)$$

Dies ist der Spezialfall von Gleichung (5.41), welche die Übertragungsfunktion für den allgemeinen nicht-paraxialen Fall angibt.

Beispiel 5.5   Selbstabbildung von Wellenfeldern

Ein wichtiges Beispiel für die Fresnel-Beugung ist der sogenannte Talbot-Effekt oder die Selbstabbildung von Wellenfeldern. Ein Wellenfeld mit einer lateralen Periodizität p ist auch in longitudinaler Richtung (d. h. der Richtung der Lichtausbreitung) periodisch mit einer Periode $z_T = 2d^2/\lambda$. Dieser Effekt läßt sich z. B. dadurch demonstrieren, daß man ein Beugungsgitter mit einer ebenen Welle beleuchtet (Abb. 5.10).

Wir beschreiben das Gitter mathematisch durch eine Fourier-Reihe:

$$g(x) = \sum_{(m)} G_m\, e^{2\pi i m \frac{x}{p}} \qquad (5.64)$$

Wir nehmen an das Gitter befinde sich in der Ebene $z = 0$, d. h. für den Fall einer ebenen Welle als Beleuchtungswelle der Form e^{ikz} ist das Feld unmittelbar hinter dem Gitter $u(x_0) = g(x_0)$. Für $z > 0$ ist dann:

$$u(x, z) = \int g(x_0)\, e^{\frac{i\pi}{\lambda z}\,(x-x_0)^2}\, dx_0 \qquad (5.65)$$

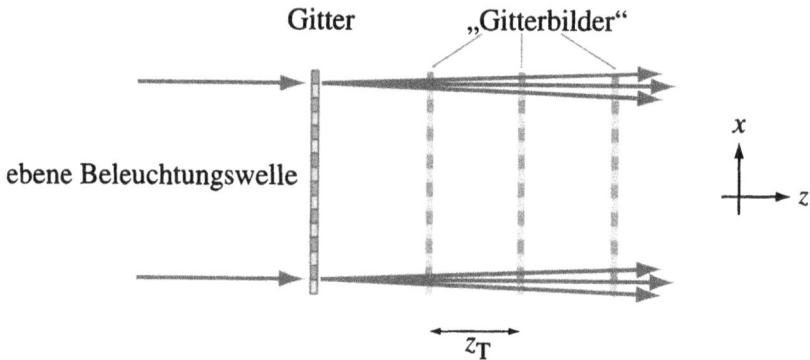

Abbildung 5.10: Selbstabbildung von Gittern. Durch Interferenz der unterschiedlichen Beugungsordnungen entsteht ein in z-Richtung periodisches Wellenfeld.

Diesen Ausdruck kann man mit Hilfe der Methode der stationären Phase berechnen und erhält:

$$u(x, z) = \sum_{(m)} G'_m \, e^{2\pi i m \frac{x}{p}} \tag{5.66}$$

Dies stellt wieder eine Fourier-Reihe dar, wobei die Koeffizienten G'_m gegeben sind als:

$$G'_m = G_m \, e^{-2\pi i m^2 (\frac{\lambda z}{2p^2})} \tag{5.67}$$

Für $z = N z_T = N 2p^2/\lambda$ wird $G'_m = G_m$ und somit $u(x, z = N z_T) = g(x)$. D. h., in diesen Ebenen ist die Lichtverteilung dieselbe wie in der Ebene $z = 0$.

Zwei abschließende Bemerkungen zum Phänomen der Selbstabbildung:

1. Beim Talbot-Effekt handelt es sich nicht um eine echte Abbildung in dem Sinne, daß einem Objektpunkt ein Bildpunkt entspricht. Vielmehr wird Licht, was von einem Objektpunkt ausgeht auf mehrere Punkte verteilt.

2. Der Talbot-Effekt kann auch für den nicht-paraxialen Fall für Beugungsobjekte beobachtet werden, deren Ortsfrequenzen auf Kreisen im Frequenzraum liegen, für die gilt:

$$\varrho_m{}^2 = \frac{1}{\lambda^2} - \left(\frac{m}{z_T}\right)^2 \tag{5.68}$$

5.6.3 Fraunhofer-Beugung

Der Fall der sogenannten Fernfeld-Beugung liegt vor, wenn die Bedingung

$$z \gg \frac{1}{2} k (x_0{}^2 + y_0{}^2) \tag{5.69}$$

für alle Objektpunkte (x_0, y_0) erfüllt ist. Dann geht das Kirchhoff-Integral i. w. in eine Fourier-Transformation über. Die Amplitude in der Beugungsebene ist für diesen Fall gegeben durch:

$$u(x, y, z) \approx \frac{i}{\lambda} \frac{e^{ikz}}{z} e^{\frac{i\pi}{\lambda z}(x_0{}^2 + y_0{}^2)} \cdot \iint u(x_0, y_0) \, e^{-2\pi i \frac{xx_0 + yy_0}{\lambda z}} \, dx_0 \, dy_0 \qquad (5.70)$$

Durch einfache Lichtausbreitung kann die obige Bedingung für optische Wellenlängen ($\lambda \approx 0,5 \ \mu$m) praktisch nicht erfüllt werden. Experimentell wird der Fall der Fraunhofer-Beugung daher i. a. realisiert, indem man das Beugungs„bild" in der hinteren Brennebene einer Sammellinse beobachtet wie in Abbildung 5.11 dargestellt.

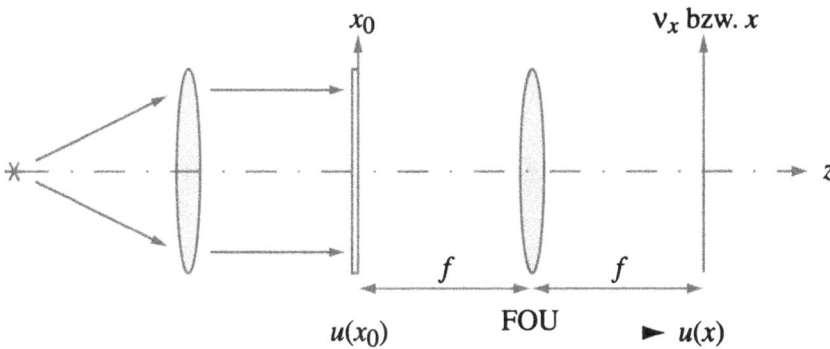

Abbildung 5.11: Aufbau zur Fernfeld- oder Fraunhofer-Beugung zur Durchführung einer optischen Fourier-Transformation. f ist die Brennweite der Linse.

Bei monochromatischer Beleuchtung mit einem kollimierten Laserstrahl der Wellenlänge λ ist die Amplitude in der Beugungsebene dann:

$$u(x, y) \propto \iint u(x_0, y_0) \, e^{-2\pi i(\nu_x x_0 + \nu_y y_0)} \, dx_0 \, dy_0 \qquad (5.71)$$

mit

$$\nu_x = \frac{x}{\lambda f} \qquad \text{und} \qquad \nu_y = \frac{y}{\lambda f} \qquad (5.72)$$

Beispiel 5.6   Fraunhofer-Beugung an einer kreisförmigen Blende mit Radius R

Die Blende wird mathematisch beschrieben durch eine Funktion $\mathrm{circ}(r_0/R)$ mit $r_0^2 = x_0^2 + y_0^2$, wobei

$$\mathrm{circ}(x) = \begin{cases} 1 & \text{für} \quad |x| \le 1 \\ 0 & \text{für} \quad |x| > 1 \end{cases} \tag{5.73}$$

Die Fourier-Transformierte dieser Funktion ist gegeben als:

$$u(r) = 2 \, \frac{J_1\left(2\pi\frac{Rr}{\lambda f}\right)}{2\pi\frac{Rr}{\lambda f}} \tag{5.74}$$

mit $r^2 = x^2 + y^2$. Hier ist J_1 die erste Bessel-Funktion. Die Intensität der Beugungsfigur, gegeben durch das Quadrat des obigen Ausdrucks, wird oft als das „Airy-Scheibchen" bezeichnet. Es hat folgendes Aussehen (Abb. 5.12).

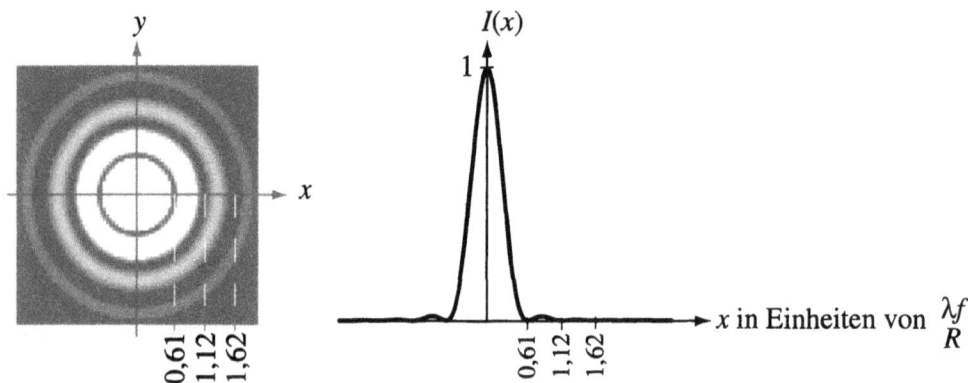

Abbildung 5.12: Beugungsbild einer kreisförmigen Öffnung („Airy-Scheibchen") als Intensitätsplot und -profil dargestellt.

Der Durchmesser des Airy-Scheibchens bestimmt die Auflösung eines aberrationsfreien optischen Abbildungssystems mit einer runden Apertur des Durchmessers $2R$. Die Größe $f/2R$ ist die f-Zahl oder Blendenzahl der Optik und wird insbesondere in der Photographie verwendet.

Zum Ende dieses Abschnittes halten wir fest: Die Nahfeldbeugung im paraxialen Fall wird mathematisch durch eine Faltungsoperation beschrieben. In der Sprache der Systemtheorie handelt es sich hierbei also um ein lineares ortsinvariantes System. Die Fernfeldbeugung wird mathematisch durch die Fourier-Transformation beschrieben. Die Fernfeldbeugung läßt sich also als lineares, aber ortsvariantes System darstellen.

5.7 Optische Abbildung

Wir wollen hier keine umfassende Darstellung der optischen Abbildung geben, sondern nur einige wesentliche Punkte aufführen, die im Zusammenhang mit der Fourier-Optik nützlich sind. Wenn man ein Objekt zweimal hintereinander Fourier-transformiert, dann erhält man wieder das Originalobjekt, oder mathematisch:

$$\text{FOU}\{\text{FOU}\{f(x)\}\} = f(-x) \tag{5.75}$$

Auf optischem Wege wird dies realisiert, wie in Abbildung 5.13 gezeigt. Diese Beschreibung der optischen Abbildung ist etwas schematisch, aber im Sinne der Systemtheorie recht nützlich. Mit Hilfe eines sogenannten $4f$-Aufbaus wie in Abb. 5.13 gezeigt kann man direkt auf das Frequenzspektrum des Signals einwirken, etwas was für Zeitsignale nicht üblich ist. Indem man in die „Fourier-Ebene" ein Filter $\tilde{p}(\nu_x, \nu_y)$ einbringt, kann man die einzelnen Frequenzen in ihrer Amplitude und Phase beeinflussen. Dieses Verfahren hat eine Reihe von Anwendungen in der optischen Informationsverarbeitung, aber auch in der Mikroskopie. So zum Beispiel lassen sich unterschiedliche Verfahren wie Hellfeld, Dunkelfeld und Phasenkontrast in der Mikroskopie anhand des $4f$-Aufbaus erklären.

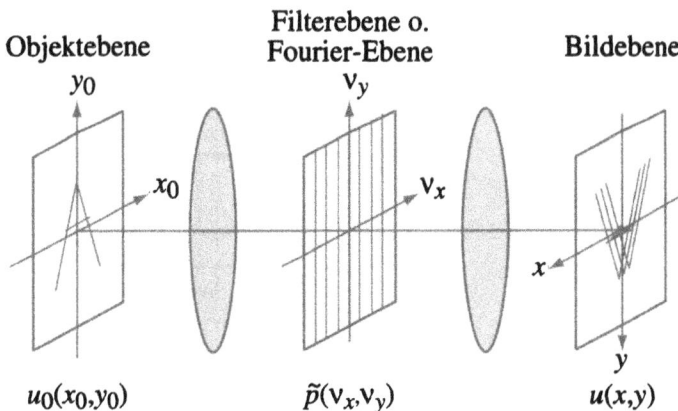

Abbildung 5.13: $4f$-Aufbau zur optischen Abbildung. Der Abstand zwischen den einzelnen Ebenen sei jeweils gleich der Brennweite f der Linsen.

Mathematisch wird eine Filteroperation durch ein Faltungsintegral beschrieben, wobei man allerdings unterscheiden muß, ob räumlich kohärent oder inkohärent beleuchtet wird. Der Einfachheit halber verwenden wir in diesem Abschnitt eine eindimensionale Beschreibung.

5.7.1 Kohärente Abbildung

Im kohärenten Fall ist die Lichtamplitude in der Ausgangsebene gegeben als die Faltung der Amplitude des Eingangsobjektes mit dem kohärenten Punktbild:

$$u(x) = \int p(x - x_0) \, u_0(x_0) \, dx_0 \tag{5.76}$$

Die Übertragungsfunktion ist in diesem Fall direkt durch $\tilde{p}(\nu_x)$ gegeben. Es gibt im Falle kohärenter Beleuchtung also die Möglichkeit, die einzelnen Frequenzen direkt in Phase und Amplitude zu beeinflussen, was man als spatiale oder räumliche Filterung bezeichnet.

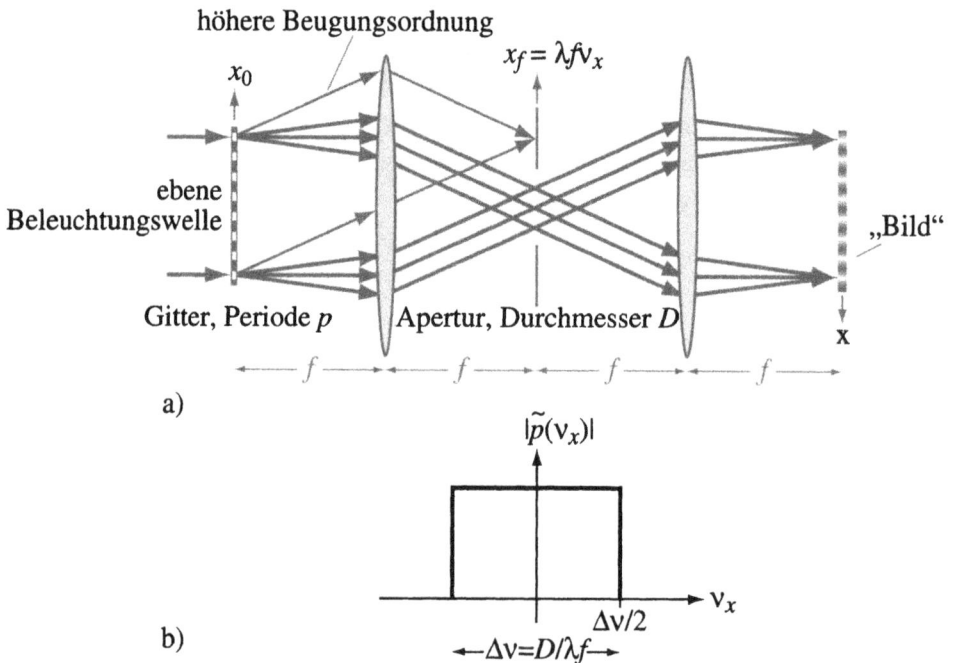

Abbildung 5.14: Zur Erläuterung der Abbe'schen Theorie. a) $4f$-Aufbau bei kohärenter Beleuchtung. b) Übertragungsfunktion eines kohärenten Abbildungssystems mit einer rechteckigen Apertur der Breite $\Delta\nu = D/\lambda f$.

Mit Hilfe des $4f$-Aufbaus von Abb. 5.14 läßt sich eine wesentliche Erkenntnis zur Bildentstehung darlegen, die auf Ernst Abbe zurückgeht. Abbe wendete seine Theorie Ende des letzten Jahrhunderts an, um eine deutliche Verbesserung der Abbildungeigenschaften von Mikroskopen zu erzielen. Die Abbe'sche Theorie besagt, daß die Apertur eines optischen Systems groß genug sein muß, um die größten spatialen Frequenzen zu übertragen, die im Objekt enthalten sind. Dies soll an einem einfachen Beispiel erläutert werden. Angenommen, als Objekt befindet sich ein Gitter mit einer Periode p in der Eingangsebene, dann muß die Beugungsapertur zumindest die beiden ersten Beugungsordnungen hindurchlassen, um in der Ausgangsebene ein Bild des Gitters zu beobachten. Da die beiden ersten Beugungsordnungen an den Positionen $x_f = \pm\lambda f/p$ erscheinen, muß die Apertur D des optischen Systems also mindestens $D \geq 2\lambda f/p$ sein. Falls, wie in der Abbildung dargestellt, nur die ersten Ordnungen übertragen werden, entsteht in der Ausgangsebene ein Bild des Gitters mit kosinusförmigem Intensitätsverlauf. Um die Kanten des Gitters möglichst scharf abzubilden, ist es natürlich notwendig, soviele Beugungsordnungen wie möglich zu übertragen.

Die Betrachtung läßt sich verallgemeinern: falls die spektrale Bandbreite eines Objekts $\Delta\nu$ ist (wobei $\Delta\nu/2$ die maximale Frequenz ist), muß $D \geq \lambda f \Delta\nu$ sein. Anders ausgedrückt: die Bandbreite eines kohärenten Abbildungssystems mit Apertur D ist $\Delta\nu = D/\lambda f$ (Abb. 5.14.b). Die Apertur eines Abbildungssystems muß nicht durch eine Blende in der Beugungsebene realisiert sein, die Aperturen der Linsen selbst bewirken eine Tiefpaßfunktion des Abbildungssystems.

5.7.2 Inkohärente Abbildung

Im Fall monochromatischer, aber spatial inkohärenter Beleuchtung wird das Abbildungssystem durch die Faltung der Objektintensität $I_0(x_0)$ mit dem inkohärenten Punktbild $h(x)$ gegeben:

$$I(x) = \int h(x - x_0)\, I_0(x_0)\, dx_0 \tag{5.77}$$

Die Fourier-Transformierte $\tilde{h}(\nu_x)$ des inkohärenten Punktbildes $h(x)$ ist die sogenannte inkohärente „optische Übertragungsfunktion" OTF (*optical transfer function*) des Systems, ihr Betrag ist die MTF (*modulus transfer function*). Die OTF läßt sich als die (normierte) Autokorrelation der Pupillenfunktion $\tilde{p}(\nu_x)$ schreiben:

$$\tilde{h}(\nu_x) = \frac{\int \tilde{p}(\nu_x')\, \tilde{p}^*(\nu_x' - \nu_x)\, d\nu_x'}{\int |\tilde{p}(\nu_x')|^2\, d\nu_x'} \tag{5.78}$$

Das Integral (5.78) für die optische Übertragungsfunktion wurde 1946 von P. M. Duffieux angegeben, der damit einen der Grundsteine zur Fourier-Optik legte. Als Autokorrelationsfunktion weist die OTF bestimmte Eigenschaften auf, z. B. gilt

$$|\tilde{h}(0)| \geq |\tilde{h}(\nu_x)| \tag{5.79}$$

Ein typischer Verlauf der MTF einer Abbildungslinse ist in Abbildung 5.15 gezeigt. Anders als die kohärente Übertragungsfunktion, welche innerhalb ihrer Bandbreite beliebige Verläufe annehmen kann, fällt die inkohärente OTF i. a. monoton ab. Die maximale Frequenz, die ein inkohärentes System mit einer Apertur D überträgt, ist $\nu_x =$

$D/\lambda f$. Im Vergleich zu einem kohärenten System ist die Bandbreite des inkohärenten Systems also doppelt so groß, nämlich $2\Delta\nu$.

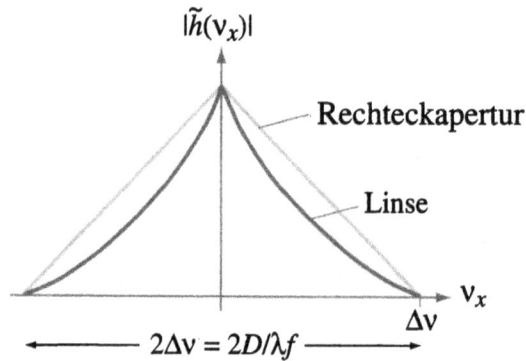

Abbildung 5.15: Typische MTF einer Linse. Die ideale MTF für eine Rechteckapertur ist schattiert eingetragen. Sie entspricht der Autokorrelation der Funktion $\mathrm{rect}(\nu/\Delta\nu)$.

5.7.3 Aberrationen

Mit Hilfe einer Linse wird die Wellenfront, welche von einem Punkt auf der optischen Achse ausgesandt wird, wieder fehlerfrei auf einen Punkt konzentriert. Für Punkte abseits der optischen Achse erhält man i. a. in der Ausgangsebene kein perfektes Bild mehr, das erzeugte Punktbild erscheint mehr oder weniger „aberriert". Aberrationen kommen nicht nur zustande durch fehlerhafte Komponenten, sondern stellen eine inhärente Eigenschaft eines Abbildungssystems dar.

Die Pupillenfunktion einer idealen Linse (oder eines idealen Abbildungssystems) ist

$$\tilde{p}(x_f, y_f) = 1 \quad \text{für} \quad x_f{}^2 + y_f{}^2 \leq R^2 \tag{5.80}$$

mit $x_f = \lambda f \nu_x$ sowie $y_f = \lambda f \nu_y$. Ein aberriertes Abbildungssystem kann man durch eine (ortsvariante) Übertragungsfunktion beschreiben:

$$\tilde{p}(x_f, y_f) = e^{ikW(x_f, y_f; x_0, y_0)} \tag{5.81}$$

I. a. ist die Wellenfrontaberration W von der Position (x_0, y_0) des Lichtpunktes in der Eingangsebene abhängig. Ausnahmen stellen die Defokussierung und die sphärische Aberration dar. Die Defokussierung kann man beschreiben durch

$$W_{\mathrm{def}}(x_f, y_f) = \frac{\Delta z}{2f^2}(x_f^2 + y_f^2) \tag{5.82}$$

Abweichungen von der idealen geometrisch-optischen Abbildung nennt man Abbildungsfehler, wobei man geometrische und chromatische Fehler unterscheidet. Geometrische Abbildungsfehler sind die sphärische Aberration, die Koma (Asymmetriefehler), der Astigmatismus, die Bildfeldwölbung und die Verzeichnung. Als Beispiel sei die Wellenfront für die Bildfeldwölbung angegeben. Bildfeldwölbung kann man als ortsvariante (weil von x_0 und y_0 abhängige) Defokussierung auffassen.

$$W_{\text{bfw}}(x_f, y_f; x_0, y_0) \propto \frac{1}{f^3}(x_f{}^2 + y_f{}^2)^2(x_0{}^2 + y_0{}^2)^2 \qquad (5.83)$$

5.8 Holographie

Die Holographie, Ende der 40er Jahre von Gabor erfunden, erlaubt es ein Wellenfeld vollständig in Amplitude *und* Phase aufzuzeichnen und wieder zu rekonstruieren (*holos*, gr. = ganz, vollständig). Im Gegensatz dazu wird bei der konventionellen Photographie nur die Intensität aufgezeichnet, die Phase geht beim Prozeß verloren. Die Ursache hierfür ist, daß photographische Medien nur auf die Lichtintensität ansprechen, sie sind „phasenblind". Um trotzdem die Phase aufzeichnen zu können, kam Gabor auf den Trick, der „Objektwelle" eine kohärente „Referenzwelle" zu überlagern und das Interferenzmuster der beiden Wellen aufzuzeichnen. Das so erzeugte „Hologramm" stellt ein unregelmäßiges Beugungsgitter dar. Wenn man es nur mit der Interferenzwelle beleuchtet, dann entsteht eine Beugungswelle, die der ursprünglichen Objektwelle entspricht (Abb. 5.16).

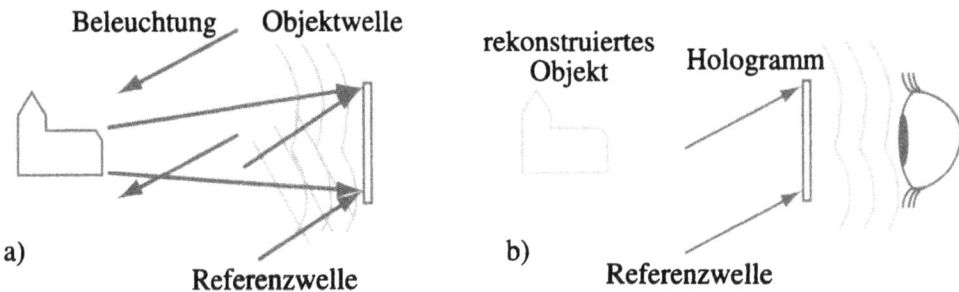

Abbildung 5.16: Prinzip der Holographie. a) Aufzeichnung des Hologramms durch Interferenz von Objekt- und Referenzwelle. b) Rekonstruktion der Objektwelle durch Beleuchten des Hologramms mit der Referenzwelle.

Als Referenzwelle verwendet man i. a. eine ebene Welle, die aus demselben Laser stammt, wie das Licht, was zur Beleuchtung des Objekts verwendet wird. Die vollständige Rekonstruktion der Objektwelle in Amplitude und Phase ermöglicht den bekannten Effekt, daß man bei holographisch aufgezeichneten Objekten einen dreidimensionalen Eindruck hat, anders als bei der Photographie. Je nach dem Ort des Hologramms relativ zum Objekt unterscheidet man zwischen Fresnel-, Fourier- und Bildebenen-hologrammen (Abb. 5.17).

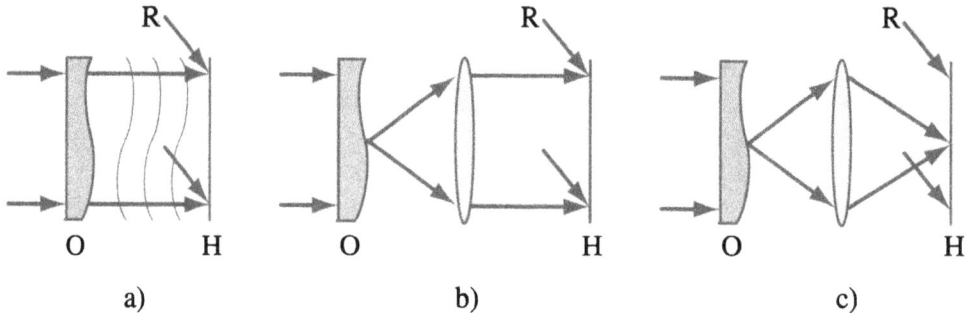

Abbildung 5.17: Klassifizierung in a) Fresnel-, b) Fourier- und c) Bildebenenhologramme. O – Objekt, H – Hologramm, R – Referenzwelle.

Die aufgezeichnete Intensität läßt sich jeweils beschreiben als

$$I = |u_{\text{obj}} + u_{\text{ref}}|^2 = |u_{\text{obj}}|^2 + |u_{\text{ref}}|^2 + 2\text{Re}\{u_{\text{obj}}u_{\text{ref}}^*\} \tag{5.84}$$

wobei u_{obj} und u_{ref} Objekt- bzw. Referenzwelle bezeichnen. Der Interferenzterm enthält die Information über die Objektphase.

5.9 Quergedämpfte Wellen

In Abschnitt 5.4 haben wir mit den quergedämpften (oder auch: evaneszenten) Wellen einen neuen Wellentyp kennengelernt. Quergedämpfte Wellen treten sowohl bei der Beugung auf als auch bei der Lichtausbreitung in einem Wellenleiter. Quergedämpfte Wellen sind Lösungen der Wellengleichung für den Bereich des spatialen Frequenz-spektrums mit $\nu_x^2 + \nu_y^2 > \lambda^{-2}$ (Bereiche außerhalb der Ewald-Kugel). Sie enthalten Information über Strukturen, die kleiner sind als die Wellenlänge λ des Lichtes. In-folge der Dämpfung sind diese Strukturen allerdings nicht mehr sichtbar, wenn man zu weit vom Objekt entfernt ist. Wie nahe muß man an ein Objekt herangehen, um diese fundamentale Auflösungsgrenze zu überwinden? Zur Abschätzung nehmen wir willkürlich an, daß $\nu_x^2 + \nu_y^2 = 2/\lambda^2$. Dann ist

$$e^{-\left(\frac{2\pi}{\lambda}\right)z\sqrt{\lambda^2(\nu_x^2+\nu_y^2)-1}} = e^{\frac{-2\pi z}{\lambda}} \tag{5.85}$$

Nach einer Entfernung von $z_{1/e} = (\lambda/2\pi)$ ist die Amplitude bereits auf den Wert $1/e = 0,37$ abgefallen. Für eine Wellenlänge von 633 nm zum Beispiel ist $z_{1/e} \approx$ 100 nm. Mit konventioneller Optik ist es also praktisch nicht möglich, sehr feine Strukturen aufzulösen. Daß dies dennoch nicht unmöglich ist, haben Forschungsarbeiten in jüngerer Zeit ergeben. Mit Hilfe von speziell präparierten Glasfasern mit einem sich stark verjüngendem Querschnitt (und starken Lichtquellen) kann man Strukturen von z. B. nur einigen Nanometern auflösen (Abb. 5.18). Diese Methode der optischen Nahfeldmikroskopie liefert Auflösungsverbesserung um einen Faktor von etwa 50 gegenüber konventionellen optischen Mikroskopen. Der Abstand zum Meßobjekt beträgt nur etwa 10 nm. Die Faserenden können mit Öffnungsdurchmessern von weniger als 20 nm hergestellt werden.

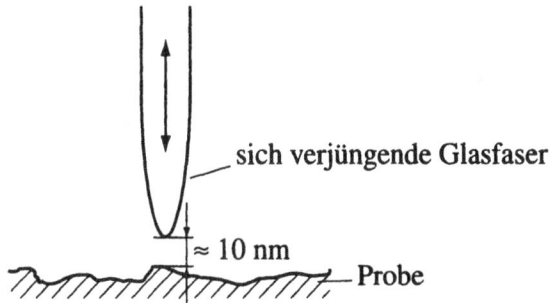

Abbildung 5.18: Prinzip des optischen Nahfeldmikroskops.

Mit Hilfe der folgenden formalen Überlegungen kann man interessante Eigenschaften von quergedämpften Wellen herleiten. Eine quergedämpfte Welle kann man als ebene Welle mit komplexem k-Vektor beschreiben:

$$u(r, t) = e^{i(\mathbf{k} \cdot \mathbf{r} - \omega t)} \tag{5.86}$$

mit

$$\mathbf{k} = \mathbf{k}' + i\,\mathbf{k}'' \tag{5.87}$$

Dieser Ausdruck muß die Wellengleichung erfüllen, d. h. es muß gelten

$$\left[-k^2 + \left(\frac{\omega}{c} \right)^2 \right] u(r, t) = 0 \tag{5.88}$$

und damit

$$k^2 = k'^2 + 2i\mathbf{k}' \cdot \mathbf{k}'' - k''^2 = \left(\frac{\omega}{c} \right)^2 \tag{5.89}$$

Da ω und c reell sind, muß k^2 reell sein. Damit ergibt sich aus Gleichung (5.89), daß $\mathbf{k}' \cdot \mathbf{k}'' = 0$ sein muß oder, anders ausgedrückt, $\mathbf{k}' \perp \mathbf{k}''$. Somit wird aus (5.89)

$$k^2 = k'^2 - k''^2 = \left(\frac{\omega}{c} \right)^2 \tag{5.90}$$

Wir können nun also statt (5.86) auch schreiben:

$$u(\boldsymbol{r}, t) = e^{i(\boldsymbol{k'} \cdot \boldsymbol{r} - \omega t)} \, e^{-\boldsymbol{k''} \cdot \boldsymbol{r}} \tag{5.91}$$

Wenn wir willkürlich, aber in Anlehnung an die Situation bei der Gitterbeugung annehmen, daß die Ausbreitung der evaneszenten Welle parallel zur x-Richtung erfolgt und somit $\boldsymbol{k''}$ parallel zur z-Richtung ist, können wir auch schreiben:

$$u(\boldsymbol{r}, t) = e^{i(k'x - \omega t)} \, e^{-k''z} \tag{5.92}$$

Mit (5.90) können wir nun feststellen, daß die Phasengeschwindigkeit der quergedämpften Welle interessanterweise kleiner als c ist. Zunächst ist:

$$k'^2 = k^2 + k''^2 > k^2 \tag{5.93}$$

Wegen $k' > k$ ist die Phasengeschwindigkeit $v' = \omega/k' < \omega/k = c$ (da die Frequenz konstant bleibt, d. h. $\omega = \omega'$). Auch ist die Wellenlänge λ' der quergedämpften Welle kleiner als λ: $\lambda' = 2\pi/k' < 2\pi/k$.

6 Lichtausbreitung in dielektrischen planaren Wellenleitern

Ein transparentes, dielektrisches Medium mit einem Brechungsindex, der höher ist als der seiner Umgebung, funktioniert als Wellenleiter. Dieser Effekt, der bereits 1870 von John Tyndall demonstriert wurde, stellt die Grundlage für die gesamte Faser- und Wellenleiteroptik dar. Das Prinzip eines Wellenleiters ist in Abbildung 6.1 dargestellt. Die physikalische Grundlage für die Führung einer Lichtwelle im Wellenleiter ist die innere Totalreflexion (s. Kapitel 4).

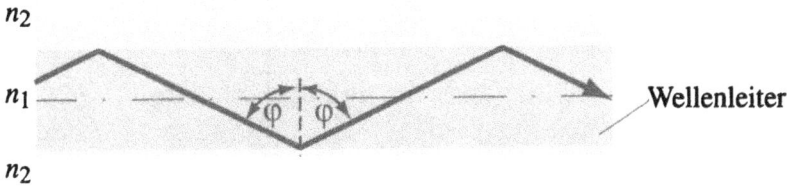

Abbildung 6.1: Lichtausbreitung in einem Wellenleiter durch innere Totalreflexion.

Man unterscheidet zwischen planaren Wellenleitern und solchen mit radialer Symmetrie (Abb. 6.2). Zu letzteren gehören Glasfasern, die wir im nächsten Kapitel behandeln werden. In diesem Fall betrachten wir planare Wellenleiter, die sich auf Grund ihrer Symmetrieeigenschaften mathematisch einfacher behandeln lassen. Für die Ausbreitung in Wellenleitern gilt im Gegensatz zur Ausbreitung im freien Raum, daß nur diskrete Ausbreitungsrichtungen möglich sind (Abschnitt 6.1). Die Feldverteilungen, die man diesen unterschiedlichen Ausbreitungsrichtungen zuordnen kann, bezeichnet man als Moden (Abschnitt 6.2). Die Berechnung der Feldverteilungen im planaren, symmetrischen Wellenleiter wird in 6.3 behandelt; unterschiedliche Wellenleitertypen werden in 6.4 dargestellt.

6.1 Geometrisch-optische Beschreibung

Wir wollen zunächst das Strahlenbild verwenden, um einige Eigenschaften von Wellenleitern zu untersuchen. Wir betrachten einen symmetrischen Wellenleiter mit $n_2 = n_3$. Ein Lichtstrahl breitet sich im Kern entlang einer Zickzack-Linie aus. Damit eine

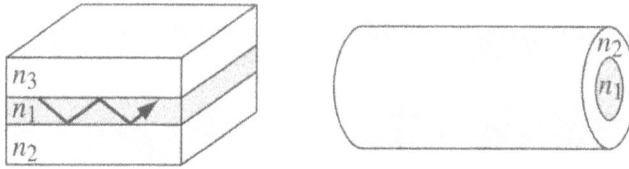

Abbildung 6.2: Planarer Wellenleiter und Wellenleiter mit radialer Symmetrie.

Ausbreitung erfolgen kann, müssen bestimmte Bedingungen erfüllt sein. Zunächst muß der Winkel φ relativ zur Normalen größer sein als der kritische Winkel, d. h.

$$\sin \varphi > \frac{n_2}{n_1} = \sin \varphi_g \tag{6.1}$$

Hierbei ist φ_g der Grenzwinkel für die innere Totalreflexion. Dies bedeutet, daß der Winkel $\theta = \pi/2 - \varphi$ relativ zur Faserachse kleiner sein muß als $\theta_g = \pi/2 - \varphi_g$ (Abb. 6.3).

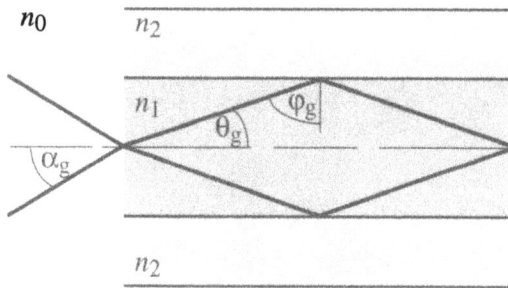

Abbildung 6.3: Grenzwinkel für die Lichteinkopplung und -ausbreitung.

Dies wiederum bedeutet, daß der Winkel, unter dem Licht von außen in eine Faser eingekoppelt werden kann, kleiner sein muß als ein bestimmter Grenzwinkel α_g. Im folgenden wollen wir diesen Grenzwinkel berechnen. Durch Anwendung des Brechungsgesetzes wissen wir, daß für die Grenzwinkel gilt:

$$n_0 \sin \alpha_g = n_1 \sin \theta_g \tag{6.2}$$

Wegen $\theta = \pi/2 - \varphi$ ist nun $\sin \theta_g = \cos \varphi_g$. Mit $\sin \varphi_g = n_2/n_1$ können wir daher schreiben:

$$\cos \varphi_g = \left(1 - \sin^2 \varphi_g\right)^{1/2} = \frac{(n_1{}^2 - n_2{}^2)^{1/2}}{n_1} \tag{6.3}$$

Mit (6.2) ergibt sich:

$$n_0 \sin \alpha_g = (n_1{}^2 - n_2{}^2)^{1/2} \tag{6.4}$$

In Analogie zum Begriff der numerischen Apertur bei Mikroskopobjektiven nennt man den Ausdruck $n_0 \sin \alpha_g$ die numerische Apertur des Wellenleiters, abgekürzt NA:

$$NA = n_0 \sin \alpha_g = (2n\Delta n)^{1/2} \tag{6.5}$$

wobei folgende Größen verwendet wurden:

$$\Delta n = n_1 - n_2 \quad \text{und} \quad n = \frac{1}{2}(n_1 + n_2) \tag{6.6}$$

Beispiel 6.1   Grenz- und Akzeptanzwinkel für eine Glasfaser

Typische Werte für die Brechungsindizes einer Glasfaser sind $n_1 = 1{,}463$ und $n_2 = 1{,}458$, d. h. die Brechzahldifferenz Δn ist sehr gering. Für $n_0 = 1$ berechnen sich die Grenzwinkel zu:

Ausbreitungswinkel relativ zur Faserachse:

$$\theta_g = \frac{\pi}{2} - \varphi_g \quad \text{mit} \quad \cos \varphi_g = \frac{(n_1{}^2 - n_2{}^2)^{1/2}}{n_1} = 0{,}08261$$

$$\rightarrow \quad \varphi_g = 1{,}4881 \text{ rad}$$

$$\rightarrow \quad \theta_g = 0{,}0827 \text{ rad} \,\widehat{=}\, 4{,}7°$$

Numerische Apertur: $NA = \sin \alpha_g = (2n\Delta n)^{1/2} = 0{,}12086$

Grenzwinkel für die Einkopplung: $\alpha_g = 0{,}12115 \,\widehat{=}\, 6{,}9°$

6.2 Beugungsoptische Beschreibung eines planaren Wellenleiters

Wir betrachten einen Wellenleiter der Dicke $2d$, dessen Seitenwände perfekte Spiegel seien (Abb. 6.4). Der Brechungsindex des Wellenleitermaterials sei n_1.

Wir beschreiben einen Lichtstrahl, der sich in der (x, z)-Ebene unter dem Winkel θ relativ zur z-Achse ausbreitet, durch seinen k-Vektor mit den Komponenten k_x und k_z mit

$$k_x = \pm k \sin \theta \quad \text{und} \quad k_z = k \cos \theta \tag{6.7}$$

mit $k = n_1 2\pi/\lambda$. Bei jeder Spiegelung wechselt k_x das Vorzeichen. An den Umkehrpunkten kann man sich nun den Lichtstrahl rückwärts in den Nachbarbereich des eigentlichen Wellenleiters fortgesetzt denken. Hierdurch entsteht virtuell eine lateral

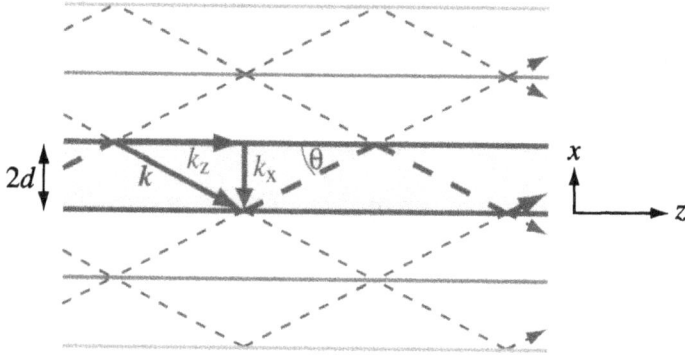

Abbildung 6.4: Ausbreitung eines Lichtstrahles in einem planaren Wellenleiter. Der schattierte Bereich stellt den Kern des Wellenleiters dar.

periodische Struktur der Periode $2d$. Die laterale Periodizität ist wie bei der Gitterbeugung die Ursache dafür, daß im Wellenleiter nur bestimmte diskrete Ausbreitungsrichtungen auftreten. Die Ausbreitungsrichtungen berechnen sich mit Gl. (5.51) über die Bedingung, daß

$$k_x \stackrel{!}{=} \frac{2\pi n_1}{\lambda} \sin\theta = m\,\frac{2\pi}{4d} \qquad (m = 1, 2, \dots) \tag{6.8}$$

Daraus ergibt sich für die Ausbreitungsrichtungen derselbe Ausdruck wie bei der Gitterbeugung:

$$\sin\theta = m\frac{\lambda}{4dn_1} \tag{6.9}$$

Da $\sin\theta$ nicht größer als 1 werden kann, ist die Anzahl M der ausbreitungsfähigen Moden endlich. Es gilt:

$$M = \left\lceil \frac{2d}{\lambda} \right\rceil \tag{6.10}$$

Die Klammern $\lceil x \rceil$ bezeichnen die größte ganze Zahl $\leq x$. Moden können sich nach (6.9) nur dann ausbreiten, wenn die Wellenlänge λ kleiner ist als

$$\lambda_c = 4dn_1 \tag{6.11}$$

λ_c wird als die „*cutoff*"-Wellenlänge bezeichnet. Für $\lambda > \lambda_c$ wird die Welle nicht mehr geführt, weil die Bedingung für die innere Totalreflexion nicht mehr erfüllt ist und das Licht in den Mantel hineingebrochen wird. Dort breitet sich das Licht als „Strahlungsmode" (evaneszente Welle) weiter aus.

6.3 Moden in einem Wellenleiter

Wie bereits oben festgestellt, entspricht jeder Ausbreitungswinkel einer Wellenleitermode, dessen Feldverteilung man mit Hilfe der Helmholtz-Gleichung berechnen kann. In kartesischen Koordinaten lautet diese für ein homogenes Medium

$$(\Delta + n^2 k^2)\, \boldsymbol{E} = 0 \qquad \text{und} \qquad (\Delta + n^2 k^2)\, \boldsymbol{H} = 0 \qquad (6.12)$$

Dabei ist

$$k = \omega (\varepsilon_0 \mu_0)^{1/2} = \frac{\omega}{c_0} = \frac{2\pi\nu}{c_0} = \frac{2\pi}{\lambda} \qquad (6.13)$$

die Wellenzahl im freien Raum. Die wichtigste Lösung der Wellengleichung ist die ebene Welle der Form

$$\boldsymbol{E} = \boldsymbol{E}_0\, e^{i(\boldsymbol{k}_n \cdot \boldsymbol{r} - \omega t)} \qquad (6.14)$$

und

$$\boldsymbol{H} = \frac{\boldsymbol{k}_n \times \boldsymbol{E}}{\omega\mu_0} \qquad (6.15)$$

Der Wellenvektor $\boldsymbol{k}_n$ unterliegt der Eigenwertgleichung:

$$\boldsymbol{k}_n \cdot \boldsymbol{k}_n = n^2 k^2 \qquad (6.16)$$

$\boldsymbol{k}_n$ ist i. a. komplex; in Erweiterung von Gleichung (4.28) schreiben wir

$$\boldsymbol{k}_n = \boldsymbol{\beta} - i\frac{\boldsymbol{\alpha}}{2} \qquad (6.17)$$

Gleichung (6.14) stellt eine ebene Welle dar, welche sich in Richtung von $\boldsymbol{\beta}$ mit dem „Phasenkoeffizienten" $|\boldsymbol{\beta}|$ ausbreitet und in Richtung von $\boldsymbol{\alpha}$ mit dem „Dämpfungskoeffizienten" $\boldsymbol{\alpha}$ gedämpft wird. I. a. hat $\boldsymbol{\alpha}$ die gleiche Richtung wie $\boldsymbol{\beta}$. Gleichung 6.14 beschreibt dann eine homogene ebene Welle, die sich mit einer Phasengeschwindigkeit

$$v_{\mathrm{p}} = \frac{\omega}{|\boldsymbol{\beta}|} = \frac{\omega}{(2\pi n / \lambda)} = \frac{c_0}{n} \qquad (6.18)$$

ausbreitet. Für die Komponenten von $\boldsymbol{\beta}$ gilt:

$$
\begin{aligned}
\beta_x &= \tfrac{2\pi n}{\lambda} \cos\theta_x &= n k_x \\
\beta_y &= \tfrac{2\pi n}{\lambda} \cos\theta_y &= n k_y \\
\beta = \beta_z &= \tfrac{2\pi n}{\lambda} \cos\theta_z &= n k_z
\end{aligned}
$$

wobei man die z-Komponente i. a. einfach mit β bezeichnet.

Die gesamte Lichtverteilung im Wellenleiter ergibt sich durch lineare Überlagerung aller erlaubten Moden in Kombination mit geeigneten Amplituden und Phasen. Moden sind die Eigenschwingungen des elektrischen und des magnetischen Feldes. Im Strahlenbild unterscheiden sich Moden hinsichtlich ihrer Ausbreitungsrichtung. Im Wellenbild unterscheiden sich Moden hinsichtlich ihrer Feldverteilung sowie hinsichtlich ihrer Polarisation.

6.4　Feldverteilungen der Moden im symmetrischen Wellenleiter

Wir betrachten einen dielektrischen Wellenleiter mit der Dicke $2d$ (in x-Richtung) und dem Brechungsindex n_1, der zwischen zwei dielektrischen Schichten mit Brechungsindex $n_2 < n_1$ liegt (Abbildung 6.5). Der Wellenleiter sei in y- und z-Richtung unendlich ausgedehnt. An den Grenzflächen tritt innere Totalreflexion auf, was dafür sorgt, daß sich ein Lichtstrahl entlang eines Zickzack-Weges in z-Richtung ausbreitet.

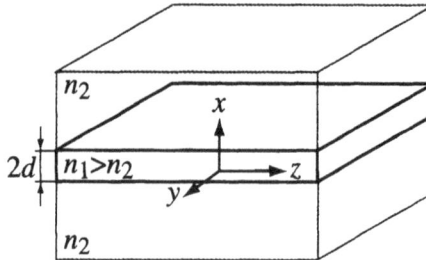

Abbildung 6.5: Geometrie des planaren symmetrischen Wellenleiters.

In einem inhomogenen Medium lautet die Maxwell-Gleichung für den Verschiebungsstrom D

$$\nabla \cdot D = \varepsilon_0 \nabla \cdot (\varepsilon_r E) = \varepsilon_0 \nabla \varepsilon_r \cdot E + \varepsilon_0 \varepsilon_r \nabla \cdot E = 0 \qquad (6.19)$$

womit folgt:

$$\nabla \cdot E = -\frac{1}{\varepsilon_r} \nabla \varepsilon_r \cdot E \qquad (6.20)$$

Hiermit ergibt sich für das elektrische Feld die Wellengleichung in der Form:

$$\Delta E + \nabla \left(\frac{1}{\varepsilon_r} \nabla \varepsilon_r \cdot E \right) - n^2 \frac{\partial^2 E}{\partial t^2} = 0 \qquad (6.21)$$

Eine ähnliche Gleichung kann für das $\boldsymbol{H}$-Feld aufgestellt werden. Bei Ausbreitung in einem ladungsfreien ($\mu_r = 1$) Wellenleiter, der in y- und z-Richtung homogen ist, ist $n = n(x) = (\varepsilon_r(x))^{1/2}$. Die Lösungen für E und H können dann in der folgenden Form geschrieben werden.

$$u = u_0 \, e^{i(\beta z - \omega t)} \tag{6.22}$$

Wir beachten, daß hierfür gilt:

$$\frac{\partial u}{\partial z} = i\beta u \quad \text{und} \quad \frac{\partial u}{\partial t} = -i\omega u \tag{6.23}$$

Wir gehen hiermit in die Maxwell-Gleichungen für rot E und rot H ein. Wegen der Unabhängigkeit des Brechungsindex von der y-Koordinate sind alle Ableitungen nach y gleich Null. Es ergibt sich zunächst für rot $\boldsymbol{E} = -\mu_0\mu_r \partial \boldsymbol{H}/\partial t$:

$$\left.\begin{aligned}
\frac{\partial E_z}{\partial y} - \frac{\partial E_y}{\partial z} &= -i\beta E_y &&= \mu_0\mu_r i\omega H_x \\[2mm]
\frac{\partial E_x}{\partial z} - \frac{\partial E_z}{\partial x} &= i\beta E_x - \frac{\partial E_z}{\partial x} &&= \mu_0\mu_r i\omega H_y \\[2mm]
\frac{\partial E_y}{\partial x} - \frac{\partial E_x}{\partial y} &= \frac{\partial E_y}{\partial x} &&= \mu_0\mu_r i\omega H_z
\end{aligned}\right\} \text{TE} \tag{6.24}$$

sowie für rot $\boldsymbol{E} = -\mu_0\mu_r \partial \boldsymbol{H}/\partial t$:

$$\left.\begin{aligned}
\frac{\partial H_z}{\partial y} - \frac{\partial H_y}{\partial z} &= i\beta H_y &&= -\varepsilon_0\varepsilon_r(x) i\omega E_x \\[2mm]
\frac{\partial H_x}{\partial z} - \frac{\partial H_z}{\partial x} &= i\beta H_x - \frac{\partial H_z}{\partial x} &&= -\varepsilon_0\varepsilon_r(x) i\omega E_y \\[2mm]
\frac{\partial H_y}{\partial x} - \frac{\partial H_x}{\partial y} &= \frac{\partial H_y}{\partial x} &&= -\varepsilon_0\varepsilon_r(x) i\omega E_z
\end{aligned}\right\} \text{TM} \tag{6.25}$$

(6.24) und (6.25) sind voneinander unabhängige Gleichungen. (6.24) enthält nur E_y, H_x und H_z, während (6.25) nur H_y, E_x und E_z enthält. In (6.24) ist immer $E_z = 0$. Dieses sind die transversalen elektrischen (TE) Moden. In (6.25) ist $H_z = 0$. Dieses sind die transversalen magnetischen (TM) Moden.

Wir betrachten die Ausdrücke für die TE-Moden und setzen die Ausdrücke für H_x und H_z aus (6.25) in (6.24) ein. Mit $n^2 = \varepsilon_r$, $\mu_r = 1$ und $c^2 = \varepsilon_0\mu_0$ sowie (6.13) erhalten wir

$$\frac{\partial^2 E_y}{\partial x^2} + \left[n^2(x)k^2 - \beta^2\right] E_y = 0 \tag{6.26}$$

Nur elektrische Felder $E_y(x)$ können sich ausbreiten. Die relativen Feldstärken der axialen und transversalen Feldkomponenten kann man mit Hilfe der Gleichungen (6.24) bis (6.25) berechnen. Für TE-Moden ist $H_z/H_x = -(\partial E_y/\partial x)/\beta E_y \approx -(\beta_x{}^2 -$

$\beta^2)/\beta = (n_1{}^2 - n_2{}^2)^{1/2}/n_1 = (2\Delta)^{1/2}$. Dies bedeutet, daß das axiale Feld H_z i. a. um mindestens eine Größenordnung kleiner ist als das transversale H_x und daß die Welle angenähert eine transversale elektromagnetische (TEM) Welle darstellt. Die Bedingung hierfür ist, daß $\Delta \ll 1$ ist, was bedeutet, daß der Wellenleiter „schwach führend" ist.

Für die weitere Diskussion beschränken wir uns auf TE-Moden, die Gleichung (6.26) gehorchen und bezeichnen sie mit $u(x)$. Mit

$$n(x) = \begin{cases} n_1 & \text{für} \quad |x| \le d \\ n_2 < n_1 & \text{für} \quad |x| > d \end{cases} \tag{6.27}$$

gilt dann für den Wellenlängenbereich die Gleichung

$$\frac{\partial^2 u}{\partial x^2} + \left[n_1{}^2 k^2 - \beta^2 \right] u = \frac{\partial^2 u}{\partial x^2} + \gamma_1{}^2 u = 0 \tag{6.28}$$

und in der umgebenden Schicht

$$\frac{\partial^2 u}{\partial x^2} + \left[n_2{}^2 k^2 - \beta^2 \right] u = \frac{\partial^2 u}{\partial x^2} - \gamma_2{}^2 u = 0 \tag{6.29}$$

Hier wurden folgende Abkürzungen eingeführt:

$$\begin{aligned} \gamma_1{}^2 &= n_1{}^2 k^2 - \beta^2 = \beta_1{}^2 - \beta^2 \quad \text{und} \\ \gamma_2{}^2 &= \beta^2 - n_2{}^2 k^2 = \beta^2 - \beta_2{}^2 \end{aligned} \tag{6.30}$$

Die allgemeinen Lösungen der Differentialgleichungen (6.28) und (6.29) lauten:

$$\begin{aligned} u &= A\sin(\gamma_1 x) + B\cos(\gamma_1 x) & (|x| \le d) \\ u &= C e^{-\gamma_2 x} + D e^{+\gamma_2 x} & (|x| > d) \end{aligned} \tag{6.31}$$

Für $|x| \to \infty$ muß u aus Gründen der Energieerhaltung gegen Null gehen. Daraus folgt, daß $D = 0$ für $x > d$ und $C = 0$ für $x < -d$ und somit

$$\begin{aligned} u &= C e^{-\gamma_2 x} & \text{für } x > d & \quad \text{und} \\ u &= D e^{+\gamma_2 x} & \text{für } x < -d \end{aligned} \tag{6.32}$$

Zur Bestimmung der Koeffizienten betrachten wir die Lösungen an den Übergängen $x = d$ und $x = -d$ und fordern, daß dort u und $\partial u/\partial x$ stetig sein sollen. Damit ergeben sich folgende vier Gleichungen:

$$\begin{aligned} A\sin(\gamma_1 d) &+ B\cos(\gamma_1 d) &= C e^{-\gamma_2 d} \\ \gamma_1 A\cos(\gamma_1 d) &- \gamma_1 B\sin(\gamma_1 d) &= -\gamma_2 C e^{-\gamma_2 d} \\ -A\sin(\gamma_1 d) &+ B\cos(\gamma_1 d) &= D e^{-\gamma_2 d} \\ \gamma_1 A\cos(\gamma_1 d) &+ \gamma_1 B\sin(\gamma_1 d) &= \gamma_2 D e^{-\gamma_2 d} \end{aligned} \tag{6.33}$$

Durch Umformen erhalten wir:

$$2A\sin(\gamma_1 d) = (C-D)e^{-\gamma_2 d} \quad \text{und} \quad 2\gamma_1 A\cos(\gamma_1 d) = -\gamma_2(C-D)e^{-\gamma_2 d}$$
$$2B\cos(\gamma_1 d) = (C+D)e^{-\gamma_2 d} \quad \text{und} \quad 2\gamma_1 B\sin(\gamma_1 d) = \gamma_2(C+D)e^{-\gamma_2 d}$$

$$(6.34)$$

Unter der Voraussetzung, daß $B \neq 0$ und $C \neq -D$ ist, können wir durch Division erhalten:

$$\gamma_1 \tan(\gamma_1 d) = \gamma_2 \tag{6.35}$$

Analog erhalten wir für $A \neq 0$ und $C \neq D$

$$\gamma_1 \cot(\gamma_1 d) = -\gamma_2 \tag{6.36}$$

Wir können damit die Gesamtheit der Lösungen in zwei Klassen unterteilen:

1. die symmetrischen Lösungen mit $A = 0$, $C = D$ beschrieben durch

$$\gamma_1 d \tan(\gamma_1 d) = \gamma_2 d \tag{6.37}$$

$$u = B\cos(\gamma_1 x) \quad \text{für } |x| \leq d \quad \text{bzw.}$$
$$u = C e^{-|\gamma_2 x|} \quad \text{für } |x| > d \tag{6.38}$$

und 2. die asymmetrischen Lösungen mit $B = 0$, $C = -D$ beschrieben durch

$$\gamma_1 d \cot(\gamma_1 d) = -\gamma_2 d \tag{6.39}$$

$$u = A\sin(\gamma_1 d) \quad \text{für } |x| \leq d \quad \text{bzw.}$$
$$u = \begin{cases} C e^{-\gamma_2 x} & \text{für } x > d \\ -C e^{+\gamma_2 x} & \text{für } x < -d \end{cases} \tag{6.40}$$

Gleichungen (6.37) und (6.39) stellen zwei transzendente Gleichungen für eine Unbekannte β dar, die implizit in den Größen γ_1 und γ_2 enthalten ist. γ_1 und γ_2 sind außerdem über folgende Gleichung miteinander verknüpft:

$$V^2 = (\gamma_1^2 + \gamma_2^2)d^2 = (\beta_1^2 - \beta_2^2)d^2 = \left(\frac{2\pi d}{\lambda}\right)^2 (n_1^2 - n_2^2) \tag{6.41}$$

V nennt man den normierten Frequenzparameter. Indem wir diese Gleichung nach γ_2 auflösen, können wir statt (6.37) und (6.39) schreiben:

$$\tan \gamma_1 d = \frac{\sqrt{V^2 - \gamma_1^2 d^2}}{\gamma_1 d} \tag{6.42}$$

$$\cot \gamma_1 d = \frac{\sqrt{V^2 - \gamma_1^2 d^2}}{\gamma_1 d} \tag{6.43}$$

Wir benutzen nun einige Beziehungen, die wir früher verwendet haben, um γ_1 durch die Wellenleiterparameter auszudrücken. Es ist

$$\sin\theta_g = \frac{(n_1{}^2 - n_2{}^2)^{1/2}}{n_1} \tag{6.44}$$

Mit (6.41) können wir nun für die symmetrischen Lösungen statt (6.42) schreiben

$$\tan\left(\frac{2\pi n_1 d \sin\theta}{\lambda} - m\pi\right) = \sqrt{\frac{\sin^2\theta_g}{\sin^2\theta} - 1} \tag{6.45}$$

Wegen $\tan(x) = \tan(x - m\pi)$ erhält man mehrere Lösungen für (6.45), wobei $m = 0, 1, 2, \ldots$ Für die unsymmetrischen Lösungen kann man analog zu (6.45) schreiben:

$$\cot\left(\frac{2\pi n_1 d \sin\theta}{\lambda} - m\pi\right) = -\sqrt{\frac{\sin^2\theta_g}{\sin^2\theta} - 1} \tag{6.46}$$

Wegen $\cot(x) = -\tan(x + \pi/2)$ kann man die Kurven, die diese Lösungen darstellen, in die gleiche Zeichnung eintragen wie die Kurven für die symmetrischen Lösungen. Beide kann man gemeinsam durch folgenden Ausdruck darstellen:

$$\tan\left(\frac{2\pi n_1 d \sin\theta}{\lambda} - m\frac{\pi}{2}\right) = \sqrt{\frac{\sin^2\theta_g}{\sin^2\theta} - 1} \tag{6.47}$$

Diese Gleichungen kann man numerisch oder graphisch lösen. Die graphische Lösung ist in Abb. 6.6 dargestellt.

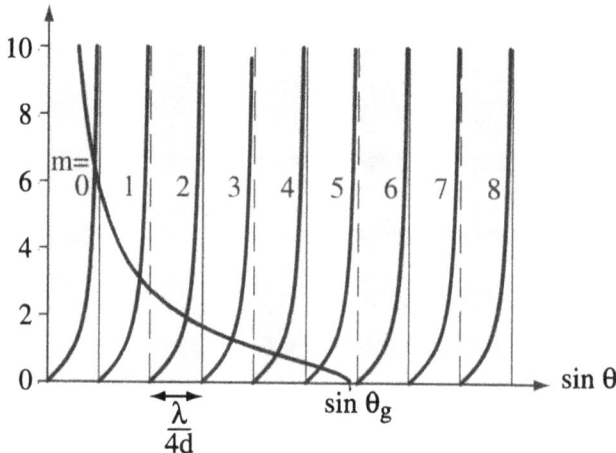

Abbildung 6.6: Graphische Lösung für Gleichung (6.47).

Die rechte Seite von Gleichung (6.47) fällt monoton ab bis zum Wert $\sin\theta_g$. Man erhält mehrere Lösungen für unterschiedliche Werte von m. Die Moden mit einer symmetrischen Feldverteilung sind diejenigen mit $m = 0, 2, 4, \ldots$, für $m = 1, 3, 5, \ldots$ erhält man unsymmetrische Feldverteilungen (Abb. 6.7).

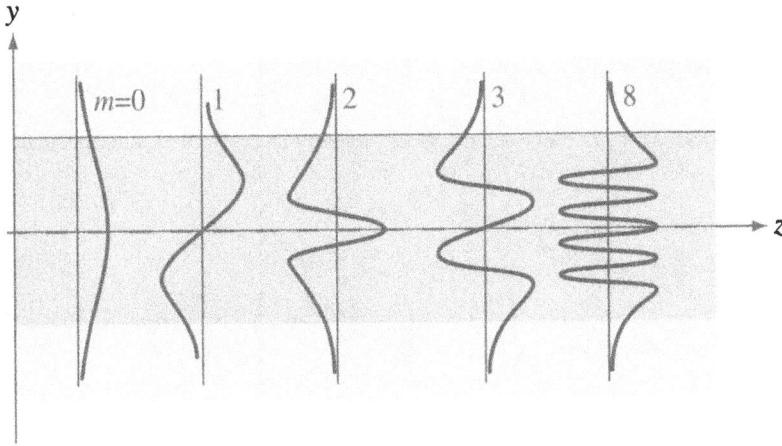

Abbildung 6.7: Beispiele für Feldverteilungen im symmetrischen planaren Wellenleiter.

Wir stellen die wesentlichen Beziehungen für die Beschreibung des symmetrischen Wellenleiters noch einmal zusammenfassend dar. In Abb. 6.8 sind die Wellenkonstanten für die Wellen in den Bereichen n_1 und n_2 eingezeichnet. Es gelten folgende Beziehungen:

$$\beta = n_1 k \cos\theta$$

$$\text{mit} \quad \beta_{1x} = n_1 k \sin\theta \qquad (6.48)$$

$$\text{und} \quad \beta_{2x} = \sqrt{\beta_2{}^2 - \beta^2} = \sqrt{n_2{}^2 k^2 - n_1{}^2 k^2 \cos^2\theta}$$

Damit werden

$$\gamma_1 = n_1 k \sin\theta \qquad \text{und} \qquad \gamma_2 = n_2 k \sqrt{1 - \frac{\cos^2\theta}{\cos^2\theta_g}} \qquad (6.49)$$

wobei wir verwendet haben, daß $\cos\theta_g = \sin\varphi_g = n_2/n_1$ ist. Mit (6.49) können wir für die einzelnen Moden nun schreiben:

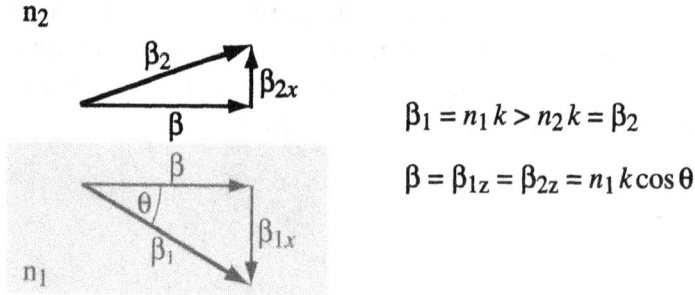

n$_2$

β_2
β_{2x}
β

β
θ
β_{1x}
β_1

n$_1$

$$\beta_1 = n_1 k > n_2 k = \beta_2$$

$$\beta = \beta_{1z} = \beta_{2z} = n_1 k \cos\theta$$

Abbildung 6.8: Ausbreitungsvektoren für die Wellen im Bereich des Wellenleiters und in der begrenzenden Schicht.

$$|x| \le d: \quad u_m(x) = \begin{cases} B\cos\left(\frac{2\pi n_1 \sin\theta_m}{\lambda}x\right) & (m = 0, 2, 4, \dots) \\[2mm] A\sin\left(\frac{2\pi n_1 \sin\theta_m}{\lambda}x\right) & (m = 1, 3, 5, \dots) \end{cases} \qquad (6.50)$$

$$|x| > d: \quad u_m(x) = \begin{cases} C\,e^{-\gamma_2^{(m)}|x|} & (m = 0, 2, 4, \dots) \\[2mm] C\,e^{-\gamma_2^{(m)}x}, \quad x > d \\[1mm] -C\,e^{+\gamma_2^{(m)}x}, \quad x < -d \end{cases}\Bigg\} (m = 1, 3, 5, \dots) \qquad (6.51)$$

mit $\gamma_2^{(m)} = (n_1^2 k^2 \cos^2\theta_m - n_2^2 k^2)^{1/2}$. Die maximale Zahl M von Moden ergibt sich aus (6.47) über

$$\frac{2\pi n_1 d}{\lambda}\sin\theta_g \le M\frac{\pi}{2} \qquad (6.52)$$

woraus folgt:

$$M = \left\lceil\frac{4n_1 d}{\lambda}\sin\theta_g\right\rceil = \left\lceil\frac{4d}{\lambda}(n_1^2 - n_2^2)^{1/2}\right\rceil \qquad (6.53)$$

Hierbei bezeichnen die Klammern $\lceil x\rceil$ die größte ganze Zahl kleiner oder gleich x.

7 Lichtausbreitung in Glasfasern

Fasern aus SiO_2 (Quarzglas) sind das bedeutendste Medium für die optische Übertragungstechnik. Eine Faser besteht aus einem Kern und einem Mantel. Man unterscheidet bei Glasfasern zwischen Stufenindexfasern und Gradientenindexfasern, abhängig vom Verlauf des Brechungsindex in der Faser (Abb. 7.1). Bei Stufenindexfasern hat der Brechungsindex im Kern einen konstanten Wert, n_1, der größer ist als der Brechungsindex n_2 im Mantel. In Gradientenindexfasern ist der Brechungsindex im Kern nicht konstant, sondern nimmt von der Faserachse zum Mantel hin kontinuierlich ab. Beispiele für Standarddurchmesser $2a/2b$ von Faserkern und -mantel sind 8/125, 50/125, 62, 5/125, 85/125, 100/140 (jeweils in Mikrometer). Die Brechzahlen in Kern und Mantel unterscheiden sich nur wenig. Typische Werte sind $n_1 = 1,463$ und $n_2 = 1,458$, so daß der relative Brechzahlunterschied Δ

$$\Delta = \frac{n_1 - n_2}{n_1} \qquad (7.1)$$

klein ist.

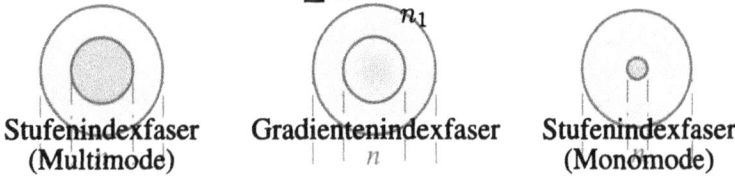

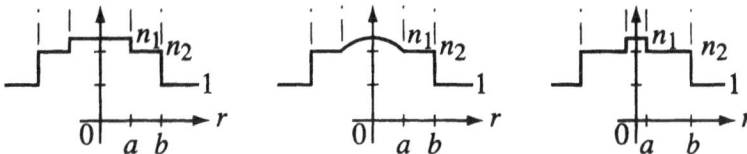

Abbildung 7.1: Stufenindexfasern und Gradientenindexfasern. n ist der Brechungsindex, n_1 der Brechungsindex im Faserkern, n_2 der Brechungsindex im Mantel, $2a$ ist der Kerndurchmesser, $2b$ der Manteldurchmesser.

In der Faser kann sich nur eine endliche Anzahl von Moden ausbreiten. Bei gegebener Wellenlänge ist der Kerndurchmesser entscheidend dafür, wie viele Moden sich in der Faser ausbreiten können. Fasern mit einem Kerndurchmesser von etwa 10 μm und mehr sind bei einer Wellenlänge $\lambda = 1,3\ \mu$m „multimodig", d. h. es breiten sich mindestens 2 Moden aus. Zwischen den unterschiedlichen Moden kommt es aufgrund unterschiedlicher Wege zu Laufzeitunterschieden (Modendispersion), welche die Bandbreite der Faser begrenzen. Dieser Effekt begrenzt insbesondere den Einsatzbereich von Multimodefasern mit Stufenprofil auf Anwendungen mit kurzen Reichweiten. Die Modendispersion wird stark reduziert in Gradientenindexfasern, bei denen der Brechungsindex zum Rand des Faserkerns hin abnimmt. Hierdurch werden Laufzeitunterschiede minimiert und somit die zeitliche Bandbreite der Faser erhöht. Stufenindexfasern mit einem Kerndurchmesser von etwa 6–10 μm führen nur eine einzige Lichtmode, abhängig von der Wellenlänge. Solche Monomodefasern besitzen eine sehr hohe Übertragungskapazität im Sinne der zeitlichen Bandbreite. Sie werden deshalb für Anwendungen mit großen Übertragungslängen und hohen Datenraten eingesezt.

In diesem Kapitel wollen wir die Lichtausbreitung in optischen Wellenleitern mit radialer Symmetrie behandeln. Grundlegende Aspekte der Einkopplung von Licht in den Wellenleiter und der Lichtausbreitung in einem Wellenleiter lassen sich sehr anschaulich im Strahlenbild darstellen. Dies ist das Thema von Abschnitt 7.1. In den Abschnitten 7.2 und 7.3 wird dann die Ausbreitung von Wellen in Stufenindex- und Gradientenindexfasern behandelt.

7.1 Einkopplung in eine Glasfaser

Eine Stufenindexfaser besteht aus einem Kern mit einem Brechungsindex n_1 und einem Mantel mit dem Brechungsindex $n_2 < n_1$. Zum Schutz der Faser befindet sich über dem Mantel eine weitere Schicht, die allerdings für die Funktion des Wellenleiters keine Bedeutung hat (Abbildung 7.2).

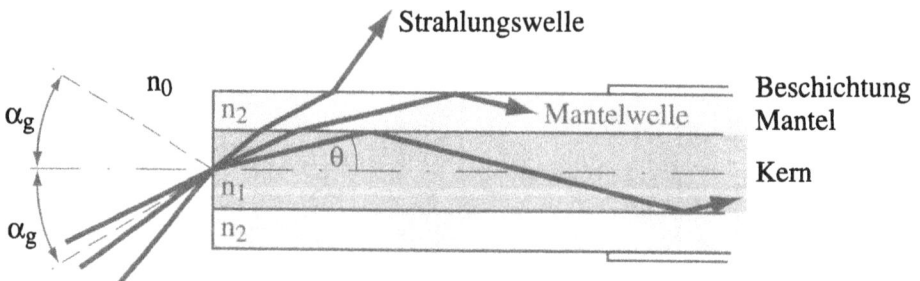

Abbildung 7.2: Lichtausbreitung in einer Glasfaser. Nur die Strahlen, die unter einem Winkel kleiner als α_g auf die Faser treffen, breiten sich in dem Faserkern aus.

Die numerische Apertur $NA = n_0 \sin \alpha_g \approx n_1 (2\Delta)^{1/2}$ ist ein Maß für die Fähigkeit der Faser, Licht einzusammeln, welches aus unterschiedlichen Richtungen kommt. α_g

ist der Grenzwinkel für die Lichteinkopplung, n_0 der Brechungsindex des äußeren Mediums (s. Kap. 8). Im folgenden nehmen wir an, daß $n_0 = 1$ ist. Für LEDs, die Licht auch unter sehr großen Winkeln abstrahlen, wird nur ein relativ kleiner Bruchteil der emittierten Strahlung in die Faser eingekoppelt. Eine LED stellt einen Lambert-Strahler dar, dessen Abstrahlcharakteristik bekanntlich durch eine Kosinus-Funktion beschrieben wird (siehe Abschnitt 3.4):

$$I(\theta) = I_0 \cos \theta \tag{7.2}$$

Die gesamte Lichtmenge, die von einer solchen Lichtquelle emittiert wird, ist:

$$P_{\text{ges}} = 2\pi \int_0^{\pi/2} I(\theta) \sin \theta \, d\theta = \pi I_0 \tag{7.3}$$

Unter der Voraussetzung, daß die Lichtquelle kleiner ist als der Durchmesser des Faserkerns, berechnet sich die Lichtmenge, die von der Faser eingesammelt wird, zu (Abb. 7.3):

$$P_{\text{ein}} = 2\pi \int_0^{\alpha_g} I(\theta) \sin \theta \, d\theta = \pi I_0 \sin^2 \alpha_g \tag{7.4}$$

Abstrahlcharakteristik der LED

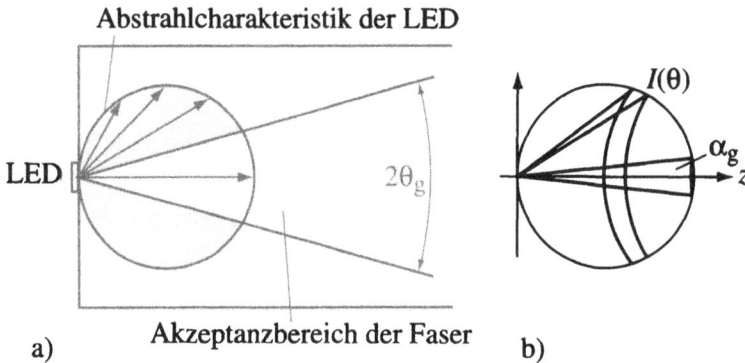

Abbildung 7.3: a) Abstrahlcharakteristik der LED und Akzeptanzbereich der Faser. b) Zur Durchführung der Integration in Gleichung (7.4).

Das Verhältnis der eingekoppelten Leistung zur gesamten abgestrahlten Leistung ist also:

$$\frac{P_{\text{ein}}}{P_{\text{ges}}} = \sin^2 \alpha_g = (NA)^2 \tag{7.5}$$

Unter Verwendung der Zahlen wie im obigem Beispiel ergibt sich, daß nur knapp 6 % der abgestrahlten Lichtleistung von einer LED in eine Faser eingekoppelt werden. Günstiger ist die Situation im Falle einer Laserlichtquelle, die stärker gerichtete Strahlung emittiert (siehe Abbildung 3.10). Hier sind Koppeleffizienzen von 50 % und mehr möglich.

7.2   Glasfasern mit Stufenindexprofil

Wir kommen nun zur mathematischen Beschreibung der Lichtausbreitung in zylindrischen Wellenleitern. Wir betrachten zunächst einen zylindrischen Wellenleiter mit Stufenindexprofil, wie in Abbildung 7.4 gezeigt.

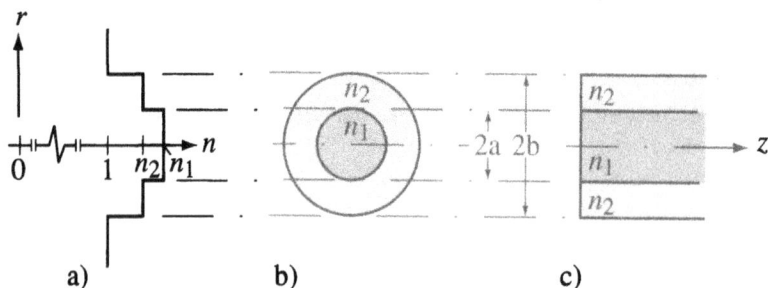

Abbildung 7.4: Zylindrischer Wellenleiter mit Stufenindexprofil. a) Indexprofil $n(r)$, b) Querschnitt, c) Längsschnitt.

Das Profil des Brechungsindexes ist gegeben durch:

$$n(r) = \begin{cases} n_1 & , r \leq a \\ n_2 < n_1 & , r > a \end{cases} \qquad (7.6)$$

In einem zylindrischen Koordinatensystem lautet die Helmholtz-Gleichung

$$\frac{\partial^2 u}{\partial r^2} + \frac{1}{r}\frac{\partial u}{\partial r} + \frac{1}{r^2}\frac{\partial^2 u}{\partial \varphi^2} + \frac{\partial^2 u}{\partial z^2} + n^2 k^2 u = 0 \qquad (7.7)$$

wobei die komplexe Amplitude $u = u(r, \varphi, z)$ wiederum eine beliebige Komponente des elektrischen bzw. magnetischen Feldes bezeichnet. Wir interessieren uns für Lösungen, die Wellen darstellen, welche sich in z-Richtung mit einer Phasenkonstanten β ausbreiten. D. h. die z-Abhängigkeit soll von der Form sein $\exp(-i\beta z)$. Da u periodisch in φ sein muß mit einer Periode 2π, nehmen wir an, daß die φ-Abhängigkeit von der Form $\exp(-il\varphi)$ ist, wobei l eine ganze Zahl ist. Wir gehen also mit dem Ansatz

$$u(r, \varphi, z) = u(r)\, e^{-il\varphi}\, e^{-i\beta z} \qquad (l = 0, \pm 1, \pm 2, \dots) \qquad (7.8)$$

in die Wellengleichung (7.7) ein:

$$\frac{d^2u}{dr^2} + \frac{1}{r}\frac{du}{dr} + \left(n^2k^2 - \beta^2 - \frac{l^2}{r^2}\right)u = 0 \tag{7.9}$$

Wie im vorigen Abschnitt handelt es sich um eine geführte Welle, wenn die Phasenkonstante kleiner ist als die Wellenzahl im Kern (d. h. $\beta < n_1 k$) und größer als die Wellenzahl im Mantel (d. h. $\beta > n_2 k$). Es ist daher günstig, zu definieren:

$$\gamma_1^{\ 2} = n_1^{\ 2}k^2 - \beta^2 \quad \text{und} \quad \gamma_2^{\ 2} = \beta^2 - n_2^{\ 2}k^2 \tag{7.10}$$

Für geführte Wellen sind γ_1 und γ_2 reell. Die Wellengleichung kann damit für den Kern- und den Mantelbereich separat angegeben werden:

$$\begin{aligned}
\frac{d^2u}{dr^2} + \frac{1}{r}\frac{du}{dr} + \left(\gamma_1^{\ 2} - \frac{l^2}{r^2}\right)u &= 0 \quad (r \le a) \\
\frac{d^2u}{dr^2} + \frac{1}{r}\frac{du}{dr} - \left(\gamma_2^{\ 2} + \frac{l^2}{r^2}\right)u &= 0 \quad (r > a)
\end{aligned} \tag{7.11}$$

Die Gleichungen (7.11) sind bekannte Differentialgleichungen, deren Lösungen die Familie der Bessel-Funktionen darstellt. Physikalisch sinnvolle Lösungen sind für die r-Abhängigkeit

$$u(r) = \begin{cases} J_l(\gamma_1 r) & (r \le a) \\ K_l(\gamma_2 r) & (r > a) \end{cases} \tag{7.12}$$

Hier ist $J_l(x)$ die Bessel-Funktion der ersten Art und Ordnung l und $K_l(x)$ ist die modifizierte Bessel-Funktion der zweiten Art und Ordnung l (auch Hankel-Funktion genannt). Die Funktion $J_l(x)$ oszilliert, ähnlich wie eine Kosinus- oder Sinus-Funktion, allerdings mit nicht-äquidistanten Nulldurchgängen und mit abfallender Amplitude. Im Grenzfall kann man schreiben

$$\begin{aligned}
J_l(\gamma_1 r) &\approx \left(\frac{2}{\pi\gamma_1 r}\right)^{1/2} \cos\left[\gamma_1 r - \left(l + \tfrac{1}{2}\right)\frac{\pi}{2}\right] & (\gamma_1 r \gg 1) \\
K_l(\gamma_2 r) &\approx \left(\frac{\pi}{2\gamma_2 r}\right)^{1/2} \left(1 + \frac{4l^2-1}{8\gamma_2 r}\right)e^{-\gamma_2 r} & (\gamma_2 r \gg 1)
\end{aligned} \tag{7.13}$$

Beispiele für die radiale Feldverteilung $u(r)$ sind in Abbildung 7.5 dargestellt.

Die Parameter γ_1 und γ_2 bestimmen, wie schnell veränderlich das Feld im Kern und im Mantel ist. Ein großer Wert für γ_1 bedeutet eine schnelle Oszillation im Kern. Ein großer Wert für γ_2 bedeutet einen schnelleren exponentiellen Abfall im Mantel gemäß Gleichung (7.13). Aus (7.10) folgt:

$$\gamma_1^{\ 2} + \gamma_2^{\ 2} = (n_1^{\ 2} - n_2^{\ 2})k^2 = (NA)^2 k^2 \tag{7.14}$$

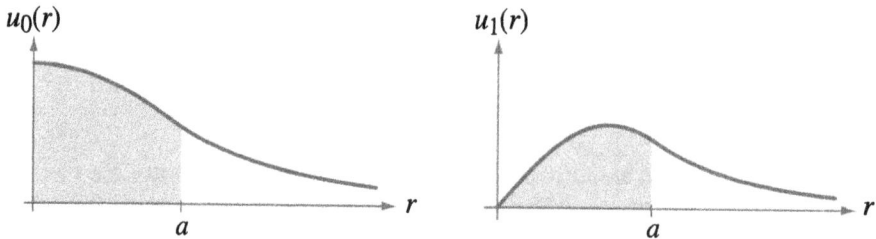

Abbildung 7.5: Darstellung der radialen Feldverteilung $u(r)$ im Kern- und Mantelbereich für $l = 0, 1$. Die Parameter γ_1 und γ_2 wurden so gewählt, daß $u(r)$ stetig ist und für $r = a$ eine stetige Ableitung hat.

D. h., wenn γ_1 größer wird, dann wird γ_2 kleiner und das Feld dringt tiefer in den Mantelbereich ein. Wenn γ_1 größer wird als $k\,NA$, dann wird γ_2 imaginär und die Welle breitet sich dann auch im Mantelbereich oszillatorisch aus. Bemerkenswert ist, weil es nicht aus der strahlenoptischen Beschreibung von Lichtwellenleitern hervorgeht, daß ein Teil der Lichtleistung immer im Mantelbereich geführt wird. Wie oben verwenden wir die normierten Größen $\gamma_1 a$ und $\gamma_2 a$, mit deren Hilfe wir schreiben können:

$$(\gamma_1 a)^2 + (\gamma_2 a)^2 = V^2 = \left(2\pi \frac{a}{\lambda} NA\right)^2 \qquad (7.15)$$

Wie für den symmetrischen Wellenleiter bestimmt V die Anzahl der geführten Wellen, wie wir weiter unten sehen werden. Damit eine Welle geführt wird, muß also $\gamma_1 a < V$ sein. Wir gehen zurück zu Gleichung (7.11). Für jeden Azimuthindex l besitzt Gleichung (7.11) mehrere Lösungen mit unterschiedlichen diskreten Ausbreitungskonstanten β_{lm} und $m = 1, 2, 3, \ldots$, von denen jede eine Mode darstellt. Für jede Mode gibt es zwei unterschiedliche Konfigurationen des $\boldsymbol{E}$- und $\boldsymbol{H}$-Feldes, was zwei unterschiedlichen Polarisationszuständen entspricht. Die Darstellung dieser unterschiedlichen Moden ist relativ komplex.

Die meisten Glasfasern sind schwach führend, was bedeutet, daß $n_1 \approx n_2$ bzw. $\Delta n \ll 1$. Die geführten Strahlen verlaufen daher paraxial, d. h. in etwa parallel zur Faserachse. In diesem Fall sind die longitudinalen Komponenten des elektrischen und des magnetischen Feldes wesentlich schwächer als die lateralen, und die geführten Wellen sind i. w. elektromagnetische Transversalwellen (TEM). Durch Polarisation in x- und y-Richtung entstehen zwei zueinander orthogonale Moden, die mit LP_{lm} bezeichnet werden. Die beiden Polarisationszustände einer Mode (l, m) breiten sich mit derselben Geschwindigkeit aus und haben dieselbe räumliche Verteilung.

Durch Anwendung der Randwertbedingungen, daß an der Stelle $r = a$ das Feld $u(r)$ erstens stetig und zweitens eine stetige Ableitung haben soll, kann man eine charakteristische Gleichung für schwach führende Fasern herleiten. Die beiden Bedingungen sind erfüllt, wenn

$$\frac{\gamma_1 a J_l'(\gamma_1 a)}{J_l(\gamma_1 a)} = \frac{\gamma_2 a K_l'(\gamma_2 a)}{K_l(\gamma_2 a)} \tag{7.16}$$

Die Ableitungen J_l' und K_l' der Bessel Funktionen erfüllen folgende Beziehungen

$$\begin{aligned}
J_l'(x) &= \pm J_{l\mp 1}(x) \mp l\frac{J_l(x)}{x} \\
K_l'(x) &= -K_{l\mp 1}(x) \mp l\frac{K_l(x)}{x}
\end{aligned} \tag{7.17}$$

Setzt man diese Identitäten in (7.16) ein, dann erhält man als charakteristische Gleichung

$$\gamma_1 a \frac{J_{l\pm 1}(\gamma_1 a)}{J_l(\gamma_1 a)} = \pm \gamma_2 a \frac{K_{l\pm 1}(\gamma_2 a)}{K_l(\gamma_2 a)} \tag{7.18}$$

Für gegebenes V und l enthält Gleichung (7.18) eine einzige Unbekannte, da $V_2 = (\gamma_1 a)^2 + (\gamma_2 a)^2$.

Wie für den symmetrischen Wellenleiter kann man die charakteristische Gleichung graphisch lösen, indem man die linke und die rechte Seite von (7.18) aufzeichnet und die Schnittpunkte findet. Dies ist in Abbildung 7.6 für den Fall $l = 0$ dargestellt. Jeder Schnittpunkt entspricht einer Mode mit einem definierten Wert für ua. Sobald man diese Werte gefunden hat, kann man die zugehörigen Werte β_{lm} gemäß (7.10) sowie die radiale Funktion $u_{lm}(r)$ gemäß (7.12) bestimmen.

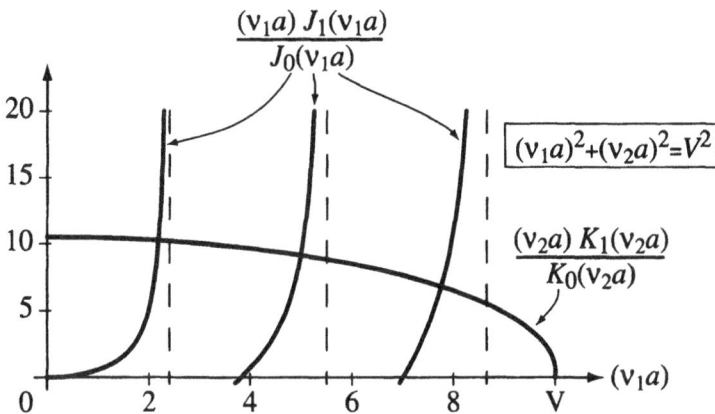

Abbildung 7.6: Graphische Lösung der charakteristischen Gleichung (7.18)

Jede Mode besitzt eine bestimmte radiale Feldverteilung. Die komplexe Amplitude einer Mode ist gegeben durch den Ausdruck $u_{lm}(r) \cos(l\varphi) \exp(-i\beta_{lm}z)$. Die Intensität ist proportional zu $u_{lm}{}^2(r) \cos^2(l\varphi)$. Diese Intensitätsverteilungen sind für einige Moden in Abbildung 7.7 dargestellt.

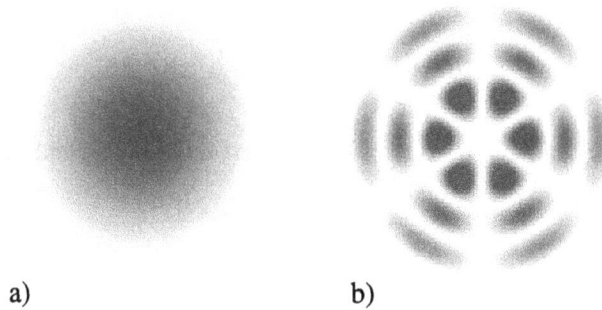

a)   b)

Abbildung 7.7: Intensitätsverteilungen für die Moden a) LP_{01} und b) LP_{33}.

Wie für den symmetrischen Wellenleiter wächst die Anzahl der Moden mit dem Parameter V. Wie sich aus Abbildung 7.6 ergibt, ist die Anzahl der Moden M_l für einen gegebenen Wert von l gleich der Zahl der Nullstellen der Funktion $J_{l-1}(ua)$ kleiner als V. Die Mode (l, m) ist erlaubt, wenn $V > (\gamma_1 a)_{lm}$ ist. Für $V = (\gamma_2 a)_{lm}$ erreicht die Mode ihren „cutoff". Für kleiner werdendes V erreicht die Mode $(l, m-1)$ ihren cutoff-Punkt, wenn eine neue Nullstelle erreicht wird usw. Für $V < 2,405$ sind alle Moden außer der Fundamentalmode LP_{01} nicht mehr ausbreitungsfähig.

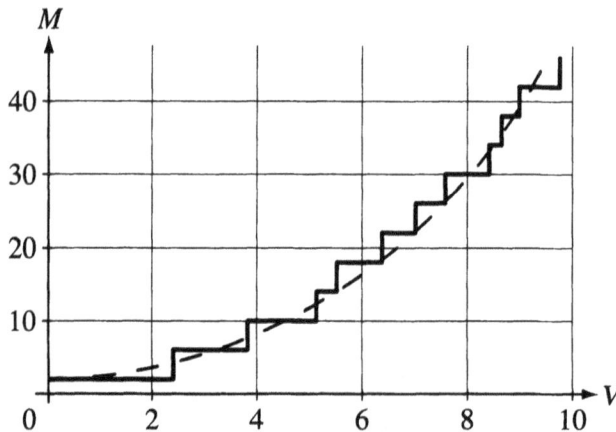

Abbildung 7.8: Gesamtzahl der Moden M in einer Stufenindexfaser. Die gestrichelte Linie repräsentiert die Kurve $M = 4(V/\pi)^2 + 2$, der sich M für $V \gg 1$ annähert.

Abbildung 7.8 zeigt die Kurve für die Gesamtzahl M aller Moden. Diese beinhaltet zwei lineare Polarisationszustände pro Mode. Für $l > 0$ muß man außerdem berücksichtigen, daß positive und negative Werte für l zwei Trajektorien mit entgegengesetzter Polarität entsprechen. Die Kurve für M beginnt daher bei dem Wert 2 und springt bei Erreichen einer Nullstelle um den Wert 4. Die Nullstellen für die Moden LP_{0m} und LP_{1m} ($m = 1, 2, 3$) sind in Tabelle 7.1 aufgelistet.

l	$m = 1$	2	3
0	0	3,832	7,016
1	2,405	5,520	8,654

Tabelle 7.1: Nullstellen der Moden LP_{0m} und LP_{1m} ($m = 1, 2, 3$).

Für Fasern mit großem V-Parameter gibt es sehr viele Nullstellen der diversen $J_l(\gamma_1 a)$ im Intervall $0 < \gamma_1 a < V$. Da für große Werte von $\gamma_1 a$ $J_l(\gamma_1 a)$ durch eine Kosinus-Funktion angenähert wird (Gleichung 7.13), sind die Nullstellen i. w. durch die Gleichung $\gamma_1 a - (l + 1/2)(\pi/2) = (2m - 1)(\pi/2)$ bestimmt. Die „cutoff"-Punkte der Mode (l, m), welche durch die Nullstellen von $J_l \pm 1(\gamma_1 a)$ festgelegt werden, sind somit

$$(\gamma_1 a)_{lm} \approx (l + 2m - \frac{1}{2} \pm 1)\frac{\pi}{2} \approx (l + 2m)\frac{\pi}{2} \qquad (m \gg 1) \qquad (7.19)$$

Für gegebenes l sind diese Nullstellen gleichmäßig im Abstand π verteilt, so daß die Anzahl von Nullstellen M_l die Beziehung $(l + 2M_l)\pi/2 = V$ erfüllt. Hieraus folgt, daß $M_l \approx V/\pi - l/2$ ist. Mit größer werdendem l fällt M_l vom Wert V/π für $l = 0$ linear auf Null für $l = 2V/\pi$ ab (Abbildung 7.9). Die Gesamtzahl der räumlichen Moden ist daher

$$M \approx 4 \sum_{l=0}^{2V/\pi} M_l = 4 \sum_{l=0}^{2V/\pi} \left(\frac{V}{\pi} - \frac{l}{2}\right) \qquad (7.20)$$

Der Faktor 4 vor der Summe kommt wegen der zwei unterschiedlichen Polarisationszustände und der beiden unterschiedlichen Vorzeichen für l ins Spiel. Wenn die Anzahl der Terme in dieser Summe als groß angenommen werden kann, ergibt sich der Wert für M durch die Fläche des Dreiecks in Abb. 7.9. Für eine Faser mit großem V-Parameter ergibt sich dann (wiederum unter Berücksichtigung des Faktors 4)

$$M \approx 4 \left(\frac{V}{\pi}\right)^2 \qquad (V \gg 1) \qquad (7.21)$$

Beispiel 7.1   Anzahl der Moden in einer SiO$_2$-Faser

Mit $n_1 = 1,463$ und $\Delta = 0,0034$ ergibt sich eine numerische Apertur von $NA = n_1(2\Delta)^{1/2} = 0,12$. Für eine Wellenlänge $\lambda = 1,3 \ \mu m$ und einem Kernradius von $d = 25 \ \mu m$ ergibt sich ein Wert für $V = 2\pi a NA/\lambda = 14,5$. Daher können sich ungefähr $M = 85$ Moden ausbreiten.

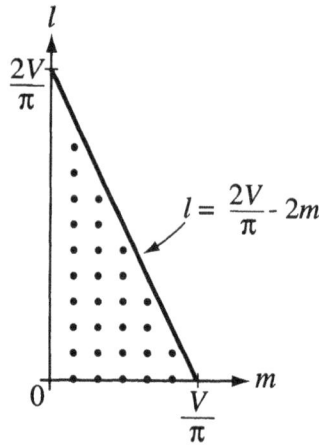

Abbildung 7.9: Darstellung der Moden im (l, m)-Diagramm. Die Fläche des Dreiecks gibt die Anzahl der Moden M_l an.

Die Ausbreitungskonstanten β_{lm} der Moden kann man bestimmen, indem man die charakteristische Gleichung (7.18) nach $(\gamma_1 a)_{lm}$ hin auflöst und (7.10) sowie die Beziehung $\beta_{lm} = (n_1^2 k_0^2 - (\gamma_1 a)_{lm}^2 / a^2)^{1/2}$ benutzt. In der Literatur findet man angenäherte Formeln für die $(\gamma_1 a)_{lm}$, aber es gibt keine exakten Lösungen.

Für den Fall, den wir zuletzt betrachtet haben, nämlich eine Faser mit großem V-Parameter, kann man annehmen, daß die Werte für die $(\gamma_1 a)_{lm}$ durch die „cutoff"-Punkte gegeben sind. Mit Hilfe von (7.19) kann man dann schreiben:

$$\beta_{lm} \approx \left[n_1^2 k^2 - (l + 2m)^2 \, \frac{\pi^2}{4a^2} \right]^{1/2} \tag{7.22}$$

Mit

$$M \approx \frac{4}{\pi^2} V^2 \approx \frac{4}{\pi^2} (2n_1^2 \, \Delta) k^2 a^2 \tag{7.23}$$

erhält man

$$\beta_{lm} \approx n_1 k \left[1 - 2 \frac{(l + 2m)^2}{M} \, \Delta \right]^{1/2} \tag{7.24}$$

Da Δ i. a. klein ist, können wir den Wurzelausdruck entwickeln und erhalten

$$\beta_{lm} \approx n_1 k \left[1 - \frac{(l + 2m)^2}{M} \, \Delta \right] \qquad (V \gg 1) \tag{7.25}$$

Hierbei ist der Bereich der Indizes $l = 0, \dots, M^{1/2}$, $m = 1, 2, \dots, (M^{1/2} - l)/2$. Daher läuft $l + 2m$ im Bereich von 2 und ungefähr $2V/\pi = M^{1/2}$ und somit liegt β_{lm} zwischen $n_1 k$ und $n_1 k (1 - \Delta) \approx n_2 k$ (Abbildung 7.10).

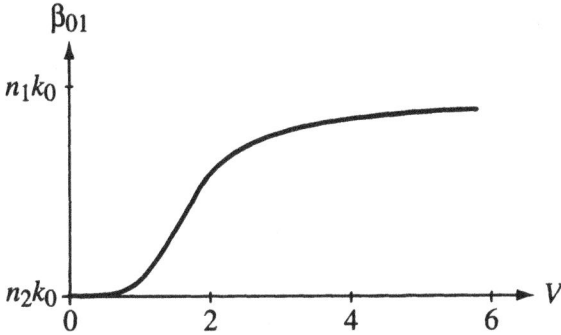

Abbildung 7.10: Phasenkonstante β_{01} der Fundamentalmode LP_{01} als Funktion des V-Parameters.

Die unterschiedlichen Moden breiten sich mit unterschiedlicher (Phasen-)Geschwindigkeit $(v_p)_{lm} = \omega/\beta_{lm}$ in der Faser aus. Für die Ausbreitung von Information ist die Gruppengeschwindigkeit $(v_g)_{lm}$ von Bedeutung, welche durch den Ausdruck $d\omega/d\beta_{lm}$ gegeben ist (s. Kapitel 10). Um die Gruppengeschwindigkeit zu bestimmen, drücken wir die β_{lm} in Abhängigkeit von ω aus, indem wir die Beziehungen $n_1 k = \omega/c_1$ und $M = (2/\pi)^2 (2n_1{}^2\Delta)(ka)^2 = (8/\pi^2)a^2\omega^2\Delta/c_1{}^2$ verwenden. Unter der Annahme, daß c_1 und Δ unabhängig von ω sind, erhält man durch Differentiation:

$$(v_g)_{lm} \approx c_1\left[1 + \frac{(l+2m)^2}{M}\Delta\right]^{-1} \tag{7.26}$$

Da $\Delta \ll 1$ ist, kann man wiederum den Ausdruck in der Klammer entwickeln und erhält

$$(v_g)_{lm} \approx c_1\left[1 - \frac{(l+2m)^2}{M}\Delta\right] \qquad (\Delta \ll 1) \tag{7.27}$$

Da $2 \leq (l + 2m) \leq M^{1/2}$ und wegen $M \gg 1$ folgt: $c_1 \leq (v_g)_{lm} \leq c_1(1 - \Delta) = c_1(n_2/n_1)$. Die Gruppengeschwindigkeiten der Moden niedriger Ordnung sind daher in etwa gleich der Phasengeschwindigkeit im Kern, die der Moden höherer Ordnung sind kleiner.

Wie bereits oben festgestellt, wird eine Faser monomodig, sobald der V-Parameter kleiner als $2,405$ wird. Wegen der Beziehung $V = (2\pi a/\lambda)NA$ wird Monomode-Betrieb erreicht, indem man einen kleinen Faserdurchmesser und eine kleine numerische Apertur verwendet, oder indem man bei einer ausreichend großen Wellenlänge arbeitet.

Beispiel 7.2   Monomode-Faser

Eine Glasfaser wird monomodig, wenn $V < 2,405$. Für eine SiO_2-Faser mit $n_1 = 1,463$, $\Delta = 0,0036$ und einer eine Wellenlänge von $\lambda = 1,3\ \mu$m ist dies der Fall ab Kerndurchmessern $2a < (2,405/\pi)(\lambda/NA) = 8,3\ \mu$m. Wenn Δ weiter reduziert wird, sind größere Kerndurchmesser möglich.

7.3 Gradientenindexfasern

7.3.1 Fasern mit kontinuierlichem Brechzahlverlauf

Um die Laufzeitunterschiede in Multimodefasern zu minimieren, verwendet man Fasern mit einem kontinuierlichen Brechungsindexprofil (Abbildung 7.11).

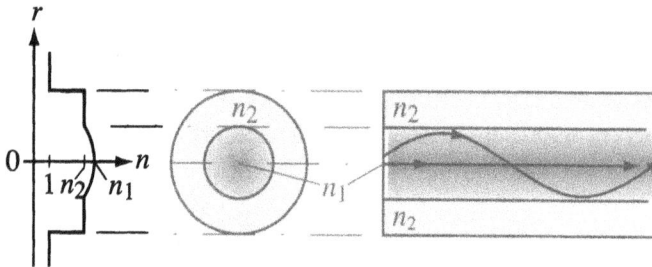

Abbildung 7.11: Geometrie und Brechzahlprofil einer Gradientenindexfaser.

Der Brechungsindex ist auf der Achse am größten und fällt allmählich zum Mantelbereich hin ab. Die Phasengeschwindigkeit ist daher auf der Achse am kleinsten und nimmt mit dem Radius r zu. Ein Strahl, der i. w. den kürzesten geometrischen Weg entlang der Achse läuft, breitet sich mit niedrigerer Geschwindigkeit aus als ein Meridionalstrahl, der einen größeren Weg zurücklegt. Dieser Zusammenhang zwischen zurückgelegtem Weg und Ausbreitungsgeschwindigkeit bewirkt einen Ausgleich der Laufzeiten zwischen achsennahen Strahlen und achsenfernen.

Das Phasenprofil einer Gradientenindexfaser läßt sich allgemein durch folgenden Ausdruck beschreiben:

$$n^2(r) = n_1^{\,2}\left[1 - 2\left(\frac{r}{a}\right)^{\alpha_{\mathrm{p}}}\Delta\right] \qquad (r \leq a) \tag{7.28}$$

mit $\Delta = (n_1^{\,2} - n_2^{\,2})/2n_1^{\,2} \approx (n_1 - n_2)/n_1$. Der Gradientenprofilparameter α_{p} bestimmt die Steilheit des Brechzahlverlaufes (Abbildung 7.12). Für $\alpha_{\mathrm{p}} = 1$ ist der Verlauf linear, für $\alpha_{\mathrm{p}} = 2$ quadratisch, für $\alpha_{\mathrm{p}} \to \infty$ nähert sich $n(r)$ dem Stufenprofil.

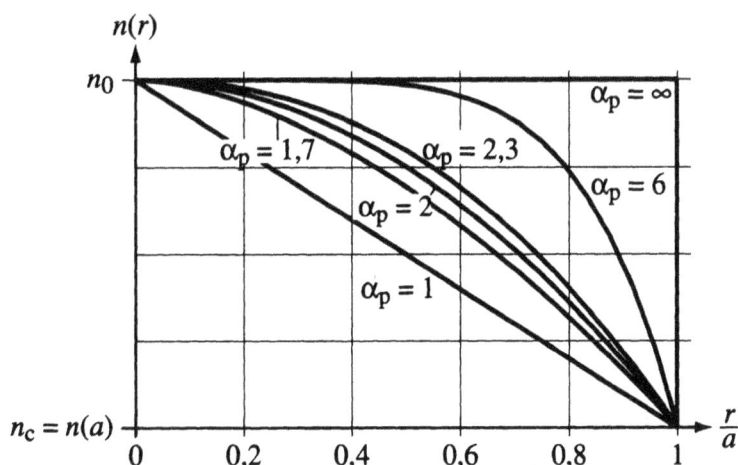

Abbildung 7.12: Verlauf des Brechzahlprofils in einer Gradientenindexfaser in Abhängigkeit vom Parameter α_p.

7.3.2 Optische Wege in einer Gradientenindexfaser

Zur Bestimmung der Trajektorien (d. h. der Wege, die von unterschiedlichen Lichtstrahlen zurückgelegt werden) in einem optischen Medium mit inhomogenem Brechungsindex $n(r)$ verwendet man das Fermat'sche Prinzip (siehe Kapitel 1). Wenn die Trajektorie durch die drei Funktionen $x(s)$, $y(s)$ und $z(s)$ beschrieben wird, dann kann man mit Hilfe der Variationsrechnung zeigen, daß folgende Beziehungen erfüllt sein müssen:

$$\frac{d}{ds}\left(n\frac{dx}{ds}\right) = \frac{\partial n}{\partial x}, \qquad \frac{d}{ds}\left(n\frac{dy}{ds}\right) = \frac{\partial n}{\partial y}, \qquad \frac{d}{ds}\left(n\frac{dz}{ds}\right) = \frac{\partial n}{\partial z} \qquad (7.29)$$

was man mit Hilfe der Definition $r(s) = (x(s), y(s), z(s))$ zusammenfassen kann:

$$\frac{d}{ds}\left(n\frac{dr}{ds}\right) = \nabla n \qquad (7.30)$$

Diesen Ausdruck bezeichnet man als die Strahlengleichung. Wir betrachten nun wiederum den paraxialen Fall, für den $ds \approx dz$ ist. Damit wird aus den Gleichungen (7.29)

$$\frac{d}{dz}\left(n\frac{dx}{dz}\right) \approx \frac{\partial n}{\partial x}, \qquad \frac{d}{dz}\left(n\frac{dy}{dz}\right) \approx \frac{\partial n}{\partial y} \qquad (7.31)$$

Bei gegebenem Brechzahlverlauf $n(x, y, z)$ kann man diese beiden partiellen Differentialgleichungen lösen, um die Trajektorien $x(z)$ und $y(z)$ zu erhalten. Wir wenden die obigen Gleichungen nun auf den Fall der Gradientenindexfaser an, wobei wir ein parabolisches Profil annehmen. Der Brechungsindexverlauf im Kern der Faser sei also gegeben durch

$$n^2(r) = n^2(x, y) = n_1{}^2 \left[1 - \frac{\Delta}{a^2} \left(x^2 + y^2 \right) \right] \tag{7.32}$$

Wenn wir dies in Gleichungen (7.31) einsetzen, dann erhalten wir

$$\frac{d^2 x}{dz^2} \approx -\frac{\Delta}{a^2} x, \qquad \frac{d^2 y}{dz^2} \approx -\frac{\Delta}{a^2} y \tag{7.33}$$

Hier wurde angenommen, daß $(\Delta/a^2)(x^2 + y^2) \ll 1$ für $x^2 + y^2 < a$, wobei a der Faserradius ist. Die Gleichungen in (7.33) sind uns wohlbekannt; ihre Lösungen sind harmonische Funktionen. Als Startparameter sind die Anfangsposition des Strahles (x_0, y_0) und der Winkel θ_{x_0} und θ_{y_0} für die Koordinate $z = 0$ festzulegen. Ohne Verlust der Allgemeinheit wählen wir $x_0 = 0$. Damit können wir mit $p = a/(2\pi\Delta^{1/2})$ schreiben:

$$
\begin{aligned}
x(z) &= \theta_{x_0} p \sin(\frac{2\pi z}{p}) \\
y(z) &= \theta_{y_0} p \sin\left(\frac{2\pi z}{p}\right) + y_0 \cos\left(\frac{2\pi z}{p}\right)
\end{aligned} \tag{7.34}
$$

Für $\theta_{x_0} = 0$ befindet sich der Strahl in einer Meridionalebene, die durch die Zylinderachse verläuft (in diesem Fall die (y, z)-Ebene) und folgt einer sinusoidalen Bahn (Abb. 7.13). Im anderen Fall, wenn $\theta_{y_0} = 0$ und $\theta_{x_0} = p y_0$, dann ist

$$x(z) = y_0 \sin\left(\frac{2\pi z}{p}\right) \qquad \text{und} \qquad y(z) = y_0 \cos\left(\frac{2\pi z}{p}\right) \tag{7.35}$$

In diesem Fall folgt der Strahl einer helix-förmigen Trajektorie. In dem Spezialfall, der in (7.35) angegeben ist, liegt die Projektion der Trajektorie auf einem Kreis mit Radius y_0. Andere Trajektorien ergeben sich für andere Startwerte des Strahles. Die Trajektorien geführter Strahlen befinden sich im Kernbereich und erreichen den Mantel nicht.

Die Berechnung der Moden in einer Gradientenindexfaser ist i. a. recht aufwendig und wird hier nicht vorgeführt. Statt dessen betrachten wir eine angenäherte Lösung in Form einer quasi-ebenen Welle, die sich entlang der Trajektorie des optischen Strahles ausbreitet. Eine quasi-ebene Welle ist eine Welle, deren Richtung und Amplitude sich langsam verändert. Lokal stellt sie eine ebene Welle dar. Mathematisch beschreiben wir sie als

$$u(\boldsymbol{r}) = A(\boldsymbol{r})\, e^{-ikW(\boldsymbol{r})} \tag{7.36}$$

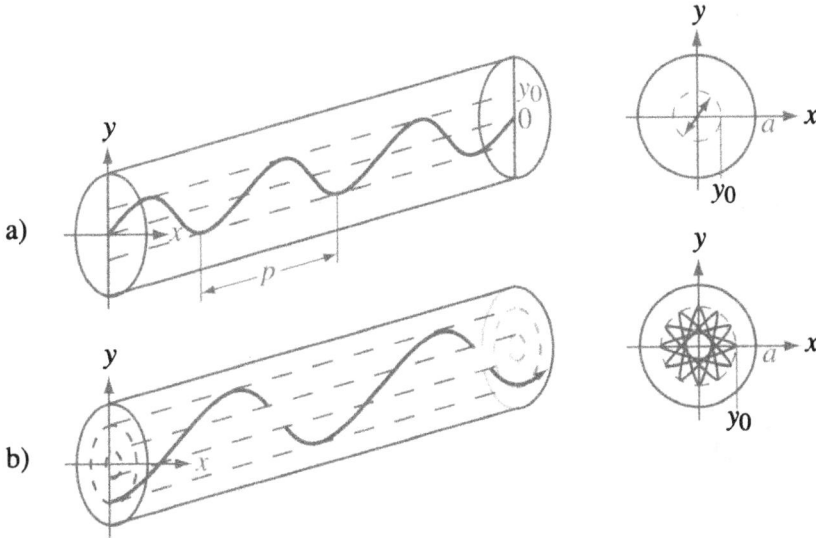

Abbildung 7.13: Geführte Strahlen in einer Gradientenindexfaser. a) Meridionalstrahl, b) Helixstrahl.

$A(r)$ und $W(r)$ sind reelle Funktionen, die sich im Vergleich mit der Wellenlänge $\lambda = 2\pi/k$ nur langsam verändern. W wird als Eikonal bezeichnet. $W(r) = $ const. beschreibt Flächen gleicher Phase. Lichtstrahlen stehen stets senkrecht auf diesen Flächen, d. h. für die Wellenvektoren $k(r)$ der Lichtstrahlen gilt $k = \text{grad}\,W$. Für W gilt die sogenannte Eikonalgleichung

$$|\nabla W|^2 = n^2 \tag{7.37}$$

Die Eikonalgleichung ist äquivalent zum Fermat'schen Prinzip, d. h. das Fermat'sche Prinzip kann aus der Eikonalgleichung hergeleitet werden und umgekehrt.

Wir setzen für W an

$$k\,W(r) = k\,w(r) + l\varphi + \beta z \tag{7.38}$$

wobei $w(r)$ eine langsam veränderliche Funktion von r ist. Die Eikonalgleichung liefert dann:

$$\left(k\,\frac{dw}{dr}\right)^2 + \beta^2 + \frac{l^2}{r^2} = n^2(r)\,k^2 \tag{7.39}$$

Die lokale spatiale Frequenz k_r der Welle in radialer Richtung ist gegeben durch die partielle Ableitung der Phase $k\,W(r)$ nach r: $k_r = k(dw/dr)$. Daher können wir für $u(r)$ schreiben:

$$u(r) = A(r)\,e^{-i\int_0^r k_r\,dr}\,e^{-il\varphi}\,e^{-i\beta z} \tag{7.40}$$

Aus (7.39) folgt:

$$k_r{}^2 = n^2(r)\, k^2 - \beta^2 - \frac{l^2}{r^2} \qquad (7.41)$$

Mit $k_\varphi = l/r$ kann man (7.41) auch schreiben als $k_r{}^2 + k_\varphi{}^2 + k_z{}^2 = n^2(r)\, k^2$. Die quasi-ebene Welle hat daher einen lokalen Wellenvektor $\boldsymbol{k}$ mit Betrag $n(r)\, k$ und zylindrischen Komponenten (k_r, k_φ, k_z). $\boldsymbol{k}$ ist langsam in seiner Richtung veränderlich und folgt einer helischen Trajektorie ähnlich wie der Helix-Strahl (Abbildung 7.14).

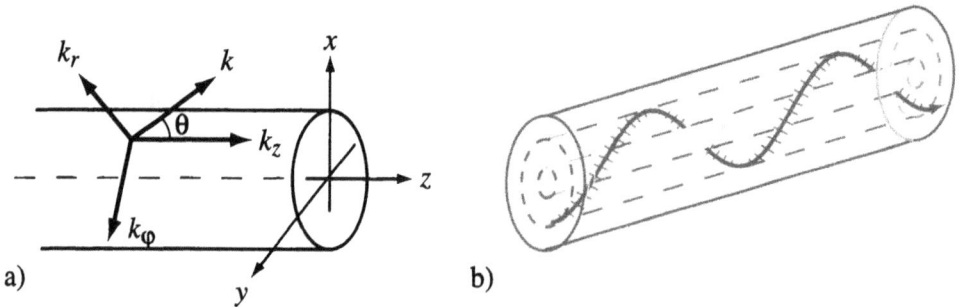

Abbildung 7.14: a) Der Wellenvektor k im zylindrischen Koordinatensystem. b) Quasi-ebene Welle, die der Bahn des Helix-Strahles folgt.

Um zu bestimmen, in welchem Bereich des Kerns die Welle geführt wird, bestimmen wir, für welche r-Werte k_r reell ist oder $k_r{}^2 > 0$. Für gegebene Werte von l und β ist $k_r{}^2$ als Funktion von r aufgetragen (Abbildung 7.15).

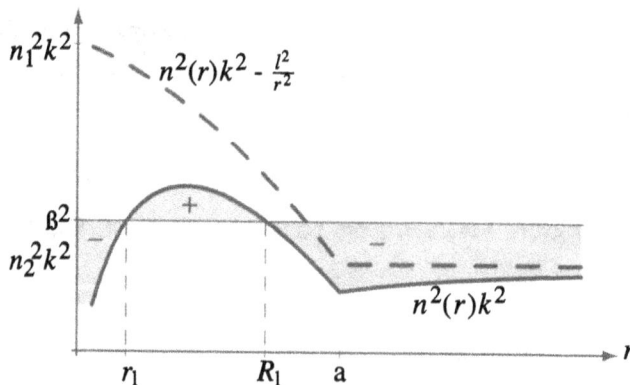

Abbildung 7.15: Die Kurve $n^2(r)\, k^2$ wird durch die durchgezogene Linie dargestellt. Die gestrichelte Linie zeigt den Verlauf von $n^2(r)\, k^2 - l^2/r^2$. Die waagerechte Linie zeigt β^2.

Die schattierten Bereiche zeigen dann an, wo $k_r{}^2 > 0$ bzw. $k_r < 0$. Der Bereich zwischen r_l und R_l, in dem $k_r{}^2 > 0$ ist, berechnet sich über

$$n^2(\mathbf{r}) \, k^2 - \frac{l^2}{r^2} - \beta^2 = 0 \tag{7.42}$$

Die Moden in der Faser werden durch die Bedingung festgelegt, daß sich die Welle nach einer helix-förmigen Periode reproduziert, d. h. $k_\varphi 2\pi r = 2\pi l$ ($l = 0, \pm 1, \pm 2, \dots$). Offensichtlich wird diese Bedingung erfüllt, wenn $k_\varphi = l/r$. Zusätzlich muß der radiale Weg einer Phasenverschiebung einem Vielfachen von 2π entsprechen:

$$2 \int_{r_l}^{R_l} k_r \, dr = 2\pi m \qquad (m = 1, 2, \dots, M_l) \tag{7.43}$$

Die gesamte Anzahl der Moden wird berechnet indem man über die Anzahl der Moden M_l für alle $l = 0, 1, 2, \dots$ aufsummiert. Ohne Herleitung geben wir hier nur das Ergebnis an. Abhängig vom Profilparameter α_p ist die Anzahl der Moden gegeben als:

$$M \approx \frac{\alpha_p}{\alpha_p + 2} \frac{V^2}{2} \tag{7.44}$$

Für einen parabolischen Verlauf des Brechungsindex ($\alpha_p = 2$) im Faserkern ist also:

$$M_g \approx \frac{V^2}{4} \tag{7.45}$$

Wenn wir dies mit dem Ergebnis für die Stufenindexfaser vergleichen, so stellen wir fest, daß für identische Werte von n_1, n_2 und a die Gradientenindexfaser nur halb so viele Moden führt.

8 Glasfasern für die optische Übertragungstechnik

8.1 Entwicklung der Glasfasertechnik

Die Forschung an dielektrischen Wellenleitern, z. B. Stabwellenleitern und Oberflächenwellenleitern, reicht bis in die 30er Jahre zurück. Erst in den 60er Jahren allerdings begannen umfangreiche Untersuchungen an Glasfasern, die dann innerhalb von kurzer Zeit zu einer drastischen Veränderung in der Telekommunikation führen sollten. 1966 sagten Kao und Hockham von den Standard Telecommunications Laboratories in England voraus, daß es möglich sein sollte, Glasfasern herzustellen, die über eine Länge von 500 m mindestens 10 % des Lichtes transmittieren könnten. Dies entspricht einer Dämpfung von 20 dB pro Kilometer. In den darauffolgenden Jahren wurde experimentell demonstriert, daß sogar deutlich bessere Werte erreicht werden können. 1970 unterboten als erste Kapron, Keck und Maurer von Corning den theoretischen Wert von 20 dB/km. Kontinuierliche Verbesserungen der Herstellungstechnologie erlauben es mittlerweile, Glasfasern mit Dämpfungswerten von weniger als 0,2 dB/km herzustellen.

Parallel hierzu ging die Entwicklung von schnell modulierbaren Laserdioden sowie passiven Komponenten wie Fasersteckern, Verzweigern, usw., was insgesamt schließlich dafür sorgte, daß die Glasfasertechnik mittlerweile die technologische Grundlage für praktisch die gesamte Telekommunikation darstellt. Insbesondere auf langen Strecken, z. B. über die Transatlantikkabel TAT-8 bis TAT-12/13 zwischen den USA und Europa, ist die Glasfasertechnologie konkurrenzlos. Bei kürzeren Strecken spielen die nach wie vor höheren Kosten der Glasfaser gegenüber Kupferleitungen eine Rolle, allerdings sprechen hier häufig andere Vorteile dennoch für die Glasfaser. Gegenüber anderen Kommunikationsmedien wie zum Beispiel dem Kupferkabel bietet die Glasfasertechnik folgende Vorteile:

Große zeitliche Bandbreite: Typisch für Glasfaserübertragungsstrecken ist eine Bandbreite im Bereich von mehreren Gigahertz. Dieser Wert wird zur Zeit allerdings nicht von der Glasfaser selbst als vielmehr von den Sende- und Empfangskomponenten bestimmt. Mit der Entwicklung stabiler Laserquellen und spezieller Übertragungstechniken sind in Zukunft Übertragungsstrecken von 100 Gbit/s pro Einzelkanal möglich. Ein wesentlicher Pluspunkt von Glasfasern ist der Umstand, daß anders als bei Kupferkabeln die Dämpfung nicht von der Signalfrequenz abhängig ist.

Geringes Gewicht: Glasfasern besitzen einen extrem kleinen Durchmesser, typisch sind 125 μm oder 250 μm. In Kombination mit dem niedrigeren Gewicht von Glas im Vergleich zu Kupfer sowie der höheren zeitlichen Bandbreite ergibt sich eine große Ersparnis an Material und damit Gewicht. Dies führt u. a. dazu, daß Glasfasern mehr und mehr in Flugzeugen und Zügen als Kommunikationsmedium eingesetzt werden.

Kein Übersprechen zwischen mehreren Fasern in einem Kabel: Das Übersprechen (*crosstalk*) von Signalen zwischen elektrischen Leitern, z. B. aufgrund von induktiver Abstrahlung, stellt eines der größten Probleme der elektrischen Nachrichtenübertragung dar, insbesondere bei großen Datenraten. Bei Glasfasern ist dies vernachlässigbar.

Immunität gegenüber elektromagnetischer Interferenz: Im Gegensatz zu metallischen Leitern sind dielektrische Wellenleiter unempfindlich gegenüber elektromagnetischer Strahlung aus der Umgebung. Glasfaserübertragungsstrecken sind daher weitgehend immun gegenüber elektromagnetischer Interferenz (*EMI*) hervorgerufen durch den Einfluß von Elektromotoren, Blitzschlag usw.

Hohe Übertragungsqualität: Infolge der geringen Anfälligkeit von Glasfasern gegenüber äußeren Einflüssen bieten Glasfaserübertragungsstrecken wesentlich bessere Übertragungsqualität, die die von Kupfer- oder Mikrowellenstrecken um Größenordnungen übertrifft. Der Standard für Glasfaserübertragung ist eine Bitfehlerrate von 10^{-9} (ein fehlerhaft übertragenes Bit auf 10^9 übertragene Bits) im Vergleich zu Bitfehlerraten von 10^{-5} bis 10^{-7} für Kupfer- und Mikrowellenstrecken.

Niedrigere Installations- und Betriebskosten: Die geringen Dämpfungswerte und die hohe zeitliche Bandbreite von Glasfasern ermöglichen große Abstände der Zwischenverstärker bei langen Übertragungsstrecken. Dies ist eine wesentliche Voraussetzung für die Reduktion von Installations- und Betriebskosten. In den letzten 5 Jahren sind eine Vielzahl von Transatlantik- und Transpazifikkabeln verlegt worden, die Glasfasern verwenden.

Neben den genannten Vorteilen von Glasfaserstrecken gegenüber konventionelleren Techniken gibt es noch eine Reihe weiterer Pluspunkte wie z. B. eine längere Lebensdauer von Glasfasern, bessere Datensicherheit bei der Übertragung, größere Robustheit gegenüber mechanischen Einflüssen, die Möglichkeit durch bloßes Austauschen der Sende- und Empfangsbausteine die Kapazität einer Übertragungsstrecke zu erweitern usw.

In diesem Kapitel wollen wir die wesentlichen Merkmale von Glasfasern sowie unterschiedliche Glasfaserarten betrachten. Merkmale sind die Dämpfung und die Dispersion einer Faser. Dämpfungs- und Dispersionsverhalten sind i. w. durch Materialeigenschaften vorgegeben. Spezielle Glasfasertypen wurden entwickelt, um das Dispersions-, Dämpfungs- und Polarisationsverhalten zu modifizieren. Dämpfung und

Dispersion bestimmen die Reichweite und die Bandbreite eines faseroptischen Kommunikationskanals. Beide Größen sind abhängig von der Wellenlänge des Senders und auch vom Fasertyp.

Als Fasertypen eignen sich Multimode- und Monomodefasern aus Quarzglas. Monomodefasern erlauben die höchsten Datenraten, sind aber wegen ihres kleinen Kerndurchmessers (6–8 μm) von der Einkopplung her schwieriger zu handhaben (Aufbautoleranzen!) als Multimodefasern, welche einen Kerndurchmesser von 50 μm oder mehr besitzen. Für sehr kurzreichweitige Datenlinks (Punkt-zu-Punkt-Verbindungen) setzt man gelegentlich auch preiswerte Plastikfasern in Verbindungs mit LEDs oder oberflächenemittierenden Laserdioden im sichtbaren Bereich des Lichtes ein.

8.2 Herstellung von Glasfasern

Für die optische Übertragungstechnik werden meist sogenannte Silikatgläser verwendet, i. a. synthetisches Quarzglas (*fused silica*), welches mit Germanium dotiert ist (Ge:SiO$_2$), um eine Erhöhung des Brechungsindex zu erzielen. Die Herstellung von Glasfasern erfolgt i. a. durch Ziehen aus einer Vorform. Die Vorform ist ein ca. 30–80 cm langes zylindrisches Stück Glas mit mehreren Zentimetern Durchmesser, in dem die unterschiedlichen Schichten der späteren Glasfaser (Kern, Mantel) in makroskopischen Dimensionen vorliegen. Für die Herstellung der Vorform wiederum gibt es die Möglichkeit der Abscheidung aus der Flüssigphase oder aus der Dampfphase. Häufig verwendet ist das MCVD-Verfahren (*modified chemical vapor deposition*). Dabei wird ein Rohr aus Quarzglas verwendet, durch welches zur Dotierung Gase wie SiCl$_4$, BCl$_3$, GeCl$_4$ und O$_2$ geleitet werden. Diese lagern sich an der Rohrinnenwand als eine Art Rußschicht ab, welche sich bei hohen Temperaturen (ca. 1600 °C) in dotiertes Glas umwandelt. Das erwünschte Brechzahlprofil der Faser wird durch Variation der Gaskonzentrationen erzeugt. Nach Beendigung des Ablagerungsprozesses wird das Rohr kollabiert und die Faser aus der Vorform gezogen. Dazu wird die Vorform auf ca. 2000 °C erhitzt. Der Ziehvorgang geschieht mit einer Geschwindigkeit der Größenordnung 10 m/s. Während des Ziehens wird die Faser mit einer Kunststoffschicht versehen (*coating*), welches die Faser biegsam macht und vor Beschädigungen schützt.

Nach Herstellung der Faser ist eine messtechnische Charakterisierung erforderlich, welche Auskunft über das Brechzahlprofil, die Dämpfung sowie Polarisationseigenschaften gibt. Hierfür stehen unterschiedliche Messverfahren zur Verfügung. Abbildung 8.1 zeigt eine interferometrische Aufnahme einer Gradientenindexfaser.

8.3 Dämpfung

Die Übertragung von Lichtsignalen auf Glasfaserstrecken ist nicht zu 100 % effizient. Nur ein Teil des in die Faser eingekoppelten Lichtes erreicht den Empfänger, das

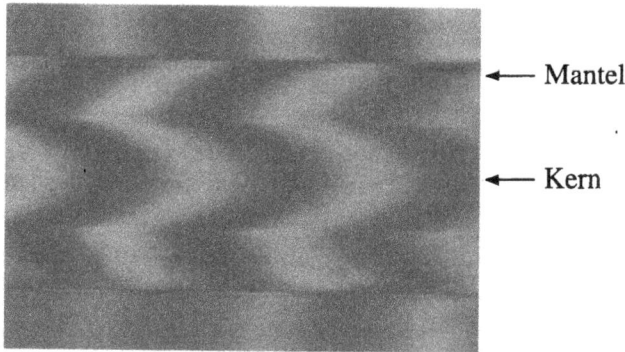

Abbildung 8.1: Interferometrische Darstellung des Brechzahlverlaufs in einer Gradientenindexfaser (Quelle: Institut für Physikalische Hochtechnologie, Jena).

übrige Licht geht durch Absorption oder Streuung verloren. Nach dem Lambert'schen Absorptionsgesetz fällt die Lichtleistung beim Durchlaufen einer Strecke L in einem streuenden oder absorbierenden Medium exponentiell ab.

$$P_{\text{aus}} = P_{\text{ein}} \cdot 10^{-\alpha L} \tag{8.1}$$

Hierbei ist P_{ein} die Lichtleistung am Anfang der Strecke, P_{aus} die Leistung am Ende. α ist der Absorptionskoeffizient, L die Länge der durchlaufenen Strecke. In der optischen Nachrichtentechnik wird α i. a. in Dezibel pro Kilometer (dB/km) gemessen, einer logarithmischen Einheit. (Das „Dezibel" ist ein Zehntel der Einheit „Bel", welche nach Alexander Graham Bell benannt ist; allerdings wird diese Grundeinheit praktisch nie verwandt.) Im logarithmischen Maßstab ist die Dämpfung einer Übertragungsstrecke gegeben durch

$$\alpha L = -10 \, \log_{10} \frac{P_{\text{ein}}}{P_{\text{aus}}} \tag{8.2}$$

Beispiel 8.1   Faserdämpfung

Für eine Faserstrecke der Länge $L = 5$ km beträgt die eingekoppelte Leistung $P_{\text{ein}} = 700 \, \mu$W, die optische Leistung am Faserende ist $P_{\text{aus}} = 140 \, \mu$W. Wie groß ist a) die Dämpfung auf der gesamten Strecke (unter der Annahme, daß keine Verluste durch Stecker oder Spleiße auftreten) und b) die Dämpfung der Faser pro Kilometer?

a) Signaldämpfung $= 10 \, \log_{10}(P_{\text{ein}}/P_{\text{aus}}) = 10 \, \log_{10}(700/140) = 7{,}0$ dB.

b) Die Faserdämpfung pro Kilometer erhält man einfach, indem man den in a) berechneten Wert durch die Faserlänge dividiert: $\alpha = 1{,}40$ dB/km.

Zur Dämpfung in einer Faser tragen mehrere Mechanismen bei. Dies sind die Absorption, die Streuung und Abstrahlung z. B. durch Modenüberkoppeln. Auch Verluste an Spleißen und Steckern tragen zu Verlusten bei. Hier wollen wir jedoch nur die Eigenschaften der Faser selbst betrachten.

8.3.1 Materialabsorption

Die Materialabsorption ist ein Mechanismus, bei dem Lichtenergie in der Faser in Wärme umgewandelt wird. Man unterscheidet intrinsische Absorption, hervorgerufen durch die Wechselwirkung der elektromagnetischen Welle mit einer oder mehreren Komponenten des Glasmaterials, und extrinsische Absorption, hervorgerufen durch Verunreinigungen des Glases. Reines Silikatglas weist aufgrund seiner molekularen Struktur eine sehr geringe intrinsische Absorption im nahen Infrarot auf, d. h. in dem Wellenlängenbereich, der für die optische Nachrichtenübertragung interessant ist. Es gibt allerdings zwei Mechanismen für intrinsische Absorption, einen im UV-Bereich, einen im mittleren Infrarot, wodurch sich im Bereich zwischen $0,8\ \mu$m und $1,7\ \mu$m ein Fenster niedriger intrinsischer Absorption ergibt (Abb. 8.2).

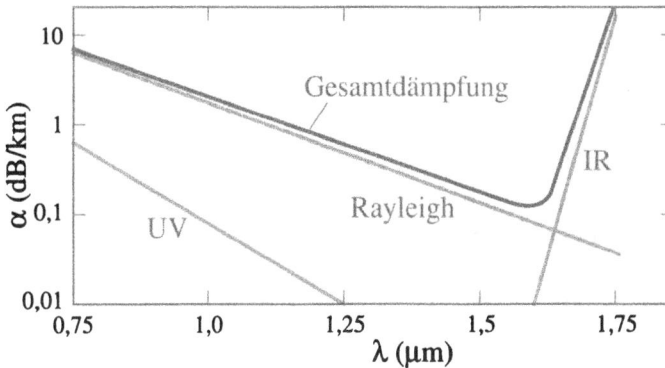

Abbildung 8.2: Wesentlicher Verlauf der Dämpfungsspektren für die intrinsischen Verluste in einer Faser aus Ge:SiO$_2$.

In Glasfasern, die mit Hilfe der üblichen Schmelztechniken hergestellt werden, treten metallische Verunreinigungen auf, welche Ursache der extrinsischen Absorption sind. Manche dieser Verunreinigungen, insbesondere Chrom und Kupfer, können im schlimmsten Fall für hohe Verluste durch Absorption von mehr als 1 dB/km im nahen Infrarot sorgen. Metallische Verunreinigungen können jedoch durch spezielle Methoden bei der Faserherstellung auf niedrigen Konzentrationen gehalten werden.

Eine weitere wesentliche Quelle für extrinsische Verluste sind im Glas gelöste Hydroxylionen. Diese Hydroxylgruppen besitzen charakteristische Streckschwingungen, die bei Wellenlängen zwischen $2,7\ \mu$m und $4,2\ \mu$m auftreten. Oberschwingungen hiervon treten bei $0,72\ \mu$m, $0,95\ \mu$m und bei $1,38\ \mu$m auf (Abbildung 8.3). Dazwischen treten weitere Nebenpeaks auf bei Wellenlängen von 0,88 μm, 1,13 μm und 1,24 μm. Es stellt ein praktisches Problem für Glasfasern dar, daß durch die Diffusion von Wasser aus der Umgebung (z. B. auch aus der Kunststoffummantelung der Faser) Wasser in die Faser eindiffundieren kann, was dann allmählich die Absorption erhöht. Dieser Effekt begrenzt die Lebensdauer einer Faser.

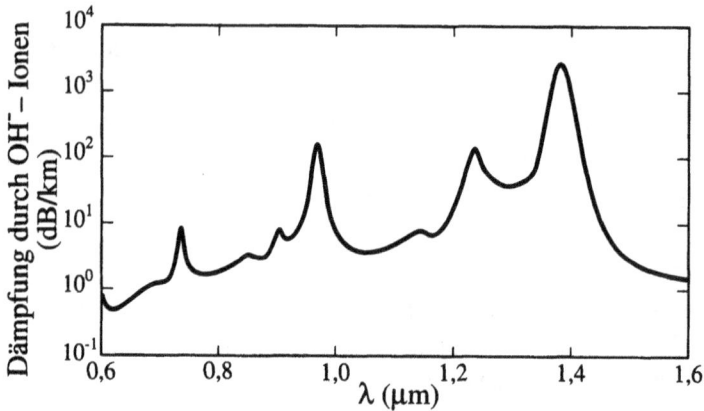

Abbildung 8.3: Absorptionsspektrum der Hydroxylgruppen in SiO$_2$.

8.3.2 Streuverluste

Bei den Streumechanismen unterscheidet man zwischen linearen und nichtlinearen Mechanismen. Bei linearen Streumechanismen ist der Anteil des Streulichtes proportional zur Lichtleistung in einer bestimmten Ausbreitungsmode. Nichtlineare Streumechanismen treten i. a. erst bei hohen optischen Leistungsdichten auf. Die Leistung des gestreuten Lichtes ist dabei nicht direkt proportional zur Leistung der Mode. Sowohl lineare wie auch nichtlineare Streuung sorgen dafür, daß dem optischen Signal Leistung verloren geht, entweder indem Photonen aus dem Kern herausgestreut werden oder über eine Frequenzverschiebung, was zu einer Degradation des Signals führt. Nichtlineare Effekte können allerdings umgekehrt auch dazu genutzt werden, um optische Signale zu verstärken, wie wir später sehen werden.

Lineare Streumechanismen sind die Rayleigh-Streuung und die Mie-Streuung, die bereits in Kapitel 3 erwähnt wurden. In Glasfasern wird Rayleigh-Streuung durch Schwankungen des Brechungsindex innerhalb des Faserkerns verursacht. Diese Bereiche sind von sehr geringer Dimension, kleiner als die Wellenlänge des Lichtes. Wie für die Rayleigh-Streuung üblich, ist die Dämpfung, die durch diese Streuzentren verursacht wird, proportional zu $1/\lambda^4$. Daraus folgt, daß für die Übertragungstechnik längere Wellenlängen günstiger sind, zumindest im Bereich bis zu 1,7 μm, wo dann die intrinsische IR-Absorption dominant wird.

Die Mie-Streuung wird durch Glasinhomogenitäten verursacht, die in ihrer Größe vergleichbar sind mit der Wellenlänge des Lichtes oder größer. Beispiele sind Unregelmäßigkeiten an der Grenzfläche zwischen Kern und Mantel, Durchmesserschwankungen, Schlieren oder Blasen im Glas. Durch geeignete Maßnahmen bei der Herstellung der Faser ist man jedoch in der Lage, diese Unregelmäßigkeiten so stark zu reduzieren, daß der Einfluß der Mie-Streuung gering ist. Der wesentliche Verlustmechanismus in Glasfasern durch Streuung ist also die Rayleigh-Streuung.

Nichtlineare Streuung tritt praktisch nur bei hohen optischen Leistungsdichten auf. Die wichtigsten Effekte sind die stimulierte Brillouin-Streuung und die Raman-Streuung. Bei der stimulierten Brillouin-Streuung erzeugt ein einfallendes Photon ein Phonon (dies ist ein Quantum einer akustischen Welle in dem Kristallgitter des Fasermaterials) und ein gestreutes Photon. Die Energie des gestreuten Photons ist kleiner oder gleich (dies nur bei Streuung in Vorwärtsrichtung) der Energie des einfallenden Photons. I. a. ist also die Brillouin-Streuung mit einer Frequenz- oder Wellenlängenänderung verbunden. Die Brillouin-Streuung tritt bei einer Mindestleistungsdichte auf, die gegeben ist durch

$$P_{\mathrm{B}} = 4,4 \cdot 10^{-3} \, (2a)^2 \, \lambda^2 \, \alpha \, \Delta\nu \tag{8.3}$$

Hier ist $2a$ der Faserkerndurchmesser, λ die Wellenlänge (beide gemessen in Mikrometer), $\Delta\nu$ ist die Bandbreite der Lichtquelle in Gigahertz.

Bei der stimulierten Raman-Streuung erzeugt ein einfallendes Photon durch Wechselwirkung mit dem Kristallgitter ein gestreutes Photon und ein optisches Phonon, welches eine größere Energie aufweist als ein akustisches Phonon. Auch bei Vorwärtsstreuung ist die Energie des gestreuten Photons kleiner als die des einfallenden. Die Schwelleistung für die stimulierte Raman-Streuung ist gegeben durch

$$P_{\mathrm{R}} = 5,9 \cdot 10^{-2} \, (2a)^2 \, \lambda \, \alpha \tag{8.4}$$

Die Dimensionen der unterschiedlichen Größen sind wie bei Gleichung 8.3 angenommen.

Beispiel 8.2   Schwellenergien für stimulierte Brillouin- und Raman-Streuung

Wir nehmen folgende Werte an: $\lambda = 1{,}3 \, \mu m$, $\alpha = 0{,}5$ dB/km, $2a = 6 \, \mu m$, $\Delta\nu = 500$ GHz. Mit Gleichungen (8.3) und (8.4) ergibt sich $P_{\mathrm{B}} = 66{,}9$ mW und $P_{\mathrm{R}} = 1{,}38$ W.

Dieses Beispiel zeigt, daß die stimulierte Raman-Streuung wesentlich höhere Schwellleistungen erfordert als die stimulierte Brillouin-Streuung. Den Gleichungen kann man auch entnehmen, daß die Schwellleistung jeweils mit dem Quadrat des Kerndurchmessers ansteigt. Für Multimodefasern mit großem Kerndurchmesser von z. B. 50 μm

treten beide Effekte daher nicht auf, da unter normalen Umständen keine entsprechend hohen Leistungsdichten erreicht werden.

Abbildung 8.4 zeigt das typische Dämpfungsverhalten einer SiO_2-Glasfaser. Der spektrale Verlauf wird durch die intrinsische Absorption im UV- und IR-Bereich sowie die Rayleigh-Streuung bestimmt. Ein starker Absorptionspeak im Bereich von 1,4 μm verursacht durch OH^--Gruppen trennt zwei Bereiche niedriger Absorption bei 1,3 μm und 1,55 μm.

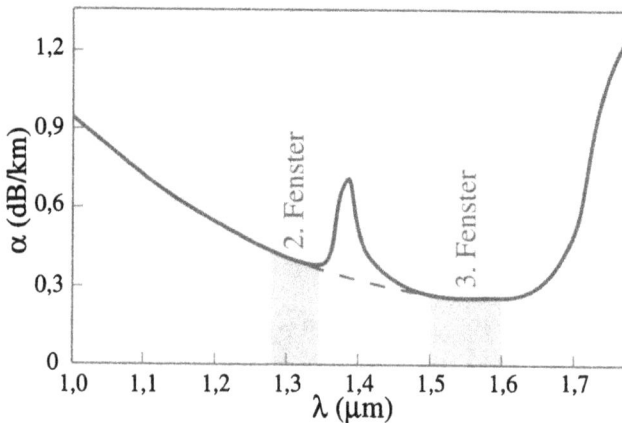

Abbildung 8.4: Typischer Verlauf der Dämpfungskurve einer Glasfaser für den Wellenlängenbereich bei 1,3 μm („2. Fenster" der optischen Übertragungstechnik) und 1,55 μm („3. Fenster"). Das „1. Fenster" für die optische Übertragungstechnik liegt im Bereich $0,8 \leq \lambda \leq 0,9$ μm. Der Absorptionspeak bei 1,4 μm ist bei neueren Glasfasern durch verbesserte Herstellungsverfahren praktisch eliminiert (gestrichelte Kurve).

8.3.3 Strahlungsverluste durch Krümmung der Faser

Neben den Verlusten durch Absorption und Streuung treten Verluste in Glasfasern noch auf, wenn die Faser in Längsrichtung nicht homogen ist. Solche Inhomogenitäten treten auf in Form von Makrokrümmungen und Mikrokrümmungen (Abb. 8.5). Bei Makrokrümmungen ist der Krümmungsradius konstant oder nur langsam veränderlich und liegt in der Größenordnung von einigen Zentimetern oder Millimetern. Von Mikrokrümmungen spricht man bei regellosen Biegungen der Faserachse mit ortsabhängigen Krümmungen. Die Abweichungen der Faserachse von der Geraden liegen dabei im Bereich von einigen Zehntel Mikrometern. Im allgemeinen führen Inhomogenitäten zur Verkopplung der geführten Eigenwellen miteinander, aber auch zur Verkopplung von Eigenwellen mit Mantel- und Leckwellen. Hierdurch entstehen Verluste und die Signalverzerrung ändert sich. Im folgenden werden die Einflüsse von Krümmungen nur qualitativ beschrieben.

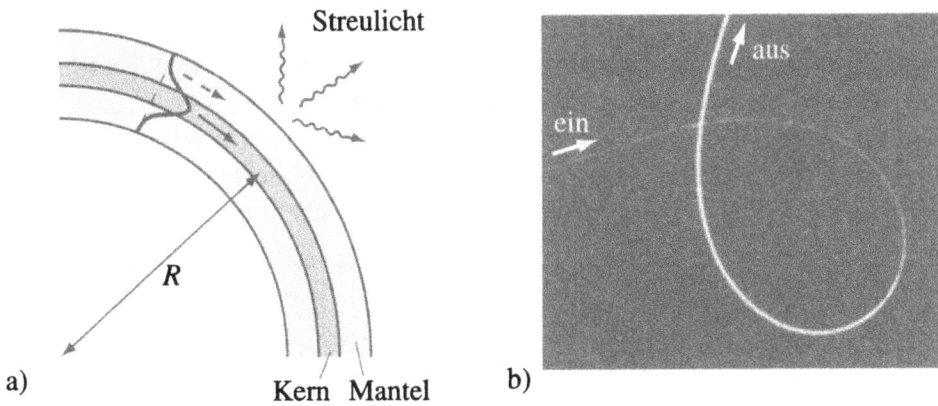

Abbildung 8.5: Krümmungsverluste in Glasfasern. a) Schematische Darstellung, b) Experimentelle Demonstration. Wo die Faser hell erscheint, geht Licht durch Abstrahlung verloren.

Makrokrümmungen: Wie wir in Kapitel 8 gesehen haben, breitet sich Licht sowohl im Faserkern als auch im Fasermantel aus. Aufgrund des niedrigen Brechzahlunterschiedes befindet sich etwa 20 % der Lichtleistung im Fasermantel. Läuft die Lichtwelle durch eine Krümmung, so geraten die Felder innerhalb und außerhalb des Kerns außer Phase. Dies führt dazu, daß aus dem Mantel Licht nach außen abstrahlt und Licht aus dem Kern in den Mantel „leckt". Die Lichtverluste sind um so größer, je kleiner der Krümmungsradius R der Faser ist.

$$\alpha_K = c_1 \exp(-c_2 R) \tag{8.5}$$

c_1 und c_2 sind Konstanten. Krümmungsverluste treten bei einem kritischen Krümmungsradius R_c auf. R_c ist proportional zur Wellenlänge des Lichtes und umgekehrt proportional zur Brechzahldifferenz zwischen Kern und Mantel. Um Krümmungsverluste zu vermeiden, sollte man also Fasern mit möglichst großem Brechzahlunterschied verwenden, weil somit die Welle besser geführt wird, und bei möglichst kleiner Wellenlänge operieren. Letzteres widerspricht allerdings der stärkeren Forderung, durch Verwendung möglichst großer Wellenlängen niedrige Dämpfungswerte zu erzielen. R_c liegt typischerweise im Bereich von einigen Zentimetern.

Mikrokrümmungen entstehen bei der Faserherstellung, während der Verkabelung einer Faser oder beim Verlegen der Faser. Verluste, die von Mikrokrümmungen hervorgerufen werden, sind abhängig von unterschiedlichen Parametern, z. B. vom Fasertyp (Monomode- oder Multimodefaser), von der Modenverteilung innerhalb der Faser, von der Wellenlänge usw. Die Verluste durch Mikrokrümmungen können in der Größenordnung von einigen dB/km liegen. Um beim Verlegen einer Faser den Einfluß von scharfen Kanten zu reduzieren, ist es notwendig, durch eine geeignete deformierbare Ummantelung die Faser zu schützen.

Während der Einfluß von Mikrokrümmungen für die Nachrichtenübertragung schädlich ist, kann man sich in der Sensorik diesen Effekt zunutze machen. Faseroptische Drucksensoren beruhen darauf, daß man gezielt Strahlungsverluste erzeugt, indem man über geeignete mechanische Vorrichtungen die Faser mehr oder weniger stark deformiert (Abb. 8.6). Bei geeigneter Dimensionierung besteht ein i. w. linearer Zusammenhang zwischen dem ausgeübten Druck und der übertragenen Lichtintensität.

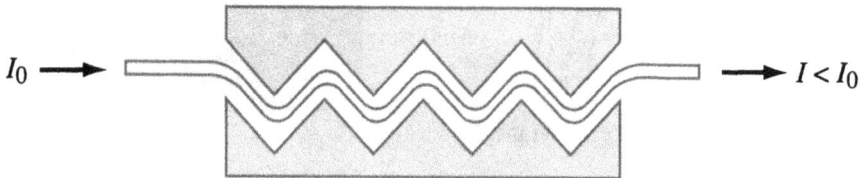

$I_0 \longrightarrow$ $I < I_0$

Abbildung 8.6: Prinzip des faseroptischen Drucksensors.

8.4 Bandbreite faseroptischer Übertragungsstrecken

Neben der Dämpfung sorgt in Glasfaserstrecken die Dispersion für eine Verschlechterung eines übertragenen Signales. Die unterschiedlichen Arten der Dispersion werden wir im nächsten Abschnitt beschreiben. Hier wollen wir ihren Einfluß auf die Bandbreite einer Faserstrecke erörtern. Dispersion sorgt dafür, daß ein Puls beim Durchlaufen einer Strecke verzerrt wird, d. h. verbreitert und in seiner Amplitude abgeschwächt.

Wir machen nun zwei vereinfachende Annahmen, um den Zusammenhang zwischen der Bandbreite einer Übertragungsstrecke und der Faserdispersion zu erfassen. Zunächst nehmen wir an, daß eine Faserstrecke bezüglich der optischen Leistung ein lineares System darstellt. Für lineare Systeme gilt, daß sie sich durch eine Impulsantwort (im Zeitraum) bzw. eine Übertragungsfunktion im Frequenzbereich beschreiben lassen. Die spektrale Breite $\Delta\nu$ der Übertragungsfunktion wird bestimmt durch den Einfluß der Dispersion. Die Annahme über die Linearität faseroptischer Strecken ist eben dann erfüllt, wenn nichtlineare Effekte ausgeschlossen werden können. Sie ist z. B. nicht erfüllt, wenn nichtlineare Streuprozesse auftreten oder in Fasern mit Verstärkung.

Die zweite Annahme betrifft die Form der Impulsantwort. Wir wollen annehmen, daß die Impulsantwort einer faseroptischen Strecke ein Gauß-Profil hat. Dies ist keineswegs in jedem Fall gewährleistet. Die Form der Impulsantwort hängt von einer Reihe von Faktoren ab, wie dem Fasertyp und -profil, den Kohärenzeigenschaften der Strahlung, evtl. der Länge der Faserstrecke usw. Es lassen sich daher unterschiedliche Situationen konstruieren, bei denen die Impulsantwort nicht gaußisch ist. Die Annahme einer Gauß'schen Impulsantwort ist dennoch häufig gerechtfertigt. Dies ist z. B. dann der Fall, wenn die Pulsverbreiterung auf eine Vielzahl von statistisch unkorrelierten Vorgängen zurückzuführen ist (z. B. Modenkopplungen, die von Faserinhomogenitäten hervorgerufen werden). In diesem Fall ergibt sich ein Gauß'sches Profil als Folge des zentralen Grenzwerttheorems. Auch wenn die tatsächliche Impulsantwort nicht exakt gaußisch ist, so erhält man durch Verwendung dieser Annahme i. a. qualitativ vernünftige Aussagen ohne zu großen mathematischen Aufwand.

Abbildung 8.7 zeigt eine Gauß-Kurve als Impulsantwort einer faseroptischen Übertragungsstrecke. Die Breite der Impulsanwort bestimmt, ob es möglich ist, bei einer Pulsfolge die Signalwerte der Einzelpulse noch zu unterscheiden oder nicht. Die Impulsantwort läßt sich mathematisch darstellen als

$$h(t) = \frac{1}{\sqrt{2\pi}\,\sigma_t} \cdot e^{-\frac{(t-t_0)^2}{2\sigma_t^2}} \tag{8.6}$$

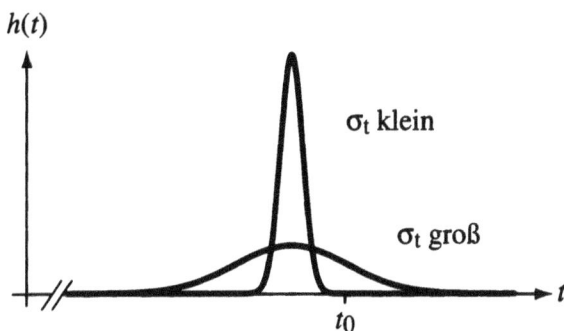

Abbildung 8.7: Gaußkurve als Impulsantwort einer linearen faseroptischen Übertragungsstrecke. σ_t ist ein Maß für die Dispersion.

In Abbildung 8.8 sind nun mehrere Fälle dargestellt, wie sich die Pulsverbreiterung auf die Form eines Pulszuges auswirkt. Der gesendete Pulszug ist in a) dargestellt, die übertragenen Pulszüge für drei unterschiedliche Fälle in b)–d). Offensichtlich nimmt die Qualität des übertragenen Signals für größer werdendes σ_t ab bis hin zu dem Punkt, wo man die Signalpegel nicht mehr eindeutig zuordnen kann. Die Breite eines übertragenen Pulses ist gegeben durch die Summe der Breiten des Eingangspulses und der Impulsantwort:

$$\sigma_{\ddot{u}} = \sigma_t + t_b \tag{8.7}$$

Um einen Zusammenhang zwischen der Bandbreite $\Delta\nu$ des optischen Kanals und der Dispersionsverbreiterung σ_t herzustellen, betrachten wir das Leistungsspektrum einer Zufallsfolge von binären Pulsen (Abb. 8.9.a). Wie im Anhang F gezeigt wird, wird das Leistungsspektrum durch eine sinc-Funktion beschrieben (Abb. 8.9.b) wie auch beim Einzelpuls.

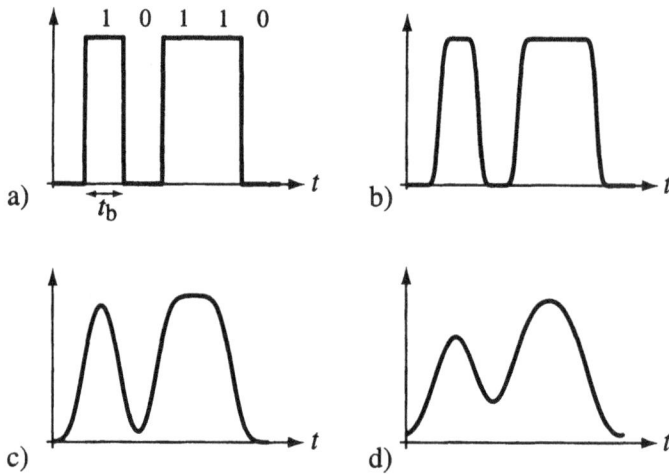

Abbildung 8.8: Einfluß der Dispersion auf die Qualität des übertragenen Signals. a) Eingangssignal, b)–d) berechnete Ausgangssignale für b) $\sigma_t = 0,1\, t_b$, b) $\sigma_t = 0,3\, t_b$ und c) $\sigma_t = 0,5 t_b$ (t_b – Bitdauer).

$$|\tilde{s}(\nu_t)|^2 \propto \text{sinc}^2(t_b \nu_t) \qquad (8.8)$$

Für ein lineares System ist die Übertragungsfunktion die Fouriertransformierte der Impulsantwort. Für eine Gauß-förmige Impulsantwort

$$h(t) = e^{-\frac{t^2}{2\sigma_t^2}} \qquad (8.9)$$

ergibt sich eine Übertragungsfunktion

$$\tilde{h}(\nu_t) = e^{-\sigma_t^2 \nu_t^2/2} \qquad (8.10)$$

deren Verlauf in Abb. 8.9.c dargestellt ist. Damit das übertragene Signal noch zu erkennen ist, ist es notwendig, daß die Datenrate des Signals klein ist im Vergleich zur Breite der Übertragungsfunktion: $1/t_b \ll \sigma_t$. Wir setzen (einigermaßen willkürlich) an:

$$t \geq 10\, \sigma_t \qquad (8.11)$$

Gleichung 8.11 gibt eine Faustformel für die Dimensionierung einer Übertragungsstrecke an. Ein gewisses Maß an Willkür bei Gleichung 8.11 kommt dadurch zustande, daß die „Ähnlichkeit" des übertragenen Signals mit dem Eingangssignal nicht genau definiert werden kann. Die Umwandlung der Bitrate in eine analoge Bandbreite gemessen in Hertz hängt von dem verwendeten Datenformat ab. Im Falle der sogenannten NRZ-Kodierung (*nonreturn to zero*) wird der binäre Signalwert für den gesamten Zeitraum der Bitdauer gehalten (Abb. 8.10.a). In diesem Fall „passen" zwei Bits (1 und 0) in eine Periode. Demnach ergibt sich folgender Zusammenhang zwischen der Bitdauer t_b und der analogen Bandbreite $\Delta\nu$:

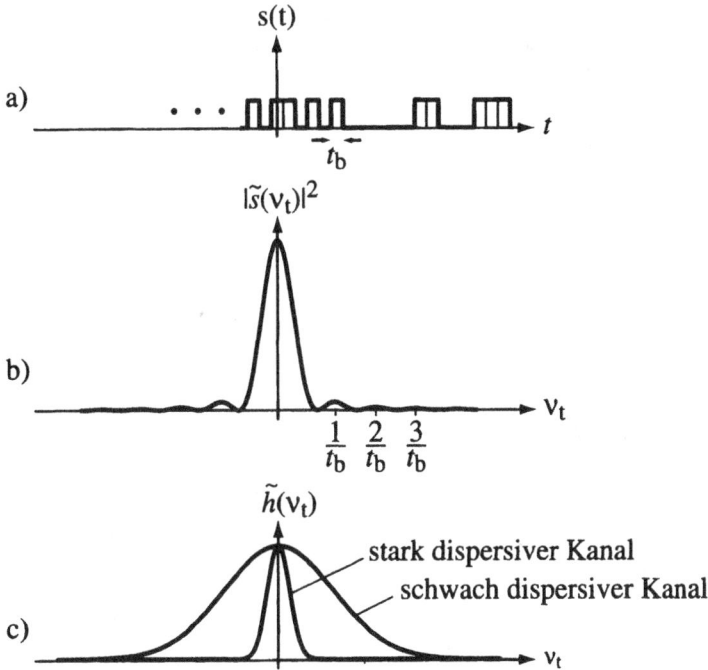

Abbildung 8.9: Dispersiver Übertragungskanal als Tiefpaß.

$$\Delta\nu \geq \frac{2}{t_b} \tag{8.12}$$

Hierbei wird $1/t_b$ in bit/s gemessen und $\Delta\nu$ in 1/s. Beispiel: Für die Übertragung eines Signals mit einer Datenrate von 100 Mbit/s im NRZ-Format benötigt man einen Kanal von mindestens 50 MHz Bandbreite.

Im Falle der RZ-Kodierung (*return to zero*) wird der binäre Datenwert nur für einen Bruchteil der Bitdauer gehalten, meist für die halbe Bitdauer (Abb. 8.10.b). Wie aus der Abbildung hervorgeht, wird im Vergleich zur NRZ-Kodierung hier die doppelte analoge Bandbreite benötigt, um das Signal zu übertragen.

8.5 Dispersion

Ursachen für die Pulsverbreiterung auf Faserstrecken sind Laufzeitdifferenzen zwischen mehreren Moden in einer Multimodefaser (Modendispersion) und Laufzeitdifferenzen für unterschiedliche spektrale Komponenten des optischen Trägersignals (chromatische Dispersion). Bei der chromatischen Dispersion unterscheidet man zwischen Materialdispersion und Wellenleiterdispersion. Bei extrem hochbitratigen Systemen,

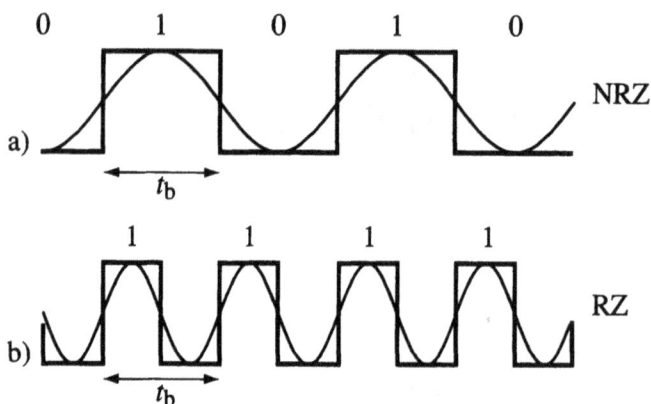

Abbildung 8.10: Datenrate und analoge Bandbreite für a) NRZ- und b) RZ-kodierte binäre Signale.

wie sie heute untersucht werden (Datenraten von 40 Gb/s und 160 Gb/s) tritt ein weiterer Effekt in den Vordergrund, welcher bei bisherigen langsameren Systemen praktisch keine Rolle spielt, die Polarisationsdispersion.

Generell nimmt der Einfluß der Dispersion mit der Länge der Übertragungsstrecke und der Datenrate des übertragenen Signals zu. Um den Einfluß von Dispersionseffekten gering zu halten, verwendet man für schnelle Übertragungsstrecken Monomodefaserstrecken und schmalbandige Laserquellen.

8.5.1 Modendispersion

In Multimodefasern wird eine Pulsverbreiterung dadurch hervorgerufen, daß die unterschiedlichen Moden unterschiedlich lange Wege in der Faser zurücklegen. Dies ist am anschaulichsten für die Stufenindexfaser (Abbildung 8.11). Durch Verwendung eines einfachen Strahlenmodells kann man die Wegdifferenz für den axialen Strahl (kürzester Weg) und den äußersten meridionalen Strahl (längster Weg) berechnen.

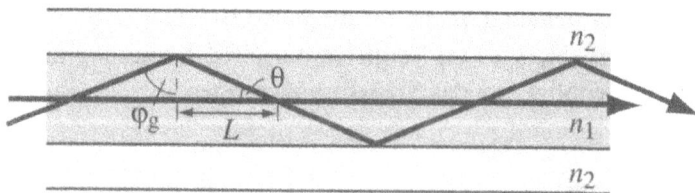

Abbildung 8.11: Modendispersion in Stufenindexfaser.

Im Vergleich zum zurückgelegten Weg L des axialen Strahls läuft der meridionale Strahl eine Strecke $L/\cos\theta$. Es ist $\cos\theta = \sin\alpha_g$, wobei im Falle des extremen meridionalen Strahles α_g der kritische Winkel ist, für den gilt: $\sin\alpha_g = n_2/n_1$ (siehe Gleichung 4.44). Die Laufzeit für den extremen Meridionalstrahl ist:

$$t_{\mathrm{mer}} = \frac{n_1 L / \cos\theta}{c} = \frac{n_1{}^2}{n_2} \cdot \frac{L}{c} \tag{8.13}$$

Als Laufzeitdifferenz zum Axialstrahl ergibt sich:

$$\Delta t_{\mathrm{s}} = \frac{L}{c}\left(\frac{n_1{}^2}{n_2} - n_1\right) = \frac{L}{c}\frac{n_1}{n_2}\Delta n \approx \frac{L}{c}n_1\Delta \tag{8.14}$$

Hierbei wurde angenommen, daß der relative Brechungsindex $\Delta \ll 1$ ist. Gleichung 8.14 läßt sich umformen in:

$$\Delta t_{\mathrm{s}} \approx \frac{L}{c}\cdot\frac{NA^2}{2n_1} \tag{8.15}$$

Die Pulsverbreiterung σ_{s} infolge der Modendispersion ergibt sich nun durch Mittelung über alle auftretenden Verzögerungen. Das Ergebnis ist:

$$\sigma_{\mathrm{s}} = \frac{L}{c}\cdot\frac{n_1\Delta}{2\sqrt{3}} = \frac{L}{c}\cdot\frac{NA^2}{4\sqrt{3}\,n_1} \tag{8.16}$$

Beispiel 8.3   Modendispersion in einer Stufenindexfaser

Eine Faserstrecke besteht aus einer Stufenindexfaser mit $n_1 = 1{,}5$ und $n_2 = 1{,}48$. Die Faserlänge beträgt L = 3 km. a) Wie groß ist die Verzögerung zwischen der langsamsten und der schnellsten Mode? b) Wie groß ist die Pulsverbreiterung? c) Wie groß ist die Bandbreite der Strecke? und d) Wie groß ist das Bandbreiten-Längen-Produkt der Faser?

a) $\Delta t_{\mathrm{s}} = (L/c)n_1\Delta \approx (3\,\mathrm{km}/3\cdot 10^5\,\mathrm{km/s})\cdot 1{,}5\cdot 0{,}02 \approx 203\,\mathrm{ns}$

b) $\sigma_{\mathrm{s}} = (L/c)(n_1\Delta/2\sqrt{3}) \approx 59\,\mathrm{ns}$

c) $t_{\mathrm{b}} \geq 10\,\sigma_{\mathrm{s}} \approx 600\,\mathrm{ns} \rightarrow \Delta\nu \geq 2/t_{\mathrm{b}} = 1/300\,\mathrm{ns} \approx 3{,}3\,\mathrm{MHz}$

d) $\Delta\nu L \approx 3{,}3\,\mathrm{MHz}\cdot 3\,\mathrm{km} \approx 10\,\mathrm{MHz}\,\mathrm{km}$

Die Modendispersion wird durch die Verwendung einer Gradientenindexfaser mit parabolischem Profil minimiert. Durch die Abnahme des Brechungsindex zum Rand des Faserkerns hin ist der optische Weg (d. h. das Produkt aus Weglänge und Brechungsindex) für den axialen Strahl und für Meridionalstrahlen in etwa gleich. Die Zeitdifferenz für den axialen Strahl und den extremen Meridionalstrahl ist für die Gradientenindexfaser

$$\Delta t_{\mathrm{g}} = \frac{L}{c}\cdot\frac{n_1\Delta^2}{8} \tag{8.17}$$

Die Pulsverbreiterung ist:

$$\sigma_g = \frac{L}{c} \cdot \frac{n_1 \Delta^2}{20\sqrt{3}} \tag{8.18}$$

Beispiel 8.4   Modendispersion in einer Gradientenindexfaser

Für eine Gradientenfaserstrecke der Länge 3 km mit $n_1 = 1,5$ und $n_2 = 1,48$, wie groß ist σ_g?

$\sigma_g = (3\,\text{km}/3 \cdot 10^5\,\text{km/s}) \cdot 1,5 \cdot 1,82 \cdot 10^{-4}/34,6 = 79,1\,\text{ps}$.

Von dem Zahlenwert her sollte man vermuten, daß Gradientenindexfasern ein Bandbreiten-Längen-Produkt in der Größenordnung von mehr als 100 GHz km hätten. In der Praxis ist dies allerdings nicht der Fall. Realistische Werte liegen eher bei 1 GHz km. Ursache hierfür ist die Tatsache, daß die Pulsverbreiterung in einer Gradientenindexfaser sehr stark von dem Faserprofil abhängt (Abbildung 8.12). Im Idealfall, wenn der Index des Gradientenprofils etwa 1,98 ist, ist die Pulsverbreiterung sehr klein, zwischen 10 und 100 ps km^{-1}, wie in dem obigen Beispiel berechnet. Allerdings bereits für relativ geringe Abweichungen von α_p wächst die Pulsverbreiterung sehr schnell an. Nun ist es nicht einfach, Fasern mit einem stabilen Gradientenprofil herzustellen. Geringe Abweichungen sorgen aber bereits dafür, daß die Modendispersion stark ansteigt.

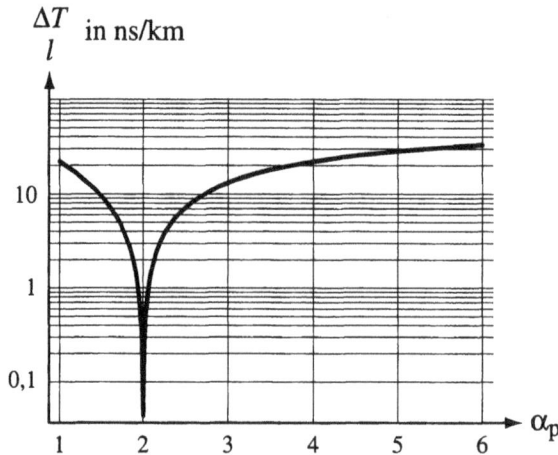

Abbildung 8.12: Modendispersion in Abhängigkeit des Indexprofilparameters α_p.

8.5.2 Materialdispersion

Die Phasengeschwindigkeit ist die Ausbreitungsgeschwindigkeit einer monofrequenten elektromagnetischen Welle. Für eine sich in z-Richtung ausbreitende harmonische Welle schreibt man:

$$u(z,t) = A\cos(\omega t - kz) \tag{8.19}$$

Ein Wellenberg z. B. breitet sich in der Zeit T um die Wellenlänge λ aus. Dabei ist $T = 1/\nu$. Mit $\omega = 2\pi\nu$ und $k = 2\pi/\lambda$ ergibt sich:

$$v_{\mathrm{p}} = \frac{\omega}{k} \tag{8.20}$$

Lichtquellen emittieren Strahlung mit einer endlichen optischen Bandbreite. Ein typischer Wert für die spektrale Bandbreite $\Delta\lambda$ einer LED ist 20–50 nm, schmalbandige Laserdioden wie z. B. DFB-Laser haben eine Bandbreite von 0,1 nm. Als Gruppengeschwindigkeit bezeichnet man die Ausbreitungsgeschwindigkeit eines Signals, welches sich aus mehreren monofrequenten Anteilen zusammensetzt. Die Gruppengeschwindigkeit ist i. a. nicht gleich der Phasengeschwindigkeit. Betrachten wir zunächst eine Welle, die sich aus zwei harmonischen Wellen zusammensetzt, welche sich in ihrer Frequenz nur geringfügig unterscheiden.

$$u(z,t) = A\cos(\omega_1 t - k_1 z) + A\cos(\omega_2 t - k_2 z) \tag{8.21}$$

Mit Einführung der Größen

$$\begin{aligned}
\Delta\omega &= \tfrac{1}{2}(\omega_1 - \omega_2) \quad \text{und} \quad \bar{\omega} = \tfrac{1}{2}(\omega_1 + \omega_2) \\
\Delta k &= \tfrac{1}{2}(k_1 - k_2) \quad \text{und} \quad \bar{k} = \tfrac{1}{2}(k_1 + k_2)
\end{aligned} \tag{8.22}$$

können wir hierfür schreiben:

$$u(z,t) = 2A\cos(\Delta\omega t - \Delta k z)\,\cos(\bar{\omega} t - \bar{k} z) \tag{8.23}$$

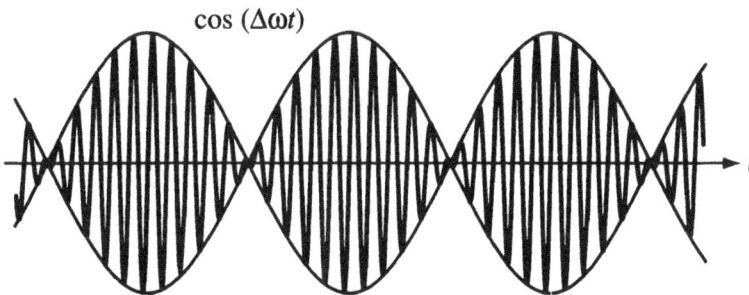

Abbildung 8.13: Überlagerung zweier Kosinus-Wellen.

Die Welle ist in Abbildung 8.13 dargestellt. Durch Überlagerung der harmonischen Wellen ergeben sich Schwebungen mit der Frequenz $\omega_1 - \omega_2$. Die Einhüllende wird mathematisch beschrieben durch den Ausdruck $\cos(\Delta\omega t - \Delta k z)$. Für einen Wellenberg der Schwebung ist

$$\Delta\omega t - \Delta k z = \text{const.} \tag{8.24}$$

Die Geschwindigkeit, mit der sich die Schwebung ausbreitet, ist somit

$$v_{\text{s}} = \frac{\Delta\omega}{\Delta k} \tag{8.25}$$

Wenn nun ω infolge der Dispersion von k abhängt, d. h. $\omega = \omega(k)$, dann kann man diesen Ausdruck mit Hilfe einer Taylor-Reihe entwickeln. In den meisten Fällen ist es ausreichend, die Taylor-Reihe nach dem ersten Term $d\omega/dk$ abzubrechen. Diese Größe bezeichnet man als die Gruppengeschwindigkeit:

$$v_{\text{g}} = \lim_{\Delta k \to 0} v_{\text{s}} = \frac{d\omega}{dk} \tag{8.26}$$

Im Vakuum ist die Dispersionsbeziehung $\omega = ck$. In diesem Fall sind die Phasengeschwindigkeit $v_{\text{p}} = \omega/k = c$ und die Gruppengeschwindigkeit $v_{\text{g}} = d\omega/dk = c$ identisch. In einem dispersiven Medium hängt allerdings die Phasengeschwindigkeit von der Frequenz bzw. der Wellenzahl k ab. I. a. gilt dann:

$$\omega = v_{\text{p}}k \quad \text{und} \quad v_{\text{g}} = \frac{d\omega}{dk} = v_{\text{p}} + k\frac{dv_{\text{p}}}{dk} \tag{8.27}$$

Für elektromagnetische Strahlung kann man nun schreiben:

$$v_{\text{g}} = \frac{d\omega}{dk} = \frac{d\omega}{d\lambda} \cdot \frac{d\lambda}{dk} \tag{8.28}$$

Mit $d\omega/d\lambda = d(2\pi c/\lambda)/d\lambda = -2\pi c/\lambda^2 = -\omega/\lambda$ sowie $k = 2\pi n/\lambda$ und somit $\lambda = 2\pi n/k$ ergibt sich

$$v_{\text{g}} = \frac{c}{n - \lambda\frac{dn}{d\lambda}} = \frac{c}{N_{\text{g}}} \tag{8.29}$$

Den Parameter N_{g} nennt man den Gruppenindex des Wellenleiters. In einem dispersiven Wellenleiter mit Gruppengeschwindigkeit v_{g} ergibt sich die Pulsverzögerung über eine Strecke der Länge L als

$$t_{\text{p}} = \frac{L}{v_{\text{g}}} \tag{8.30}$$

Für eine Quelle der mittleren Wellenlänge λ und der spektralen Breite σ_λ berechnet sich die Pulsverbreiterung durch Materialdispersion σ_{m} durch Entwicklung des obigen Ausdruckes in eine Taylor-Reihe:

$$\sigma_{\text{m}} = \sigma_\lambda \left(\frac{dt_{\text{p}}}{d\lambda} + \frac{1}{2} \cdot \frac{d^2t_{\text{p}}}{d\lambda^2} + \cdots \right) \tag{8.31}$$

Unter der Annahme, daß der erste Term dominant ist, ergibt sich:

$$\sigma_\mathrm{m} = \sigma_\lambda \frac{dt_\mathrm{p}}{d\lambda} \tag{8.32}$$

Setzt man (8.30) und (8.29) in (8.32) ein und führt die Differentiation durch, so erhält man:

$$\sigma_\mathrm{m} = \sigma_\lambda \cdot L \cdot D \tag{8.33}$$

wobei

$$D = -\frac{\lambda}{c} \cdot \frac{d^2 n}{d\lambda^2} \tag{8.34}$$

der Materialdispersionsparameter der Faser ist, gemessen in $\mathrm{ps\,nm^{-1}km^{-1}}$. Den Ausdruck $|\lambda^2 d^2 n/d\lambda^2|$ bezeichnet man als die Materialdispersion der Faser.

Beispiel 8.5   Materialdispersion in einer Glasfaser

Eine Glasfaser hat eine Materialdispersion $|\lambda^2 d^2 n/d\lambda^2| = 0{,}03$. a) Wie groß ist der Materialdispersionsparameter der Faser und b) welche Pulsverbreiterung ergibt sich für ein optisches Signal bei einer Mittenwellenlänge von 850 nm und einer Bandbreite von 30 nm, wenn die Faser eine Länge von 2,5 km hat?

a) Der Materialdispersionsparameter ist $D = 1/(c\lambda) \cdot |\lambda^2 d^2 n/d\lambda^2| = 0{,}03/(850N\,\mathrm{nm} \cdot 3{,}0 \cdot 10^5\,\mathrm{km\,s^{-1}}) = 117\,\mathrm{ps\,nm^{-1}km^{-1}}$.

b) Die Pulsverbreiterung ergibt sich aus $\sigma_\mathrm{m} = \sigma_\lambda \cdot D \cdot L = 8{,}8\,\mathrm{ns}$.

Abbildung 8.14 zeigt nun für $\mathrm{SiO_2}$ den Brechungsindex n sowie den Materialdispersionsparameter D, jeweils in Abhängigkeit von der Wellenlänge. Für $\lambda \approx 1{,}27\,\mu\mathrm{m}$ ist die Materialdispersion Null. Zusammen mit der relativ geringen Dämpfung ist dies der Grund für die Verwendung dieser Wellenlänge für die optische Nachrichtentechnik.

Bei „dispersionsgeschobenen" (*dispersion-shifted*) Fasern erreicht man durch einen speziellen Brechzahlverlauf eine Verschiebung des Nulldurchgangs von $D(\lambda)$ zu $\lambda \approx 1{,}55\,\mu\mathrm{m}$. Der Einsatzbereich dieser Fasern ist die Fernübertragung. Bei $D \approx 0$ tritt allerdings ein nichtlinearer optischer Effekt auf, das sogenannte „*four-wave mixing*", welches vor allem für Wellenlängenmultiplex-Systeme Probleme bereitet. Daher sind sogenannte NZD-Fasern (*non-zero dispersion*) entwickelt worden mit der Zielrichtung einer flacheren Dispersionkurve (*dispersion-flattened*) mit einem möglichst linearen Verlauf innerhalb des interessanten Wellenlängenbereichs.

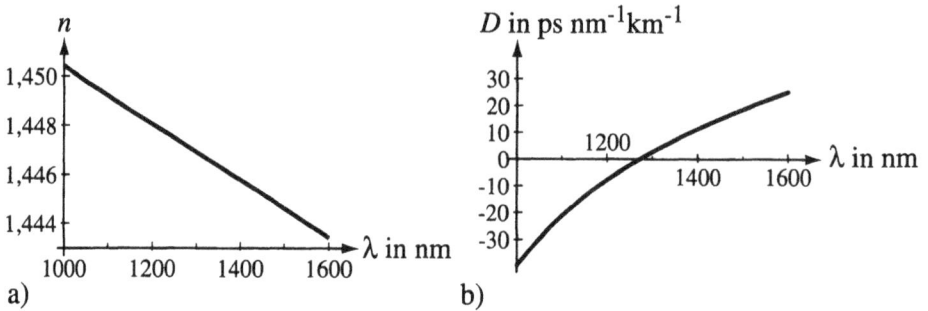

Abbildung 8.14: a) Brechungsindex und b) Materialdispersionsparameter für SiO_2.

8.5.3 Wellenleiterdispersion

In Monomodefasern, bei denen per Definition keine Modendispersion auftreten kann, gibt es neben der Materialdispersion noch einen weiteren Effekt, die Wellenleiterdispersion. In Multimodefasern spielt dieser Effekt keine große Rolle gegenüber der größeren Modendispersion. Die Ursache für die Wellenleiterdispersion ist eine Abhängigkeit der Gruppengeschwindigkeit für eine Mode von der Wellenlänge. Für Monomodefasern kann die Wellenleiterdispersion eine wesentliche Rolle spielen.

Die unterschiedlichen Effekte der Pulsverbreiterung summieren sich, so daß man insgesamt schreiben kann:

$$\sigma_{\text{gesamt}} = \sqrt{\sigma_{\text{m}}^2 + \sigma_{\text{s,g}}^2 + \sigma_{\text{w}}^2} \tag{8.35}$$

Dabei sind σ_{m}, $\sigma_{\text{s,g}}$ und σ_{w} die mittlere Pulsverbreiterung durch Materialdispersion, Modendispersion (jeweils für Stufen- bzw. Gradientenindexfaser) und Wellenleiterdispersion.

8.5.4 Polarisationsmodendispersion

Für sehr hochbitratige Übertragungssysteme spielt ein weiterer Mechanismus eine Rolle, die Polarisationsmodendispersion (PMD). Ursache ist die Doppelbrechung, d. h. eine unterschiedliche Ausbreitungsgeschwindigkeit für TE- und TM-Moden. Dies wird zum einen hervorgerufen durch eine Asymmetrie der Faser, d. h., wenn der Kern elliptisch statt idealerweise zirkularsymmetrisch ist. Dieses Problem tritt vor allem bei älteren Fasern auf, bei neueren auf Grund von Verbesserungen in der Herstellung kaum noch. Eine weitere Ursache für die PMD ist die Spannungsdoppelbrechung, welche durch mechanische Belastung beim Verlegen des Kabels hervorgerufen wird („cabling").

9 Mikrooptik und integrierte Optik

9.1 Von der Makro- zur Mikrooptik

Wie in der Mikroelektronik gibt es auch in der Optik den Trend zur Miniaturisierung und Integration. Der Grund liegt in der Notwendigkeit, Bauelemente und Systeme zur Verfügung zu haben, welche klein, leicht, robust, preiswert, etc. sind, alles Eigenschaften, welche die konventionelle Optiktechnologie, die Optomechanik, nicht immer gewährleistet. Man kann die konventionelle Optik, die aus einzelnen Bauelementen (Linsen, Strahlteilerwürfeln, usw. in mechanischen Fassungen) besteht, als Makrooptik bezeichnen. Die typischen Dimensionen der Bauelemente liegen in der Größenordnung von Zentimetern bis hin zu Metern (z. B. bei Teleskopspiegeln). Herstellungsverfahren für solche makrooptischen Bauelemente sind vor allem das Schleifen und Polieren, die Aufbautechnik erfolgt i. w. über die Feinmechanik.

Mit der Glasfasertechnik, welche wir im vorangegangenen Kapitel behandelt haben, wurde in den vergangenen 20–30 Jahren bereits eine neue Optiktechnologie entwickelt. Im Zusammenhang mit der Faseroptik entstanden neue Komponenten wie Kugellinsen mit einem Durchmesser von $O(1\ mm)$, Faserstecker, usw. Diese Art von Optik kann man mit dem Begriff „miniaturisierte Optik" beschreiben. Die Herstellung beruht zum Teil noch auf den klassischen Verfahren, beinhaltet aber auch neue Techniken wie z. B. Dotierverfahren zur Herstellung der Glasfasern, das Faserziehen als auch Mikromechanik z. B. für die Realisierung von Steckern.

Seit Einführung der lithographischen Fertigung in den Bereich der Optik Anfang der 1970er Jahre hat sich mit der „Mikrooptik" ein neuer Zweig entwickelt. Es ist dadurch möglich geworden, eine Vielzahl neuartiger Komponenten und Systeme zu entwickeln wie Linsenarrays oder spezielle Strahlteilergitter als auch Wellenleiterstrukturen, die auf ein Substrat integriert sind. Die Möglichkeit der Integration stellt einen wesentlichen Aspekt der Mikrooptik dar. Vor nunmehr fast 30 Jahren wurde vorgeschlagen, eine integrierte Technologie für die Optik zu entwickeln. Der Grundgedanke dabei war, analog zur Entwicklung in der Elektronik, integrierte optische bzw. optoelektronische Schaltkreise für die Kommunikation und Verarbeitung von Information zu entwickeln mit den Vorteilen, welche die Integration mit sich bringt, wie erhöhte Funktionalität bei Senkung der Kosten, Miniaturisierung usw. Zu diesem Zeitpunkt waren Mikrofabrikationstechniken relativ neu und der Gedanke revolutionärer als er heute erscheint.

Die Entwicklung der integrierten Optik ging zunächst langsamer als gedacht, was auf zunächst ungelöste Materialprobleme zurückzuführen ist als auch auf einen Mangel an geeigneten Lichtquellen. Es dauerte noch etwa 10 Jahre bis Halbleiterlaserdioden in größeren Stückzahlen und damit als preiswerte Komponenten zur Verfügung standen. Während zunächst der Begriff „integrierte Optik" sich auf Wellenleiterstrukturen bezog, gibt es seit den 1980er Jahren jedoch auch Vorschläge zur Integration von freiraumoptischen Systemen. Im folgenden sollen sowohl die integrierte Wellenleiteroptik als auch die integrierte Freiraumoptik behandelt werden.

In diesem Kapitel werden Herstellungsverfahren der Mikrooptik sowie passive (d. h. nicht modulierend, nicht lichterzeugend) mikrooptische Bauelemente und Integrationsverfahren beschrieben. Wir beginnen mit freiraumoptischen Komponenten und Systemen und behandeln später die integrierte Wellenleiteroptik.

9.2   Klassifizierung mikrooptischer Elemente

Wir unterscheiden zunächst, wie bei der Lichtausbreitung, zwischen räumlicher Optik und Wellenleiteroptik. Beim Wellenleiter wird Licht durch eine laterale Variation des Brechungsindexes geführt (Abbildung 9.1.a). Bei der Lichtausbreitung im freien Raum erfolgt die Führung einer Lichtwelle mit Hilfe von brechenden, beugenden oder spiegelnden Elementen, man könnte sagen, bedingt durch Brechzahlvariationen in longitudinaler Richtung (Abb. 9.1.b). Lateral wird die Welle nur durch die endlichen Aperturen der Komponenten begrenzt, was zu einer Beugungsverbreiterung der Lichtwelle führt. Die wichtigste Operation der Freiraumoptik ist die Abbildung mit Hilfe einer Linse. Es gibt auch Strukturen in der „integrierten Optik", die Wellenleiter- und Freiraumausbreitung miteinander kombinieren (s. Abb. 9.1.c).

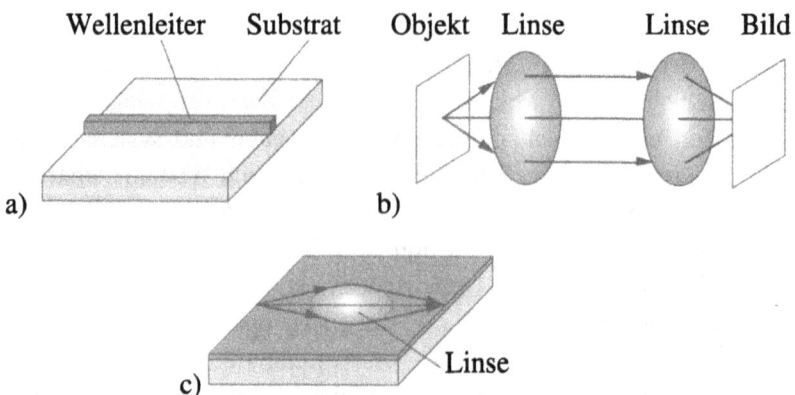

Abbildung 9.1: Darstellung der a) Wellenleiteroptik, b) räumlichen Optik, c) Kombination von Wellenleiteroptik und räumlicher Optik.

Man kann räumliche optische Elemente nach zwei ihrer Funktionen klassifizieren: es gibt Elemente zur Fokussierung (Linsen) und zur Ablenkung und Strahlteilung (Prismen bzw. Gitter). Diese können jeweils als brechende (refraktive), beugende (diffraktive) oder spiegelnde (reflektive) Elemente hergestellt werden (Abb. 9.2).

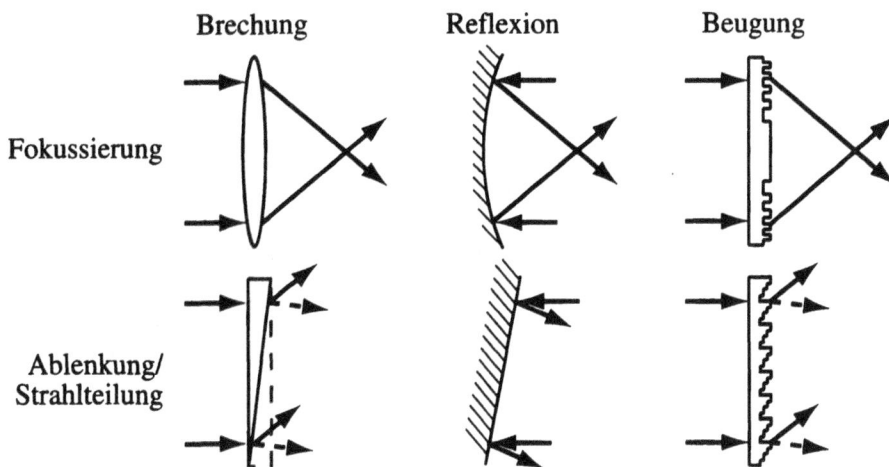

Abbildung 9.2: Klassifizierung von optischen Bauelementen nach Funktion und Implementierung.

Die Funktionen Fokussierung und Ablenkung können in einem Element kombiniert werden. Dabei handelt es sich um einen Ausschnitt aus einer diffraktiven Linse. Um die gleiche Funktion, bei allerdings veränderten Eigenschaften, zu erzielen, kann man auch refraktive und diffraktive Elemente kombinieren.

9.3 Lithographische Herstellungsverfahren

Ein kompletter Überblick über die unterschiedlichen Herstellungsverfahren würde den Rahmen dieses Kapitels sprengen. Es sei statt dessen auf die Literatur verwiesen. Wie bereits bemerkt, sind die wesentlichen Herstellungsverfahren für die Mikrooptik lithographische Verfahren. Dabei wird durch „Beleuchtung" und Entwicklung ein Muster in einen Photolack (*photoresist*) übertragen. Das Muster wird i. a. noch in einem weiteren Schritt in das Substrat übertragen, z. B. mit Hilfe von Ätztechniken wie dem reaktiven Ionenätzen. Eine ausführliche Beschreibung der Prozesse findet man z. B. in der Literatur. Man kann zwischen Maskenverfahren und Direktschreibverfahren unterscheiden (Abb. 9.3). Bei Maskenverfahren erfolgt die Beleuchtung eines ganzen Wafers in einem Beleuchtungsschritt, bei Direktschreibverfahren durch Abscannen. Maskenverfahren liefern in einem Verarbeitungszyklus immer nur binäre Strukturen. Zum Aufbau mehrphasiger Elemente mit diskreten Phasenstufen sind mehrere Zyklen erforderlich.

Bei den Direktschreibverfahren erfolgt die Strukturierung durch Modulation (binär oder in Graustufen) des Schreibstrahls. Als Schreibstrahl kann ein Laserstrahl oder ein Elektronenstrahl verwendet werden. Der Reiz des Direktschreibens liegt in der Flexibilität des Prozesses, die es einem z. B. erlaubt, bei Verwendung geeigneter Photolacke kontinuierliche Phasenprofile zu erzeugen. Bei großen Schreibflächen und/oder feinen Strukturen ergeben sich allerdings lange Schreibdauern.

Zur Herstellung von mikrooptischen Komponenten eignen sich eine Vielzahl von Materialien. Am gebräuchlichsten sind Gläser (z. B. SiO_2) oder auch Halbleitermaterialien wie Si oder GaAs. Aus Kostengründen werden insbesondere auch Plastikmaterialien untersucht, die durch Abformtechniken strukturiert werden können.

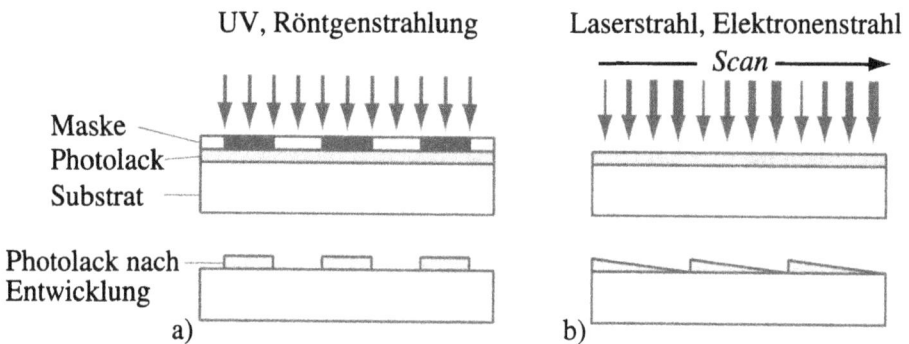

Abbildung 9.3: Lithographie: a) Maskenverfahren, b) Direktschreibverfahren.

9.4 Räumliche Mikrooptik

9.4.1 Refraktive Mikrooptik

Mikrolinsen mit Oberflächenprofil

Die Mikroversion einer klassischen Sammellinse kann in einem Prozeß hergestellt werden wie in Abb. 9.4 gezeigt. Dabei werden mit Hilfe optischer Lithographie kleine Zylinder von Photoresist hergestellt. Bei einem anschließenden Schmelzprozeß werden durch Massentransport und Oberflächenspannung kleine Tropfen gebildet, die in etwa sphärische Form besitzen. Die Resisttröpfchen von typisch 100 μm Durchmesser können durch Ätzen in das Substrat übertragen werden.

Die Brennweite f einer einfachen Plankonvexlinse ist durch

$$f = \frac{r_c}{n-1} \tag{9.1}$$

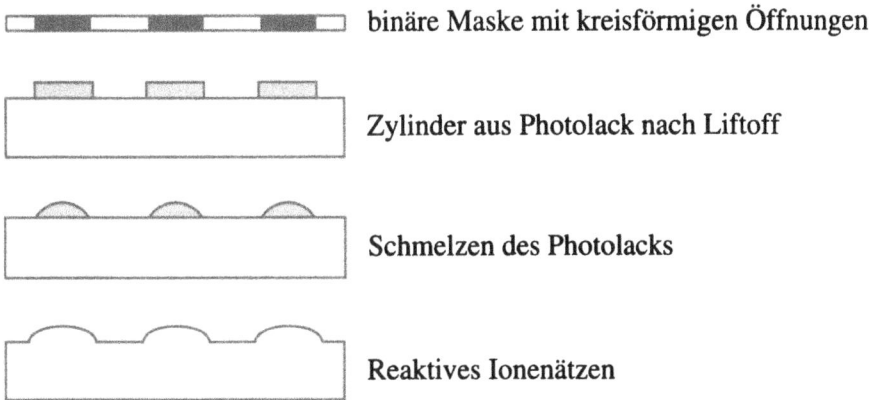

binäre Maske mit kreisförmigen Öffnungen

Zylinder aus Photolack nach Liftoff

Schmelzen des Photolacks

Reaktives Ionenätzen

Abbildung 9.4: Herstellung von refraktiven Mikrolinsen mit konvexer Oberfläche.

gegeben, wobei r_c der Krümmungsradius ist und n der Brechungsindex. r_c kann durch einfache Rechnung aus der Dicke der Photolackschicht hergeleitet werden. Abb. 9.5 zeigt ein Array von refraktiven Mikrolinsen, welche nach obigem Verfahren hergestellt wurden.

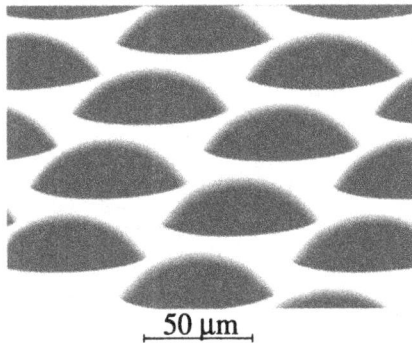

50 µm

Abbildung 9.5: Mikroskopaufnahme eines Rasters refraktiver Mikrolinsen, die nach dem Schmelzverfahren hergestellt wurden.

Mikrolinsen mit Gradientenindexprofil

Mikrolinsen mit Gradientenindexprofil stellt man durch Ionenaustauschverfahren her. Gradientenindexlinsen (GRIN-Linsen) können axiale Symmetrie haben wie die sogenannten SELFOC^{TM}-Linsen (Abb. 9.6.a). Dabei handelt es sich um Miniaturlinsen mit einem Durchmesser von 1 oder 2 mm. Die Länge der Linse ist auf eine bestimmte Funktion (z. B. Kollimation oder Abbildung) hin zugeschnitten und beträgt einige Millimeter. SELFOC^{TM}-Linsen sind im Prinzip makroskopische Gradientenindexwellenleiter.

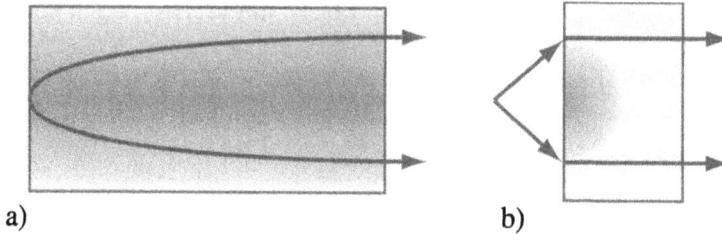

a)   b)

Abbildung 9.6: Linsen mit Gradientenindexprofil. a) SELFOC^{TM}-Linse mit axialer Symmetrie. b) „Planare" GRIN-Linse mit Punktsymmetrie.

Planare Mikrolinsen mit Gradientenindexprofil (Abb. 9.6.b) werden gemäß Abb. 9.7 hergestellt. Eine Metallmaske mit kleinen kreisförmigen Öffnungen (Durchmesser z. B. 10 μm) wird photolithographisch auf ein Glassubstrat gebracht. Das Substrat wird in eine Schmelze von einigen hundert Grad gebracht, wo der Ionenaustauschvorgang stattfindet. Durch Diffusion entsteht im Idealfall ein sphärisches Brechungsindexprofil. Der Brechungsindex ist proportional zur Ionenkonzentration des eindiffundierten Stoffes.

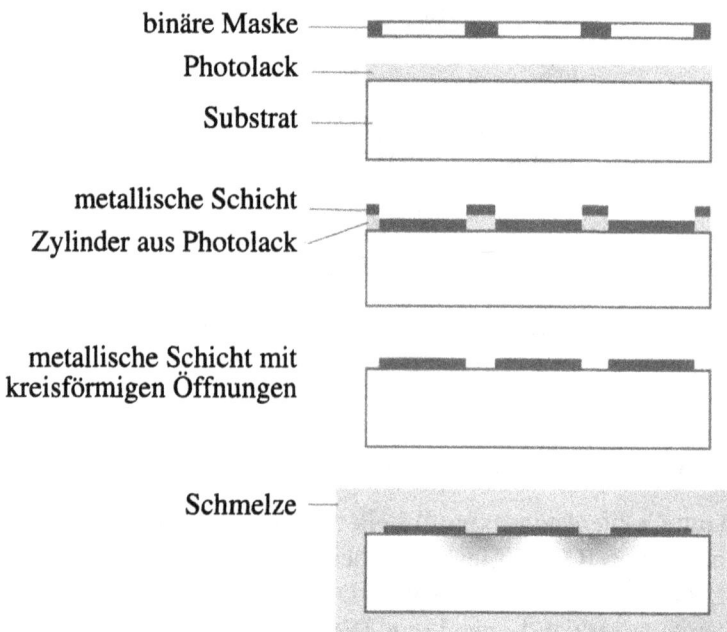

Abbildung 9.7: Herstellungsverfahren für planare Mikrolinsen mit Gradientenindexprofil.

9.4.2 Diffraktive Mikrooptik

Durch Quantisierung eines kontinuierlichen Phasenprofils erhält man ein diffraktives Bauelement (Abb. 9.8). Diffraktive Mikrooptik beruht auf der Verwendung computererzeugter Muster, die durch Ätzen oder Aufdampfverfahren in Phasengitter mit kontinuierlichem oder diskretem Phasenverlauf umgewandelt werden. Um eine möglichst hohe Beugungseffizienz zu erzielen ist es erforderlich, möglichst viele Phasenstufen zu implementieren um einen kontinuierlichen Phasenverlauf möglichst präzise zu approximieren. Die Vielfalt von Mustern, welche erzeugt werden kann, ermöglicht eine entsprechende Vielfalt an diffraktiven optischen Elementen (DOEs).

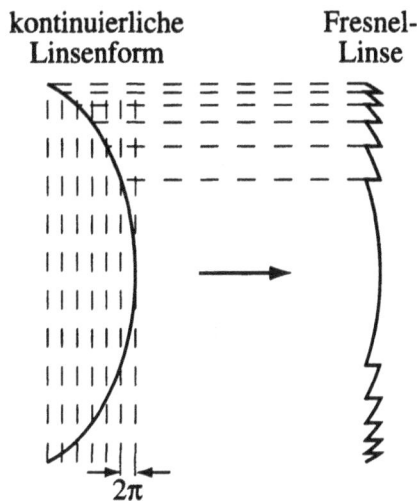

Abbildung 9.8: Übergang von einer refraktiven Sammellinse zu einer diffraktiven Linse durch Quantisierung der Phasenfunktion.

Der konventionelle Weg zur Herstellung diffraktiver Elemente mit mehreren Phasenstufen ist in Abb. 9.9.a dargestellt. Um ein binäres Element mit zwei Phasenstufen herzustellen, verwendet man den Prozeß von Abb. 9.3.a. Das Ergebnis ist ein binäres Phasengitter mit der Ätztiefe h. Diese wählt man so, daß sich für Licht der Wellenlänge λ eine Phasenverzögerung von π ergibt. Für ein Element, welches in Transmission verwendet wird, ist

$$h_\pi = \frac{\lambda}{2\Delta n} \tag{9.2}$$

wobei Δn die Differenz der Brechzahlen im Substrat und außerhalb ist. Für $\lambda = 0,85\ \mu m$, $n = 1,46$ für SiO_2 ist also $h_\pi = 0,924\ \mu m$.

Ein mehrstufiges Element erhält man durch mehrfache Anwendung des Prozesses, wobei von einem Zyklus zum nächsten die Ätztiefe jeweils halbiert wird. N Fabrika-

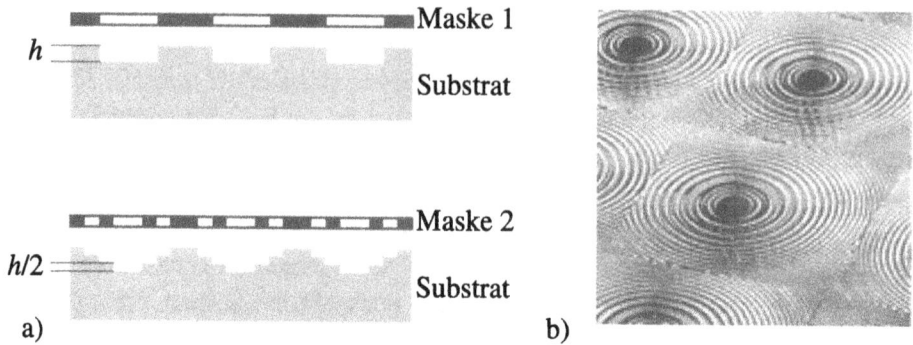

Abbildung 9.9: a) Herstellung eines diffraktiven Elementes mit mehreren Phasenstufen. b) Diffraktives Linsenarray mit vier diskreten Phasenstufen.

tionszyklen liefern Elemente mit $L = 2^N$ Phasenstufen. Abb. 9.9.a zeigt die Herstellung eines vierstufigen Elementes. Abb. 9.9.b zeigt eine Elektronenmikroskopaufnahme eines vierstufigen Linsenarrays.

Eine wichtige Größe für diffraktive Elemente ist die Beugungseffizienz, die wir mit η bezeichnen. Man kann sie wie folgt definieren (Abb. 9.10). Wir nehmen dazu an, daß das Element Licht in einen Bereich Ω des Raumwinkelspektrums abbeugen soll, dann ist

$$\eta = \frac{I_\Omega}{I_{\text{gesamt}}} \tag{9.3}$$

Hierbei bezeichnet I_Ω die Lichtintensität im Winkelbereich Ω und I_{gesamt} die gesamte Lichtmenge, welche durch das Element passiert. Für einen einfachen Strahlablenker z. B., der Licht nur in eine bestimmte Beugungsordnung ablenken soll (z. B. die erste Ordnung), ist die Beugungseffizienz $\eta = I_1/I_{\text{gesamt}}$. Die Beugungseffizienz kann berechnet werden, wenn man die Phasenstruktur des Gitters kennt. Für Gitter mit nicht zu feinen Strukturen erlaubt es einem die skalare Beugungstheorie, analytische Ausdrücke herzuleiten.

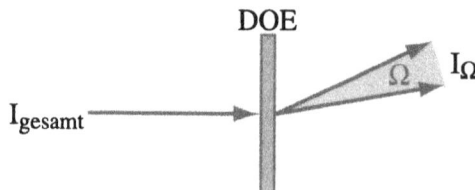

Abbildung 9.10: Zur Definition der Beugungseffizienz η.

Berechnung der Beugungseffizienz

Wir betrachten ein eindimensionales lineares Gitter $g(x)$ mit unendlicher Ausdehnung und Periode p:

$$g(x) = g(x + p) \tag{9.4}$$

Wegen der Periodizität, kann man die Amplitudentransmission $g(x)$ auch als Fourier-Reihe darstellen:

$$g(x) = \sum_{m=-\infty}^{\infty} A_m \, e^{2\pi i m x/p} \tag{9.5}$$

Die Fourier-Koeffizienten A_m ergeben die Amplituden der unterschiedlichen Beugungsordnungen:

$$A_m = \frac{1}{p} \int_0^p g(x) \, e^{-2\pi i m x/p} \, dx \tag{9.6}$$

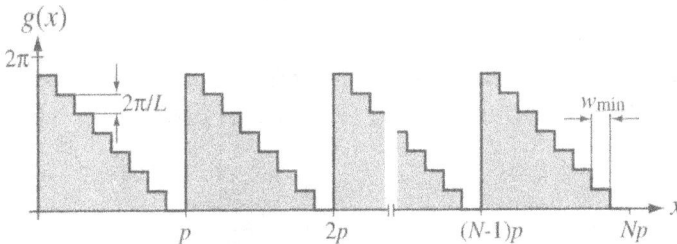

Abbildung 9.11: Phasenfunktion eines linearen Gitters mit Periode p und L diskreten Phasenstufen.

Der Einfachheit halber setzen wir $p = 1$. Damit ist nach dem Parseval-Theorem die Summe der Intensitäten aller Beugungsordnungen gleich 1:

$$\sum_{m=-\infty}^{\infty} I_m = 1 \tag{9.7}$$

Das Gitter soll eine Struktur mit L diskreten und äquidistanten Phasenstufen aufweisen (Abb. 9.11). Den linearen Phasenverlauf bezeichnet man als *blaze*. Gitter mit einem linearen Phasenverlauf wie in Abb. 9.11 dargestellt nennt man daher auch „geblazte" Gitter. Zur Berechnung der Beugungskoeffizienten $\{A_m\}$ stellen wir $g(x)$ wie folgt dar:

$$g(x) = \sum_{k=-\infty}^{\infty} e^{-2\pi i \frac{k}{l}} \, \text{rect} \left(\frac{x - \frac{k}{l} - \frac{1}{2L}}{\frac{1}{L}} \right) \tag{9.8}$$

Mit (9.6) können wir die Amplitude der m-ten Beugungsordnung berechnen:

$$
\begin{aligned}
A_m &= \int\limits_0^1 \sum_{k=0}^{L-1} e^{-2\pi i \frac{k}{L}} \operatorname{rect}\left(\frac{x - \frac{k}{L} - \frac{1}{2L}}{\frac{1}{L}}\right) e^{-2\pi i m x}\, dx \\
&= e^{i\pi m/L} \operatorname{sinc}\left(\frac{m}{L}\right) \frac{1}{L} \sum_{k=0}^{L-1} e^{2\pi i \frac{k(n+1)}{L}}
\end{aligned}
\tag{9.9}
$$

wobei $\operatorname{sinc}(x) = \sin(\pi x)/(\pi x)$ ist. Man kann zeigen, daß die Summe über k in (9.9) Null ist, es sei denn, $n+1$ ist ein Vielfaches von L. Das heißt

$$
A_m = e^{i\pi m/L} \operatorname{sinc}\left(\frac{m}{L}\right)
\tag{9.10}
$$

Abbildung 9.12 zeigt die Verteilung der Gesamtintensität auf die unterschiedlichen Beugungsordnungen für $L = 2, 4$ und 8 Phasenstufen. Für $L = 2$ (binäres Phasengitter) bewirkt die Symmetrie des Gitters ein symmetrisches Beugungsspektrum mit etwa 40,5 % des Lichtes in jeder der beiden ersten Ordnungen. Für $L > 2$ wird die Phasenfunktion asymmetrisch und daher auch das Beugungsspektrum. Für $L = 4$ werden etwa 81 % der Lichtintensität in die -1. Ordnung gebeugt, für $L = 8$ sind es etwa 95 %.

Allgemein ist nach (9.10) die Beugungseffizienz für ein geblaztes Gitter mit L diskreten Phasenstufen, welches Licht nur in eine (in unserem Fall die -1. Ordnung) beugen soll:

$$
\eta = I_{-1} = \operatorname{sinc}^2\left(\frac{1}{L}\right)
\tag{9.11}
$$

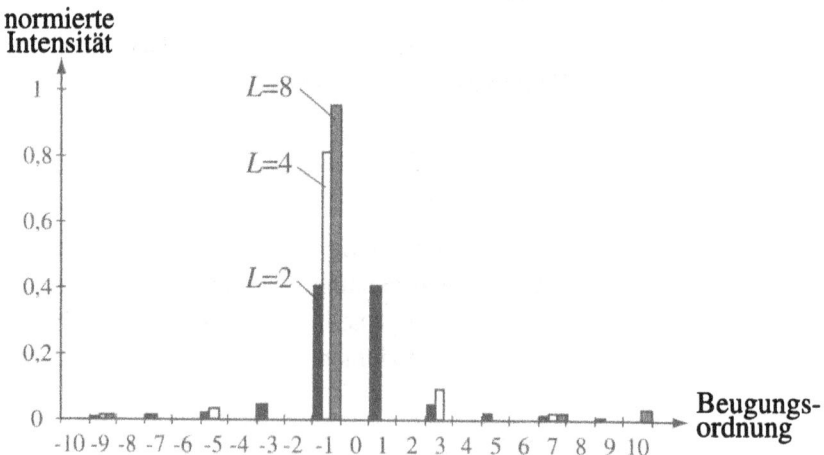

Abbildung 9.12: Berechnete Beugungsspektren für lineare geblazte Gitter mit $L = 2, 4$ und 8 Phasenstufen.

Es ist wichtig festzuhalten, daß die Berechnung im Rahmen der skalaren Beugungstheorie gültig ist; für Gitter mit sehr feinen Strukturen (in etwa gleich der Wellenlänge
des Lichtes oder kleiner), können die Intensitätswerte von den oben berechneten ab-
weichen. Und daß Fabrikationsfehler (in der Phasentiefe oder der relativen Lage der
unterschiedlichen Maskenebenen, s. Abb. 9.9.a) die Beugungseffizienz reduzieren.

Diffraktive Linsen

Die Wirkung einer diffraktiven Linse beruht auf der Beugung an den Ringen einer
Fresnel-Zonen-Platte bzw. Fresnel-Linse (Abb. 9.13).

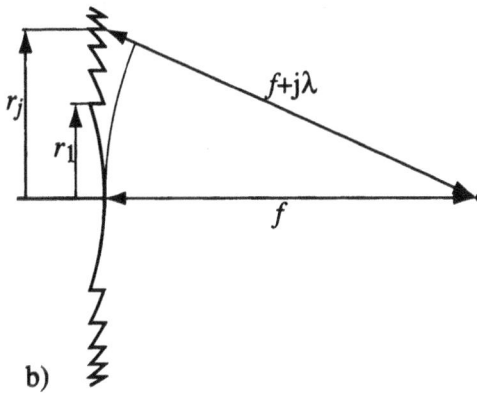

Abbildung 9.13: Wirkungsweise einer diffraktiven Linse.

Die Brennweite der Linse wird durch die Periode der Ringe bestimmt. Der optische
Gangunterschied von einer Zone zur nächsten ist ein Vielfaches der Wellenlänge. Für
die Zone mit dem Index j kann man schreiben (s. Abb. 9.13):

$$r_j{}^2 + f^2 = (f + j\lambda)^2, \qquad j = 1, 2, 3, \ldots \qquad (9.12)$$

Daraus folgt:

$$r_j{}^2 = 2j\lambda f + (j\lambda)^2 \qquad (9.13)$$

Für den paraxialen Fall mit $f \gg j_{max}\lambda$ wird daraus:

$$r_j{}^2 = 2j\lambda f \qquad (9.14)$$

Für die Brennweite f erhalten wir:

$$f = \frac{r_1{}^2}{2\lambda} \qquad (9.15)$$

Bei der Realisierung einer diffraktiven Linse mit diskretem Phasenprofil ergibt sich die Beugungseffizienz analog wie beim linearen geblazten Gitter.

Interessant ist schließlich noch die Wellenlängenabhängigkeit der Brennweite einer diffraktiven Linse, die aus (9.15) deutlich wird. Für längerwelliges Licht ergibt sich also eine kürzere Brennweite als für kurzwelliges. Die Wellenlängenabhängigkeit (Dispersion) ist wesentlich stärker als für eine refraktive Linse. Es ist

$$\frac{\partial f_{\mathrm{d}}}{\partial \lambda} = -\frac{f_{\mathrm{d}}}{\lambda} \tag{9.16}$$

wobei wir den Index d angehängt haben, um die Brennweite für eine diffraktive Linse im Gegensazt zu einer refraktiven Linse (Index r) zu kennzeichnen. Für eine einfache refraktive Sammellinse mit $f_{\mathrm{r}} = r_{\mathrm{c}}/(n-1)$ und $n \approx n_0 + (\partial n/\partial \lambda)(\lambda - \lambda_0)$ ist

$$\frac{\partial f_{\mathrm{r}}}{\partial \lambda} = -\frac{(\partial n/\partial \lambda)_0}{n_0 - 1}\, f_{\mathrm{r}} \tag{9.17}$$

Beispiel 9.1   Wellenlängenabhängigkeit der Brennweiten

Für $\lambda = 1\ \mu$m und SiO_2 ist $n_0 \approx 1{,}46$ und $\partial n/\partial \lambda = -0{,}0128\ \mu$m^{-1}. Wenn wir zwei Linsen derselben Brennweite annehmen, $f_{\mathrm{d}} = f_{\mathrm{r}}$, so erhalten wir: $(\partial f/\partial \lambda)_{\mathrm{d}} \approx -35(\partial f/\partial \lambda)_{\mathrm{r}}$.

Die Wellenlängendispersion für eine diffraktive Linse ist also wesentlich größer als für eine refraktive und hat außerdem ein entgegengesetzten Vorzeichen. Man nutzt dies beim Design mehrlinsiger Linsensysteme aus, um die Abbildungseigenschaften zu optimieren. Die Verwendung diffraktiver Elemente bringt den Vorteil mit sich, daß diese „flach" und damit leichter sind als refraktive Sammellinsen.

9.4.3 Integrierte Freiraumoptik

Es gibt zwei Ansätze zur mikrooptischen Integration, die in Abb. 9.14 gezeigt sind. Der eine Ansatz der „gestapelten" (*stacked*) Mikrooptik entspricht einer Miniaturisierung konventioneller Optik durch Hintereinanderpositionieren mikrooptischer und optoelektronischer Elemente. Bei der planar-integrierten Freiraumoptik verwendet man eine 2-D Geometrie, in die die 3-D Optik „gefaltet" wird. Mikrooptische Elemente werden an definierten Positionen in eine oder beide Oberflächen eines transparenten Substrates geätzt. Die Lichtausbreitung erfolgt im Substrat entlang eines Zickzack-Weges. Das zweidimensionale Layout der optischen Komponenten ist wichtig, da es die Optik kompatibel mit den planaren Herstellungsverfahren macht, die wir weiter oben kennengelernt haben. Durch Integration ergibt sich eine deutliche Reduktion der Größe und des Gewichts der Optik.

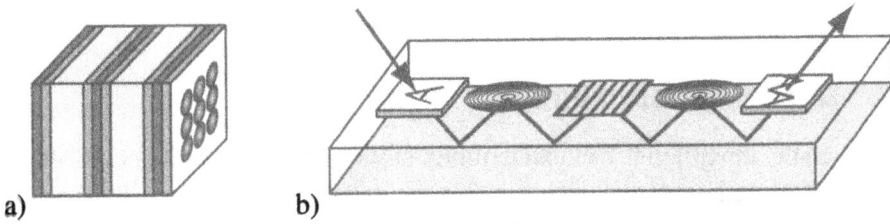

Abbildung 9.14: Ansätze zur mikrooptischen Integration: a) „stacked", b) planar.

Die 2-D Geometrie der planaren Optik erlaubt die Positionierung optoelektronischer und elektronischer Komponenten auf den Oberflächen des Substrates unter Verwendung von hybriden Integrationsverfahren wie z. B. dem Flip-Chip-Bonden (Abb. 9.15). Dabei wird ein Chip auf dem Substrat mit Hilfe von Mikrolötstellen befestigt. Die Lötstellen liefern sowohl den mechanischen als auch den elektrischen Kontakt. Die laterale Positioniergenauigkeit zwischen Substrat und Chip liegt im Bereich weniger Mikrometer. Durch Verwenden eines Reflow-Prozesses kann man eine Justiertoleranz von 1 μm und weniger erreichen.

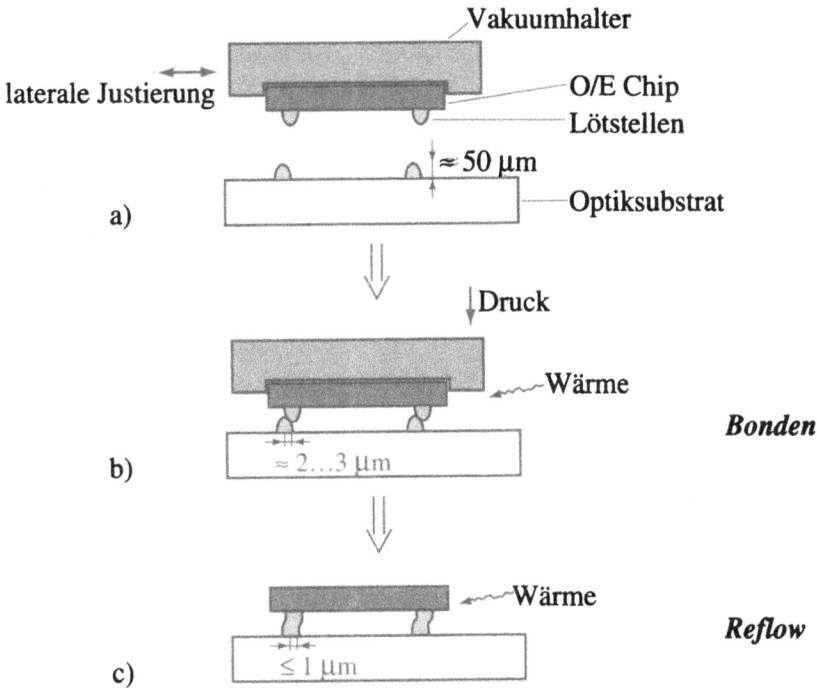

Abbildung 9.15: Prinzip des Flip-Chip-Bondens. a) Chip und Substrat werden relativ zueinander positioniert. b) Durch mechanischen Druck und evtl. Wärmezufuhr verschmelzen die Lötstellen auf Chip und Substrat. Hierbei erreicht man eine laterale Justiertoleranz von wenigen Mikrometern. c) Durch einen zusätzlichen Reflowschritt (Erwärmen über den Schmelzpunkt des Lötmaterials) kann man durch Selbstjustierung, bedingt durch Oberflächenspannungskräfte, die Justiertoleranz weiter reduzieren.

9.5 Integrierte Wellenleiteroptik

9.5.1 Wellenleiterstrukturen

Der Bereich der integrierten Wellenleiteroptik umfaßt zwei Kernbereiche. Einen Kernbereich stellen passive Bauelemente auf Basis von Lithiumniobat, Glas oder Polymeren dar. Elektrische Funktionen werden hierbei hybrid integriert. Der zweite Kernbereich ist das Gebiet der PICs (*photonic integrated circuits*) oder OEICs (*optoelectronic integrated circuits*), bei dem man optische und optoelektronische (als auch u. U. elektronische) Funktionen in einem Halbleitermaterial (GaAs oder InP) monolithisch realisiert. In diesem Kapitel werden wir uns auf den Bereich der passiven Wellenleiteroptik beschränken. Hier sind zum einen rein passive Komponenten von Interesse (z. B. Sternkoppler, Wellenlängenmultiplexer usw.). Modulatoren und Verzweiger, die auf dem elektrooptischen bzw. akustooptischen Effekt beruhen, werden im Rahmen optischer Übertragungssysteme behandelt, nachdem die physikalischen Grundlagen dieser Effekte behandelt worden sind.

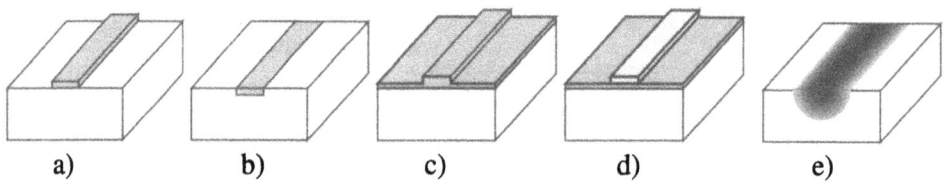

Abbildung 9.16: Geometrien für Streifenwellenleiter: a) aufliegender Streifenwellenleiter, b) bündig versenkter Streifen, c) Rippenwellenleiter, d) streifenbelasteter Wellenleiter und e) GRIN-Wellenleiter.

Es gibt unterschiedliche Implementierungsmöglichkeiten für Wellenleiterstrukturen, welche in Abb. 9.16 schematisch dargestellt sind. Der einfachste Typ ist der aufliegende Streifenleiter (9.16.a), bei dem der Wellenleiter einfach auf einem Substrat verläuft. Technologisch deutlich aufwendiger ist der versenkte Wellenleiter (9.16.b), der aber den Vorteil bietet, daß die Welle lateral besser geführt wird als bei allen anderen Typen. Am einfachsten herzustellen ist der Rippenwellenleiter (9.16.c), der durch laterale Strukturierung und Ätzen einer einheitlichen Filmschicht erzeugt wird. Hier muß man, im Gegensatz zu dem aufliegenden Wellenleiter, nicht auf die exakte Ätztiefe achten. Nachteilig ist allerdings, daß die laterale Führung der Welle nicht so gut ist wie bei den Typen a) und b). Beim streifenbelasteten Wellenleiter (9.16.d) findet die Führung der Welle in einer einheitlich dicken Schicht statt, deren effektiver Brechungsindex allerdings lateral durch einen aufliegenden „Laststreifen" variiert wird. Für eine niedrige Dämpfung der Welle in den unterschiedlichen Wellenleitertypen ist es entscheidend, daß die Wellenleiterseitenwände möglichst glatt sind. Eine vom Ätzprozeß verursachte Rauhigkeit der Seitenwände wirkt sich durch vermehrte Streuverluste aus. Eine solche Rauhigkeit kann sich insbesondere bei den Typen a) und b) nachteilig auswirken.

9.5.2 Materialien

Wellenleiter werden aus unterschiedlichen Materialien hergestellt. Drei Typen sind von Bedeutung: SiO_2-Wellenleiter auf Si-Substraten, Ti-dotierte Wellenleiter in $LiNbO_3$ und Polymerwellenleiter. Ein Beispiel einer konkreten Wellenleiterstruktur auf Si ist in Abbildung 9.17 gezeigt. Der Wellenleiter besteht aus einer Stickstoff-dotierten SiO_2-Schicht. Zwischen ihr und dem Siliziumsubstrat befindet sich als optische Isolationsschicht eine dünne Schicht aus reinem SiO_2. Die laterale Führung der Lichtwelle wird durch eine SiO_2-Lastrippe bewirkt.

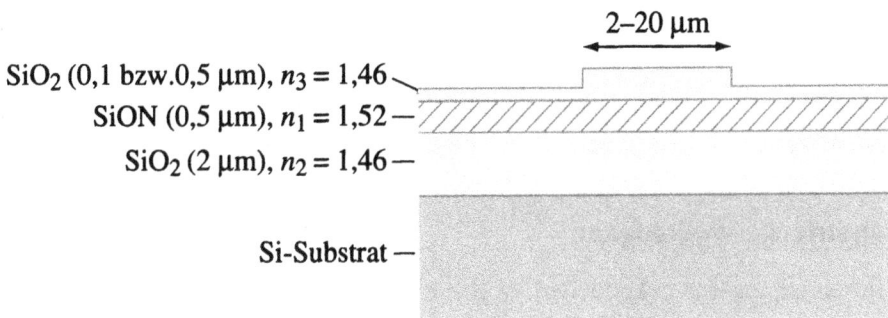

2–20 µm

SiO_2 (0,1 bzw.0,5 µm), $n_3 = 1,46$
SiON (0,5 µm), $n_1 = 1,52$
SiO_2 (2 µm), $n_2 = 1,46$

Si-Substrat

Abbildung 9.17: Beispiel für die Struktur eines streifenbelasteten Wellenleiters auf der Basis der SiO_2/Si-Technologie.

Für die Wellenleiteroptik ist neben Glas Lithiumniobat ein vielverwendetes Material. $LiNbO_3$ ist insbesondere wegen seiner elektrooptischen und akustooptischen Eigenschaften von Interesse. Zudem lassen sich durch Eindiffusion von Ti in $LiNbO_3$ Wellenleiter mit niedriger Dämpfung herstellen mit einem Prozeß wie in Abb. 9.7 dargestellt. Während des Eindiffundierens von Ti werden Li_2O-Ionen aus dem Kristall ausdiffundiert. Zur Wellenleiterherstellung werden einkristalline $LiNbO_3$-Substrate mit einer bestimmten Kristallorientierung verwendet, häufig der sogenannte z-Schnitt. $LiNbO_3$ ist doppelbrechend. Bei Eindiffusion von Ti ändern sich beide Indizes, n_e und n_o, in etwa um den gleichen Betrag. Die Änderung des Brechungsindex hängt von der Diffusionstiefe ab. Bei einem Index von etwa 2,2 für undiffundiertes $LiNbO_3$ beträgt die Änderung Δn_e ungefähr 0,022 bei einer Diffusionstiefe von 2,6 μm. Die Dämpfungsverluste liegen typisch bei 0,5 dB/cm. Wellenleiter aus Lithiumniobat sind u. a. für die Herstellung sogenannter integriert-optischer Richtkoppler von Bedeutung, welche als Schalter und Modulatoren zum Einsatz kommen.

9.5.3 Gekoppelte Wellenleiter

Die Grundlage des Richtkopplers ist die Physik gekoppelter Wellenleiter (Abb. 9.18). Dabei handelt es sich um zwei Wellenleiter, die in einem Abstand s voneinander par-

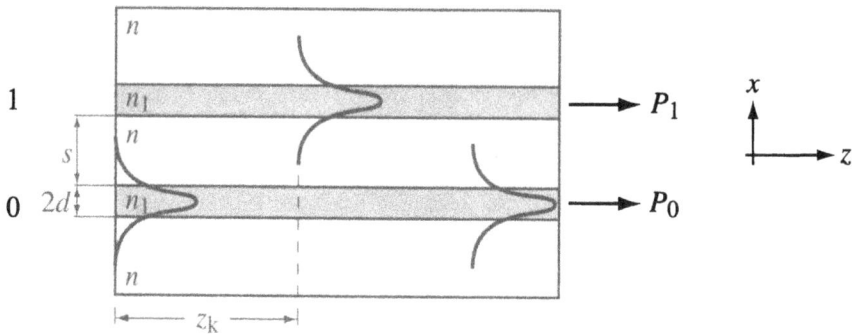

Abbildung 9.18: Gekoppelte Wellenleiter. s ist der Abstand der Wellenleiter, z_k die Kopplungslänge.

allel verlaufen. Die Kopplung zwischen beiden Wellenleitern erfolgt über die querge-dämpften Wellen, welche außerhalb des eigentlichen Wellenleiterbereichs verlaufen.

Symmetrische Wellenleiter

Zur Beschreibung der gekoppelten Wellenleiter verwenden wir den Ansatz der Mo-denkopplungstheorie für Wellenleiter. Das elektrische Feld in einem Wellenleiter wird separiert dargestellt:

$$E(x, y, z) = A(z)\,\bar{E}(x, y) \qquad (9.18)$$

wobei $A(z)$ die komplexe Amplitude ist, die einen Phasenterm $\exp(i\beta z)$ enthält mit der Ausbreitungskonstanten β. $\bar{E}(x, y)$ ist die Lösung für die laterale Feldverteilung in einem ungestörten Wellenleiter (d. h. bei Abwesenheit des anderen Wellenleiters). $\bar{E}(x, y)$ wird als normiert angenommen ($|\bar{E}(x, y)|^2 = 1$), so daß die Leistung der Welle in einem der beiden Wellenleiter durch

$$P_1(z) = |A_1(z)|^2 \qquad (9.19)$$

gegeben ist. Die Wellengleichungen für die gekoppelten Moden sind durch

$$
\begin{aligned}
\frac{dA_0(z)}{dz} &= -i\beta_0 A_0(z) + \kappa_{01} A_1(z) \\
\frac{dA_1(z)}{dz} &= -i\beta_1 A_1(z) + \kappa_{10} A_0(z)
\end{aligned}
\qquad (9.20)
$$

gegeben. Dabei sind β_0 und β_1 die Ausbreitungskonstanten im Wellenleiter 0 bzw. 1. κ_{01} und κ_{10} sind die Kopplungskoeffizienten zwischen den Moden. Wir nehmen im folgenden weiterhin an, daß die Wellenleiter identisch sind. Aus Symmetriegründen ist dann:

$$\kappa_{01} = \kappa_{10} = -i\kappa \qquad (9.21)$$

wobei κ reell ist. Aus der obigen Annahme folgt weiter, daß die beiden Wellenleiter dieselben Ausbreitungskonstanten aufweisen:

$$\beta = \beta_0 = \beta_1 \qquad (9.22)$$

und die gleiche Dämpfung, so daß man schreiben kann:

$$\beta = \beta_r - i\frac{\alpha}{2} \qquad (9.23)$$

Damit kann man die Wellengleichungen nun wie folgt formulieren:

$$\frac{dA_0(z)}{dz} = -i\beta A_0(z) + i\kappa A_1(z) \qquad (9.24)$$

$$\frac{dA_1(z)}{dz} = -i\beta A_1(z) + i\kappa A_0(z) \qquad (9.25)$$

Als Anfangsbedingung nehmen wir an, daß Licht mit Einheitsamplitude in den Wellenleiter 0 eingekoppelt wird, d. h.

$$A_0(0) = 1 \qquad \text{und} \qquad A_1(0) = 0 \qquad (9.26)$$

Die Lösungen für (9.24) und (9.25) lauten dann:

$$A_0(z) = \cos(\kappa z)\, e^{i\beta z} \quad \text{und} \quad A_1(z) = -i\sin(\kappa z)\, e^{i\beta z} \qquad (9.27)$$

Die optische Leistung in den Wellenleitern ist dann (Abb. 9.19):

$$P_0(z) = \cos^2(\kappa z)\, e^{-\alpha z} \quad \text{und} \quad P_1(z) = \sin^2(\kappa z)\, e^{-\alpha z} \qquad (9.28)$$

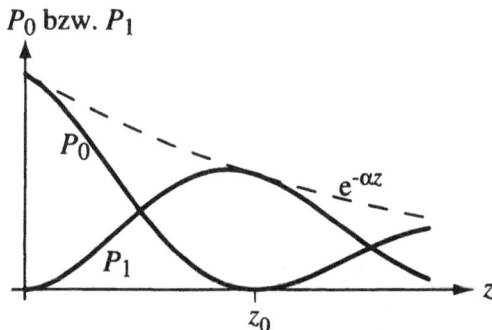

Abbildung 9.19: Leistungstransfer zwischen gekoppelten Wellenleitern (symmetrischer Fall).

Die Kopplungslänge z_k, die für einen vollständigen Leistungsaustausch notwendig ist, ist gegeben durch:

$$z_k = \frac{\pi}{2\kappa} \qquad (9.29)$$

Die Kopplungskonstante κ ist mathematisch durch den räumlichen Überlapp der lateralen Feldverteilungen im Bereich eines Wellenleiters gegeben:

$$\kappa = \frac{1}{2}\left(n_w{}^2 - n^2\right)\frac{(2\pi/\lambda)^2}{\beta}\int\limits_{(w)}\bar{E}_0\bar{E}_1\,dx\,dy \qquad (9.30)$$

n_w ist der Brechungsindex des Wellenleiters, n des umgebenden Substratmaterials. $\bar{E}_0$ und $\bar{E}_1$ sind die lateralen Felder in den beiden Wellenleitern geführten Wellen. (W) deutet die Integration über die Fläche eines der Wellenleiter an.

Unsymmetrische Wellenleiter

Wir nehmen nun an, daß die Brechungsindizes in den beiden Wellenleitern unterschiedlich sind, d. h. $n_0 \neq n_1$. Dies hat zur Folge, daß in beiden Wellenleitern die Ausbreitungskonstanten β_0 und β_1 unterschiedlich sind mit

$$\Delta\beta = \beta_0 - \beta_1 \qquad (9.31)$$

Unterschiedlich sind dann auch die Kopplungskonstanten: $\kappa_{01} \neq \kappa_{10}$. Für den unsymmetrischen Fall ist der Leistungstransfer zwischen beiden Wellenleitern abhängig von der Differenz der Ausbreitungskonstanten. Für eine feste Länge $z_0 = (\pi/2)(\kappa_{01}\kappa_{10})^{-1/2}$ ist der Transferkoeffizient $T = P_1(z_0)/P_0(0)$ durch folgenden Ausdruck gegeben:

$$T = \left(\frac{\pi}{2}\right)^2 \mathrm{sinc}^2\left\{\frac{1}{2}\left[1 + \left(\frac{\Delta\beta z_0}{\pi}\right)^2\right]^{1/2}\right\} \qquad (9.32)$$

wobei $\mathrm{sinc}(x) = \sin(\pi x)/(\pi x)$. Der Verlauf von T als Funktion von $\Delta\beta z_0$ ist in Abb. 9.20 dargestellt. Die Länge der Wellenleiter ist fest gewählt, und zwar so, daß für $\Delta\beta = 0$ $T = 1$ ist, d. h. nach (9.29) ist die Länge gleich $\pi/2\kappa$. Entsprechend dem bekannten Verlauf der sinc-Kurve hat T ein Maximum für $\Delta\beta = 0$ (symmetrischer Fall) und fällt dann bis $\Delta\beta z_0 = \pi\sqrt{3}$ auf den Wert 0 ab.

Die Abhängigkeit des Transferkoeffizienten von $\Delta\beta$, d. h. von einem Brechzahlunterschied in den beiden Wellenleitern kann man ausnutzen, um elektrisch kontrollierte Richtkoppler zu bauen.

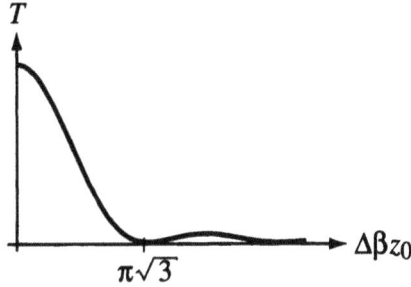

Abbildung 9.20: Abhängigkeit des Leistungstransferkoeffizienten für gekoppelte unsymmetrische Wellenleiter.

9.5.4 Elektrooptische Modulatoren als integrierte Wellenleiter

Phasenmodulator

Wenn eine Lichtwelle der Wellenlänge λ eine Pockels-Zelle der Länge L durchläuft, dann wird seine Phase abhängig von der elektrischen Feldstärke E um den Betrag φ verändert:

$$\varphi = \frac{2\pi n L}{\lambda} - \frac{\pi r n_o^3 E L}{\lambda} \qquad (9.33)$$

Der erste Anteil ergibt sich rein auf Grund des Durchlaufens der Strecke L, der zweite Anteil beschreibt die Phasenverzögerung bedingt durch den Pockels-Effekt.

In einem doppeltbrechenden Material wie Lithiumniobat breiten sich zwei Moden aus mit unterschiedlichen Phasengeschwindigkeiten c/n_o und c/n_e. Bei Anwesenheit eines elektrischen Feldes E werden die Brechungsindizes verändert:

$$n_o(E) = n_o - \frac{1}{2} r_{13} n_o^3 E \qquad (9.34)$$

$$n_e(E) = n_e - \frac{1}{2} r_{33} n_e^3 E \qquad (9.35)$$

Hier sind n_o und n_e die Brechungsindizes bei $E = 0$. Nach einer Ausbreitungslänge L ergibt sich zwischen beiden Moden eine Phasenverschiebung von

$$\Delta\varphi = \frac{2\pi}{\lambda}(n_o - n_e)L - \frac{\pi}{\lambda}(r_{13} n_o^3 - r_{33} n_e^3) E L \qquad (9.36)$$

In Abhängigkeit einer angelegten Spannung U an einem Wellenleiter in LiNbO$_3$ ergibt sich eine Phasenverschiebung

$$\Delta\varphi = \Delta\varphi_0 - \pi \frac{U}{U_\pi} \qquad (9.37)$$

Dabei ist $\Delta\varphi_0$ der Phasenunterschied zwischen beiden Moden für $E = 0$. Die Halb-wellenspannung U_π ist

$$U_\pi = \frac{d}{L}\,\frac{\lambda}{r_{13}n_o{}^3 - r_{33}n_e{}^3} \tag{9.38}$$

wobei d der Abstand der Elektroden ist (Abb. 9.21).

Kommerziell erhältliche LiNbO$_3$-Modulatoren erreichen mehrere GHz Bandbreite. Diese ist bestimmt durch die benötigte Zeit, um die kapazitive Elektrodenstruktur zu laden bzw. entladen. Diese Zeit hängt primär von der Treiberelektronik ab. Die Schalt-energie, welche benötigt wird, um von 0 auf 1 zu schalten, ist

$$E_\mathrm{s} = \frac{1}{2}\,CU^2 \tag{9.39}$$

wobei U_π die Halbwellenspannung für den Modulator ist und C die Kapazität des Elektrodenpaares. Man kann den Energieverbrauch des Modulators auch angeben als die Leistung pro Frequenzeinheit, welche zum Umschalten notwendig ist:

$$\frac{P_\mathrm{s}}{\Delta\nu} = CU^2 \tag{9.40}$$

Die Leistung wächst also direkt proportional mit der Modulationsfrequenz. Typische Baulängen für Modulatoren aus LiNbO$_3$ liegen im Bereich von mehreren hundert Mikrometern bis hin zu einigen Millimetern, typische Spannungen bei 10 V und da-runter.

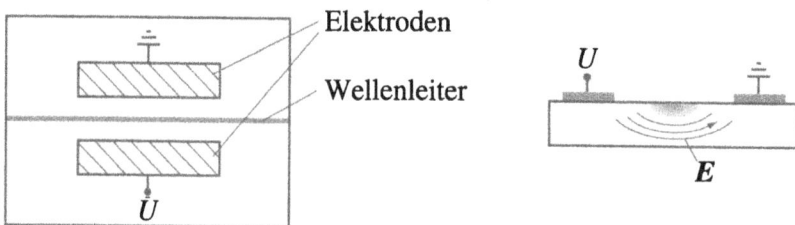

Abbildung 9.21: Integrierter Phasenmodulator beruhend auf dem elektrooptischen Effekt.

Intensitätsmodulator

Durch Kombination eines Phasenmodulators mit einem Interferometer kann man einen Intensitätsmodulator bauen. Abb. 9.22 zeigt einen integriert-optischen Intensitätsmo-dulator, der auf dem Mach-Zehnder-Effekt beruht. In der Wellenleiterversion werden die Strahlteiler als Y-Verzweiger realisiert.

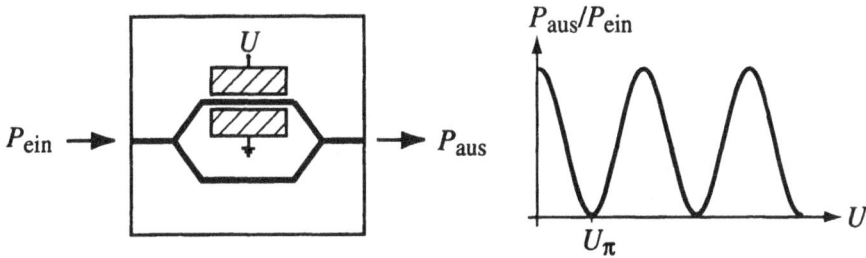

Abbildung 9.22: Integriert-optischer Intensitätsmodulator.

Richtkoppler

Indem man den elektrooptischen Effekt ausnutzt, um den Brechungsindex und damit die Ausbreitungskonstanten in gekoppelten Wellenleitern zu variieren, kann man den Leistungstransfer zwischen beiden Wellenleitern modulieren. Dies wird bei sogenannten Richtkopplern ausgenutzt (Abb. 9.23). Der Koeffizient für den Leistungstransfer ist durch (9.32) gegeben. Mit

$$\Delta\beta z_0 = \pi\sqrt{3} \tag{9.41}$$

kann man für T schreiben:

$$T = \left(\frac{\pi}{2}\right)^2 \operatorname{sinc}^2\left\{\frac{1}{2}\left[1 + 3\left(\frac{U}{U_\pi}\right)^2\right]^{1/2}\right\} \tag{9.42}$$

Dabei ist

$$U_\pi = \frac{\sqrt{3}}{\pi}\frac{\kappa\lambda s}{n^3 r} \tag{9.43}$$

die notwendige Schaltspannung, um die gesamte optische Leistung in Wellenleiter 0 zu führen. Für $U = 0$ koppelt die gesamte Leistung nach der Länge z_0 in Wellenleiter 1. Wie bei den Phasenmodulatoren liegen die Baulängen z_0 für Richtkoppler im Bereich einiger Millimeter. Die Breite der Wellenleiter ist typisch 10 μm, ihr Abstand etwa 5 μm.

9.5.5 Ankopplung an Wellenleiter

Zum Ein- und Auskoppeln von Wellenleitern gibt es zwei Möglichkeiten: Zum einen kann man Licht über die Kante des Wellenleiters einkoppeln, entweder mit Hilfe der Stoßkopplung oder über eine Abbildungsoptik (Abb. 9.24). Die zweite Möglichkeit ist das Einkoppeln von der Längsseite des Wellenleiters her, entweder mit Hilfe eines

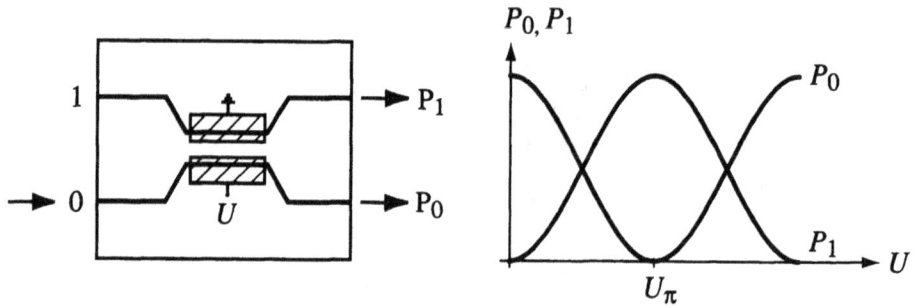

Abbildung 9.23: Integriert-optischer Richtkoppler.

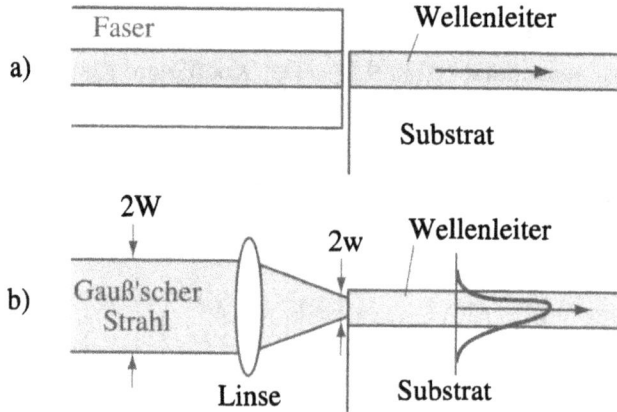

Abbildung 9.24: Ankopplung an einen Wellenleiter über die Kante durch a) Stoßkopplung, b) opt. Abbildung.

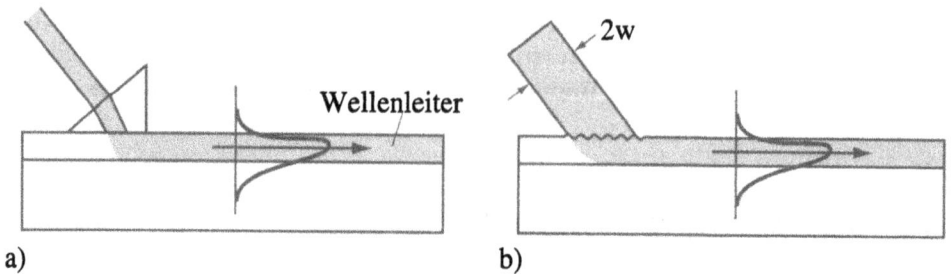

Abbildung 9.25: Ankopplung über die Längsseite des Wellenleiters durch a) Einkoppelprisma, b) Gitterkoppler.

Prismas (Brechung) oder eines Gitters (Beugung), welches in den Wellenleiter einge-
ätzt ist (Abb. 9.25).

Für das Einkoppeln über die Kante des Wellenleiters ist es wichtig, daß die Endfläche
keine Rauhigkeit oder Welligkeit aufweist. Für Monomodewellenleiter mit Schicht-
dicken von wenigen Mikrometern ist die Justiergenauigkeit von großer Bedeutung. Bei
der Prismenankopplung wird das Prisma direkt auf den Wellenleiter positioniert. Zur
effizienten Ankopplung wird ein Prisma mit einem hohen Brechungsindex verwendet
(z. B. aus schwerem Flintglas, $n \approx 2,0$, oder für das Infrarot aus GaAs, $n = 3,6$).

Für Gitterkoppler müssen die Wellenvektoren der einzukoppelnden Welle und der
Welle im Wellenleiter angepaßt werden (*phase matching*). Die Bedingung lautet mathematisch ausgedrückt:

$$\beta_{\mathrm{w}} - \beta = m\mathbf{k} \tag{9.44}$$

Dabei sind β_{w} bzw. β die Ausbreitungsvektoren im Wellenleiter und außerhalb, $\mathbf{k}$ der
Gittervektor, m der Index der speziellen Beugungsordnung.

In allen Fällen der Ankopplung ist problematisch, daß die Feldverteilungen außerhalb
und innerhalb des Wellenleiters unterschiedlich sind. Ein Laserstrahl im freien Raum
hat z. B. ein Gauß'sches Profil, während die Feldverteilung im rechteckigen Wellenleiter nach (6.50) gegeben sind. Die Effizienz η der Ankopplung wird mathematisch
durch das Überlappintegral der Feldverteilungen außerhalb und innerhalb des Wellenleiters berechnet, welches von der Form ist:

$$\eta = \frac{|\int E_{\mathrm{w}}(z)E(z)\,dz|^2}{\int |E_{\mathrm{w}}|^2 dz \int |E|^2 dz} \tag{9.45}$$

Dabei sind E_{w} und E die Feldverteilungen im Wellenleiter und außerhalb. Die Integrale im Nenner dienen zur Normierung, so daß $\eta \leq 1$.

Vorteile der Gitterankopplung sind u. a., daß man mit einem optimalen Design eine
hohe Effizienz erreichen kann und daß man das Beugungsgitter in den Wellenleiter
integrieren kann. Die Berechnung der Gitter ist allerdings relativ aufwendig. Gitter
können mit einer Oberflächenstruktur z. B. durch Ätzen hergestellt werden oder durch
Diffusion als planare Strukturen (Abb. 9.26).

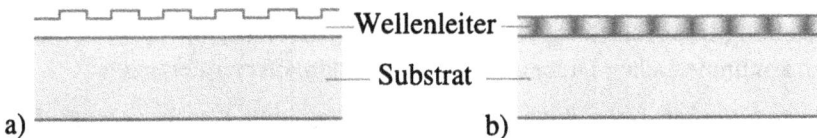

Abbildung 9.26: Gitterstrukturen zur Einkopplung: a) Reliefstruktur, b) GRIN-Struktur.

9.5.6 Linsen in Wellenleitern

Neben rein eindimensionalen Wellenleiterstrukturen gibt es den Bereich, bei dem die Welle in einer Richtung geführt wird, sich in der anderen Dimension jedoch wie im freien Raum ausbreiten kann. Zur Führung von Lichtwellen im freien Raum sind Linsen die wichtigsten optischen Bauelemente. Sie werden zur Kollimation und Fokussierung eingesetzt und dienen in Systemen zur Abbildung und Spektralanalyse.

Zur Realisierung von Wellenleiterlinsen gibt es i. w. drei Möglichkeiten. Man unterscheidet je nach Wirkungsweise Modenindexlinsen, geodätische Linsen und diffraktive Linsen (Abb. 9.27).

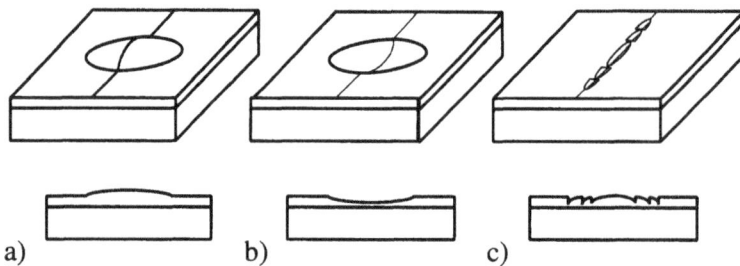

Abbildung 9.27: Arten von Wellenleiterlinsen: a) Modenindexlinse, b) geodätische Linse, c) diffraktive Linse. Die schattierten Linien dienen zur Darstellung des Höhenprofils. Ein Schnitt entlang dieser Linien ist jeweils rechts dargestellt.

Modenindexlinsen: Der effektive Brechungsindex kann auf unterschiedliche Weise kontrolliert werden, z. B. über die Dicke des Wellenleiters, durch Eindiffundieren eines Materials usw. Durch geeignete Formung der Oberfläche kann man also z. B. eine Struktur erzeugen, deren effektiver Brechungsindex zirkulare (oder auch elliptische) Form hat und hierdurch Linsenwirkung. Probleme ergeben sich bei der Herstellung u. a. durch einen kleinen Brechzahlhub, was bewirkt, daß man nur Linsen mit geringer Brechkraft erzeugen kann, und durch Aberrationen für den Randbereich der Linsen.

Aberrationen kann man mit der sogenannten Luneburg-Linse beseitigen, die ein radiales Brechzahlprofil $n(r)$ hat:

$$n(r) = \sqrt{2 - r^2} \quad , \quad r \leq \sqrt{2} \tag{9.46}$$

Zur Herstellung einer Luneburg-Linse verwendet man Aufdampf- oder Sputtertechnik, um einen kontinuierlichen Dickenverlauf des Wellenleiters zu erzielen.

Bei der *geodätischen Linse* wird ein konkaves Wellenleiterprofil erzeugt. Bei dieser Linse laufen die Lichtstrahlen entlang gekrümmter Linien, mit der Eigenschaft, daß der Abstand zweier Punkte auf der gekrümmten Oberfläche minimal ist. Auf die mathematische Beschreibung dieses Linsentyps sei hier verzichtet. Die Schwierigkeit bei der Herstellung einer geodätischen Linse ergibt sich dadurch, daß man eine asphärische Fläche mit Submikrometergenauigkeit herstellen muß. Hierzu gibt es die Möglichkeit der Formung mit Hilfe von Ultraschall oder einem Diamantwerkzeug (*diamond turning*). Beides sind allerdings aufwendige Verfahren.

Diffraktive Linsen in Wellenleitern werden als 2-D Phasenverteilungen hergestellt. Dazu wird die Phase einer Linse modulo 2π genommen. Man erhält also dünne Strukturen im Vergleich zu refraktiven Linsen. Die Phasenverteilung einer einfachen Linse ist durch folgenden Ausdruck beschrieben:

$$\varphi(x) = - \left(\frac{\pi n}{\lambda f} \right) x^2 \qquad (9.47)$$

Die 2π-Segmentierung ergibt ein Profil wie in Abb. 9.27.c dargestellt. Ein geeignetes Verfahren zur Herstellung von diffraktiven Wellenleiterlinsen ist die optische Lithographie oder Elektronenstrahllithographie.

9.6 Wellenleiter in photonischen Kristallen

Konventionelle Wellenleiter beruhen auf dem Prinzip der inneren Totalreflexion. Bei niedrigen Brechzahlunterschieden zwischen Kern- und Mantelbereich ist das *Confinement* der Welle allerdings gering, was bei Krümmungen und Überschneidungen von Wellenleitern zu Problemen (Abstrahlverluste, Übersprechen zwischen unterschiedlichen Wellenleitern) führt. Hieraus ergibt sich bei der integrierten Wellenleiteroptik häufig das praktische Problem einer geringen Dichte der Strukturen, da man nur sehr große Krümmungsradien realisieren kann. Dies ist anders bei der Wellenleitung in „photonischen Kristallen". Dabei handelt es sich um ein-, zwei- oder dreidimensional strukturierte Gitter.

Das Prinzip photonischer Kristalle wurde in den 1980er Jahren vorgeschlagen und hat in den letzten Jahren große Aufmerksamkeit auf sich gezogen. Von der Wellenausbreitung in periodischen Potentialen (z. B. der Gitterbeugung, insbesondere auch an Bragg-Gittern, der Wellenleiterausbreitung, aber auch der Ausbreitung von Elektronen in Halbleiterkristallen) ist bekannt, daß erlaubte und verbotene k-Bereiche auftreten. Bei Halbleitern spricht man von Bändern und Bandlücken. Elektronen können keine Energien (verknüpft mit den k-Werten) in den elektronischen Bandlücken haben. Genauso können sich Photonen mit k-Werten der photonischen Bandlücken nicht in einem photonischen Kristall ausbreiten. Dies führt u. a. zur Unterdrückung der spontanen Emission im Frequenzbereich der Bandlücke.

Unterbricht man die Regelmäßigkeit der periodischen Struktur (Abb. 9.28), so spricht man in Anlehnung an die Halbleiterelektronik von Störstellen. Dort, wo Störstellen auftreten, können Photonen mit eigentlich „verbotenen" Energien den Kristall passieren. Dies wird dazu ausgenutzt, um sehr effiziente Wellenleiter zu realisieren. Gegenüber herkömmlichen Wellenleitern haben diese Störstellenwellenleiter große Vorteile: u. a. ist das *Confinement* der Lichtwelle so gut, daß man extrem kleine Krümmungsradien realisieren kann. Dies ermöglicht es z. B., 90°-Winkel nahezu verlustfrei zu realisieren. Voraussetzung ist ein ausreichend großer Brechzahlunterschied, der durch die Strukturierung (Flächenverhältnis) bestimmt wird. Die Strukturgrößen in photonischen Kristallen sind von der Größenordnung λ/n, also der Wellenlänge im Material.

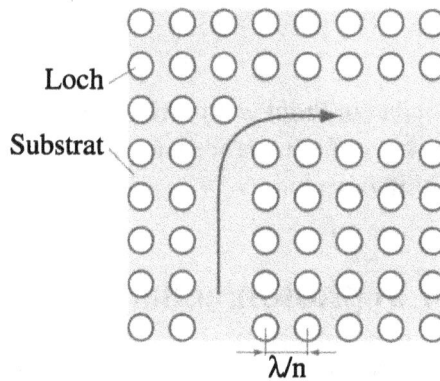

Abbildung 9.28: Wellenleitung durch Störstellen in einem photonischen Kristall (hier: 90°-Kurve). Die Löcher werden durch Nanostrukturierung des Substratmaterials hergestellt.

10 Nichtlineare Optik

Bisher haben wir uns mit der Lichtausbreitung in linearen Medien und passiven optischen Bauelementen befasst. Zur Erzeugung von Licht, die Modulation, das Schalten usw. werden Bauelemente mit nichtlinearen Eigenschaften verwendet. In diesem Abschnitt behandeln wir die physikalischen Grundlagen der nichtlinearen Optik und beschreiben die wesentlichen Effekte.

10.1 Physikalische Grundlagen

Grundlage der linearen Systemtheorie ist das Superpositionsprinzip, welches sich in der Optik aus der Linearität der Wellengleichung ergibt. Physikalisch gesehen ist für lineare optische Systeme charakteristisch, daß z. B. der Brechungsindex eines Mediums unabhängig von der Intensität einer sich darin ausbreitenden optischen Welle ist und daß sich beim Durchgang durch ein lineares Medium nicht die Frequenz des Lichtes ändert. Wenn sich zwei Lichtwellen in einem linearen Medium überlagern, dann beeinflussen sie sich nicht gegenseitig. Anders in einem nichtlinearen Medium: hier ist der Brechungsindex n von der Intensität der elektromagnetischen Welle abhängig. Dies kann wiederum bewirken, daß beim Durchgang einer Welle durch ein nichtlineares Medium höhere Harmonische angeregt werden, was man z. B. zur Frequenzverdopplung des Lichtes ausnutzt. Indem eine Lichtwelle die Eigenschaften eines nichtlinearen Materials verändert, ist es möglich, daß man mit Hilfe eines Lichtstrahls einen zweiten kontrolliert, also u. U. logische Operationen auf optischem Wege durchführt. Es ist wichtig, sich zu merken, daß Licht nicht direkt mit Licht wechselwirkt (der Wirkungsquerschnitt für die Photon-Photon-Wechselwirkung ist verschwindend klein), sondern daß diese Wechselwirkung über das nichtlineare Medium funktioniert.

Im Falle eines linearen Mediums ist der Zusammenhang zwischen der elektrischen Polarisation P und dem elektrischen Feld E der Lichtwelle durch

$$P = \varepsilon_0 \chi E \tag{10.1}$$

gegeben, wobei ε_0 die Dielektrizitätskonstante des Vakuums ist und χ die elektrische Suszeptibilität (Abb. 10.1.a). Über ein klassisches Modell, in dem der Einfluß der Materie durch einen atomaren Oszillator beschrieben wird, haben wir in Kapitel 6 den

Zusammenhang zwischen P und E durch Einführung einer komplexen Dielektrizitätskonstanten dargestellt. Dabei ist der Realteil der Dielektrizitätskonstanten mit dem Brechungsindex, der Imaginärteil mit dem Absorptionskoeffizienten verknüpft.

In einem nichtlinearen, aber homogenen und isotropen Medium ist der Zusammenhang zwischen P und E durch folgenden Ausdruck gegeben, s. Abb. 10.1.b:

$$P = \varepsilon_0(\chi E + \chi_2 E^2 + \chi_3 E^3 + \dots) \qquad (10.2)$$

Die Terme χ_2 und χ_3 beschreiben nichtlineare Wechselwirkungen zwischen der Lichtwelle und der Materie. Sie treten i. a. erst bei hohen Feldstärken in Erscheinung.

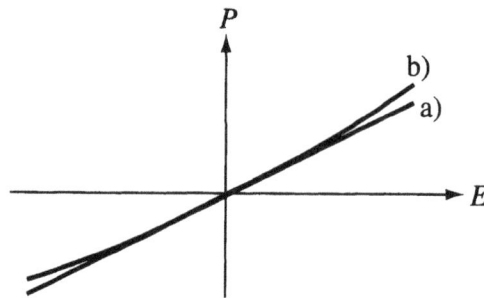

Abbildung 10.1: Zusammenhang zwischen elektrischer Polarisation P und elektrischer Feldstärke E in einem a) linearen, b) nichtlinearen Medium.

Die Nichtlinearität kann mikroskopischen oder makroskopischen Ursprungs sein. Die elektrische Polarisierbarkeit läßt sich als das Produkt eines Elementardipolmoments d und der Dichte N der Elementardipole beschreiben: $P = Nd$ (Gleichung (4.5)). Nichtlineares Verhalten wird zum einen verursacht als Folge einer Abhängigkeit der Konzentrationsdichte N von der elektrischen Feldstärke. Dies ist z. B. beim Laser der Fall, wo die Anzahl der Atome in einem angeregten Zustand proportional zur Zahl der einfallenden Photonen ist. Nichtlineares Verhalten kann auch über das Dipolmoment verursacht werden. Das Dipolmoment d ist für kleine Feldstärken proportional zur elektrischen Feldstärke, $d = aE$, wobei a die Polarisierbarkeit des Mediums ist. Für große Feldstärken ist der Zusammenhang nichtlinear.

10.2 Nichtlineare Wellengleichung

In einem polarisierbaren, dielektrischen Medium lauten die Maxwellgleichungen wie folgt:

$$
\begin{aligned}
\nabla \times \boldsymbol{E} &= -\frac{\partial B}{\partial t} & \nabla \cdot \boldsymbol{D} &= \varrho \\
\nabla \times \boldsymbol{H} &= \frac{\partial D}{\partial t} + \boldsymbol{j} & \nabla \cdot \boldsymbol{B} &= 0
\end{aligned}
\qquad (10.3)
$$

Dabei sind H und D Hilfsfelder, welche durch folgende Gleichungen definiert sind:

$$D = \varepsilon_0 E + P \tag{10.4}$$

$$H = \mu_0^{-1} B - M \tag{10.5}$$

Dabei ist $P = Nd$ die Polarisationsdichte und M die Magnetisierungsdichte, welche ähnlich definiert wird wie die Polarisationsdichte. In einem linearen isotropen Medium gilt:

$$D = \varepsilon E \tag{10.6}$$

$$B = \mu H \tag{10.7}$$

Im freien Raum ist $P = M = 0$, so daß man die ursprünglichen Maxwell'schen Gleichungen herleiten kann. In einem nichtmagnetischen Medium ist $M = 0$. Im folgenden betrachten wir ausschließlich nichtmagnetische Medien.

Ähnlich wie in Kapitel 1 benutzen wir einen formalen Weg, um die Wellengleichung für nichtlineare Medien herzuleiten.Durch Anwendung des Rotationsoperators und des Differentialoperations $\partial/\partial t$ erhalten wir:

$$\nabla \times \nabla \times E = -\mu_0 \frac{\partial^2 D}{\partial t^2} \tag{10.8}$$

Mit (10.6) und $\nabla \times \nabla \times E = \nabla(\nabla \cdot E) - \Delta E$ kann man schreiben:

$$\nabla(\nabla \cdot E) - \Delta E = -\varepsilon_0 \mu_0 \frac{\partial^2 E}{\partial t^2} - \mu_0 \frac{\partial^2 P}{\partial t^2} \tag{10.9}$$

Mit div $D = 0$ und $D = \varepsilon E$ (gültig für ein homogenes isotropes Medium) ergibt sich div $E = 0$. Damit und mit $\varepsilon_0 \mu_0 = c_0^{-2}$ erhalten wir schließlich:

$$\Delta E - \frac{1}{c_0^2} \frac{\partial^2 E}{\partial t^2} = \mu_0 \frac{\partial^2 P}{\partial t^2} \tag{10.10}$$

Dies ist die nichtlineare Wellengleichung für ein homogenes und isotropes dielektrisches Medium. Es erweist sich als günstig, P in einen linearen und einen nichtlinearen Anteil aufzuspalten:

$$\begin{aligned} P &= \varepsilon_0 \chi E + P_{\mathrm{NL}} \\ P_{\mathrm{NL}} &= \varepsilon_0(\chi_2 E^2 + \chi_3 E^3 + \dots) \end{aligned} \tag{10.11}$$

Mit Hilfe der Beziehungen $n^2 = 1 + \chi$ und $c = c_0/n$ kann man (10.10) umformen und erhält:

$$\Delta E - \frac{1}{c^2} \frac{\partial^2 E}{\partial t^2} = \mu_0 \frac{\partial^2 P_{\mathrm{NL}}}{\partial t^2} \tag{10.12}$$

Gleichung (10.12) stellt eine nichtlineare partielle Differentialgleichung dar. Es gibt i. a. keine exakte Lösung für (10.12). Man verwendet zwei Näherungsverfahren zur numerischen Berechnung, zum einen die sogenannte Born-Approximation, zum anderen den Ansatz der *coupled-wave*-Theorie, auf die hier allerdings nicht eingegangen wird.

10.3   Nichtlinearität zweiter Ordnung

In diesem Abschnitt behandeln wir die Eigenschaften eines nichtlinearen optischen Mediums, in dem alle Nichtlinearitäten höherer Ordnung als durch den Term χ_2 ausgedrückt vernachlässigbar sind. In diesem Fall ist also

$$P_{\mathrm{NL}} = \varepsilon_0 \chi_2 E^2 \tag{10.13}$$

Nichtlinearitäten zweiter Ordnung spielen eine Rolle bei der Frequenzverdoppelung, dem elektrooptischen Effekt und dem sogenannten *three-wave mixing*.

10.3.1   Frequenzverdoppelung

Wir betrachten eine monochromatische Welle mit dem elektrischen Feld $E(t) = \hat{E}_0 \exp(2\pi i\nu t)$. Für die physikalischen Effekte ist nur der Realteil von Bedeutung, so daß wir schreiben:

$$E(t) = E_0 \cos(2\pi\nu t) \tag{10.14}$$

Gemäß (10.13) reagiert das Medium auf dieses Feld mit der elektrischen Polarisation

$$
\begin{aligned}
P_{\mathrm{NL}}(t) &= \varepsilon_0 \chi_2 E_0{}^2 \Big[1 + \cos(2\pi 2\nu t) \Big] \\
&= \underbrace{P_{\mathrm{NL}}(0)}_{\text{Gleichanteil}} + \underbrace{P_{\mathrm{NL}}(2\nu)}_{\text{doppelteFrequenz}}
\end{aligned}
\tag{10.15}
$$

Der Vorgang ist in Abb. 10.2 schematisch dargestellt. Das vom Medium abgestrahlte Feld hat also die doppelte Frequenz wie die einfallende Welle. Der Gleichanteil der Polarisation spielt keine Rolle, da in der nichtlinearen Wellengleichung (10.12) die zweite Ableitung von P_{NL} vorkommt.

Wenn wir den Term auf der rechten Seite der nichtlinearen Wellengleichung (10.12) betrachten, so erhalten wir mit (10.16):

$$\mu_0 \frac{\partial^2 P_{\mathrm{NL}}}{\partial t^2} = \frac{\chi_2}{c^2} \left(4\pi\nu\right)^2 E_0{}^2 \cos(4\pi\nu t) \tag{10.16}$$

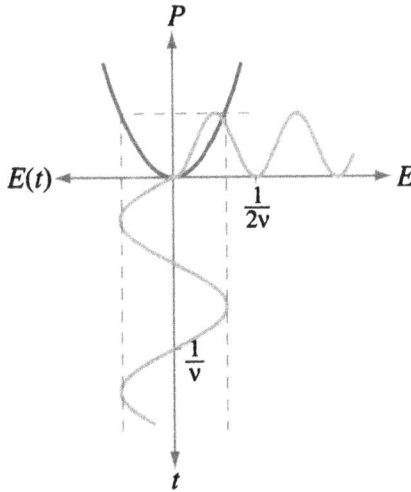

Abbildung 10.2: Frequenzverdoppelung bei quadratischer Nichtlinearität. Ein sinusoidales Feld mit der Frequenz ν erzeugt eine elektrische Polarisation, die aus einem Gleichanteil besteht und einer Komponente bei 2ν.

Dies entspricht der Amplitude des abgestrahlten Feldes, seine Intensität I ist proportional zu:

$$I(2\nu) \propto \chi_2{}^2 I_0{}^2 \nu^4 = \frac{\chi_2{}^2 I_0{}^2}{\lambda^4} \qquad (10.17)$$

Bemerkenswert ist die starke Wellenlängenabhängigkeit, die besagt, daß die Frequenzumwandlung bei kürzeren Wellenlängen effizienter funktioniert. Die Intensitätsabhängigkeit besagt, daß es erforderlich ist, die optische Intensität auf eine möglichst kleine Fläche zu konzentrieren. Um die Effizienz der Umwandlung zu steigern, sollte die Wechselwirkung über eine möglichst lange Strecke stattfinden. Dies ist der Grund, weshalb man die Frequenzverdoppelung z. B. in Glasfasern durchführt, welche mit Ge oder P dotiert sind. Dies setzt man zur Frequenzverdoppelung (und Vervierfachung) der 1,064 μm-Strahlung eines Nd^{3+}:YAG-Lasers ein. Andere Materialien, die zur Frequenzverdoppelung ausgenutzt werden, sind KDP (chemische Formel: KH_2PO_4) für Rubinlaser (0,694 μm→ 0,347 μm). Auch in Halbleitermaterialien wie GaAs tritt Frequenzverdoppelung auf, was die Erzeugung von Licht im blauen oder UV-Bereich zuläßt. Letzteres ist insbesondere von Interesse, um kurzwellige Laserdioden für die optische Datenspeicherung zur Verfügung zu haben.

10.3.2 Elektrooptischer Effekt

Wir betrachten nun den Fall, wo die einfallende Welle neben einem monochromatischen Anteil noch einen Gleichanteil erhält, d. h.

$$E(t) = E(0) + E(\nu)\cos(2\pi\nu t) \qquad (10.18)$$

Man bezeichnet $E(0)$ als das „elektrische Feld" und $E(\nu)$ als das „optische Feld",
obwohl beides elektrische Felder sind. Setzt man (10.18) in (10.13) ein, so erhält man
drei unterschiedliche Terme in der elektrischen Polarisation bei den Frequenzen 0, ν
und 2ν:

$$P_{\mathrm{NL}} = P_{\mathrm{NL}}(0) + P_{\mathrm{NL}}(\nu)\cos(2\pi\nu t) + P_{\mathrm{NL}}(2\nu)\cos(4\pi\nu t) \tag{10.19}$$

mit

$$
\begin{aligned}
P_{\mathrm{NL}}(0) &= \varepsilon_0\chi_2\left[E^2(0) + E^2(\nu)\right] \\
P_{\mathrm{NL}}(\nu) &= \varepsilon_0\chi_2 2\,E(0)E(\nu) \\
P_{\mathrm{NL}}(2\nu) &= \varepsilon_0\chi_2\,E^2(\nu)
\end{aligned}
\tag{10.20}
$$

Wenn das optische Feld deutlich schwächer ist als das elektrische ($|E(\nu)|^2 \ll |E(0)|^2$),
dann kann $P_{\mathrm{NL}}(2\nu)$ vernachlässigt werden. Dies kann man als Linearisierung von P_{NL}
als Funktion von E auffassen. Der Term für die erste Harmonische, $P_{\mathrm{NL}}(\nu)$, ist proportional zu $E(\nu)$, was wir in der Form

$$P_{\mathrm{NL}}(\nu) = \varepsilon_0\Delta\chi E(\nu) \tag{10.21}$$

schreiben können mit $\Delta\chi = 2\chi_2 E(0)$. $\Delta\chi$ kann man als eine Änderung der Suszeptibilität proportional zu $E(0)$ auffassen. Dem entspricht eine Änderung des Brechungsindex, die man wegen $n^2 = 1 + \chi$ durch Differentiation mit $2n\Delta n = \Delta\chi$ bestimmen
kann. Insgesamt ergibt sich damit

$$\Delta n = \frac{\chi_2}{n}\,E(0) \tag{10.22}$$

Das Medium verhält sich dann i. w. linear mit einem Brechungsindex $n + \Delta n$, der
linear vom elektrischen Feld $E(0)$ zusammenhängt. Der nichtlineare Charakter des
Mediums sorgt dafür, daß das elektrische und das optische Feld einander wechselsei-
tig kontrollieren, so daß der lineare elektro-optische Effekt auftritt, den man auch als
Pockels-Effekt bezeichnet. Dieser Effekt wird durch den Ausdruck

$$\Delta n = n^3 r_{63}\,E(0) \tag{10.23}$$

beschrieben. r_{63} ist die elektrooptische Konstante, die nach (10.22) durch

$$r_{63} = \frac{\chi_2}{n^4} \tag{10.24}$$

gegeben ist. Pockels-Zellen z. B. aus KDP sind elektrooptische Komponenten, die man
zur Modulation von Lichtstrahlen einsetzt. Die Arbeitsspannungen liegen im Bereich
einiger Kilovolt (siehe Übungsaufgabe 10.1).

10.4 Nichtlinearität dritter Ordnung

Nichtlinearitäten zweiter Ordnung treten nicht in Materialien auf, die eine zentrosymmetrische Kristallstruktur besitzen. Wegen der Symmetrie ist dann $\chi_2 = 0$, da bei Umkehrung der Richtung des elektrischen Feldes sich P ebenfalls exakt umkehren muß. Für solche Kerr-Medien genannten Materialien ist die dominante Nichtlinearität von dritter Ordnung:

$$P_{\mathrm{NL}} = \varepsilon_0 \, \chi_3 \, E^3 \tag{10.25}$$

Kerr-Materialien erzeugen dritte Harmonische sowie die Summen und Differenzen von Frequenztriplets.

10.4.1 Erzeugung der dritten Harmonischen

Wenn wir eine monochromatische Welle, die durch (10.14) beschrieben wird, auf ein Kerr-Medium fallen lassen, dann wird eine Polarisation hervorgerufen mit Anteilen bei ν und bei 3ν:

$$
\begin{aligned}
P_{\mathrm{NL}}(\nu) &= 3\chi_3 \, |E(\nu)|^2 \, E(\nu) \\
P_{\mathrm{NL}}(3\nu) &= \chi_3 \, E^3(\nu)
\end{aligned}
\tag{10.26}
$$

10.4.2 Optischer Kerr-Effekt

Der Ausdruck in (10.26) für $P_{\mathrm{NL}}(\nu)$ läßt sich im Sinne einer Variation der Suszeptibilität des Materials begreifen:

$$P_{\mathrm{NL}}(\nu) = \varepsilon_0 \, \Delta\chi \, E(\nu) = 6 \, \chi_3 \, \eta I \tag{10.27}$$

Hierbei ist

$$I = \frac{|E(\nu)|^2}{2\eta} \tag{10.28}$$

die Intensität der einfallenden Welle. η ist die Impedanz des Mediums, $\eta = \frac{1}{n}\left(\frac{\mu_0}{\varepsilon_0}\right)^{1/2}$. Mit $n^2 = 1 + \chi$ ergibt sich wiederum eine Variation des Brechungsindex

$$\Delta n = \frac{3\eta}{\varepsilon_0 n} \chi_3 I = n_2 \, I \tag{10.29}$$

Diese Veränderung ist proportional zur optischen Intensität bzw. zum Quadrat des elektrischen Feldes der einfallenden Welle. Man spricht daher vom quadratischen elektrooptischen Effekt oder Kerr-Effekt. Für den Brechungsindex eines Kerr-Mediums können wir also schreiben:

$$n(I) = n + n_2 \, I \quad \text{mit} \quad n_2 = \frac{3\eta}{n^2 \varepsilon_0} \tag{10.30}$$

Diesen Effekt bezeichnet man wegen seiner Analogie zum elektro-optischen Kerr-Effekt als optischen Kerr-Effekt. Beim elektro-optischen Kerr-Effekt verursacht ein elektrisches Feld E eine Veränderung des Brechungsindex proportional zu E^2. Der optische Kerr-Effekt ist selbstinduziert. Die Phase der Lichtwelle hängt von der Intensität der Welle selbst ab. Die Größenordnung des Effekts wird durch n_2 ausgedrückt. In cm^2/W gemessen, variiert n_2 um viele Größenordnungen abhängig vom Material. Wie Tabelle 10.1 zeigt, ist dieser Effekt am stärksten in organischen Materialien und in manchen Halbleitern unter bestimmten Bedingungen. Er wird aber auch in einfachen SiO$_2$-Glasfasern ausgenutzt, wo man über ausreichend großen Längen gehen kann, um z. B. eine Phasenverschiebung von π zu erzielen.

Material	n_2 in cm^2/W
SiO$_2$	$3{,}2 \cdot 10^{-16}$
Nichtlineare (metalldotierte) Gläser	$10^{-14} \ldots 10^{-15}$
GaAs	$4 \cdot 10^{-14}$ $2{,}5 \cdot 10^{-13}$
Organische Materialien, z. B. Poly(4BCMU)	$2{,}5 \cdot 10^{-13}$
InSb bei 77 K	10^{-4}

Tabelle 10.1: n_2-Werte für den optischen Kerr-Effekt.

Es gibt mehrere optische Phänomene und Effekte, welche auf χ_3-Effekten beruhen und welche intensiv für Anwendungen in der optischen Nachrichtentechnik untersucht werden. Hierzu gehören Solitonen, optische Bistabilität und nichtlineare optische Logikgatter.

10.5 χ_3-Effekte

10.5.1 Selbstphasenmodulation, Selbstfokussierung und räumliche Solitonen

Eine optische Welle, die sich in einem Kerr-Medium ausbreitet, erfährt auf Grund der nichtlinearen Wechselwirkung mit dem Material eine Phasenverschiebung. Diese beträgt

$$\Delta\varphi = 2\pi n_2 \frac{L}{\lambda} \frac{P}{A} \qquad (10.31)$$

wobei L die zurückgelegte Strecke im Material ist, λ die Wellenlänge, P die optische Leistung der Welle und A der Querschnitt. Um eine möglichst große Veränderung der

Phase zu erhalten, sollte L maximal und A minimal sein. Im allgemeinen verwendet man daher Wellenleiter, um den optischen Kerr-Effekt auszunutzen.

Eine interessante Variation der Selbstphasenmodulation ist die Selbstfokussierung. Wenn ein nichthomogener Strahl (bei dem die Intensität räumlich variiert) sich durch ein Kerr-Medium ausbreitet, dann ist die Phasenverschiebung ebenfalls vom Ort abhängig. Wenn die Leistung auf der optischen Achse am größten ist und mit der Entfernung von der Achse abnimmt, dann induziert der Strahl ein Phasenelement, welches in erster Näherung als Sammellinse wirkt (Abb. 10.3). Durch diese Linse wird das Licht zu einem Brennpunkt hin fokussiert.

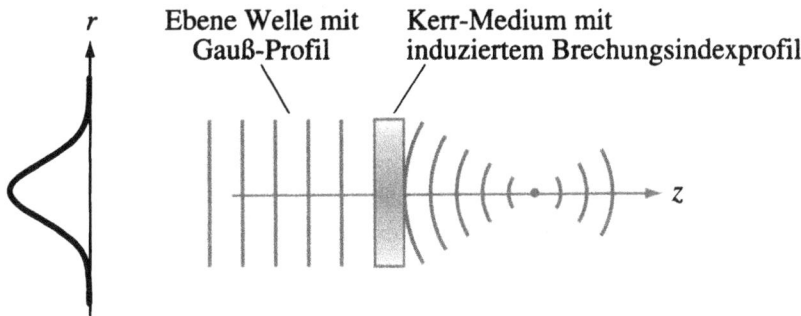

Abbildung 10.3: Selbstfokussierung eines Gauß'schen Strahls durch ein Kerr-Medium.

Im Falle eines Gauß-Strahles ist in erster Näherung die Intensität

$$I(r) \approx I_0\left[1 - (\frac{r}{w})^2\right] = I_0\left[1 - \frac{x^2 + y^2}{w^2}\right] = I_0 - \Delta I(x, y) \qquad (10.32)$$

Die Phasenverteilung in dem Kerr-Medium ergibt sich dann als

$$e^{(ik\Delta\varphi)} \propto e^{(ik\Delta I)} = e^{[-i(\pi/\lambda f)(x^2 + y^2)]} \qquad (10.33)$$

wobei f die Brennweite der Linse ist.

Wenn man die Dicke des Kerr-Mediums sehr groß macht, so bildet sich durch die Selbstphasenmodulation ein Wellenleiter mit einem Gradientenindexprofil heraus (Abb. 10.4), welcher die Lichtwelle führt. Das Wechselspiel zwischen Lichtintensität und Phasenprofil sorgt unter geeigneten Bedingungen dafür, daß die Welle lateral nicht „auseinanderläuft", sondern über große Entfernungen das gleiche Profil beibehält. Man spricht in diesem Fall von einem räumlichen Soliton. Dieses hat ein Intensitätsprofil, welches durch

$$I(r, z) = I(r) = I_0 \operatorname{sech}^2(\frac{r}{w_0}) \qquad (10.34)$$

gegeben ist und unabhängig von z ist. Räumliche Solitonen weisen die Besonderheit auf, daß sie sich mit einer Phasengeschwindigkeit ausbreiten, welche von der lateralen Ausdehnung („dem Durchmesser") abhängt:

$$v = \frac{c}{1 + \frac{\lambda^2}{8\pi^2 w_0^2}} \qquad (10.35)$$

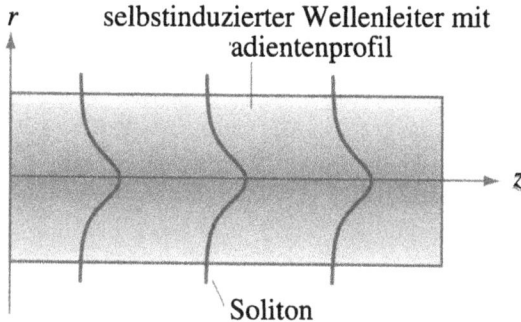

Abbildung 10.4: Räumliche Solitonen durch Selbstfokussierung.

10.5.2 Zeitliche Solitonen

Die im vorigen Abschnitt behandelten räumlichen Solitonen besitzen ein Analogon im Zeitbereich. χ_3-Materialien weisen eine nichtlineare Dispersion auf, die es erlaubt, unter bestimmten Bedingungen ultrakurze Lichtpulse auch über sehr große Entfernungen zu übertragen, ohne daß sich ihre zeitliche Pulsdauer ändert. Dies geschieht durch Wechselwirkung zwischen der Gruppengeschwindigkeit und der Selbstphasenmodulation. Dieser Effekt ist von großem Interesse, um sehr große Datenmengen über faseroptische Strecken zu übertragen, da hierdurch die Möglichkeit besteht, faseroptische Übertragungsstrecken ohne die übliche Dispersion zu realisieren. Übertragungsstrekken mit Solitonen sind in den vergangenen Jahren mehrfach demonstriert worden.

Um zu verstehen, wie in einem nichtlinearen Medium das sonst übliche Auseinanderlaufen der Pulse verhindert wird verwenden wir ein Analogon aus der Mechanik. Wir betrachten eine Gruppe von drei Läufern, die mit leicht unterschiedlichen Geschwindigkeiten laufen. Wenn sich die Läufer auf festem Untergrund bewegen, so wird nach einer gewissen Zeit die Gruppe auseinandergezogen sein (Abb. 10.5). Nun stellen wir uns die Läufer auf einem weichen Untergrund, wie z. B. einer dicken Matte vor. In dem weichen Untergrund ergibt sich ein Tiefenprofil. Für den schnellsten Läufer vorne in der Gruppe ergibt sich hierdurch die Situation, daß er ständig „bergauf" laufen muß, während der langsamste Läufer ständig bergab läuft. Das mechanische Potential wirkt also den unterschiedlichen Laufgeschwindigkeiten entgegen, wodurch die Gruppe zusammengehalten wird.

lineare
Dispersion

nichtlineare
Dispersion

$t = 0$ $t \gg 0$

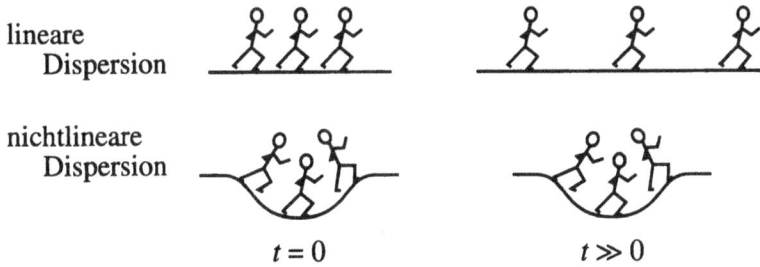

Abbildung 10.5: Erklärung der nichtlinearen Dispersion, welche bei der Entstehung von Solitonen eine Rolle spielt.

Optische Solitonen sind mathematisch gesehen Lösungen der nichtlinearen Schrödingergleichung:

$$i\frac{\partial U}{\partial z} + \frac{1}{2}\frac{\partial^2 U}{\partial t^2} + |U|^2 U = 0 \qquad (10.36)$$

Die Lösung dieser Gleichung entspricht einer Welle mit der Einhüllenden $\Psi(t)$ von der Form:

$$\Psi(t) = \Psi_0 \, \mathrm{sech}\left(\frac{t - z/v}{T}\right) e^{\frac{iz}{4z_0}} \qquad (10.37)$$

Ein Solitonenpuls breitet sich mit der Geschwindigkeit v aus, ohne seine Form zu ändern. Solitonen gibt es übrigens nicht nur im optischen Bereich. Die ersten Berichte über Solitonen stammen von Lord Kelvin, der auf einem Kanal Wasserwellen beobachtete, welche sich über mehrere Kilometer ausbreiteten, ohne auseinanderzulaufen.

10.5.3 Optische Bistabilität

Bei Fabry-Perot-Resonatoren, die aus einem nichtlinearen Material bestehen, existiert häufig kein eindeutiger Zusammenhang zwischen der einfallenden Intensität I_{ein} eines Lichtstrahles und der transmittierten Intensität I_{aus}. Statt dessen beobachtet man ein Transmissionsverhalten wie in Abb. 10.6 gezeigt. Erhöhung der eingestrahlten Intensität führt zu ansteigender Transmission, bis das Ende des unteren Astes der Kennlinie erreicht ist. Dann erfolgt ab einer Eingangsintensität I_1 eine sprunghafte Erhöhung der Transmission. Erniedrigt man nun die einfallende Intensität wieder, so folgt die Transmission dem oberen Ast der Kennlinie. Ab einer gewissen Intensität I_2 kommt es zu einer diskontinuierlichen Absenkung der Transmission. Das geschilderte Verhalten bezeichnet man als optische Bistabilität.

Vorhergesagt wurde dieser Effekt im Jahr 1969 von Szöke u. a. Ein erster experimenteller Nachweis gelang 1978 an Natriumdampf. Seither wurden zahlreiche Ma-

nichtlinearer Fabry-Perot-Resonator

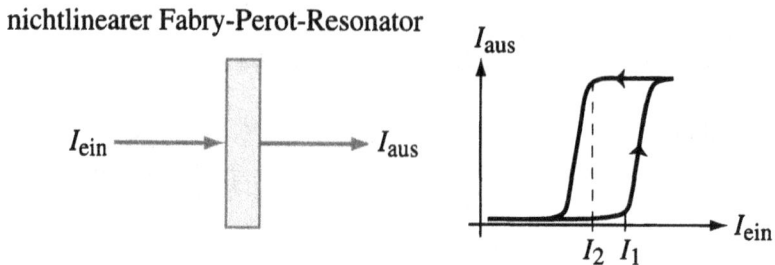

Abbildung 10.6: Kennlinie eines bistabilen optischen Elementes.

terialien experimentell und theoretisch untersucht. Der Effekt der optischen Bistabilität ist von Bedeutung für die Entwicklung logischer Gatter für die optische Informationsverarbeitung. Bistabile Elemente sind in der Digitaltechnik wichtig für die Realisierung logischer Gatter, Schalter und Speicherelemente.

10.5.4 Nichtlineare optische Logikgatter

Man kann den Kerr-Effekt dazu verwenden, rein optische Logikgatter zu realisieren. Dies erreicht man z. B. durch Verwendung eines faseroptischen Sagnac-Interferometers. Über einen Richtkoppler schickt man einen Lichtpuls in eine Faserschleife. Es wird angenommen, daß die Faser polarisationserhaltend ist und der Lichtpuls mit einer wohldefinierten Polarisation eingekoppelt wird. Der Richtkoppler dient als 1×2 Strahlteiler, d. h. er erzeugt zwei Pulse mit gleicher Intensität, welche die Faserschleife in entgegengesetzter Richtung durchlaufen (in Abb. 10.7 schattiert dargestellt). Da die Pulse jeweils den gleichen Weg zurücklegen, überlagern sie sich am Ausgang wieder kohärent und werden als ein Puls reflektiert (als Ausgang (0) gekennzeichnet): die Faserschleife funktioniert so als Spiegel. Koppelt man nun über einen weiteren Richtkoppler einen Kontrollpuls ein, der senkrecht zu den Eingangspulsen polarisiert ist, dann kann man die Faserschleife als Schalter betreiben. Der Kontrollpuls, welcher nur in einer Richtung durch die Faserschleife läuft, verschiebt die Phase des Signalpulses, der mit gleicher Orientierung umläuft, auf Grund der nichtlinearen Veränderung des Brechungsindexes. Der Kontrollpuls muß dazu gleichzeitig mit dem Signalpuls durch die Schleife laufen. Die Phasenverschiebung $\Delta\varphi$ zwischen beiden Signalpulsen wird durch die Intensität des Kontrollpulses und durch die Faserlänge gemäß (10.31) bestimmt. Die Phasenverschiebung bestimmt das Verhältnis der Lichtintensitäten an den beiden Ausgängen des Richtkopplers. Wie es für Interferometer typisch ist, ist der Verlauf der Intensität an den Ausgängen durch $\cos^2(\Delta\varphi)$ bzw. $\sin^2(\Delta\varphi)$ gegeben. Für eine Phasenverschiebung von π wird die gesamte Ausgangsleistung in den zweiten Ausgang übergekoppelt.

Signal ein   Ausgang (0)   Ausgang (π)

Richtkoppler

Kontrollpuls aus   Kontrollpuls

Polarisierende
Strahlteiler

Faserschleife

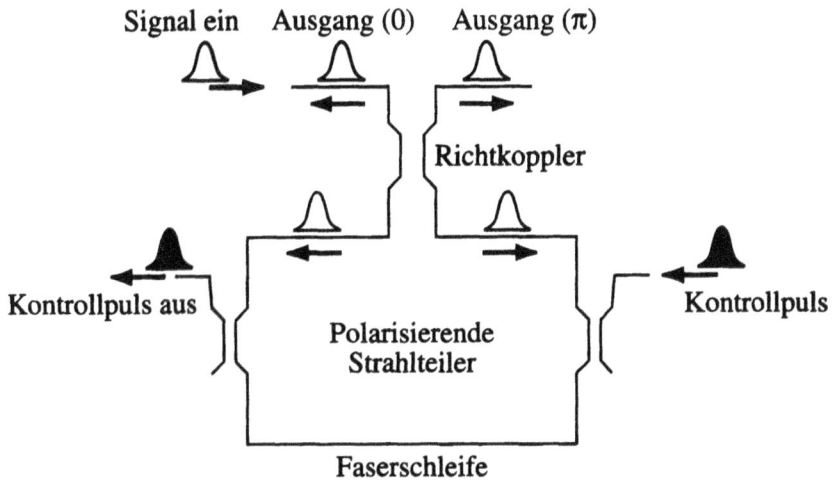

Abbildung 10.7: Nichtlineares faseroptisches Sagnac-Interferometer als logisches Gatter (auch *nonlinear optical loop mirror* genannt).

11 Elektrooptik und Akustooptik

11.1 Grundlagen der Elektrooptik

Im zurückliegenden Kapitel wurde bereits der Pockels-Effekt angesprochen, der in nichtlinearen Medien auftreten kann als Folge der Wechselwirkung einer (intensiven) Lichtwelle mit dem Medium. Der Pockels-Effekt stellt auch — wie der Kerr-Effekt — eine Variante des elektrooptischen Effektes dar. Der elektrooptische Effekt beschreibt eine Veränderung des Brechungsindex in einem geeigneten Medium unter dem Einfluß eines *externen* elektrischen Feldes (Abb. 11.1). Dabei handelt es sich um ein statisches oder langsam veränderliches Feld. Durch Verwendung von Materialien mit anisotroper Struktur lassen sich polarisationsempfindliche Komponenten herstellen.

Der Brechungsindex n eines elektrooptischen Materials hängt von der externen Feldstärke E ab. Die Abhängigkeit von n von E ist i. a. klein, so daß man mit Hilfe einer Taylor-Entwicklung schreiben kann:

$$n(E) = n_0 + \frac{1}{2} r n_0^3 E - \frac{1}{2} s n_0^3 E^2 \qquad (11.1)$$

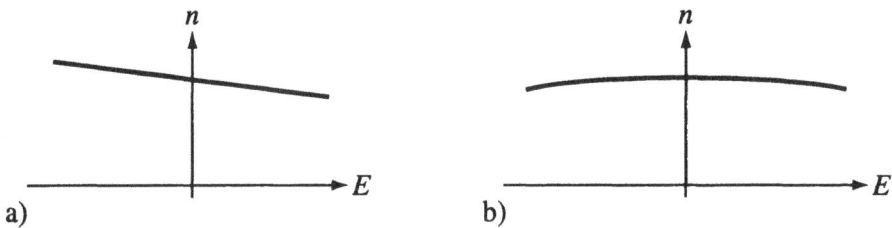

Abbildung 11.1: Verlauf des Brechungsindex im Falle des a) Pockels-Effekts, b) Kerr-Effekts.

n_0 ist hierbei der Brechungsindex für $E = 0$. Die Anteile proportional zu E, E^2 sind wesentlich kleiner als n_0 (Abb. 11.2). Terme höherer Ordnung können vernachlässigt werden. In manchen Materialien ist der Ausdruck mit E^2 vernachlässigbar, so daß man schreiben kann:

$$\Delta n = -\frac{1}{2} r n_0^3 E \qquad (11.2)$$

Dies ist der Fall des Pockels-Effekts, benannt nach dem deutschen Physiker Friedrich Pockels (1865–1913). r bezeichnet man als Pockels-Koeffizienten oder linearen elektrooptischen Koeffizienten. Werte für r liegen im Bereich von $10^{-12} \dots 10^{-10}$ m/V. Als Materialien kommen z. B. ADP ($NH_4H_2PO_4$), KDP (KH_2PO_4) oder $LiNbO_3$ in Frage.

Im Fall von Materialien, welche aus zentrosymmetrischen Molekülen bestehen (dies ist der Fall bei Gasen, Flüssigkeiten und manchen Kristallen), muß $n(E)$ invariant gegenüber einer Vorzeichenumkehr von E sein. In diesem Fall ist $r = 0$ und daher

$$\Delta n = -\frac{1}{2} s n_0^3 E^2 \qquad (11.3)$$

Diesen Fall bezeichnet man als den Kerr-Effekt bzw. das Material als ein Kerr-Medium (nach dem schottischen Physiker John Kerr, 1824–1907). s nennt man den Kerr-Koeffizienten bzw. den quadratischen elektrooptischen Koeffizienten. s liegt im Bereich von $10^{-22} \dots 10^{-19}$ m^2/V^2 für Flüssigkeiten und $10^{-18} \dots 10^{-14}$ m^2/V^2 für Kristalle.

Beispiel 11.1   Elektrooptischer Effekt

Berechnen Sie für $U = 1$ kV, $d = 1$ cm die relative Veränderung des Brechungsindex $\Delta n(E)$ für den Pockels- und für den Kerr-Effekt. Verwenden Sie hierfür die typischen im Text angegebenen Werte für r bzw. s und nehmen Sie für $n_0 = 1,5$ (Wert für ADP) an.

1. *Pockels-Effekt*:   Es sei $r = 10^{-11}$ m/V. Damit ist:

$$\frac{\Delta n}{n_0} = \frac{1}{2} 10^{-11} (1,5)^3 \, 10^5 \approx O(10^{-6}) \qquad (11.4)$$

2. *Kerr-Effekt*:   Es sei $s = 10^{-20}$ m^2/V^2. Damit ist:

$$\frac{\Delta n}{n_0} = \frac{1}{2} 10^{-20} (1,5)^3 \, 10^{10} \approx O(10^{-10}) \qquad (11.5)$$

11.2 Elektrooptische Bauelemente

Der elektrooptische Effekt wird in diversen optischen Bauelementen verwendet. Beispiele sind Phasen- und Intensitätsmodulatoren, die in Arrayausführung als räumliche Lichtmodulatoren (SLM, *spatial light modulator*) bezeichnet werden, als auch integrierte Wellenleiterstrukturen wie z. B. Richtkoppler. In diesem Kapitel werden wir diskrete Bauelemente behandeln. Auf integrierte Wellenleiterstrukturen werden wir im folgenden Kapitel eingehen.

11.2.1 Phasenmodulatoren

Wenn eine Lichtwelle ein elektrooptisches Material durchläuft, so bewirkt die Veränderung des Brechungsindex eine Phasenverschiebung um den Betrag $\Delta\varphi$:

$$\Delta\varphi = 2\pi \frac{L}{\lambda} \Delta n \qquad (11.6)$$

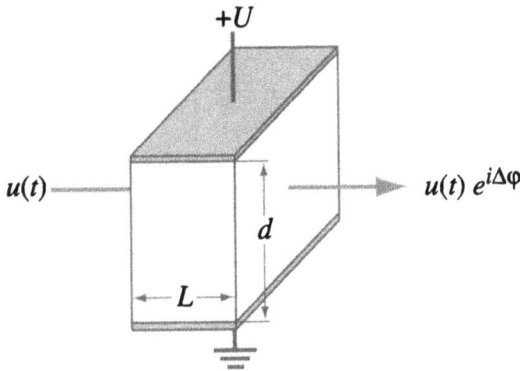

Abbildung 11.2: Elektrooptischer Effekt: Bei Anlegen eines elektrischen Feldes an ein geeignetes Material verändert sich der Brechungsindex des Materials. Dies bewirkt eine Phasenverschiebung einer durchlaufenden Lichtwelle um einen Betrag $\Delta\varphi$. L ist die durchlaufene Strecke, d der Abstand der Elektroden, U die angelegte Spannung.

Um eine Phasenverschiebung von π zu erzielen, wird eine Spannung U_π benötigt, die man als Halbwellenspannung bezeichnet:

$$\Delta\varphi = -\pi \frac{U}{U_\pi} \qquad \text{mit} \qquad U_\pi = \frac{d}{L} \frac{\lambda}{r n_0^3} \qquad (11.7)$$

Beispiel 11.2   Halbwellenspannung

Berechnen Sie die Halbwellenspannung für eine Pockelszelle mit $d = 1$ cm, $L = 1$ cm und $r = 10^{-11}$ m/V sowie einer Wellenlänge von 0,633 μm.

$$U_\pi = \frac{d}{L} \frac{\lambda}{r n_0^3} \approx 16,7\,\text{kV}$$

Das elektrische Feld kann in longitudinaler oder in lateraler (transversaler) Richtung angelegt werden. Im ersten Fall ist $d = L$. Die zeitliche Bandbreite des Modulators wird durch die Zeitdauer begrenzt, welche das Licht zum Durchqueren des Modulators benötigt. Kommerzielle Bauelemente arbeiten im Bereich von einigen Hundert MHz, Bandbreiten bis zu mehreren GHz sind möglich.

11.2.2 Intensitätsmodulatoren

Zur Intensitätsmodulation verwendet man einen Phasenmodulator in einem Arm eines Interferometers, wie am Beispiel des Mach-Zehnder-Interferometers in Abb. 11.3 dargestellt. Hierdurch wird eine Phasenverschiebung in eine Intensitätsmodulation umgewandelt.

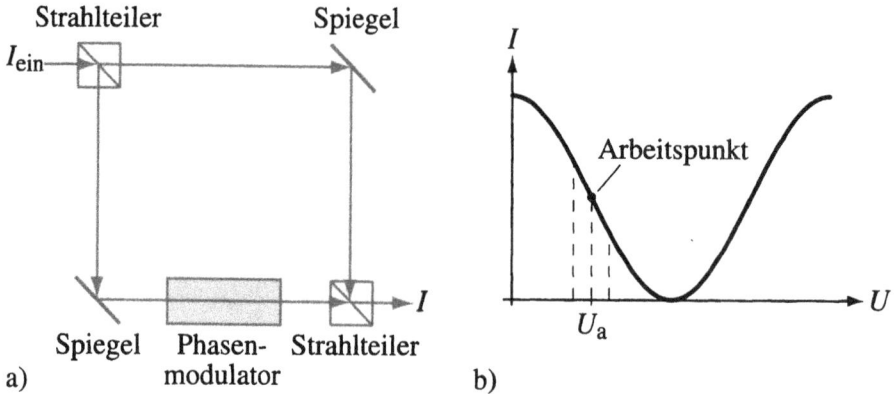

Abbildung 11.3: Intensitätsmodulation mit Hilfe eines Mach-Zehnder-Interferometers.

Die Intensität I am Ausgang ergibt sich als

$$
\begin{aligned}
I &= |u_1 + u_2|^2 \\
&= 2|u|^2 \left(1 + \cos \Delta\varphi\right) \\
&= I_{\text{ein}} \cos^2 \left(\frac{\Delta\varphi}{2}\right)
\end{aligned}
\tag{11.8}
$$

wobei $I_{\text{ein}} = 4|u|^2$. Hier wurde angenommen, daß $|u_1| = |u_2| = |u|$ und daß $u_1 = u_2 \exp[\pm i\Delta\varphi]$. Der Phasenunterschied $\Delta\varphi$ zwischen beiden Wellen bestimmt den Intensitätsverlauf des Ausgangsstrahls, wobei sich eine kosinusförmige Abhängigkeit ergibt. Um eine lineare Modulation zu erzielen, wird die Spannung U am elektrooptischen Modulator in einem bestimmten Bereich um einen Arbeitspunkt U_A variiert, s. Abb. 11.3. In Abhängigkeit der Spannung U kann man für die Transmission des Modulators auch schreiben:

$$
T(U) = \cos^2 \left(\frac{\pi}{2} \frac{U}{U_\pi}\right) \qquad \text{für} \quad \varphi_0 = 0
\tag{11.9}
$$

11.2.3 Räumliche Lichtmodulatoren

Ein räumlicher Lichtmodulator (*spatial light modulator*) ist ein (meist zweidimensionales) Bauelement, welches die Phase oder Intensität einer Lichtwelle an unterschiedlichen Positionen unterschiedlich beeinflußt. Die Adressierung, d. h. die Kontrolle der

Amplituden- oder Phasentransmission, kann elektrisch oder optisch erfolgen. Im Falle der optischen Adressierung sorgt eine Lichtverteilung für eine Spannungsverteilung im Modulator, welche über eine geeignete Optik ausgelesen wird. Im Falle der elektrischen Adressierung erfolgt die Kontrolle der Spannung lokal z. B. über eine Matrixanordnung von metallischen Drähten. In diesem Fall ist die aktive Fläche des SLM pixelliert, d. h. in kleine diskrete Bereiche unterteilt (Abb. 11.4).

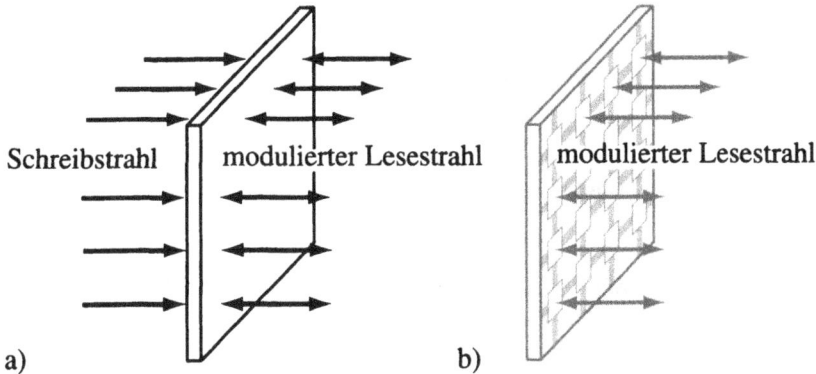

Schreibstrahl   modulierter Lesestrahl   modulierter Lesestrahl

a)   b)

Abbildung 11.4: Räumlicher Lichtmodulator: a) optische Adressierung, b) elektrische Matrixadressierung.

Um einen Lichtmodulator herzustellen, der auf dem elektrooptischen Effekt beruht, kann man entweder geeignete Kristalle verwenden (z. B. BSO) oder Flüssigkristallkomponenten. Modulatoren, die BSO-Kristalle ($Bi_{12}SiO_{20}$) verwenden, beruhen auf dem Pockels-Effekt. Die Besonderheit von Wismutoxid ist, daß das Material im blauen Bereich photoleitend ist, jedoch nicht im roten. Beim Pockels-Modulator (*Pockels readout optical modulator*, PROM) nutzt man dies aus, indem man mit einem blauen Schreibstrahl eine Ladungs- und somit eine Spannungsverteilung in dem Kristall erzeugt. Der BSO-Kristall befindet sich zwischen zwei transparenten Elektroden aus Indiumzinnoxid (*indium tin oxide*, ITO). Mit einem roten Lichtstrahl kann man die Information auslesen, ohne sie zu beeinflussen (Abb. 11.5). Der Modulator beinhaltet einen dichroitischen Strahlteiler, der blaues Licht transmittiert, aber rotes reflektiert. Der rote Lesestrahl wird mit Hilfe eines polarisierenden Strahlteilers auf den SLM gelenkt. Dieser spielt die Rolle einer Polarisator-Analysator-Anordnung. Bedingt durch diese Anordnung wird der Lesestrahl in seiner Intensität moduliert.

Ein praktischer Nachteil von BSO ist die hohe erforderliche Betriebsspannung von mehreren Kilovolt, s. Beispiel 11.1. Wesentlich niedrigere Spannungen sind für Flüssigkristallmodulatoren erforderlich. Flüssigkristalle bestehen aus langen zigarrenförmigen Molekülen, die einen Zwischenzustand zwischen einer Flüssigkeit (beliebig ungeordnet) und einem Kristall (feste Anordnung im Kristallgitter) annehmen. Man unterscheidet zwischen dem nematischen, dem smektischen und dem cholesterischen Zustand.

dichroitischer Spiegel BSO-Kristall pol. Strahlteiler

Schreibstrahl, blau   ⁻äumlich modulierter Strahl

transparente ITO-Elektroden

Auslesestrahl, rot

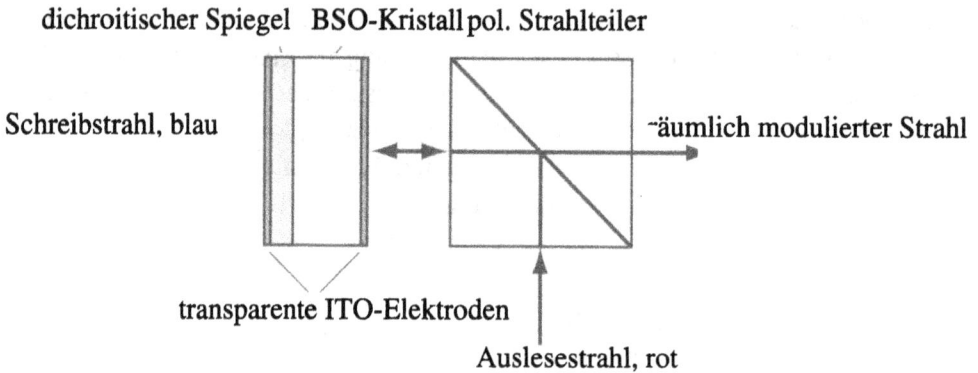

Abbildung 11.5: PROM-Modulator. Erklärungen im Text.

Bei nematischen Flüssigkristallen sind die Moleküle gleichmäßig ausgerichtet, aber ihre Position ist zufällig. Bei Lichtmodulatoren, die nematische Flüssigkristalle verwenden, befinden sich die Moleküle zwischen zwei Glasplatten. Auf Grund der Nahordnung sind die Moleküle parallel zu den Glasplatten ausgerichtet. Mit Hilfe eines angelegten elektrischen Feldes werden die Moleküle in ihrer Ausrichtung verändert. Die sich ergebende elektrische Polarisation sorgt dafür, daß diese Ausrichtung nicht vollständig ist (Abb. 11.6). Der Orientierungswinkel hängt in nichtlinearer Weise von der angelegten Spannung ab.

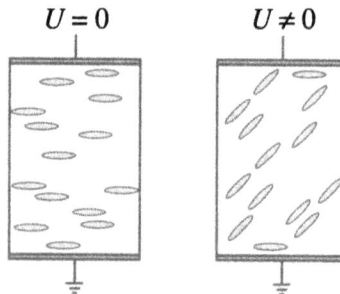

$$U = 0 \qquad\qquad U \neq 0$$

Abbildung 11.6: Nematischer Flüssigkristall: die Achsen der Moleküle sind ausgerichtet. Bei Anlegen einer Spannung verkippen alle Moleküle (mit Ausnahme derjenigen in unmittelbarer Nähe der Glasplatten).

Optisch gesehen wirken die ausgerichteten Moleküle wie ein uniaxialer Kristall mit unterschiedlichen Brechungsindizes in Richtung der Molekülachse und senkrecht dazu. Eine Lichtwelle, welche durch den Modulator läuft, wird somit in ihrem Polarisationszustand beeinflußt. Man kann somit die Phase bzw. — mit Hilfe einer Polarisator-Analysator-Konfiguration — die Intensität der Lichtwelle modulieren.

Flüssigkristalle, die nach dem geschilderten Prinzip arbeiten, sind weit verbreitet bei Anzeigen, werden aber auch für SLM-Technologie eingesetzt (Abb. 11.7). Bei einem verdrehten nematischen Flüssigkristall (*twisted nematic liquid crystal*) wird eine dünne Schicht von Molekülen zwischen zwei Glasplatten gebracht. Durch Verdrehen einer der beiden Glasplatten wird die Orientierung der unterschiedlichen Schichten ebenfalls verdreht. Wenn man die zweite Glasplatte um 90° verdreht, ist die Orientierung der Moleküle an dieser Glasplatte ebenfalls um 90° verdreht gegenüber den Molekülen an der Eingangsseite. Die Helizität dieser Molekülanordnung bewirkt eine Rotation der Polarisationsebene einer linear polarisierten Welle. Man erreicht somit, daß der Polarisationszustand einer einfallenden Welle sich um 90° dreht. Bei Verwendung einer Polarisator-Analysator-Anordnung, wie in Abb. 11.7 gezeigt, ergibt sich somit Helligkeit am Ausgang. Legt man eine Spannung an, so richten sich die Flüssigkristalle anders aus. Wenn die Verkippung vollständig parallel zum elektrischen Feld ist, verändert sich die Polarisation der Lichtwelle beim Durchlaufen des Modulators nicht, und am Ausgang ist es dunkel. Die beschriebene Anordnung eignet sich somit als Schalter (d. h. zum An-Aus-Schalten des Lichtstrahles) oder als analoger Modulator, bei dem die Helligkeit des Lichtstrahles kontinuierlich durch die angelegte Spannung variiert wird.

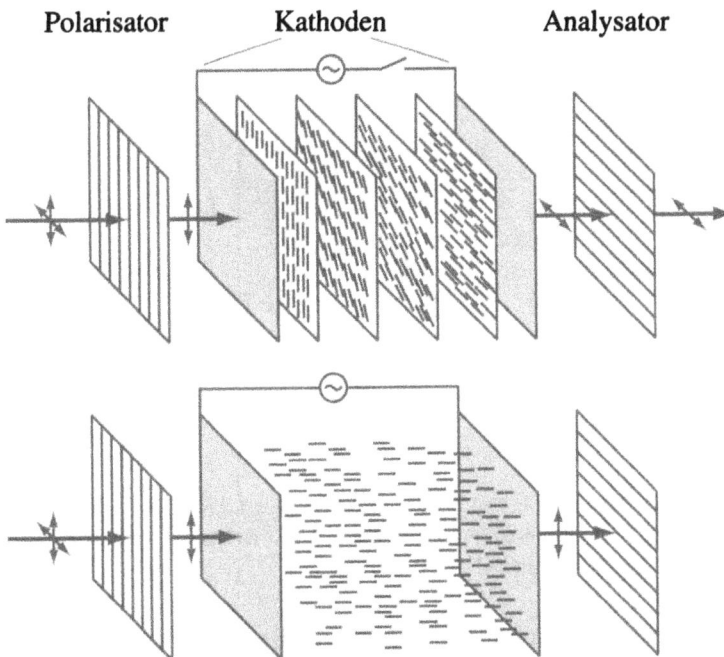

Abbildung 11.7: Flüssigkristall-Modulator (*twisted nematic*).

11.3 Photorefraktive Materialien

In photorefraktive Materialien tritt sowohl Photoleitung auf als auch der elektrooptische Effekt. Die Erzeugung von Ladungsträgern in dem Material als Folge einer optischen Intensitätsverteilung bewirkt die Erzeugung einer Ladungsträgerverteilung. Das so erzeugte interne elektrische Feld bewirkt wiederum über den elektrooptischen Effekt eine räumliche Modulation des Brechungsindex. Daher sind photorefraktive Materialien dazu geeignet, die Information über optische Wellenfelder in Form eines räumlichen Musters zu speichern. Photorefraktive Materialien werden als Speichermedien zur dreidimensionalen optischen Speicherung untersucht, als Filterkomponenten für die optische Informationsverarbeitung und für die sogenannte Echzeitholographie.

Wichtige photorefraktive Materialien sind das bereits bekannte BSO ($Bi_{12}SiO_{20}$), Bariumtitanat ($BaTiO_3$), Lithiumniobat ($LiNbO_3$), Kaliumniobat ($KNbO_3$) und Galliumarsenid (GaAs). Wir wollen den Prozeß der Photorefraktion am Beispiel des Lithiumniobats beschreiben.

Abb. 11.8 zeigt das Energiediagramm für $LiNbO_3$. Bei Beleuchtung werden Ladungsträgerpaare erzeugt. Im Fall von Lithiumniobat dienen Verunreinigungen (Fe^{2+}) als Donoren, welche darauf hin in Fe^{3+}-Zentren übergehen. Die Rate mit der die Ladungsträger erzeugt werden, ist proportional zur einfallenden Lichtintensität. Die Elektronen diffundieren anschließend von den Bereichen weg, wo sie erzeugt wurden und hinterlassen somit positiv geladene Ionen zurück. Auf diese Weise entsteht ein internes elektrisches Feld.

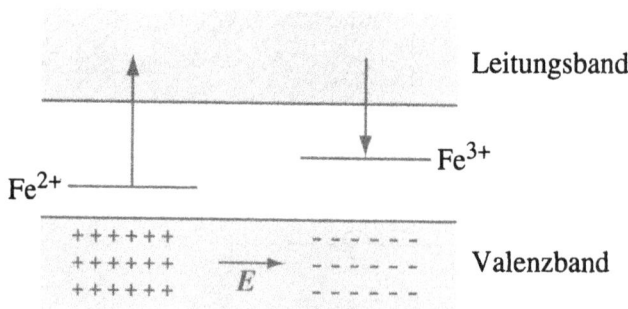

Abbildung 11.8: Banddiagramm für $Fe:LiNbO_3$. Dargestellt sind die Prozesse der Photoionisation und der Rekombination mit Fe^{3+}-Verunreinigungen. Dargestellt ist außerdem das elektrische Feld, welches nach der Diffusion der Elektronen entsteht.

Diese Ladungsträgerverteilung bleibt für eine Weile erhalten, nachdem die Beleuchtung ausgeschaltet wird. Das interne elektrische Feld $E(x)$ bewirkt über den elektrooptischen Effekt eine Brechungsindexverteilung $n(x)$, die optisch ausgelesen werden kann (Abb. 11.9).

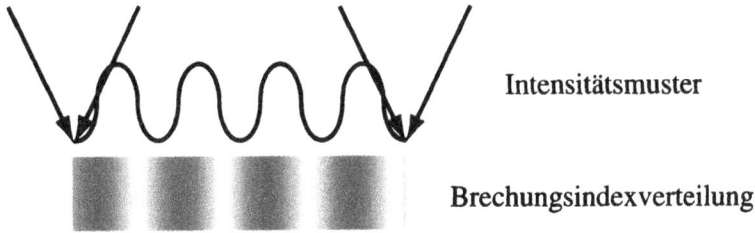

Intensitätsmuster

Brechungsindexverteilung

Abbildung 11.9: Erzeugung eines Phasengitters in einem photorefraktiven Kristall durch Überlagerung zweier verkippter ebener Wellen.

Die Modulation $\Delta n(x)$ des Brechungsindex ist gegeben durch den Ausdruck für den Pockels-Effekt:

$$\Delta n(x) = -\frac{1}{2}\, n_0{}^3 r E(x) \qquad (11.10)$$

Die Beziehung zwischen der Beleuchtungsintensität $I(x)$ und $\Delta n(x)$ ist auf Grund der Proportionalität zwischen der Intensität und der erzeugten Ladungsträgerdichte

$$E(x) = \frac{k_B T}{q}\, \frac{dI/dx}{I(x)} \qquad (11.11)$$

so daß man insgesamt schreiben kann:

$$\Delta n(x) = -\frac{1}{2}\, n_0{}^3 r\, \frac{k_B T}{q}\, \frac{dI/dx}{I(x)} \qquad (11.12)$$

Die Herleitung obiger Gleichung, auf deren Details hier nicht eingegangen werden soll, beinhaltet mehrere vereinfachende Annahmen. I. w. werden nichtlineare physikalische Effekte vernachlässigt. Trotz dieser Vereinfachungen stellt (11.12) eine brauchbare mathematische Beziehung zwischen dem Intensitätsmuster und der Brechungsindexverteilung her. (11.12) gilt auch für den zweidimensionalen Fall.

Beispiel 11.3   Sinusförmige Modulation eines photorefraktiven Kristalls

Berechnen und skizzieren Sie für ein schwach moduliertes sinusoidales Interferenzmuster den Intensitätsverlauf $I(x)$ und den Verlauf der Brechungsindexmodulation $\Delta n(x)$. Welche Aussagen können Sie über die relative Lage beider Kurven machen? Erklären Sie.

Antwort: Bei Überlagerung zweier verkippter ebener Wellen ergibt sich ein Intensitätsmuster

$$I(x) = I_0 \left[1 + a \cos\frac{2\pi x}{\Lambda} \right] \qquad (11.13)$$

a stellt die Amplitude des sinusoidalen Intensitätsverlaufs dar. Wir nehmen an, daß das Muster schwach moduliert ist, d. h. $a \ll 1$.

Mit (11.12) ist

$$\Delta n(x) = \text{const.} \cdot \frac{dI/dx}{I(x)} = \text{const.} \cdot \frac{\sin(2\pi x/\Lambda)}{1 + a\,\cos(2\pi x/\Lambda)} \tag{11.14}$$

Für $a \ll 1$ ist $1 + a\cos(\dots) \approx 1$, somit ist

$$\Delta n(x) = \text{const.} \cdot \sin\frac{2\pi x}{\Lambda} \tag{11.15}$$

Die Verteilung des Brechungsindexes ist somit um $\Lambda/4$ gegenüber dem Beleuchtungsmuster phasenverschoben. Dies erklärt sich wie folgt: der Verlauf des Intensitätsmusters bestimmt die Positionen, an denen Ladungsträgerpaare entstehen. Durch Diffusion driften die Elektronen aus diesen Positionen weg und bewirken somit das Entstehen eines Raumladungsmusters. Die Raumladungsverteilung sorgt wiederum für eine Feldverteilung $E(x)$, die für die Modulation des Brechungsindexes verantwortlich ist. Maxima der Feldstärke treten an den Übergängen der Polarität der Raumladungsbereiche auf, wodurch sich die Phasenverschiebung zur Kurve $I(x)$ erklärt (s. Abb.).

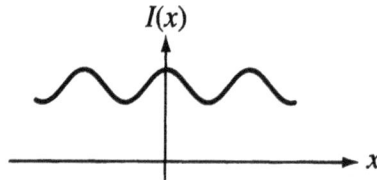

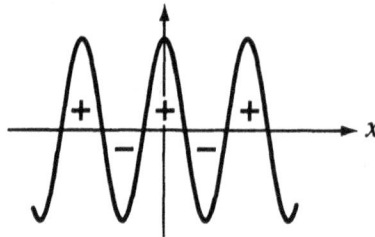

Raumladungsverteilung
nach Elektronendiffusion

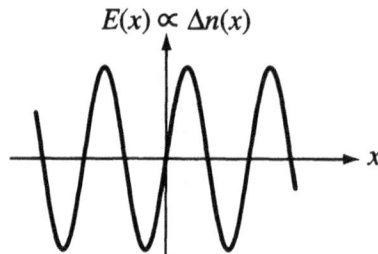

11.4 Grundlagen der Akustooptik

Veränderungen des Brechungsindex in einem Material können auch durch Schallwellen hervorgerufen werden. Der akustooptische Effekt beschreibt die Variation des
Brechungsindex als Folge der mechanischen Spannungen, welche durch eine Schallwelle in einem Material erzeugt werden. Diese bewirken wiederum eine Variation
des Brechungsindex über den photoelastischen Effekt. Wir beschreiben die mechanischen Spannungen z. B. in einem Kristallgitter durch eine laterale Auslenkung $\xi(x,t)$
der Gitterionen aus ihrer Ruhelage. Analog zum Pockels-Effekt besteht zwischen der
Modulation $\Delta n(x,t)$ und $\xi(x,t)$ eine Beziehung, die sich wie folgt darstellen läßt:

$$\Delta n(x,t) = -\frac{1}{2}\,p n_0{}^3 \xi(x,t) \tag{11.16}$$

Dabei ist p die photoelastische Konstante, n_0 ist der Brechungsindex bei Abwesenheit
der Schallwelle. Für eine harmonische Schallwelle beschrieben durch

$$\xi(x,t) = \xi_0 \cos(\omega_s t - k_s x) \tag{11.17}$$

ergibt sich eine Brechungsindexverteilung (s. Abbildung 11.10).

$$n_0(x,t) = n_0 - \Delta n \cos(\omega_s t - k_s x) \tag{11.18}$$

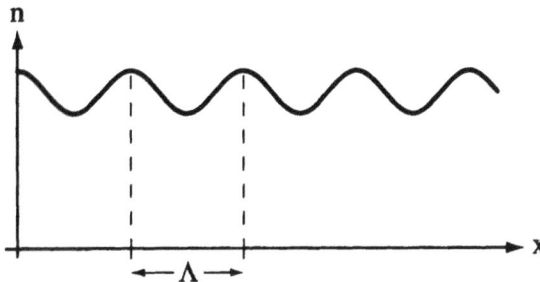

Abbildung 11.10: Periodische Modulation des Brechungsindex durch eine Schallwelle der Periode Λ.

Zwischen der Modulation Δn des Brechungsindex und der Intensität I_s der Schallwelle besteht folgender Zusammenhang:

$$\Delta n = \left(\frac{1}{2} M I_s\right)^{1/2} \tag{11.19}$$

Hierbei ist M eine Größe, welche die Stärke des akustooptischen Effektes für ein
gegebenes Material beschreibt. Es ist:

$$M = \frac{p^2 n^6}{\varrho v_s{}^3} \tag{11.20}$$

wobei ϱ die mechanische Dichte des Materials ist und v_s die Schallgeschwindigkeit. In Kristallen, wie sie i. a. für Bauelemente verwendet werden, hängt der Betrag von M von der Orientierung ab. In jedem Fall ist der Effekt relativ klein. Für Quarzglas beträgt M beispielsweise etwa $1,5 \cdot 10^{-14}$ m²/W, für LiNbO³ etwa $7 \cdot 10^{-14}$ m²/W. Eine Schallwelle der Leistungsdichte 100 W/m² erzeugt damit eine Änderung des Brechungsindex der Größenordnung $\Delta n/n \approx 10^{-6}$.

Sowohl elektrooptische als auch akustooptische Bauelemente werden manchmal eingesetzt, um eine Lichtwelle durch Beugung zu modulieren. Dabei nutzt man den Bragg-Effekt an Gittern aus, die eine endliche Dicke aufweisen (Abb. 11.11). Wenn eine Lichtwelle auf ein „dickes" Gitter (d. h. mit einer Tiefenausdehnung $L \gg \Lambda^2/2\pi\lambda$) fällt, dann beobachtet man starke Beugungsordnung für den Fall, daß Einfalls- und Ausfallwinkel gleich dem Bragg-Winkel Θ_B sind:

$$\sin\Theta_B = \frac{\lambda}{2\Lambda} \tag{11.21}$$

Dabei sind Λ die Periode des Gitters und λ die Wellenlänge des Lichtes. Für den Bragg-Winkel addieren sich die Teilwellen, welche von den unterschiedlichen Gitterpositionen ausgehen, konstruktiv, d. h. mit einer relativen Phasenverzögerung von Vielfachen von 2π. Die Form der Reflektivitätskurve ist durch eine sinc^2-Funktion beschrieben. Ihre Breite an den ersten Nullstellen ist mit λ/L umgekehrt proportional zur Dicke des Gitters.

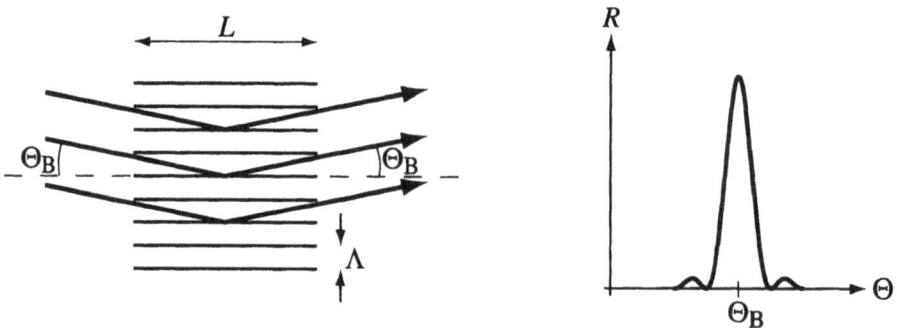

Abbildung 11.11: Bragg-Beugung an einem dicken Gitter. Die Intensität R der abgebeugten („reflektierten") Welle ist maximal für den Bragg-Winkel Θ_B.

Die Bragg-Bedingung kann auch durch die Wellenvektoren der einfallenden Welle k, der gebeugten („reflektierten") Welle k' sowie des Gittervektors k_s ausgedrückt werden:

$$k' = k \pm k_s \tag{11.22}$$

Die unterschiedlichen Vorzeichen treten für die +1. bzw. −1. Beugungsordnung auf. Bei der Bragg-Beugung ist allerdings die in Abb. 11.11 eingezeichnete +1. Ordnung (die „reflektierte" Welle) dominant. In dieser Darstellung entspricht Gleichung (11.21) der Ausdruck $k_s = 2k \sin \Theta_B$.

Wegen der Wellen-Teilchen-Analogie kann man auch die Beziehung für die Photonimpulse $p = \hbar k = \hbar \omega / c$ benutzen, um zu schreiben:

$$\omega' = \omega \pm \omega_s \tag{11.23}$$

Hierin drückt sich eine Dopplerverschiebung der gebeugten Wellen gegenüber der einfallenden Welle aus, und zwar um den Betrag der Frequenz des Schallgitters.

Ein akusto-optischer Modulator besteht aus einem Material wie Glas oder LiNbO$_3$, in das über einen *Transducer* eine Schallwelle eingespeist wird (Abb. 11.12). Durch Beugung an der Schallwelle in dem Substrat wird die Helligkeit des reflektierten Strahles moduliert. Die Reflektivität ist durch das Verhältnis der Intensität der gebeugten Welle und der einfallenden Welle definiert:

$$
\begin{aligned}
R &= \frac{I_1}{I_{\text{ein}}} \\
&= \cdot \frac{\pi^2}{\lambda^2} \left(\frac{L}{\sin \Theta} \right)^2 \Delta n^2 \\
&= 2\pi^2 n_0{}^2 \frac{L^2 \Lambda^2}{\lambda^4} M I_s
\end{aligned}
\tag{11.24}
$$

Die Intensität der Lichtwelle wird also über die Intensität I_s der Schallwelle kontrolliert. Bemerkenswert ist die λ^{-4}-Abhängigkeit von R, die charakteristisch für die Abhängigkeit der Effizienz bei der Rayleigh-Streuung ist. Gleichung (11.24) ist gültig nur für kleine Werte von Δn. Für große Werte flacht die Kurve $R(I_s)$ ab, was sicherstellt, daß $R \leq 1$ ist.

11.5 Akustooptische Bauelemente

11.5.1 Akustooptische Modulatoren

Die Intensität einer gebeugten Welle wird durch die Intensität der Schallwelle kontrolliert. Zur Modulation wird die Schallintensität durch einen Transducer elektrisch variiert (Abb. 11.13). Eine solche akustooptische Zelle kann sowohl zum Schalten (binäres Ein- und Ausschalten der gebeugten Welle) als auch zur analogen Modulation eingesetzt werden.

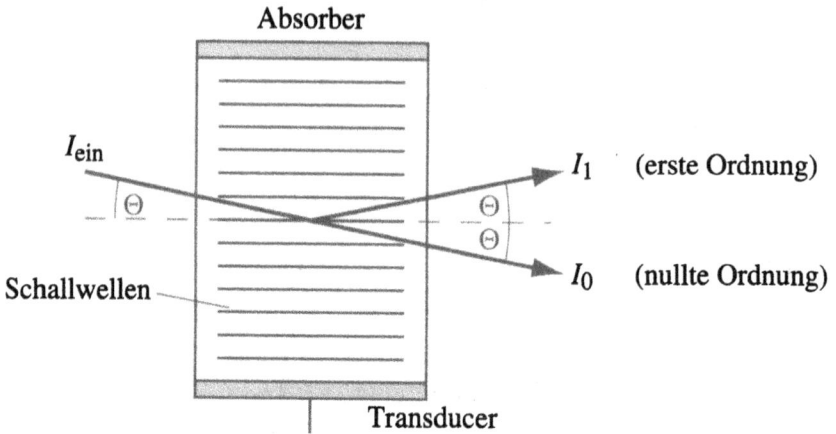

Abbildung 11.12: Modulation eines Lichtstrahls mit einer akustooptischen Zelle.

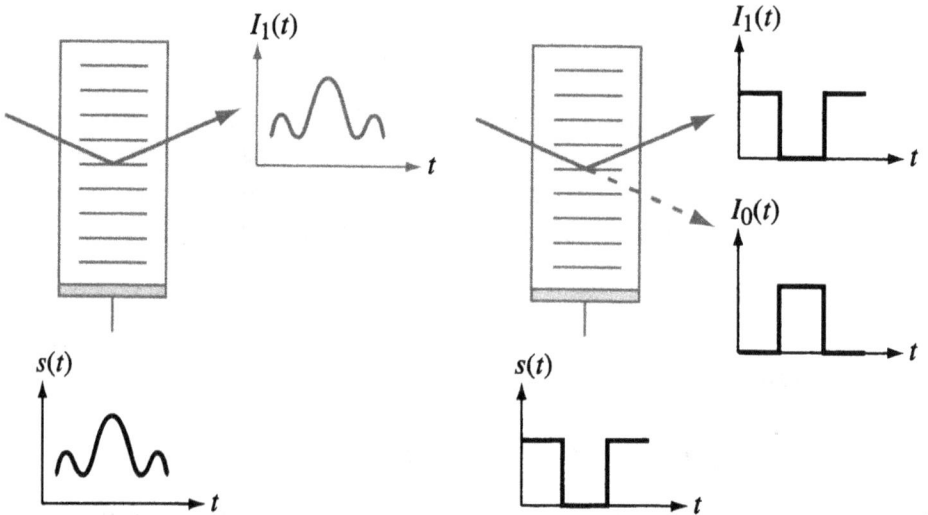

Abbildung 11.13: Akustooptischer Modulator: a) zur analogen Modulation, b) zum Schalten einer Lichtwelle.

Die zeitliche Mittenfrequenz des Modulators ergibt sich aus (11.21), wenn man berücksichtigt, daß die Gitterperiode $\Lambda = v_s/\nu_0$ ist (v_s — Schallgeschwindigkeit, ν_0 — Frequenz der Schallwelle). Für kleine Winkel erhält man mit $\sin(x) \approx x$ die Beziehung

$$
\begin{aligned}
\Theta_0 &= \sin^{-1}\left(\tfrac{\lambda}{2\Lambda}\right) \\
&= \sin^{-1}\left(\tfrac{\lambda\nu_0}{2v_s}\right) \\
&\approx \frac{\lambda\nu_0}{2v_s}
\end{aligned}
\tag{11.25}
$$

Die zeitliche Bandbreite $\Delta\nu$ des Modulators stellt den Frequenzbereich um die Mittenfrequenz ν_0 dar. Diese ergibt sich aus der Überlegung, daß der Lichtstrahl im Bereich des Modulators eine endliche Ausdehnung Δx hat. Das Schallsignal benötigt eine Zeit $\Delta x/v_s$, um diese Strecke zurückzulegen. Dieses „Zeitfenster" bestimmt die maximale Rate, mit der sich das Modulationssignal verändern kann. Schnellere Änderungen werden von dem optischen Signal nicht erfaßt. Die Bandbreite $\Delta\nu$ des akustooptischen Modulators ist somit:

$$
\Delta\nu = \frac{v_s}{\Delta x} = \frac{\Lambda\nu_0}{\Delta x}
\tag{11.26}
$$

was man auch in der folgenden Form schreiben kann:

$$
\frac{\Delta\nu}{\nu_0} = \frac{\Lambda}{\Delta x}
\tag{11.27}
$$

Der Frequenzbereich des Modulators, gegeben durch $\nu_0 \pm \Delta\nu$, entspricht einem Winkelbereich $\Theta \pm \Delta\Theta$ des reflektierten Laserstrahls wobei

$$
\Theta \pm \Delta\Theta = \frac{\nu_0\lambda}{2v_s} \pm \frac{\Delta\nu\,\lambda}{2v_s}
\tag{11.28}
$$

mit

$$
\Delta\Theta = \frac{\Delta\nu\,\lambda}{2v_s} = \frac{\lambda}{\Delta x}
\tag{11.29}
$$

11.5.2 Akustooptische Scanner

Durch Veränderung der Frequenz ν der Schallwelle verändert man die Gitterperiode Λ, was einem die Möglichkeit eröffnet, in einem gewissen Bereich den Ablenkwinkel $\Theta = \lambda\nu/2v_s$ des Lichtstrahls zu variieren. Dies verwendet man z. B. in Laserdruckern zum Scannen des Laserstrahls. Eine wichtige Kenngröße für einen Scanner ist die Anzahl N der adressierbaren Positionen. Diese ergibt sich als der Quotient

$$
N = \frac{\Delta\Theta}{\delta\Theta}
\tag{11.30}
$$

Die Winkelauflösung $\delta\Theta$ wird durch die Winkeldivergenz der Lichtwelle bestimmt. Wenn die Lichtwelle im Modulator eine Breite Δx aufweist, dann läuft die Welle beugungsbedingt mit einem Winkel $\delta\Theta = \lambda/2\Delta x$ auseinander. Somit ist mit (11.26)

$$N = \frac{\Delta\Theta}{\delta\Theta} = \frac{\Delta\nu\lambda/2v_s}{\lambda/2\Delta x} = \frac{\Delta x\,\Delta\nu}{v_s} \qquad (11.31)$$

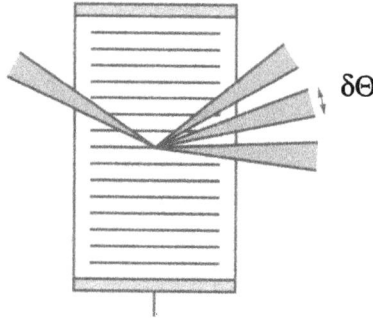

Abbildung 11.14: Akustooptischer Scanner: Winkelauflösung

12 Laser

Neben der Entwicklung der Glasfasertechnik ist es vor allem die Entwicklung des Lasers, die entscheidend zur Entwicklung der optischen Nachrichtentechnik beigetragen hat. Laser sind aber auch in vielen anderen Bereichen wichtig, praktisch in allen Teilgebieten der Photonik. Laser beruhen auf dem Prinzip der stimulierten Emission: LASER = *light amplification by stimulated emission of radiation*. Der erste Laser wurde 1960 demonstriert. Dabei handelte es sich um einen Rubinlaser, also einen Festkörperlaser. Heute kennt man eine Vielzahl an unterschiedlichen Lasertypen, wobei im Bereich der Informationstechnik Halbleiterlaserdioden auf Grund ihrer geringen Größe, Effizienz und Modulierbarkeit besondere Bedeutung haben. In diesem Kapitel behandeln wir Grundlagen und Prinzipien der Lasertechnik. Auf Halbleiterlaserdioden werden wir in einem späteren Kapitel gesondert eingehen.

12.1 Optische Verstärkung und Rückkopplung

Ein Laser ist ein optischer Oszillator. Er besteht aus einem resonanten optischen Verstärker, dessen Ausgang auf den Eingang zurückgekoppelt ist (Abb. 12.1). Optische Verstärkung wird durch stimulierte Emission in einem geeigneten Material realisiert. Dem Verstärker wird externe Leistung zugeführt, auf optischem, elektrischem oder chemischem Weg. Auf Grund der Rückkopplung und des nichtlinearen Charakters des Verstärkermediums stellt ein Laser ein stark nichtlineares System dar, dessen Verhalten sehr von der jeweiligen Situation abhängt. Auf eine genaue Darstellung der dynamischen Vorgänge in einem Laser wird hier verzichtet. Wir betrachten nur den stationären Zustand (*steady state*). Um eine stabile Oszillation zu erhalten, müssen folgende zwei Bedingungen erfüllt sein:

1. die Verstärkung muß größer oder gleich dem Verlust in dem Rückkopplungssystem sein,

2. die Phasendifferenz der Welle im Resonator und der rückgekoppelten Welle darf nur Vielfache von 2π betragen.

Wenn diese beiden Bedingungen erfüllt sind, entsteht in dem System eine Oszillation, die sich zunächst immer weiter aufbaut. Sie wird begrenzt durch Sättigung in dem nichtlinearen Verstärkungsmedium. Eine stabile Situation entsteht, wenn Verstärkung und Verluste sich ausgleichen. Verluste treten auf zum einen durch die Auskopplung

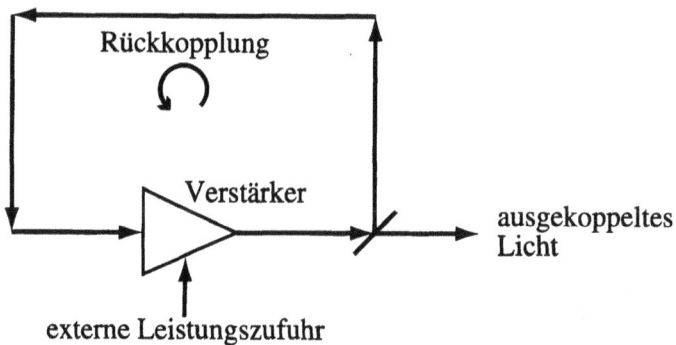

Abbildung 12.1: Prinzipieller Aufbau eines Laseroszillators.

eines Teils des erzeugten Lichtes aus dem Laserresonator, durch Streuverluste sowie durch Absorption innerhalb des Resonators, wobei Lichtleistung in thermische
Leistung umgewandelt wird und der optischen Oszillation verlorengeht. Verstärkung
und Phasenverschiebung sind von der Wellenlänge des Lichtes abhängig, weswegen
i. a. die beiden obigen Bedingungen nur bei einer Wellenlänge oder einigen diskreten
Wellenlängen erfüllt sind.

12.1.1 Laserprinzip

Man unterscheidet zwischen inkohärenten optischen Verstärkern, bei denen die Phase
der einfallenden Welle nicht erhalten bleibt, und kohärenten optischen Verstärkern,
bei denen die verstärkte Welle die gleiche Phase aufweist wie die einfallende Welle.
Das physikalische Prinzip, auf denen kohärente Verstärker aufbauen, ist die stimulierte Emission (s. Kap. 15). Bei der stimulierten Emission sorgt ein einfallendes Photon dafür, daß ein Atom (oder Festkörperverbund von Atomen) von einem höheren
in ein niedrigeres Energieniveau übergeht, und dabei ein zweites Photon emittiert,
welches die gleichen optischen Eigenschaften aufweist (Phase, Wellenlänge) wie das
einfallende. Als Ergebnis resultiert ein Verstärkungsvorgang, welcher in Laserquellen
zur Lichterzeugung ausgenutzt wird. (*Hinweis*: Im folgenden werden wir einfach von
Atomen reden, stellvertretend auch für Moleküle und Festkörper).

Im allgemeinen wird Licht beim Durchgang durch ein Medium durch Absorption
geschwächt statt verstärkt. Grund hierfür ist der Umstand, daß sich im thermischen
Gleichgewicht eine größere Anzahl von Atomen im niedrigen Energiezustand befindet
und daher die Absorption gegenüber der Emission dominiert. Eine wesentliche Voraussetzung für die Laserverstärkung ist eine Bevölkerungsinversion, d. h. ein Zustand, in
dem sich mehr Atome in einem höheren Energieniveau befinden als im tieferen. Solch
eine Inversion wird durch Zuführen von elektrischer (wie bei der Laserdiode) oder
optischer Leistung (wie beim Helium-Neon-Laser und bei Faserverstärkern) bewirkt.

Man unterscheidet zwischen Drei-Niveau- und Vier-Niveau-Lasern, abhängig davon, wieviele Energieniveaus am Vorgang der stimulierten Emission beteiligt sind (Abb. 12.2). Beim Vier-Niveau-Laser bezeichnet man mit E_4 alle Niveaus, welche oberhalb des oberen Laserniveaus (E_3) liegen. Es ist wünschenswert, daß die Absorption durch diese Niveaus breitbandig ist, um die Pumpleistung einer eventuell breitbandigen Lichtquelle effizient auszunutzen. Level 3 stellt das obere Laserniveau dar. E_4 ist wünschenswerterweise kurzlebig, damit es dort nur zu geringer Bevölkerungsakkumulation kommt. E_3 wiederum soll aus dem umgekehrten Grund möglichst langlebig sein. E_2 ist das untere Laserniveau und E_1 das Grundniveau. E_2 ist i. a. ein kurzlebiges Niveau. Eine externe Energiequelle pumpt Elektronen von Niveau 1 in Niveau 4. Wenn der Übergang 4 → 3 genügend schnell erfolgt, kann man das System so betrachten, daß der Energietransfer quasi von 1 nach 2 stattfindet.

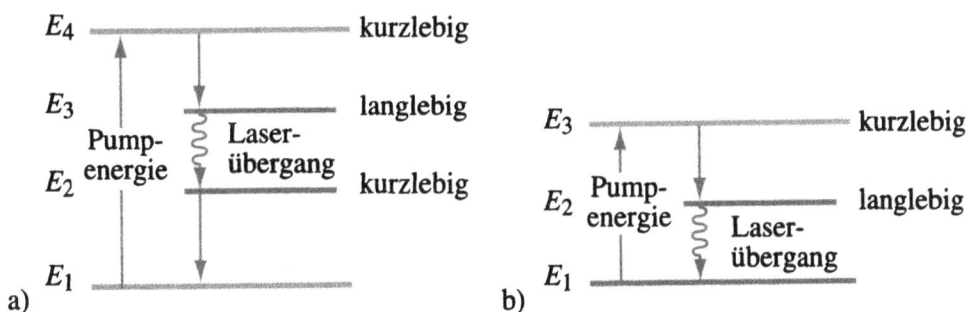

Abbildung 12.2: Prinzip des a) Vier-Niveau-Lasers, b) Drei-Niveau-Lasers im Energieschema.

Beim Drei-Niveau-Laser wird das Grundniveau gleichzeitig als unteres Laserniveau verwendet. Dies stellt einen deutlichen Nachteil gegenüber dem Vier-Niveau-Laser dar, da mehr als die Hälfte der Atome aus dem Grundzustand via Zustand E_3 in das obere Laserniveau E_2 gepumpt werden müssen, um eine Bevölkerungsinversion für den 2 → 1-Übergang zu erreichen. Drei-Niveau-Laser sind daher weniger effizient in der Umwandlung von Pump- in Laserleistung als Vier-Niveau-Laser.

Die Pumpenergie kann in elektrischer, optischer oder chemischer Form zugeführt werden. Bei Halbleiterlaserdioden erfolgt der Pumpvorgang über einen Injektionsstrom, während z. B. He-Ne-Laser und Erbium-dotierte Faserverstärker optisch gepumpt werden. Das Prinzip des optischen Pumpens ist in Abb. 12.3 dargestellt. Die Pumpquelle kann ebenfalls ein Laser sein oder auch eine breitbandige Lampe, wie z. B. ein Blitzlicht. Die Wellenlänge des Pumplichtes liegt offenbar unterhalb der Wellenlänge der emittierten Strahlung bzw. durchlaufenden Lichtwelle.

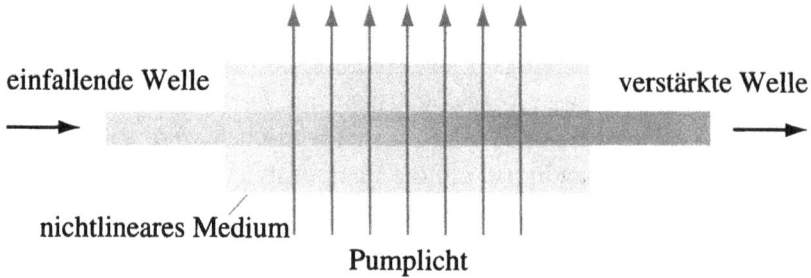

Abbildung 12.3: Optisches Pumpen eines Laserverstärkers.

12.1.2 Eigenschaften von Laserverstärkern

Ein Laserverstärker besteht aus einem Lasermedium, welches eine durchlaufende Welle bei ihrem Durchgang durch das Medium verstärkt. Der Gewinn- oder Verstärkungsfaktor $G(\nu)$ des Verstärkers ist gegeben als

$$G(\nu) = \exp\left[\gamma(\nu)\,L\right] \tag{12.1}$$

wobei ν die zeitliche Frequenz ist und L die Länge des Laserverstärkers. Die Intensität der Lichtwelle nach Durchlaufen des Verstärkers ist also

$$I(L) = I_0 \exp\left[\gamma(\nu)\,L\right] = I_0\,G(\nu) \tag{12.2}$$

wobei I_0 die Intensität der einfallenden Welle ist. Diese Beziehung kann man auf die gleiche Weise herleiten wie das Lambert-Beer'sche Gesetz. $\gamma(\nu)$ ist der Verstärkungskoeffizient des Lasermediums und gibt die Verstärkung des Photonenflusses pro Einheitslänge an. Es ist:

$$\gamma(\nu) = (N_2 - N_1)\,\frac{\lambda^2}{8\pi\,t_{\mathrm{sp}}}\,g(\nu) \tag{12.3}$$

Dabei ist $N = N_2 - N_1$ die Differenz der Bevölkerungsdichte zwischen dem oberen und dem unteren Laserniveau, t_{sp} die Lebensdauer des spontanten Übergangs und $g(\nu)$ die Linienform des Übergangs, siehe Gleichung (14.22). Wenn die Linienform durch eine Lorentzkurve beschrieben wird, dann gilt dies auch für den spektralen Verlauf des Verstärkungsfaktors:

$$\gamma(\nu) = \gamma(\nu_0)\,\frac{(\Delta\nu/2)^2}{(\nu-\nu_0)^2+(\Delta\nu/2)^2} \quad \text{mit} \quad \gamma(\nu_0) = (N_2 - N_1)\,\frac{\lambda^2}{4\pi^2\,t_{\mathrm{sp}}\,\Delta\nu} \tag{12.4}$$

Die Linienbreite $\Delta\nu$ um die Mittenfrequenz $\nu_0 = (E_2 - E_1)/h$ herum entspricht der zeitlichen Bandbreite des Verstärkers und ist mit der spektralen Bandbreite über die Beziehung

$$\Delta\lambda = (\lambda^2/c)\Delta\nu \qquad (12.5)$$

verknüpft.

Wegen der frequenzabhängigen Verstärkung ist das Medium nach der Kramers-Kronig-Beziehung dispersiv und es ergibt sich eine frequenzabhängige Phasenverschiebung $\varphi(\nu)$. Diese ist, salopp ausgedrückt, proportional zur Ableitung von γ nach ν. Für einen Absorber mit Lorentz-Charakteristik ist $\varphi(\nu)$ durch folgenden Ausdruck gegeben:

$$\varphi(\nu) = \frac{\nu - \nu_0}{\Delta\nu}\,\gamma(\nu) \qquad (12.6)$$

Der Verstärkungskoeffizient und die entsprechende Phasenverschiebung für einen Laserverstärker mit Lorentz-Linie sind in Abb. 12.4 dargestellt.

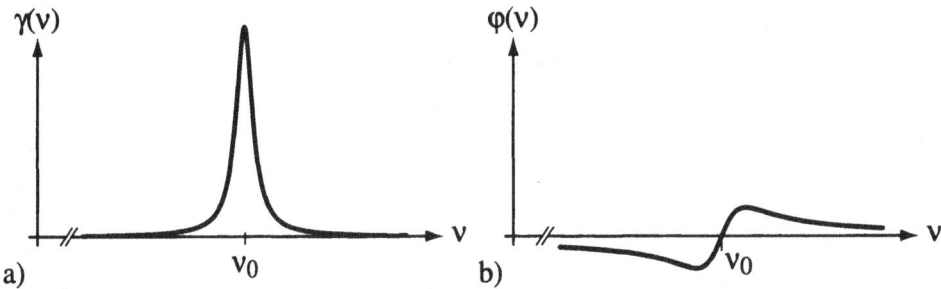

Abbildung 12.4: a) Verstärkungsfaktor $\gamma(\nu)$ und b) Phasenverschiebung $\varphi(\nu)$ im Falle einer Lorentz-Charakteristik.

Die Verstärkung in Abhängigkeit von der Leistung des einfallenden Lichtes ist i. a. nicht linear. Eine typische Charakteristik ist in Abb. 12.5 gezeigt, wo die Verstärkung ab einer bestimmten Eingangsleistung abknickt. Ursache hierfür ist Sättigung im Lasermedium.

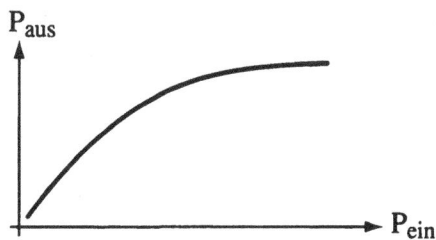

Abbildung 12.5: Typischer Verlauf der Ausgangsleistung in Abhängigkeit von der Leistung des Eingangssignals für einen optischen Verstärker.

In einem Laserverstärker tritt neben der stimulierten Emission auch spontane Emission auf, welche die Ursache für optisches Rauschen im Ausgangssignal ist (ASE, *amplified spontaneous emission*). Das Licht, welches durch spontane Emission erzeugt wird, ist im Gegensatz zur stimuliert emittierten Strahlung breitbandig und unpolarisiert. Die Breitbandigkeit erlaubt es, diesen Anteil an der verstärkten Lichtwelle optisch auszufiltern. Es ist allerdings notwendig, die Rauschanteile in die Gesamtbetrachtung einer Übertragungsstrecke mit einzubeziehen.

12.1.3 Beispiele für Laserverstärker

Es gibt zahlreiche Beispiele unterschiedlicher Lasertypen. Der erste Laser, welcher demonstriert wurde, ist der Rubin-Laser, ein Beispiel für einen Drei-Niveau-Laser. Heute sind andere Laser von großer Bedeutung für eine Vielzahl von technischen oder medizinischen Anwendungen. Als Lasermedium kommen Festkörper, Gase oder Flüssigkeiten in Frage. Beispiele für Festkörperlaser sind neben den Halbleiterlaserdioden der Rubinlaser und der Nd^{3+}:YAG-Laser (*neodymium yttrium aluminium garnet*, Nd^{3+}:$Y_{3-x}Al_5O_{12}$). Beispiele für Gaslaser sind der Helium-Neon-Laser, welcher u. a. bei 0,6328 μm emittiert, der Argon-Ionen-Laser (Ar^{3+}) mit Emissionslinien vorwiegend im im blauen Bereich des Spektrums und der CO_2-Laser. Letzterer emittiert im mittleren Infrarot, z. B. bei 10,6 μm. Zu den Flüssigkeitslasern gehören Farbstofflaser, die z. B. Rhodamin als Farbstoff verwenden. Ar^{3+} und CO_2-Laser sind sehr leistungsstarke Laser, welche mehrere (typisch bis zu 10) Watt an optischer Leistung emittieren können.

12.1.4 Erbium-dotierte Faserverstärker

Für die optische Übertragungstechnik sind Faserlaser bzw. -laserverstärker von großer Bedeutung, da man sie verlustarm in eine Faserstrecke einbauen kann. Glasfasern aus SiO_2 lassen sich z. B. mit Elementen aus der Gruppe der Seltenen Erden (Nd, Er, Yb, Pr, Sm) dotieren. Hierdurch erhält man Laserverstärker, die optisch gepumpt werden, z. B. mit Hilfe von Halbleiterlaserdioden, Farbstofflasern oder Ar^{3+}-Lasern. Anders als in Abb. 12.3 dargestellt wird dabei das Pumplicht direkt in die Faser eingekoppelt. Das verstärkte Licht breitet sich in der Glasfaser aus und bietet somit den Vorteil der Monomode-Faseroptik. Es ist wichtig, daß Pumplicht und Signalwelle weitgehend die gleiche Modenverteilung in der Faser haben, um eine effiziente Umwandlung der Lichtleistung zu erzielen. Von besonderer Bedeutung sind Erbium-dotierte Faserverstärker, die für die Fernübertragung enorm wichtig geworden sind. Faserlaserverstärker können in einem breiten spektralen Bereich arbeiten. Erbium-dotierte Faserverstärker (EDFA, *Erbium doped fiber amplifier*) z. B. weisen infolge eines breiten Übergangs von $\Delta\nu \approx 4000$ GHz eine Bandbreite von 30–40 nm im Bereich der Kommunikationswellenlänge von 1,55 μm auf (Abb. 12.6).

Verstärkung in dB

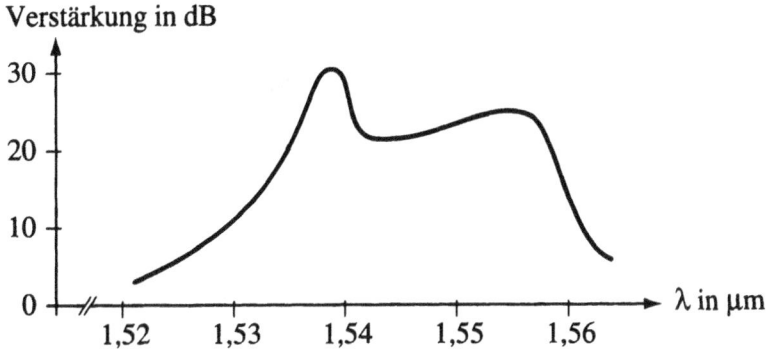

Abbildung 12.6: Typische spektrale Charakteristik der Verstärkung von Erbium-dotierten Faserverstärkern.

Die Verstärkung hängt von der Konzentration der Dotierung ab sowie (nach Gleichung (12.2)) von der Länge der Faser. Zusätzlich hängt die Verstärkung von der Leistung der einfallenden Welle ab (Abb. 12.5) und von der spektralen Verteilung der Pumpstrahlung. Das Energieschema des Erbium-Verstärkers ist in Abb. 12.7 dargestellt. Daraus kann man entnehmen, daß als Pumpwellenlängen 807 nm, 980 nm und 1480 nm in Frage kommen. Die kurzwelligen Übergange sind dabei effizienter, der Übergang bei 807 nm weist allerdings unerwünschte Absorption in höhere angeregte Zustände auf. Üblicherweise verwendet man daher die Wellenlängen von 980 nm und 1480 nm. Als Pumpquellen verwendet man Laserdioden aus GaAs bzw. InGaAsP.

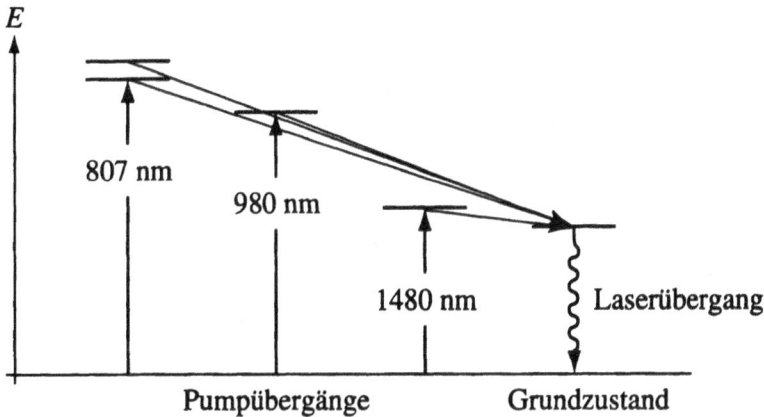

Abbildung 12.7: Energieschema von Er^{3+}:SiO_2 bei Raumtemperatur.

Typische Zahlenbeispiele sind eine Verstärkung von etwa 20 dB bei einer Faserlänge von 10 m mit einer Erbiumkonzentration von 10 ppm (*parts per million*) und einer Pumpleistung von 100 mW.

12.2 Laserresonator

Laserresonatoren werden häufig als Fabry-Perot-Resonatoren realisiert. Ein Fabry-Perot-Resonator besteht aus zwei (teil-)reflektierenden Spiegeln (Abb. 12.8). Wir bezeichnen die einfallende Welle mit u_0 und die transmittierte mit u. u setzt sich aus (unendlich) vielen Teilwellen zusammen, welche durch das Umlaufen des Lichtes im Resonator entstehen.

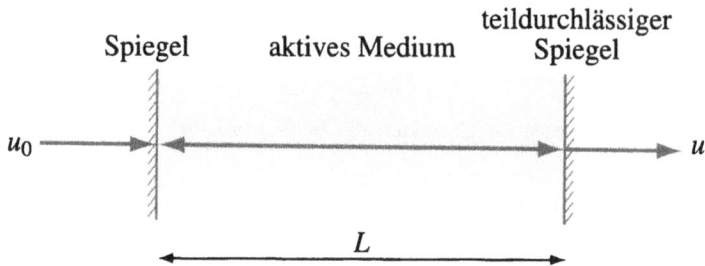

Abbildung 12.8: Optische Rückkopplung mit Hilfe eines Fabry-Perot-Resonators.

Wir bezeichnen die m-te Teilwelle mit u_m. Zwischen der $(m+1)$-ten und m-ten Teilwelle besteht dann folgender mathematischer Zusammenhang:

$$u_{m+1} = u_m \hat{a} \tag{12.7}$$

mit

$$\hat{a} = e^{-\alpha_u L} e^{2\pi i(2nL/\lambda)} \tag{12.8}$$

$\hat{a}$ ist eine komplexe Zahl; der erste Faktor auf der rechten Seite von (12.8) bezieht sich auf die Amplitudenverluste, der zweite auf die Phasenverzögerung pro Umlauf. α_u bezeichnet die Verluste in der Intensität (bzw. optischen Leistung) pro Umlauf, gemessen in dB/cm. Man beachte, daß daher im Amplitudenfaktor der Faktor 2 im Exponenten nicht auftritt. Weiterhin ist λ die Wellenlänge, n der Brechungsindex und L die Resonatorlänge. Die optischen Verluste der Amplitude der Lichtwelle für einen Umlauf ergeben sich durch Reflexionsverluste bzw. Auskopplung an den Spiegeln und intrinsische Absorption im Resonatormaterial, mathematisch ausgedrückt also durch den Quotienten $|u_{m+1}/u_m|$.

$$\left| \frac{u_{m+1}}{u_m} \right| = r_1 r_2 e^{-\alpha_i L} \tag{12.9}$$

r_1 und r_2 sind die Reflexionsfaktoren der beiden Spiegel für die Lichtamplitude. α_i ist der Absorptionskoeffizient für die intrinsischen Leistungsverluste im Lasermaterial, angegeben in dB/cm.

Für bestimmte Resonatorlängen L überlagern sich die unterschiedlichen Teilwellen u_m konstruktiv. Dies ist dann der Fall, wenn der optische Weg $2nL$ pro Umlauf ein Vielfaches der Wellenlänge ist, d. h. für

$$2nL = k\lambda \tag{12.10}$$

Hier ist k eine natürliche Zahl. Im Falle der konstruktiven Überlagerung der Teilwellen entstehen im Resonator stehende Wellen, die man als longitudinale Moden bezeichnet (Abb. 12.9). Der Frequenzabstand der Moden beträgt:

$$\delta\nu = \frac{c}{2nL} = \frac{\lambda\nu}{2nL} \tag{12.11}$$

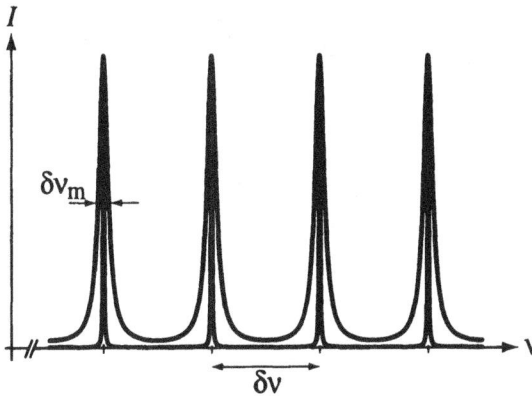

Abbildung 12.9: Airy-Funktion für die Transmission eines Fabry-Perot-Resonators für $\mathcal{F} = 10$ (breite Peaks) und 100 (schmale Peaks).

Beispiel 12.1   Modenabstand in einem Fabry-Perot-Resonator
Berechnen Sie den Modenabstand in einem Fabry-Perot-Resonator der Länge $L = 1{,}5$ cm (bei $n = 1$)

$$\delta\nu = \frac{3 \cdot 10^{11} \, \frac{\text{mm}}{\text{s}}}{2 \cdot 15 \, \text{mm}} = 10 \, \text{GHz}$$

Wir berechnen nun die Transmissionscharakteristik des Fabry-Perot-Resonators, also den mathematischen Zusammenhang zwischen der einfallenden und der transmittierten Welle. Dieser ist nach (12.7) und (12.8) gegeben als

$$u = u_0 \sum_{m=0}^{\infty} \hat{a}^m \tag{12.12}$$

mit

$$\hat{a} = a e^{i\varphi} \qquad \text{mit} \quad a = e^{-\alpha_u L}, \ \varphi = \frac{2\pi}{\lambda} 2nL \tag{12.13}$$

Die geometrische Reihe in (12.12) konvergiert gegen $1/(1 - \hat{a})$. Die Intensität $I = |u|^2$ der transmittierten Welle ist somit

$$I = I_0 \frac{1}{|1 - \hat{a}|^2} = \frac{I_0}{1 - 2a \cos\varphi + a^2} \tag{12.14}$$

mit $I_0 = |u_0|^2$. Für den symmetrischen Fall $(r_1 = r_2 = R^{1/2})$ kann man diesen Ausdruck umformen mit dem Ergebnis:

$$I = \frac{I_{\max}}{1 + \left(\frac{2\mathcal{F}}{\pi}\right)^2 \sin^2\left(\frac{2\pi L n}{\lambda}\right)}, \ I_{\max} = \frac{I_0}{1 - R^2} \tag{12.15}$$

Dabei bezeichnet man

$$\mathcal{F} = \frac{\pi\sqrt{R}}{1 - R} \tag{12.16}$$

als die Finesse des Resonators. Mit (12.8) kann man auch schreiben

$$I = \frac{I_{\max}}{1 + \left(\frac{2\mathcal{F}}{\pi}\right)^2 \sin^2\left(\pi \frac{\nu}{\delta\nu}\right)} \tag{12.17}$$

Der Verlauf dieser Kurve, die man als Airy-Funktion bezeichnet, ist in Abb. 12.9 dargestellt. Der Abstand $\delta\nu$ der Peaks ist durch Gleichung (12.11) gegeben, ihre Breite bei der Hälfte des Maximalwertes (FWHM, *full width half maximum*) ist

$$\delta\nu_m = \frac{\delta\nu}{\mathcal{F}} \tag{12.18}$$

Die Finesse ist also eine Maßzahl für das spektrale (oder auch zeitliche) Auflösungsvermögen eines Fabry-Perot-Resonators, analog zur Zahl der Gitterstriche N bei einem Gitterspektrometer. Der Wert von $\mathcal{F}$ wird nach (12.16) durch die Reflektivität der Spiegel bestimmt.

Beispiel 12.2   Finesse eines Fabry-Perot-Resonators

Berechnen Sie die Finesse eines symmetrischen Resonators mit $r = 0,98$.

$$\mathcal{F} = \frac{\pi\sqrt{R}}{1 - R} = \frac{\pi \cdot 0,98}{1 - 0,9604} \approx 77,7$$

12.3 Laserbetrieb

Im vorigen Abschnitt haben wir den Fall betrachtet, bei dem im Resonator selbst keine intrinsischen Verluste bzw. keine nichtlineare Verstärkung auftritt. Dies ist aber gerade für den Laserbetrieb wesentlich, daß die Verluste in der Lichtleistung durch den Gewinnmechanismus ausgeglichen werden. Die Intensität (oder Leistung) einer Lichtwelle nimmt bei einem Umlauf um den Faktor

$$\frac{I_{m+1}}{I_m} = R_1 R_2 e^{-2\alpha_i L} \tag{12.19}$$

ab ($R_i = |r_i|^2$). Man beachte den Faktor 2 im Exponenten. Um Laserbetrieb zu gewährleisten, muß der Verstärkungsmechanismus die optischen Verluste zumindest ausgleichen, d. h. für den Verstärkungskoeffizienten γ muß gelten:

$$\gamma \geq \alpha_i + \frac{1}{2L} \ln \frac{1}{R_1 R_2} \tag{12.20}$$

Beispiel 12.3   Verstärkungskoeffizient für einen Gaslaser
In einem Gaslaser ist die intrinsische Absorption klein im Vergleich zu den Verlusten an den Spiegeln. Für $R_1 = R_2 = 0{,}99$ und einer Resonatorlänge von typisch $L = 10$ cm ist $\gamma \approx 1{,}0 \cdot 10^{-3}$ cm^{-1}.

Der Verstärkungskoeffizient γ ist von der Frequenz ν abhängig. Das Modenspektrum eines Lasers ergibt sich durch den Verlauf von $\gamma(\nu)$ und der Transmissionscharakteristik des Resonators (Abb. 12.10). Wegen der endlichen Linienbreite des Laserübergangs $\gamma(\nu)$ tritt Laserbetrieb nur innerhalb einer Bandbreite $\Delta\nu$ auf.Die endliche Anzahl M von longitudinalen Lasermoden ist

$$M \approx \frac{\Delta\nu}{\delta\nu} \tag{12.21}$$

Wieviele dieser Moden während des Laserbetriebs tatsächlich präsent sind, hängt von der Art des atomaren Übergangs ab. Hierauf gehen wir im kommenden Abschnitt ein.

12.4 Spektrum der Laserstrahlung

Den spektralen Verlauf des Verstärkungskoeffizienten $\gamma(\nu)$ bezeichnet man als die Linienform des Laserüberganges. Im Idealfall würde man als Linienform einen Deltapeak erwarten. Auf Grund unterschiedlicher Einflüsse ist die Kurve allerdings verbreitert. Zur endlichen Breite der Emissionslinie eines Lasers tragen mehrere Mechanismen bei. Dabei unterscheidet man zwischen homogener und inhomogener Verbreiterung. Mikroskopisch gesehen tragen zur Emission einer Lichtquelle eine Vielzahl von

$$\gamma(\nu)$$

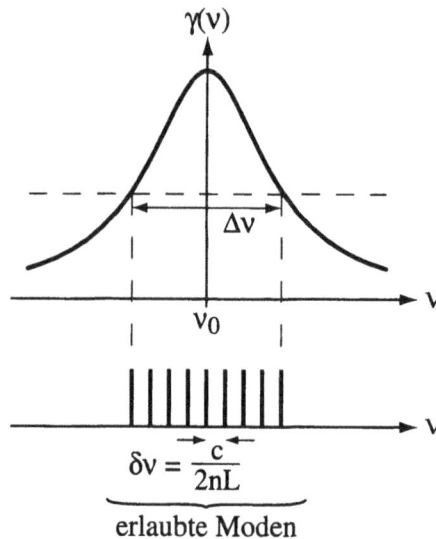

$$\Delta\nu$$

$$\nu_0$$

$$\delta\nu = \frac{c}{2nL}$$

erlaubte Moden

Abbildung 12.10: Stabiler Laserbetrieb tritt nur auf, wenn der Verstärkungskoeffizient γ größer ist als der Verlustkoeffizient α_u. Die diskreten Linien entsprechen den longitudinalen Moden.

einzelnen Emittern (z. B. Atomen) bei. Von homogener Verbreiterung spricht man, wenn für alle Atome die gleichen Bedingungen vorliegen. Von inhomogener Verbreiterung spricht man, wenn dies nicht der Fall ist und die Atome somit „unterscheidbar" werden. Zum Beispiel können die Atome in einem Festkörper an unterschiedlichen Gitterplätzen eingebaut werden, so daß sie als Folge der unterschiedlichen Umgebungen leicht unterschiedliche Energieniveaus aufweisen. Eine weitere Form der inhomogenen Linienverbreiterung ist die Dopplerverbreiterung in Gasen. Nach dem Dopplerprinzip ist die Frequenz eines Photons von der Geschwindigkeit des emittierenden Atoms relativ zur Beobachtungsrichtung abhängig.

Zu den homogenen Verbreiterungsmechanismen zählt die natürliche Linienverbreiterung bedingt durch die endliche Lebensdauer der atomaren Niveaus. Als typische Linienform ergibt sich in diesem Fall die Lorentzkurve:

$$\gamma(\nu) = \frac{\Delta\nu/2\pi}{(\Delta\nu/2)^2 + (\nu - \nu_0)^2} \tag{12.22}$$

Eine weitere Form der homogenen Linienverbreiterung ist die Stoßverbreiterung. Inelastische Stöße, bei denen Energie ausgetauscht wird, resultieren in atomaren Übergängen zwischen unterschiedlichen Energieniveaus. Hierdurch ergibt sich eine Veränderung der Lebensdauern der Energieniveaus gegenüber dem „ungestörten" Fall und somit eine Veränderung der Linienform.

Im Falle einer homogenen Linienverbreiterung ergibt sich ein Laserbetrieb bei nur wenigen Moden oder nur einer einzigen Mode. Dies ist eine Folge des dynamischen Verhaltens während des Laserbetriebs. Die Moden, welche näher an der zentralen Frequenz ν_0 liegen, erfahren auf Kosten der übrigen Moden eine größere Verstärkung. Diese Moden wechselwirken mit dem Material und reduzieren die Bevölkerung im angeregten Laserzustand. Die hierdurch bewirkte Reduktion des Verstärkungskoeffizienten ist gleichmäßig für alle Moden. Für Frequenzen, welche weiter von ν_0 entfernt liegen, wird γ kleiner als α_u. Sie fallen somit aus dem Spektrum heraus. Dieser Mechanismus, daß die stärkeren Moden auf Kosten der schwächeren zunehmen, bewirkt, daß im stationären Zustand nur noch wenige oder eine einzige Mode übrigbleiben.

Anders im Fall der inhomogenen Verbreiterung. Hier ergibt sich die Linienform als Überlagerung mehrerer Beiträge, im Fall der Dopplerverbreiterung z. B. durch die unterschiedlichen Ausbreitungsrichtungen der Gasmoleküle (Abb. 12.11).

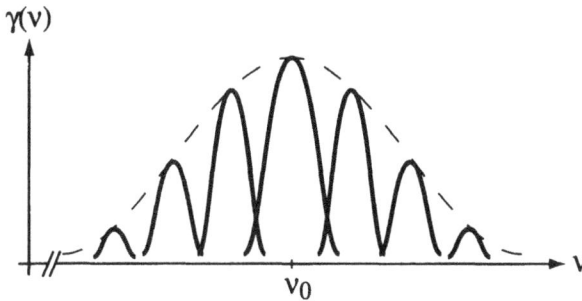

Abbildung 12.11: Mittelung der Linienform im Fall der inhomogen Verbreiterung. Die verbreiterte Linie ist gestrichelt eingezeichnet.

In einem Laser, in dem inhomogene Linienverbreiterung auftritt, ist nach dem Einschalten die Situation dieselbe wie im Fall der homogenen Verbreiterung. Moden mit hohem Gewinn beginnen schneller zu wachsen als andere. Hierdurch ergibt sich wiederum eine Reduktion der Bevölkerung im Laserniveau. Allerdings ist die damit einhergehende Reduktion des Verstärkungskoeffizienten nicht gleichmäßig für alle Moden, da die unterschiedlichen Beiträge unabhängig voneinander sind. Insofern tritt kein Wachstum der stärkeren Moden zu Lasten der schwächeren ein. Im Fall eines inhomogen verbreiterten Mediums sind daher im Spektrum alle Moden präsent. Ein typisches Beispiel ist ein HeNe-Gaslaser, der ein breites Modenspektrum aufweist.

12.5 Räumliche Verteilung der Lasermoden

Die räumliche Verteilung des Laserlichtes hängt von der Geometrie des Resonators ab. Laserdioden sind planare Wellenleiter und weisen als solche eine Verteilung von diskreten Moden auf. Gas- oder Festkörperlaser verwenden i. a. Anordnungen von zwei sphärischen Spiegeln als Resonatoren (Abb. 12.12). In einer konfokalen oder kofokalen Anordnung bietet die sphärische Krümmung der Spiegel hohe Stabilität des Laserbetriebes gegenüber thermischen Einflüssen oder mechanischen Toleranzen. Wie bei Wellenleitern tritt auch hier ein diskretes Spektrum von transversalen TEM-Moden auf, die denen eines zylindrischen Wellenleiters entsprechen.

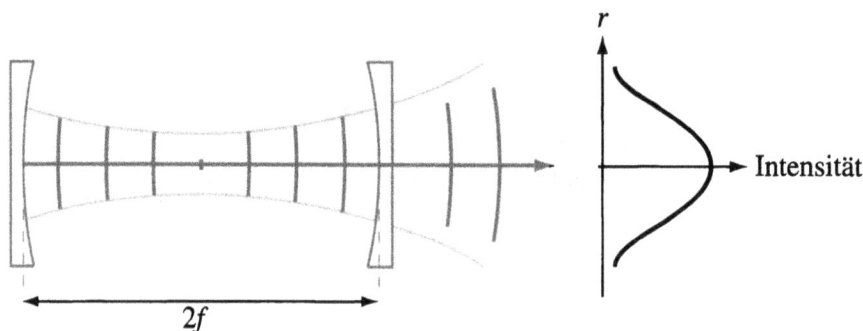

Abbildung 12.12: Resonator mit sphärischen Spiegeln. Für den „symmetrischen konfokalen" Resonator ist die Resonatorlänge L gleich der doppelten Spiegelbrennweite f.

Transversale räumliche Moden machen sich im Spektrum der Laserstrahlung als zusätzliche Linien bemerkbar, d. h. zusätzlich zu den Spektrallinien, die longitudinalen Moden entsprechen. Da den unterschiedlichen transversalen Moden zum Teil deutlich unterschiedliche räumliche Feldverteilungen innerhalb des Resonators entsprechen, sie also nicht um Ressourcen konkurrieren, ist es ohne weiteres möglich, daß mehrere Transversalmoden gleichzeitig auftreten. Teilweiser räumlicher Überlapp der Moden sorgt für Konkurrenz unterschiedlicher Moden. Beim Design von Lasern zielt man häufig darauf ab, daß nur eine transversale Mode auftritt, i. a. die TEM_{00}-Mode. Deren Amplitudenverteilung ist

$$u(r, z) = u_0 \frac{w_0}{w(z)} e^{-\frac{r^2}{w^2(z)}} e^{[-ikz - ik\frac{r^2}{2R(z)} + i\zeta(z)]} \qquad (12.23)$$

Bemerkung: r bezeichnet hier die radiale Koordinate, $r = \sqrt{x^2 + y^2}$, R den Krümmungsradius des Gauß'schen Strahles.

12.6   Modenselektion

Zur Selektion einzelner Moden eines Multimodelasers kann man in den Resonator optische Elemente einbauen, welche die Oszillation der unerwünschten Moden unterdrücken.

12.6.1 Transversale Moden

Unterschiedliche Transversalmoden weisen unterschiedliche räumliche Amplituden-verteilungen auf. Durch Verwendung eines spatialen Filters innerhalb des Laserreso-nators kann man unerwünschte Moden gezielt abschwächen. Dies kann auch durch Verwendung eines geeigneten Designs der Laserspiegel erreicht werden. Abb. 12.13 zeigt ein Beispiel für die Verwendung diffraktiver Elemente, welche die Phase der Lichtwelle in geeigneter Weise beeinflussen. Eine solche Anordnung kann verwendet werden, um die Transversalmoden einer Laserdiode zu modifizieren. Die diffraktiven Elemente sind dabei auf die Spiegelflächen aufgebracht.

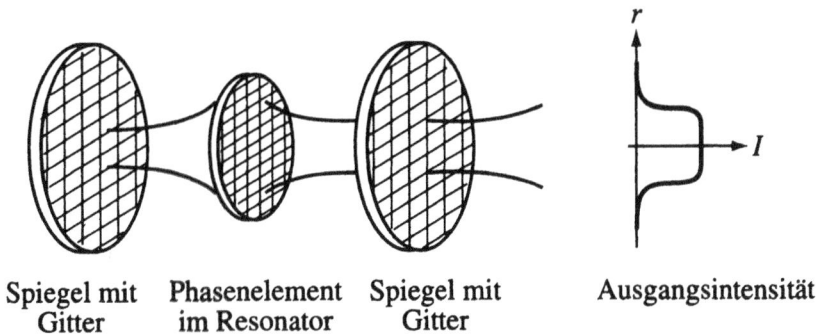

Spiegel mit	Phasenelement	Spiegel mit	Ausgangsintensität
Gitter	im Resonator	Gitter	

Abbildung 12.13: Verwendung von diffraktiven Elementen als modenselektive Spiegel für Laserdioden.

12.6.2 Longitudinale Moden

Für die Auswahl longitudinaler Moden eignet sich ein Etalon (dünne Glasplatte) ei-ner definierten Dicke, welches verkippt in den Resonator gebracht wird. Das Etalon wirkt als Fabry-Perot-Interferometer. Die Gesamttransmission des Resonators ergibt sich durch Überlagerung der Transmissionskurven des Etalons und des Laserresona-tors. Die Dicke d der Platte ist viel geringer als die Resonatorlänge L, daher weist die Transmissionskurve des Etalons Moden auf, deren Frequenzabstand sehr groß ist im Vergleich zum Abstand der Moden des Laserresonators (Abb. 12.14). Die Feinabstim-mung des Etalons geschieht durch leichte Verkippung (d. h. durch Veränderung der effektiven Dicke) oder durch tatsächliche Veränderung von d mit Hilfe eines piezoelek-trischen Elementes.

12.6.3 Polarisation

Bei Gaslasern ist anders als bei manchen Laserdioden keine Polarisationskomponente bevorzugt. Die Laserstrahlung ist daher unpolarisiert. Zur Selektion einer bestimm-

a)

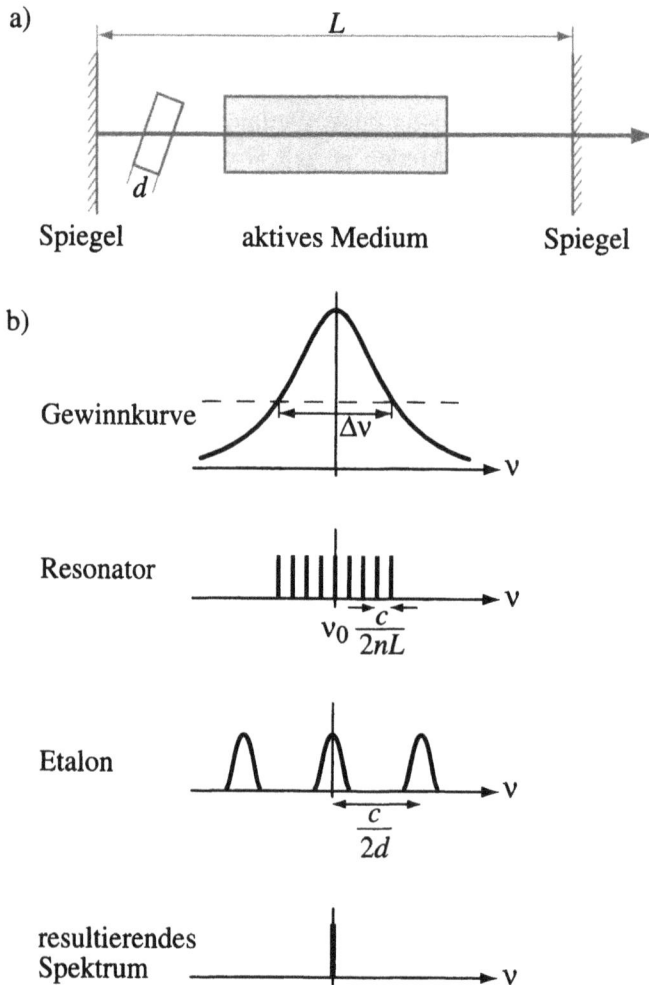

Spiegel   aktives Medium   Spiegel

b)

Gewinnkurve

Δv

v

Resonator

$v_0 \dfrac{c}{2nL}$

v

Etalon

$\dfrac{c}{2d}$

v

resultierendes
Spektrum

v

Abbildung 12.14: Selektion eines longitudinalen Modes mit Hilfe eines Etalons. a) Aufbau des Lasers, b) Entstehung des Spektrums aus der Überlagerung der Gewinnkurve sowie den Transmissionskurven des Resonators und des Etalons.

ten Polarisationsrichtung der Laserstrahlung kann man ein polarisationsempfindliches Element ebenfalls in den Resonator einbringen. Dieser verursacht hohe Verluste für eine der beiden Polarisationsrichtungen, welche hierdurch unterdrückt wird. Der Gewinn des Laserresonators steht damit ausschließlich der bevorzugten Komponente zur Verfügung. Bei HeNe-Lasern verwendet man z. B. ein Strahlrohr mit einem Brewster-Fenster auf beiden Seiten. Dieses besteht aus einer Endfläche, welche unter dem Brewster-Winkel abgeschrägt ist (Abb. 12.15).

Glasröhre

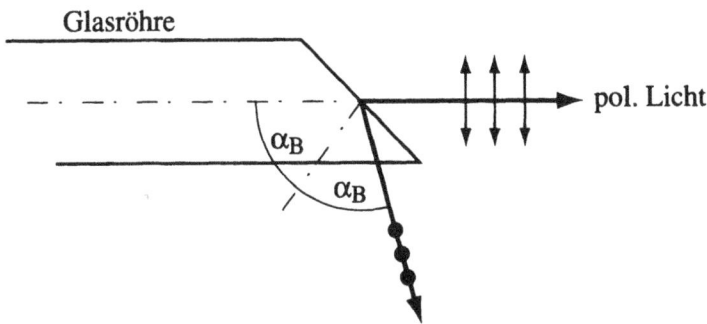

Abbildung 12.15: Verwendung eines Brewster-Spiegels zur Polarisationsselektion.

12.6.4 Wellenlänge

Um eine bestimmte Laserlinie auszuwählen, kann man ein dispersives Element (Prisma oder Gitter) in den Resonator stellen. Das Prisma sorgt dafür, daß nur Licht einer bestimmten Wellenlänge senkrecht auf die Spiegel fällt und somit eine stehende Welle aufbauen kann.

12.7 Gepulste Laser

Für unterschiedliche Anwendungen, z. B. als Lichtquellen für Zeitmultiplexsysteme, verwendet man gepulste Laserquellen. Zur Modulation der Laserstrahlung eignen sich grundsätzlich zwei Möglichkeiten: a) externe Modulation des Laserstrahls, b) interne Modulation (Abb. 12.16). Nachteil der externen Modulation ist die Ineffizienz, da während des Zeitraumes, in dem der Modulator lichtundurchlässig ist, die Lichtleistung absorbiert wird. Die maximale Lichtleistung ist durch den Pegel des cw-Betriebs (*continuous wave*) gegeben.

Zur Erzeugung kurzer und energiereicher Pulse durch interne Modulation eignen sich unterschiedliche Methoden. Ihnen ist gemeinsam, daß während des Zeitraums, in dem der Laser kein Licht aussendet, Energie aufgebaut und gespeichert wird. Energie kann in optischer Form im Laser gespeichert werden oder im Atomsystem in Form einer Bevölkerungsinversion. Die Energie wird in periodischen Abständen emittiert, wodurch kurze Laserpulse erzeugt werden mit Spitzenleistungen, die weit über den cw-Leistungen liegen.

Die üblichen Verfahren zum Erzeugen von Laserpulsen sind: Gewinnschalten (*gain switching*), Güteschalten (*Q-switching*), *cavity dumping* und Modenkopplung (*mode coupling*).

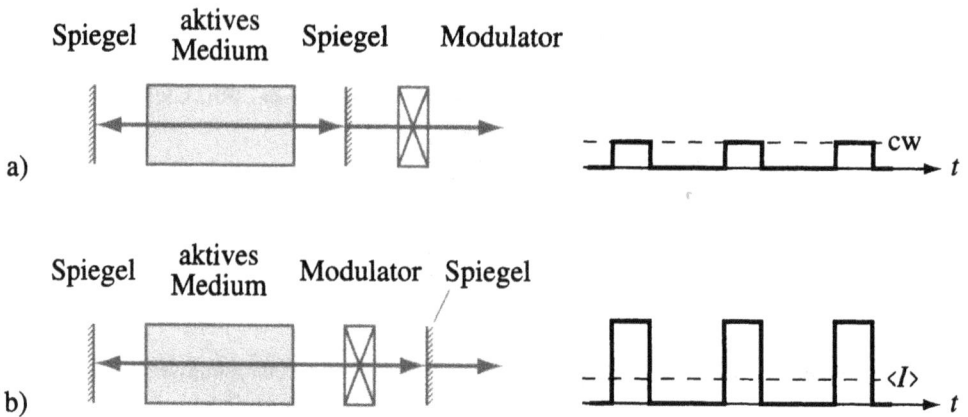

Abbildung 12.16: Modulation von Laserstrahlung: a) extern, b) intern.

12.7.1 Gewinnschalten (*gain switching*)

Hierbei moduliert man die externe Leistungszufuhr. Bei optisch gepumpten Lasern wie z. B. einem Rubinlaser werden die Blitzlichtlampen gepulst, welche zum Pumpen verwendet werden. Bei gepulsten Laserdioden ist der Injektionsstrom gepulst.

12.7.2 Güteschalten (*Q switching*)

Beim Güteschalten wird der Laseroutput unterbrochen, indem man die Resonatorverluste periodisch erhöht, oder, anders ausgedrückt, die Güte Q des Resonators reduziert. Unter dem Gütefaktor Q (*quality factor*) einer gedämpften Schwingung versteht man — wie bei elektronischen Schwingkreisen oder Mikrowellenresonatoren — den Quotienten aus gespeicherter Energie und Energieverlust pro Periode.

$$Q = 2\pi \frac{\text{mittlere Energie}}{\text{Energieverluste pro Periode}} = \frac{2\pi}{T} \frac{\langle E \rangle}{|(d\langle E \rangle)/dt|} \qquad (12.24)$$

Es sei $P_0 = \langle E \rangle / T = \langle E \rangle \nu_0$ die mittlere optische Leistung, welche zum Zeitpunkt $t = 0$ im Resonator gespeichert ist. Ohne Zufuhr von Energie ist zum Zeitpunkt $t > 0$

$$P(t) = P_0 \, e^{-\alpha l} = P_0 \, e^{-\alpha c t} \qquad (12.25)$$

wobei l die im Zeitraum t zurückgelegte Entfernung ist und α der Absorptionskoeffizient. Während einer Schwingungsperiode $1/\nu_0$ geht dem Resonator die Leistung ΔP verloren:

$$
\begin{aligned}
\Delta P &= P_0 - P_0 e^{-\frac{\alpha c}{\nu_0}} \\
&= P_0 \left[1 - e^{-\frac{\alpha c}{\nu_0}} \right] \\
&\approx P_0 \left[1 - (1 - \tfrac{\alpha c}{\nu_0}) \right] \\
&= P_0 \tfrac{\alpha c}{\nu_0}
\end{aligned}
\tag{12.26}
$$

Hierbei haben wir ausgenutzt, daß $\exp(-x) \approx 1 - x$ ist, wenn $x \ll 1$. Mit (12.26) kann man schreiben:

$$
Q = 2\pi \frac{\nu_0}{\alpha c} = \omega_0 \, t_a
\tag{12.27}
$$

mit $2\pi\nu_0 = 2\pi/T = \omega_0$ und $\alpha c = 1/t_a$. Q gibt somit (für kleine Absorption wegen obiger Näherung) die Anzahl der Oszillationen an, die stattfinden, bis die Energie (oder Leistung) im Resonator auf den e-ten Teil ihres Anfangswertes abgesunken ist. Große Q-Werte entsprechen Resonatoren mit geringen Verlusten. Ohne Herleitung sei noch angegeben, daß der Gütefaktor Q mit der Finesse eines optischen Resonators wie folgt verknüpft ist:

$$
Q = \frac{\nu_0}{\delta\nu} \mathcal{F}
\tag{12.28}
$$

Da optische Frequenzen i. a. viel größer sind als der Modenabstand, ist i. a. $Q \gg \mathcal{F}$. Wegen (12.27) reduziert sich also die Güte des Resonators mit steigender Absorption. Beim Güteschalten wird ein sich im Resonator befindlicher Absorber moduliert (Abb. 12.17). Solange die Absorption gering ist, ist die Güte hoch und der der Resonator gibt keine optische Energie ab. Da aber ständig Energie zugeführt wird, wird diese in Form einer Bevölkerungsinversion gespeichert. Wenn die Absorption erhöht wird, ist die Güte klein und der Resonator gibt seine optische Leistung durch Aussenden eines optischen Pulses ab.

12.7.3 Modenkopplung

Hierbei koppelt man die longitudinalen Moden eines Lasers in ihrer Phasenbeziehung. Im Sinne der Fourier-Optik überlagern sich diese harmonischen Wellen und ergeben einen zeitlichen Pulszug. Die Kopplung der Moden erfolgt durch periodische Modulation der Resonatorverluste (Abb. 12.18).

Zur theoretischen Betrachtung der Modenkopplung nehmen wir an, daß jede Mode eine ebene Welle darstellt, die sich in z-Richtung ausbreitet. Ihre Überlagerung ergibt die komplexe Amplitude:

$$
u(z,t) = \sum_{m=-M/2}^{+M/2} A_m \, e^{[2\pi i \nu_m (t - z/c)]}
\tag{12.29}
$$

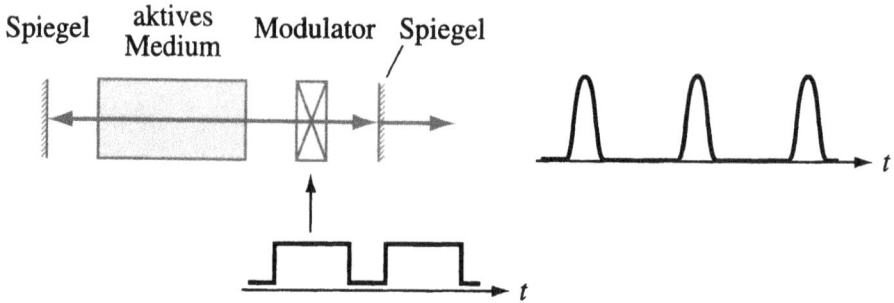

Abbildung 12.17: Güteschaltung (*Q-switching*) mit Hilfe eines modulierten Absorbers innerhalb des Laserresonators.

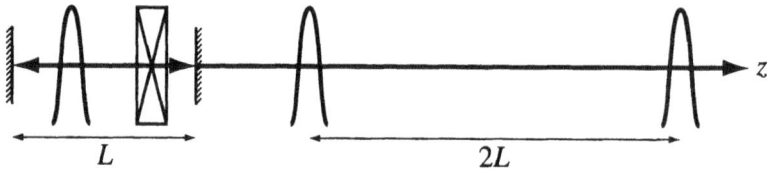

Abbildung 12.18: Modenkopplung.

mit $\nu_m = \nu_0 + m\delta\nu$ $(m = 0, \pm 1, \pm 2, \dots, \pm M/2)$. Die Faktoren A_m beschreiben die Einhüllende der Linienform und sind i. a. komplex. Wir können nun schreiben

$$u(z, t) = \mathcal{A}\left(t - \frac{z}{c}\right) e^{2\pi i \nu_0 \left(t - \frac{z}{c}\right)} \tag{12.30}$$

wobei mit $A_m = A = \text{const.}$

$$\mathcal{A}(t) = A \sum_{m=-M/2}^{M/2} e^{2\pi i m t/T} = AM \frac{\sin(\pi M t/T)}{\sin(\pi t/T)} \tag{12.31}$$

mit $T = 2nL/c$. Diese Funktion ist von der Gitterbeugung her bekannt. Ihr Betragsquadrat ist in Abb. 12.19 dargestellt. Die kohärente Überlagerung der unterschiedlichen Moden ergibt also einen Pulszug, welcher sich mit Lichtgeschwindigkeit c in z-Richtung ausbreitet und die Intensität

$$I(z, t) = |A|^2 M^2 \frac{\sin^2[\pi M(t - \frac{z}{c}/T]}{\sin^2[\pi(t - \frac{z}{c}/T]} \tag{12.32}$$

besitzt. Der Pulsabstand ist T, die Pulsdauer (FWHM) ist $T/M = 2nL/(Mc)$. Interessant und wichtig ist, daß die Pulshöhe $M\langle I \rangle$ beträgt, wobei $\langle I \rangle$ die mittlere Intensität des Pulszuges ist.

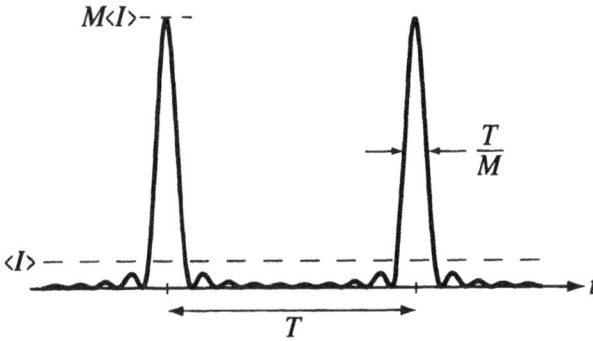

Abbildung 12.19: Form des Pulszuges, welcher von einem modengekoppelten Laser erzeugt wird.

Beispiel 12.4   Gepulster Nd^{3+}:YAG-Laser

Bei einer Wellenlänge $\lambda = 1,064$ μm, einem Brechungsindex $n = 1,5$, einer Linienbreite $\Delta\nu = 3000$ GHz sowie einer Länge $L = 100$ mm ergibt sich ein Modenabstand von $\delta\nu = 1$ GHz und $M = 3000$ Moden. Die Peakintensität ist also 3000mal so groß wie die Durchschnittsintensität. Der Pulsabstand ist $T = 1$ ns, die Pulsbreite $T/M = 0,33$ ps.

13 Halbleiter

Für die optische Übertragungstechnik, aber auch für eine Vielzahl weiterer photonischer Anwendungen spielen optoelektronische Halbleiterbauelemente wie Laserdioden, Modulatoren, Empfangsdioden eine wesentliche Rolle. Die erste Demonstration einer Laserdiode fand bereits im Jahr 1962 statt, also bereits kurz nachdem das Laserprinzip überhaupt realisiert wurde. Der Schwerpunkt der damaligen Entwicklung betraf dann allerdings Gaslaser, was wesentlich damit zusammenhing, daß diese einfacher herzustellen waren. Die Fertigung von Laserdioden aus Halbleitermaterialien erforderte zunächst die Entwicklung geeigneter Prozeßtechniken. Insbesondere neuartige Verfahren wie die Molekularstrahlepitaxie (MBE, *molecular beam epitaxy*) und die MOCVD (*metal-organic chemical vapor deposition*) haben die Möglichkeiten zur Herstellung optoelektronischer Bauelemente deutlich erweitert. In diesem Kapitel werden zunächst die physikalischen Grundlagen von Halbleitern behandelt.

13.1 Halbleitermaterialien

Ein Halbleiter ist ein kristalliner oder amorpher Festkörper, dessen elektrische Leitfähigkeit i. a. zwischen der eines Isolators und der eines Metalls liegt. Die Leitfähigkeit ist stark veränderlich unter dem Einfluß der Temperatur, der Konzentration von Verunreinigungen im Material sowie der Intensität einfallenden Lichtes. Tabelle 13.1 zeigt einen Auszug aus dem Periodensystem, in dem die wesentlichen Halbleitermaterialien dargestellt sind.

II	III	IV	V	VI
	B	C	N	
	Al	Si	P	S
Zn	Ga	Ge	As	Se
Cd	In		Sb	Te
Hg				

Tabelle 13.1: Auszug aus dem Periodensystem der Elemente.

Mehrere Elemente der vierten Hauptgruppe sind Halbleiter. Die wichtigsten Materialien hiervon sind Silizium (Si) und Germanium (Ge). Si ist das bedeutendste Material für die Herstellung elektronischer Bauelemente und Schaltkreise, außerdem eignet sich Si auch zur Herstellung von Photodetektoren für das sichtbare Spektrum und das nahe Infrarot. Für die Optoelektronik sind zusammengesetzte Materialien aus dem Bereich der dritten und fünften Hauptgruppe von Interesse. Mit Aluminium (Al), Gallium (Ga) und Indium (In) als den wichtigsten Vertretern der dritten Hauptgruppe, Phosphor (P), Arsen (As) und Antimon (Sb) als den wichtigsten Vertretern der fünften Hauptgruppe ergeben sich neun III-V-Materialien. Diese sind zusammen mit Si und Ge bezüglich ihrer Gitterkonstanten und Bandlückenenergien in Abb. 13.1 dargestellt. Die Bandlückenenergie E_g bezeichnet den Energieabstand zwischen dem Valenz- und dem Leitungsband. (Auf die Bandstruktur der Energieniveaus in Halbleitern wird in Abschnitt 13.3 eingegangen.) Die dazu gehörigen Werte sind in Tabelle 13.2 aufgeführt.

Hinweis: Im folgenden verwenden wir den Buchstaben E für die Energie, da keine Verwechslung mehr auftreten kann.

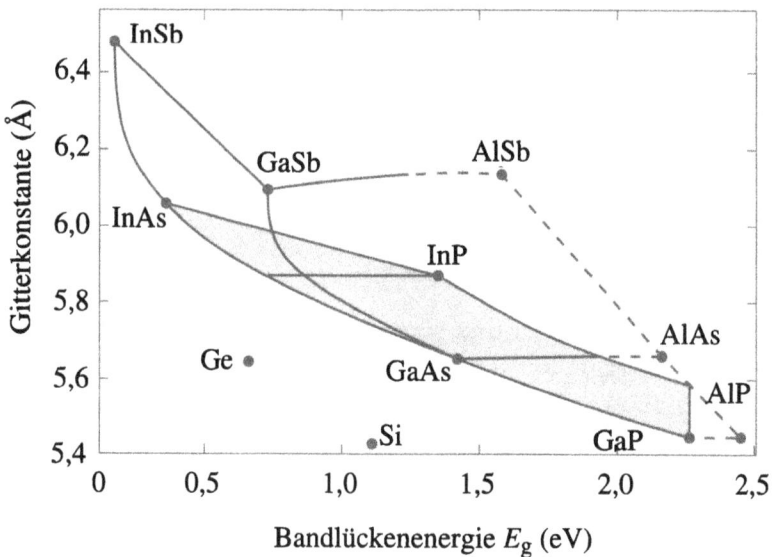

Abbildung 13.1: Darstellung von Si, Ge und von neun III-V-Materialien bezüglich ihrer Gitterkonstanten und Bandlückenenergien. Der Materialkomplex $In_{1-x}Ga_xAs_{1-y}P_y$ ist schattiert eingetragen.

Ein bedeutendes III-V-Material für die Optoelektronik ist GaAs, was auch zur Herstellung sehr schneller elektronischer Bauelemente eingesetzt wird. Neben den genannten Materialien sind allerdings für bestimmte Anwendungen auch andere Halbleiter von Interesse. So interessiert man sich z. B. für Materialien, welche die Herstellung von Lichtquellen im blauen Bereich des sichtbaren Spektrums ermöglichen. Hier sind u. a. SiC und in jüngster Vergangenheit auch GaN mit Erfolg untersucht worden. Bei SiC handelt es sich offensichtlich um ein Material, welches aus zwei Elementen der vierten Hauptgruppe zusammengesetzt ist, bei GaN um ein weiteres III-V-Material.

Material	Gitterkonstante in Å	Bandlückenenergie in eV
Si	5,4309	1,11
Ge	5,6461	0,66
AlP	5,451	2,45
AlAs	5,6611	2,16
AlSb	5,136	1,58
GaP	5,4495	2,26
GaAs	5,6532	1,42
GaSb	6,095	0,73
InP	5,8687	1,35
InAs	6,0584	0,36
InSb	6,479	0,17

Tabelle 13.2: Gitterkonstanten und Bandlückenenergie E_g für einige Halbleitermaterialien. Die Werte sind für Raumtemperatur (300 K) angegeben.

Die III-V-Halbleiter gehören zu den „binären" Materialien, die sich aus zwei Elementen zusammensetzen. Hierzu gehören auch noch die II-VI-Halbleiter, die sich aus Elementen der zweiten und sechsten Hauptgruppe zusammensetzen, wie z. B. das Zinksulfid (ZnS). II-VI-Materialien sind u. a. auch für die Herstellung kurzwelliger Lichtquellen untersucht worden. Zur Klasse der zusammengesetzten Materialien gehören zusätzlich „ternäre" und „quaternäre" Materialien, die aus drei bzw. vier Elementen bestehen. Bei den ternären Materialien verwendet man zwei Elemente der Gruppe III und eines der Gruppe V oder umgekehrt.

Ein sehr wichtiges Beispiel für ein ternäres Material ist $(Al_xGa_{1-x})As$. Der Index x gibt das Mischungsverhältnis von Ga und Al an und variiert zwischen 0 und 1. Bei Veränderung der Zusammensetzung ändert sich die Gitterkonstante von $(Al_xGa_{1-x})As$ mit x nicht wesentlich, so daß in dem Diagramm von Abb. 13.1 GaAs und AlAs durch eine horizontale Linie verbunden sind. Dieser Punkt ist wesentlich für die Herstellung von optoelektronischen Strukturen, die aus mehreren Schichten von $(Al_xGa_{1-x})As$ aufgebaut sind, wobei von einer Schicht zur nächsten der Al-Anteil unterschiedlich ist. Die gleichen Gitterkonstanten erlauben es, eine Schicht auf die andere aufzubringen, ohne daß mechanische Spannungen im Grenzbereich der beiden Schichten auftreten. $(Al_xGa_{1-x})As$ wird als Material zur Herstellung von LEDs und Laserdioden im Sichtbaren und nahen Infrarot verwendet. Die Bandlückenenergie E_g variiert von 1,42 eV für GaAs bis 2,16 eV. Durch entsprechende Veränderung des Anteils von Al kann man also die Wellenlänge der emittierten Strahlung verändern.

Quaternäre Materialien werden aus jeweils zwei Elementen der dritten und der fünften Hauptgruppe aufgebaut. Durch Hinzufügen eines vierten Elementes ergeben sich also zusätzliche physikalische „Design"-Möglichkeiten. Ein bedeutendes Beispiel ist $In_{1-x}Ga_xAs_{1-y}P_y$. Der Bereich dieses Materialsystems ist in Abb. 13.1 schattiert dargestellt. Je nach Zusammensetzung kann die Bandlückenenergie zwischen 0,36 eV für InAs und 2,26 eV für GaP variieren. Für Mischungsverhältnisse, die der Gleichung $y = 2,16(1 - x)$ genügen, ist $In_{1-x}Ga_xAs_{1-y}P_y$ in seiner Gitterkonstante sehr gut der Gitterkonstante von InP angepaßt und kann daher auf ein InP-Substrat aufgewachsen werden. Quaternäre Halbleiter werden verwendet, um LEDs und Laserdioden die optische Übertragungstechnik bei 1,3 μm und 1,55 μm herzustellen.

13.2 Leitungsmechanismen

Zur elektrischen Leitung tragen im Halbleiter Leitungselektronen, Defektelektronen und Störstellen im Kristallgitter bei. Leitungselektronen sind die Elektronen, die durch Energiezufuhr in das Leitungsband gehoben werden. Defektelektronen sind die bei Energiezufuhr frei werdenden Elektronenzustände im Valenzband. Die Wanderung dieser „Löcher" entspricht der Wanderung positiver Ladungen. Störstellen sind entweder fehlende Ionen im Kristallgitter oder in den Kristall eingebaute Fremdatome. Man unterscheidet zwischen intrinsischen, p- und n-leitenden Halbleitern. Wir wollen diese drei Typen am Beispiel des Siliziums darstellen.

13.2.1 Eigenleitung

Das Si-Atom besitzt vier Valenzelektronen. Im Kristall ist jedes Si-Atom von vier Nachbarn umgeben, zu denen mit Hilfe der Valenzelektronen Bindungen (Elektronenbrücken) aufgebaut werden. Da es genauso viele Nachbarn gibt wie Valenzelektronen, werden diese vollständig zum Brückenbau verwendet (Abb. 13.2).

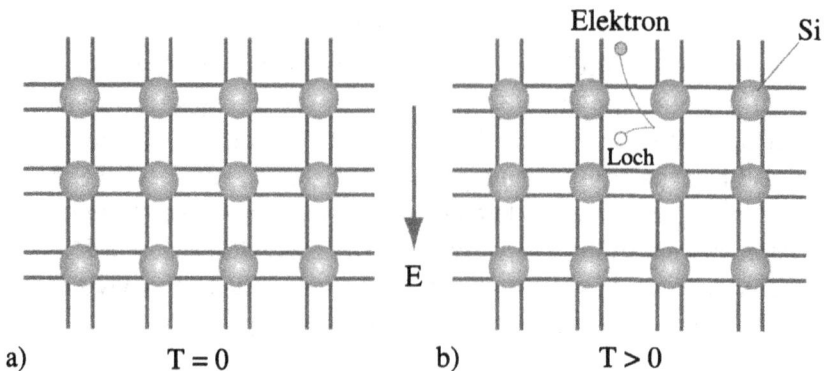

Abbildung 13.2: Graphische Darstellung des Si-Kristalls. Große Kreise stellen Si-Atome dar, kleine dunkle Kreise Elektronen, kleine helle Kreise Defektelektronen (Löcher). Die Doppelstriche repräsentieren Elektronenbrücken. Der Kristall befinde sich in einem äußeren elektrischen Feld.

Am absoluten Nullpunkt $T = 0$ sind alle Valenzelektronen durch Brückenbau gebunden. Schaltet man ein äußeres elektrisches Feld E ein, so kann kein Strom fließen, da es keine frei beweglichen Ladungsträger gibt. Für Temperaturen $T > 0$ werden durch die Wärmebewegung der Si-Atome gelegentlich Elektronen aus den Brücken herausgelöst und sind dann frei im Kristall beweglich (entgegen der Richtung des äußeren Feldes), bis sie von einer anderen aufgelösten Brücke eingefangen werden (rekombinieren). Eine aufgebrochene Brücke mit einer Elektronenlücke ist elektrisch positiv. Bei Aufrücken eines Valenzelektrons aus einer Nachbarbrücke kann die Elektronenlücke, welche als Defektelektron oder Loch bezeichnet wird, durch den Kristall wandern, in Richtung des elektrischen Feldes. Defektelektronen bewegen sich also wie positive Ladungsträger. Da im beschriebenen Fall Elektronen und Löcher vom Silizium selbst und nicht etwa von Fremdatomen herstammen, spricht man von Eigenleitung. Für den Mechanismus der Eigenleitung charakteristisch ist, daß die Elektronendichte n und die Defektelektronendichte p gleich groß sind, und zwar gleich der Dichte n_i der aufgebrochenen Elektronenbrücken:

$$n = p = n_i \qquad (13.1)$$

Der Index i steht für *intrinsic*. Werte für n_i bei Raumtemperatur sind für Si $n_i = 1,5 \cdot 10^{10}/\text{cm}^3$ und für GaAs $n_i = 1,8 \cdot 10^{6}/\text{cm}^3$.

13.2.2 *n*- und *p*-Leitung

Man kann Halbleiter mit Fremdatomen dotieren. Hierunter versteht man, daß ein Bruchteil der Atome durch Fremdatome ersetzt wird. Im Falle des Siliziums eignen sich z. B. Bor und Arsen zur Dotierung. Verwendet man Arsen, welches in der fünften Hauptgruppe steht, also fünf Valenzelektronen besitzt, so entsteht eine Situation, wie in Abb. 13.3.a dargestellt. Von den fünf Valenzelektronen des As-Atoms werden nur vier zur Bildung der Elektronenbrücken benötigt. Das fünfte Elektron ist so locker gebunden, daß es sich bereits durch die thermische Bewegung der Kristallatome ablöst und als frei beweglicher Ladungsträger zur Verfügung steht. In diesem Fall spricht man wegen des Ladungsvorzeichens der Elektronen von n-Leitung. Das Arsenatom wird als Donator bezeichnet, weil es bei seiner Ionisierung ein Elektron abgibt.

Dotiert man Si mit Atomen aus der dritten Hauptgruppe, dann stehen für den Aufbau von Elektronenbrücken nicht ausreichend viele Elektronen zur Verfügung (Abb. 13.3.b). Es entsteht dann also ein Defektelektron, welches durch Nachrücken von Valenzelektronen durch den Kristall wandert. Bei $T = 0$ ist das Loch gebunden. Da sich Löcher wie positive Ladungen verhalten, spricht man in diesem Fall von p-Leitung. Das Boratom wird als Akzeptor bezeichnet, weil es bei seiner Ionisierung ein Elektron aufnimmt. n- und p-dotierte Materialien werden zur Herstellung von Halbleiterdioden verwendet.

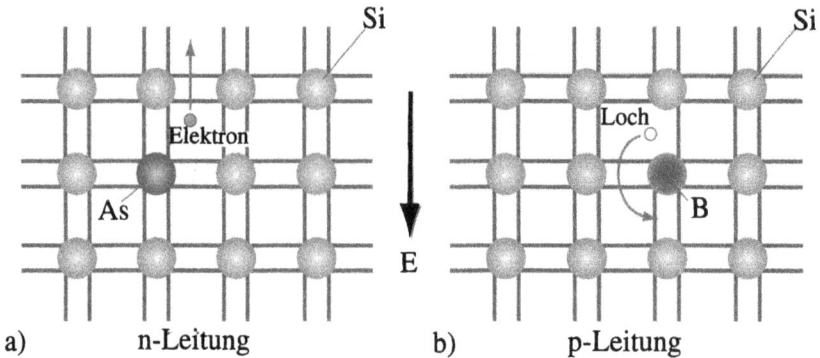

a)   n-Leitung   b)   p-Leitung

Abbildung 13.3: a) n-Leitung in Silizium durch Einbau von Atomen aus der fünften Hauptgruppe. b) p-Leitung durch Einbau von Atomen mit drei Valenzelektronen.

13.3 Die Bandstruktur der Energieniveaus in Halbleitern

Die spezifischen Eigenschaften von Halbleitern beruhen auf der speziellen Energiebänderstruktur der Materialien. Von der Physik einzelner Atome oder Moleküle her ist bekannt, daß diese diskrete Energiezustände annehmen, zwischen denen es zu Übergängen kommen kann. Bei diesen Übergängen wird vom Atom Energie aufgenommen oder abgegeben, wobei unterschiedliche Mechanismen eine Rolle spielen können. Bei Halbleitermaterialien sind viele Atome in ein Kristallgitter eingebunden, so daß sie nicht mehr als individuelle Atome betrachtet werden können. Eine wesentliche Konsequenz hiervon ist, daß im Energiediagramm nicht einzelne Linien auftreten, sondern „Bänder". Dies sind Bereiche, in denen eine Vielzahl von eng beieinanderliegenden Energieniveaus quasikontinuierlich verteilt sind. Zwischen den Bändern befinden sich Bandlücken als „verbotene" Energiebereiche, dies sind Energiezustände, die der Kristall nicht annehmen kann (Abbildung 13.4).

In allen Halbleitermaterialien sind die unteren Bänder besetzt. Die beiden obersten Bänder, das Valenz- und das Leitungsband, sind nur teilweise besetzt. Halbleiter zeichnen sich dadurch aus, daß für eine Temperatur $T = 0$ das Valenzband voll besetzt und das Leitungsband leer ist (Abb. 13.4.a). Ein Halbleiter ist also am absoluten Nullpunkt ein Isolator. Mit zunehmender Temperatur werden in zunehmendem Maße Elektronen vom Valenzband in das Leitungsband gehoben (Abb. 13.4.b). Wenn ein Elektron das Leitungsband erreicht, kann es sich im Kristall frei bewegen und trägt zur elektrischen Leitung bei. Je mehr Elektronen sich im Leitungsband befinden, um so größer ist die Leitfähigkeit des Halbleiters. Nach den Gesetzen der Thermodynamik wird die durch die Elektronen bedingte elektrische Leitfähigkeit σ eines intrinsischen Halbleiters durch folgende Gleichung beschrieben

a)

Leitungsband

Loch   Elektron E_g Bandlücke

Valenzband

Bandlücke

Energieband

atomare
Energieniveaus

Energiebänder
im Kristall

$T = 0\,K$

b)

Leitungsband

E_g Bandlücke

Valenzband

Bandlücke

Energieband

atomare
Energieniveaus

Energiebänder
im Kristall

$T > 0\,K$

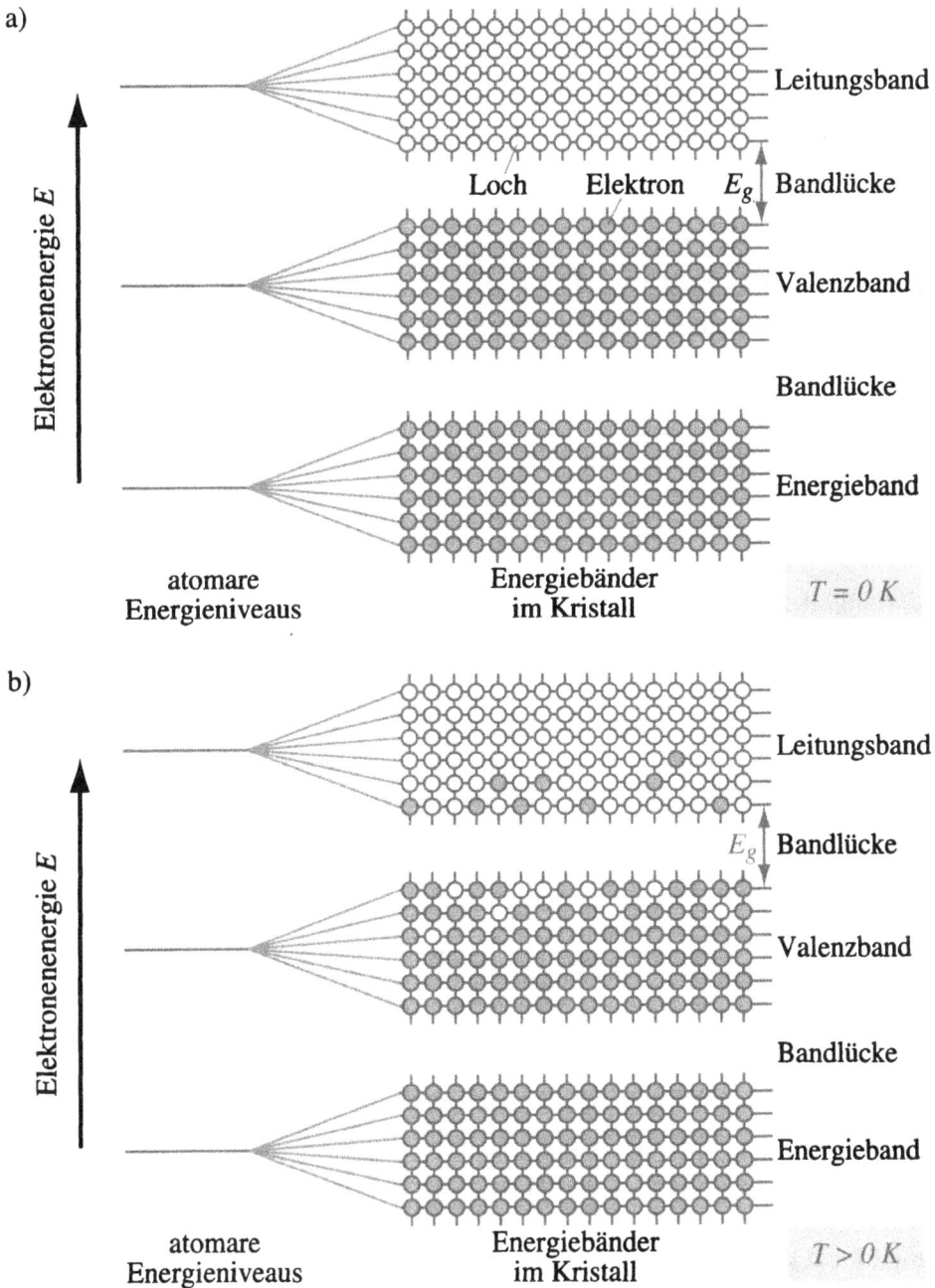

Abbildung 13.4: Aufspaltung in Energiebänder und Bandlücken im Halbleiter. Für $T = 0$ K ist beim reinen Halbleiter das Valenzband vollständig besetzt und das Leitungsband leer. In diesem Fall ist die Leitfähigkeit Null (a). Bei einer Temperatur $T > 0$ K befinden sich Elektronen im Leitungsband, die für eine endliche Leitfähigkeit sorgen (b). Die hellen und schattierten Kreise stellen unbesetzte und besetzte Zustände in den Bändern dar.

$$\sigma = \sigma_0 \, e^{-\frac{E_g}{k_B T}} \tag{13.2}$$

Dabei ist E_g die Energielücke zwischen Valenz- und Leitungsband; der Index g steht für *gap*. Der Bandabstand E_g zwischen Valenz- und Leitungsband ist in Halbleitern größer als in Metallen. Zum Beispiel ist für Silizium $E_g = 1,11$ eV, für GaAs beträgt $E_g = 1,42$ eV.

Als nächstes wollen wir einen Zusammenhang zwischen Energie und Impuls der Elektronen im Halbleiter herstellen. Wir beginnen in dieser Betrachtung zunächst mit dem freien Elektron. Für ein freies Elektron lautet die Wellenfunktion

$$\Psi(\boldsymbol{r}) = e^{i\boldsymbol{k}\cdot\boldsymbol{r}} \tag{13.3}$$

Dieser Ausdruck beschreibt eine ebene Welle. Die Energiewerte

$$E = \frac{p^2}{2m_0} = \frac{\hbar^2 k^2}{2m_0} \tag{13.4}$$

sind kontinuierlich verteilt. m_0 bezeichnet die Ruhemasse des Elektrons und k die Wellenzahl. Zur Darstellung der Energiezustände von Halbleitern verwendet man das (E, k)-Diagramm. Mit (13.4) stellt sich die Beziehung zwischen den Energiewerten und der Wellenzahl dar wie in Abbildung 13.5.a gezeigt.

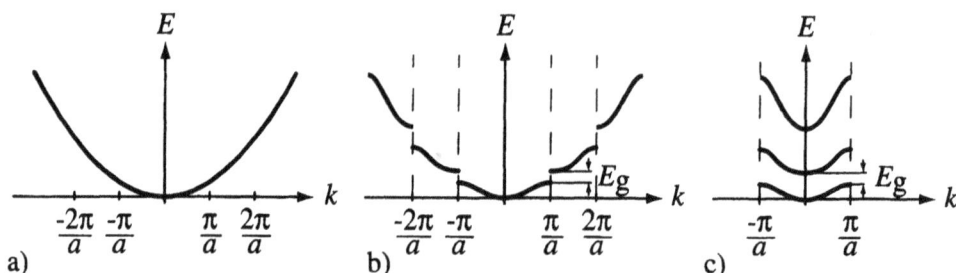

Abbildung 13.5: Energie in Abhängigkeit von der Wellenzahl k für a) ein freies Elektron, b) im Kristallgitter (erweitertes Zonenschema), c) zeigt das reduzierte Bandschema für den Bereich $k = -\pi/a$ bis $k = +\pi/a$, bei dem alle Energiebänder aufgetragen sind. a ist die Gitterkonstante.

Im Kristallgitter sorgt die Periodizität des Potentials für eine Periodizität der Wellenfunktion. In einem periodischen Potential sind die Lösungen der Schrödinger-Gleichung für ein periodisches Potential ebenfalls periodische Funktionen („Bloch-Funktionen"):

$$\psi_k(\boldsymbol{r}) = u_k(\boldsymbol{r}) \, e^{i\boldsymbol{k}\cdot\boldsymbol{r}} \tag{13.5}$$

Die $u_k(\boldsymbol{r})$ haben die gleiche Periodizität wie das Kristallgitter. Im eindimensionalen Fall ist also

$$u_k(x) = u_k(x + a) \tag{13.6}$$

wobei a die Gitterperiode in x-Richtung darstellt. Mit der Wellenfunktion ist auch die Energie eine periodische Funktion, die allerdings an den Stellen $k = \pm m\pi/a$ Diskontinuitäten („Bandlücken") aufweist, wobei $m = \pm 1, \pm 2, \ldots$ (Abbildung 13.5.b). Diese Bandlücken werden durch die Beugung einer Welle an dem Kristallgitter verursacht, die sogenannte Bragg-Reflexion (s. Kap. 11). Diese sorgt dafür, daß im Kristall für die genannten Werte der Wellenzahl keine oszillatorischen Lösungen der Wellenfunktion auftreten können. Neben der Darstellung des erweiterten Zonendiagramms wie in Abb. 13.5.b verwendet man ebenfalls das „reduzierte" Schema, bei dem wie in Abb. 13.5.c alle Zweige der Funktion $E(k)$ im Bereich von $-\pi/a$ bis π/a aufgetragen sind. Zwischen den k-Vektoren der einfallenden und der gebeugten Welle besteht folgende Beziehung:

$$\boldsymbol{k}' = \boldsymbol{k} + \Delta\boldsymbol{k} \tag{13.7}$$

Wie wir von der Optik her wissen, tritt bei der Beugung an einer periodischen Struktur konstruktive Interferenz nur für diskrete Richtungen auf. Im eindimensionalen Fall gilt:

$$\Delta k = m\frac{\pi}{a} \qquad (m = \pm 1, \pm 2, \ldots) \tag{13.8}$$

Der genaue Verlauf der Energiebänder wird bestimmt durch die Kristallstruktur und das damit verbundene Potential, in dem sich die Elektronen bewegen. Auch für ein bestimmtes Material sieht der Potentialverlauf für unterschiedliche Gitterebenen unterschiedlich aus. Abbildung 13.6 zeigt den Verlauf von $E(k)$ für Si und GaAs jeweils für die [111]- und die [100]-Richtung.

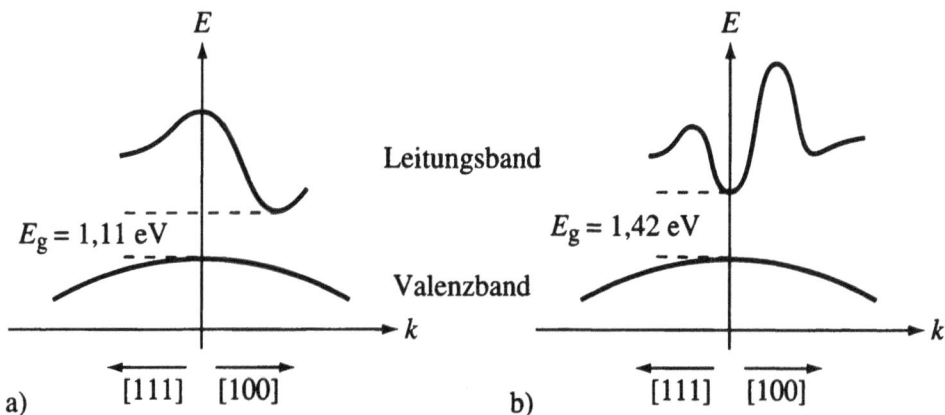

Abbildung 13.6: Verlauf von $E(k)$ für a) Si und b) GaAs.

Die Energiediagramme für Si und GaAs unterscheiden sich in dem Punkt, daß bei
GaAs das Maximum des Valenzbandes und das Minimum des Leitungsbandes für
denselben k-Wert auftreten, bei Si aber nicht. Ein Übergang zwischen dem Maximum des Valenzbandes und dem Minimum des Leitungsbandes ist daher im Si mit
einer Impulsänderung ($\Delta k \neq 0$) verbunden; man spricht in diesem Fall von einem
indirekten Übergang. Halbleiter mit einer solchen Bandstruktur nennt man indirekte
Halbleiter. Im GaAs ist ein Übergang zwischen dem Maximum des Valenzbandes und
dem Minimum des Leitungsbandes ohne Impulsänderung möglich ($\Delta k = 0$: „direkter Übergang"). GaAs gehört damit zu den direkten Halbleitern. Wie wir später sehen
werden, eignen sich direkte Halbleitermaterialien zur Herstellung von Lichtquellen
wie LEDs oder Laserdioden, indirekte Halbleiter hingegen nicht.

In der Nähe des Minimums des Leitungsbandes und des Maximums des Valenzbandes (Abbildung 13.7) kann man für $E(k)$ jeweils näherungsweise durch eine Parabel
beschreiben:

$$E = E_\mathrm{c} + \frac{\hbar^2 k^2}{2m_\mathrm{c}} \quad \text{und} \quad E = E_\mathrm{v} - \frac{\hbar^2 k^2}{2m_\mathrm{v}} \qquad (13.9)$$

E_c ist hier die Energie im Minimum des Leitungsbandes, E_v ist die Energie im Maximum des Valenzbandes. m_c ist die effektive Masse eines Elektrons im Leitungsband, m_v ist die effektive Masse eines Loches im Valenzband (s. Kap. 15). Die effektiven Massen weichen zum Teil erheblich von der Masse m_0 eines freien Elek-
trons ab. Für Si und GaAs ist jeweils $m_\mathrm{v}/m_0 = 0,5$, während $m_\mathrm{c}^{\mathrm{Si}}/m_0 = 0,33$ und
$m_\mathrm{c}^{\mathrm{GaAs}}/m_0 = 0,07$ (man vergleiche hierzu die Öffnung der Parabeln in Abbildung
13.7).

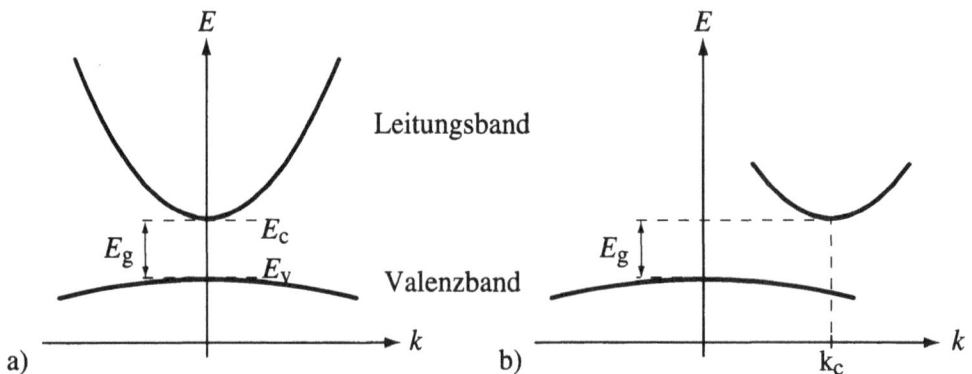

Abbildung 13.7: Verlauf von $E(k)$ im Bereich des Maximums bzw. Minimums der Energiebänder.
a) Direkter Halbleiter, b) indirekter Halbleiter.

13.4 Energiezustände im Halbleiter

Es zeigt sich, daß die Wechselwirkung der Elektronen mit dem periodischen Gitter-
potential in manchen Metallen und Halbleitern in vielen Fällen durch die Einführung
einer effektiven Masse berücksichtigt werden kann. Das Problem der Bewegung von
Elektronen unter der gleichzeitigen Wirkung äußerer Kräfte und des Gitterpotentials
wird dann auf ein Modell zurückgeführt, in dem sich „Quasi-Elektronen", welche sich
lediglich durch eine geänderte Masse unterscheiden, wechselwirkungsfrei unter dem
Einfluß äußerer Kräfte bewegen. Dieses Modell ist z. B. für einwertige Metalle und
viele Halbleiter gültig. Die Werte für die effektive Masse liegen bei Metallen etwas
über der Masse m_0 des freien Elektrons (bei Na: $1,22\,m_0$, bei Li: $2,3\,m_0$), bei Halbleitern können sie wesentlich kleiner als m_e sein (InSb: $0,01m_0$, GaAs: $0,07m_0$, Si:
$0,33m_0$). In einem Punkt unterscheidet sich die Situation in Halbleitern und Metallen
jedoch grundsätzlich: in Halbleitern ist die Konzentration der Leitungselektronen so
niedrig, daß diese sich wie ein Gas wechselwirkungsfreier Teilchen verhalten, während
in Metallen das Elektronengas wegen seiner hohen Konzentration „entartet" ist.

Die Elektronenkonzentration $n(E)$ in Abhängigkeit der Energie E ergibt sich als das
Produkt von Besetzungswahrscheinlichkeit $f(E)$ und Zustandsdichte $\rho(E)$:

$$n(E) = f(E)\rho(E) \tag{13.10}$$

Im folgenden wollen wir also die Konzentration berechnen, wozu wir Ausdrücke für
die Besetzungswahrscheinlichkeit und die Zustandsdichte herleiten.

Bei Vernachlässigung aller Wechselwirkungen zerfällt die Wellenfunktion des Elektronengases in Ein-Elektronen-Wellenfunktionen, für die wir mit (13.3) schreiben:

$$\psi = e^{i\boldsymbol{k}\cdot\boldsymbol{r}} \tag{13.11}$$

Wenn wir voraussetzen, daß sich das Elektron bedingt durch die Gitterstruktur in einem periodischen Potential befindet (Born-von Karman'sche zyklische Randbedingung), dann muß die Wellenfunktion periodisch sein, d. h. zum Beispiel für die x-
Komponente des k-Vektors:

$$k_x(x + a) = k_x x + 2\pi m_x \qquad \text{oder} \qquad k_x = \frac{2\pi}{a}m_x \tag{13.12}$$

Insgesamt kann man für den Wellenvektor $\boldsymbol{k}$ schreiben

$$\boldsymbol{k} = \left(\frac{m_x 2\pi}{a}, \frac{m_y 2\pi}{a}, \frac{m_z 2\pi}{a}\right) \tag{13.13}$$

Die Zahlen m_x, m_y und m_z sind ganze Zahlen. Die Komponenten des k-Vektors
können als Quantenzahlen gedeutet werden, die neben dem Spin den Zustand des Elektrons bestimmen. Die in (13.13) auftretenden k-Vektoren können durch ein diskretes

Punktegitter im dreidimensionalen k-Raum dargestellt werden (Abbildung 13.8). Jedem k-Punkt sind zwei Ein-Teilchen-Zustände mit entgegengesetztem Spin zugeordnet. Jeder Zustand kann nach dem Pauli-Prinzip mit einem Elektron besetzt werden. Wir nehmen an, daß sich im Würfel des Volumens $V = a^3$ N Elektronen befinden. Die Elektronenkonzentration in diesem Volumen ist also $n = N/V$. Der Grundzustand (Zustand niedrigster Energie) ist dadurch gekennzeichnet, daß sich diese N Elektronen auf die $N/2$ Punkte niedrigster Energie verteilen. Diese Punkte füllen im k-Raum eine Kugel mit dem Radius k_f (Fermi-Kugel).

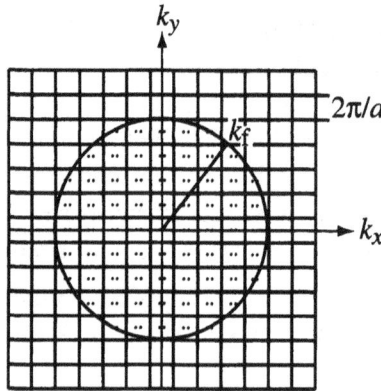

Abbildung 13.8: Fermi-Kugel mit Radius k_f im k-Raum (hier zwei-dimensional dargestellt). Jedes Volumenelement der Größe $(2\pi)^3/a^3$ enthält zwei Zustände, die bei $T = 0$ mit Elektronen entgegengesetzten Spins vollständig besetzt sind.

k_f bestimmt sich danach, daß nach (13.12) jedem k-Punkt ein Volumen $(2\pi)^3/V$ des k-Raumes zugeordnet ist. Das Volumen V_f der Fermi-Kugel ist also gleich dem $N/2$-fachen dieses Volumens:

$$V_f = \frac{4\pi}{3} k_f{}^3 = \frac{N}{2} \frac{(2\pi)^3}{V} \tag{13.14}$$

Damit folgt:

$$N = \frac{4\pi}{3} k_f{}^3 \frac{2V}{(2\pi)^3} \tag{13.15}$$

Elektronen an der Oberfläche der Fermi-Kugel haben dann die Energie

$$E_f = \frac{\hbar^2 k_f{}^2}{2m} = \frac{\hbar^2}{2m}(3\pi^2 n)^{2/3} \tag{13.16}$$

E_f wird als die Fermi-Energie bezeichnet.

Die Anregung eines Elektrons in einen Zustand höherer Energie führt aus der Fermi-Kugel heraus. Führt man dem Elektronengas auf thermischem Wege Energie zu, so verwischt sich die Grenze zwischen besetzten und unbesetzten Zuständen an der Oberfläche der Fermi-Kugel. Wir werden hierauf im nächsten Abschnitt eingehen.

13.5 Elektron-Loch-Paare

Der Grundzustand des Fermi-Gases ist also durch die völlig mit Elektronen gefüllte Fermi-Kugel beschrieben. Angeregte Zustände kommen dadurch zustande, daß einzelne Elektronen aus ihrem Ein-Teilchen-Zustand (beschrieben durch einen Wellenvektor k_0 ($k_0 \leq k_f$) in einen Zustand k ($k > k_f$) „angehoben" werden. Es sei $\kappa = k - k_0$. Im Grundzustand besitzt ein Elektron die Energie $E = \hbar^2 k^2 / 2m$ und den Impuls $\hbar k$. Es gibt zu jedem besetzten Zustand k einen Zustand $-k$. Der Gesamtimpuls des Elektronengases ist also Null. Entfernt man aus der Fermi-Kugel ein Elektron in einen Zustand $k > k_f$, dann geschieht zweierlei. Das Elektron erhält den Impuls $\hbar \kappa$, welcher durch kein anderes Elektron kompensiert wird. Damit einher geht eine Energieänderung $E(\kappa) = \hbar^2 (k^2 - k_0{}^2) / 2m$. Den Grundzustand des Systems deutet man auch als den „Vakuumzustand". Die Erzeugung eines angeregten Zustands kann man dann verstehen als die Erzeugung eines Elektrons außerhalb und eines „Loches" innerhalb der Fermi-Kugel. Die Energie des Elektron-Loch-Paares ist $E(\kappa)$ und der dazugehörige Impuls $\hbar \kappa$.

Für angeregte Zustände gibt es keine eindeutige Beziehung zwischen Energie und Impuls. Dies ergibt sich aus der folgenden Betrachtung: Für $k < 2k_f$ kann nicht jedes Elektron angeregt werden, da nicht alle möglichen $k_0 + \kappa$ außerhalb der Fermi-Kugel liegen. Für $\kappa > 2k_f$ kann jedes k_0 Ausgangszustand sein. Die möglichen Endzustände liegen aber mindestens um die Energie $(\hbar^2 / 2m)(\kappa + k_f)^2 - \hbar^2 k_f{}^2 / 2m$ über dem Grundzustand. Die bei gegebenem Δk maximal übertragene Energie ist in beiden Fällen $\hbar^2 (\kappa + k_f)^2 / 2m - \hbar^2 k_f{}^2 / 2m$. Zu jedem Δk gibt es also einen beschränkten, aber endlichen Bereich von Anregungsenergien.

13.6 Konzentration von Elektronen und Löchern

In einem intrinsischen Halbleiter sind die Konzentrationen von beweglichen Elektronen und Löchern gleich groß: $n = p = n_i$ (13.1). In einem n-leitenden Halbleiter ist $n \gg p$ und umgekehrt gilt im p-leitenden Halbleiter $p \gg n$. Um die Ladungsträgerdichte als Funktion der Energie bestimmen zu können, muß man die Dichte der erlaubten Zustände kennen als auch die Wahrscheinlichkeit, mit welcher diese Zustände besetzt sind (13.10). Die Zustandsdichte für das freie Elektronengas können wir unmittelbar angeben. Im k-Raum nehmen nach Gleichung (13.12) zwei Zustände (Berücksichtigung des Spins!) das Volumen $(2\pi)^3 / V = (2\pi)^3 / a^3$ ein. Die Zustandsdichte $\rho(k)$ im k-Raum (Zahl der Zustände Z im Volumenelement $d^3 k$, mit $d^3 k = dk_x dk_y dk_z$, bezogen auf das Grundvolumen) ist dann

$$\rho(\mathbf{k}) d^3 k = \frac{Z(\mathbf{k})}{V} d^3 k = \frac{2}{(2\pi)^3} d^3 k \tag{13.17}$$

Die Zustandsdichte ist also unabhängig von k. Aus der obigen Gleichung können wir nun die Anzahl von Zuständen $\rho(k)dk$ berechnen, für die der Betrag von k zwischen k und $k + dk$ liegt. Diese Anzahl erhält man, indem man über das Volumen der Kugelschale mit den Radien k und $k + dk$ aufsummiert:

$$\rho(k)dk = \frac{k^2}{\pi^2}dk \tag{13.18}$$

Mit Hilfe der Gleichungen (13.9) kann man die Zustandsdichte nahe den Bandkanten als Funktion der Energie darstellen. Man erhält:

$$\begin{aligned} \rho_c(E) &= \frac{(2m_c)^{3/2}}{2\pi^2\hbar^3}\,(E - E_c)^{1/2} &\text{für} \quad E &\geq E_c \\ \rho_v(E) &= \frac{(2m_v)^{3/2}}{2\pi^2\hbar^3}\,(E_v - E)^{1/2} &\text{für} \quad E &\leq E_v \end{aligned} \tag{13.19}$$

Die Abhängigkeit von der Wurzel der Energiewerte ist eine Folge der quadratischen Abhängigkeit zwischen E und k in der Nähe der Bandkanten; siehe (13.9). Am absoluten Nullpunkt belegen alle Elektronen die energetisch niedrigsten Zustände im Valenzband und füllen dieses vollständig auf, während das Leitungsband leer ist. Für $T \neq 0$ werden Elektronen in das Leitungsband gehoben und lassen im Valenzband Löcher zurück. Für Teilchen mit halbzahligem Spin, wie im Fall der Elektronen, besagt ein Ergebnis der statistischen Mechanik, daß ihre Wahrscheinlichkeitsverteilungsfunktion $f(E)$ durch die Fermi-Funktion (oder Fermi-Dirac-Verteilung) gegeben ist. Im thermischen Gleichgewicht bei einer Temperatur T ist die Wahrscheinlichkeit, daß ein Energiezustand E besetzt ist

$$f(E) = \frac{1}{e^{(E-E_f)/(k_B T)} + 1} \tag{13.20}$$

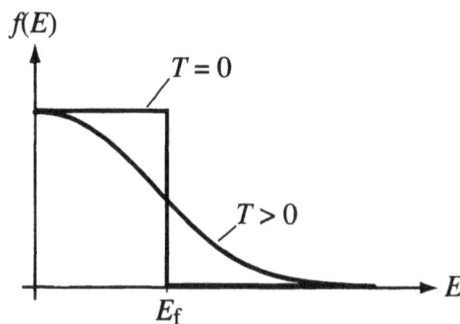

Abbildung 13.9: Fermi-Dirac-Verteilung für $T = 0$ und $T > 0$.

Es ist $f(E_f) = 0,5$ unabhängig von T. Das Ferminiveau ist dadurch definiert, daß für $T = 0$ $f(E) = 1$ für $E < E_f$ und $f(E) = 0$ für $E > E_f$, es trennt also die besetzten von den unbesetzten Zuständen. Der Verlauf der Fermi-Funktion ist in Abbildung 13.9

gezeigt. Für $T = 0$ nimmt die Fermi-Funktion die Werte 1 für $E < E_f$ und 0 für $E > E_f$ an. Für $T > 0$ verläuft sie kontinuierlich. Für $E - E_f \gg k_B T$ geht die Fermi-Funktion in die Boltzmann-Verteilung über:

$$f(E) \approx e^{-\frac{E-E_f}{k_B T}} \qquad \text{für} \quad E - E_f \gg k_B T \qquad (13.21)$$

Wenn $f(E)$ die Wahrscheinlichkeit angibt, mit der sich ein Elektron im Leitungsband befindet, dann gibt wegen der Komplementarität der Ereignisse $1 - f(E)$ die Wahrscheinlichkeit an, mit der ein Loch im Valenzband auftritt. $n(E)\,dE$ und $p(E)\,dE$ geben die Anzahl der Elektronen im Energieintervall zwischen E und $E + dE$ an. Die Konzentrationen n und p von Elektronen und Löchern sind dann gegeben durch die Integrale

$$n = \int\limits_{E_c}^{\infty} n(E)\,dE \qquad \text{und} \qquad p = \int\limits_{-\infty}^{E_v} p(E)\,dE \qquad (13.22)$$

wobei mit (13.10) die Ladungsträgerkonzentrationen jeweils durch das Produkt von Ladungsträgerdichte und Verteilungsfunktion gegeben ist. Für die Elektronenkonzentration erhält man daher einen Verlauf wie in Abb. 13.10 dargestellt.

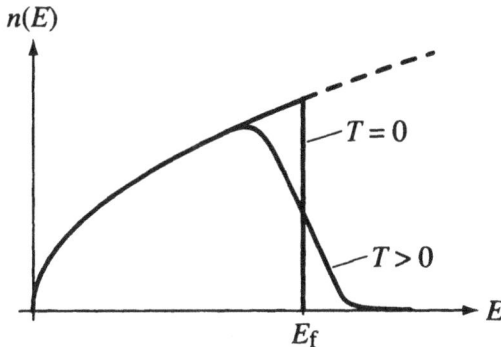

Abbildung 13.10: Elektronenkonzentration $n(E) = \rho(E)f(E)$. Für $T = 0$ hat man gemäß (13.19) einen Verlauf $\propto E^{1/2}$ und eine scharfe Kante für $E = E_f$. Für $T > 0$ verwischt sich die Kante.

In einem intrinsischen Halbleiter gilt immer $n = p$. Unter der Annahme, daß die Massen von Elektronen und Löchern gleich sind, muß in diesem Fall das Fermi-Niveau exakt in der Mitte der Bandlücke liegen und die Verteilungen $n(E)$ und $p(E)$ verlaufen symmetrisch zueinander (Abb. 13.11).

Für n- und p-dotierte Halbleiter sehen die Energiediagramme aus wie in Abbildung 13.12 dargestellt. Elektronen von Donatoren bevölkern einen Energiezustand, der wenig unterhalb des Leitungsbandes liegt. Von hieraus können sie mit geringer Energiezufuhr (typisch 0,01 eV) in das Leitungsband angehoben werden. Das Ferminiveau, für

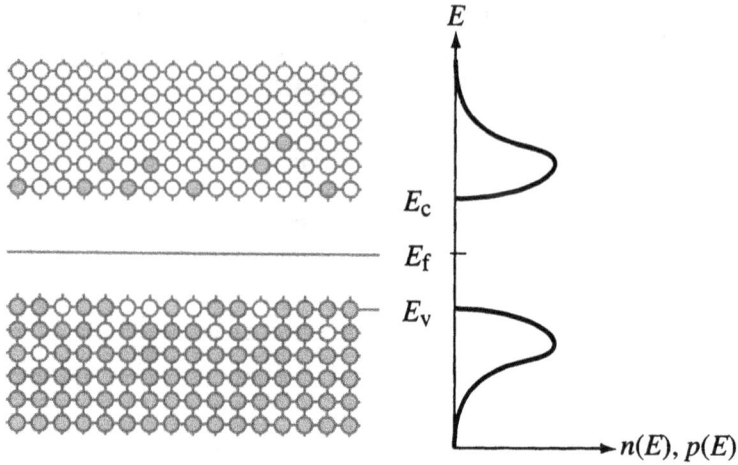

Abbildung 13.11: Symmetrische Verläufe der Konzentrationen von Elektronen und Löchern für den intrinsischen Halbleiter.

das $f(E_f) = 0,5$ gilt, liegt daher oberhalb der Mitte der Bandlücke. Im n-dotierten Halbleiter treten Elektronen als Majoritätsladungsträger auf, Löcher als Minoritätsladungsträger. Die Ladungsträgerkonzentrationen als Funktion der Energie hat daher qualitativ einen Verlauf wie in Abbildung 13.12. Für den p-Leiter verhält sich die Situation analog.

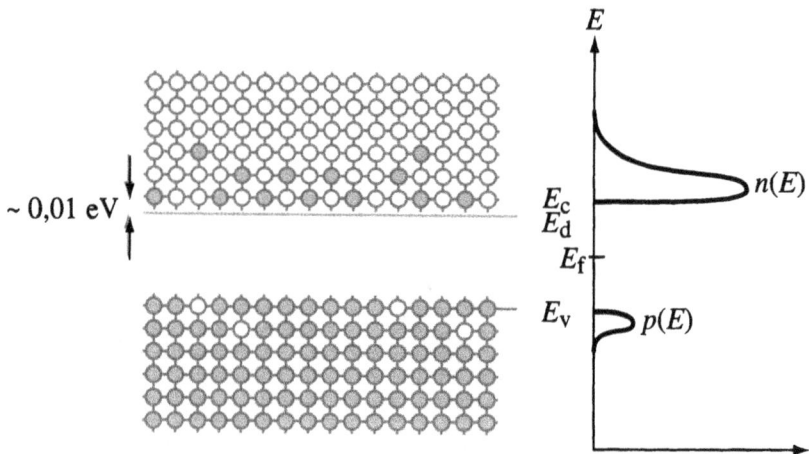

Abbildung 13.12: n-Leiter: Banddiagramm und Ladungsträgerkonzentration als Funktion der Energie.

13.7 Übergänge

Übergänge zwischen unterschiedlich dotierten Bereichen eines einzigen Halbleitermaterials oder unterschiedlicher Halbleitermaterialien sind von Bedeutung für die Realisierung von optoelektronischen Bauelementen. Übergänge zwischen unterschiedlichen Materialien nennt man Heteroübergänge. Bei Heteroübergängen unterscheidet man zwischen Übergängen vom gleichen Typ (pp oder nn) und Übergängen vom verschiedenen Typ (pn). Heteroübergänge werden zum Beispiel zum Aufbau von Wellenleitern in Laserdioden benutzt. Der pn-Übergang stellt die Grundlage für eine Vielzahl von elektronischen und optoelektronischen Bauelementen dar.

Der pn-Übergang in einem homogenen Material entsteht, indem man p- und n-dotierte Bereiche des gleichen Halbleitermaterials in Kontakt bringt. Der p-leitende Bereich weist einen Überschuß an Löchern (Majoritätsladungsträger) und wenige Elektronen im Leitungsband auf (Minoritätsladungsträger). Im n-leitenden Bereich gibt es einen Überschuß an beweglichen Elektronen und wenige Löcher. Bringt man beide Bereiche in Kontakt, dann diffundieren Elektronen aus dem n-Bereich in den p-Bereich, wo sie mit Löchern rekombinieren. Löcher diffundieren aus dem p-Bereich in den n-Bereich und rekombinieren dort mit Elektronen. Durch die Verschiebung der Ladungsträger entsteht auf beiden Seiten des Übergangs ein Bereich, in dem keine beweglichen Ladungsträger mehr vorkommen. Diesen Bereich nennt man Verarmungszone. Die Ausdehnung der Verarmungszone in jedem der beiden Bereiche ist umgekehrt proportional zur Konzentration von Fremdatomen. Dieser Diffusionsprozeß findet ein Ende, sobald das durch die Ladungsverschiebung entstehende elektrische Potential eine Balance mit dem Diffusionspotential erreicht hat. Das innere elektrische Potential U_0 bewirkt eine Verringerung der potentiellen Energie der Elektronen, die sich auf der n-Seite des Überganges befinden. Im Banddiagramm macht sich dies durch ein Absinken des Bandes auf der n-Seite bemerkbar (Abb. 13.13.a). Ohne angelegtes äußeres Feld fließt durch den Übergang kein Strom. Die Diffusions- und Driftströme für Elektronen und Löcher gleichen sich unabhängig voneinander aus.

Bei angelegter äußerer Spannung wird der Potentialverlauf zwischen p- und n-Bereich verändert. Bei Anlegen einer Spannung U in Sperrichtung (positiver Pol in Kontakt mit dem n-Bereich) erhöht sich die Potentialschwelle zwischen p- und n-Bereich um den Betrag qU. Der Rekombinationsstrom reduziert sich hierdurch um den Boltzmann-Faktor $\exp(-qU/k_\mathrm{B}T)$. Der thermisch erzeugte Strom von Elektronen wird durch die Sperrspannung nicht wesentlich beeinflußt, da die Elektronen aus dem p-Bereich in jedem Fall in den n-Bereich mit niedrigerem Potential hinunterfließen. Der Bereich des Übergangs wird durch die Bewegung von Elektronen im n-Bereich zur Kathode hin und der Löcher im p-Bereich zur Anode hin von beweglichen Ladungsträgern freigeräumt. Bei Anlegen einer Spannung in umgekehrter Richtung (Durchlaßrichtung) reduziert sich die Potentialschwelle zwischen p- und n-Bereich um den Betrag qU (Abb. 13.13.b). Bemerkenswert ist, daß das externe elektrische Feld dafür sorgt, daß zwei unterschiedliche Fermi-Niveaus, E_{fc} und E_{vc}, für das Leitungsband und das Valenzband auftreten. Der Rekombinationsstrom steigt mit dem Boltzmannfaktor an, jetzt mit umgekehrtem Vorzeichen, d. h. proportional zu $\exp(qU/k_\mathrm{B}T)$.

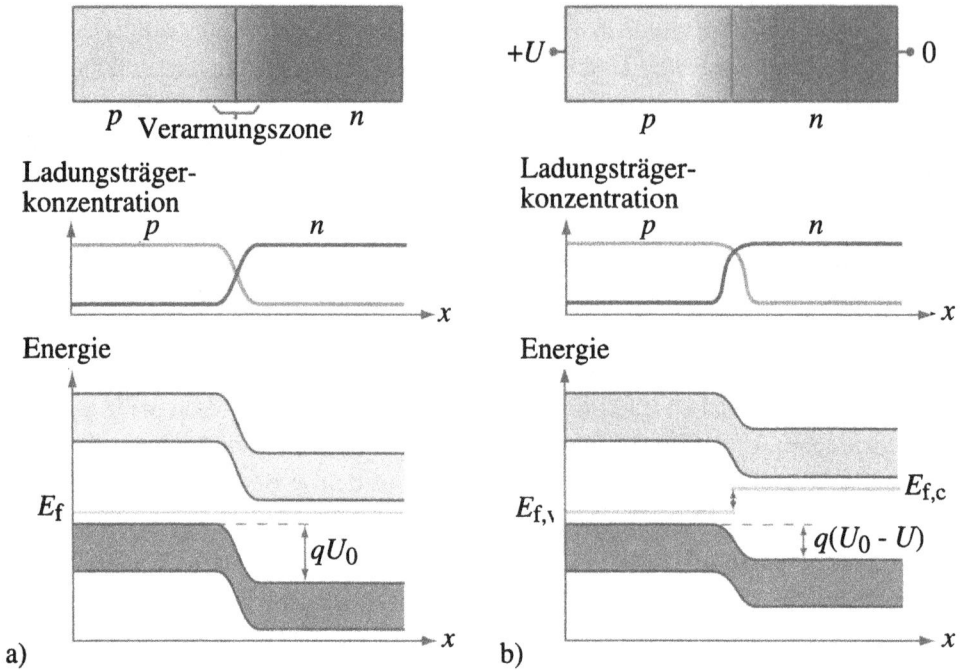

Abbildung 13.13: a) pn-Übergang im thermischen Gleichgewicht ohne angelegte Spannung. Das innere elektrische Potential U_0 des Übergangs bewirkt eine Energiedifferenz zwischen n- und p-Bereich von qU_0, wobei q die Elementarladung ist. b) pn-Übergang bei angelegter Spannung U in Durchlaßrichtung. Durch die äußere Spannung entsteht eine Nichtgleichgewichtssituation mit unterschiedlichen Fermi-Niveaus im p- und n-Bereich.

Insgesamt verhält sich also der pn-Übergang als Stromventil mit einer für Dioden typischen Strom-Spannungs-Charakteristik (Abb. 13.14) gemäß:

$$I = I_{\mathrm{s}}\left[e^{\left(\frac{qU}{k_{\mathrm{B}}T}\right)} - 1\right] \tag{13.23}$$

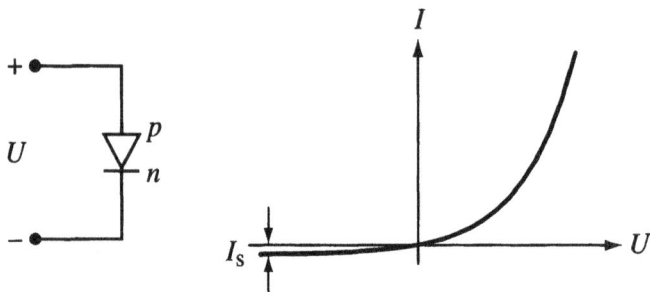

Abbildung 13.14: Strom-Spannungs-Charakteristik des pn-Übergangs.

14 Wechselwirkung von Licht mit Halbleitern

Bevor wir uns den Halbleiterbauelementen zuwenden, müssen wir zunächst einige wesentliche Prozesse studieren, die mit der Absorption und Emission von Photonen in Halbleitermaterialien auftreten. Von der Physik der Atome her wissen wir, daß die Absorption oder Emission eines Lichtquants mit dem Übergang eines Elektrons von einem Energieniveau auf ein anderes Energieniveau verknüpft ist. Unter Aufnahme der Energie $h\nu$ des Photons kann es von einem niedrigeren auf ein höheres Energieniveau in einen angeregten Zustand übergehen. Aus diesem angeregten Zustand kann es dann nach einer gewissen Dauer auf das gleiche oder ein anderes Niveau niedrigerer Energie zurückfallen, wobei die Energie wieder abgegeben wird. Im Prinzip ähnlich laufen die Prozesse im Halbleiter ab. Aufgrund der komplexeren Struktur eines Halbleiterkristalles können allerdings mehrere miteinander konkurrierende physikalische Prozesse ablaufen. In diesem Kapitel werden die wesentlichen Vorgänge und die dabei maßgeblichen Parameter untersucht. Zum Verständnis der Eigenschaften von optoelektronischen Sende- und Empfangselementen ist es notwendig, die grundlegenden physikalischen Eigenschaften von Absorption und Emission zu verstehen. Man unterscheidet zwischen spontaner und stimulierter Emission. Die spontane Emission tritt in allen klassischen Lichtquellen auf, während Laserquellen auf der stimulierten Emission beruhen. Diese unterschiedlichen Prozesse sind statistischer Natur und finden mit bestimmten Wahrscheinlichkeiten statt. Wir betrachten in diesem Abschnitt zunächst die Prozesse in einem einfachen atomaren System und anschließend im Halbleiter. Für beide Fälle geben wir die Übergangswahrscheinlichkeiten an. Diese Ergebnisse werden verwendet, um für die spontane Emission in Halbleiterquellen die spektrale Verteilung zu berechnen.

14.1 Erzeugung und Rekombination von Elektron-Loch-Paaren

Die Anregung eines Elektrons aus dem Valenz- in das Leitungsband führt im Halbleiter zur Entstehung von Elektron-Loch-Paaren. Die Energie, die hierfür notwendig ist, kann entweder thermisch, optisch (durch die Absorption eines Photons) oder elektronisch (durch die Injektion von Ladungsträgern) aufgenommen werden. Der Kristall befindet sich im thermischen Gleichgewicht, wenn keine Energie auf optischem oder elektronischem Wege zugeführt wird. Im thermischen Gleichgewicht findet im zeitlichen Mittel ebensooft die Erzeugung von Elektron-Loch-Paaren wie der inverse Prozeß statt, den man als Rekombination bezeichnet (Abb. 14.1). Im einfachsten Fall der Rekombination, dem direkten Band-Band-Übergang, so wie er in Abb. 14.1 eingezeichnet ist, geht ein Elektron aus dem Leitungsband auf eine freie Position im Valenzband über. Die freiwerdende Energie $E_g = h\nu$ kann als Photon aus dem Kristall emittiert werden („strahlender Übergang"). Die Rekombination von Ladungsträgerpaaren kann auch „nichtstrahlend" erfolgen. Bei nichtstrahlenden Übergängen kann die freiwerdende Energie z. B. auf Gitterschwingungen (Phononen) übertragen werden oder auf freie Elektronen im Kristallgitter (Auger-Elektronen).

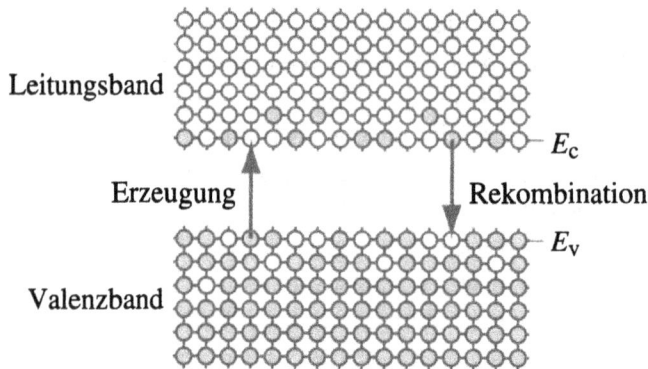

Abbildung 14.1: Erzeugung und Rekombination von Elektron-Loch-Paaren. Zur Vereinfachung ist hier nur der direkte Band-Band-Übergang gezeigt. Elektronen sind durch dunkle Kreise, Löcher durch helle Kreise dargestellt.

14.1.1 Rekombinationsprozesse

Mehrere Möglichkeiten zur Rekombination sind in Abb. 14.2 dargestellt. Abb. 14.2.a zeigt die oben beschriebene strahlende Rekombination durch einen direkten Band-Band-Übergang. Da der Impuls eines Photons klein ist im Vergleich zum Impuls $\hbar k = h/2a$ (a – Gitterkonstante) des Kristalls, erfolgt der Übergang i. w. unter Erhaltung des k-Vektors des Elektrons. Diese Bedingung ($\Delta k = 0$) bezeichnet man als Auswahlregel für den direkten Band-Band-Übergang. Sie sorgt dafür, daß die Übergangswahrscheinlichkeit für den Prozeß stark reduziert ist. Strahlende Übergänge können daher sehr lange Lebensdauern aufweisen, wenn die k-Werte von Elektron und Loch unterschiedlich sind.

Übergänge sind auch möglich über Energieniveaus, die durch Verunreinigungen (Akzeptor- oder Donatorverunreinigungen) entstehen, durch Störstellen oder durch Gitterversetzungen, die als Folge von Gitterdefekten auftreten. Diese Rekombinationsmechanismen können strahlend oder nicht-strahlend sein. Bei der Rekombination über Donator- und Akzeptorstörstellen erfolgt die Wechselwirkung mit nur einem Band. In Abbildung 14.2.b ist der Übergang eines Elektrons aus dem Leitungsband auf ein Akzeptorniveau zu sehen. Nach diesem Übergang rekombiniert das Elektron mit einem thermisch angeregten Loch.

Mit den beiden strahlenden Übergängen von Abb. 14.2.a und b konkurrieren die beiden nicht-strahlenden Prozesse in c und d. Abb. 14.2.c zeigt die Rekombination über ein Störstellenniveau (*trap*), welches sich tief in der Bandlücke befindet. Solche Störstellenniveaus entstehen bei Dotierung mit Fremdatomen, wie z. B. im Falle der Dotierung von GaP mit N, oder als Folge von Gitterstörungen. Trap-Störstellen treten daher häufig an der Oberfläche von Halbleitern auf. Traps sind weder Donatoren noch Akzeptoren. Sie erlauben den Einfang von Elektronen und Löchern, die anschließend über thermische Emission wieder freigegeben werden. Da Ladungsträger mit entgegengesetztem Vorzeichen über das Trap-Niveau eingefangen werden, nennt man diesen Prozeß isoelektronisch.

Beim *Auger-Prozeß* (Abb. 14.2.d) wird die Rekombinationsenergie durch ein anderes freies Elektron aufgenommen. Da an diesem Prozeß drei Ladungsträger beteiligt sind, ist die Wahrscheinlichkeit für sein Auftreten proportional zur dritten Potenz der Ladungsträgerkonzentration. Dies führt dazu, daß der Auger-Prozeß verstärkt bei höheren Ladungsträgerkonzentrationen auftritt.

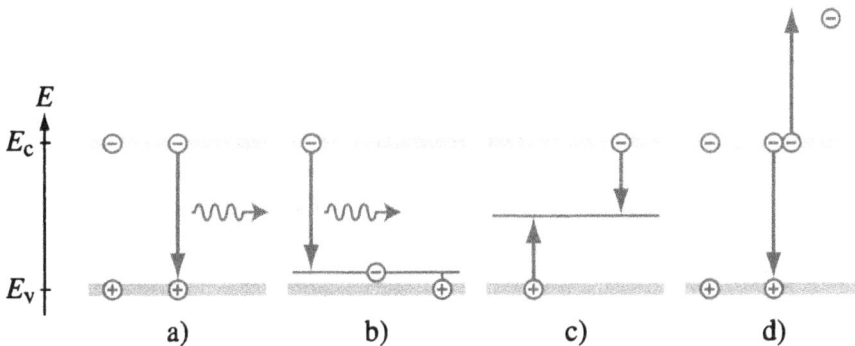

Abbildung 14.2: Rekombinationsmechanismen: a) Band-Band-Übergang, b) Akzeptorverunreinigung, c) zweistufiger Prozeß über eine isoelektronische Störstelle (*traps*), d) Auger-Prozeß. Die Prozesse sind jeweils sequentiell von links nach rechts dargestellt. Die Energiebänder sind hier nur als Linien dargestellt. Elektronen sind durch ein (−), Löcher durch ein (+) gekennzeichnet. Eine Schlangenlinie repräsentiert ein Photon.

14.1.2 Rekombinationsraten, Massenwirkungsgesetz

Atomare Prozesse stellen immer Zufallsereignisse dar, über deren Auftreten man in Wahrscheinlichkeiten und Übergangsraten redet. Da für den Prozeß der Rekombination ein Elektron und ein Loch erforderlich sind, ist die Rekombinationsrate W proportional zum Produkt der Konzentrationen für Elektronen n und Löcher p:

$$W = rnp \qquad (14.1)$$

r (in cm³/s) ist die Rekombinationskonstante, ein Parameter, der vom speziellen Material abhängt. Einige Werte für r sind in Tabelle 14.1 angegeben:

Material	r in cm³s⁻¹
Si	$1{,}79 \cdot 10^{-15}$
Ge	$5{,}25 \cdot 10^{-14}$
GaP	$5{,}37 \cdot 10^{-14}$
GaAs	$7{,}21 \cdot 10^{-10}$
InP	$1{,}26 \cdot 10^{-9}$

Tabelle 14.1: Rekombinationskonstante r in cm³s⁻¹ für unterschiedliche Halbleitermaterialien.

Für Energien $E - E_{\mathrm{f}} \gg k_{\mathrm{B}}T$ berechnen sich die Konzentrationen zu

$$
\begin{aligned}
n &= N_{\mathrm{c}}\, e^{-\frac{E_{\mathrm{c}}-E_{\mathrm{f}}}{k_B T}} \quad && \text{mit} \quad N_{\mathrm{c}} = 2(2\pi m_{\mathrm{c}}\, k_{\mathrm{B}}T/h^2)^{3/2} \\
p &= N_{\mathrm{v}}\, e^{-\frac{E_{\mathrm{f}}-E_{\mathrm{v}}}{k_B T}} \quad && \text{mit} \quad N_{\mathrm{v}} = 2(2\pi m_{\mathrm{v}}\, k_{\mathrm{B}}T/h^2)^{3/2}
\end{aligned}
\qquad (14.2)
$$

Hiermit ergibt sich für die Rekombinationsrate:

$$W = rnp = r N_{\mathrm{c}} N_{\mathrm{v}}\, e^{-\frac{E_{\mathrm{g}}}{k_{\mathrm{B}}T}} \qquad (14.3)$$

Das Produkt np ist für feste Temperatur T konstant und (unter der Voraussetzung, daß die exponentielle Näherung für die Fermi-Funktion gültig ist) unabhängig von der Lage des Ferminiveaus. Die Konstanz der Produkte der Konzentrationen bezeichnet man als das Massenwirkungsgesetz. Für einen intrinsischen Halbleiter ist $n = p = n_{\mathrm{i}}$. Mit den obigen Gleichungen kann man schreiben:

$$np = n_{\mathrm{i}}^{\,2} \qquad (14.4)$$

mit

$$n_{\mathrm{i}} = (N_{\mathrm{c}} N_{\mathrm{v}})^{1/2}\, e^{-\frac{E_{\mathrm{g}}}{2k_{\mathrm{B}}T}} \qquad (14.5)$$

Als Beispiele hatten wir die Werte für die intrinsische Ladungsträgerkonzentration in Si und GaAs bereits in Kapitel 14 angegeben: $n_{\mathrm{i}}^{\mathrm{Si}} = 1{,}5 \cdot 10^{10}\mathrm{cm}^{-3}$ und $n_{\mathrm{i}}^{\mathrm{GaAs}} = 1{,}8 \cdot 10^{6}\mathrm{cm}^{-3}$.

Beispiel 14.1   Massenwirkungsgesetz

Die intrinsische Ladungsträgerkonzentration von GaAs ist $n_i = 1{,}8 \cdot 10^6 \text{cm}^{-3}$ bei Raumtemperatur ($T = 300$ K). Berechnen Sie die p-Konzentration bei n-Dotierung mit 10^{11} Dotierungsatomen pro cm^3.

$np = n_i^2$ mit $n_i = 1{,}8 \cdot 10^6 \text{cm}^{-3}$ und $n = 10^{11} \text{cm}^{-3}$. Damit folgt: $p = 32{,}4 \text{cm}^{-3}$.

14.2   Injektion von Ladungsträgern

Dieser Prozeß wird bei der Erzeugung von Licht in Leuchtdioden ausgenutzt, um einen Nichtgleichgewichtszustand herzustellen, in dem sich deutlich mehr Elektronen im angeregten Zustand befinden als im Falle des thermischen Gleichgewichts.

Für einen Halbleiter im thermischen Gleichgewicht mit Ladungsträgerkonzentrationen n_0 und p_0 sind die Raten für Erzeugung und Rekombination gleich. (Der Index ‚0' wird hier zur Kennzeichnung von Größen verwendet, die das thermische Gleichgewicht beschreiben.) Gemäß (12.4) ist $W_0 = r n_0 p_0$. Bei einem in Durchlaßrichtung gepolten pn-Übergang werden durch die Zufuhr elektrischer Energie ständig zusätzliche Ladungsträgerpaare erzeugt. Wir nehmen an, daß dies mit konstanter Rate W_i geschieht. Es stellt sich dann ein neues Gleichgewicht ein, für das gilt

$$W = W_0 + W_i = rnp \tag{14.6}$$

mit

$$n = n_0 + \Delta n \quad \text{und} \quad p = p_0 + \Delta p \tag{14.7}$$

Da die Ladungsträger paarweise erzeugt werden, ist klar, daß $\Delta n = \Delta p$ sein muß. Mit (14.3) und (14.7) kann man (14.6) umformen und schreiben:

$$W_i = r(np - n_0 p_0) = r\Delta n(n_0 + p_0 + \Delta n) \tag{14.8}$$

Wir schreiben diesen Ausdruck in der Form

$$W_i = \Delta n/\tau \quad \text{mit} \quad \tau = 1/[r(n_0 + p_0 + \Delta n)] \tag{14.9}$$

Für den Fall einer Injektionsrate, für die $\Delta n \ll n_0 + p_0$, kann man diesen Ausdruck vereinfachen:

$$\tau = 1/[r(n_0 + p_0)] \tag{14.10}$$

τ läßt sich als die Lebensdauer der durch Injektion erzeugten Elektron-Loch-Paare interpretieren. Dies wird dadurch verständlich, daß man die Ratengleichung für die Ladungsträgerkonzentration wie folgt schreiben kann:

$$d(\Delta n)/dt = W_i - \Delta n/\tau \tag{14.11}$$

Im Gleichgewichtszustand (*steady state*) ist $d(\Delta n)/dt = 0$. In diesem Fall kann die Rate der Ladungsträgerkonzentration zu $\Delta n = W_i \tau$ bestimmt werden. Wenn die Injektionsrate zum Zeitpunkt $t = 0$ plötzlich von einem endlichen Wert W_i auf Null abgeschaltet wird, dann fällt Δn exponentiell ab gemäß $\Delta n(t) = \Delta n(0) \exp(-t/\tau)$.

14.3 Absorptions- und Emissionsprozesse

Wie in Abschnitt 14.1 festgestellt wurde, können Übergänge zwischen unterschiedlichen Energieniveaus sowohl strahlend als auch nicht-strahlend erfolgen. In diesem Abschnitt betrachten wir nur solche Vorgänge, an denen Photonen beteiligt sind. Mehrere Prozesse können in Halbleitern zur Absorption und Emission von Photonen in Halbleitern führen. Die wichtigsten sind:

– *Band-Band-Übergang*: Die Absorption eines Photons kann einen Übergang eines Elektrons vom Valenz- in das Leitungsband bewirken, wobei ein Loch im Valenzband entsteht (Abschnitt 14.1). Bei der Rekombination des Elektron-Loch-Paares kann ein Photon emittiert werden. Die Energie des absorbierten bzw. emittierten Photons liegt oberhalb des Bandabstandes E_g, für GaAs also oberhalb von 1,42 eV. Auf die spektralen Eigenschaften der Rekombinationsstrahlung werden wir weiter unten eingehen. Der Band-Band-Übergang kann mit Hilfe eines oder mehrerer Phononen ablaufen. Mehr hierzu im nächsten Abschnitt im Zusammenhang mit der Absorption und Emission in direkten und indirekten Halbleitern.

– *Exzitonübergang*: Ein absorbiertes Photon kann ein Elektron-Loch-Paar erzeugen, welches durch Coulomb-Wechselwirkung in einem gebundenen Zustand bleibt und ein sogenanntes Exziton bildet. Bei der Rekombination des Exzitons kann wieder ein Photon ausgesandt werden. Exzitonübergänge werden insbesondere in sogenannten Quantenfilmstrukturen (*quantum well*) ausgenutzt. Dies sind extrem dünne Schichten (von der Größenordnung 10 nm und weniger) eines n- oder p-dotierten Halbleitermaterials, z. B. GaAs. Ein Exziton verhält sich ähnlich wie ein Wasserstoffatom, wobei allerdings die Rolle des positiven Ladungsträgers nicht von einem Proton, sondern von einem Defektelektron übernommen wird. Die Energieniveaus des Exzitons liegen knapp unterhalb dem Leitungsband und sind ähnlich verteilt wie im Wasserstoffatom. Exzitonische Übergänge zeigen sich im Absorptionsspektrum als Resonanzmaxima nahe der Bandkante. Exzitonische Effekte in *Multiple quantum well*-Strukturen werden z. B. für die Herstellung optischer Schaltelemente aus GaAs ausgenutzt.

– Übergang innerhalb eines Bandes (*Intrabandübergang*): Die Energie eines absorbierten Photons kann dazu führen, daß ein Elektron innerhalb seines Energiebandes in einen höheren Zustand gehoben wird. Diesem Vorgang folgt die Relaxation des

Elektrons zu niedrigeren Energiezuständen durch die Anregungen einer Folge von Gitterschwingungen (Phononen). Die Energien, die bei Intrabandübergängen eine Rolle spielen, sind deutlich kleiner als bei Übergängen zwischen unterschiedlichen Bändern. Intrabandübergänge werden z. B. in GaAs im Bereich von Wellenlängen von 5–10 μm untersucht, und zwar zur Herstellung von optischen Schaltelementen, Infrarotdetektoren und langwelligen Laserdioden.

– Übergang zwischen einem Band und durch Verunreinigung induziertem Energieniveau (*Band-Akzeptor-Übergang*): Dieser Vorgang wurde ebenfalls bereits in Abschnitt 14.1 besprochen. Die Absorption eines Photons kann einen Übergang vom Valenzband zu einem Zwischenniveau bewirken, welches durch Verunreinigungen (Donatoren oder Akzeptoren) entsteht. Die aufgenommene Energie kann erneut strahlend (als Photon) oder nicht-strahlend (in Form von Phononen) abgegeben werden. Die Energiewerte, die hierbei eine Rolle spielen, sind klein im Vergleich zu Band-Band-Übergängen, typischerweise von der Größenordnung 0,1 eV. Entsprechend liegt die Wellenlänge der optischen Strahlung im langwelligen Bereich. Ein Beispiel ist die Absorption von Licht der Wellenlänge $\lambda \approx 14$ μm in quecksilber-dotiertem Germanium.

– *Phononübergänge*: Photonen mit sehr niedriger Energie können Gitterschwingungen direkt anregen.

Die eben besprochenen Übergänge sind schematisch in Abb. 14.3 zusammengefaßt. Sie finden sich im Absorptionsspektrum eines Halbleitermaterials wieder, welches schematisch in etwa den Verlauf hat wie in Abbildung 14.4. Der Absorptionskoeffizient α ist am größten für Band-Band-Übergänge, welche oberhalb der Bandlückenenergie E_g auftreten. Der Bereich, in dem die Absorptionseigenschaft des Halbleiters von relativ transparent ($E < E_g$) zu stark absorbierend ($E > E_g$) wechselt, nennt man den Bereich der Bandkante. Die Lage der Bandkante ist für unterschiedliche Halbleitermaterialien in Abb. 14.5 gezeigt. Interessant ist z. B. die steile Absorptionskante von GaAs im Vergleich zu der deutlich langsamer ansteigenden Kurve für Si. Der langsamere Anstieg ist charakteristisch für sogenannte indirekte Halbleiter.

In den folgenden Abschnitten dieses Kapitels werden wir uns auf die Beschreibung des Absorptions- und Emissionsprozesses bei Band-Band-Übergängen beschränken und die anderen Prozesse außer acht lassen.

14.4 Direkte und indirekte Halbleiter

Der Übergang eines Elektrons vom Valenz- in das Leitungsband kann durch die Absorption eines Photons bewirkt werden, welches eine Energie $E = h\nu \geq E_g$ besitzt. Dabei entsteht ein Ladungsträgerpaar bestehend aus einem Elektron im Leitungsband mit einer Energie $E_2 \geq E_c$ und einem Defektelektron im Valenzband mit einer Ener-

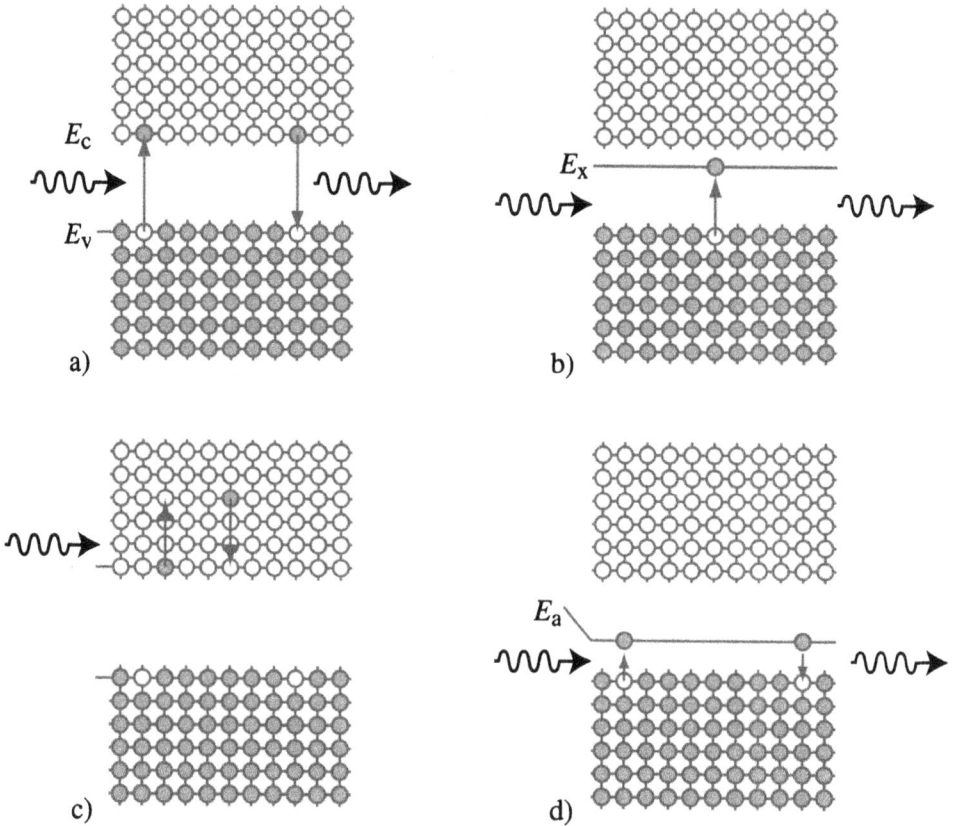

Abbildung 14.3: Beispiele für die Absorption und Emission eines Photons im Banddiagramm. a) Band-Band-Übergang, b) Exzitonanregung (E_x: Exzitonniveau), c) Intrabandübergang freier Elektronen und d) Band-Akzeptor-Übergang (E_a: Akzeptorniveau).

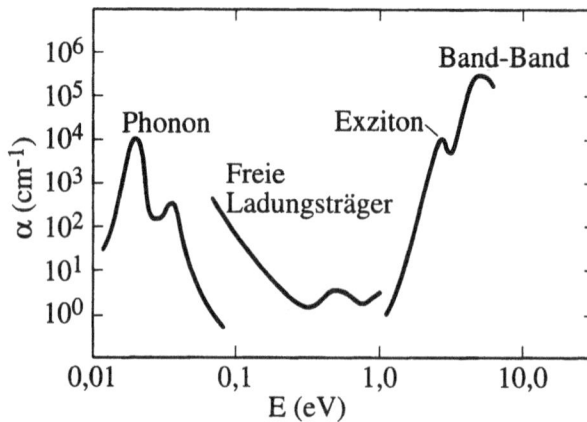

Abbildung 14.4: Qualitativer Verlauf des optischen Absorptionskoeffizienten α.

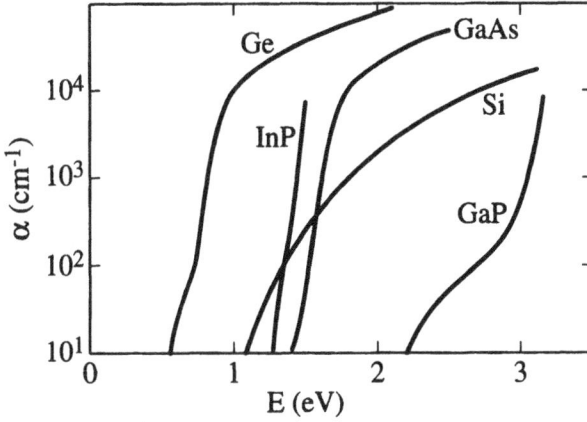

Abbildung 14.5: Absorptionskoeffizienten im Bereich der Bandkante für unterschiedliche Halbleitermaterialien.

gie $E_1 \le E_v$ (Abb. 14.6). Absorption und Emission von Photonen finden nur unter der Voraussetzung statt, daß sowohl Energie als auch Impuls erhalten bleiben. Energieerhaltung bedeutet, daß z. B. bei der Emission eines Photons durch Rekombination die Energiedifferenz ΔE der beiden beteiligten Energieniveaus E_1 und E_2 in die Energie des emittierten Photons umgewandelt wird:

$$E_2 = E_1 + \Delta E = E_1 + h\nu \qquad \text{(Energieerhaltung)} \qquad (14.12)$$

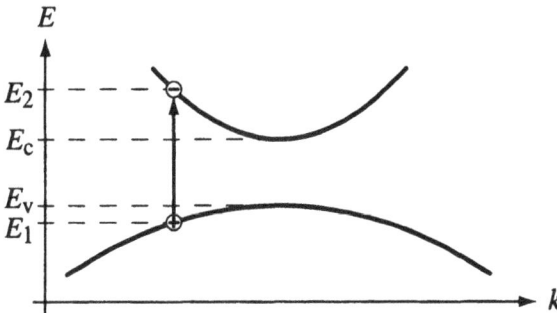

Abbildung 14.6: Darstellung der Band-Band-Absorption im (E, k)-Diagramm.

Impulserhaltung bedeutet, daß der Gesamtimpuls vor und nach dem Emissionsvorgang gleich sein muß, also

$$p_2 = p_1 + \Delta p \qquad \text{(Impulserhaltung)} \qquad (14.13)$$

Hierbei sind p_1 und p_2 die Teilchenimpulse des Kristalls im energetisch niedrigeren bzw. höheren Zustand. Gemäß der de Broglie-Beziehung können wir schreiben $p = \hbar k$. Der Impuls des Photons ist $p_{\text{photon}} = h/\lambda$. Der Photonimpuls ist allerdings wesentlich kleiner als die Impulsänderung, die durch Elektronen und Löcher verursacht wird. Dies wird ersichtlich durch die Überlegung, daß sich das (E, k)-Diagramm des Halbleiters über den k-Bereich von $-\pi/a$ bis $+\pi/a$ erstreckt. Die Impulsänderung $\Delta p = p_2 - p_1$ des Kristalls bei einem individuellen Absorptions- oder Emissionsvorgang liegt also in der Größenordnung von h/a. Nachdem die Gitterkonstante a eines Kristalls wesentlich kleiner ist als die Wellenlänge von sichtbarem oder infrarotem Licht, ist $\Delta p_{\text{gitter}} = h/a \gg h/\lambda = p_{\text{photon}}$. Daher gilt für Photonenübergänge die sogenannte k-Auswahlregel, nach der sich der Impuls des Kristalls praktisch nicht ändert:

$$k_1 = k_2 \qquad\qquad (k\text{-Auswahlregel}) \qquad\qquad (14.14)$$

Photonenübergänge werden im (E, k)-Diagramm durch senkrechte Linien dargestellt, was andeutet, daß die Impulsänderung klein ist, zumindest im Vergleich zur Einheit der k-Achse.

Man unterscheidet zwischen direkten und indirekten Halbleitern. Bei direkten Halbleitern (Beispiel: GaAs) befinden sich das Maximum des Valenzbandes und das Minimum des Leitungsbandes bei demselben Impulswert im (E, k)-Diagramm, bei indirekten Halbleitern (Beispiel: Si) treten sie für unterschiedliche Impulse auf. In einem direkten Halbleiter sind sowohl Absorption als auch Emission unter Einhaltung der Bedingungen von Energie- und Impulserhaltung möglich (Abb. 14.7). Insbesondere ist aufgrund der übereinstimmenden Lage des Leitungsbandminimums und des Valenzbandmaximums die k-Auswahlregel erfüllt.

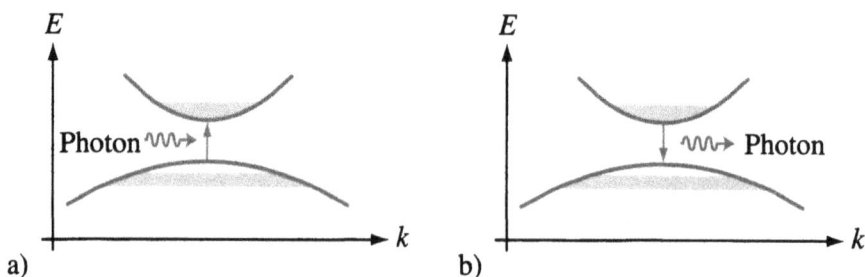

Abbildung 14.7: a) Absorption und b) Emission im direkten Halbleiter.

Anders im indirekten Halbleiter (Abb. 14.8): die unterschiedlichen Lagen von Leitungsbandminimum und Valenzbandmaximum erfordert eine Impulsänderung $\Delta p \approx h/a$, die von dem Photon alleine nicht aufgebracht werden kann. Damit ein Übergang stattfinden kann, ist es daher notwendig, daß an dem Prozeß weitere Partner beteiligt sind. Diese Rolle übernehmen Phononen (Gitterschwingungen), welche einen relativ großen Impuls aufweisen können, aber gleichzeitig niedrige Energien. Ein Phononübergang wird also im (E, k)-Diagramm durch eine i. w. horizontale Linie dargestellt.

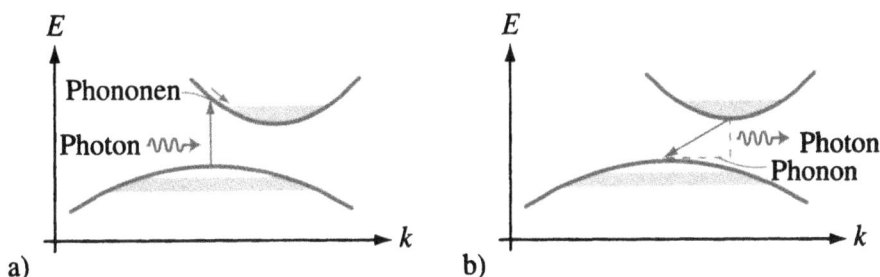

Abbildung 14.8: a) Absorption und b) Emission im indirekten Halbleiter.

Die Absorption in einem indirekten Halbleiter kann also durch einen zweistufigen Prozeß mit Hilfe von Phononen sequentiell ablaufen (Abb. 14.8.a). Zunächst wird durch Absorption eines Photons ein Ladungsträgerpaar gebildet. Dabei wird ein Elektron zunächst auf ein Energieniveau angehoben, welches oberhalb des Minimums des Leitungsbandes liegt. Von diesem Zustand erhöhter Energie relaxiert das Elektron zum Minimum des Leitungsbandes hin durch Abgabe von Energie an Phononen. Da die Erzeugung des Elektron-Loch-Paares und der Relaxationsprozeß nacheinander ablaufen, ist dieser Prozeß statistisch gesehen wahrscheinlich. Ein indirekter Halbleiter wie Si ist daher als Detektormaterial geeignet.

Anders verhält es sich bei der Emission von Photonen aus einem indirekten Halbleiter. Damit ein Übergang eines Elektrons aus dem Leitungs- in das Valenzband auftreten kann, muß gleichzeitig ein Phonon mit einem geeigneten Impuls zur Verfügung stehen (Abb. 14.8.b). Dieses gleichzeitige Auftreten von Photon und Phonon ist aber statistisch gesehen unwahrscheinlich. Indirekte Halbleiter wie Si sind daher zur Erzeugung von Licht nicht gut geeignet.

14.5 Interner Quantenwirkungsgrad

Der interne Quantenwirkungsgrad η_i eines Halbleiters ist definiert als das Verhältnis von strahlenden Rekombinationsprozessen zur Gesamtzahl von Rekombinationsprozessen (d. h. strahlend und nicht-strahlend). η_i stellt eine wichtige Größe dar, die angibt, wie gut sich ein Halbleitermaterial zur Herstellung von Lichtquellen eignet. Die Gesamtrate für die Rekombination von Elektron-Loch-Paaren ist durch (14.1) gegeben. Wir spalten die Rekombinationskonstante r in zwei Anteile auf, r_s für strahlende Rekombination und r_n für nicht-strahlende Rekombination. Damit können wir η_i wie folgt darstellen:

$$\eta_i = \frac{r_s}{r} = \frac{r_s}{r_s + r_n} \qquad (14.15)$$

Da die Rekombinationsrate r umgekehrt proportional zur Rekombinationslebensdauer τ ist, siehe Gleichung (14.10), definieren wir Lebensdauern für die strahlende und für die nicht-strahlende Rekombination, τ_s und τ_n. Dies führt zu folgendem Ausdruck für τ

$$\frac{1}{\tau} = \frac{1}{\tau_s} + \frac{1}{\tau_n} \tag{14.16}$$

den wir verwenden können, um für η_i zu schreiben:

$$\eta_i = \frac{\tau}{\tau_s} = \frac{\tau_n}{\tau_s + \tau_n} \tag{14.17}$$

Die Lebensdauer τ_s für die strahlende Rekombination bestimmt die Raten für die Absorption und die Rekombination. Der Wert für τ_s hängt von den Ladungsträgerkonzentrationen und dem Rekombinationsparameter r_s ab. Für nicht zu große Konzentrationen ist

$$\tau_s \approx \frac{1}{r_s(n_0 + p_0)} \tag{14.18}$$

Eine ähnliche Gleichung gilt für die Lebensdauer für die nichtstrahlende Rekombination. Wenn die nichtstrahlende Rekombination allerdings über Defektzentren stattfindet, hängt τ_n stärker von der Konzentration dieser Zentren ab als von der Konzentration von Elektronen und Löchern. Für Si und GaAs sind die Werte für die Rekombinationsrate r_s, die Rekombinationslebensdauern sowie für den internen Quantenwirkungsgrad der Größenordnung nach in Tabelle 14.2 aufgeführt. Für einen indirekten Halbleiter wie Si liegt die Lebensdauer für die strahlende Rekombination um mehrere Größenordnungen über der Gesamtlebensdauer für die Rekombination, was zu einem kleinen internen Quantenwirkungsgrad führt. Bei GaAs hingegen mit seinem direkten Bandübergang sind beide Rekombinationslebensdauern in etwa von der gleichen Größenordnung und η_i ist sehr groß.

	r_s	τ_s	τ_n	τ	η_i
Si	10^{-15} cm^{3}s^{-1}	10 ms	100 ns	100 ns	10^{-5}
GaAs	10^{-10} cm^{3}s^{-1}	100 ns	100 ns	50 ns	0,5

Tabelle 14.2: Größenordnungen für r_s, τ_s, τ_n, τ und η_i für Si und GaAs. Es ist angenommen, daß n-dotiertes Material mit $n_0 = 10^{17}$ cm^{-3} vorliegt.

14.6 Spontane Emission, stimulierte Emission und Absorption

Wir betrachten einen Resonator mit Volumen V, bestehend aus Atomen mit zwei Energieniveaus E_1 und E_2. Im folgenden werden wir diese Energiezustände auch einfach mit 1 und 2 bezeichnen. Zwischen dem Atom und einem Photon der Energie $h\nu = E_2 - E_1$ kann es zu drei Arten der Wechselwirkung kommen: der spontanen Emission, der stimulierten Emission und der Absorption (Abb. 14.9).

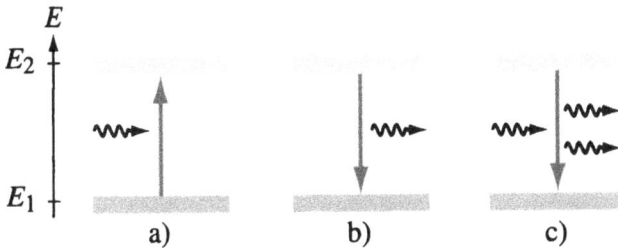

Abbildung 14.9: a) Absorption, b) spontane Emission, c) stimulierte Emission.

Spontane Emission tritt auf, wenn sich das Atom im angeregten Zustand befindet, aus dem es spontan, d. h. ohne äußere Einwirkung in den Grundzustand übergeht und dabei die freiwerdende Energie in Form von Strahlung abgibt (Abb. 14.9.a). (Bei Halbleitern spricht man nicht von angeregten Zuständen, sondern hier ist die Voraussetzung für die Emission die Existenz von Ladungsträgerpaaren, welche rekombinieren). Die freiwerdende Photonenergie $h\nu$ trägt zur Gesamtenergie einer Lichtmode bei. Bei der spontanen Emission ist die Übergangswahrscheinlichkeit unabhängig von der Anzahl der Photonen, die sich bereits in dieser Lichtmode befinden. Die Wahrscheinlichkeitsdichte pro Zeiteinheit r_{sp} für die spontane Emission ist proportional zum Wirkungsquerschnitt für den Übergang, den wir mit $\sigma(\nu)$ bezeichnen. Die Proportionalitätskonstante ist der Quotient aus Lichtgeschwindigkeit c und Volumen V des Resonators. Der Wirkungsquerschnitt $\sigma(\nu)$ besitzt die Dimension Fläche, r_{sp} die Dimension 1/Zeit.

$$r_{\mathrm{sp}} = (c/V)\,\sigma(\nu) \qquad (14.19)$$

Bei Absorption eines Photons geht das Atom vom Grundzustand 1 in den angeregten Zustand 2 über. Im Halbleiter entsteht bei Absorption ein Ladungsträgerpaar (Abb. 14.9.b). Die Absorption ist also ein Vorgang, der von einem Photon induziert wird. Enthält eine Strahlungsmode N Photonen, dann ist die Wahrscheinlichkeitsdichte für die Absorption proportional zu N und $\sigma(\nu)$:

$$r_{\mathrm{ab}} = (c/V)\,N\,\sigma(\nu) \qquad (14.20)$$

Wenn sich ein Elektron im Energieniveau E_2 befindet, so kann Emission auch durch ein Photon induziert werden. Diesen Prozeß bezeichnet man als stimulierte Emission. Das besondere an der stimulierten Emission ist der Umstand, daß das zweite, emittierte Photon exakt dieselben Eigenschaften hat wie das einfallende bezüglich Frequenz (bzw. Wellenlänge), Ausbreitungsrichtung und Polarisation. Die stimulierte Emission stellt daher einen optischen Verstärkungsvorgang dar, der bei Laserlichtquellen und -verstärkern ausgenutzt wird. Wie im Falle der Absorption ist die Wahrscheinlichkeitsdichte pro Zeiteinheit proportional zur Anzahl N von Photonen in der Strahlungsmode und zu $\sigma(\nu)$.

$$r_{\mathrm{st}} = (c/V)\,N\,\sigma(\nu) \tag{14.21}$$

Übergänge treten nicht nur für eine bestimmte Frequenz $\nu = \nu_0$ auf, sondern man beobachtet eine Verteilung um diese Mittenfrequenz herum. Als die Linienform des Übergangs bezeichnet man die normierte Funktion

$$g(\nu) = \sigma(\nu)/\langle \sigma \rangle \quad \text{mit} \quad \langle \sigma \rangle = \int\limits_{\nu=0}^{\nu=\infty} \sigma(\nu)d\nu \tag{14.22}$$

$g(\nu)$ besitzt die Dimension Zeit. Für atomare Systeme besitzt $g(\nu)$ typischerweise einen peakartigen Verlauf, der z. B. durch eine Lorentz-Kurve beschrieben wird.

14.7 Einstein-Koeffizienten für Emission und Absorption

Die oben angegebenen Wahrscheinlichkeitsraten r für die unterschiedlichen Arten von Übergängen spielen eine große Rolle bei der mathematischen Beschreibung von Sende- und Empfangselementen. Basierend auf grundsätzlichen physikalischen Betrachtungen hat Einstein bestimmte Ausdrücke für die Wahrscheinlichkeitsraten hergeleitet. Da diese Ausdrücke in etwas modifizierter Form bei der Betrachtung von Halbleiterelementen wichtig sind (s. u.), werden wir diese Überlegungen hier kurz nachvollziehen. Zu diesem Zweck verwenden wir die gleiche Notation für die Wahrscheinlichkeiten, mit denen die Übergänge stattfinden. Wir bezeichnen die Wahrscheinlichkeit pro Zeiteinheit für einen spontanen Übergang vom Energiezustand 2 zum Energiezustand 1 mit A_{21}. A_{21} ist somit dieselbe Größe wie r_{sp} im vorigen Abschnitt. Wir setzen voraus, daß A_{21} unabhängig von der Zeit ist. Weiterhin setzen wir voraus, daß sich eine große Anzahl von Atomen im Resonatorvolumen befindet, die allerdings nicht miteinander wechselwirken.

14.7.1 Spontane Emission

Von den Atomen mögen sich im Mittel zu einem bestimmten Zeitpunkt t eine Anzahl N_2 im Zustand 2 befinden. Während des Zeitintervalles von t bis $t + \Delta t$ wird eine Anzahl dN_2 der Atome mit der Wahrscheinlichkeit $A_{21} dt$ einen Übergang $2 \rightarrow 1$ machen, so daß wir schreiben können

$$-dN_2 = A_{21} N_2 \, dt \qquad (14.23)$$

Nach Integration erhält man:

$$N_2 = N_{20} \, e^{-A_{21}t} \qquad (14.24)$$

N_{20} ist die Anzahl von Atomen, die sich zur Zeit $t = 0$ im Zustand 2 befand. Die Bedeutung von A_{21} wird aus obigem Ausdruck klar: $1/A_{21}$ ist die mittlere Lebensdauer des spontanen Übergangs, die man wie folgt definiert:

$$\tau_{\text{sp}} = (1/N_{20}) \int t A_{21} N_2 \, dt = 1/A_{21} \qquad (14.25)$$

14.7.2 Absorption und stimulierte Emission

Für die beiden von einem äußeren Feld induzierten Prozesse gelten andere Bedingungen. Die Übergangswahrscheinlichkeiten für die Absorption $(1 \rightarrow 2)$ und stimulierte Emission $(2 \rightarrow 1)$, für die die Energie $E = h\nu$ umgesetzt wird, sind hier jeweils proportional zu der Energiedichte $\rho_e(\nu)$ des elektromagnetischen Feldes. Die Übergangswahrscheinlichkeiten pro Zeiteinheit für die beiden Übergänge werden i. a. mit den Buchstaben B_{12} und B_{21} bezeichnet. (B_{12} entspricht also r_{ab} und B_{21} entspricht r_{st} aus Abschnitt 14.1). Die Übergangswahrscheinlichkeiten für das Einheitsfrequenzintervall sind für die Absorption $\rho_e(\nu)B_{12}$ und für die stimulierte Emission $\rho_e(\nu)B_{21}$. Aus Überlegungen, die wir hier nicht nachvollziehen wollen, kann man herleiten, daß gilt:

$$B_{12} = B_{21} \qquad (14.26)$$

d. h., die Wahrscheinlichkeitsraten für stimulierte Emission und Absorption sind gleich. Dies ist bereits in Gleichungen (14.20) und (14.21) enthalten.

14.7.3 Beziehung zwischen den Einstein-Koeffizienten für Absorption und Emission

Den Überlegungen von Einstein liegt das sogenannte Prinzip des detaillierten Gleichgewichts zugrunde, nach dem im thermischen Gleichgewicht zu jedem Prozeß ein dazu umgekehrter existiert und jeweils die Anzahl der pro Zeiteinheit stattfindenden

Einzelprozesse gleich groß ist. Angewandt auf ein atomares System mit zwei Energie-
zuständen bedeutet das Prinzip des detaillierten Gleichgewichts, daß die Anzahl der
$1 \rightarrow 2$-Übergänge gleich der Anzahl der $2 \rightarrow 1$-Übergänge pro Zeiteinheit ist. Die
strahlenden Übergänge $(2 \rightarrow 1)$ können spontane oder induzierte Übergänge sein. Ihre
Gesamtwahrscheinlichkeit ist $A_{21} + B_{21}\rho_e(\nu)$. Die mittlere Anzahl der Übergänge pro
Zeiteinheit ist:

$$dN_2 = [A_{21} + B_{21}\rho_e(\nu)] \, N_2 \qquad (14.27)$$

Die Wahrscheinlichkeit für Übergänge mit Absorption ist $B_{12}\rho_e(\nu)$, die mittlere Zahl
der $1 \rightarrow 2$-Übergänge pro Zeiteinheit ist somit:

$$dN_1 = B_{12}\rho_e(\nu) \, N_1 \qquad (14.28)$$

Im Gleichgewicht ist $dN_1 = dN_2$ woraus folgt:

$$\frac{N_2}{N_1} = \frac{B_{12}\rho_e(\nu)}{A_{21} + B_{21}\rho_e(\nu)} \qquad (14.29)$$

Wir verwenden nun ein Ergebnis der thermischen Statistik, welches besagt, daß im
thermischen Gleichgewicht das Verhältnis N_2/N_1 der Atome durch die Boltzmann-
Verteilung gegeben ist:

$$\frac{N_2}{N_1} = e^{-\frac{E_2 - E_1}{k_B T}} \qquad (14.30)$$

Anmerkung

Bei Gleichung (14.30) haben wir angenommen, daß die Energieniveaus 1 und 2 nicht entartet
sind. In der Atomphysik ist es häufig der Fall, daß es mehrere Zustände gibt, in denen ein
Atom die gleiche Energie hat. Dies bezeichnet man als Entartung. In solchen Fällen entspricht
den unterschiedlichen Energiewerten ein unterschiedliches statistisches Gewicht, welches die
Anzahl der übereinstimmenden Energieniveaus angibt. Im allgemeinen lautet daher die Boltz-
mann'sche Gleichung für die Wahrscheinlichkeit, daß sich ein System im Zustand mit der
Energie E_m befindet:

$$f(E_m) \propto g_m \, e^{-\frac{E_m}{k_B T}} \qquad (14.31)$$

Dabei ist g_m das statistische Gewicht. Im allgemeinen Fall lautet daher der korrekte Ausdruck
für das Verhältnis N_2/N_1:

$$\frac{N_2}{N_1} = \frac{g_2}{g_1} \, e^{-\frac{E_2 - E_1}{k_B T}} \qquad (14.32)$$

Im Falle einfacher (d. h. nicht entarteter) Energieniveaus, ist das statistische Gewicht gleich 1
und wir können Gleichung (14.30) verwenden.

Wenn wir (14.29) und (14.30) gleichsetzen, dann erhalten wir nach Umformen folgenden Ausdruck für die Energiedichte $\rho_e(\nu)$:

$$\rho_e(\nu) = \frac{A_{21}}{B_{12}\, e^{(E_2 - E_1)/k_B T} - B_{21}} \quad \text{mit} \quad E_2 - E_1 = h\nu \qquad (14.33)$$

Die Energiedichte $\rho_e(\nu)$ ist wiederum gegeben als das Produkt der Modendichte $\rho_m(\nu)$ und der mittleren Energie einer Mode im thermischen Gleichgewicht:

$$\rho_e(\nu) = \rho_m(\nu)\langle E \rangle \qquad (14.34)$$

mit

$$\rho_m(\nu) = \frac{8\pi\nu^2}{c^3} \qquad (14.35)$$

und

$$\langle E \rangle = \frac{h\nu}{e^{h\nu/k_B T} - 1} \qquad (14.36)$$

Gleichung (14.36) ist ein Ergebnis der statistischen Physik, welches wir hier ohne Herleitung verwenden. Wenn wir (14.34) in (14.33) einsetzen, so erhalten wir folgende Gleichung:

$$\frac{8\pi h\nu^3}{c^3} \frac{1}{e^{h\nu/k_B T} - 1} = \frac{A_{21}}{B_{12}\, e^{h\nu/k_B T} - B_{21}} \qquad (14.37)$$

Hieraus ergibt sich durch Vergleich der rechten mit der linken Seite und unter Verwendung von $B_{12} = B_{21}$:

$$\frac{A_{21}}{B_{12}} = \frac{8\pi h\nu^3}{c^3} = \frac{8\pi h}{\lambda^3} \qquad (14.38)$$

Mit Gleichung (14.25), d. h. $A_{21} = 1/\tau_{sp}$, ergibt sich $B_{12} = c^3/(8\pi h\nu^3\tau_{sp})$. Dieses Ergebnis ist zusammen mit den anderen wesentlichen Ergebnissen dieses Kapitels in der folgenden Gleichung zusammengefaßt:

$$
\begin{aligned}
A_{21} &= \frac{1}{\tau_{sp}} & B_{12} &= \frac{\lambda^3}{8\pi h\tau_{sp}} \\
\frac{A_{21}}{B_{12}} &= \frac{8\pi h}{\lambda^3} & B_{12} &= B_{21}
\end{aligned}
\qquad (14.39)
$$

14.8   Emission und Absorption im Halbleiter

In Halbleitern mit ihren Energiebändern liegen die Verhältnisse etwas komplizierter als in atomaren Systemen. Der spektrale Verlauf für Absorption und Emission in Halbleitern wird bestimmt von der Besetzungswahrscheinlichkeit, der Übergangswahrscheinlichkeit und der Zustandsdichte.

14.8.1   Besetzungswahrscheinlichkeiten

Für das Auftreten von Emission und Absorption müssen folgende Bedingungen erfüllt sein:

– *Emissionsbedingung*: Ein Zustand im Leitungsband mit der Energie E_2 muß besetzt sein und ein Zustand im Valenzband mit der Energie E_1 muß leer sein.

– *Absorptionsbedingung*: Ein Zustand im Leitungsband mit der Energie E_2 muß frei sein und ein Zustand im Valenzband mit der Energie E_1 muß besetzt sein.

Die Wahrscheinlichkeit, daß ein Energiezustand besetzt ist, ist durch die Fermi-Verteilungsfunktion $f(E)$ gegeben. Die Wahrscheinlichkeit, daß der Zustand frei ist, ist $1 - f(E)$. Somit ist die Wahrscheinlichkeit für die Emission bzw. Absorption bei einer Energie $h\nu$ durch das Produkt der Wahrscheinlichkeiten für die Besetzung der jeweiligen Energiezustände gegeben. Im Falle der Emission ist:

$$f_e(h\nu) = f_c(E_2)\left(1 - f_v(E_1)\right) \tag{14.40}$$

und im Falle der Absorption

$$f_a(h\nu) = f_v(E_1)(1 - f_c(E_2)) \tag{14.41}$$

Beispiel 14.2   Wahrscheinlichkeit für die Emission im thermischen Gleichgewicht

Im Falle des thermischen Gleichgewichts liegt für den Halbleiter nur ein Fermi-Niveau vor. In diesem Fall können wir für die Emission die Wahrscheinlichkeit wie folgt angeben:

$$f_e(h\nu) = f(E_2)(1 - f(E_1)) \tag{14.42}$$

Unter der Annahme, daß das Fermi-Niveau, welches sich in der Mitte der Bandlücke befindet, genügend weit von den Bandgrenzen entfernt ist, ist die Boltzmann-Näherung gültig. Damit wird $f(E_2) \approx \exp[-(E_2 - E_f)/k_B T]$ und $1 - f(E_1) \approx \exp[-(E_f - E_1)/k_B T]$. Insgesamt ergibt sich als Wahrscheinlichkeitsdichte für die Emission

$$f_e(h\nu) \approx \exp(-h\nu/k_B T) \tag{14.43}$$

In der Nähe des Leitungsbandminimums kann man die Energie als Funktion des Impulses k gut durch eine Parabel beschreiben; siehe Gleichung (13.9). Mit $E_c - E_v = E_g$ können wir daher schreiben:

$$E_2 - E_1 = \frac{\hbar^2 k^2}{2m_v} + E_g + \frac{\hbar^2 k^2}{2m_c} = h\nu \tag{14.44}$$

Hieraus können wir für k folgende Beziehung herleiten, die den Impuls mit der Frequenz ν des Photons verbindet:

$$k^2 = \frac{2m_r}{\hbar^2}(h\nu - E_g) \tag{14.45}$$

m_r ist dabei die reduzierte Masse:

$$\frac{1}{m_r} = \frac{1}{m_v} + \frac{1}{m_c} \tag{14.46}$$

Die Energieniveaus E_1 und E_2 lassen sich damit auch wie folgt darstellen:

$$E_1 = E_v - \frac{m_r}{m_v}(h\nu - E_g) \quad \text{und} \quad E_2 = E_c + \frac{m_r}{m_c}(h\nu - E_g) \tag{14.47}$$

E_2 gibt das Energieniveau des Elektrons und E_1 das Niveau des Defektelektrons an, mit denen das Photon wechselwirkt.

14.8.2 Dichte der optischen Zustände

In Kapitel 14 haben wir die Zustandsdichten ρ_c und ρ_v für die elektronischen Zustände nahe den Bandkanten angegeben; siehe Gleichungen (13.11) und (13.19). Wir wollen nun eine „optische" Zustandsdichte $\rho_o(\nu)$ berechnen für Übergänge, die den oben genannten Bedingungen für Energie- und Impulserhaltung genügen. Mit Hilfe von (14.45) kann man schreiben:

$$k = \frac{\sqrt{2m_r}}{\hbar}(h\nu - E_g)^{1/2} \tag{14.48}$$

Die Modendichte hatten wir in Kapitel 14 berechnet:

$$\rho(k) = \frac{k^2}{\pi^2} \tag{14.49}$$

Mit $\rho_o(\nu)\,d\nu = \rho(k)\,dk$ folgt:

$$
\begin{aligned}
\rho_o(\nu) &= \rho(k)(dk/d\nu) \\
&= \frac{2m_r}{\hbar^2 k^2}(h\nu - E_g)\frac{\sqrt{2m_r}}{\hbar}\frac{h}{2}(h\nu - E_g)^{1/2} \\
&= \frac{(2m_r)^{3/2}}{\pi\hbar^2}(h\nu - E_g)^{1/2} \qquad \text{für} \quad h\nu \geq E_g
\end{aligned}
\tag{14.50}
$$

$\rho_{o}(\nu)$ ist die Anzahl der Energiezustände pro Volumen und Frequenzeinheit, mit denen ein Photon der Energie $h\nu$ wechselwirken kann. $\rho_{o}(\nu)$ ist Null für $\nu < E_{g}/h$ und wächst dann mit der Wurzel von ν an (Abb. 14.10).

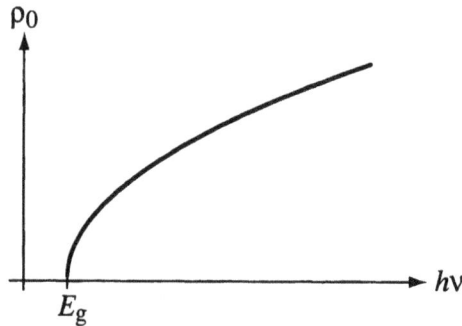

Abbildung 14.10: Zustandsdichte $\rho_{o}(\nu)$ für die Wechselwirkung eines Photons mit einem Halbleiter.

14.8.3 Übergangswahrscheinlichkeiten

Daß die in 14.4 genannten Bedingungen für Emission und Absorption erfüllt sind, bedeutet noch nicht, daß diese Ereignisse auch stattfinden, da es sich um statistische Prozesse handelt. Die Prozesse werden durch die gleichen Gesetzmäßigkeiten bestimmt wie Übergänge in atomaren Systemen, die wir oben studiert haben. Für die Übergangsraten in Halbleitern lauten die Gleichungen in Abhängigkeit von der Zustandsdichte $\rho_{o}(\nu)$ und der Verteilungsfunktion $f_{e}(\nu)$ für die Energieniveaus:

$$
\begin{aligned}
r_{sp} &= \tfrac{1}{\tau_{r}} \rho_{o}(\nu)\, f_{e}(\nu) \\
r_{st} &= \phi\, \tfrac{\lambda^2}{8\pi\tau_{r}}\, \rho_{o}(\nu)\, f_{e}(\nu) \\
r_{ab} &= \phi\, \tfrac{\lambda^2}{8\pi\tau_{r}}\, \rho_{o}(\nu)\, f_{a}(\nu)
\end{aligned}
\qquad (14.51)
$$

Diese Gleichungen sind analog zu Gleichungen (14.19) bis (14.21). Sie gestatten die Berechnung der Übergangsraten für die spontane und stimulierte Emission sowie für die Absorption für direkte Band-Band-Übergänge zu berechnen. τ_{r} ist die Rekombinationslebensdauer in dem betreffenden Halbleitermaterial.

14.9 Spektrale Strahlungscharakteristik für die spontane Emission

Die bisher angestellten Betrachtungen erlauben es, die spektrale Verteilung der Rekombinationsstrahlung (d. h. der spontanen Emissionsstrahlung) im Halbleiter zu bestimmen. Die spektrale Verteilung für die stimulierte Absorption ist auch von anderen Faktoren abhängig. Wir gehen hierauf im nächsten Kapitel ein.

Um die spektrale Verteilung der Rekombinationsstrahlung zu bestimmen, geht man wie folgt vor. Die Wahrscheinlichkeit, daß ein Elektron der Energie E_2 mit einem Loch der Energie E_1 rekombiniert ist proportional zur Konzentration $n(E_2)$ von Elektronen und $p(E_1)$ von Löchern in den jeweiligen Zuständen. Die Wahrscheinlichkeit $p(E)$, mit der ein Photon der Energie $E = h\nu$ emittiert wird, läßt sich berechnen, indem man das Produkt $n(E_2)\,p(E_1)$ über alle Werte von E_1 integriert mit der Bedingung, daß $E = E_2 - E_1$ ist:

$$f(E) \propto \int n(E - E_1)\,p(E_1)\,dE_1 \tag{14.52}$$

Zur Berechnung dieses Faltungsintegrals ist die Kenntnis der Konzentrationen $n(E_2)$ und $p(E_1)$ für das Leitungsband bzw. das Valenzband erforderlich. Diese Verteilungen wurden in Kap. 14 beschrieben (s. Abb. 13.11). Sie steigen nahe den Bandkanten steil an, verlaufen dann langsam veränderlich über einen bestimmten Bereich und fallen anschließend exponentiell mit $\exp(-E/k_{\mathrm{B}}T)$ ab. Der Verlauf der Konzentrationen wird von den Übergangswahrscheinlichkeiten bestimmt, die wir in Kap. 14 behandelt haben. Die Konzentration von Elektronen mit der Energie E_2 ist durch das Produkt der Zustandsdichte $\rho(E_2)$ und der Wahrscheinlichkeit gegeben, daß der Zustand E_2 besetzt ist. Letztere ist durch die Fermi-Verteilung gegeben:

$$n(E_2) = \rho_{\mathrm{c}}(E_2)\,f(E_2) \tag{14.53}$$

Gleichermaßen können wir für die Konzentration von Löchern schreiben:

$$p(E_1) = \rho_{\mathrm{v}}(E_1)\,[1 - f(E_1)] \tag{14.54}$$

Die Zustandsdichten für Elektronen und Löcher nahe den Bandkanten wurden in Gleichung (13.11) angegeben:

$$\begin{aligned} \rho_{\mathrm{c}}(E_2) &= \frac{(2m_{\mathrm{c}})^{3/2}}{2\pi^2\hbar^3}\,(E_2 - E_{\mathrm{c}})^{1/2} \\ \rho_{\mathrm{v}}(E_1) &= \frac{(2m_{\mathrm{v}})^{3/2}}{2\pi^2\hbar^3}\,(E_{\mathrm{v}} - E)^{1/2} \end{aligned} \tag{14.55}$$

Die Wurzelbeziehung aus Gleichung (14.49) wurde unter der Annahme hergeleitet, daß die Energieniveaus in den Bändern gleichmäßig besetzt sind. In Wirklichkeit nimmt die Besetzungswahrscheinlichkeit entsprechend der Fermi-Verteilung ab. Für Energiewerte E_1 und E_2, für die gilt, daß $E_2 - E_{\mathrm{c}} \gg k_{\mathrm{B}}T$ bzw. $E_{\mathrm{v}} - E_1 \gg k_{\mathrm{B}}T$, können wir wieder die Boltzmann-Näherung verwenden. Die spektrale Verteilung der Rekombinationsstrahlung ist proportional zum Integral

$$f(E) = \text{const.} \int\limits_{E_2 = E_{\mathrm{c}}}^{E_{\mathrm{v}} + E_{\mathrm{ph}}} e^{-\frac{E_2 - E_{\mathrm{c}}}{k_{\mathrm{B}}T}}\, e^{-\frac{E_{\mathrm{v}} - E_1}{k_{\mathrm{B}}T}}\, dE_2 \tag{14.56}$$

Dieser Ausdruck berechnet sich zu:

$$f(E) = (h\nu - E_g)\, e^{-\frac{(h\nu - E_g)}{k_B T}} \tag{14.57}$$

Der Verlauf dieser Kurve ist in Abb. 14.11 dargestellt. Die Kurve steigt für Energien $h\nu > E_g$ zunächst bis zu einem Maximalwert an. Dieser liegt bei $E_g + k_B T$. Oberhalb dieses Maximums wird der Exponentialterm dominant und sorgt dafür, daß die Kurve asymptotisch gegen Null geht. Die charakteristische Breite der Kurve (bei halber Höhe) ist durch den Ausdruck $k_B T$ im Nenner des Exponenten gegeben und ist etwa $2,4\,k_B T$.

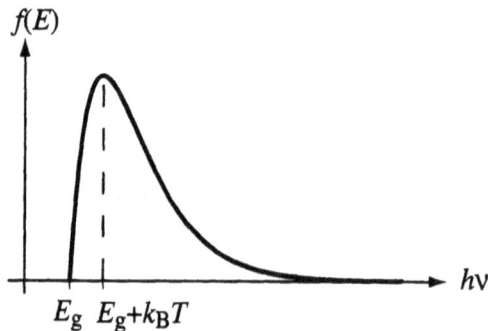

Abbildung 14.11: Spektraler Verlauf der Übergänge zwischen Valenz- und Leitungsband nach Gleichung (14.57).

Diese theoretischen Beziehungen sind wiederum unter der Annahme eines parabolischen Verlaufs der Energiebänder hergeleitet worden. In Wirklichkeit sind die Verläufe der Bänder nicht exakt parabolisch, bewirkt z. B. durch Verunreinigungen im Halbleiter, die sich letztendlich in einer Deformierung der Bandverläufe äußern. Dies bewirkt, daß die Spektralkurve verschmiert wird, was sich (unter Anwendung des Zentralen Grenzwert-Theorems) als eine gaußförmige Verschmierung beschreiben läßt. In der Praxis sehen daher die Absorptionskurven in etwa so aus wie in Abb. 14.12 gezeigt. Die Bandkante ist nicht so eindeutig zu erkennen wie in Abb. 14.11 und der Verlauf der Kurve oberhalb der Bandkante ist zunächst flacher als für die Kurve aus Abb. 14.11.

Als relative Linienbreite bezeichnet man den Quotienten $\Delta\lambda/\lambda$. Dabei ist λ die Wellenlänge, bei der das Emissionsspektrum sein Maximum hat, und $\Delta\lambda$ ist die Breite der Kurve auf halber Höhe. Wegen $\Delta\lambda/\lambda = -\Delta\nu/\nu$ und mit $\Delta E \approx 2,4\,k_B T$ und $\lambda = hc/E$ kann man schreiben

$$\left|\frac{\Delta\lambda}{\lambda}\right| = \frac{h\Delta\nu}{h\nu} = \frac{\Delta E}{E} \approx \frac{2,4\,k_B T \lambda}{hc} \tag{14.58}$$

norm. Emissions-
spektrum

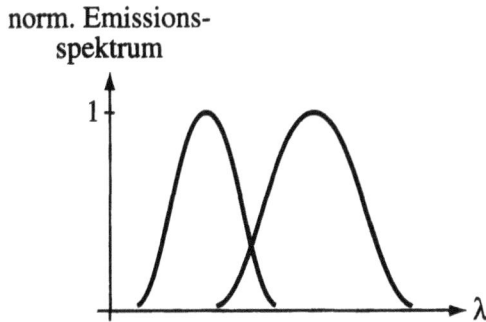

Abbildung 14.12: Beispiel für das Emissionsspektrum einer Leuchtdiode.

Die relative Linienbreite ist also proportional zur Wellenlänge λ und zur Temperatur T. Diese Gleichung gibt allerdings nur eine Näherung an, die tatsächliche Breite einer Emissionskurve kann abhängig von der Ausführung der LED deutlich variieren.

15 Sende- und Empfangselemente für die optische Übertragungstechnik

Für die optische Übertragungstechnik spielen Halbleiterbauelemente als Sender und Empfänger eine entscheidende Rolle. Als Sendeelemente kommen Leuchtdioden (LEDs) und Laserdioden (LDs) in Frage, als Empfangselemente hauptsächlich *pin*- und Avalanche-Photodioden. Die Auswahl des geeigneten Halbleitermaterials ergibt sich darauf, in welchem Wellenlängenbereich man arbeitet.

15.1 Sendeelemente

15.1.1 Emissionsspektrum und Auswahl geeigneter Materialien

LEDs und auch Laserdioden gibt es für eine Vielzahl unterschiedlicher Wellenlängen vom blauen Bereich des sichtbaren Lichtes bis hin zum nahen und mittleren Infrarot. Hier interessieren uns vorrangig die Wellenlängenbereiche von 0,85 μm sowie 1,3 μm und 1,55 μm, also die Bereiche, die für unterschiedliche Anwendungen der optischen Nachrichtenübertragung von Bedeutung sind. Für die optische Speichertechnik sind kürzere Wellenlängen von Interesse, hier arbeitet man z. Z. bei 670 nm und ist stark daran interessiert, preiswerte Lichtquellen zu haben, die im grünen oder blauen Bereich liegen. Hierauf werden wir an späterer Stelle eingehen. Wie aus Abb. 13.1 hervorgeht, eignet sich für den Bereich um $\lambda = 0,85$ μm GaAs als Material mit einer Bandlückenenergie von $E_\mathrm{g} = 1,42$ eV bei Raumtemperatur.

Beispiel 15.1   Wellenlängenbereich für GaAs-Sendeelemente

Der Bandlückenenergie von 1,42 eV für GaAs entspricht eine Wellenlänge von

$$\lambda = \frac{hc}{E_\mathrm{g}} = \frac{hc}{1,42\ \mathrm{eV}} = 0,874\ \mu\mathrm{m}$$

Die Breite des Rekombinationsspektrums im Energiebereich ist von der Größenordnung $2\,k_\mathrm{B}T \approx 4,14 \cdot 10^{-21}\,\mathrm{J} \approx 0,026$ eV (für $T = 300$ K). Damit ergibt sich eine spektrale Breite von etwa

$$\Delta\lambda = \frac{hc}{E_\mathrm{g}} - \frac{hc}{E_\mathrm{g} + 2k_\mathrm{B}T} \approx 0,874\ \mu\mathrm{m} - 0,843\ \mu\mathrm{m} = 0,031\ \mu\mathrm{m}$$

Durch Dotierung von GaAs mit Al kann die Wellenlänge der emittierten Strahlung in einem relativ großen Bereich verschoben werden. Sendeelemente aus $Al_xGa_{1-x}As$ findet man im Bereich von etwa 0,65 μm (als rote LEDs für Anzeigen und Displays oder als Laserdioden für CD-ROM-Anwendungen) bis 0,95 μm (als Sendeelemente für die optische Übertragungstechnik oder für Optokoppler) einsetzbar (Abb. 15.1).

Für die Bereiche von 1,3 μm und 1,55 μm (also die Bereiche, die für die Glasfaser-übertragung von Interesse sind) verwendet man, wie bereits erwähnt, das Materialsystem von $In_{1-x}Ga_xAs_{1-y}P_y$. Damit kann man Sendeelemente im Bereich von 1,1 μm bis 1,6 μm herstellen. Für Anwendungen in der optischen Übertragungstechnik werden Elemente aus $In_{1-x}Ga_xAs_{1-y}P_y$ bisher ausschließlich verwendet. Die jüngste Revolution bei LEDs (und Laserdioden) ist die Entwicklung von Komponenten aus Indiumgalliumnitrid (InGaN) für den grünen und blauen Wellenlängenbereich. Dieser Wellenlängenbereich ist für die optische Speichertechnik als auch für Displays von großem Interesse. Blaue LEDs aus Siliziumkarbid (SiC) gibt es seit Mitte der 1980er Jahre, allerdings mit niedriger optischer Ausgangsleistung und hohen Herstellungskosten. Ein Merkmal von InGaN ist, daß keine Substratmaterialien zur Verfügung stehen, welche dieselbe Gitterkonstante aufweisen. Dennoch eignen sich sowohl Saphir (Al_2O_3) als auch SiC als Substrate für das Aufwachsen von InGaN. Die Gitterkonstante des Saphirkristalls ist nahezu um 50 % kleiner als als die von InGaN, was beim Aufwachsen zu Schichten mit zahlreichen Dislokationen und Defekten führt. Die Defektkonzentrationen liegen in Größenordnungen, die andere Materialsysteme unbrauchbar für die Komponentenherstellung machen würden, bei InGaN jedoch nur einen geringen Einfluß zu haben scheinen.

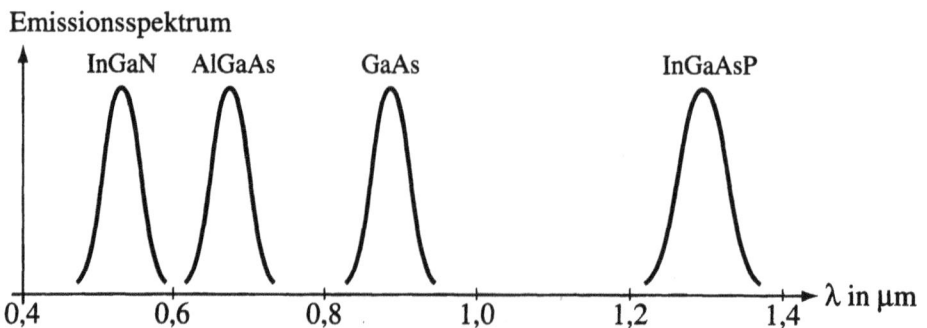

Abbildung 15.1: Emissionswellenlängen für unterschiedliche Halbleitermaterialien.

15.1.2 Grundlegende Bauformen: Kantenemitter und Oberflächenemitter

Leuchtdioden und Laserdioden aus Halbleitermaterialien werden jeweils von ihrem prinzipiellen Aufbau her als *pn*-Übergänge realisiert. In beiden Fällen unterscheidet man zwischen Kantenemittern und Oberflächenemittern (s. Abbildung 15.2). Bei oberflächenemittierenden Sendedioden erfolgt die Abstrahlung senkrecht zum *pn*-Übergang, beim Kantenemitter in Richtung des *pn*-Überganges.

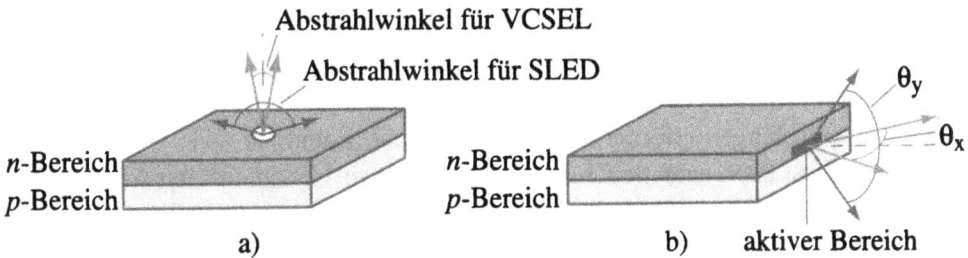

Abbildung 15.2: a) Oberflächenemitter und b) Kantenemitter.

Die meisten LEDs sind Oberflächenemitter, für Laserdioden sind Kantenemitter zur Zeit die gängigere Bauform. Oberflächenemittierende Laserdioden (VCSEL, *vertical cavity surface-emitting laser*), die im nahen Infrarot arbeiten, sind erst vor relativ kurzer Zeit demonstriert worden. Sie könnten große Bedeutung zum Beispiel für die optische Verbindungstechnik in Computersystemen erlangen. Kantenemitter und Oberflächenemitter unterscheiden sich zum einen in ihrer optischen Ausgangsleistung als auch in der Winkelcharakteristik des abgestrahlten Lichtes. Mit Kantenemittern kann man aus praktischen Gründen größere Baulängen realisieren und erreicht somit größere Ausgangsleistungen als mit Oberflächenemittern. Bei oberflächenemittierenden LEDs (*surface emitting LED* oder SLED) erfolgt die Abstrahlung in den gesamten Halbraum (Lambert-Strahler), was ein effizientes Einkoppeln in Glasfasern nicht erlaubt. Bei kantenemittierenden LEDs (*edge emitting LED* oder ELED) wie auch bei kantenemittierenden LDs erfolgt die Strahlung in einen kleineren Winkelbereich, was eine effizientere Einkopplung in Glasfasern ermöglicht. Die Abstrahlung erfolgt i. a. nicht isotrop, sondern in x- und y-Richtung unterschiedlich, wie in Abb. 15.2.b angedeutet. Kantenemitter besitzen eine Wellenleiterstruktur. Die abgestrahlten Wellenfronten sind durch Wellenfrontdeformationen innerhalb des Wellenleiters sowie durch Beugung an der Öffnung bei Kantenemittern allerdings stark deformiert, wodurch nach wie vor große Abstrahlwinkel auftreten und deutliche Verluste bei der Einkopplung entstehen. Anders bei oberflächenemittierenden Laserdioden, die praktisch beugungsbegrenzte Wellenfronten in einen relativ kleinen Winkelbereich abstrahlen.

15.2 Leuchtdioden

15.2.1 Optische Ausgangsleistung

Eine LED wird als pn-Struktur realisiert, die in Durchlaßrichtung betrieben wird (Abb. 15.3.a). Durch Ladungsträgerinjektion erzielt man eine große Rekombinationsrate. Durch Anlegen einer Spannung in Vorwärtsrichtung wird das Potentialgefälle um einen entsprechenden Betrag reduziert. Die injizierten Ladungsträger können hierdurch leichter in den anderen Bereich (d. h. Elektronen aus dem n-Bereich in den p-Bereich sowie Löcher aus dem p-Bereich in den n-Bereich) gelangen und werden dort zu Minoritätsladungsträgern. Bei einer LED ist es erwünscht, daß die Ladungsträger schnell rekombinieren. Hierzu sind eine kurze Lebensdauer der Minoritätsladungsträger sowie kurze Diffusionslängen erforderlich. Die elektrische Kennlinie (I-U-Charakteristik) zeigt die übliche exponentielle Charakteristik eines pn-Übergangs, die wir bereits in Kap. 14 dargestellt haben (Abb. 13.14).

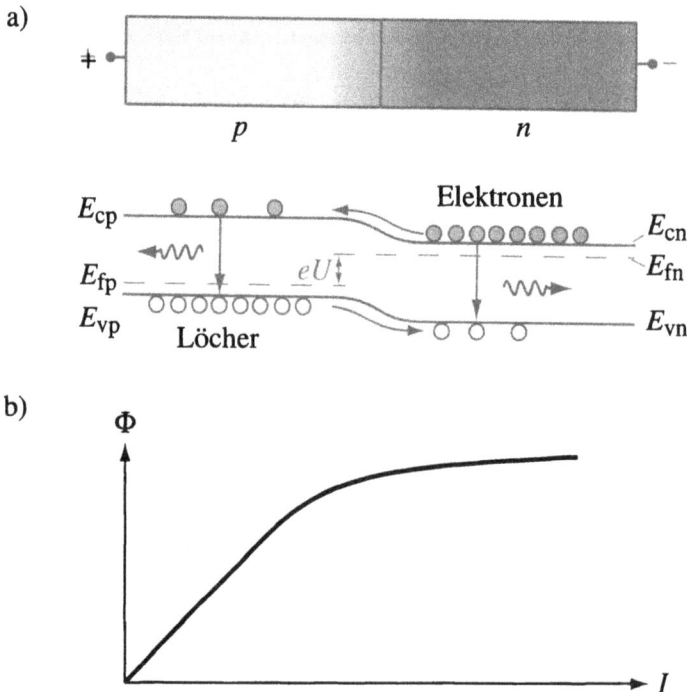

Abbildung 15.3: a) Struktur einer Leuchtdiode: in Durchlaßrichtung gepolter pn-Übergang. b) Kennlinie einer LED: Optische Strahlungsleistung Φ als Funktion des Injektionsstroms I.

Die erzeugte optische Strahlungsleistung Φ_i ist proportional zum Injektionsstrom I. Für kleine Ströme besteht ein linearer Zusammenhang zwischen Φ_i und I (Abb. 15.3.b):

$$\Phi_{\mathrm{i}} = \eta_{\mathrm{i}}\, I \qquad (15.1)$$

η_{i} bezeichnet man als den internen Quantenwirkungsgrad, der angibt, welcher Bruchteil von injizierten Elektronen in Photonen umgewandelt wird. Für größere Ströme gilt diese lineare Beziehung zwischen Φ_{i} und I allerdings nicht mehr als Folge von Abhängigkeiten zwischen Ladungsträgerkonzentration und Übergangswahrscheinlichkeiten für strahlende und nicht-strahlende Übergänge. Für hohe Injektionsströme flacht die Kurve allmählich ab. Nicht alle erzeugten Photonen werden tatsächlich emittiert. Hierfür verantwortlich sind die Absorption von Photonen in der LED sowie die Reflexion der Lichtstrahlen an der Austrittsfläche (Abb. 15.4). Die Absorption läßt sich durch einen Faktor η_{a} beschreiben, der durch das Lambert-Beer'sche Gesetz gegeben ist:

$$\eta_{\mathrm{a}} = e^{-\alpha l} \qquad (15.2)$$

Hierbei ist α der Absorptionskoeffizient des n-Bereiches und l der Weg den ein Lichtstrahl in diesem Bereich zurücklegt. l ist abhängig vom Ausbreitungswinkel in dem Material.

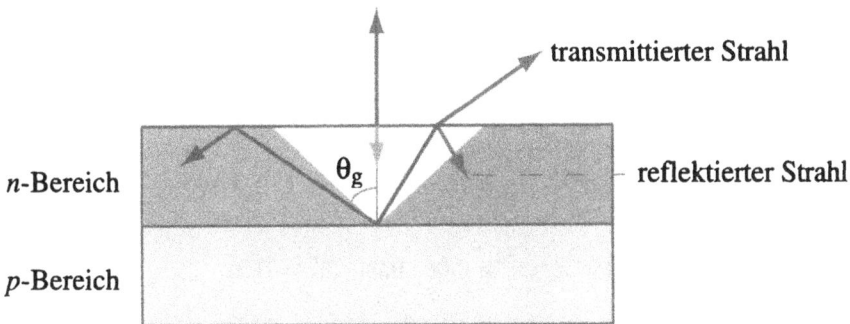

Abbildung 15.4: Zur Erläuterung der Reflexionsverluste, die an der Austrittsfläche auftreten. Die schattierte Fläche deutet den Winkelbereich an, für den innere Totalreflexion auftritt.

Die Reflexion läßt sich durch einen Koeffizienten η_{r} beschreiben, welchen wir mit Hilfe der Fresnel-Gleichungen angeben können; siehe Gleichungen (4.49) und (4.50). Für den Strahl, der senkrecht auf die Grenzfläche trifft, ist der Transmissionsfaktor der Intensität und damit der Wirkungsgrad

$$\eta_{\mathrm{r}} = \frac{4n}{(n+1)^2} \qquad (15.3)$$

Hier ist angenommen, daß im angrenzenden Bereich $n = 1$ ist. Für Strahlen, die nicht senkrecht auf die Grenzfläche fallen, ist die Intensitätstransmission natürlich geringer. Wird θ größer als der kritische Winkel $\theta_{\mathrm{c}} = \arcsin(1/n_{\mathrm{GaAs}})$, wird alles Licht total reflektiert (Abb. 15.4). Insofern verläßt nur ein Bruchteil η_t des erzeugten Photonenflusses überhaupt den Halbleiter. η_t berechnet sich aufgrund geometrischer Betrachtungen als

$$\eta_t = \frac{1}{4\pi} \int\limits_0^{2\pi} \int\limits_0^{\theta_c} \sin\theta \, d\theta \, d\varphi = \frac{1 - \cos\theta_c}{2} \tag{15.4}$$

Der emittierte Strahlungsfluß, der von der LED ausgesandt wird, ist damit also durch folgenden Ausdruck gegeben:

$$\Phi_0 = \eta_a \eta_r \eta_t \Phi_i = \eta_e I \tag{15.5}$$

$\eta_e = \eta_a \eta_r \eta_t \eta_i$ bezeichnet man als den externen Wirkungsgrad der LED. Die optische Ausgangsleistung ergibt sich als das Produkt von Φ_0 (= Anzahl der pro Zeiteinheit emittierten Photonen) mit $h\nu$, der Energie eines einzelnen Photons:

$$P_0 = h\nu\Phi_0 = \eta_e h\nu I \tag{15.6}$$

Beispiel 15.2   Optische Ausgangsleistung einer LED

Obwohl η_i Werte von nahezu 1 annehmen kann, ist der externe Quantenwirkungsgrad einer LED klein. Wir berechnen η_e für eine GaAs-LED mit $n = 3,6$ für $\eta_i = 0,7$ und unter Vernachlässigung der Absorption. Mit (15.3) und (15.4) erhält man $\eta_r = 0,68$ und $\eta_t = 0,04$. Insgesamt also ist

$$\eta_e = \eta_r \eta_t \eta_i = 0,68 \cdot 0,04 \cdot 0,7 = 0,02$$

Nur ein kleiner Bruchteil (gegeben durch das Produkt $\eta_r \eta_t$) der erzeugten Photonen wird tatsächlich von der LED emittiert, in unserem Beispiel etwa 2 %.

15.2.2 Temperaturverhalten

Sowohl der interne als auch der externe Quantenwirkungsgrad einer LED sind keine Konstanten. Wie bereits festgestellt wurde, wächst der erzeugte Photonfluß ab einer gewissen Stromstärke nicht mehr linear mit dem Injektionsstrom an. Dies hängt mit Nichtlinearitäten zusammen, die ihrerseits wiederum von der Temperatur am pn-Übergang abhängen. Insgesamt ergibt sich eine Abnahme der emittierten optischen Leistung einer LED mit der Temperatur in der Größenordnung von $-1\,\%/^\circ$C. Damit sich solche Temperaturdriften im praktischen Betrieb nicht zu sehr auswirken, verwendet man eine geeignete Beschaltung der LED. Z. B. eignen sich in Reihe geschaltete

Si-Dioden, die Temperaturdrift einer LED zu kompensieren. Hierbei wird der negative Temperaturkoeffizient des *pn*-Übergangs in Si ausgenutzt (die Spannung über einer Si-Diode fällt mit etwa 2,5 N mV/°C ab). Hierdurch erhöht sich bei konstanter Quellspannung der Stromfluß durch die LED.

15.2.3 Zeitliches Verhalten

Für Anwendungen in der Übertragungstechnik ist das zeitliche Verhalten der Lichtquelle von Bedeutung. Das zeitliche Verhalten einer LED wird durch die Lebensdauer der injizierten Minoritätsladungsträger bestimmt. Die Zeitkonstante des Rekombinationsprozesses legt eine obere Grenze für die zeitliche Bandbreite der LED fest. Um eine hohe Bandbreite zu erzielen, ist eine kurze Lebensdauer der Minoritätsladungsträger erforderlich. Die Gesamtlebensdauer τ setzt sich aus den Lebensdauern für strahlende und nicht-strahlende Rekombination zusammen:

$$\frac{1}{\tau} = \frac{1}{\tau_r} + \frac{1}{\tau_{nr}} \tag{15.7}$$

Für kleine Zeitfrequenzen $\nu \ll 1/\tau$ wird das Modulationsverhalten der LED nicht beeinflußt. Mit zunehmender zeitlicher Frequenz (oder, anders betrachtet, mit zunehmender Rekombinationslebensdauer) werden die emittierten Lichtpulse in ihrem zeitlichen Verlauf mehr und mehr durch das Tiefpaßverhalten der LED beeinträchtigt (Abb. 15.5.a). Eine Folge von zeitlichen Pulsen wird dann nicht mehr voll durchmoduliert (Abb. 15.5.b).

Die zeitliche Übertragungsfunktion einer LED ist in Abb. 15.6 schematisch dargestellt. Dabei ist $P_0(\nu)$ die Modulationshöhe der optischen Pulse bei der Frequenz ν. Die Frequenz, bei der der Quotient $P_0(\nu)/P_0(0)$ auf 0,5 abgefallen ist, bezeichnet man als die 3-dB-Frequenz der LED. Das Modulationsverhalten läßt sich durch folgenden Ausdruck beschreiben:

$$\frac{P_0(\nu)}{P_0(0)} = \frac{1}{[1 + (2\pi\nu\tau)^2]^{1/2}} \tag{15.8}$$

Die 3-dB-Frequenz bestimmt sich danach zu

$$\nu_{3dB} = \frac{\sqrt{3}}{2\pi\tau} \tag{15.9}$$

Beispiel 15.3   Grenzfrequenz einer LED

Für LEDs ist eine Rekombinationslebensdauer von $\tau = 1$–10 ns typisch. Dies entspricht nach (15.9) einer Grenzfrequenz von ca. 27–270 MHz.

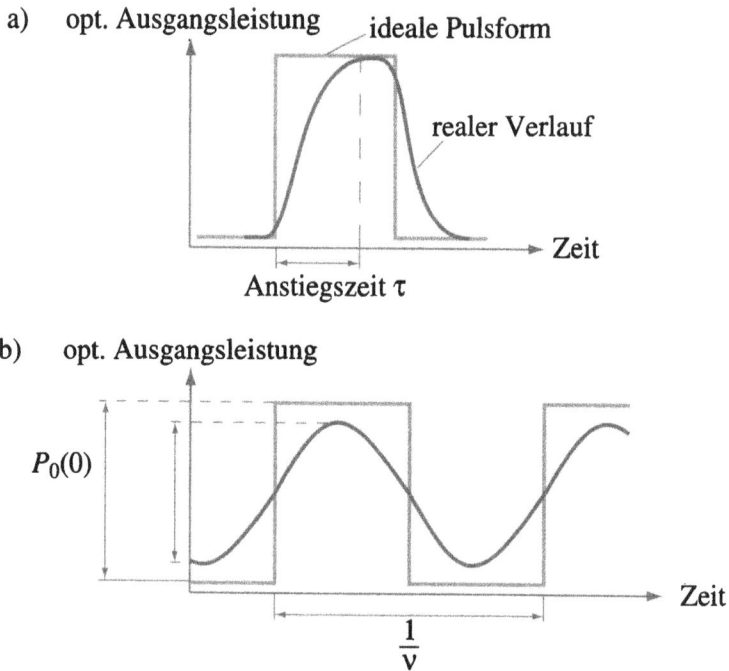

Abbildung 15.5: Tiefpaßverhalten einer LED: Einfluß auf a) einen einzelnen Rechteckpuls, b) eine Pulsfolge.

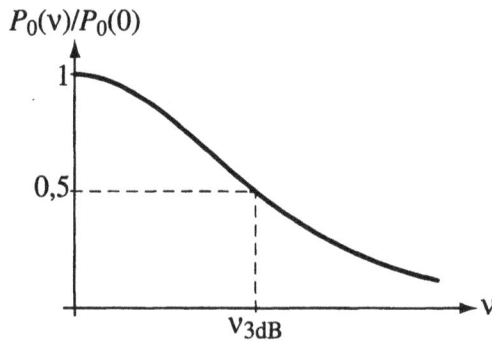

Abbildung 15.6: Übertragungsfunktion einer LED nach Gleichung (15.8).

15.2.4 Bauformen

Die einfachste Version einer oberflächenemittierenden LED ist in Abb. 15.7.a dargestellt. Sie besteht aus mehreren planaren Schichten. Eine p-leitende Schicht wird durch Diffusion in den n-Bereich erzeugt. Das erzeugte Licht wird durch ein Fenster ausgekoppelt.

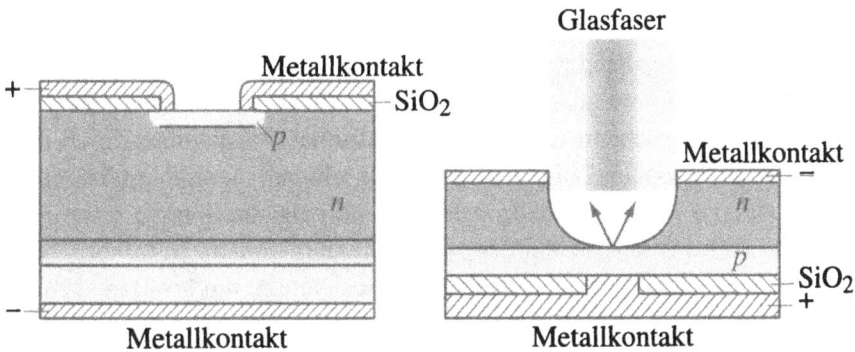

Abbildung 15.7: a) Einfache planare LED. b) Burrus-Typ.

Um das Licht effizienter auszukoppeln, wird bei dem Burrus-Typ ein Teil des n-Bereichs bis zum pn-Übergang herausgeätzt, um direkt am pn-Übergang das Licht aufzusammeln. Dies erlaubt insbesondere eine bessere Einkopplung in eine Glasfaser, die in Abb. 15.7.b angedeutet ist. Burrus-Typ LEDs für den IR-Bereich werden in erster Linie im Bereich der optischen Nachrichtenübertragung eingesetzt.

Die emittierte Ausgangsleistung wächst mit der aktiven Fläche. Bei LEDs für die faseroptische Übertragung ist diese an den Durchmesser des Kerns einer Multimode-Faser angepaßt, also im Durchmesser typisch 50 μm groß. Da die optische Ausgangsleistung mit der aktiven Fläche wächst, ergibt sich insbesondere bei LEDs für die Kommunikation eine obere Grenze. Typische Werte für optische Ausgangsleistungen von IR-LEDs liegen bei einigen mW. Nur einige Prozent der Leistung werden in eine Glasfaser eingekoppelt, so daß für oberflächenemittierende LEDs die eingekoppelte Leistung im Bereich von 10 μW liegt. Deutlich höhere Werte erzielt man mit Kantenemittern, die allerdings auf Grund praktischer Überlegungen relativ selten eingesetzt werden.

15.3 Laserdioden

15.3.1 Prinzip

Ebenso wie eine LED besteht eine Laserdiode aus einem pn-Übergang, in den Ladungsträger injiziert werden. Während allerdings bei der LED die Lichterzeugung auf der spontanen Emission beruht, entsteht das Licht bei der Laserdiode über die stimulierte Emission. Damit die stimulierte Emission gegenüber der spontanen Emission der wahrscheinlichere Prozeß ist, müssen bestimmte Bedingungen erfüllt sein. Zum einen muß die Dichte von besetzten Zuständen im Leitungsband größer sein als die im Valenzband („Bevölkerungsinversion"). Zum anderen müssen bestimmte optische Bedingungen erfüllt sein, worauf wir weiter unten eingehen werden.

Zunächst zum Begriff der Inversion der Zustände. Durch Rekombination wird die Zustandsdichte im Leitungsband reduziert. Um also den Inversionszustand aufrechtzuerhalten, ist ein „Pumpmechanismus" notwendig, der ständig wieder Elektron-Loch-Paare erzeugt. Dies geschieht in Form von elektronischem Pumpen durch die Injektion von Ladungsträgern. Bei einem in Durchlaßrichtung gepolten pn-Übergang werden auf der n-Seite injizierte Elektronen zu Minoritätsladungsträgern im p-Bereich. Umgekehrt werden Löcher, die auf der p-Seite injiziert werden, zu Minoritätsladungsträgern im n-Bereich. Dies wird bei der LED ausgenutzt, um spontane Emission zu erzeugen.

Wenn allerdings die Konzentration der „Minoritäts"ladungsträger sehr groß wird, dann kann es zur Bevölkerungsinversion kommen. Dies wird erreicht, indem man n- und p-Bereiche stark dotiert (um eine hohe Konzentration an Elektronen bzw. Löchern zu erzeugen) und dann den pn-Übergang in Vorwärtsrichtung betreibt. Dabei entsteht ein großer Stromfluß durch den Übergang. Die dabei auftretenden hohen Konzentrationen an Elektronen und Löchern erzeugen eine Bevölkerungsinversion im Bereich der Grenzschicht.

Im Banddiagramm stellt sich die Situation dar wie in Abb. 15.8 gezeigt. Bei starker Dotierung liegt eine Entartung des Fermi-Niveaus vor, das in diesem Fall für den n- und p-Bereich gleich ist, und insbesondere oberhalb des Leitungsbandlevels E_{cp} im p-Bereich liegt (Abb. 15.8.a). Bei Anlegen einer Vorwärtsspannung wird der Bandabstand entsprechend gesenkt (Abb. 15.8.b). Ist die Vorwärtsspannung groß genug, liegt das Fermi-Niveau E_{fn} auf der n-Seite oberhalb des Leitungsbandlevels E_{cp} auf der p-Seite; gleichzeitig wird $E_{fp} < E_{vn}$ (Abb. 15.8.c). In diesem Fall füllt sich im Übergangsbereich das Leitungsband rasch mit Elektronen aus dem n-Bereich und das Valenzband mit Löchern aus dem p-Bereich, was zur Bevölkerungsinversion führt.

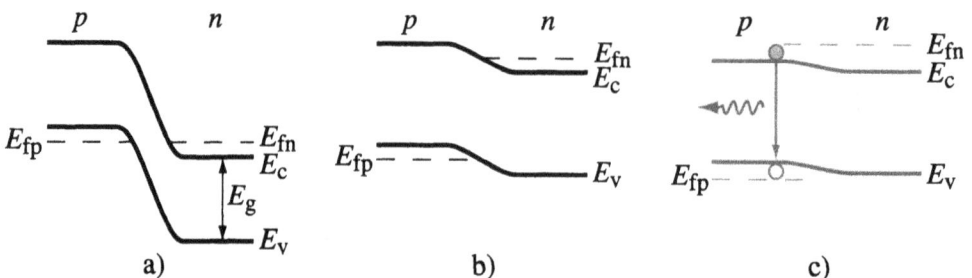

Abbildung 15.8: pn-Übergang bei entarteten p- und n-Leitern: a) ohne angelegte Spannung, b) mit angelegter Spannung, c) genügend große Vorwärtsspannung, um Bevölkerungsinversion zu erzeugen.

Wesentliche Eigenschaften der stimulierten Emission wurden bereits im vorigen Kapitel beschrieben. Das zweite, emittierte Photon besitzt bezüglich Frequenz (bzw. Wellenlänge), Ausbreitungsrichtung und Polarisation exakt dieselben Eigenschaften wie das einfallende Photon. Hierdurch ergibt sich ein Verstärkungseffekt für den Prozeß der stimulierten Emission. Allerdings regt nicht jedes erzeugte Photon die Erzeugung eines zweiten Photons an. Die aktive Zone (der Bereich, in dem stimulierte Emission auftritt) ist klein im Vergleich mit dem Gesamtvolumen eines *pn*-Übergangs. Photonen, die von der aktiven Zone ausgehen, werden mit einer gewissen Wahrscheinlichkeit im übrigen Bereich unter Erzeugung eines Elektron-Loch-Paares absorbiert und stehen damit für den optischen Verstärkungsprozeß nicht mehr zur Verfügung. Es ist daher wichtig, Verlustmechanismen zu minimieren. Zwischen Absorption und Verstärkung besteht folgender Zusammenhang:

$$\alpha = \alpha_i - \gamma \tag{15.10}$$

Hierbei ist α der Absorptionskoeffizient, α_i der Absorptionskoeffizient für die intrinsische Absorption (hierzu gehören Materialabsorption und Streuung) und γ der Koeffizient für die Verstärkung. Für $\alpha_i = 0$ ist also $\alpha = -\gamma$. Diese Beziehung erlaubt es uns, etwas lax zu formulieren: Verstärkung ist negative Absorption. Wir werden auf die Beziehung in (15.10) etwas später zurückkommen.

Damit genügend große Verstärkung auftritt, ist es notwendig, ein Photon mehrfach durch die aktive Zone laufen zu lassen. Hierdurch erhöht sich die Wahrscheinlichkeit, daß es über stimulierte Emission weitere Photonen erzeugt. Mit Hilfe einer Resonatoranordnung erreicht man, daß ein Teil des Lichtes rückgekoppelt wird und mehrfach durch den aktiven Bereich läuft. Diese optische Rückkopplung erfolgt bei Halbleiterlaserdioden über Spiegel (Fabry-Perot-Resonator) oder über Gitter (Abb. 15.9). Bei Halbleitern genügt infolge des hohen Brechungsindexes die Reflexion an dem Übergang zur Luft, um einen relativ hohen Reflexionsfaktor zu erzeugen. Dieser berechnet sich mit (4.49) für senkrechten Einfall zu

$$R = r^2 = \frac{(n-1)^2}{(n+1)^2} \tag{15.11}$$

Für $n_{GaAs} = 3,6$ ergibt sich $R = 0,32$. Gelegentlich wird eine der beiden Austrittsflächen metallisch verspiegelt, um die Reflektivität zusätzlich zu erhöhen.

Statt der Spiegel kann man auch hochfrequente Beugungsgitter als Reflektoren verwenden wie beim DBR-Laser (*distributed Bragg reflector*). Beim DFB-Laser (*distributed feedback*) sind die Gitter über die gesamte Resonatorlänge ausgedehnt („verteilt"). Licht wird an jeder Position des Gitters reflektiert.

Neben der Rückkopplung spielt das *Confinement*, d. h. die Konzentration des Lichtes auf den aktiven Bereich, eine wesentliche Rolle für die Funktion einer Laserdiode. Je besser das Licht auf den aktiven Bereich konzentriert ist, um so höher ist die Wahrscheinlichkeit für die Auslösung weiterer stimulierter Emissionsprozesse. Für das Confinement ist die Feldverteilung in der Laserdiode entscheidend. Hier spielt eine

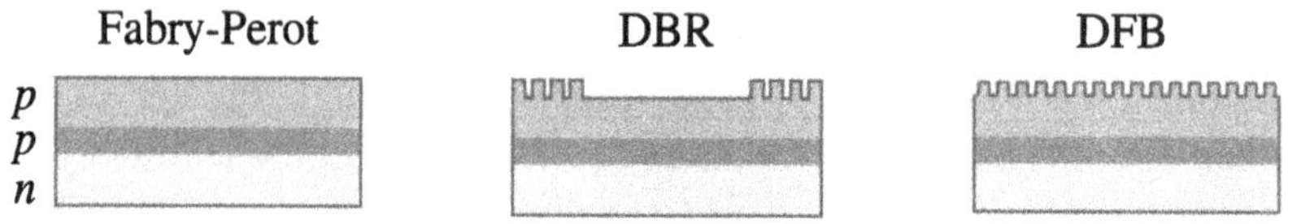

Abbildung 15.9: Resonatorkonfigurationen für kantenemittierende Halbleiterlaserdioden.

Rolle, daß das Feld eine Anhebung des Brechungsindex im Halbleitermaterial bewirkt (um 0,1–1 %), wodurch eine laterale Führung des Lichtes wie in einem Wellenleiter stattfindet. Dieser Wellenleitereffekt ist allerdings relativ schwach ausgeprägt. Im Zusammenhang mit dem lateralen Confinement spricht man vom Füllfaktor Γ, der das Verhältnis der Lichtleistung in der aktiven Schicht relativ zur geführten Lichtleistung in den angrenzenden Schichten angibt (Abb. 15.10):

$$\Gamma = \frac{\int\limits_{-d}^{+d} |E(x)|^2 \, dx}{\int\limits_{-\infty}^{+\infty} |E(x)|^2 \, dx} \tag{15.12}$$

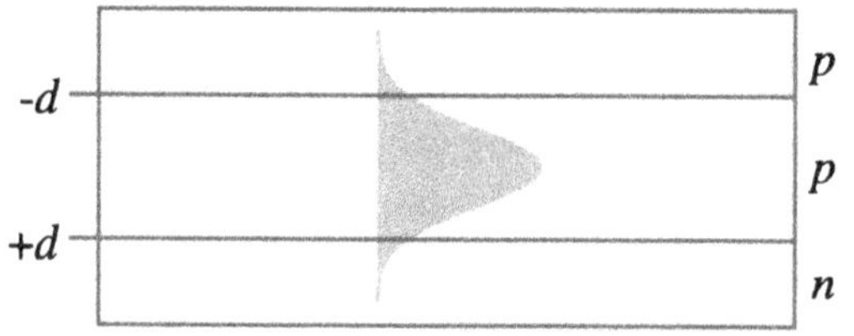

Abbildung 15.10: Zur Erläuterung des Füllfaktors: Führung des Lichtes in der aktiven Schicht, die als Wellenleiter wirkt.

Zusammenfassend halten wir fest, daß als Bedingungen für den Laserbetrieb 1. eine Besetzungsinversion notwendig ist und 2. das optische Feld in der aktiven Zone durch Rückkopplung und durch laterales Confinement optimiert werden muß.

15.3.2 Moden und Verstärkung

Wir betrachten einen symmetrischen Fabry-Perot-Resonator der Länge L (Abb. 15.11). Der Einfachheit wegen wird im folgenden eine skalare Beschreibung verwendet, d. h. wir vernachlässigen den Polarisationszustand der elektrischen Felder, und nehmen außerdem an, daß die beiden Spiegel denselben Amplitudenreflexionsfaktor r besitzen. Für eine in den Resonator eintretende Welle der Amplitude E_i ergibt sich die transmittierte Welle als Überlagerung vieler Teilwellen:

$$E_\text{t} = E_\text{i}\, t^2\, e^{-kL} \sum_{j=0}^{\infty} (r^2)^j e^{-2jkL} = E_\text{i} \frac{t^2\, e^{-kL}}{1 - r^2\, e^{-2kL}} \qquad (15.13)$$

mit den Amplitudentransmissionsfaktoren $t = 1 - r$.

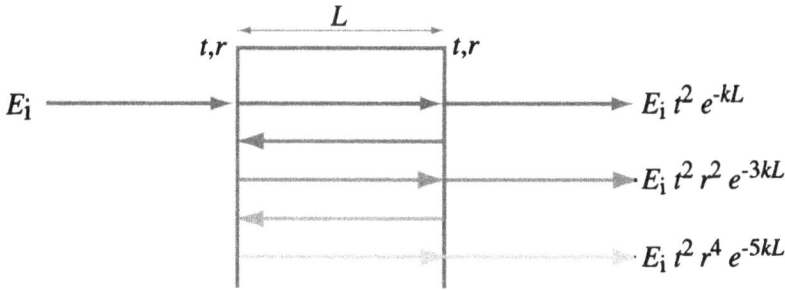

Abbildung 15.11: Wellenüberlagerung im Fabry-Perot-Resonator. Der Übersichtlichkeit wegen sind die unterschiedlichen Lichtwege untereinander eingezeichnet. Außerdem sind die Teilwellen, die vom Resonator reflektiert werden, nicht eingezeichnet.

Für den Ausbreitungskoeffizienten k können wir schreiben:

$$k = \frac{\alpha}{2} + i\beta \qquad (15.14)$$

Aus Abb. 15.11 entnehmen wir, daß zwischen dem $n + 1$-ten und dem n-ten Teilstrahl folgende Beziehung gilt:

$$\frac{E_{j+1}}{E_j} = r^2\, e^{-2kL} \qquad (15.15)$$

Hieraus kann man eine Bedingung für den Laserbetrieb herleiten, es muß nämlich gelten

$$r^2\, e^{-\alpha L}\, e^{-4\pi i n L/\lambda} \overset{!}{=} e^{-2\pi i m} \qquad , m = 1, 2, 3, \dots \qquad (15.16)$$

Diese Bedingung kann in eine Amplitudenbedingung und eine Phasenbedingung aufgespalten werden. Die Amplitudenbedingung besagt, daß im eingeschwungenen Zustand (*steady state*) zum Laserbetrieb der Verstärkungsfaktor den Betrag 1 haben muß, d. h.:

$$r^2 e^{-\alpha L} = r^2 e^{-(\alpha_\text{i} - \gamma)L} \overset{!}{=} 1 \qquad (15.17)$$

Hierbei haben wir Gleichung (15.10) verwendet. Für realistische Stromdichten von 1 bis 10 kA/cm^2 sind in Halbleiterlaserdioden Verstärkungsfaktoren γ von mehr als

100 cm^{-1} möglich. Die intrinsischen Verluste α_i liegen typisch im Bereich von 5 bis 10 cm^{-1}.

Die Phasenbedingung besagt, daß die Phasenverschiebung zwischen der $j + 1$-ten und der j-ten Teilwelle ein Vielfaches von 2π sein muß:

$$2nL/\lambda \overset{!}{=} m \tag{15.18}$$

Diese Bedingung ist physikalisch gleichbedeutend damit, daß die Teilstrahlen konstruktiv miteinander interferieren müssen, um im Resonator eine stabile stehende Welle aufzubauen. Aus der Phasenbedingung lassen sich für gegebene Resonatorlängen L unterschiedliche Wellenlängen λ_m bestimmen, für die konstruktive Interferenz auftritt:

$$\lambda_m = \frac{2nL}{m} \tag{15.19}$$

Die unterschiedlichen Wellenlängen, für die diese Bedingung erfüllt ist, entsprechen axialen Moden des Resonators. Der Abstand benachbarter Wellenlängen ist gegeben durch

$$\Delta\lambda = \frac{\lambda^2}{2Ln\left[1 - \left(\frac{\lambda}{n}\right)\frac{dn}{d\lambda}\right]} \tag{15.20}$$

was man für vernachlässigbare Dispersion schreiben kann als

$$\Delta\lambda \approx \frac{\lambda^2}{2Ln} \tag{15.21}$$

In Kreisfrequenzen ausgedrückt, entspricht dies:

$$\Delta\omega = \frac{\pi c}{nL} \tag{15.22}$$

Beispiel 15.4   Anzahl von axialen Moden im Fabry-Perot-Resonator

Für typische Resonatorlängen der Größenordnung $L = 100$ μm, einem Brechungsindex von $n = 3{,}6$ sowie einer mittleren Wellenlänge von $\langle\lambda\rangle = 0{,}85$ μm berechnet sich die Anzahl von Lasermoden zu

$$m = \frac{2nL}{\langle\lambda\rangle} \approx 850 \tag{15.23}$$

Das typische Emissionsspektrum einer Laserdiode als Funktion der Frequenz ergibt sich zum einen aus der Bedingung für die axialen Moden, zum anderen aus dem Verlauf des Verstärkungskoeffizienten γ. Dieser wird über die Berechnung des Absorptionskoeffizienten bestimmt. Für parabolischen Bandverlauf erhält man eine Verstärkungskurve, die einen Verlauf aufweist, wie in Abb. 15.12 gezeigt ist.

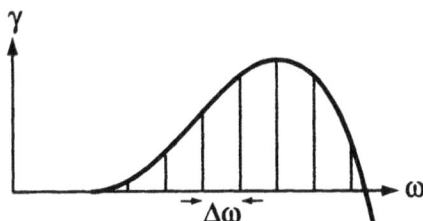

Abbildung 15.12: Schematische Darstellung des spektralen Verlaufs des Verstärkungskoeffizienten für einen nichtlinearen Fabry-Perot-Resonator. Mit eingezeichnet sind die Frequenzen der axialen Moden.

15.3.3 Kennlinie einer Laserdiode

Laserbetrieb tritt erst ab einer bestimmten Stromdichte im pn-Übergang auf, ab dem die Amplitudenbedingung erfüllt ist. Unterhalb dieses Schwellstroms I_s ist die spontane Emission dominant. Oberhalb des Schwellstroms beginnt der Laserbetrieb und die optische Ausgangsleistung der Laserdiode steigt steil an (Abb. 15.13). Typische Schwellströme für kantenemittierende Laserdioden liegen zwischen 10 und 50 mA. Der Schwellstrom ist für eine Laserdiode stark von der Temperatur abhängig. Typisch ist ein Anstieg mit etwa 0,5–1 mA/°C.

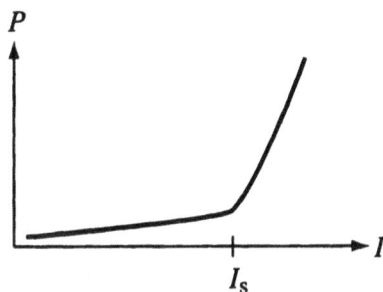

Abbildung 15.13: Schematische Darstellung der optischen Kennlinie einer Laserdiode.

Typische Ausgangsleistungen liegen im Bereich von einigen Milliwatt, bei speziellen Hochleistungslaserdioden werden allerdings optische Ausgangsleistungen von 1 W und mehr erzielt. Die Steigung der Laserkennlinie oberhalb des Schwellstroms bestimmt den differentiellen Wirkungsgrad, der durch folgenden Ausdruck angegeben werden kann:

$$\eta_\mathrm{d} = \frac{1}{1 - \frac{\alpha_i L}{\ln R}} \tag{15.24}$$

Typische Werte für den differentiellen Wirkungsgrad liegen bei 0,5 bis 0,6. Dieser Wert gibt an, wieviele der injizierten Elektronen bei Betrieb oberhalb der Schwelle in emittierte Photonen umgewandelt werden.

15.3.4   Typen von Halbleiterlaserdioden

Wie bereits weiter oben festgestellt, unterscheidet man zwischen kantenemittierenden und oberflächenemittierenden Laserdioden. Kantenemittierende Laserdioden stellen planare Wellenleiter dar. Die Führung der Welle in der aktiven Schicht wird entweder durch Indexführung erreicht, also durch eine Brechzahldifferenz relativ zu den angrenzenden Schichten (*index guided laser diode*) oder durch Gewinnführung (*gain guided*). Bei der Gewinnführung entsteht eine Brechzahländerung als Folge des Zusammenhangs zwischen Brechungsindex und Absorption (bzw. Verstärkung), was mathematisch in den Kramers-Kronig-Relationen zum Ausdruck kommt. Von der Vielzahl von unterschiedlichen Lasertypen sollen hier nur einige beispielhaft dargestellt werden. Ausführlichere Darstellungen sind zum Beispiel bei enthalten.

Abbildung 15.14 zeigt den Aufbau einer *buried heterostructure*-Laserdiode in AlGaAs-GaAs als ein Beispiel für einen indexgeführten Laser. Die aktive Schicht aus GaAs fungiert als Wellenleiter. Sie ist vollständig von AlGaAs umgeben, auch lateral, was ein gutes Confinement ermöglicht. Die Streifenbreite w der aktiven Schicht ist etwa 4 μm, ihre Länge beträgt einige hundert Mikrometer. Die geringe Breite des GaAs-Streifens dient dem Zweck, laterale Monomodigkeit zu erzielen. Über eine Passivierung der Deckschicht mit SiO_2 erzielt man eine laterale Konzentration des Pumpstroms auf die aktive Schicht.

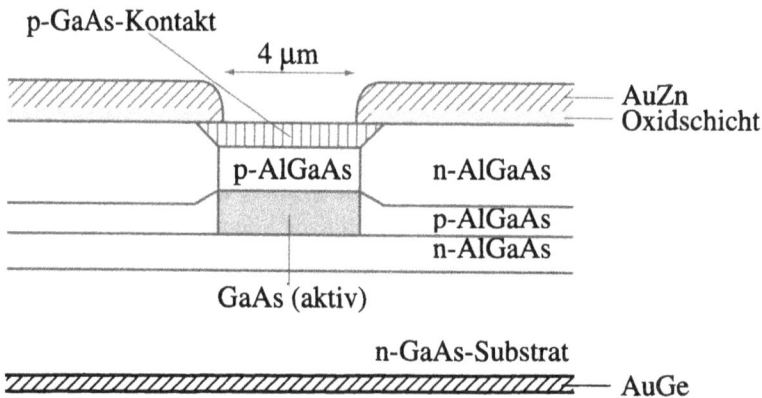

Abbildung 15.14: Aufbau einer *buried heterostructure*-Laserdiode.

Die Herstellung einer *buried heterostructure*-Laserdiode ist technologisch gesehen aufwendig, weil die Verwendung eines lateral begrenzten Streifens zwei Epitaxie-Schritte zum Aufwachsen der unterschiedlichen Schichten erfordert. Andere Typen von Laserdioden mit Indexführung (wie *double-channel planar buried heterostructure* und *metal clad ridge waveguide*) kommen mit weniger technologischem Aufwand aus. Die MCRW-Laserdiode stellt einen streifenbelasteten Wellenleiter dar, bei dem

ein wenige Mikrometer schmaler Streifen an der Oberfläche der Struktur in der tiefer-
liegenden aktiven Schicht eine laterale Brechungsindexvariation ergibt. Wie die
MCRW-Laserdiode ist auch die Oxidstreifen-Laserdiode relativ einfach herzustellen
(Abb. 15.15). Diese ist ein Beispiel für eine gewinngeführte Laserdiode. Sie besteht
aus einheitlichen Schichten von GaAs bzw. AlGaAs. Die Strominjektion erfolgt über
einen schmalen Streifen in einer nichtleitenden Oxidschicht.

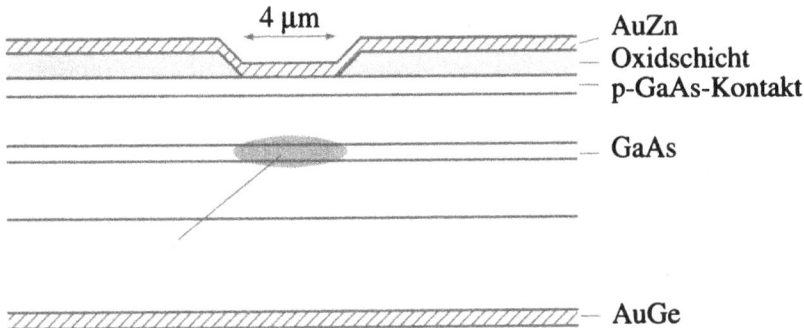

Abbildung 15.15: Aufbau einer Oxidstreifenlaserdiode.

Bei gewinngeführten Laserdioden ist die laterale Führung der Welle weniger gut als
bei indexgeführten. Hierdurch ergibt sich eine schlechtere Konzentration der Lichtleistung und als Folge davon ein höherer Schwellstrom, der etwa bei 100 mA liegt. In
gewinngeführten Laserdioden bewirkt die laterale Variation des Brechungsindex eine
in etwa parabolische Krümmung der Phasenfronten der Lichtwelle im Gegensatz zu
indexgeführten Laserdioden (Abb. 15.16). Dies beeinträchtigt zusätzlich die Qualität
der abgestrahlten Lichtwelle.

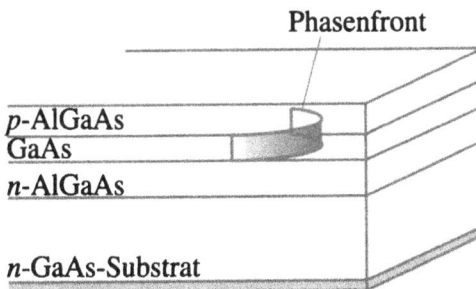

Abbildung 15.16: Phasenfront in der gewinngeführten Laserdiode.

Die Abstrahlcharakteristik einer kantenemittierenden Laserdiode wird bestimmt durch
die Beugung an der kleinen Austrittsöffnung und zusätzlich durch eventuelle Phasenkrümmungen, wie sie bei gewinngeführten Laserdioden auftreten. Die Beugung führt

zu relativ großen Divergenzwinkeln von typisch $\theta_x = \sin^{-1}(\lambda/w) = \sin^{-1}(0,85/4) \approx$ 12° in der Richtung parallel zur längeren Achse des Streifens, und zu deutlich größeren Winkeln senkrecht dazu. Die auftretenden Phasenkrümmungen innerhalb des Resonators sorgen für Aberrationen der emittierten Welle.

Oberflächenemittierende Laserdioden werden entweder als Kantenemitter mit einge-ätztem Umlenkspiegel realisiert oder als *vertical cavity surface emitting*-Laserdiode (VCSEL), bei der Fabry-Perot-Resonatoren senkrecht zur Substratoberfläche aufge-baut sind (Abb. 15.17). Diese werden nach geeigneter lateraler Strukturierung in ein Substrat hineingeätzt. Der Durchmesser eines einzelnen VCSELs ist typisch $< 10~\mu m$. Die Höhe des Resonators beträgt typisch ebenfalls etwa $10~\mu m$. Das aktive Volumen ist deutlich kleiner als bei Kantenemittern. Die aktive Schicht ist nur etwa 10 nm dick. Die Verwendung solcher extrem dünnen Schichten ermöglicht es, sehr niedrige Schwell-ströme zu erzielen. Andererseits ist es notwendig, um Bevölkerungsinversion zu erzie-len, Spiegel mit sehr hohen Reflektivitäten ($> 99~\%$) zu verwenden, was mit Hilfe der MBE- bzw. MOCVD-Technik möglich wurde. Um die Ladungsträgerkonzentration zu optimieren, realisiert man VCSELs mit einem (nichtleitenden) Oxidring im Resonator-bereich (*oxide confined VCSELs*).

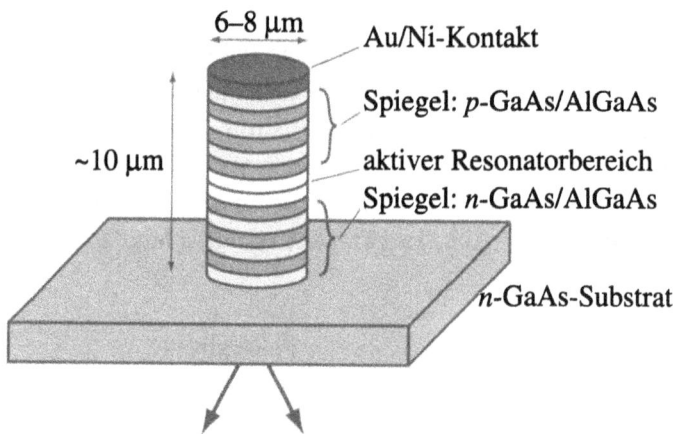

Abbildung 15.17: Aufbau einer VCSEL-Diode. Der hier dargestellte Fall entspricht einer *bottom-emitting*, d. h. durch das Substrat emittierenden Diode.

VCSEL-Laserdioden besitzen eine Vielzahl interessanter Eigenschaften. Aufgrund ih-rer zweidimensionalen Struktur besitzen sie sehr niedrige Schwellströme, die typisch im Bereich von 2–3 mA liegen. Schwellströme von weniger als 1 mA wurden be-reits demonstriert. VCSELs eignen sich zur Anordnung in 1-D oder 2-D Arrays (Abb. 15.18), was insbesondere für die optische Verbindungstechnik von Interesse ist. Darü-berhinaus besitzen VCSELs als Folge der symmetrischen kreisförmigen Öffnung ein nahezu gauß-förmiges Abstrahlprofil. Dies erlaubt es, das Licht mit Hilfe einfacher Optiken zu beugungsbegrenzten Brennpunkten zu fokussieren.

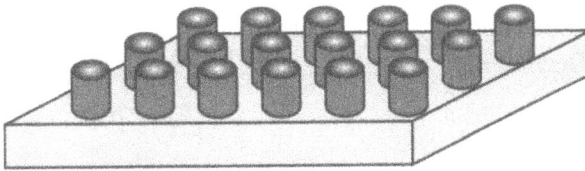

Abbildung 15.18: Arrayanordnung von VCSEL-Laserdioden.

15.4 Empfangselemente

Auch bei den Empfangselementen gibt es zwei Typen, die für Anwendungen in der Übertragungstechnik von Bedeutung sind. Dies sind die *pin*-Photodiode und die Avalanche-Photodiode (APD). Beide wandeln einfallende optische Strahlung durch Erzeugung von Ladungsträgerpaaren in elektrischen Strom um. Voraussetzung ist, daß die Wellenlänge des Lichtes kleiner ist als ein bestimmter Wert, der der Übergangsenergie entspricht. Sowohl *pin*-Diode als auch APD werden in Sperrichtung betrieben; die APD allerdings mit einer hohen Vorspannung von 100 V und mehr. Der erzeugte Strom ist der Empfangsleistung direkt proportional.

15.4.1 Photoleitung

Wie bereits besprochen, erhöht sich die Leitfähigkeit eines Halbleiters durch Lichteinstrahlung durch den sogenannten inneren Photoeffekt. Diese Leitfähigkeitserhöhung kommt durch eine Erhöhung der Konzentration freier Ladungsträger zustande: durch Elektronen im Leitungsband und Löcher im Valenzband. Die einfallenden Photonen werden absorbiert, wenn ihre Energie $h\nu$ größer ist als die Bandlückenenergie E_g. Dies führt zu einer Bandkante in der spektralen Empfindlichkeit des Photoempfängers. Band-Band-Übergänge stellen den wichtigsten Absorptionsprozeß dar, aber es gibt andere Prozesse zu bzw. von Rekombinationszentren innerhalb der Bandlücke. Zur quantitativen Beschreibung der Photoleitung ist die Erzeugungsrate r_p wichtig, die besagt, wieviel Ladungsträgerpaare pro Zeit- und Volumeneinheit optisch erzeugt werden. Hierfür ist der Quantenwirkungsgrad η entscheidend, der das Verhältnis von erzeugten Ladungsträgerpaaren und dazu notwendigen Photonen angibt. Für Photonenenergien $h\nu > E_g$ ist $0 \leq \eta \leq 1$. Die Erzeugungsrate r_e pro Volumen- und Zeiteinheit bestimmt man zu

$$r_e = \frac{\eta P_0}{h\nu} \tag{15.25}$$

wobei P_0 die Leistung der einfallenden optischen Strahlung ist.

Bei Photodetektoren aus Halbleitermaterialien unterscheidet man zwischen Photoelementen, Photodioden, Phototransistoren und Photowiderständen. Diese haben jeweils unterschiedliche Anwendungsbereiche. Für die optische Nachrichtenübertragung sind Photodioden von Bedeutung.

15.4.2 Photodioden

Photodioden auf Halbleiterbasis werden als *pn*-Übergänge realisiert. Während für die Lichterzeugung der *pn*-Übergang in Vorwärtsrichtung betrieben wird, verwendet man für die Lichtdetektion den *pn*-Übergang in Sperrrichtung (Abbildung 15.19). Jedesmal, wenn ein Photon absorbiert wird, entsteht ein Elektron-Loch-Paar. Diese erzeugten Ladungsträger erfahren unterschiedliche Schicksale, abhängig davon, wo der Absorptionsprozeß stattfindet:

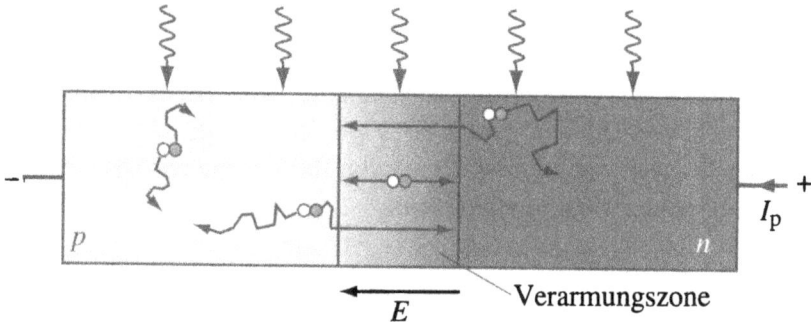

Abbildung 15.19: Lichtabsorption in einer Photodiode: die geschlängelten Linien stellen Photonen dar, die dunklen und hellen Kreise Elektronen bzw. Löcher.

1. Erzeugung im Bereich des *pn*-Überganges: Nur im Bereich der Verarmungszone, also des Überganges zwischen *p*- und *n*-Schicht, existiert ein elektrisches Feld, welches dafür sorgt, daß Elektron und Loch rasch in unterschiedliche Richtungen driften und somit ein Photostrom erzeugt wird. Elektronen werden zur *n*-Seite hin transportiert, Löcher zum *p*-Bereich.

2. Außerhalb der Verarmungszone existiert kein elektrisches Feld, welches die erzeugten Elektron-Loch-Paare voneinander trennt. Ladungsträger, die in diesem Bereich erzeugt werden, führen eine *random walk*-Bewegung durch. Es können zwei Fälle auftreten:

a) Ladungsträger, die außerhalb, aber in der Nähe der Verarmungszone erzeugt werden, können durch ihre Zufallsbewegung in den Bereich der Verarmungszone gelangen und somit zum Photostrom beitragen. Ein Elektron, welches vom *p*-Gebiet kommt, wird rasch durch die Verarmungszone zum *n*-Gebiet transportiert. Analog wird ein Loch aus dem *n*-Bereich durch die Verarmungszone zum *p*-Bereich transportiert.

b) Ladungsträger, die weit genug außerhalb der Verarmungszone erzeugt werden, führen ihre Zufallsbewegung solange durch, bis sie durch Rekombination vernichtet werden. Sie tragen nicht zum Photostrom bei.

Abbildung 15.20 zeigt den planaren Aufbau einer Photodiode. Photodioden können sowohl bei senkrechtem oder parallelem Lichteinfall relativ zum *pn*-Übergang betrieben werden. Bei senkrechtem Lichteinfall ist die Verwendung hinreichend dünner Schichten erforderlich, damit die Photonen nicht absorbiert werden, bevor sie die Verarmungszone erreichen. Dies beeinflußt den Quantenwirkungsgrad der Photodiode.

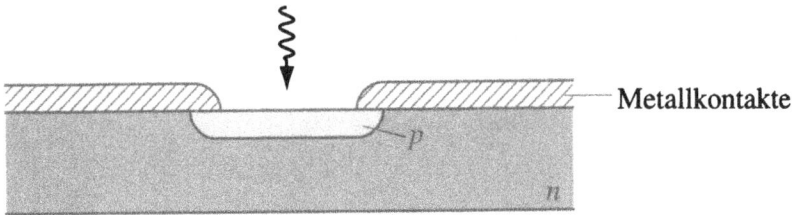

Abbildung 15.20: Planarer Aufbau einer Photodiode.

15.4.3 Quantenwirkungsgrad und spektrale Empfindlichkeit

Der Quantenwirkungsgrad ist definiert als das Verhältnis von erzeugten Ladungsträgerpaaren und dazu notwendigen Photonen, in Raten ausgedrückt:

$$\eta = \frac{r_e}{r_p} \qquad (15.26)$$

Photodioden aus Si können mit Quantenwirkungsgraden von nahezu 1 hergestellt werden, für den Fall, daß sie mit einer Antireflexbeschichtung an der Oberfläche ausgestattet sind.

Beispiel 15.5   Quantenwirkungsgrad und Photostrom

Ein Lichtstrahl mit $3 \cdot 10^{15}$ Photonen pro Sekunde fällt auf eine Photodiode. Bei einem Quantenwirkungsgrad $\eta = 0,7$ fließen pro Sekunde $r_e = \eta r_p = 2,1 \cdot 10^{15}$ Elektronen durch die Photodiode. Dies entspricht einer Stromstärke $i_p = q r_e = (1,602 \cdot 10^{-19} \text{Cb}) \cdot (2,1 \cdot 10^{15}\,\text{s}^{-1}) = 33,6$ mA.

Die Erzeugungsrate r_e von elektrischen Ladungsträgern hatten wir in (15.25) mit $r_e = \eta P_0 / h\nu$ angegeben. Der Photostrom i_p ergibt sich dann als:

$$i_p = r_e q = \eta \frac{P_0 q}{h\nu} \qquad (15.27)$$

wobei q die Elektronenladung ist. Die Empfindlichkeit einer Photodiode ist definiert als der Quotient aus erzeugtem Photostrom i_p und einfallender Lichtleistung P_0:

$$S = \frac{i_\mathrm{p}}{P_0} = \frac{\eta q}{h\nu} = \frac{\eta q\lambda}{hc} \tag{15.28}$$

Die Einheit der Empfindlichkeit ist AW^{-1}. Die rechte Seite von (15.28) ergibt sich wegen $\nu = c/\lambda$ und besagt, daß die Empfindlichkeit linear mit der Wellenlänge λ anwächst. Die spektrale Charakteristik einer Photodiode ist in Abbildung 15.21 dargestellt. Im idealen Fall steigt die Empfindlichkeit, gemessen in Ampere pro Watt einfallender Lichtleistung, linear an bis zur Wellenlänge λ_g, die der Bandlückenenergie E_g entspricht. Der tatsächliche Verlauf der Empfindlichkeit ist nicht ganz linear, sondern so wie ebenfalls in Abb. 15.21 eingezeichnet.

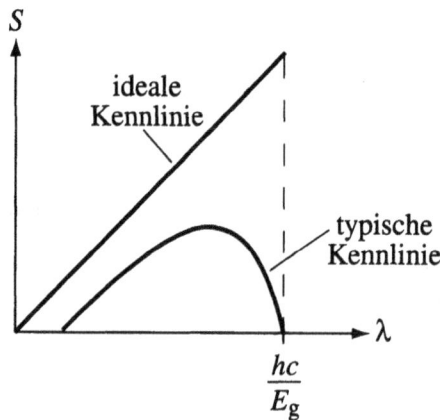

Abbildung 15.21: Idealer und typischer Verlauf der spektralen Empfindlichkeit einer Photodiode.

In Abhängigkeit der Bandlückenenergie erhält man unterschiedliche spektrale Kennlinien für unterschiedliche Materialien. Si ist im sichtbaren Bereich bis hin zur Wellenlänge von 1,1 μm zu verwenden. Für größere Wellenlängen ist Ge ein geeignetes Material, welches bis hin zu 1,6 μm empfindlich ist und daher häufig in Empfängern für optische Übertragungssysteme eingesetzt wird.

15.4.4 Ansprechzeit

Die Ansprechzeit der Photodiode wird bestimmt durch drei Faktoren: die Transitzeit τ_t für den Transport der Ladungsträger durch die Verarmungszone, die Zeitkonstante τ_d für die Diffusionsbewegung der Ladungsträger, die von außerhalb in die Verarmungszone gelangen und die RC-Zeitkonstante der Diode:

$$\tau = \sqrt{\tau_\mathrm{t}^2 + \tau_\mathrm{d}^2 + \tau_{RC}^2} \tag{15.29}$$

Da die Diffusionsbewegung deutlich langsamer ist als die Driftbewegung durch die Verarmungszone, ist $\tau_\mathrm{d} \gg \tau_\mathrm{t}$. Die Obergrenze für τ_d ist die Lebensdauer der Ladungsträger. Um den Einfluß des Diffusionsprozesses zu reduzieren, verwendet man

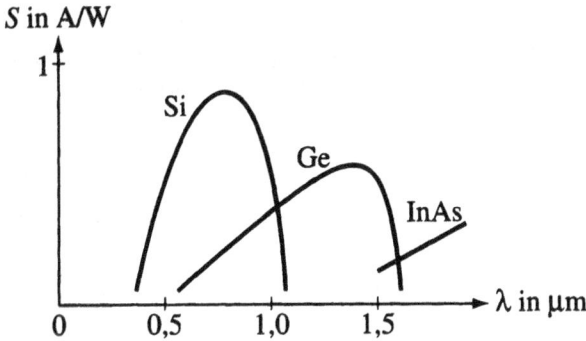

Abbildung 15.22: Verlauf der Empfindlichkeiten für unterschiedliche Materialien.

p-i-n-Strukturen (s. unten). In Gleichung (15.29) haben wir vernachlässigt, daß die Driftgeschwindigkeiten für Elektronen und Löcher unterschiedlich sind. Für Si liegen diese für eine Feldstärke von 10^4 V/cm zwischen 10^{-6} und 10^{-7} cm/s. Die Zeit τ_{RC} wird dadurch bestimmt, wie lange es dauert die Kapazität der Photodiode durch ihren Lastwiderstand R zu entladen. Wenn wir den Standardausdruck für den Spannungsverlauf an einem Kondensator verwenden, d. h. $U = U_0 \exp(-t/RC)$, dann berechnet sich die Zeit τ_{RC}, für den Abfall von $0,9\,U_0$ bis $0,1\,U_0$ zu $\tau_{RC} = 2,2\,RC$.

15.4.5 Strom-Spannungs-Kennlinie

Die Strom-Spannungs-Kennlinie einer Photodiode ist in Abb. 15.23 dargestellt. Sie wird mathematisch durch folgenden Ausdruck beschrieben:

$$i = i_{\mathrm{s}}\left(e^{-\frac{eU}{k_{\mathrm{B}}T}} - 1\right) - i_{\mathrm{p}} \tag{15.30}$$

wobei der Photostrom von der einfallenden Lichtleistung P_0 abhängig ist.

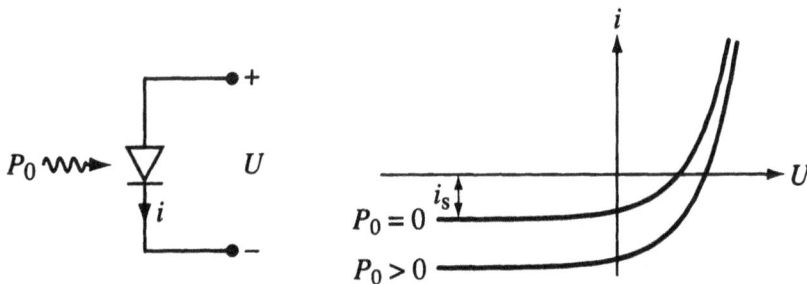

Abbildung 15.23: Strom-Spannungs-Kennlinie einer Photodiode.

Es gibt drei Arten, eine Photodiode zu betreiben: im photovoltaischen Betrieb (offener Schaltkreis), im Kurzschlußbetrieb und in Sperrrichtung. Die letztgenannte Betriebsart wird für Detektoren in der optischen Übertragungstechnik aus folgenden Gründen verwendet:

a) Eine große Sperrspannung erzeugt ein hohes elektrisches Feld im Bereich des pn-Überganges, was die Driftgeschwindigkeit der Ladungsträger erhöht und somit die Transitzeit τ_t senkt.

b) Mit der Sperrspannung wächst die Dicke der Verarmungszone, wodurch sich ihre Kapazität senkt. Dies bewirkt eine geringere Ansprechzeit der Photodiode.

c) Die größere Verarmungszone bewirkt einen größeren Bereich, in dem erzeugte Ladungsträger zum Photostrom beitragen, was die Photodiode empfindlicher macht.

15.4.6   *p-i-n*-Photodiode

Die Ansprechzeit einer Photodiode ist über die RC-Zeitkonstante proportional zu ihrer Kapazität. Für Anwendungen, bei denen man schnelle Signale detektieren möchte, ist es daher erforderlich, die Kapazität so klein wie möglich zu halten. Dies wird zum einen durch eine hohe Sperrspannung bewirkt. Zum anderen kann man die Struktur der Photodiode modifizieren, indem man die Dicke der Verarmungszone vergrößert. Dies wird bei der p-i-n-Diode erreicht, in dem man zwischen p- und n-Gebiet eine Schicht einbringt, die nicht dotiert ist (also intrinsisch) oder in der Praxis nur sehr schwach dotiert ist (Abb. 15.24). Die Dicke der intrinsischen Schicht ist typisch 50–100 μm im Vergleich zu der Dicke der Verarmungszone der einfachen p-n-Diode von etwa 1 μm. Dies bringt folgende Vorteile:

1. Mit der größeren Verarmungszone wächst der photoempfindliche Bereich.

2. Der größere Abstand von p- und n-Bereich resultiert in einer geringeren Kapazität und somit in einer größeren zeitlichen Bandbreite der Photodiode.

Wegen der großen Dicke der i-Schicht wird allerdings die Transitzeit groß genug, um beachtet zu werden. Sie liegt für eine Si-Photodiode bei etwa 1 ns für eine 100 μm dicke intrinsische Schicht. Es trifft sich hierbei günstig, daß die Elektronen in der i-Schicht ihre größte Beweglichkeit aufweisen.

Für die optische Übertragungstechnik werden neben Ge-Photodioden auch solche aus ternären Materialien eingesetzt, wie InGaAs/InP. Die Struktur einer p-i-n-Photodiode beruhend auf diesem Materialsystem ist wie in Abb. 15.25 gezeigt. Die p-Schicht ist aus InP, die i-Schicht aus InGaAs und die n-Schicht wieder aus InP. Wenn man die i-Schicht größer macht als die Absorptionslänge, dann kann man mit der InGaAs-Photodiode eine relativ hohe Empfindlichkeit von 0,5–0,6 A/W erreichen, mit einem in etwa konstanten Verlauf im Wellenlängenbereich zwischen 1,0–1,6 μm.

a)

b)

Metallkontakte
SiO_2-Isolationsschicht

p
i
n

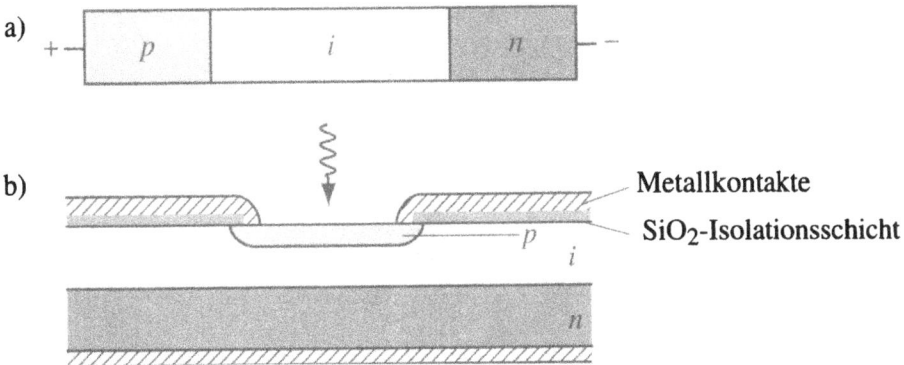

Abbildung 15.24: Struktur einer p-i-n-Photodiode. a) Schema b) Planarer Aufbau.

15.4.7 Avalanche-Photodiode

Bei der Avalanche-Photodiode (APD) tritt ein Verstärkungseffekt auf, der dadurch entsteht, daß jedes Photoelektron eine Kaskade oder Lawine von weiteren Elektronen auslöst (*avalanche* = Lawine). Dazu verwendet man eine sehr große Sperrspannung, die eine hohe Feldstärke im Bereich des pn-Übergangs bewirkt. Diese ermöglicht es den Elektronen große kinetische Energien zu erreichen, mit deren Hilfe sie über den Prozeß der Stoßionisation Sekundärelektronen auslösen können. Der Multiplikationsprozeß in einer APD ist in Abb. 15.25 dargestellt. Die ausgelösten Elektronen bewegen sich in Richtung zum n-Bereich, Löcher zum p-Bereich hin.

Sowohl Elektronen wie auch Löcher können weitere Ladungsträger durch Stoßionisation erzeugen. Wünschenswert ist es jedoch, wenn nur Elektronen den Multiplikationseffekt auslösen. Dann bewegen sich in der Photodiode vorwiegend Elektronen vom p- zum n-Bereich. Im anderen Falle, wenn sowohl Elektronen wie Löcher zur Ladungserzeugung beitragen, bewegt sich zusätzlich eine Lawine von Löchern von n nach p, wodurch wiederum Elektronen erzeugt werden, die von p nach n laufen, welche wiederum Löcher erzeugen, die von n nach p laufen usw. Dies bewirkt also einen im Prinzip endlosen Kreislauf, der für praktische Zwecke unerwünscht ist, da er a) zeitraubend ist und damit die Ansprechzeit der Diode erhöht, und b) hierdurch die Photodiode instabil und zerstört wird. Elektronen und Löcher besitzen wegen ihrer unterschiedlichen effektiven Massen unterschiedliche Ionisationskoeffizienten. Durch geeignete Wahl der Sperrspannung ist es also möglich zu erreichen, daß Elektronen genügend Energie aufnehmen können, um zu ionisieren, Löcher aber noch zu langsam zur Stoßionisation sind.

Den Ionisierungskoeffizienten der Elektronen bezeichnet man mit α_e. Das Stromprofil als Funktion des Ortes x in der Verarmungszone besitzt erwartungsgemäß einen exponentiellen Verlauf:

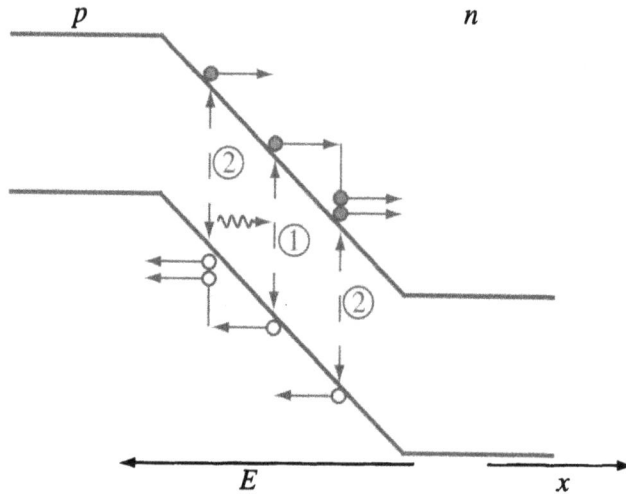

Abbildung 15.25: Schematische Darstellung des Multiplikationsprozesses in einer APD. Dunkle bzw. helle Kreise stellen wieder Elektronen bzw. Löcher dar. Zwei Prozesse sind dargestellt: 1. die Erzeugung eines Elektron-Loch-Paares. 2. Elektron und Loch erzeugen beide per Stoßionisation weitere Ladungsträgerpaare.

$$j_e(x) = j_e(0)\, e^{\alpha_e x} \tag{15.31}$$

Hierbei bezeichnet j_e die Stromdichte der Elektronen. Den Faktor $\exp(\alpha_e d)$ bezeichnet man als den Gewinnfaktor G:

$$G = e^{\alpha_e d} \tag{15.32}$$

wobei d die Dicke der Verarmungszone ist. Die Ansprechzeit einer APD ist wie bei der gewöhnlichen Photodiode von Transit- und Diffusionszeiten sowie einer RC-Zeitkonstante bestimmt. Darüber hinaus spielt aber noch eine Zeitkonstante eine Rolle, die durch die Dauer zum Aufbau einer Elektronenlawine benötigt wird. Diese Zeitkonstante wächst mit dem Gewinnfaktor, so daß man beim Design der Photodiode zwischen Geschwindigkeit und Empfindlichkeit abwägen muß.

15.4.8 MSM-Photodioden

Eine MSM-Photodiode (*metal-semiconductor-metal*) ist i. w. eine planare Struktur mit zwei metallischen Kontakten auf einem Halbleiter. Der Aufbau ist in Abbildung 15.26 gezeigt. Eine undotierte Schicht von, wie hier dargestellt, GaAs wird auf ein nichtleitendes Substrat aufgewachsen. Die Dicke der undotierten Schicht beträgt einige Mikrometer. Die Metallkontakte werden auf die undotierte GaAs-Schicht aufgebracht.

Als Struktur wählt man eine „Interdigital"-Anordnung wie in der Abbildung. Der Detektor stellt dann eine Serienanordnung zweier Dioden dar, von denen eine in Vorwärts-, die andere in Sperrrichtung gepolt ist.

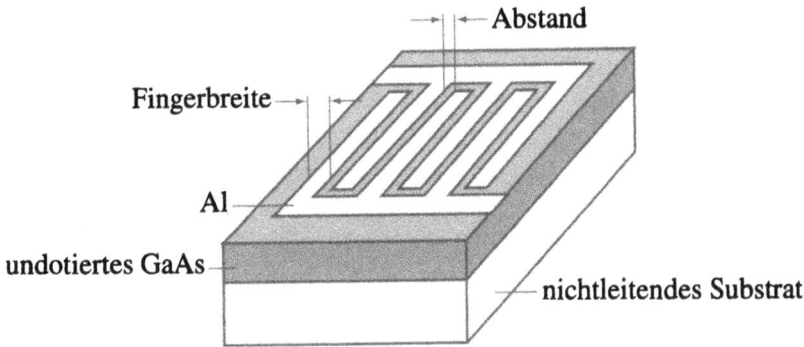

Abbildung 15.26: Aufbau einer MSM-Photodiode.

In ihrer Wirkungsweise beruht die MSM-Photodiode auf dem Prinzip des Schottky-Hetero-Übergangs. Damit bezeichnet man Metall-Halbleiter-Übergänge. An der Grenzfläche eines solchen Übergangs bildet sich wie beim pn-Übergang eine ladungsfreie Raumladungszone aus und eine Potentialschwelle, die den Ladungstransport behindert. Für das Enstehen der Raumladungszone sind zwei Ursachen verantwortlich:

1. Nehmen wir an, es handelt sich um einen n-Halbleiter. An der Oberfläche des Halbleiters ist die Austrittsarbeit für Elektronen kleiner als an einer Metalloberfläche. Bei gegenseitigem Kontakt treten Elektronen aus dem n-Gebiet in das Metall über. Dies geschieht so lange, bis sich ein Gleichgewicht einstellt, in welchem der Halbleiter gegenüber seinen ionisierten Donatoren positiv geladen ist.

2. An der Halbleiteroberfläche befinden sich Störstellen, die ebenfalls Elektronen an das Metall abgeben können und sich dabei aufladen. Das Banddiagramm für den Schottky-Übergang ist in Abbildung 15.27 dargestellt.

Gezeigt ist die Situation für einen n-Halbleiter. E_{fm} – Fermi-Energie des Metalls, $E_{\phi\mu}$ – Energie, um ein Elektron vom Fermi-Niveau des Metalls ins Vakuum anzuheben, E_{f} – Ferminiveau im Halbleiter, E_{cn} – Bandkante des Leitungsbandes, E_{vn} – Bandkante des Valenzbandes im Halbleiter. Eine Energie $E_{\phi\nu}$ bzw. E_χ ist notwendig, um ein Elektron vom Fermi-Niveau bzw. vom Leitungsband aus zum Vakuumzustand anzuheben. Wenn sich Metall und Halbleiter im Kontakt befinden, gleichen sich die Fermi-Niveaus an. Eine Potentialbarriere entsteht, weil Elektronen vom Halbleiter in das Metall hingewandert sind. Die Verschiebung der Bandkante des Leitungsbandes im Halbleiter ist $E_{\phi\mu} - (E_\chi - E_{\mathrm{f}})$.

Die Größe der Raumladungszone wird wie bei der pn-Diode durch eine angelegte Spannung beeinflußt. Wie diese fungiert der Schottky-Übergang als Gleichrichter. Bei

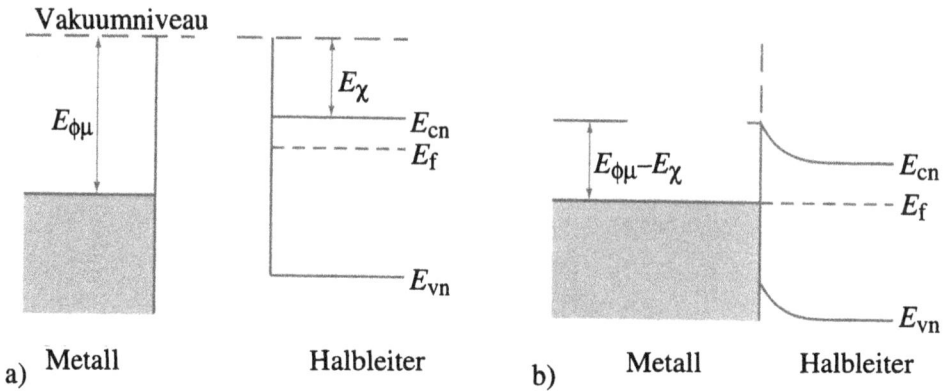

Abbildung 15.27: Darstellung des Schottky-Übergangs im Banddiagramm. a) Bandstruktur für Metall und Halbleiter ohne Kontakt, b) im Kontakt.

der MSM-Diode ergibt sich nun aufgrund der Symmetrie der elektrischen Anordnung eine symmetrische Strom-Spannungs-Charakteristik (Abb. 15.28). MSM-Dioden (bzw. Schottky-Dioden im allgemeinen) sind von Interesse, weil man nicht jeden Halbleiter p- und n-dotieren kann. Bei Schottky-Dioden befindet sich die Raumladungszone gleich unterhalb der Oberfläche, wodurch Oberflächenrekombination eliminiert wird, ein Prozeß, der bei pn-Dioden für eine Reduktion der Quanteneffizienz sorgt. Schließlich ist wegen des geringen elektrischen Widerstands von Metallen die RC-Zeitkonstante von Schottky-Dioden gering und man erzielt Bandbreiten im Bereich von bis zu 100 GHz. Von technologischer Bedeutung ist für die MSM-Diode die einfache Herstellbarkeit und die einfache Integrierbarkeit mit optischen Wellenleiterstrukturen.

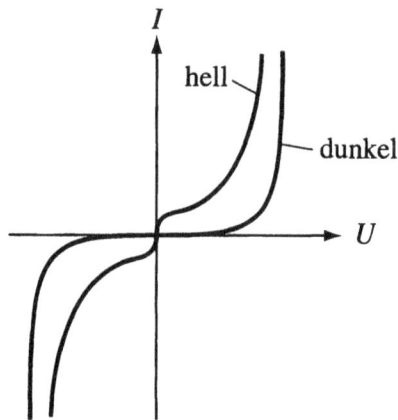

Abbildung 15.28: Strom-Spannungs-Kennlinie der MSM-Diode.

16 Optische Übertragungstechnik

Die enorme Bandbreite der Glasfaser und das Potential der optischen Multiterabit-Kommunikation wurde bereits in den 1970er Jahren erkannt. In den letzten zwei Jahrzehnten ist die Kapazität optischer Übertragungssysteme jeweils um einen Faktor 100 pro Jahrzehnt angestiegen. Gegenwärtig werden weltweit Glasfaserstrecken mit einer Geschwindigkeit von 1000 m/s installiert. Vor 10 Jahren wurden ca. 10 % der Telefongespräche in den USA über Glasfaser transportiert, jetzt sind es etwa 90 %. Die Entwicklung läßt sich z. B. an Hand der Entwicklung der Transatlantikübertragungssysteme darstellen, wo ab Ende der 80er Jahre Glasfasertechnik implementiert wurde mit dem Effekt, daß heutige Systeme mehrere hunderttausend Gespräche gleichzeitig übertragen können. In Tabelle 16.1 ist die Entwicklung der Transatlantikübertragungssysteme TAT (*transatlantic transmission systems*) für den Zeitraum von 1955 bis 1995 dargestellt.

System	Jahr	Bandbreite/ Bitrate	Anzahl v. Basiskanälen	Technologie	
TAT-1/2	1955/59	0,2 MHz	48	Kupferkoax (analog) u.	
TAT-3/4	1963/65	1,1 MHz	140	Vakuumröhre	
TAT-5	1970	6 MHz	840	Ge Transistoren	
TAT-6/7	1976/83	30 MHz	4.200	Si Transistoren	
TAT-8	1988	280 Mb/s	8.000	Glasfaser (dig.),	$\lambda = 1,3\ \mu$m
TAT-9	1991	560 Mb/s	16.000	Glasfaser,	$\lambda = 1,5\ \mu$m
TAT-10/11	1992/3	560 Mb/s	24.000	Glasfaser,	$\lambda = 1,5\ \mu$m
TAT-12	1995	5 Gb/s	122.800	Opt. Verstärker,	$\lambda = 1,5\ \mu$m

Tabelle 16.1: Entwicklung der Transatlantikübertragungssysteme.

Der Grund für den Datenbedarf im Weitverkehrsnetz rührt vor allem von der rapiden Entwicklung des Internets her. Der Datenverkehr im Internet wächst derzeit exponentiell an, während die Sprachübertragung nur noch geringe Zuwachsraten verzeichnet. Das Internet ist somit der Motor für die Ausweitung des Datenverkehrs insgesamt und damit letztlich auch für Kapazitätsprobleme im Weitverkehrsnetz. Aber obwohl die optische Weitverkehrsübertragung eine wesentliche Vorreiterrolle gespielt hat und spielt, ist die optische Übertragungstechnik jedoch nicht darauf beschränkt. Auch für kurze Strecken ist die optische Übertragungstechnik zunehmend von Interesse (Abbildung 16.1). Von Interesse sind hier u. a. Störunanfälligkeit und das gegenüber Kupferkabeln geringere Gewicht. Diese Eigenschaften spielen insbesondere bei Kommunikationssystemen in Flugzeugen und Zügen oder auch in Kraftwerken eine Rolle. Der Bereich der kurzen und sehr kurzen Übertragungsstrecken im Bereich von weniger als einem Meter bis hin zu wenigen Millimetern spielt eine Rolle bei der Datenkommunikation in Computern und Computersystemen. Diesen Bereich der Übertragungstechnik bezeichnet man als Verbindungstechnik (s. Kap. 17). Hier bietet die Optik gegenüber der elektrischen Verbindungstechnik neben der höheren Bandbreite und Störunanfälligkeit weitere Vorteile wie z. B. die Übertragung durch den freien Raum, wodurch sich die Anzahl von Verbindungen zwischen Chips deutlich erhöhen ließe. Der Vollständigkeit wegen sei erwähnt, daß die Freiraumoptik auch bei sehr großen Entfernungen, nämlich für die Satellitenkommunikation, eingesetzt wird.

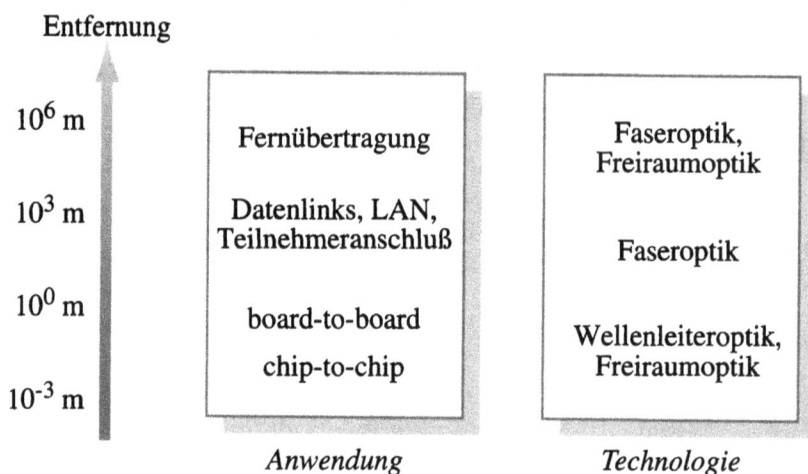

Entfernung

	Anwendung	Technologie
10^6 m	Fernübertragung	Faseroptik, Freiraumoptik
10^3 m	Datenlinks, LAN, Teilnehmeranschluß	Faseroptik
10^0 m	board-to-board chip-to-chip	Wellenleiteroptik, Freiraumoptik
10^{-3} m		

Abbildung 16.1: Hierarchie der optischen Übertragungstechnik.

16.1 Aufbau einer optischen Übertragungsstrecke

Abbildung 16.2 zeigt den prinzipiellen Aufbau einer optischen Übertragungsstrecke bestehend aus Sender, Übertragungsmedium und Empfänger. Der Sender besteht neben der Lichtquelle (englisch: *transmitter*) aus einer geeigneten Elektronik zur Datenkodierung und zur Modulation des Sendesignals. Auf Empfängerseite (*receiver*) findet zunächst eine Umwandlung des optischen Empfangssignals durch eine Detektordiode statt. Darauf folgt eine Verstärkerstufe, welche die Aufgabe hat, den Signalpegel für die folgenden Schaltungen zur Dekodierung bzw. -modulation anzupassen.

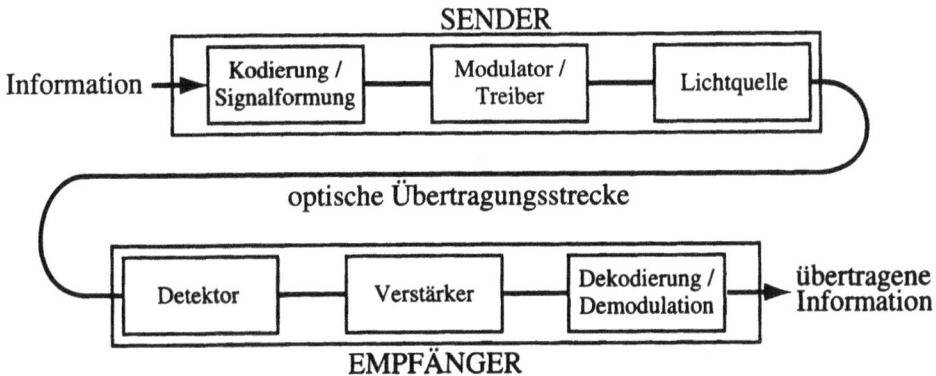

Abbildung 16.2: Schematischer Aufbau einer optischen Übertragungsstrecke.

Das gesendete optische Signal kann analog oder digital sein, wobei die digitale Übertragungstechnik dominiert. Die Gründe hierfür sind eine geringe Rauschanfälligkeit sowie die Kompatibilität digital kodierter Daten. Die analoge optische Übertragungstechnik ist allerdings für die Verteilung von Videosignalen interessant, da hier wegen der erforderlichen Bandbreite und der Kostenaspekte für den Teilnehmerbereich digitale Verfahren zumindest momentan nicht in Frage kommen. Wir werden uns hier auf die digitale Übertragung beschränken.

Bei den Empfangsarten unterscheidet man zwischen dem *Direkt*empfang und dem *Überlagerungs*empfang. Beim Direktempfang wird im Detektor die einfallende Lichtstrahlung (direkt) in ein elektronisches Signal umgewandelt, welches im Idealfall der gesendeten Pulsfolge entspricht. Beim Überlagerungsempfang (oder auch kohärentem Empfang) wird dasselbe Prinzip wie beim Rundfunk ausgenutzt, d. h. das ankommende optische Signal wird vor dem Detektor mit einem zweiten optischen Signal von einem „lokalen Oszillator" gemischt. Der Überlagerungsempfang bietet ein besseres Signal-zu-Rausch-Verhältnis (um 3 dB) als der Direktempfang und damit die Möglichkeit, größere Entfernungen oder Zwischenverstärkung zu überbrücken. Allerdings haben die faseroptischen Verstärker, welche in den letzten 10 Jahren erfolgreich Einzug in die Glasfaserfernübertragung genommen haben, den Überlagerungsempfang überflügelt.

16.2 Sender

16.2.1 Kodierung

Der Vorgang der Digitalisierung eines Signals besteht aus Abtastung, Quantisierung und Kodierung. I. a. wird eine binäre Kodierung verwendet, also eine Folge von „0"- und „1"-Pulsen. Es gibt mehrere Möglichkeiten, eine binäre Signalfolge optisch zu realisieren. Häufig verwendet wird die *non-return-to-zero*-Kodierung (NRZ), bei der eine logische 1 durch einen Puls der vollen Bitdauer t_b (Abb. 8.10) dargestellt wird. Bei der *return-to-zero*-Kodierung (RZ) wird eine logische 1 durch einen Puls dargestellt mit einer Dauer at_b mit $0 < a < 1$, häufig ist $a = 0,5$. NRZ- und RZ-Kodierung sind die einfachsten Möglichkeiten der Darstellung eines binären Datenstroms. Aus übertragungstechnischen Gründen verwendet man i. a. einen Leitungskode. Der Zweck der Leitungskodierung ist 1. die Ermöglichung der Taktrückgewinnung aus dem übertragenen Signal und 2. das Vermeiden von langen 0- oder 1-Folgen, also eines hohen Gleichanteils des Signals. Zur Taktrückgewinnung verwendet man auf der Empfängerseite eine Phasenregelschleife (*phase locked loop*, PLL). Das Referenzsignal hierfür wird dem ankommenden Datenstrom entnommen. Dieses muß also bei einer bestimmten Frequenz einen starken Anteil haben. Um dies zu erreichen verwendet man eine geeignete Kodierung des Signals, welche u. a. vermeidet, daß lange 0- oder 1-Folgen entstehen und somit die PLL längere Zeit ohne Referenzsignal ist. Das Auftreten langer 0- oder 1-Folgen kann im Falle von NRZ-kodierten Pulsfolgen ungünstig für den Detektor sein. Empfänger für faseroptische Übertragungsstrecken sind i. a. wechselstromgekoppelt (AC-gekoppelt), d. h. ihr Nullpegel bleibt nur dann konstant, wenn im zeitlichen Mittel soviel 0- wie 1-Pulse ankommen. Bei Auftreten langer konstanter Signalpegel sinkt der Nullpegel des Empfängers u. U. allmählich ab oder steigt an, wodurch eine fehlerhafte Erkennung auftreten kann.

Zur Leitungskodierung verwendet man deterministische Kodes wie die $mBnB$-Kodes oder Pseudozufallsfolgen. Bei den $mBnB$-Kodes verwendet man n Leitungsbits zur Darstellung von Blöcken von m Informationsbits. Wegen $n > m$ ergibt sich durch die Kodierung die Freiheit, die verwendeten Kodeworte so auszuwählen, daß 0- und 1-Pulse gleich wahrscheinlich sind und daß eine bestimmte Frequenzkomponente verstärkt wird. Ein spezielles Beispiel ist derManchester-Kode (1B2B-Kode), weitere verwendete Formen sind 2B3B-, 3B4B- und 5B6B-Kodes.

Statt deterministischer Kodierungsverfahren, wie oben beschrieben, gibt es die Möglichkeit, statistische Zufallsfolgen zu erzeugen. Hierfür geeignet sind sogenannte binäre Galois-Sequenzen. Die Mathematik der Galois-Felder hat eine Vielzahl von Anwendungen in den Naturwissenschaften und der Technik, u. a. auf den Bereichen der Beugung, der Präzisionsmessung, der fehlerkorrigierenden Kodes, der Kryptographie, der *Spread-Spectrum*-Kommunikation usw.

Zum Kodieren eines binären Signales verwendet man rückgekoppelte Schieberegister. Die Dekodierung erfolgt, indem man das „gescrambelte" Signal durch das gleiche Schieberegister schickt. Die Kodierung über ein solches statistisches Verfahren liefert nicht die Gewißheit, daß z. B. 1-Folgen einer bestimmten Länge mit Sicherheit nicht auftreten, sondern nur eine bestimmte Wahrscheinlichkeit, mit der dies erfolgt.

16.2.2 Lichtquellen

Als Lichtquellen kommen LEDs und Laserdioden in Frage. LED und Laserdiode sind wegen ihrer direkten Modulierbarkeit über den Injektionsstrom sehr gut für die optische Nachrichtenübertragung geeignet. Für den Aufbau eines Übertragungssystems spielen eine Vielzahl von Gesichtspunkten eine Rolle, hierzu gehören die einkoppelbare Lichtleistung, die Linearität, das thermische Verhalten, die zeitliche Bandbreite und die spektrale Bandbreite.

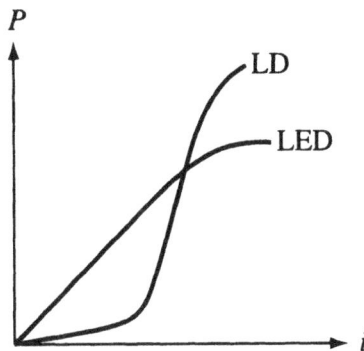

Abbildung 16.3: Optische Leistung P als Funktion des Injektionsstroms i für LED und Laserdiode.

Die typischen Kennlinien für beide Bauelemente sind in Abb. 16.3 gezeigt. Die Schwellströme und Schwellspannungen für kantenemittierende Laserdioden und LEDs liegen bei ähnlichen Werten, typischerweise im Bereich von 20–100 mA bzw. 1,5–2,5 V. Die emittierte optische Leistung ist allerdings für Laserdioden deutlich höher. Insbesondere ist wegen des günstigeren Abstrahlprofils die optische Leistung, welche in eine Glasfaser eingekoppelt werden kann, um Größenordnungen höher als bei der LED. Oberflächenemittierende Laserdioden (VCSEL) bieten den Vorteil sehr geringer Schwellströme, die typisch bei 1 mA liegen (bei Betriebsspannungen von 1–2 V). Deutlich niedrigere Schwellströme von weniger als 1/10 mA sind bereits realisiert worden. Die emittierte optische Leistung liegt wegen des kleinen Laservolumens allerdings (deutlich) niedriger als bei Kantenemittern, typisch bei 1 mW.

Die Linearität der (P, i)-Kennlinie ist von Bedeutung, insbesondere bei der Übertragung analoger Signale, aber auch für die digitale Kommunikation. Auf den ersten Blick erscheint es, als ob die LED hierfür sehr gut geeignet sei, allerdings weisen viele LEDs nichtlineares Verhalten auf als Folge der Erwärmung des pn-Übergangs, wie er während des Betriebes auftritt. Nichtlinearitäten wirken sich bei der Übertragung binärer Signale weit weniger stark aus.

Die Beschaltung einer LED unterscheidet sich abhängig davon, für welche Signaldarstellung — analog oder digital — man sie verwendet. Ein Schaltbeispiel für eine

relativ einfache Schaltung für den analogen Betrieb ist in Abb. 16.4.a gezeigt. Diese
Treiberschaltung besteht i. w. aus der LED und in Reihe einem Transistor in Emitterbetrieb. Für den digitalen Betrieb ist es notwendig, daß die LED so beschaltet ist,
daß Pulse mit möglichst steilen Flanken erzeugt werden. Dies erfordert Übergänge
der Stromstärke von einigen zehn bis einigen hundert Milliampere. Eine Möglichkeit
hierfür ist in Abb. 16.4.b dargestellt, wobei ein bipolarer Transistor in Emitterbetrieb
zum Schalten verwendet wird.

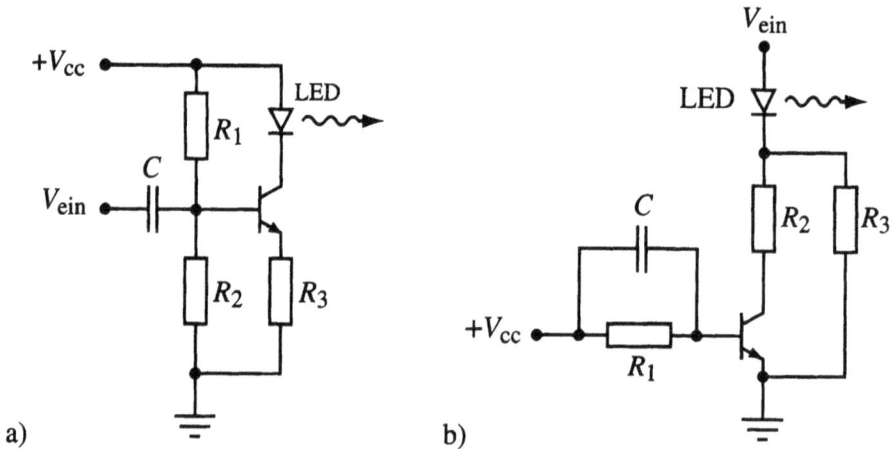

Abbildung 16.4: Schaltbeispiel zur Verwendung einer LED für die a) analoge und b) digitale Übertragung.

Aufwendiger in der Beschaltung sind Laserdioden. Aufgrund des steilen Verlaufs ihrer Kennlinie oberhalb des Schwellstroms ist dafür Sorge zu tragen, daß sie bei konstanter Ausgangsleistung betrieben werden. Infolge von Temperaturdrifts ist es sonst
möglich, daß ohne Regelung der Stromfluß durch die Laserdiode und somit die optische Ausgangsleistung stetig ansteigt, wodurch die Laserdiode eventuell zerstört werden kann. In diesem Zusammenhang ist es von Interesse, daß die optische Leistungsdichte bei einer Laserdiode wegen der sehr kleinen Emissionsfläche von wenigen μm^2
in der Größenordnung von 1 mW/$\mu m^2 = 10^9$ W/m^2 liegt, bei Hochleistungslaserdioden noch deutlich darüber. Zur Beschaltung von Laserdioden nutzt man i. a. die
Möglichkeit aus, die optische Ausgangsleistung über eine Monitordiode zu kontrollieren. Hierzu verwendet man das Licht, welches über die rückwärtige Spiegelfläche
der Laserdiode ausgekoppelt wird. Das hierdurch erhaltene Signal wird in einer negativen Rückkopplungsschaltung benutzt, um die Ausgangsleistung zu regeln (Abb.
16.5). Die Temperatur der Laserdiode hält man über eine Wärmesenke stabil, z. B. mit
Hilfe eines Peltier-Kühlers.

Die Grenzfrequenzen, bei denen man LEDs und Laserdioden betreiben kann, hängen
von den jeweiligen Mechanismen zur Strahlungserzeugung ab. Bei spontaner Emis-

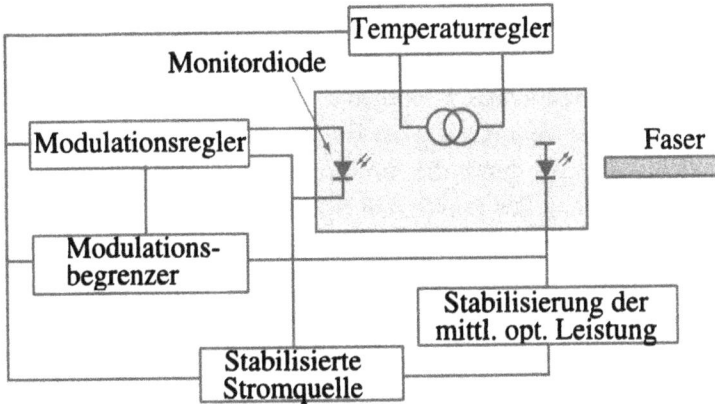

Abbildung 16.5: Konfiguration für die Beschaltung einer Laserdiode.

sion in LEDs ist die Lebensdauer τ der Minoritätsladungsträger entscheidend. Für stark dotiertes GaAs liegt τ typisch im Bereich von 1 bis 10 ns. Für digitale Systeme wird die Geschwindigkeit einer Lichtquelle häufig als die Anstiegszeit einer positiven Pulsflanke von 10 % auf 90 % definiert. Diese Anstiegszeit ist mindestens um einen Faktor 2 größer als τ und liegt i. a. noch deutlich darüber als Folge von Streukapazitäten und der Übergangskapazität des pn-Übergangs. Insofern ergeben sich für LEDs 3dB-Grenzfrequenzen von größenordnungsmäßig 100 MHz. Daher sind LEDs in ihrer Anwendbarkeit eher auf den Bereich niederratiger Systeme beschränkt, obwohl durch geeignete Treiberschaltungen die Bandbreite angehoben werden kann. Die große spektrale Breite von LEDs und die damit verbundene Dispersion des Lichtsignals auf einer faseroptischen Strecke, außerdem die relativ geringen einkoppelbaren Leistungen machen LEDs als preiswerte und einfache Lichtquellen für kürzere Reichweiten interessant.

Laserdioden sind speziell für hochbitratige Übertragungssysteme geeignet. Der Prozeß der stimulierten Emission erlaubt theoretisch Modulationsfrequenzen bis in den Bereich von mehreren 100 GHz. Neben der Modulationsfrequenz ist insbesondere für Fernübertragungsstrecken die spektrale Bandbreite der Lichtquelle von Bedeutung, da die Wellenlängendispersion hier eine Rolle spielt. Die spektrale Bandbreite hängt vom Lasertyp ab. Zum Beispiel besitzen einfache Fabry-Perot-Laserdioden eine geringere spektrale Selektivität (d. h. ein breiteres Emissionsspektrum) als etwa DFB-Laser. Innerhalb des Modenspektrums eines Fabry-Perot-Lasers kann die Wellenlänge in einem Bereich von einigen Nanometern variieren, was einer zeitlichen Bandbreite von etwa 100 GHz entspricht. Wesentlich schmalbandiger sind DBR- und DFB-Laser mit Bandbreiten von 100 MHz und darunter. Durch die Modulation mit der Signalinformation wird das optische Signal breitbandiger; die Gesamtbandbreite des modulierten Signals ergibt sich als Summe der Bandbreiten des unmodulierten Signals und der Signalinformation. Zusätzlich tritt insbesondere bei direkt modulierten Laserdioden ein Effekt auf, den man als *Chirp* bezeichnet. Hierunter versteht man eine Variation der Laserfrequenz, welche durch eine Veränderung des Brechungsindexes im Resonator verursacht wird. Diese wiederum wird durch die Strommodulation bewirkt. Chirp bewirkt also effektiv eine Verbreiterung des emittierten Spektrums und erhöht insofern die chromatische Dispersion bei der Übertragung. Für hochbitratige Anwendungen wird die Laserdiode nicht direkt moduliert, um Chirp zu vermeiden. Statt dessen wird die Information dem Lichtsignal durch einen externen Modulator aufgeprägt. Als externe Modulatoren verwendet man integriert-optische Interferometer (Mach-Zehnder oder Richtkoppler) aus $LiNbO_3$.

16.2.3 Kopplung Lichtquelle–Faser

Ein wichtiger Aspekt beim Aufbau einer faseroptischen Strecke ist die Kopplung der unterschiedlichen Komponenten miteinander, insbesondere der Lichtquelle an die Glasfaser. Der Wirkungsgrad oder die Effizienz der Kopplung beeinflußt die Leistungsbilanz der Strecke. Die üblichen Kopplungsmethoden zeigt Abbildung 16.6. Man unterscheidet zwischen der einfachen Stoßankopplung (*butt coupling*) und der Ankopplung mit Hilfe von Abbildungslinsen. Die Abbildungslinse kann unterschiedlich implementiert werden. Zum Teil wird eine Linse direkt auf die Lichtquelle oder auf die Glasfaser aufintegriert. Zum Teil werden miniaturisierte Kugellinsen oder Stablinsen mit Gradientenindexprofil (Markenname SELFOC^{TM}) verwendet. Eine Abbildungsoptik erlaubt eine Anpassung an die numerische Apertur der Faser. Für eine LED ergibt sich hierdurch typisch eine Verbesserung der eingekoppelten Lichtleistung um einen Faktor 2–3, zum Teil sind für spezielle Abbildungssysteme theoretische Einkoppeleffizienzen von mehr als 15 % errechnet worden.

Bei Laserdioden liegt die Situation grundsätzlich anders als bei LEDs. Laserdioden sind keine Lambert-Strahler mit einer ausgedehnten Fläche, sondern Punktstrahler. Die von einer Laserdiode emittierte Lichtwelle kann im Prinzip immer auf einen Punkt abgebildet und somit die gesamte Lichtleistung in eine Faser eingekoppelt werden. Insbesondere bei einem Kantenemitter ist jedoch die emittierte Wellenfront stark mit Aberrationen behaftet, so daß man i. a. nicht die gesamte Lichtleistung auf einen Punkt fokussieren bzw. in eine Glasfaser einkoppeln kann. Ohne spezielle Abbildungsoptik liegt für kantenemittierende Laserdioden die Einkoppeleffizienz typisch im Bereich von 10 %. Mit Abbildungsoptik ist es möglich, die Effizienz auf mehr als 50 % zu steigern. Bei einer abgestrahlten Lichtleistung von z. B. 5 mW ergibt sich somit eine eingekoppelte Lichtleistung von mehr als 2,5 mW. Dies entspricht in logarithmischen Einheiten etwa 4 dBm (0 dBm $\hat{=}$ 1 mW).

Oberflächenemittierende Laserdioden (VCSELs) besitzen eine günstigere Abstrahl-

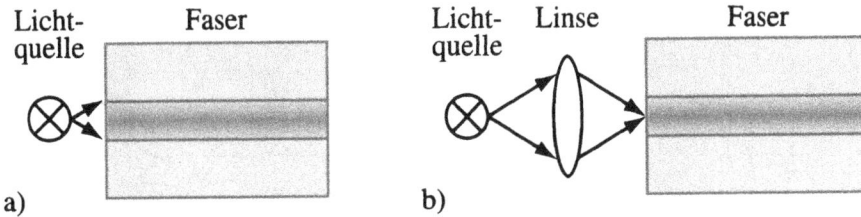

Abbildung 16.6: Ankoppelverfahren Lichtquelle–Glasfaser: a) Stoßkopplung, b) Linsenkopplung.

charakteristik als Kantenemitter. Das abgestrahlte Profil ist annähernd durch eine Gauß-Kurve beschrieben mit einer numerischen Apertur, die der einer Glasfaser gut entspricht ($NA \approx 0,1$). Insofern kann man mit VCSELs selbst bei einfacher Stoßkopplung Einkoppeleffizienzen von deutlich über 50 % erreichen, wobei der Koppelwirkungsgrad durch die unterschiedlichen numerischen Aperturen und Durchmesser begrenzt wird. VCSEL-Dioden gibt es zur Zeit allerdings nur im Wellenlängenbereich von 750–980 nm. Dieser Bereich ist weniger für die Kommunikation über große Entfernungen geeignet, aber von großem Interesse für die optische Verbindungstechnik. An der Entwicklung langwelliger VCSELs wird derzeit geforscht.

Beim Einkoppeln von Licht in eine Glasfaser treten i. a. Verluste auf bedingt durch die Reflexion des Lichtes an der Grenzfläche Luft–Glas. Ohne besondere Maßnahmen betragen diese Reflexionsverluste ca. 4 %. Mehr als der reine Verlust an Lichtleistung stört im Falle einer Laserdiode, daß die reflektierte Welle in den Resonator zurückgekoppelt wird, was den Betrieb der Laserdiode massiv beeinflussen kann. Um dies zu verhindern, verwendet man einen optischen Isolator. Hierzu nutzt man die Polarisationseigenschaften des Laserlichtes und den magnetooptischen (oder Faraday-)Effekt aus. Licht von Laserdioden ist i. a. linear polarisiert. Der Faraday-Rotator (FR) dreht die Polarisationsrichtung der Welle um $45°$ (Abb. 16.7). Er befindet sich zwischen zwei linearen Polarisatoren, die beide so angeordnet sind, daß sich für die emittierte Welle maximale Transmission ergibt. Für die reflektierte Welle sorgen beide Polarisatoren in Kombination mit dem Faraday-Rotator dafür, daß keine Intensität zum Laser zurückgelangt. Als Material zur Realisierung des Faraday-Rotators wird z. B. YIG (*yttrium iron garnet*) verwendet und in ein magnetisches Feld gebracht. Der Aufbau eines kompletten Lasermoduls mit Isolator und Faserankopplung ist in Abb. 16.8 dargestellt.

16.3 Übertragungsstrecke

16.3.1 Leistungsbilanz für eine Übertragungsstrecke

Wenn wir die Empfindlichkeit eines Empfängers kennen, die eingekoppelte Leistung für die spezielle Lichtquelle sowie die Dämpfung auf der Übertragungsstrecke, dann

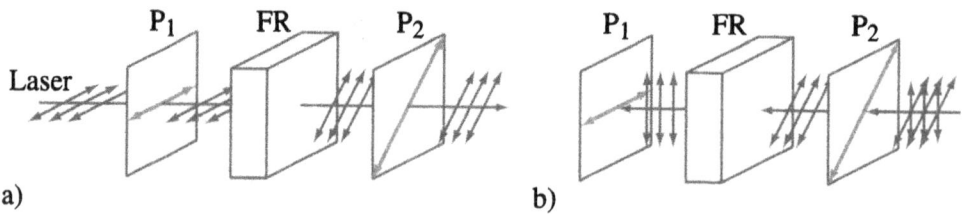

a)   b)

Abbildung 16.7: Prinzip des Faraday-Rotators zur optischen Isolation. a) Eine linear (in x-Richtung) polarisierte Welle vom Laser wird durch den FR in eine Welle umgewandelt, welche linear unter $45°$ polarisiert ist, um dann in die Faser eingekoppelt zu werden. b) Auf Grund der Wirkung des FR werden keine der reflektierten Komponenten, weder der x- noch der y-polarisierte Anteil, in die Faser zurückgekoppelt.

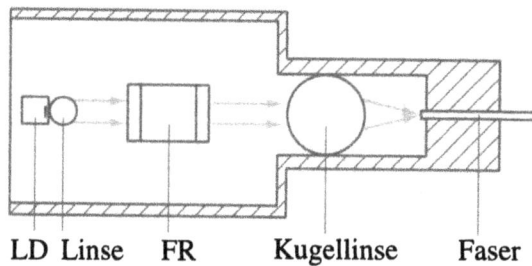

LD Linse   FR   Kugellinse   Faser

Abbildung 16.8: Lasermodul mit Faserankopplung (*pigtail*).

können wir eine Leistungsbilanz aufstellen. In diese Leistungsbilanz gehen bei faseroptischen Übertragungsstrecken auch Verluste ein, die durch Stecker, Verzweiger usw. auftreten. Bei der Freiraumübertragung ist die Strahlverbreiterung infolge von Beugung neben Absorption und Streuung eine weitere Ursache für Verluste. Im folgenden werden wir uns auf faseroptische Strecken beschränken. Eine anschauliche Form der Darstellung ergibt sich, wenn man die Leistung für den gesamten Streckenverlauf graphisch aufträgt (Abb. 16.9).

Die optische Leistung ist in einer logarithmischen Skala aufgetragen, die Streckenlänge L linear. Wir verwenden eine logarithmische Darstellung mit den Größen $\mathcal{P} = 10 \log_{10} P$, wobei P in mW und $\mathcal{P}$ in dBm ausgedrückt wird. Es gilt $1\,\mathrm{mW} \mathrel{\widehat{=}} 0\,\mathrm{dBm}$ und entsprechend $0,1\,\mathrm{mW} \mathrel{\widehat{=}} -10\,\mathrm{dBm}$ usw. In der Abbildung bezeichnen $\mathcal{P}_\mathrm{s}$ die Sendeleistung der LED oder Laserdiode und $\mathcal{P}_\mathrm{e}$ die Empfindlichkeit des Empfängers. Durch das Einkoppeln in die Glasfaser ergibt sich ein Einkoppelverlust (*insertion loss*) $\mathcal{P}_\mathrm{i}$. Derselbe Verlust ergibt sich beim Auskoppeln des Lichtes auf der Sendeseite. Verluste treten auch an Steckverbindungen und an Spleißen (verschweißte Faserenden) auf ($\mathcal{P}_\mathrm{c}$). Verluste an Steckern kommen zustande, weil als Folge von mechanischen Toleranzen die Faserenden nicht genau aufeinandertreffen und ein Teil der optischen Leistung in den Mantelbereich der zweiten Faser eingekoppelt wird. Spleißverluste treten auf, weil beim Zusammenschweißen zweier Fasern an der Schweißstelle das

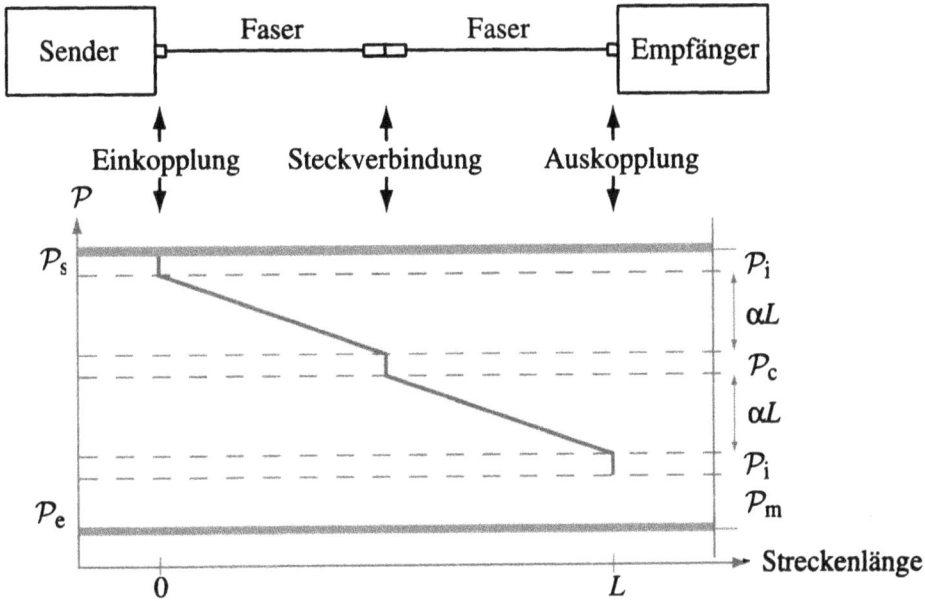

Abbildung 16.9: Leistungsbilanz für eine faseroptische Übertragungsstrecke.

Faserprofil etwas verengt wird, wodurch ein Teil der Lichtwelle aus dem Kern hinausgestreut wird. Spleißverluste sind i. a. relativ gering und betragen bei einer guten Verbindung etwa 0,1–0,2 dB. Steckerverluste liegen im Bereich von 0,2–0,5 dB.

Beispiel 16.1   Einkoppelverluste

Eine Einkoppeleffizienz von 50 %, wie man sie typisch mit einer Laserdiode erreicht, entspricht im logarithmischen Maßstab einem Einkoppelverlust von $\mathcal{P}_i = 3$ dB. Für eine LED mit einer Einkoppeleffizienz von 1,5 % ergibt sich $\mathcal{P}_i = 18,2$ dB.

Im Zusammenhang mit der Leistungsbilanz und Abbildung 16.9 ist festzuhalten, daß der Abstand zwischen Sendeleistung und Empfängerempfindlichkeit kleiner wird, wenn die Bitrate ansteigt; siehe Gleichung (16.7). Abbildung 16.10 zeigt diesen Zusammenhang in einer doppeltlogarithmischen Darstellung.

Bei der Planung einer optische Übertragungsstrecke wird immer eine Marge $\mathcal{P}_m$ von typisch 6 dB als Sicherheit eingebaut, um die die ankommende Lichtleistung über der Empfindlichkeit des Empfängers liegen muß. In die Designüberlegungen muß zudem einfließen, daß die Lichtpulse wegen der Dispersion beim Empfänger verbreitert ankommen können, was den Signalabstand verringert. Da sowohl die Dämpfung (ausgedrückt durch das Produkt αL) als auch die Dispersion σ proportional zur Streckenlänge L sind, gibt es zwei Möglichkeiten, wenn wir L vergrößern: 1. die übertragene

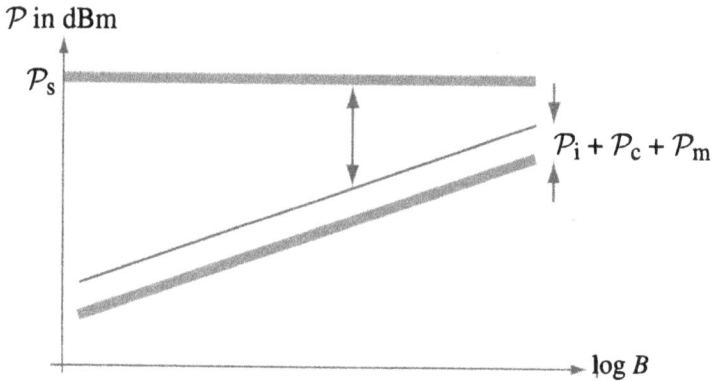

Abbildung 16.10: Leistungsbilanz als Funktion der Bitrate B.

Leistung wird ab einer bestimmten Länge L kleiner als die Empfindlichkeit des Empfängers oder 2. die Breite der übertragenen Pulse wird ab einer bestimmten Länge größer als die Bitdauer t_b. Im ersten Fall spricht man von einer dämpfungsbegrenzten Strecke, im zweiten Fall von einer dispersionsbegrenzten.

Für die *dämpfungsbegrenzte Übertragung* lautet die Leistungsbilanz:

$$\mathcal{P}_s - \mathcal{P}_i - \mathcal{P}_c - \alpha L - \mathcal{P}_m \geq \mathcal{P}_e \qquad \text{(in dB)} \qquad (16.1)$$

Die maximale Länge der Faserstrecke berechnet sich hieraus als

$$L_{max} = \frac{1}{\alpha}\left(\mathcal{P}_s - \mathcal{P}_i - \mathcal{P}_c - \mathcal{P}_m - \mathcal{P}_e\right) \qquad \text{(in dB)} \qquad (16.2)$$

Drückt man nun die Empfängerempfindlichkeit mit (16.7) aus, so kann man schreiben

$$L_{max} = L_0 - \frac{10}{\alpha}\log B \qquad (16.3)$$

mit $L_0 = \mathcal{P}_s - \mathcal{P}_i - \mathcal{P}_c - \mathcal{P}_m - 10\log(10^3\langle n\rangle h\nu)$. Der Faktor 10^3 ergibt sich beim Übergang von W auf mW.

Dispersionsbegrenzte Übertragung: Dispersion und andere Bandbreitebegrenzungen, z. B. im Empfänger, beeinträchtigen den Signalverlauf des Empfangssignals. Dies kann bewirken, daß der Signalpegel zu einem gegebenen Abtastzeitpunkt vom vorhergegangenen Signalverlauf abhängig ist (Abb. 16.11). Dies bezeichnet man als *intersymbol interference* (ISI). Der Effekt von ISI kann mit Hilfe eines Equalizers reduziert werden. Im Falle, daß die Pulsverbreiterung σ durch Dispersion in etwa so groß wird wie die Pulsbreite, dann reduziert sich in Folge der ISI der Signalabstand (s. Abb. 8.8). Wir legen einen bestimmten Grenzwert für σ fest und schreiben $\sigma = \varepsilon t_b$, wobei ε eine

Zahl im Bereich 0,25 ... 0,5 ist. Die Abhängigkeit von σ mit der Länge L ist unterschiedlich für unterschiedliche Fasern und unterschiedliche Dispersionsmechanismen. Allgemein ist $\sigma \propto L$ als auch $\sigma \propto 1/B$. Damit können wir schreiben

$$BL = \text{const.} \tag{16.4}$$

Das Produkt BL bezeichnet man als das Bandbreiten-Längen-Produkt einer Übertragungsstrecke. Der Wert der Konstanten variiert z. B. abhängig vom Fasertyp und der Art der Lichtquelle (Wellenlänge, spektrale Bandbreite).

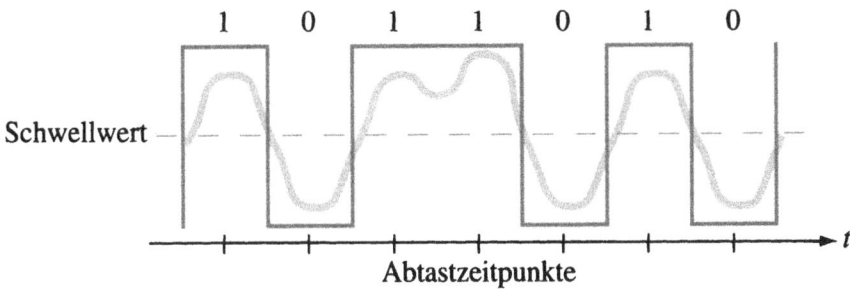

Abbildung 16.11: Signalverlauf am Empfänger. Die durchgezogene Linie stellt einen idealen Signalverlauf dar, die schattierte ein verrauschtes und verzerrtes Signal.

Die dispersionsbedingte Reduzierung des Abstands zwischen den Signalpegeln für 0 und 1 kann man auch als Leistungsgröße beschreiben und als zusätzlichen Term $\mathcal{P}_{\text{ISI}}$ in die Leistungsbilanz (16.1) mit aufnehmen. Wenn man L gegen B in einem doppeltlogarithmischen Diagramm aufträgt, so erhält man Kurven wie in Abb. 16.12. Eine Faserstrecke ist für niedrige Bitraten dämpfungsbegrenzt und die Kurve wird durch die logarithmische Abhängigkeit von Gleichung (16.3) beschrieben. Ab einer bestimmten Bitrate B wird die Strecke dann dispersionsbegrenzt und die Kurve knickt ab, weil nun L umgekehrt proportional zu B ist (16.4). Die maximale Länge der Faserstrecke fällt dann sehr schnell mit ansteigender Bitrate ab. Für Monomodestrecken, die bei 1,3 μm betrieben werden, wo die Glasfaser ein Minimum besitzt, kann man ein Bandbreiten-Längen-Produkt von größenordnungsmäßig 100 GHz km erreichen. Bei 1,55 μm ist zwar die Dämpfung geringer, was sich im dämpfungsbegrenzten Bereich durch einen langsameren Abfall der Kurve äußert. Sie knickt dann allerdings auf Grund der größeren Dispersion bei einer niedrigeren Frequenz ab.

16.3.2 Faser–Faser-Kopplung

Bei der Kopplung zweier Fasern zueinander bewirkt jede geometrische Abweichung sowie jeder Unterschied der optischen Parameter der beiden Fasern Verluste. Bei der Stoßkopplung zweier Fasern treten folgende geometrische Fehler auf:

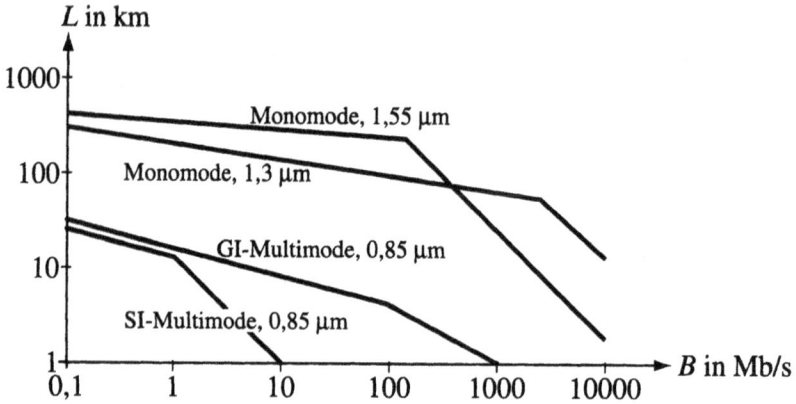

Abbildung 16.12: Schematische Darstellung der Beziehung zwischen L und B für unterschiedliche Fasertypen und Wellenlängen.

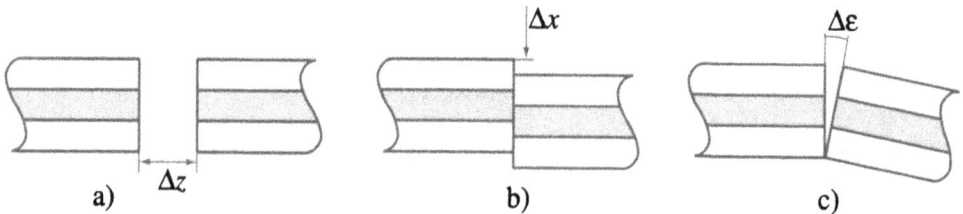

Abbildung 16.13: Geometrische Kopplungsfehler.

- endlicher Abstand Δz der Fasern (Abb. 16.13.a),
- lateraler Versatz Δx (Abb. 16.13.b),
- Verkippung $\Delta \varepsilon$ (Abb. 16.13.c).

In Abb. 16.14 ist dargestellt, in welchen Größenordnungen sich die Verluste bewegen. Offensichtlich wirkt sich ein longitudinaler Versatz eher milde aus, anders als ein lateraler Versatz.

Die optische Ausbreitung kann durch folgende Unterschiede der Faserparameter beeinträchtigt werden:

- unterschiedliche Kerndurchmesser (Abb. 16.15.a),
- unterschiedliche numerische Aperturen (Abb. 16.15.b),
- unterschiedliches Brechungsindexprofil im Kernbereich von Multimode-Gradientenindexfasern (Abb. 16.15.c).

Für die unterschiedlichen Fehlertypen lassen sich die Verluste mathematisch erfassen, worauf an dieser Stelle allerdings verzichtet werden soll.

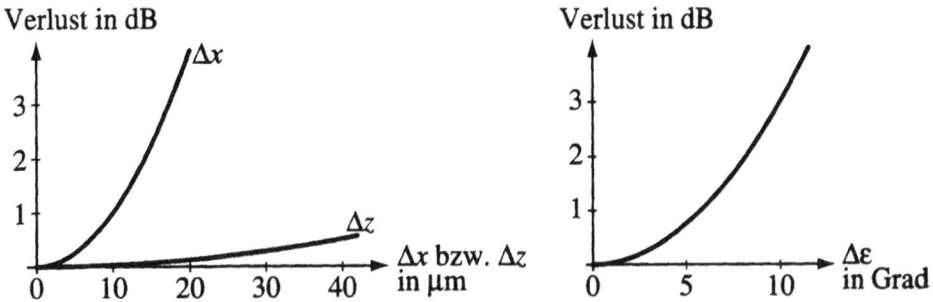

Abbildung 16.14: Verluste bei geometrischen Kopplungsfehlern.

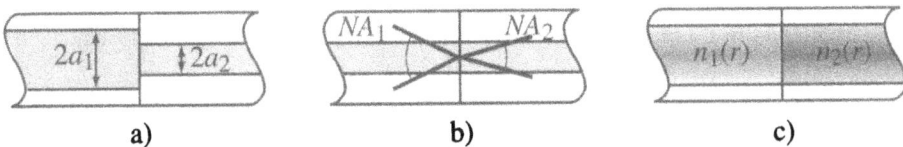

a)   b)   c)

Abbildung 16.15: Intrinsische Kopplungsfehler bedingt durch a) unterschiedliche Kerndurchmesser, b) unterschiedliche numerische Aperturen, c) unterschiedliche Brechungsindexprofile.

Die Stoßkopplung zweier Fasern wird bei nicht-permanenten Steckverbindungen als auch bei permanenten Verbindungen verwendet. Permanente Verbindungen werden als sogenannte Spleiße realisiert, die durch Kleben oder Schweißen hergestellt werden. Schmelzspleiße werden in einem elektrischen Bogen realisiert, wobei die Fasern zunächst mechanisch präzise zueinander justiert werden. Leichte Dejustierungen werden durch den Einfluß von Oberflächenspannungen ausgeglichen, welche beim Schweißen auftreten und eine Selbstjustierung der beiden Faserenden relativ zueinander bewirken (s. Abb. 16.16). Bei sorgfältiger Durchführung des Prozesses kann man Spleiße mit Dämpfungswerten von weniger als 0,1 dB realisieren. Die Verluste werden durch mikroskopische Störungen an der Schweißstelle bewirkt, welche zu Streuung der Lichtwelle führen (s. Abb. 16.16).

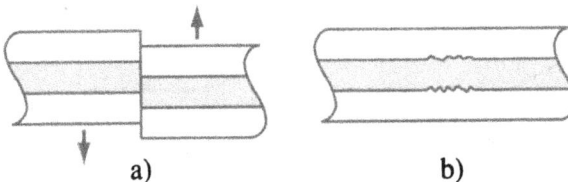

a)   b)

Abbildung 16.16: Selbstjustierung beim Schmelzspleißen. a) zeigt die wirkenden Kräfte beim Schmelzvorgang, b) die gespleißte Faser.

Mechanische Spleiße werden implementiert, indem man präzise gefertigte Kapillaren aus Glas oder Keramik verwendet, in denen mit Hilfe eines transparenten Epoxidharzes die Fasern miteinander verklebt werden. Die Kapillaren können runden oder quadratischen Querschnitt aufweisen (s. Abb. 16.17.a). Die Verluste bei mechanischen Spleißen hängen von den Fertigungstoleranzen der Kapillarröhrchen ab, und können bis zu 0,5 dB betragen.

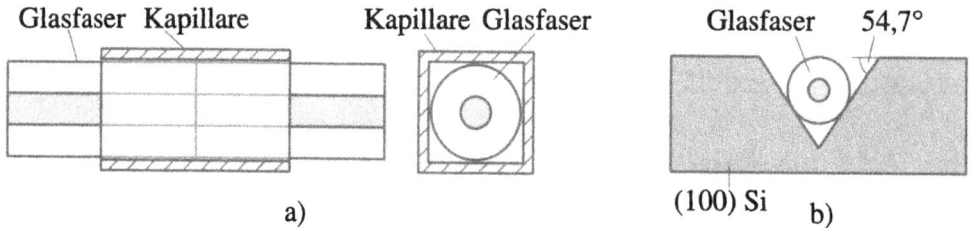

Abbildung 16.17: Mechanischer Faserspleiß mit a) Kapillare, b) V-Nut in Silizium.

In jüngerer Zeit verwendet man für mechanische Spleiße statt Röhrchen auch mikromechanisch gefertigte V-Nuten aus Silizium (Abb. 16.17.b). Mit Hilfe anisotropen Ätzens kann man auf einem (100)-Wafer aus Silizium Ätzgruben erzeugen, deren Seitenwände um $54,7°$ gegenüber der Oberfläche geneigt sind. (100) bezeichnet hier den Schnitt der Oberfläche des Wafers durch das Si-Kristallgitter.

16.4 Empfänger

Ein Empfänger für eine faseroptische Übertragungsstrecke besteht aus mehreren Komponenten, wie in Abb. 16.18 schematisch gezeigt. Auf den optischen Detektor (pin- oder Avalanche-Photodiode) folgt zunächst ein Verstärker, bestehend aus Vor- und Hauptverstärker. Anschließend folgt ein Filter, um Verzerrungen auszugleichen, die durch Nichtlinearitäten des Verstärkers auftreten können und um Rauschanteile zu mindern.

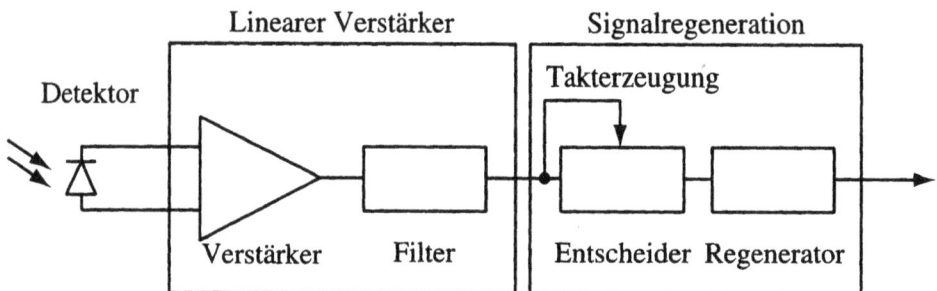

Abbildung 16.18: Aufbau eines Empfängers mit Regenerationsstufe.

Ziel der Detektion ist die möglichst fehlerfreie Wiederherstellung des ursprünglichen

Signals aus dem Empfangssignal, welches auf Grund von Einflüssen bei der Übertragung (Dispersion) und von Rauschen in seinem Verlauf mehr oder weniger deutlich beeinträchtigt sein kann. In der Regenerationsstufe muß nun eine Entscheidung
getroffen werden, welcher Zustand zu einem bestimmten Zeitpunkt vorliegt. Hierzu
ist es notwendig, im Takt des einkommenden Signales jeweils zu einem geeigneten
Zeitpunkt abzutasten. Der Takt wird dem übertragenen Signal selbst entnommen. Man
unterscheidet zunächst zwischen NRZ (*non-return-to-zero*) und RZ (*return-to-zero*).
Bei der NRZ-Darstellung behält der Puls über die gesamte Pulsdauer denselben Pegel,
bei der RZ-Darstellung fällt das Signal während des Pulsintervalls immer auf den 0-
Pegel. Wir nehmen an, daß ein NRZ-Signal vorliegt. In diesem Fall ist der optimale
Abtastzeitpunkt die Mitte des Pulsintervalls (Abb. 16.19).

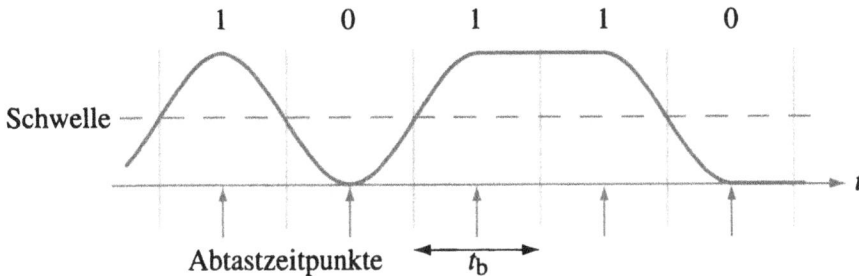

Abbildung 16.19: Abtastung des Empfangssignals.

Man unterscheidet in der optischen Übertragungstechnik zwischen zwei Empfangsarten, dem Direktempfang und dem Überlagerungsempfang. Beim Direktempfang wird
die Intensität (bzw. Leistung) des Sendesignals moduliert. Datensignal und optisches
Trägersignal sind unkorreliert, nur die Leistung des optischen Signals ist entscheidend.
Anders beim Überlagerungsempfang, wo Amplitude, Phase und Frequenz der Lichtwelle moduliert werden. Zur Detektion ist es notwendig, eine optische Referenzwelle
zu verwenden, die kohärent zur Signalwelle ist. Mit dem Überlagerungsempfang befassen wir uns im nächsten Abschnitt.

16.4.1 Detektion digitaler Signale, Bitfehlerrate

Im Idealfall besitzt das Empfangssignal folgende Eigenschaften:

– Die Pulsdauer hat einen konstanten Wert t_b.

– Die im Pulsintervall übertragene Energie ist jeweils dieselbe für alle 0-Pulse und für
alle 1-Pulse.

– Über eine lange Pulsfolge gemittelt treten 0- und 1-Pulse mit gleicher Wahrscheinlichkeit auf.

Folgende Abweichungen hiervon treten in Übertragungssystemen auf und beeinträchtigen die Regeneration der Pulsfolge:

– Die Pulsdauer ist nicht konstant; man bezeichnet dies als Jitter. Jitter bewirkt, daß die Abtastzeitpunkte nicht optimal liegen.

– Die übertragene optische Energie ist jeweils nicht dieselbe für alle 0- bzw. 1-Pulse. Solche Variationen wirken wie eine zusätzliche Rauschquelle und verändern gegebenenfalls die Lage der Schwelle für den Entscheider.

– Die Tiefpaßcharakteristik der Übertragungsstrecke (Dispersion) bzw. des Empfängers sorgen dafür, daß Energie von einem Puls in das Pulsintervall des nächsten Pulses hineinlappt. Man bezeichnet dies als Übersprechen oder ISI (*intersymbol interference*).

Die genannten Punkte sowie Rauschen, was sich der Signalamplitude überlagert, sorgen dafür, daß bei der Detektion mit einer gewissen Wahrscheinlichkeit Fehler auftreten. Diese Fehlerwahrscheinlichkeit bezeichnen wir mit PE (*error probability*) oder auch als Bitfehlerrate (BER, *bit error rate*).

PE = W'keit, eine 1 zu erkennen, wenn eine 0 gesendet wird × W'keit, daß eine 0 gesendet wird + W'keit, eine 0 zu erkennen, wenn eine 1 gesendet wird × W'keit, daß eine 1 gesendet wird

oder knapp formuliert:

$$\text{PE} = p(1|0)\,p(0) + \,p(0|1)\,p(1) \tag{16.5}$$

Wenn 0 und 1 gleich wahrscheinlich sind, ist $p(0) = p(1) = 1/2$, so daß in diesem Fall gilt:

$$\text{PE} = 0,5\left[p(0|1) + p(1|0)\right] \tag{16.6}$$

Typisch für optische Übertragungsstrecken in der Kommunikation ist, daß Bitfehlerraten von 10^{-9} oder weniger gefordert werden. Eine Bitfehlerrate von 10^{-9} bedeutet z. B., daß auf einer Übertragungsstrecke mit einer Datenrate von 10 Mb/s im Mittel alle 100 s ein Fehler auftritt.

16.4.2 Empfängerempfindlichkeit

Mit der Empfindlichkeit eines Empfängers bezeichnet man die optische Leistung, die ein Signal mindestens haben muß, damit die Bitfehlerrate bei der Detektion kleiner als ein bestimmter Wert (z. B. 10^{-9}) ist. Man kann die Empfindlichkeit in Einheiten von dBm ausdrücken oder auch in Photonen pro Bit. Eine Empfindlichkeit von $\langle n \rangle$ Bits (die eckigen Klammern bezeichnen den Mittelwert) entspricht einer durchschnittlichen optischen Energie $\langle E \rangle = \langle n \rangle h\nu$, was wiederum einer mittleren optischen Leistung

$$\langle P \rangle = \frac{\langle E \rangle}{t_{\mathrm{b}}} = \frac{\langle n \rangle \, h\nu}{t_{\mathrm{b}}} = \langle n \rangle \, Bh\nu \tag{16.7}$$

entspricht. Hierbei bezeichnet t_{b} die Bitdauer und $B = 1/t_{\mathrm{b}}$ die Bitrate oder Bandbreite. Mit kürzer werdender Bitdauer ist eine größer werdende optische Leistung notwendig, damit das Verhältnis $\langle n \rangle / t_{\mathrm{b}}$ und damit die Bitfehlerrate gleich bleibt. Für den Fall, daß Rauschen eine Rolle spielt, hängt die Empfängerempfindlichkeit von der Bandbreite des Empfängers ab.

16.4.3 Filterung zur Minimierung der Intersymbol Interference

Um den Tiefpaßcharakter eines Übertragungssystems zu kompensieren, und damit den Einfluß der ISI zu reduzieren, kann man Methoden der Signalverarbeitung einsetzen. Wünschenswert ist es ein lineares Filter einzusetzen, welches die Eigenschaft hat, daß es die ankommenden Pulse so formt, daß diese für alle Abtastzeitpunkte $t_0 \pm mt_{\mathrm{b}}$ den Signalwert 0 haben. t_0 sei der Mittelpunkt eines beliebigen Zeitintervalles und m eine beliebige ganze Zahl. Die erwünschte Eigenschaft wird von einer ganzen Klasse von linearen Filtern erfüllt, unter anderem von einem einfachen Tiefpaßfilter mit der Charakteristik

$$\tilde{h}(\nu) = \mathrm{rect}\,(\nu t_{\mathrm{b}}) \tag{16.8}$$

welches als Impulsantwort die Funktion

$$h(t) = \mathrm{sinc}\,\frac{t}{t_{\mathrm{b}}} \tag{16.9}$$

hat. Diese Funktion ist für $t = mt_{\mathrm{b}}$ gleich Null. Der ideale Rechtecktiefpaß gemäß (16.8) hat die besten Eigenschaften in Bezug auf das S/N des detektierten Signales, ist allerdings technisch nicht exakt zu realisieren. Zudem führt der rect-Tiefpaß zu relativ großen Amplituden in den benachbarten Pulsintervallen für $t \neq mt_{\mathrm{b}}$, was sich bei Auftreten von Jitter ungünstig auswirkt. Günstiger ist hier ein Filter, welches man als *raised-cosine*-Filter bezeichnet, und folgende Charakteristik aufweist:

$$\tilde{h}(\nu) = \frac{1}{2}\left[1 + \cos(\pi\nu t_{\mathrm{b}})\right] \tag{16.10}$$

mit der Impulsantwort

$$h(t) = \mathrm{sinc}\,\frac{t}{t_{\mathrm{b}}}\left[1 - \left(\frac{t}{t_{\mathrm{b}}}\right)^2\right]^{-1} \tag{16.11}$$

16.4.4 Augendiagramm

Das Augendiagramm ist eine Möglichkeit, die Qualität einer Übertragungsstrecke anschaulich zu machen. Dazu überlagert man graphisch alle Bitintervalle mit dem jeweiligen Signalverlauf (Abb. 16.20). Durch die unterschiedlichen Übergänge, welche im Signalverlauf von einem Intervall zum nächsten auftreten ($0 \rightarrow 0$, $0 \rightarrow 1$, $1 \rightarrow 0$, $1 \rightarrow 1$), ergibt sich ein charakteristisches Muster, welches von der Form her an ein Auge erinnert. Die Augenöffnung ist ein Maß für die Güte der Übertragungsstrecke und wird durch den Kurvenverlauf und das Rauschen bestimmt.

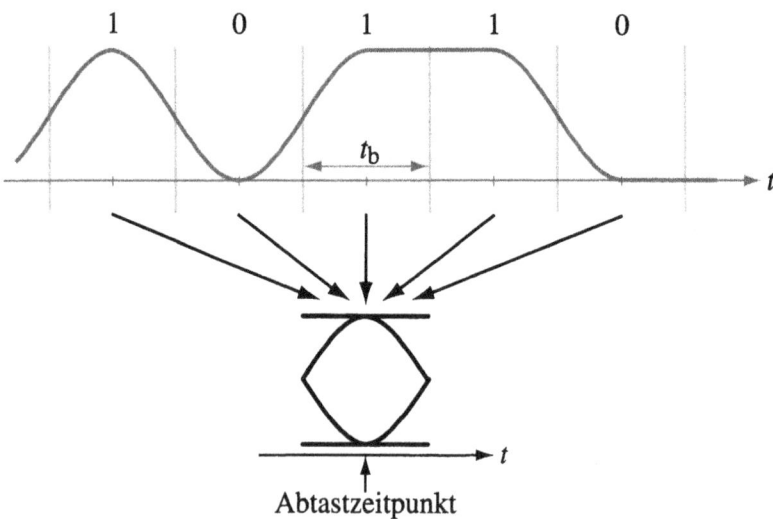

Abbildung 16.20: Erzeugung des Augendiagramms.

16.4.5 Einfluß des Rauschens auf die Fehlerwahrscheinlichkeit

Als Folge des Rauschens und der ISI ergibt sich für die Abtastwerte eine Verteilung wie in Abb. 16.21 gezeigt. Das detektierte Signal ist ein Spannungssignal, so daß wir V als Variable verwenden. Die Mittelwerte der beiden Verteilungen bezeichnen wir mit V_0 und V_1. Die Verteilungen um die jeweiligen Mittelwerte nimmt man meist als Gauß'sch an, was i. a. die Situation gut beschreibt. Insbesondere eignet sich diese Annahme zur analytischen Herleitung eines mathematischen Zusammenhangs zwischen dem Signal-zu-Rausch-Verhältnis und der Bitfehlerrate. Wir wollen uns diesen Zusammenhang zunächst plausibel machen. Im Falle einer idealen Übertragungsstrecke wären die Verteilungen der 0- und 1-Werte deltapeakförmig bei Spannungswerten V_0 und V_1. Mit Hilfe einer Schwelle, die in diesem Fall beliebig zwischen beiden Werten liegen kann, läßt sich dann eine fehlerfreie Entscheidung zwischen 0- und 1-Pulsen

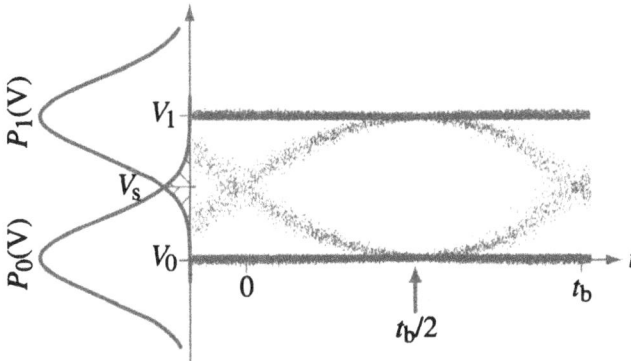

Abbildung 16.21: Verrauschtes Augendiagramm und Verteilung der Abtastwerte.

treffen. Der Einfluß von Rauschen bewirkt eine Verteilung der Spannungswerte um V_0 und V_1 herum. Die Verteilungen werden i. a. überlappen, so daß mit einer gewissen Wahrscheinlichkeit ein 0-Signal oberhalb der Schwelle liegt und als 1 erkannt wird und umgekehrt.

Zur mathematischen Beschreibung nehmen wir an, daß die mittleren quadratischen Abweichungen der beiden Gauß-Verteilungen gleich seien: $\sigma_0 = \sigma_1 = \sigma_V$. Diese Annahme beinhaltet, daß die additiven, signalunabhängigen Rauschanteile gegenüber multiplikativen Anteilen dominieren. Andernfalls müßte für den größeren Signalwert V_1 eine größere Varianz der Amplitudenverteilung auftreten. Die Verteilung um V_0 läßt sich also mathematisch wie folgt beschreiben:

$$p(V) = \frac{1}{\sqrt{2\pi}\,\sigma_V}\, e^{-[(V-V_0)^2 / (2\sigma_V^2)]} \qquad (16.12)$$

und entsprechend für die Verteilung um V_1. Das optische Signal-zu-Rausch-Verhältnis können wir angeben als den Quotienten aus Signalpegelabstand $V_1 - V_0$ und Varianz σ:

$$\frac{S}{N} = \frac{V_1 - V_0}{\sigma} \qquad (16.13)$$

Im folgenden setzen wir $V_0 = 0$, so daß wir schreiben können: $S/N = V_1/\sigma$. Die Entscheidungsschwelle V_S legen wir symmetrisch zwischen beide Kurven: $V_S = V_1/2$. Die Wahrscheinlichkeit für das Auftreten eines Erkennungsfehlers ist anschaulich durch die Flächen beider Kurven gegeben, welche oberhalb (für die Verteilung um V_0) bzw. unterhalb (für die Verteilung um V_1) der Schwelle liegen. Diese sind in Abb. 16.21 schraffiert eingezeichnet. Sie berechnet sich per Integration, wobei man die Symmetrie beider Kurven ausnutzen kann:

$$\begin{aligned} \text{PE} &= 0,5 \left[p(0|1) + p(1|0) \right] \\ &= \int\limits_{V_1/2}^{\infty} p(V)\, dV \\ &= \frac{1}{\sqrt{2\pi}\sigma_V} \int\limits_{V_1/2}^{\infty} e^{-[V^2 / (2\sigma_V^2)]} dV \end{aligned} \tag{16.14}$$

Hierfür erhält man folgendes Resultat:

$$\text{PE} = \frac{1}{2} \operatorname{erfc} \left(\frac{\text{S/N}}{2\sqrt{2}} \right) \tag{16.15}$$

Dabei ist die Funktion erfc(x) die sogenannte komplementäre Gauß'sche Fehlerfunktion:

$$\operatorname{erfc}(x) = \frac{2}{\sqrt{\pi}} \int\limits_{x}^{\infty} e^{-z^2} dz \tag{16.16}$$

Diese ist in Abb. 16.22 als Funktion des Signal-zu-Rausch-Verhältnisses dargestellt. Aus der Abbildung entnimmt man, daß für eine BER von 10^{-9} ein S/N von etwa 12 notwendig ist. Durch den steilen Verlauf der Kurve in Abb. 16.22 ergibt sich bei weiterer Verbesserung sehr rasch eine deutlich reduzierte Bitfehlerrate.

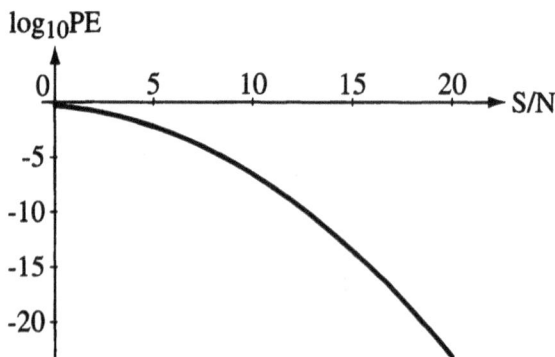

Abbildung 16.22: Bitfehlerrate als Funktion des Signal-zu-Rausch-Verhältnisses.

Bei Verschlechterung des Signalabstandes bedingt durch Absorption oder Dispersion auf der Übertragungsstrecke oder durch ein nicht voll durchmoduliertes Signal ergibt sich ein verändertes S/N, was unmittelbaren Einfluß auf die BER hat.

Anmerkung

Statt der Definition wie in (16.16) findet man in der Literatur auch die Funktion

$$\Phi(x) = \frac{1}{\sqrt{2\pi}} \int\limits_{-\infty}^{x} e^{-\frac{z^2}{2}} dz \qquad (16.17)$$

welche als das Gauß'sche Fehlerintegral bezeichnet wird.

16.4.6 Rauschquellen in optischen Empfängern

Ein optischer Empfänger für den Direktempfang besteht im wesentlichen aus dem Photodetektor und einem Verstärker eventuell in Kombination mit einer geeigneten Signalverarbeitung (Abb. 16.23). Der Empfänger wandelt das einkommende optische Signal in ein elektrisches Signal, welches die übertragene Information enthält. Diesem Empfangssignal überlagert sich i. a. ein Rauschanteil, womit man statistisch bedingte Fluktuationen des Empfängersignals bezeichnet. Man unterscheidet i. w. drei Rauscharten: thermisches Rauschen, Dunkelstromrauschen und Quantenrauschen.

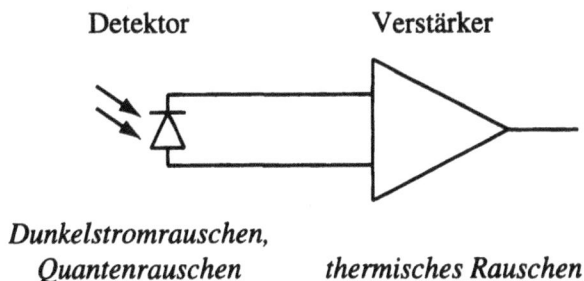

Abbildung 16.23: Prinzipieller Aufbau eines optischen Empfängers.

Thermisches Rauschen (auch Johnson-Rauschen oder Nyquist-Rauschen) entsteht im Lastwiderstand des Verstärkers als Folge der Wechselwirkung zwischen den Elektronen und Gitterionen in einem elektrischen Leiter. Da die Gitterbewegung der Ionen mit steigender Temperatur zunimmt, nimmt auch das thermische Rauschen mit T zu. Die mittlere quadratische Abweichung des thermischen Rauschstroms ist

$$\sigma_t = \left(\frac{4k_B T B}{R} \right)^{1/2} \qquad (16.18)$$

wobei k_B die Boltzmann-Konstante bezeichnet, T die absolute Temperatur und R den Lastwiderstand des Verstärkers.

Dunkelstrom entsteht im Photodetektor. Der Dunkelstrom trägt als Schrotrauschen zum gesamten Rauschen des Empfangssignales bei. Seine mittlere quadratische Abweichung ist gegeben durch

$$\sigma_d = (2qB\langle i_d\rangle)^{1/2} \tag{16.19}$$

Dabei ist $\langle i_d\rangle$ die mittlere Stromstärke des Dunkelstroms.

Quantenrauschen entsteht ebenfalls im Photodetektor als Folge der Schwankungen in der Zahl der eintreffenden Photonen (Abb. 16.24).

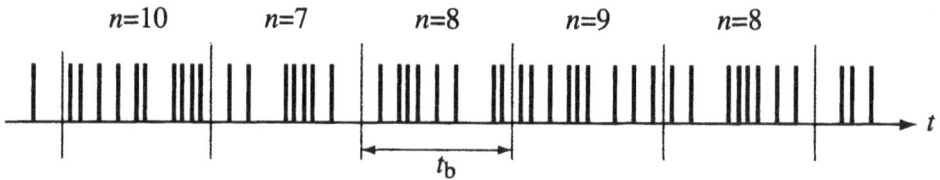

Abbildung 16.24: Zufällige Ankunft von Photonen an einem Detektor in unterschiedlichen Zeitintervallen der Dauer t_b.

Die Statistik des Photonflusses bestimmt die Statistik des Photostromes. Für kohärente Strahlung, wie sie von einem Laser erzeugt wird, ergibt sich eine diskrete Wahrscheinlichkeitsverteilung. Die Wahrscheinlichkeit, während eines Zeitraums t_b eine Anzahl von n Photonen zu detektieren, wird durch folgenden Ausdruck beschrieben:

$$p(n) = \frac{1}{n!}\,\langle n\rangle^n \exp(-\langle n\rangle) \qquad \text{mit } n = 0, 1, 2, \ldots \tag{16.20}$$

Diese Verteilung ist als Poisson-Verteilung bekannt und ist in Abb. 16.25 für unterschiedliche Werte von $\langle n\rangle$ dargestellt. Typisch für die Poisson-Verteilung ist, daß die Varianz $\sigma_n{}^2$ gleich dem Mittelwert $\langle n\rangle$ ist.

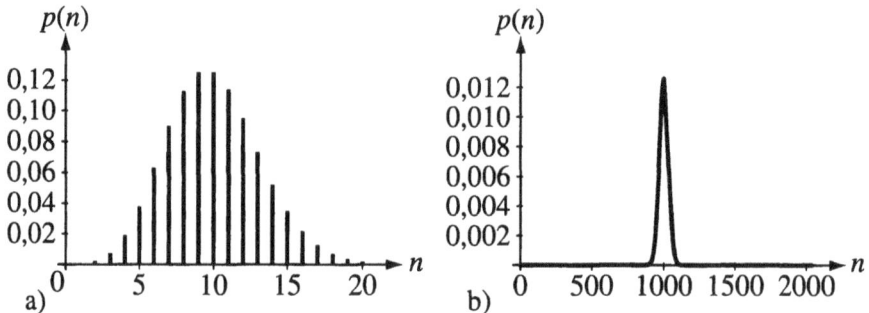

Abbildung 16.25: Poisson-Verteilung der Zahl von Photonen für $\langle n\rangle = 10$ und 1000.

Im Falle inkohärenter Strahlung, welche z. B. von einer LED erzeugt wird, gehorcht die Statistik der Photonenereignisse nicht der Poisson-Verteilung, sondern der Bose-Einstein-Verteilung:

$$p(n) = \frac{\langle n \rangle^n}{(\langle n \rangle + 1)^{n+1}} \qquad (16.21)$$

mit

$$\langle n \rangle = \frac{1}{\exp(h\nu/k_\mathrm{B}T) - 1} \qquad (16.22)$$

Diese Verteilung ist in Abb. 16.26 beispielhaft dargestellt.

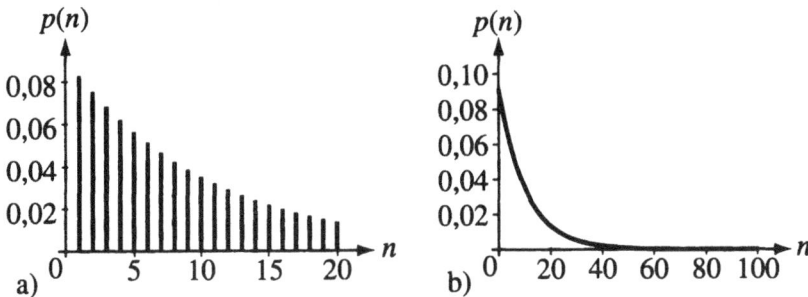

Abbildung 16.26: Bose-Einstein-Verteilung der Zahl von Photonen für $\langle n \rangle = 10$ und 1000.

Die Rate r, mit der einfallende Photonen Elektronen erzeugen, ist $r = \eta P_0/h\nu$. Die Zahl von Elektronen, welche im Zeitraum t erzeugt werden, ist gleich der mittleren Zahl von einfallenden Photonen $\langle n \rangle$. Daher:

$$\langle n \rangle = \eta P_0 t_\mathrm{b}/h\nu \qquad (16.23)$$

Quantenrauschen in digitalen Übertragungssystemen

Anhand der obigen Ergebnisse kann man die Mindestanzahl von Photonen berechnen, welche man in einem digitalen Übertragungssystem bei einer bestimmten Fehlerrate benötigt. Wir nehmen hierzu an, daß der Empfänger ideal sei, d. h. einzelne Elektron-Loch-Ereignisse detektieren kann. Ohne Beleuchtung fließt also kein Strom. Ein Fehler tritt demnach nur dann auf, wenn ein Photon eintrifft, aber kein Elektron-Loch-Paar erzeugt wird. Die Wahrscheinlichkeit, daß $\langle n \rangle$ einfallende Photonen kein Elektron-Loch-Paar erzeugen, wird mit $p(0|1)$ bezeichnet und ergibt sich aus (16.20) mit $n = 0$:

$$p(0|1) = \exp(-\langle n \rangle) \qquad (16.24)$$

Bitfehlerrate BER und mittlere Zahl von Photonen pro Puls sind durch $\langle n \rangle =$ $-\ln(\text{BER})$ verknüpft. Für eine BER von 10^{-9} oder weniger benötigt man also im Durchschnitt mindestens 20,7 Photonen pro Puls.

Bemerkung: Hier haben wir angenommen, daß keine Fehler dadurch auftreten, daß ohne Anwesenheit eines Photons ein Elektron-Loch-Paar erzeugt wird. Würden wir diese Fehlerquelle mit berücksichtigen, würde sich das obige Ergebnis ändern, allerdings nur geringfügig.

Beispiel 16.2   Digitale Übertragungsstrecke

Eine digitale Übertragungsstrecke wird bei $\lambda = 0,85\ \mu$m, einer Bitrate von 20 Mb/s und einer Bitfehlerrate von 10^{-9} betrieben. Bestimmen Sie die minimale optische Empfangsleistung unter der Annahme, daß der Detektor einen Wirkungsgrad von 0,8 hat.

Lösung: Mit (16.23) ist bei einer optischen Leistung P_0 die mittlere Anzahl von eintreffenden Photonen

$$\langle n \rangle = \frac{\eta P_0 t_\text{b}}{h\nu}$$

Wir wissen, daß für eine BER von 10^{-9} eine mittlere Zahl von $\langle n \rangle = 20,7$ Photonen notwendig ist. Mit ist $\nu \approx 3{,}5 \cdot 10^{14}\ \text{s}^{-1}$, $\eta = 0,8$ und $\tau = 50$ ns erhalten wir

$$P_0 = 1{,}21 \cdot 10^{-7} \text{mW} \quad \text{bzw.} \quad \mathcal{P}_0 = -69{,}2 \text{ dBm}$$

Die erforderliche optische Leistung beträgt also nur 121 pW bzw. -69,2 dBm. Im Falle eines idealen Empfängers mit $\eta = 1$ ergibt sich eine noch niedrigere erforderliche Leistung von $P_{0,\text{q}} = 96{,}8$ pW bzw. $\mathcal{P}_{0,\text{q}} = -70{,}1$ dBm. Diesen Wert bezeichnet man als das Quantenlimit zur Detektion digitaler Pulse. In der Praxis liegt allerdings die Empfindlichkeit eines Empfängers durch Verstärkerrauschen und andere Probleme um zwei Größenordnungen über diesem Wert.

Überschußrauschen für Photodetektoren mit Verstärkung

Der Verstärkungsprozess in APDs selbst ist ein statistischer Prozess. Die Anzahl der von einem Photon erzeugten Elektronen fluktuiert und trägt somit zum Gesamtrauschen bei. Man bezeichnet dies als Überschußrauschen und beschreibt den Rauschanteil durch einen Überschußrauschfaktor.

Für einen Detektor mit dem konstanten Gewinnfaktor g, welcher bei einer optischen Leistung P_0 einen Photostrom

$$i_\text{F} = \frac{g\eta P_0 q}{h\nu} \tag{16.25}$$

erzeugt, ist die Varianz des Photostroms:

$$\sigma_s{}^2 = 2gq\,B\,i_F \tag{16.26}$$

Wenn der Gewinnfaktor g selbst um einen Mittelwert $\langle g \rangle$ fluktuiert, wie oben beschrieben, dann gilt dieses einfache Ergebnis nicht. Statt dessen berechnet sich die Varianz dann zu

$$\sigma_s{}^2 = 2\langle g \rangle q\,B\,i_F F \tag{16.27}$$

mit

$$F = \frac{\langle g^2 \rangle}{\langle g \rangle^2} \tag{16.28}$$

F heißt der Überschußfaktor.

16.5 Optischer Überlagerungsempfang

Beim Überlagerungsempfang werden die Amplituden des übertragenen Signales und eines „lokalen Oszillators" einander kohärent überlagert (Abb. 16.27).

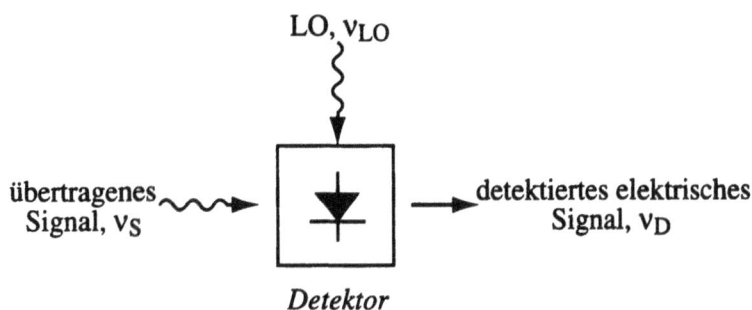

Abbildung 16.27: Prinzip des Überlagerungsempfangs. ν_S und ν_{LO} sind die Frequenzen des übertragenen Signals bzw. des lokalen Oszillators.

Die Signalamplitude bezeichnen wir mit $u_S(t)$, die des lokalen Oszillators mit $u_{LO}(t)$. Mathematisch lassen sich beide wie folgt beschreiben:

$$
\begin{aligned}
u_S(t) &= A_S \exp(2\pi i \nu_S t + \varphi_S) \quad \text{bzw.}\\
u_{LO}(t) &= A_{LO} \exp(2\pi i \nu_{LO} t + \varphi_{LO})
\end{aligned}
\tag{16.29}
$$

Hierbei stehen A_S und A_{LO} für die Amplituden, ν_S und ν_{LO} für die Frequenzen und mit φ_s bzw. φ_{LO} bezeichnen wir die Phasen der beiden Wellen. Die Intensität $I(t)$ am Detektor ergibt sich als Betragsquadrat der Summe $u_S(t) + u_{LO}(t)$:

$$
\begin{aligned}
I(t) &= I_S + I_{LO} + 2|A_S|\,|A_{LO}|\,\cos\left[2\pi(\nu_S - \nu_{LO})t + (\varphi_S - \varphi_{LO})\right] \\
&= I_S + I_{LO} + 2(I_S I_{LO})^{1/2}\cos\left[2\pi\nu_D t + (\varphi_S - \varphi_{LO})\right]
\end{aligned}
\tag{16.30}
$$

mit $I_S = |A_S|^2$, $I_{LO} = |A_{LO}|^2$ und der Differenzfrequenz $\nu_D = \nu_S - \nu_{LO}$.

Die Intensität am Empfänger entspricht einer optischen Leistung $P_0(t)$, diese wiederum einem mittleren Photostrom $\langle i(t)\rangle$. Im folgenden werden wir der Einfachheit halber auf die eckigen Klammern verzichten:

$$
i(t) = i_S + i_{LO} + 2(i_S i_{LO})^{1/2}\cos\left[2\pi\nu_D t + (\varphi_S - \varphi_{LO})\right]
\tag{16.31}
$$

Beim Direktempfang ist $i_{LO} = 0$, also $i = i_S$. Beim Überlagerungsempfang wählt man i. a. die Leistung des lokalen Oszillators deutlich größer als die der Signalwelle (d. h. $i_{LO} \gg i_S$), so daß man den ersten Term in Gleichung (16.31) vernachlässigen kann:

$$
i(t) \approx i_{LO} + 2(i_S i_{LO})^{1/2}\cos\left[2\pi\nu_D t + (\varphi_S - \varphi_{LO})\right]
\tag{16.32}
$$

Die Signalmodulation ist also gegenüber dem Direktempfang von i_S auf $2(i_S i_{LO})^{1/2}$ erhöht. Der Signalanteil ist $i_S^{1/2}$, verstärkt um einen Faktor $2\,i_{LO}^{1/2}$, bedingt durch die Verwendung des lokalen Oszillators. Letzterer bewirkt eine Verstärkung des Signalpegels ohne Erhöhung des Verstärker- oder Detektorrauschens. Dies ist der Grund, warum sich beim Überlagerungsempfang eine Verbesserung des S/N gegenüber dem Direktempfang ergibt.

Die Zeitabhängigkeit des Empfangssignales hängt zum einen von der Differenzfrequenz ν_D ab, zum anderen von der Phasendifferenz $\varphi_S - \varphi_{LO}$. Wie wir von der Behandlung der Interferenz her wissen, muß diese Phasendifferenz über einen hinreichend langen Zeitraum konstant sein, damit das Signal eindeutig gemessen werden kann. Im Falle der Übertragungstechnik ist dieser Zeitraum durch die Bitdauer t_b gegeben. D. h., die Anforderungen an die Kohärenz der optischen Wellen werden um so geringer, je kleiner t_b, oder anders ausgedrückt, je schneller die Signale werden.

Durch die Überlagerung der beiden Wellen wird die Frequenz des Empfangssignals auf die Differenzfrequenz ν_D heruntergemischt, welche deutlich niedriger liegen kann als ν_S und ν_{LO}. Man unterscheidet wie beim Radioempfang zwischen Heterodynempfang für $\nu_D = \nu_S - \nu_{LO} \neq 0$ und Homodynempfang für $\nu_D = 0$. Die Zeitabhängigkeit des Photostroms ist für beide Fälle in Abb. 16.28 dargestellt. Im Falle des Heterodynempfangs variiert das Signal i. a. wesentlich langsamer als die Trägerwelle mit der

Zwischenfrequenz ν_D. Zur elektronischen Weiterverarbeitung des Empfangssignales verwendet man die Verfahren der Hochfrequenztechnik.

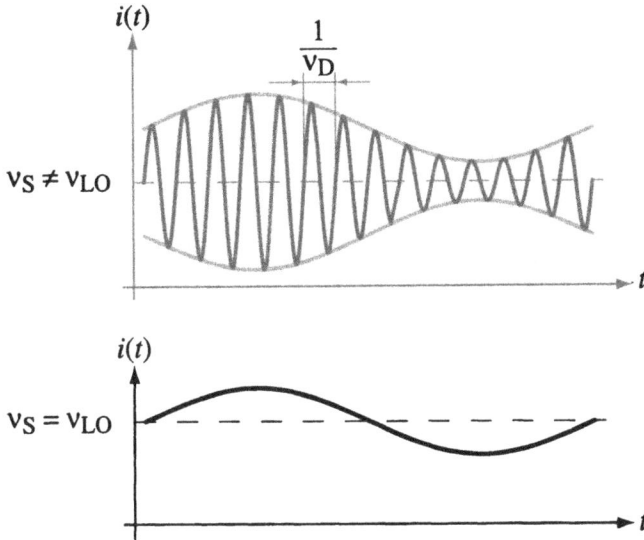

Abbildung 16.28: Verlauf des Photostroms bei Heterodyn- und Homodynempfang.

Die Phase des lokalen Oszillators wird über einen phasengekoppelten Oszillator (*phase locked loop*) auf einem konstanten Wert festgehalten. Daher können wir $\varphi_{LO} = 0$ setzen. Im Falle des Homodynempfangs ist der Photostrom dann:

$$i(t) = i_{LO} + 2(i_S i_{LO})^{1/2} \cos(\varphi_S) \tag{16.33}$$

Amplituden-, Frequenz- und Phasenmodulation erreicht man durch Modulation von A_S, ν_S bzw. φ_S (Abb. 16.29). Entsprechend der Nomenklatur der Hochfrequenztechnik spricht man von ASK (*amplitude shift keying*), FSK (*frequency shift keying*) und PSK (*phase shift keying*).

16.5.1 Heterodyn-Empfang mit Amplitudenmodulation

Der mittlere Photostrom i einer Photodiode wird durch einen Rauschanteil überlagert. Für die Varianz des Photostroms können wir schreiben:

$$\sigma_i^2 = 2qi\Delta\nu + \sigma_r^2 \tag{16.34}$$

Hierbei ist $\Delta\nu$ die Bandbreite des Signals. Der erste Anteil stellt nach Gleichung (16.19) den Anteil des Dunkelstromrauschens dar. σ_r beschreibt die im Empfänger entstehenden Rauschanteile wie das thermische Rauschen.

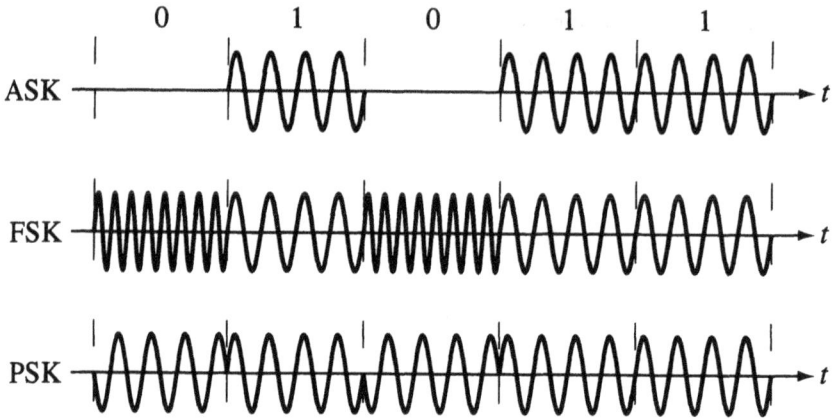

Abbildung 16.29: Modulationsverfahren bei der Überlagerungstechnik.

Wir gehen noch einmal zu Gleichung (16.31) zurück:

$$i(t) = i_S + i_{LO} + 2(i_S i_{LO})^{1/2} \cos\left[2\pi\nu_D t + (\varphi_S - \varphi_{LO})\right] \qquad (16.35)$$

Beim Direktempfang ist $i_{LO} = 0$, und damit $i = i_S$. Für das Signal-zu-Rausch-Verhältnis ergibt sich hier:

$$\left(\frac{S}{N}\right)_{dir} = \frac{i_S^2}{\sigma_i^2} = \frac{i_S^2}{2qi_S\Delta\nu + \sigma_r^2} \qquad (16.36)$$

Wenn man die Signalstärke des lokalen Oszillators hinreichend groß macht, wird der Anteil σ_r^2 in Gleichung (16.34) klein gegenüber dem Dunkelstromrauschen $2qi\Delta\nu$. In diesem Fall können wir mit (16.32) schreiben:

$$i(t) \approx i_{LO} + 2(i_S i_{LO})^{1/2} \cos\left[2\pi\nu_D t + (\varphi_S - \varphi_{LO})\right] \qquad (16.37)$$

und

$$\sigma_i^2 = 2qi_{LO}\Delta\nu \qquad (16.38)$$

Im Falle der Amplitudenmodulation ist die mittlere Signalleistung durch das zeitliche Mittel des Betragsquadrats des sinusoidalen Terms in (16.37) gegeben, also durch $2i_S i_{LO}$. Die Rauschleistung ist durch (16.38) gegeben, so daß sich als Signal-zu-Rausch-Verhältnis für den heterodynen Überlagerungsempfang ergibt:

$$\left(\frac{S}{N}\right)_{het} = \frac{2i_S i_{LO}}{2qi_{LO}\Delta\nu} = \frac{i_S}{q\Delta\nu} \qquad (16.39)$$

Wenn wir (16.39) mit (16.36) vergleichen, so können wir folgendes festhalten: Bei starken Signalleistungen oder geringem Rauschen ist $(S/N)_{dir} \approx (1/2)(S/N)_{het}$, weil man im Nenner von (16.36) den Anteil des Dunkelstromrauschens vernachlässigen kann. D. h. der Überlagerungsempfang bietet einen Faktor 2 mehr als Signal-zu-Rausch-Verhältnis („3dB-Vorteil"). Bei schwachen Signalleistungen kann der Unterschied noch gravierender sein, da für den Direktempfang das Signal-zu-Rausch-Verhältnis sich entsprechend reduziert, was man aus folgender Darstellung deutlich wird:

$$\left(\frac{S}{N}\right)_{dir} = \frac{(i_S/\sigma_r)^2}{1 + 2qi_S\Delta\nu/\sigma_r{}^2} \tag{16.40}$$

16.5.2 Homodynempfang mit Amplitudenmodulation

Für diesen Fall können wir das Ergebnis von Gleichung (16.39) übernehmen, wobei allerdings im Vergleich zum Heterodynempfang die Bandbreite des Signals reduziert ist. Man kann davon ausgehen, daß beim Heterodynempfang die Bandbreite $\Delta\nu$ um wenigstens einen Faktor 2 größer ist als im Falle des Homodynempfangs (s. Abb. 16.30):

$$\Delta\nu_{het} \geq 2\Delta\nu_{hom} \tag{16.41}$$

Somit ergibt sich wegen der geringeren Bandbreite beim Homodynempfang ein gegenüber dem Heterodynempfang um mindestens einen Faktor 2 verbessertes Signal-zu-Rausch-Verhältnis:

$$\left(\frac{S}{N}\right)_{hom} \geq 2\left(\frac{S}{N}\right)_{het} \tag{16.42}$$

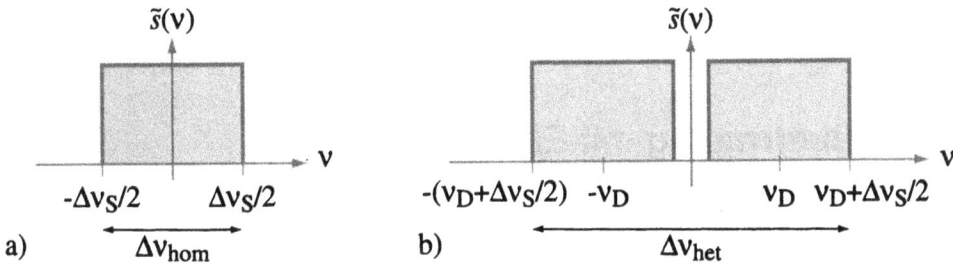

Abbildung 16.30: Frequenzspektren für a) Homodyn- und b) Heterodynempfang.

16.5.3 Signal-zu-Rausch-Verhältnis für Homodynempfang und PSK

Es sei daran erinnert, daß die obigen Betrachtungen zum Signal-zu-Rausch-Verhältnis für den Fall der Amplitudenmodulation gelten und nicht für FSK und PSK geeignet sind. Im folgenden vergleichen wir die Bitfehlerraten für ASK- und PSK-Modulation, jeweils für den Homodynempfang.

Im Falle der ASK-Modulation (man spricht auch von *on-off-keying*) erfolgt die physikalische Darstellung eines 0-Bits durch die Abwesenheit eines Signals, für ein 1-Bit durch die Anwesenheit eines Signales. Die mittlere Stromstärke sowie die Varianz des detektierten Signales für den Homodyn-Empfang ist in beiden Fällen jeweils durch folgende Ausdrücke gegeben:

$$i_0 \approx i_{LO} \qquad\qquad \sigma_0^2 = 2qi_{LO}\Delta\nu$$
$$i_1 \approx i_{LO} + 2(i_S i_{LO})^{1/2} \qquad \sigma_1^2 = 2qi_{LO}\Delta\nu \tag{16.43}$$

Mit (16.13) ergibt sich das Signal-zu-Rausch-Verhältnis als

$$\left(\frac{S}{N}\right)_{ASK} = \frac{i_1 - i_0}{\sigma_1} = \left(\frac{i_S}{q\Delta\nu}\right)^{1/2} \tag{16.44}$$

Im Falle der PSK-Modulation sind 0- und 1-Bits durch eine Phasenverschiebung von $\varphi = 0$ bzw. π kodiert. Die mittlere Stromstärke und die Varianz σ_i sind gegeben als:

$$i_0 \approx i_{LO} + 2(i_S i_{LO})^{1/2} \qquad \sigma_0^2 = 2qi_{LO}\Delta\nu$$
$$i_1 \approx i_{LO} - 2(i_S i_{LO})^{1/2} \qquad \sigma_1^2 = 2qi_{LO}\Delta\nu \tag{16.45}$$

Damit ist:

$$\left(\frac{S}{N}\right)_{PSK} = \frac{i_1 - i_0}{\sigma_1} = 2\left(\frac{i_S}{q\Delta\nu}\right)^{1/2} \tag{16.46}$$

Es ergibt sich also für die Phasenmodulation ein um einen Faktor 2 verbessertes Signal-zu-Rausch-Verhältnis gegenüber der Amplitudenmodulation. Dieses Ergebnis gilt auch für den Heterodyn-Empfang.

16.6 Übertragung mit Erbium-dotierten Faserverstärkern

16.6.1 Systemanwendungen

Im Bereich der Fernübertragung wurde der optische Überlagerungsempfang durch den Einsatz optischer Faserverstärker, speziell Erbium-dotierte Faserverstärker (EDFA) überflügelt.

EDFAs können auf vielfältige Weise eingesetzt werden: als Nachverstärker zum Verstärken eines Sendesignals unmittelbar hinter der Laserquelle, als Repeater (oder *in-line*-Verstärker) auf langen Übertragungsstrecken wie z. B. bei der transozeanischen Übertragung, und als Vorverstärker unmittelbar vor einem Detektor (Abb. 16.31).

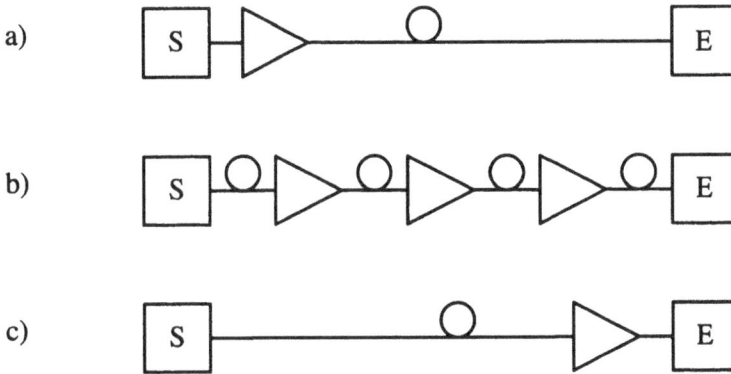

Abbildung 16.31: Systemanwendungen von optischen Verstärkern: a) Nachverstärker, b) In-Line-Verstärker, c) Vorverstärker.

Wenn EDFAs als lineare Verstärker eingesetzt werden, ist nicht nur die Struktur des Verstärkers viel einfacher als bei elektronischen Verstärkerschaltungen, sondern außerdem ist die Übertragungsstrecke auch transparent gegenüber der Bitrate des optischen Signals. Dieser Punkt ist von großer kommerzieller Wichtigkeit, da er bedeutet, daß ein einmal aufgebautes System auf eine höhere Datenrate aufgerüstet werden kann, ohne daß man die Hardware der Übertragungsstrecke verändern muß. Insbesondere eignen sich optische Verstärker auch zur Verstärkung sehr schneller optischer Pulse (Solitonen) mit Pulsdauern von nur etwa zehn Pikosekunden, wofür elektronische Schaltkreise nicht mehr ausreichen.

16.6.2 Rauschverhalten optischer Verstärker

Der Output eines optischen Verstärkers besteht aus einem verstärkten optischen Signal und einem Rauschanteil, welcher von der spontanen Emission im Laserverstärker herrührt und welchen man mit der Abkürzung ASE (*amplified spontaneous emission*) bezeichnet. Das spontan emittierte Licht wird statistisch gesehen zufällig im Verstärkungsmedium erzeugt. Interferenz des ASE-Anteils mit der Signalwelle sorgen für Fluktuationen, die sich als Rauschen im optischen Ausgang bemerkbar machen.

Wie bereits behandelt wurde, wird die Empfängerempfindlichkeit in einem optischen Übertragungssystem durch das Signal-zu-Rausch-Verhältnis nach der optisch-elektronischen Wandlung im Detektor bestimmt. Das S/N ist das Verhältnis der elektrischen Signalleistung zur elektrischen Rauschleistung. Die elektrische Signalleistung ist proportional zum Quadrat des mittleren Photostroms, d. h. zu $\langle i \rangle^2$. Die elektrische Rauschleistung ist proportional zum Quadrat der Standardabweichung des Photostroms, d. h. zu $\langle \Delta i^2 \rangle = \langle i^2 \rangle - \langle i \rangle^2$. Da ein direkter Zusammenhang zwischen der Anzahl der einfallenden Photonen und der erzeugten Ladungsträgerpaare besteht, kann man analog die Betrachtung des Rauschverhaltens optischer Verstärker durchführen, indem man die mittlere Anzahl von Photonen im verstärkten optischen Signal mit der Standardabweichung in der Photonenzahl vergleicht. Diese Betrachtung erfolgt mit Hilfe quantenstatistischer Betrachtungen, die außerhalb des Rahmens dieses Kurses liegen. Hier verwenden wir eine vereinfachte Darstellung.

Die Wahrscheinlichkeitsdichte pro Sekunde, daß ein Atom im angeregten Zustand spontan ein Photon mit einer Frequenz zwischen ν und $\nu + d\nu$ emittiert, ist

$$p_{\mathrm{sp}}(\nu)\, d\nu = \frac{g(\nu)\, d\nu}{t_{\mathrm{sp}}} \tag{16.47}$$

Die Wahrscheinlichkeit, daß ein Photon einer beliebigen Frequenz emittiert wird, ist

$$p_{\mathrm{sp}} = \frac{1}{t_{\mathrm{sp}}} \tag{16.48}$$

Wenn sich N_2 Atome im angeregten Niveau befinden, dann ist die mittlere Zahl von pro Zeiteinheit spontan emittierten Photonen $N_2\, p_{\mathrm{sp}}(\nu)$. Dies entspricht einer mittleren optische Leistung von $h\nu\, N_2\, p_{\mathrm{sp}}(\nu)$. Die spontane Emission erfolgt gleichmäßig in alle Richtungen, also in einen Raumwinkel von 4π (Abb. 16.32). Nur ein Teil davon wird aber in die Faser eingekoppelt, der Rest wird abgestrahlt. Wenn man den Raumwinkel, unter dem das Licht in die Faser eingekoppelt wird, mit $\Delta\Omega$ bezeichnet, so beträgt die Einkoppeleffizienz $\Delta\Omega/4\pi$. Wir nehmen zudem an, daß der Ausgang des Verstärkers nur in einem schmalen Frequenzband $\delta\nu$ liegt (bedingt durch Verwendung eines optischen Filters), welches um die Verstärkungsfrequenz ν zentriert ist. Die Anzahl von Photonen, welche durch spontane Emission in einem Volumen mit Einheitsquerschnitt und Länge dz erzeugt werden und sich dem Ausgangssignal überlagern, ist dann $\xi_{\mathrm{sp}}(\nu)\, dz$ mit der optischen Rauschflußdichte pro Längeneinheit

$$\xi_{\mathrm{sp}}(\nu) = \frac{N_2}{t_{\mathrm{sp}}}\, g(\nu)\, \Delta\nu\, \frac{\Delta\Omega}{4\pi} \tag{16.49}$$

Es wäre nun falsch, $\xi_{\mathrm{sp}}(\nu)$ einfach mit der Länge L des Verstärkers zu multiplizieren, um die optische Rauschflußdichte des Verstärkers zu berechnen, da das spontan emittierte Licht ebenfalls verstärkt wird. Die Berechnung der Rauschflußdichte erfolgt statt dessen durch Lösen einer Differentialgleichung:

$$\frac{d\phi}{dz} = \gamma(\nu)\, \phi + \xi_{\mathrm{sp}}(\nu) \tag{16.50}$$

wobei ϕ die Photonenflußdichte ist und γ der Verstärkungskoeffizient.

Die spontane Emission sorgt dafür, daß auch bei Abwesenheit eines Eingangssignals ein Photonenfluß am Ausgang auftritt. Im Falle eines nichtgesättigten, linearen

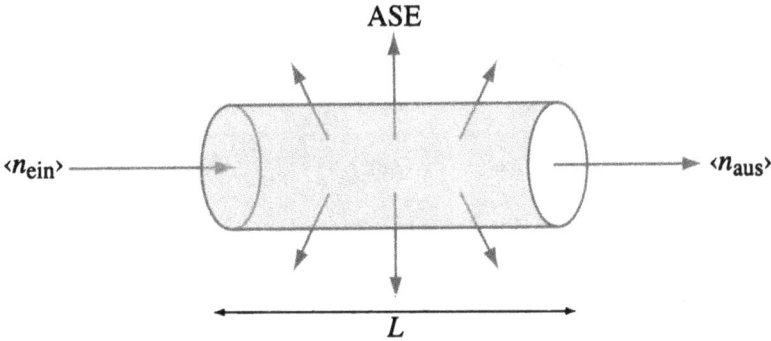

Abbildung 16.32: Spontane Emission als Rauschquelle in Faserverstärkern.

Verstärkers ist $\gamma(\nu) \approx \gamma_0(\nu) \approx$ const. In diesem Fall kann man obige Differential-gleichung relativ einfach lösen und erhält:

$$\phi(L) = \phi_{sp}\left[e^{-\gamma_0 L} - 1\right] \quad \text{mit} \quad \phi_{sp} = \frac{\xi_{sp}}{\gamma_0} \qquad (16.51)$$

Durch den Verstärkungsvorgang verändert sich die Statistik des Photonenstroms. Ein kohärentes Signal am Eingang folgt der Poisson-Statistik, die z. B. besagt, daß die Varianz σ^2_{ein} der Photonenzahl gleich der mittleren Photonenzahl ist:

$$\sigma^2_{ein} = \langle n_{ein}\rangle \qquad (16.52)$$

Die spontane Emission ist ein inkohärenter Prozeß, die Photonen gehorchen demnach der Bose-Einstein-Statistik mit

$$\sigma^2_{ASE} = \langle n_{ASE}\rangle + \langle n_{ASE}\rangle^2 \qquad (16.53)$$

Der Photonenstrom am Ausgang des Verstärkers gehorcht folglich einer Statistik, welche beide Anteile (Poisson und Bose-Einstein) enthält, sowie einen Term, welcher durch Interferenz beider Anteile zustande kommt:

$$\sigma^2_{aus} = \langle n_{aus}\rangle + \langle n_{ASE}\rangle + \langle n_{ASE}\rangle^2 + 2\langle n_{aus}\rangle\langle n_{ASE}\rangle \qquad (16.54)$$

Hier wurde angenommen, daß die Zahldauer T kurz ist und daß das Ausgangssignal linear polarisiert ist. Die mittlere Anzahl von Photonen am Ausgang, $\langle n_{aus}\rangle$, kann man — für Monomodebetrieb — abhängig von $\langle n_{ein}\rangle$ und dem Gewinnfaktor G wie folgt darstellen:

$$\langle n_{aus}\rangle = G\langle n_{ein}\rangle + (G-1)\langle n_{ASE}\rangle\,\Delta\nu \qquad (16.55)$$

wobei $\Delta\nu$ die Bandbreite des Verstärkers ist. Das Signal-zu-Rausch-Verhältnis am Ausgang des Verstärkers ergibt sich — in vereinfachter Form — zu:

$$\left(\frac{S}{N}\right)_{aus} = \frac{\langle n_{ein}\rangle}{2\langle n_{ASE}\rangle + \frac{\langle n_{ASE}\rangle^2}{\langle n_{ein}\rangle}\Delta\nu} \tag{16.56}$$

EDFAs sind insbesondere für die Zwischenverstärkung bei Unterseestrecken von Interesse. Dabei wird z. B. alle 100 km das optische Signal durch eine Verstärkerstrecke geschickt (Abb. 16.33). Der Signalpegel über die gesamte Strecke weist dann einen Verlauf auf wie in Abb. 16.33.b dargestellt.

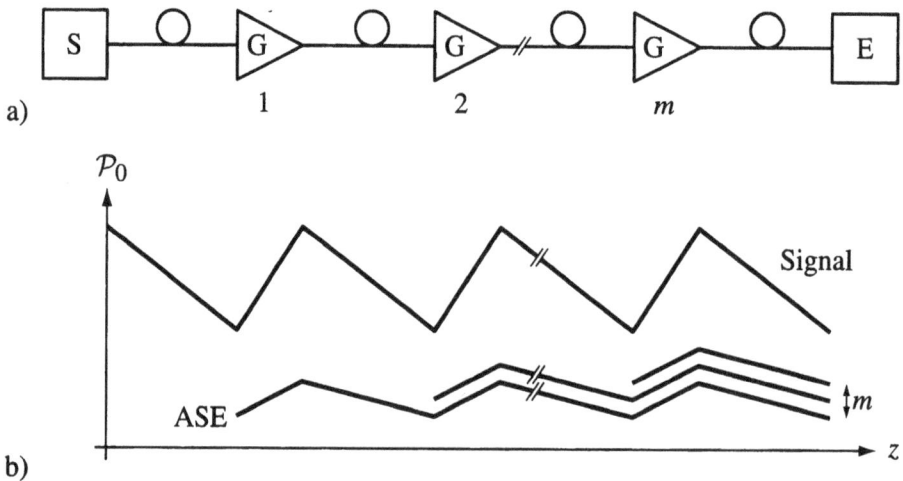

Abbildung 16.33: a) Lineare Anordnung von optischen Verstärkern. b) Pegel des optischen Signals und des Rauschanteils. Die Pegel für Signal und ASE-Anteil sind nicht als absolut anzusehen.

Die Darstellung in Abb. 16.33 ist idealisiert in dem Sinne, daß die Verstärker alle als gleich angenommen sind, was in der Realität nicht der Fall ist, außerdem sind die Abstände zwischen den Verstärkern als gleich in die Kurve eingetragen. Durch die Streckendämpfung fällt die optische Leistung $\mathcal{P}_0$ (gemessen in dBm) zwischen den Verstärkern linear ab und wird durch den Verstärker wieder (in etwa) auf den Pegel vom Beginn der Strecke gebracht. In jeder Verstärkerstufe kommt allerdings, bedingt durch spontane Emission, optisches Rauschen hinzu, was sich also von Stufe zu Stufe akkumuliert. Dennoch ergibt sich durch Verwendung der EDFA-Kette insgesamt ein Vorteil, weil auch bei sehr großen Entfernungen von mehreren tausend Kilometern das detektierte Signal mit einem hohen Leistungspegel am Detektor ankommt. Bei der Betrachtung des Signal-zu-Rausch-Verhältnisses des o/e-gewandelten Signals muß nun allerdings der ASE-Rauschanteil berücksichtigt werden.

17 Optische Netze

Bei der Planung der heutigen Kommunikationsnetze ging man von einem wesentlich niedrigeren Bedarf an Kapazität aus, als dies heute tatsächlich der Fall ist. Bis vor 10 Jahren war der Telefonverkehr (Sprachsignale mit 64 kb/s) dominierend. Die erforderliche Kapazität des Telefonnetzes lag in der Größenordnung Gb/s. Bedingt durch neue Entwicklungen, insbesondere die des Internets, hat sich der Bedarf enorm vergrößert. Heute werden nicht mehr in erster Linie (niederbitratige) Sprachsignale über das Kommunikationsnetz transportiert, sondern zunehmend Datenverkehr, z. B. zur Übertragung von Bildern oder Bildsequenzen. Der Kapazitätsbedarf, der hierdurch entstanden ist, wächst derzeit exponentiell und erfordert Gesamtkapazitäten im Bereich von Tb/s. Hierzu sind neue photonische Netze erforderlich, deren Entwicklung sich momentan vollzieht.

Von der technischen Entwicklung her befindet sich die Welt der Kommunikation bereits seit geraumer Zeit in einem Umbruch, den man ohne weiteres als revolutionär bezeichnen kann. Bis vor kurzem war die Telekommunikation dominiert von analoger Technik. Seit Einführung der Digitaltechnik in den 1970er Jahren hat sich jedoch die Art der Kommunikation gründlich verändert und dieser Prozeß hält weiterhin an. Mehrere Entwicklungen spielen hierbei eine Rolle. Im wesentlichen sind dies die stürmische Entwicklung der Mikroelektronik und damit der Computertechnik sowie die ebenso rasante Entwicklung der optischen Übertragungstechnik, welche mit der Glasfaser ein breitbandiges physikalisches Medium zur Verfügung stellt. Der Einzug der Digitaltechnik hat bewirkt, daß sich die Grenzen zwischen der Welt der Kommunikation und der Computerwelt auflösen. Es gibt keine grundlegenden Unterschiede mehr zwischen Datenverarbeitung (Computern) und Datenkommunikation (Übertragungs- und Vermittlungssystemen). Weiterhin gibt es in der digitalisierten Welt keine grundlegenden Unterschiede mehr zwischen Sprach-, Daten- und Bildkommunikation. Dieser Umstand ist die Ursache für die Bemühungen um eine Telekommunikationslandschaft, in der alle diese Signalarten gleichartig behandelt und über ein einheitliches Transportnetz übertragen werden können.

Kommunikationsnetze kann man von ihrem Aufbau her unterteilen in ein Transportnetz (*transport network*) und Zugangsnetze (*access networks*) zur Anbindung der Teilnehmer bzw. lokalen Netze (LANs, *local area network*). Die Situation ist in etwa vergleichbar mit dem Straßennetz: Das Autobahnnetz entspricht dem Transportnetz und die lokalen Straßennetze den Zugangsnetzen. Der Übergang vom Zugangsnetz zum Transportnetz erfolgt über ein *crossconnect* als „Zubringer" (Abbildung 17.1).

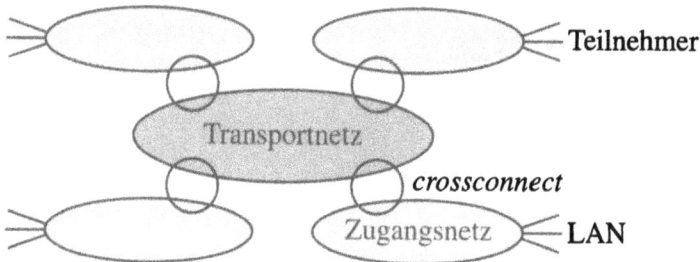

Abbildung 17.1: Unterteilung eines Kommunikationsnetzes in Transport- und Zugangsnetz.

Die optische Übertragungstechnik wird zur Zeit i. w. nur für den Fernverkehr, also im Transportnetz eingesetzt. Teilnehmerleitungen sind nach wie vor als Kupferleitungen (*twisted pair*) bzw. als Mobilfunkanschlüsse realisiert. Für Breitbanddienste wie z. B. die Bildkommunikation mit ihren großen Datenmengen möchte man Glasfasern als breitbandige Kommunikationskanäle bis hin zu den einzelnen Teilnehmern verlegen (*fiber to the home*), wobei die Kosten für die optischen Komponenten und für das Verlegen der Datenleitungen das Haupthindernis darstellen. Rund um die Welt sind allerdings Testsysteme in Betrieb, welche die Verwendung von optischen Systemen auch im Bereich der Crossconnects und der Zugangsnetze probeweise realisieren. Die verwendete Technologie ist dabei das Wellenlängenmultiplexverfahren (WDM bzw. DWDM für *dense wavelength division multiplex*).

Das Gebiet der optischen Netze ist gegenwärtig „im Fluß" und entzieht sich zum Teil einer systematischen Darstellung. Wir wollen in diesem Kapitel zunächst einige Grundbegriffe erläutern und werden anschließend das WDM-Verfahren wegen seiner gegenwärtig großen Bedeutung ausführlicher behandeln.

17.1   Grundbegriffe für Kommunikationssysteme

17.1.1   Kommunikationstopologien

Ein Kommunikationssystem besteht aus Stationen und Knotenpunkten sowie Übertragungsstrecken. Mit dem Begriff Topologie bezeichnet man die Anordnung (die „Struktur") von Stationen und Knotenpunkten. Es gibt einige grundlegende Strukturen, in die man ein beliebiges System zerlegen kann. Dies sind:

- Punkt-zu-Punkt-Verbindung
- Verteilsystem
- Netzwerk

Das einfachste Übertragungssystem ist die *Punkt-zu-Punkt-Verbindung* (Abbildung 17.2.a). Dabei wird zwischen zwei Stationen eine feste Verbindung aufgebaut. Der Datenaustausch geht entweder nur in eine Richtung (unidirektional) oder in beide Richtungen (bidirektional). Die Entfernung zwischen beiden Stationen spielt vom Konzept her keine Rolle. Die beiden Stationen können sich im gleichen Raum befinden, wie im Fall eines Computers und eines Druckers, oder Tausende von Kilometern voneinander entfernt sein, wie im Fall der Sende- und Empfangsstation einer Transatlantikverbindung.

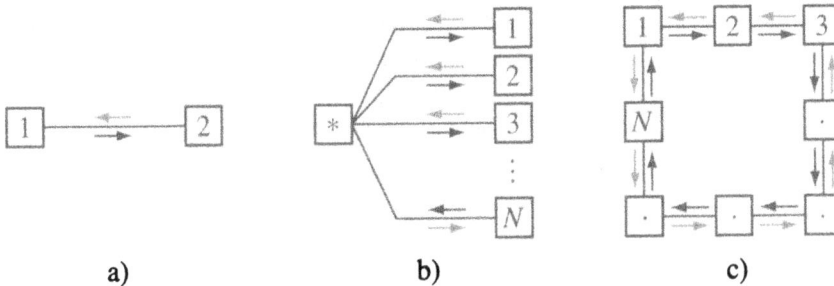

a) b) c)

Abbildung 17.2: Kommunikationstopologien: a) Punkt-zu-Punkt-Verbindung, b) Verteilsystem, c) Netzwerk.

Das *Verteilsystem* (Abbildung 17.2.b) sendet die Signale von einem Sender zu mehreren (N) Empfängern. Die Datenübertragung ist meist unidirektional, d. h. der Datenfluß geht i. a. von der übergeordneten Station (in der Abbildung mit * gekennzeichnet) zu den N Terminals. Da das Signal auf N Stationen verteilt wird, muß im Falle einer optischen Realisierung die Ausgangsleistung des Senders ausreichend groß sein, um den Empfangsstationen ausreichend Leistung zur Verfügung zu stellen. Die physikalische Realisierung kann von Fall zu Fall sehr unterschiedlich sein. Optische Verteilsysteme können einfach durch ungerichtete freie Ausbreitung eines Lichtsignals in einem Raum realisiert werden (*broadcasting*) oder als faseroptische Systeme mit Hilfe von Verzweigern, sogenannten Sternkopplern. Wie einfache Punkt-zu-Punkt-Verbindungen bestehen Verteilsysteme aus festen, d. h. zeitlich nicht veränderlichen Verbindungen. Ein Beispiel für ein Verteilsystem ist das jetzige Rundfunk- und Fernsehsystem. Dabei handelt es sich um reine „Broadcasting-Systeme", bei denen die Übertragung nur vom Sender zu den Empfängern hin geht (*downstream*). Für künftige interaktive Dienste, die über Kabelnetze oder das Internet verteilt werden, ist auch der umgekehrte Weg notwendig (*upstream*).

Die dritte Klasse von Kommunikationssystemen sind *Netzwerke* (Abb. 17.2.c). Bei Kommunikationsnetzwerken handelt es sich um eine Anzahl von Stationen (Teilnehmer oder Terminals), die miteinander kommunizieren. Jede Station ist an einen Netzwerkknoten angeschlossen. Alle Stationen sind gleichwertig, d. h. alle können Signale senden und empfangen. Die Organisation in einem Netzwerk spielt eine wichtige

Rolle. Hierfür gibt es zwei grundsätzlich unterschiedliche Realisierungsmöglichkeiten, nämlich das Netzwerk in einem gemeinsam benutzten Kommunikationsmedium und das vermittelte Netzwerk (Abb. 17.3.a und b).

Für Netzwerke, die ein gemeinsames Übertragungsmedium benutzen, gibt es wiederum unterschiedliche Topologien: den Bus, den Ring und den Stern. Faseroptische Netzwerke bestehen oft aus mehreren Punkt-zu-Punkt-Verbindungen, entweder in einer Ringanordnung wie beim FDDI (*Fiber Distributed Data Interface*) oder in einer Sternanordnung wie beim Ethernet. Kleinere Netzwerke mit geringen Entfernungen bezeichnet man häufig als Lokale Netzwerke oder LAN (*Local Area Networks*), größere als MAN (*Metropolitan Area Network*) oder WAN (*Wide Area Network*). LANs für Computer sind ein typisches Beispiel. Wie Punkt-zu-Punkt-Verbindungen und Verteilsysteme sind Netzwerke aus dauerhaften Verbindungen aufgebaut und nur durch Änderung der Verkabelung rekonfigurierbar.

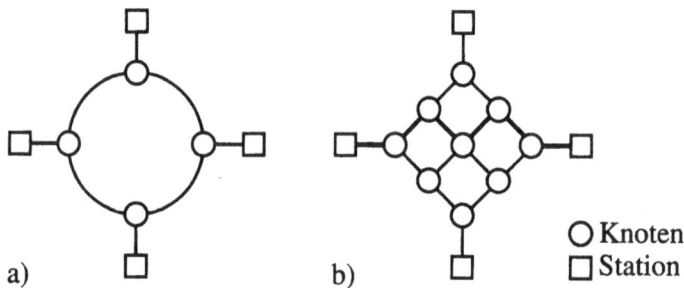

Abbildung 17.3: Kommunikationsnetzwerke: a) mit gemeinsam genutztem Kommunikationsmedium (hier ist speziell ein lokales Netzwerk mit Ringstruktur gezeigt), b) vermitteltes Netzwerk.

Dies verhält sich anders bei vermittelten Systemen. Vermittlungen erlauben es, jede beliebige Station mit jeder anderen zu verbinden. Die Verbindungen sind temporär, d. h. nur für die Dauer der Kommunikation, eingerichtet. Vermittlungssysteme können so aufgebaut sein, daß sie auch Verteilfunktionen realisieren können. Bei Vermittlungen unterscheidet man wiederum unterschiedliche Architekturen und Prinzipien, worauf hier jedoch nicht eingegangen wird. Das Standardbeispiel für ein vermitteltes Kommunikationssystem ist das Telephonnetz mit seiner enormen Anzahl von Teilnehmern. Diese große Teilnehmerzahl macht es erforderlich, daß das Telephonnetz hierarchisch aufgebaut ist. Einfachere Vermittlungssysteme findet man z. B. innerhalb von Computern, wo sie statt eines Computerbusses eingesetzt werden. Die relativ aufwendige vermittelte Kommunikation in Computern war bisher der Klasse der Supercomputer vorbehalten, seit kurzem findet man diese Technologie allerdings auch in Workstations vor.

17.1.2 Multiplexverfahren

Die erste Möglichkeit, das Problem der mangelnden Bandbreite jetziger Netze zu reduzieren, besteht darin, mehr Glasfasern zu verlegen. Dies findet derzeit auch in großem Maßstab statt. Die zweite Möglichkeit ist die Verwendung von *Multiplexverfahren*, was auch eine Frage der Wirtschaftlichkeit ist. Unter einem Multiplexsystem (oder auch Vielfachzugriffsystem) versteht man ein Übertragungssystem, bei dem ein gemeinsamer Übertragungsweg von mehreren Teilnehmern benutzt wird (Abb. 17.4). Ein bekanntes Beispiel ist die Verteilung des freien Raumes zur Ausbreitung von Rundfunksignalen. Die Verwendung von Multiplexverfahren setzt eine geeignete Darstellung der Signale voraus als auch eine geeignete Hardware, die es erlaubt, die Signale auf der Eingangsseite einzuspeisen und auf der Ausgangsseite zuzuordnen.

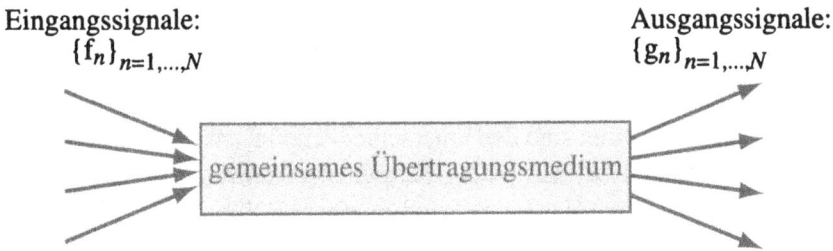

Eingangssignale:
$\{f_n\}_{n=1,\dots,N}$

Ausgangssignale:
$\{g_n\}_{n=1,\dots,N}$

gemeinsames Übertragungsmedium

Abbildung 17.4: Schematische Darstellung eines Multiplexsystems.

Man unterscheidet i. w. drei Grundverfahren für die Multiplextechnik:

a) Zeitmultiplex (*time division multiplex* — TDM) für zeitliche Signale bzw. Raummultiplex für räumliche Signale,

b) Frequenzmultiplex (*frequency division multiplex* — FDM) bzw. im optischen Bereich Wellenlängenmultiplex (*wavelength division multiplex* — WDM),

c) Kodemultiplex (*Code Division Multiplex* — CDM).

Die Verfahren lassen sich in einer dreidimensionalen Darstellung anschaulich machen (Abb. 17.5). Beim Zeitmultiplex erfolgt eine zeitliche Verschachtelung mehrerer Kanäle. Für jeden Kanal stehen Zeitschlitze (*time slots*) zur Verfügung. Beim Frequenzmultiplex wird die Bandbreite des Übertragungsmediums in Frequenzbänder aufgespalten. Das einzelne Frequenzband steht für einen bestimmten Kanal zeitlich unbegrenzt zur Verfügung. In der optischen Nachrichtenübertragung verwendet man als Trägerfrequenz häufig direkt die Frequenz der optischen Welle und spricht in diesem Fall von Wellenlängenmultiplex (*wavelength division multiplex*). Das CDM-Verfahren verwendet eine Aufteilung bezüglich der spektralen Leistungsdichte des Signales $s(t)$. Ein Nachrichtenkanal entspricht hier einem Kodewort, das zur spektralen Spreizung verwendet wird. Man verwendet daher für dieses Multiplexverfahren auch die Bezeichnung *Spread Spectrum Multiplex*.

$|S(\nu)|^2$ $|S(\nu)|^2$ $|S(\nu)|^2$

Zeitschlitz	Frequenz- bzw.	„Leistungsdichteband"
a)	b) Wellenlängenband	c)

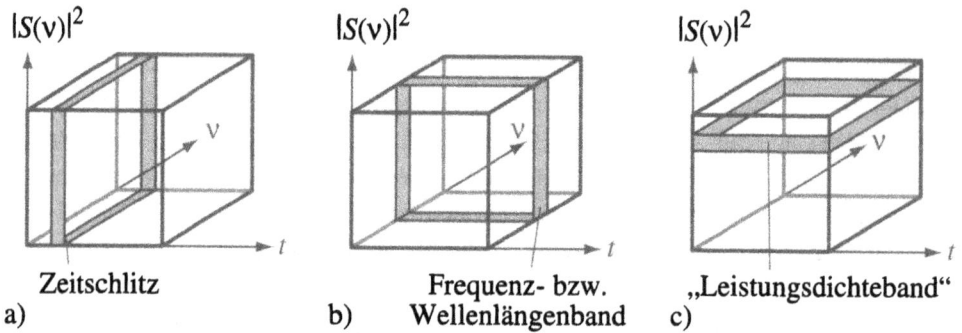

Abbildung 17.5: Darstellung der drei Multiplexverfahren: a) Zeitmultiplex, b) Frequenz- bzw. Wellenlängenmultiplex, c) Code Division Multiplex. $|S(\nu)|^2$ ist die spektrale Leistungsdichte des Signals.

17.1.3 Zeitmultiplex und räumliches Multiplex

Beim Zeitmultiplexverfahren sind den unterschiedlichen Kanälen Zeitfenster der Breite δt zugeordnet (Abb. 17.6). Zu jedem Zeitpunkt wird immer nur das Signal eines Kanals übertragen. Mehrere Zeitfenster sind in einem Rahmen zusammengefaßt. Die zeitliche Rahmenlänge bei N Kanälen beträgt $\Delta t = N\delta t + \Delta t_s$, wobei Δt_s die Zeitdauer für die Übertragung von Information zur Synchronisation usw. ist.

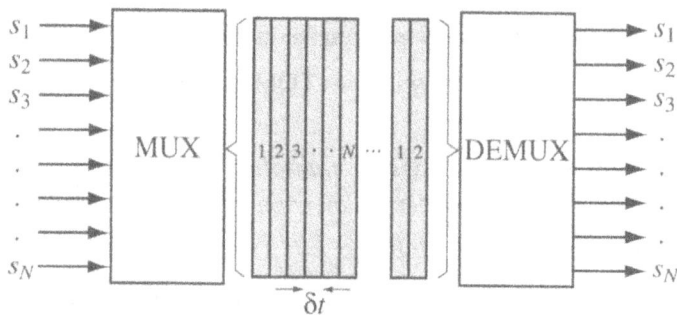

Abbildung 17.6: Zeitmultiplexverfahren. Während des n-ten Zeitschlitzes steht der Übertragungskanal für das Signal n zur Verfügung.

Beispiel 17.1   PCM-Kanäle

Ein Beispiel für die Verwendung des TDM-Verfahrens ist die Übertragung von Sprachkanälen, die mit Hilfe der PCM-Technik (Pulskodemodulation) kodiert sind. Die vorgegebene Abtastrate von 8 kHz ergibt eine Rahmenlänge von $\Delta t = 125$ μs. Pro Rahmen sind im europäischen PCM-System 30 Kanäle in zwei Gruppen à 15 Kanälen (Kanäle 1–15 und 17–31) zusammengefaßt. Hinzu kommen zwei gleichgroße Zeitschlitze (Kanäle 0 und 16) für die Synchronisation und Signalisierung (Abb. 17.7). Der Zeitschlitz für einen Kanal ist etwa demnach

$(125/32)$ μs = $3,9$ μs lang. Jeder PCM-Kanal ist mit acht Bits kodiert, welche während dieses Zeitraums übertragen werden. 16 Rahmen werden in sogenannten Multirahmen zusammengefaßt, welches eine Einheit für die Synchronisation darstellt.

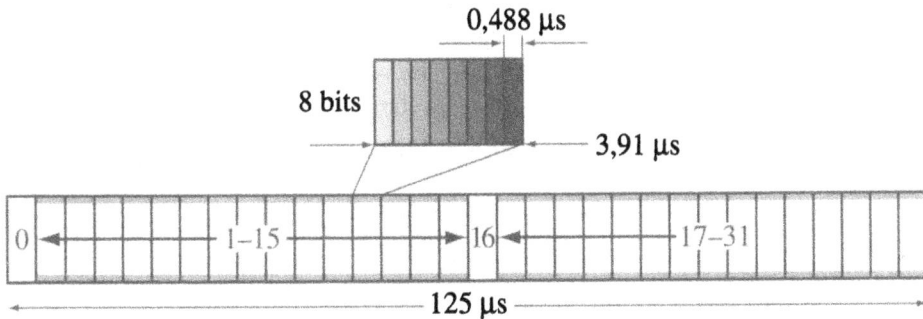

Abbildung 17.7: Aufbau des Rahmens für das PCM-30-Zeitmultiplexverfahren.

Das Zeitmultiplexverfahren ist gewissermaßen die traditionelle Methode in der Telekommunikationsindustrie, um die Kapazität des Kommunikationssystems zu steigern. Ein Beispiel hierfür ist die SONET-Hierarchie (*synchronous optical network*). Von einer Hierarchiestufe zur nächsten steigt die Bitrate um einen Faktor 4. Jetzige Systeme benutzen Datenraten von ca. 2,5 Gb/s bzw. ca. 10 Gb/s. Der nächste Schritt ist der zu Systemen mit 40 Gb/s. Ein praktisches Problem, welches dabei für die optische Übertragung auftritt, ist u. a. die Polarisationsmodendispersion (PMD).

17.1.4 Wellenlängenmultiplex

Nach dem Verlegen von zusätzlichen Glasfasern und dem Übergang zu höheren Datenraten innerhalb des TDM-Verfahrens steht als dritte Möglichkeit zur Steigerung der Netzkapazität das (D)WDM-Verfahren zur Verfügung. WDM vergrößert die Kapazität des existierenden Glasfasernetzes (*embedded fiber*), indem optischen Eingangssignalen wohldefinierte optische Wellenlängen zugewiesen werden, die dann gemeinsam über eine einzige Glasfaser laufen. (Im vorher benutzten Bild des Straßennetzes gesprochen, könnte man sagen, man vergrößert die Anzahl der Fahrspuren der Autobahn.) Das WDM-Verfahren bietet vom Systemstandpunkt aus zwei große Vorteile: zum einen sind die optischen Schnittstellen bitraten- und formatunabhängig, was bedeutet, daß ein Dienstanbieter die Technik relativ einfach in das existierende Netz integrieren kann. Zweitens umgeht man den elektronischen „bottleneck", der beim TDM-Verfahren im Multiplexer auftritt.

Das Schema des Frequenz- bzw. Wellenlängenmultiplex ist in Abb. 17.8 gezeigt. Ein WDM-System verwendet Lichtsignale unterschiedlicher Wellenlängen, von denen jedes mit einem unterschiedlichen Signal moduliert wird. Die modulierten Signale werden über eine Glasfaser oder ein Freiraumsystem übertragen. Das Demultiplexen findet auf der Empfängerseite mit Hilfe von optischen (statt elektronischen) Filtern statt. Diese können auf unterschiedliche Weise realisiert werden, z. B. als Fabry-Perot-Filter oder als Gitterspektrometer, und als integriert-optische Bauelemente hergestellt werden. Erste WDM-Systeme wurden mit 8 oder 16 Wellenlängen realisiert. Mittlerweile arbeitet man an DWDM-Systemen mit bis zu 100 Datenkanälen. Die unterschiedlichen Kanäle sind spektral um weniger als ein Nanometer voneinander getrennt.

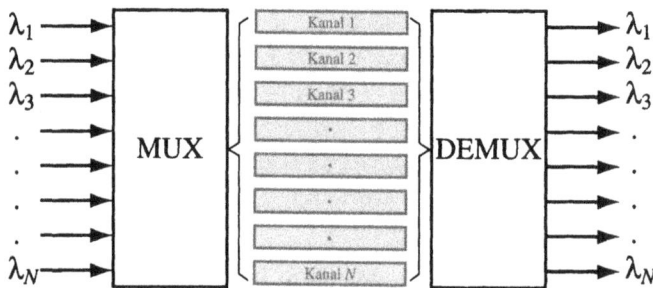

Abbildung 17.8: Prinzip des Wellenlängenmultiplex. Die N Wellenlängenkanäle werden durch ein gemeinsames Medium (z. B. Glasfaser) übertragen.

17.1.5 Kodemultiplex

Das CDM-Verfahren ist ein Verfahren, welches mit Hilfe von Korrelationstechniken erlaubt, eine Zuordnung der Kanäle vorzunehmen. Für das CDM stehen drei Möglichkeiten zur Verfügung: die Modulation mit Pseudozufallsfolgen, das Frequenzspringen und die Chirp-Modulation. Die Modulation mit Pseudozufallsfolgen eignet sich z. B. als Adressierungsmechanismus in faseroptischen Netzwerken. Dabei wird jedem Puls einer Signalfolge als Kode eine „Feinstruktur" aufgeprägt. Diese Struktur besteht aus einer hochfrequenten Bitfolge mit bestimmten Eigenschaften. Insbesondere verwendet man Zufallsfolgen, deren Autokorrelation i. w. einen Deltapeak aufweist. Wie oben beschrieben, lassen sich solche Pseudozufallsfolgen als Galois-Sequenzen realisieren, welche sich über Schieberegisterfolgen erzeugen lassen. Die Dekodierung bei einem Empfänger findet über eine Korrelation statt. Ist der Korrelationspeak größer als ein festgelegter Schwellwert, so wird eine logische 1 erkannt, andernfalls eine Null. Die Chirpmodulation stellt eine analoge Variante der Modulation mit binären Pseudozufallsfolgen dar, wobei das Modulationssignal z. B. eine $\sin(\pi t^2)$-Funktion ist, deren Autokorrelation ebenfalls ein Deltapeak ist. Beim Frequenzspringen findet eine (pseudo-)zufällige Zuordnung der Frequenzkanäle statt.

17.2 WDM-Systeme

17.2.1 Von Breitband-WDM zu DWDM

An dieser Stelle ist es sinnvoll, die Terminologie noch einmal klarzustellen. In der Literatur findet man zwei Akronyme, WDM und DWDM. Zu einem früheren Zeitpunkt wurde das sogenannte Breitband-WDM-Verfahren entwickelt. Es benutzt relativ wenige (typisch 8 oder 16) Wellenlängen in den Wellenlängenfenstern um 1310 nm und 1550 nm. Es ist passiv, d. h. es werden keine faseroptischen Verstärker (EDFA) verwendet. Im Gegensatz dazu benutzt DWDM viele (bis zu 100 oder mehr) Wellenlängen im Bereich von 1550 nm und beinhaltet häufig EDFAs. Der Kanalabstand beträgt typisch 0,1 nm, was einem Frequenzabstand von 10 GHz oder mehr entspricht (Abb. 17.9). DWDM kombiniert mehrere optische Signale, die dann insgesamt durch einen optischen Verstärker laufen. Die Signale können eine unterschiedliche Datenrate aufweisen und unterschiedliche Formate (ATM, IP usw.).

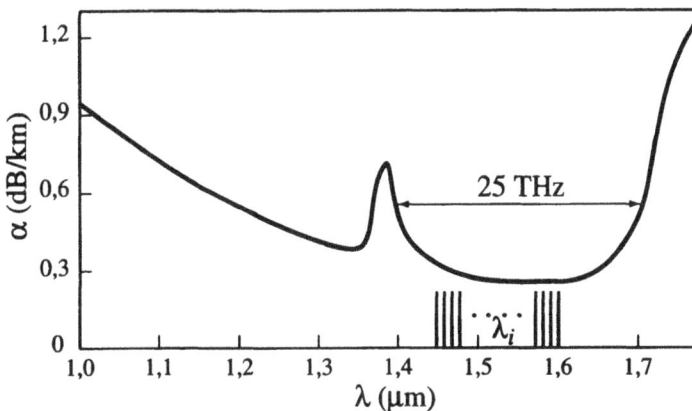

Abbildung 17.9: DWDM und die Übertragungscharakteristik von Glasfasern.

17.2.2 WDM-Netzwerke

Das Konzept eines WDM-Netzwerks beinhaltet die Möglichkeit, an den Knotenpunkten einzelne Signale (optisch) mit Hilfe von *Add/Drop-Multiplexern* (ADM) dem Datenstrom hinzuzufügen bzw. zu extrahieren (Abb. 17.10). Zugang zum Netzwerk und Verbindungen innerhalb des Netzwerks erfolgen durch *„adding"*, *„dropping"* und *„routing"* von Wellenlängen an jedem Knotenpunkt. Ein wesentlicher Aspekt ist, daß zwar an jedem Knotenpunkt nur N Wellenlängen zur Verfügung stehen $(\lambda_1, \ldots, \lambda_N)$, aber der Ursprung dieser Wellenlängen von Link zu Link variieren kann. Dieses Verfahren bezeichnet man als *„wavelength reuse"* (Wiederverwendung von Wellenlängen). Es ermöglicht, daß die Anzahl der Nutzer größer als die Anzahl verwendeter Wellenlängen sein kann.

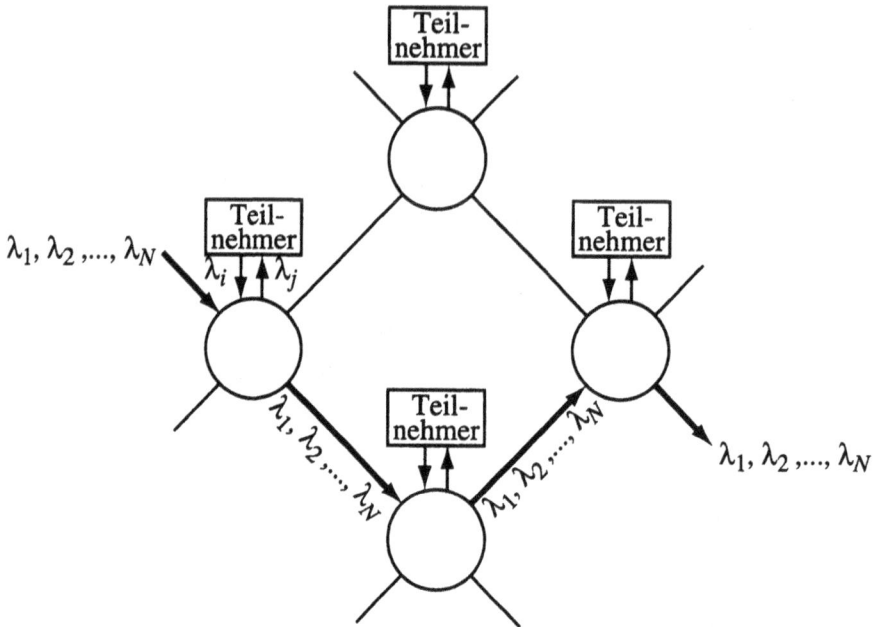

Abbildung 17.10: Allgemeine Struktur eines WDM-Netzwerks: faseroptische WDM-Übertragungsstrecken verbinden rein-optische Knoten. Die dickeren Linien illustrieren einen speziellen Signalweg als Beispiel.

Der Aufbau eines Knotenpunktes in einem WDM-System ist in Abb. 17.11 dargestellt. Die eingehenden Signale werden wellenlängenmäßig getrennt (DEMUX). Ein optischer oder elektronischer Schalter extrahiert einen speziellen Kanal bzw. fügt unter Umständen ein neues Signal hinzu (MUX). In einem „regenerativen" Netzwerk wird das optische Signal in ein elektrisches Signal umgewandelt im Gegensatz zu einem rein optischen Netzwerk. Ein wichtiges Merkmal von rein-optischen Netzwerken ist ihre „Transparenz", d. h. die Fähigkeit, Signale mit unterschiedlichen Datenraten und Formaten zu transportieren.

17.2.3 WDM-Komponenten

WDM-De/Multiplexer sind Komponenten, welche Lichtsignale unterschiedlicher Wellenlänge voneinander trennen bzw. miteinander kombinieren. Zwei Arten von WDM-Komponenten werden verwendet: wellenlängen-selektive Filter, welche als dielektrische Filter realisiert werden, und Gitteranordnungen. Die Anforderungen an einen De-/Multiplexer sind: a) minimale Verluste und b) minimales Übersprechen (*crosstalk*).

Die Durchgangsdämpfung (gemessen in dB) für eine Wellenlänge λ_i ist definiert als

$$\alpha_i = 10 \log \left(\frac{P_{i,\text{out}}}{P_{i,\text{in}}} \right) \qquad (17.1)$$

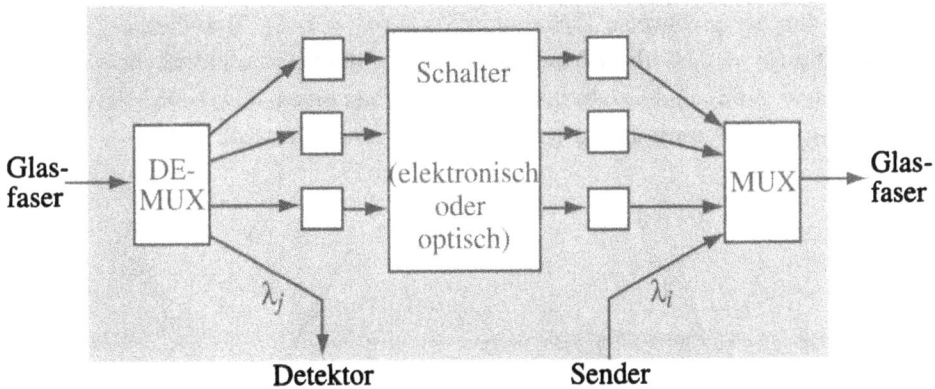

Abbildung 17.11: Aufbau eines Knotenpunkts für ein WDM-Netzwerk.

$P_{i,\text{in}}$ ist die optische Leistung des Signals der Wellenlänge λ_i am Eingang des Multiplexers, $P_{i,\text{out}}$ ist die Leistung am Ausgang.

Übersprechen zwischen zwei Kanälen bedeutet, daß ein Signal in einen Nachbarkanal überkoppelt und dort das Signal-zu-Rausch-Verhältnis reduziert. Die Ursache für Übersprechen in einem WDM-(DE-)MUX ist oft ein begrenztes spektrales Auflösungsvermögen. Im allgemeinen, ergibt sich das Übersprechen durch einen komplexen Zusammenhang aller Teilkomponenten (Quellen, Multiplexer, Demultiplexer und Empfänger) des gesamten Übertragungssystems. Übersprechen zwischen zwei Kanälen i und j kann durch eine 2-D Matrix C beschrieben werden mit den Koeffizienten

$$C_{ij} = 10 \log \left(\frac{P_{ij}}{P_{ii}} \right) \tag{17.2}$$

$P_{i,j}$ ist die optische Leistung der Wellenlänge λ_j im Kanal i. Der gesamte optische Crosstalk, der in den i-ten Kanal eingekoppelt wird, ist:

$$C_i = 10 \log \left(\frac{\sum_{i \neq j} P_{ij}}{P_{ii}} \right) \tag{17.3}$$

Für die Realisierung von WDM-Komponenten stehen mehrere Technologien zur Verfügung: diskrete Komponenten, z. B. dünne Filter und Gitteranordnungen, Faserkomponenten und integriert-optische Komponenten. Ein dielektrisches Filter besteht aus einem Stapel von dünnen Schichten mit abwechselnd höherem (H) und niedrigerem (L) Brechungsindex (Abb. 17.12). Die optische Transmission einer einzelnen Schicht ergibt sich als die Transmissionskurve des Fabry-Perot-Resonators. Bei einem Stapel dünner Schichten ergeben sich die Transmissionseigenschaften aus dem Produkt der einzelnen Übertragungskurven. Man kann zwei Typen von optischen Filterkurven realisieren, das dichroitische Filter zur Trennung von Wellenlängen und das Bandpaßfilter. Dazu optimiert man die Filterstapel in geeigneter Weise durch Verwendung von

Materialien wie beispielsweise Zirkoniumdioxid ($n = 2, 1$), Titandioxid ($n = 2, 4$) und Zinksulfid ($n = 2, 3$) als H-Materialien sowie Magnesiumfluorid ($n = 1, 4$) und Cerfluorid ($n = 1, 62$) als L-Materialien. Zum Aufbau eines WDM-DEMUX benötigt man allerdings eine Anordnung, die aus mehreren Filtern besteht.

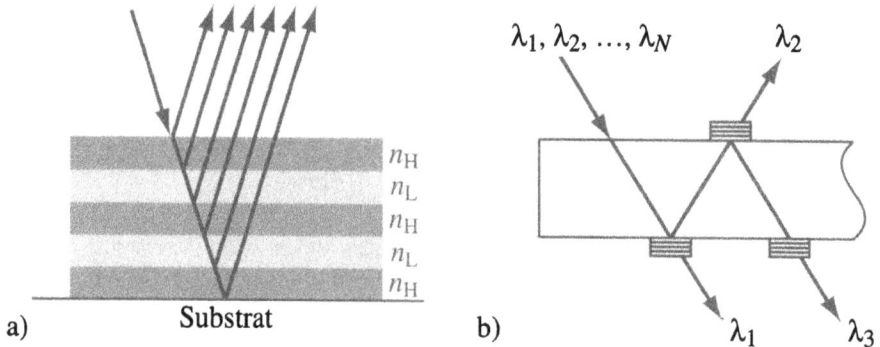

Abbildung 17.12: a) Aufbau eines dielektrischen Filters aus abwechselnden optischen Schichten mit niedrigerem (L) und höherem (H) Brechungsindex. b) Verwendung dielektrischer Filter zum Wellenlängen-Demultiplexen.

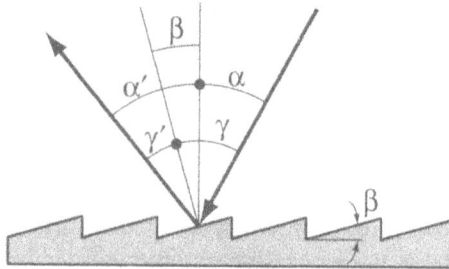

Abbildung 17.13: Geblaztes Beugungsgitter in Reflexion.

Als Wellenlängenmultiplexer werden insbesondere auch Gitterspektrometer eingesetzt. Die Verwendung von Gittern bietet zwei Vorteile: a) potentiell eine sehr große spektrale Auflösung abhängig von der Anzahl der verwendeten Gitterperioden, b) die Aufspaltung der Wellenlängen in einem einzigen Schritt. Verwendet werden hier häufig geblazte Gitter in Reflexion (Abb. 17.13).

Gemäß der Beugungstheorie, ist der Winkel α der m-ten Beugungsordnung gegeben als

$$\sin \alpha - \sin \alpha' = m \frac{\lambda}{p} \tag{17.4}$$

wobei p die Gitterperiode ist und α' die Einfallsrichtung. Die Winkeldispersion eines Gitterspektrometers in der m-ten Ordnung ist

$$\frac{d\alpha}{d\lambda} = \frac{m}{p\cos\alpha} \qquad (17.5)$$

Die spektrale Auflösung ist durch die Anzahl N der beleuchteten Gitterperioden gegeben:

$$\frac{\lambda}{\delta\lambda} = N \qquad (17.6)$$

Für Gitter, welche in Reflexion verwendet werden, lautet die Gittergleichung:

$$p\left(\sin\alpha + \sin\alpha'\right) = m\lambda \qquad (17.7)$$

Reflektive Gitter werden häufig als „geblazte" Gitter mit einem Sägezahnprofil hergestellt und wirken als reflektiv-diffraktive Elemente bzw. in Transmission als refraktiv-diffraktive Elemente. Dies bedeutet, daß wir die Reflexionsbedingung

$$\gamma = -\gamma' \qquad (17.8)$$

zusätzlich zur Beugungsbedingung Gl. (17.4) erfüllen müssen. Hier ist β der Blaze-Winkel, γ der Einfallswinkel und γ' der Winkel, unter dem die m-te Ordnung abgebeugt wird. Die gebeugte Welle hat maximale Helligkeit, wenn Gleichung (17.8) erfüllt ist. Mit $\gamma = \alpha - \beta$ und $\gamma' = \alpha' - \beta$ erhält man für den Blaze-Winkel:

$$\beta = \frac{\alpha + \alpha'}{2} \qquad (17.9)$$

Mit Gl. (17.7) ergibt sich:

$$2p\sin\beta\cos\frac{\alpha - \alpha'}{2} = m\lambda \qquad (17.10)$$

Üblicherweise wird der Blaze-Winkel β für die sogenannte Littrow-Bedingung berechnet. Hier gilt: $\alpha = -\alpha'$. Unter dieser Bedingung ist in der m-ten Ordnung

$$\lambda = \frac{2p}{m}\sin\beta \qquad (17.11)$$

Von besonderem Interesse sind faseroptische Bragg-Gitter als Demultiplexer. Die Bragg-Gitter werden mit Hilfe von UV-Laserstrahlung in die Faser „eingeschrieben", z. B. auf interferometrischem Wege. Der Demultiplexer besteht entweder aus mehreren Gittern jeweils unterschiedlicher Periode bzw. durch ein „gechirptes" Gitter (mit kontinuierlich veränderlicher Periode), siehe Abbildung 17.14.

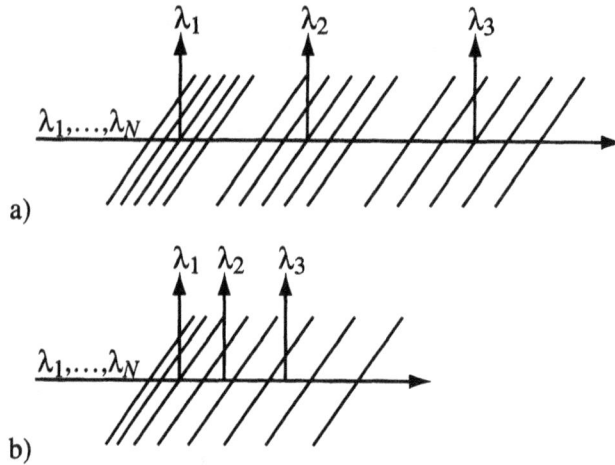

a)

b)

Abbildung 17.14: Fasergitter als WDM-Demux. a) Diskrete Anordnung, b) gechirptes Gitter.

Eine integrierte Variante zeigt Abb. 17.15. Diese Komponente stellt ein optisches *Phased Array* dar und wird als *„arrayed waveguide grating"* (AWG) oder auch *„waveguide grating router"* (WGR) bezeichnet.

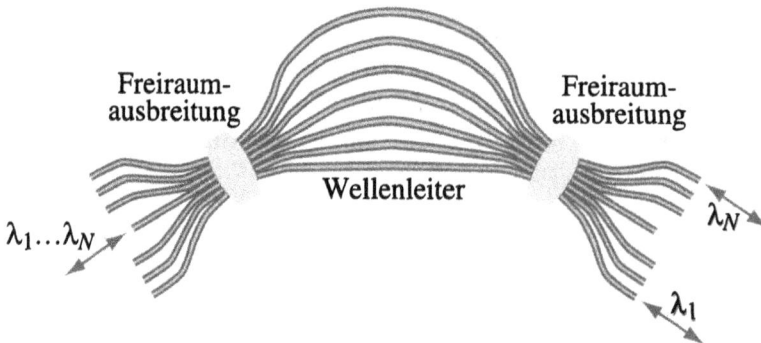

Abbildung 17.15: *Arrayed waveguide grating* (AWG) als λ-MUX/DEMUX. Durch Anpassung der Längen der Wellenleiter erzeugt man ein Vielstrahlinterferometer, dessen Wellenlängenabhängigkeit hier ausgenutzt wird.

17.3 Crossconnects

Wie eingangs gesagt, werden Crossconnects eingesetzt, um den Übergang von einem Teilnetz zu einem anderen zu realisieren. Ein Crossconnect stellt vom Prinzip her ein Vermittlungssystem mit einer relativ kleinen Zahl von Ein- und Ausgängen dar, was als *Crossbar*-Netz („Koppelvielfach") aufgebaut wird. Die Verbindungsstruktur ist in Abb. 17.16 dargestellt.

Schaltknoten

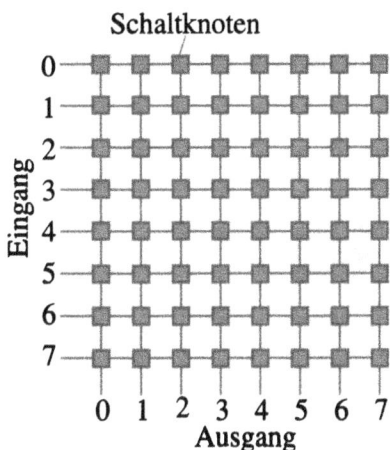

Abbildung 17.16: Crossbar-Netzwerk bestehend aus N Ein- und Ausgängen sowie N^2 Schaltknoten.

Um N Eingänge und M Ausgänge miteinander in beliebiger Weise miteinander zu verknüpfen, ist eine 2-D Schaltmatrix mit NM Schaltknoten nötig. Wellenleiter- und freiraumoptische Realisierungen sind möglich, wobei wegen des ungünstigen Skalierungsverhaltens wellenleiteroptische Lösungen auf kleine Werte von N begrenzt sind. Abbildung 17.17 zeigt eine Realisierung einer 4×4 Schaltmatrix bestehend aus 1×4-Schaltmatrizen und faseroptischen Verbindungen.

1x4-Schalter   Glasfaserverbindungen   4x1-Schalter

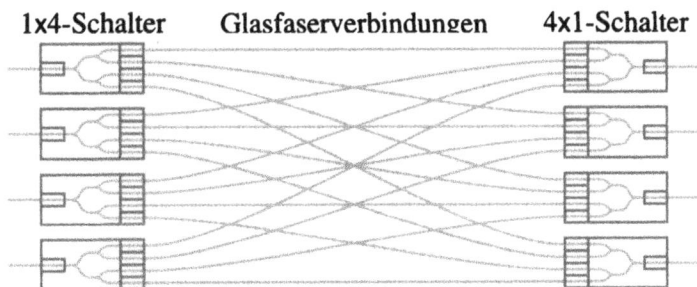

Abbildung 17.17: 4×4 Schaltmatrix aufgebaut aus 1×4 Schaltern, welche wiederum aus 1×2 Schaltern zusammengesetzt sind.

Die 1×4- bzw. 4×1-Schaltmatrizen sind aus einer Vielzahl von 1×2-Schaltern aufgebaut, wofür man z. B. Richtkoppler oder, wie hier gezeigt, thermo-optische Schalter einsetzen kann. Bei dem in Abb. 17.18 dargestellten Schalter handelt es sich um eine Wellenleiterverzweigung mit sehr kleinem Öffnungswinkel von etwa $0{,}1°$. Bei solch kleinen Winkeln wirken sich Unsymmetrien sehr stark auf die Lichtverteilung auf die beiden Ausgänge aus. So bewirkt beispielsweise die gezielte Verbreiterung eines der beiden Wellenleiter, daß das gesamte Licht in den breiteren Arm läuft. Durch Ver-

wendung einer Heizelektrode und den thermooptischen Effekt kann man kontrolliert
den Lichtfluß steuern, so daß nun das gesamte Licht in den schmaleren Wellenleiter
umgeschaltet wird.

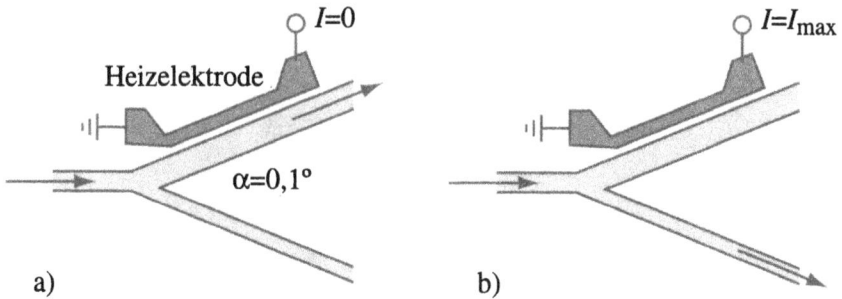

Abbildung 17.18: Prinzip eines thermooptischen 1×2 Schalters. Bei Anlegen einer Spannung verändert
sich n und damit der Lichtweg.

Für große Werte von N sind freiraum-optische Realisierungen von Interesse, die man
mit Hilfe von 2-D Schaltmatrizen (Flüssigkristallkomponenten, Halbleiterschaltele-
mente oder mikromechanische Spiegelarrays) realisiert. Abbildung 17.19 zeigt den
prinzipiellen optischen Aufbau und Abbildung 17.20 einen mikromechanisch reali-
sierten Spiegelschalter.

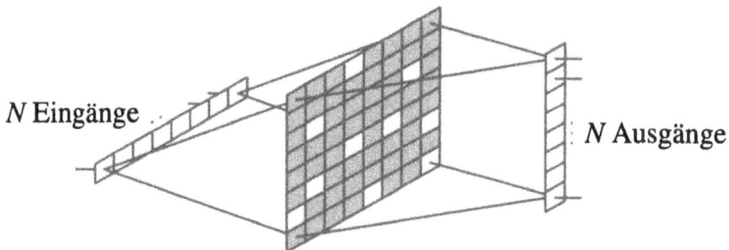

Abbildung 17.19: Abb. 18.18: Freiraumoptische Realisierung eines optischen Crossconnects mit 2-D
Schaltmatrix.

17.4 Signalregeneration in optischen Netzen

In optischen Netzen stellen Transponder eine wesentliche Voraussetzung für die Kas-
kadierung in rein-optischen Netzwerken dar. Der Begriff Transponder kommt aus der
Satellitentechnik. Ein Transponder für optische Netzwerke kann für drei unterschiedliche Arbeitsweisen ausgeführt sein: a) als reiner Amplitudenverstärker (1R-Regenera-
tor, für *„reamplification"*), b) mit zusätzlicher Signalformrückgewinnung (2R-Regene-

Abbildung 17.20: Einzelnes Element in einem mikromechanischen Spiegelarray gefertigt aus Silizium. (Quelle: Bell Labs, Lucent Technologies).

rator, das zweite R steht für „*reshaping*") oder c) mit zusätzlicher Taktrückgewinnung (3R-Regenerator, das dritte R für „*retiming*"). Transponder werden z. B. am Rande von WDM-Netzwerken in Crossconnects zur Wellenlängenkonversion eingesetzt.

18 Optische Verbindungstechnik und optische Informationsverarbeitung

In diesem Kapitel behandeln wir zwei verwandte Themengebiete, die optische Verbindungstechnik und die optische Informationsverarbeitung. Im Grunde geht es bei beiden Themen um die Frage, wie man unter Einsatz photonischer Technologien die Leistungsfähigkeit von Computern steigern kann, wobei bei der Verbindungstechnik der Aspekt der Kommunikation im Vordergrund steht. Bei der optischen Informationsverarbeitung geht man dann einen Schritt weiter und untersucht, inwiefern man auch ganze Rechenoperationen optisch durchführen kann. Hier unterscheidet man die analoge Rechentechnik, die i. w. auf der optischen Fourier-Transformation beruht. Bei der digitalen optischen Informationsverarbeitung versucht man u. a., parallelisierbare Rechenstrukturen mit Hilfe paralleler Schaltmatrizen und Verbindungen zu realisieren.

18.1 Optische Verbindungstechnik

Computer sind in zunehmendem Maße kommunikationsbegrenzt. Als Folge der ständig wachsenden Leistungen der Prozessoren stößt die elektrische Verbindungstechnik zunehmend an ihre Grenzen. Diese sind zum Teil bedingt durch die zweidimensionale Topologie elektronischer Verbindungen, zum Teil durch physikalische Phänomene wie abstrahlbedingtes Übersprechen zwischen zwei oder mehr Leitungen oder den Effekt der Elektromigration. Der elektronische „*bottleneck*" kann durch den Einsatz optischer Verbindungen eliminiert werden. Für die Optik spricht u. a. die große zeitliche und räumliche Bandbreite und die Abwesenheit einer signalfrequenzabhängigen Dämpfung. Man untersucht sowohl wellenleiter- als auch freiraumoptische Ansätze zur optischen Verbindungstechnik.

18.1.1 Grenzen elektrischer Verbindungen

Die Rechenleistungen heutiger Rechner sind beeindruckend. Supercomputer können TFLOPs (FLOP: *floating point operation*) durchführen. Bereits einfache PCs sind in der Lage, Bilder und Bildfolgen (Videos) problemlos zu bearbeiten und darzustellen. Die Verbesserungen der Rechenleistung lassen sich auf Chipebene durch die wachsende Anzahl der Transistoren bzw. logischen Gatter angeben. Bereits zu Beginn der

Entwicklung von VLSI-Chips wurde von Gordon Moore die empirische Regel aufgestellt, nach der sich die Anzahl der Transistoren auf den Prozessorchips alle 18 Monate
verdoppeln würde („*Moore's law*"). Die Entwicklung der VLSI-Technologie hat diese
Regel sogar übertroffen.

Allerdings, während die Rechenleistung der Prozessoren exponentiell wächst, kommt
die Leistungsfähigkeit der Computerkommunikation nicht mehr mit. Es hat sich im
Verlauf der Entwicklung herausgestellt, daß die Anzahl der Verbindungen, welche
man zum optimalen Betrieb zwischen den Teilen eines Rechnersystems benötigt, in
einem bestimmten Verhältnis zu der Anzahl der jeweils enthaltenen logischen Gatter
steht. Diese empirische Regel ist als *Rent's rule* bekannt und kann wie folgt dargestellt
werden:

$$\mathcal{N} = a\,\mathcal{N}_\mathrm{g}^b \tag{18.1}$$

Hier ist $\mathcal{N}$ die Anzahl der Verbindungen, $\mathcal{N}_\mathrm{g}$ die Anzahl der logischen Gatter, a und
b sind Konstanten. b liegt typisch im Bereich zwischen $0,5$ und $0,7$. Häufig gewählte
Werte zur empirischen Beschreibung des Sachverhaltes sind $a = 2,5$ und $b = 0,6$. Für
einen Chip der Fläche A ist $\mathcal{N}_\mathrm{g} \propto A$. Im Falle einer 2-D Verbindungstechnik skaliert
die Zahl der Leitungen mit der Kantenlänge des Chips, also $\mathcal{N} \propto A^{1/2}$ (siehe Abb.
18.1). Zwischen $\mathcal{N}$ und $\mathcal{N}_\mathrm{g}$ ergibt sich damit die Proportionalität $\mathcal{N} \propto \mathcal{N}_\mathrm{g}^{0,5}$, was unterhalb der Forderungen von *Rent's rule* liegt. D. h., im gleichen Maß, wie Prozessoren
durch die Fortschritte der VLSI-Technik leistungsfähiger werden, weil die Anzahl der
enthaltenen logischen Gattern größer wird, wächst ihr Kommunikationsbedarf. Dieser
kann aber durch eine 2-D Verbindungstechnik ab einem gewissen Punkt nicht mehr
voll befriedigt werden, da die Anzahl an Verbindungen nicht mehr adäquat anwachsen
kann.

Neben solchen *topologischen* gibt es weitere Begrenzungen der elektrischen Verbindungstechnik, *physikalische* wie das Tiefpaßverhalten bedingt durch RC-Zeitkonstan-
ten und induktives Überkoppeln zwischen eng benachbarten Leitungen als auch
architekturbedingte wie dem sog. *von Neumann bottleneck*.

18.1.2 Hierarchie der optischen Verbindungstechnik

Bei der optischen Verbindungstechnik handelt es sich um die Datenübertragung über
kurze Entfernungen im Bereich von Metern bis herab zu Millimetern. Je tiefer die Systemebene, auf der man sich befindet, um so kürzer die Entfernungen und um so größer
ist die Anzahl $\mathcal{N}$ von Verbindungen (Abb. 18.2). Im Fall der Kommunikation zwischen
Baugruppen (*board-to-board* oder auch *inter-board*) betragen die Entfernungen bis zu
1 m und $\mathcal{N} = O(10)$. *Intra-board*-Verbindungen sind Datenleitungen innerhalb einer
Baugruppe. Die Übertragungsstrecken sind hier von der Größenordnung $0,1$ m. Auf

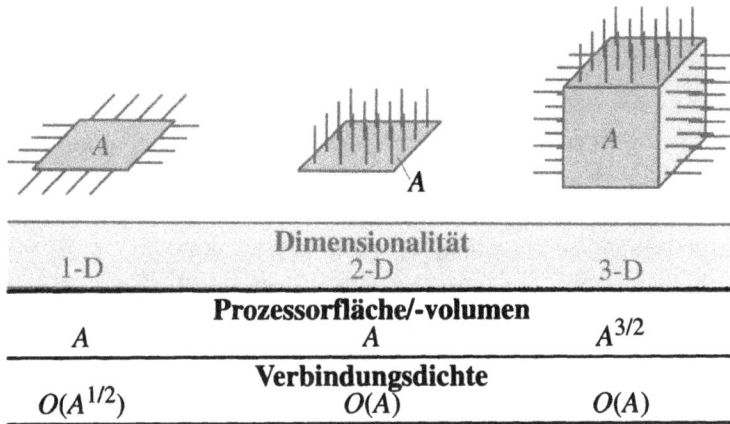

Dimensionalität		
1-D	2-D	3-D
Prozessorfläche/-volumen		
A	A	$A^{3/2}$
Verbindungsdichte		
$O(A^{1/2})$	$O(A)$	$O(A)$

Abbildung 18.1: Topologien für die Verbindungstechnik und ihr Skalierungsverhalten. Im Falle einer 2-D Prozessorfläche und einer 3-D Verbindungstechnik (mittlere Spalte) hat man optimale Anpassung zwischen Verarbeitung und Kommunikation.

der *Chip-to-Chip*-Ebene betragen die Entfernungen nur noch Millimeter oder Zentimeter mit $\mathcal{N} = O(100)$.

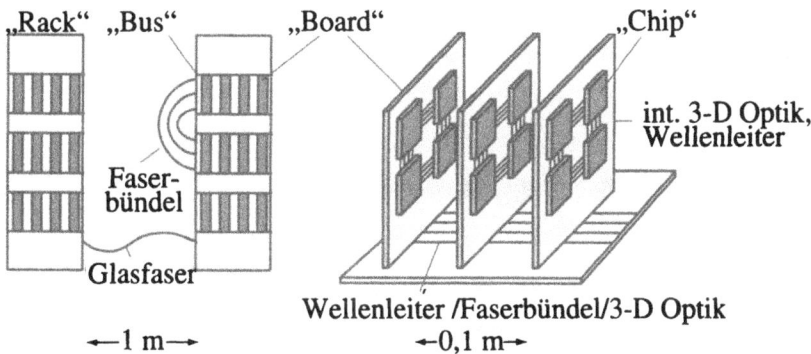

Abbildung 18.2: Hierarchie optischer Verbindungen in elektronischen Systemen. Die Größenordnungen der Übertragungslängen sind unten angegeben.

18.1.3 *Board-to-Board*-Verbindungen

Für die Kommunikation zwischen Leiterplatten liegt die Anzahl der Kanäle bei $O(10)$, die zu überbrückenden Entfernungen sind im Bereich von einigen Zentimetern. Zwei Möglichkeiten sind untersucht worden: die Verwendung von Freiraumoptik und der Einsatz von Wellenleiterbündeln (Multimode-Glasfasern oder Polymerwellenleiter auf flexiblen Substraten) in Verbindung mit VCSEL-Arrays als Lichtquellen. Eine zweite

Möglichkeit unter Verwendung der Freiraumoptik zeigt Abb. 18.3. Um die relativ großen Toleranzen in der Positionierung von Lichtquelle und Detektor auszugleichen, ist es notwendig, den Lichtstrahl auf mehrere Millimeter aufzuweiten und als kollimierten Strahl zu übertragen. Die Übertragungslänge ist begrenzt durch Effekte, welche zu einer Strahlverbreiterung führen (Beugung, endliche Größe der Lichtquellen bei LEDs) und durch daraus resultierendes Übersprechen. Bei Verwendung von kollimierten Laserstrahlen ist die Beugungsverbreiterung dominant. Eine kritische Entfernung, oberhalb der optisches Übersprechen auftritt, ist D^2/λ (D ist der Durchmesser jedes optischen Kanals und λ die Wellenlänge). Die Verbindungsdichten sind hier entsprechend deutlich niedriger als bei der *Chip-to-Chip*-Übertragung.

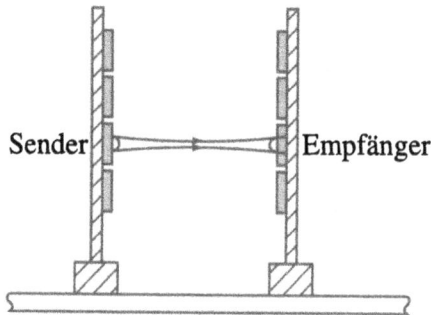

Abbildung 18.3: Beispiel für die Board-to-Board-Kommunikation mit Hilfe der Freiraumoptik.

18.1.4 *Chip-to-Chip*-Verbindungen

Wir haben eingangs auf *Rent's rule* hingewiesen und die topologischen Ursachen der Kommunikationsprobleme bei der Chip-to-chip-Kommunikation, also dem Umstand, daß die elektrische Verbindungstechnik zweidimensional ist. Verbesserungen kann hier eine 3-D Verbindungstechnik bringen, bei der die Verbindungen vom Chip über die dritte Dimension weggeführt werden. In diesem Fall skaliert $\mathcal{N}$ mit der Chipfläche A und folglich mit $\mathcal{N}_g$ und *Rent's rule* ist auch bei großen Werten von $\mathcal{N}_g$ zu erfüllen. Dies ist neben den physikalischen Vorteilen optischer Verbindungen das Hauptmotiv für das Interesse an der Freiraumoptik als Verbindungstechnologie in Computern. Ein Zahlenbeispiel soll diesen Punkt abschließen: heutige Prozessoren weisen $O(10^5$–$10^6)$ logische Gatter auf, was gemäß *Rent's rule* mehrere tausend Verbindungen erfordert. Dies stellt die elektrische Verbindungstechnik bereits jetzt vor Schwierigkeiten: ein Pentium-Prozessor hat etwa 500 Pins. (Dieses Problem umgeht man durch die Verwendung von schnellen Zwischenspeichern (Cache) unmittelbar auf dem Prozessorchip.) Dagegen wäre man mit Hilfe der Freiraumoptik in der Lage, mehrere tausend Verbindungen zu realisieren. Um dieses Potential zu nutzen, sind allerdings geeignete optoelektronische Arraykomponenten (Modulatoren, Lichtquellen, Detektoren) mit einer entsprechenden Anzahl von Einzelelementen erforderlich. Weiterhin sind geeignete Packaging-Techniken notwendig, die u. a. das Problem des thermischen Managements mit berücksichtigen müssen. Auf der Seite der optoelektronischen Komponenten für die Realisierung des Konzeptes einer 3-D Verbindungtechnik ist die sogenannte *Smart-Pixel*-Technologie von Interesse. Dabei handelt es sich im wesentlichen um elektronische Chips mit optischen Ein- und Ausgängen (Abb. 18.4).

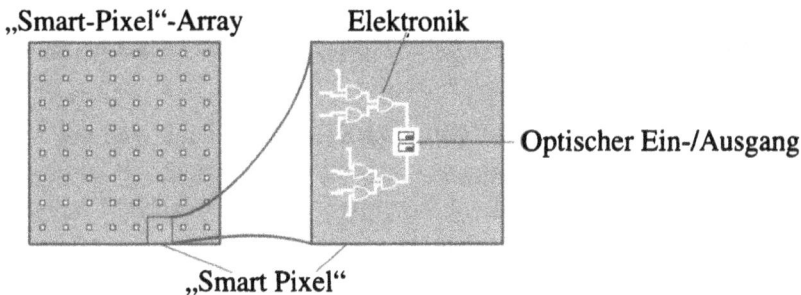

Abbildung 18.4: *Smart Pixel*-Konzept.

Konventionelle Freiraumoptik ist für die Realisierung der erforderlichen Hardware für die *Chip-to-Chip* Kommunikation nicht geeignet. Herkömmliche optomechanische Komponenten sind für diesen Zweck zu groß. Außerdem ist die Integration der Optik mit der Elektronik bei den erforderlichen Justiergenauigkeiten und den Toleranzanforderungen sehr schwierig. Besser geeignet sind mikrooptische Implementierungen der Freiraumoptik. Ein integriertes freiraumoptisches Verbindungssystem, welches auf dem Ansatz der „planar-integrierten Freiraumoptik" (s. Kapitel 10) beruht, ist in Abb. 18.5 gezeigt. Dabei wird ein Substrat von mehreren Millimetern Dicke zur Integration der optischen Elemente als auch als Grundplatte für die Smart-Pixel-Arrays verwendet. Ein solches Verbindungssystem ist für die Abbildung von mehr als 1000 Verbindungen bereits experimentell demonstriert worden.

18.2 Optische Informationsverarbeitung

18.2.1 Analog-optische Informationsverarbeitung

Die Grundlage der analog-optischen Informationsverarbeitung sind die optische Fourier-Transformation beruhend auf der Fernfeldbeugung und die Möglichkeit der spatialen Filterung mit Spezialanwendungen, bei denen die Schnelligkeit der Durchführung eine Rolle spielt, also i. a. dann, wenn große Datenmengen anliegen und eine serielle Bearbeitung zu lange dauern würde. Ein typisches Beispiel ist die Mustererken-

Prozessorchip mit   Speicherchip mit
  VCSEL-Array   Linse   Spiegel   Linse   Detektor-Array

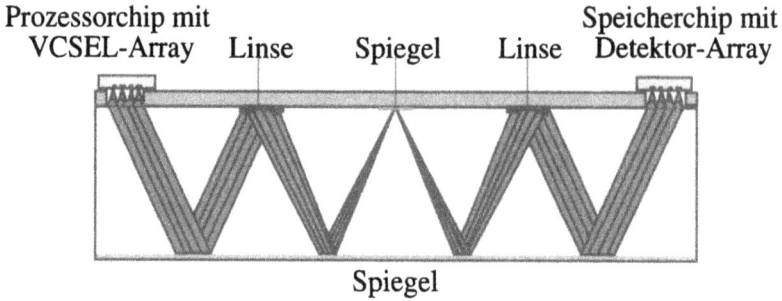

Spiegel

Abbildung 18.5: Integriertes freiraumoptisches Verbindungssystem für Chip-to-Chip-Verbindungen.

nung mit Hilfe der Korrelation. Mit Hilfe der Korrelation kann man die Ähnlichkeit zweier Signale (Zeit- oder Raumsignale) feststellen. Mathematisch ist eine (Kreuz-) Korrelation durch folgenden Ausdruck beschrieben (der Einfachheit halber verwenden wir eine eindimensionale Darstellung):

$$CC(x) = \int f(x') \, g^*(x' + x) \, dx' \tag{18.2}$$

Für $g(x) = f^*(x)$ wird hieraus die Autokorrelationsfunktion:

$$AC\{f(x)\} = \int f(x') \, f^*(x' + x) \, dx' \tag{18.3}$$

Zur Erkennung eines bestimmten Zeichens oder Musters nutzt man aus, daß die (normierte) Kreuzkorrelation zweier Funktionen immer einen niedrigeren Wert liefert als die normierte Autokorrelation, da gemäß der Schwarz'schen Ungleichung gilt:

$$\frac{1}{CC(0)^2} \left| \int f(x) \, g(x) \, dx \right|^2 \leq \frac{1}{AC\{0\}^2} \int |f(x)|^2 \, dx \int |g(x)|^2 \, dx \tag{18.4}$$

Zur optischen Implementation der Korrelation gibt es unterschiedliche Möglichkeiten, den Schattenwurfkorrelator oder die Korrelation mit Hilfe der spatialen Filterung. Letztere kann bei kohärenter Beleuchtung mit Hilfe eines $4f$-Aufbaus realisiert werden, wie in Abb. 18.6 dargestellt. $\tilde{p}(\nu_x)$ bezeichnet die Filterfunktion in der Fourier-Ebene. Wir nehmen an, daß wir ein bestimmtes Objekt $f(x) = f_0(x)$ von mehreren möglichen Eingangsobjekten erkennen wollen. Zur Realisierung der Filterfunktionen $\tilde{p}(\nu_x)$ kommen unterschiedliche Ansätze in Frage, die allerdings nicht gleich praktikabel sind. Von besonderer Bedeutung ist die Filterfunktion

$$\tilde{p}(\nu_x) = \tilde{f}_0^*(\nu_x) \tag{18.5}$$

die man auch als Korrelationsfilter oder angepaßtes Filter (*matched filter*) bezeichnet. Bei der angepaßten Filterung wird — Beleuchtung des Objektes mit einer ebenen monochromatischen Welle vorausgesetzt — nach Durchlaufen des Filters eine ebene Welle erzeugt, die im Idealfall in der Ausgangsebene an einer wohldefinierten Stelle $x = x_0$ einen hellen Lichtfleck (Korrelationspeak) erzeugt. Wenn ein anderes Objekt am Eingang erscheint, $f \neq f_0$, dann entsteht in der Ausgangsebene um x_0 herum die Kreuzkorrelation von $f(x)$ und $f_0(x)$. Durch Messen der Intensität des Korrelationspeaks an der Stelle $x = x_0$ entscheidet man, ob $f = f_0$ ist oder nicht.

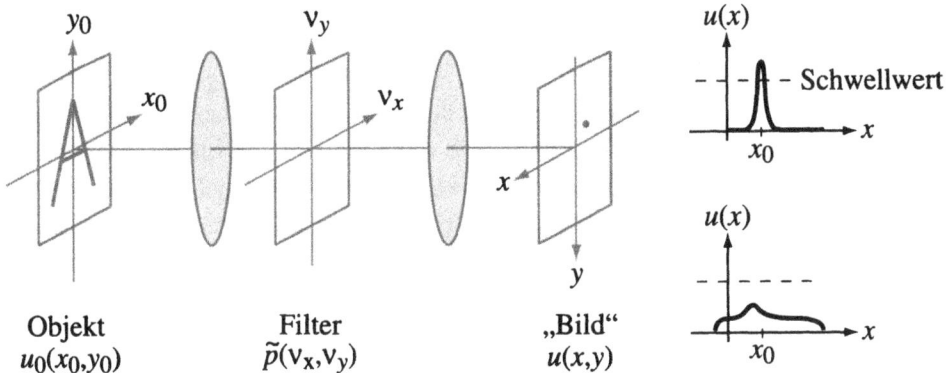

Abbildung 18.6: Experimenteller Aufbau zur optischen Korrelation bei kohärenter Beleuchtung. Rechts sind die Intensitätsverteilungen für die Autokorrelation ($f = f_0$) und die Kreuzkorrelation ($f \neq f_0$) beispielhaft dargestellt.

Herstellen läßt sich eine komplexe (im mathematischen Sinne) Filterfunktion wie in (18.5) angegeben mit Hilfe der Holographie oder mit lithographischen Fertigungsverfahren.

Problematisch an der beschriebenen Durchführung der optischen Korrelation ist, daß das Eingangsobjekt am Eingang nicht verdreht oder vergrößert bzw. verkleinert erscheinen darf, sonst ergibt sich ein anderer Korrelationswert. Das Verfahren ist also nicht invariant gegenüber Verschiebung oder Skalierung des Objekts. Aus diesem Grund sind modifizierte Verfahren entwickelt worden, die diesem Problem Rechnung tragen. Bei der kohärenten Implementation ist die exakte Positionierung des Filters in der Fourier-Ebene kritisch. Aus diesem Grund verwendet man für praktische Anwendungen häufig einen modifizierten Aufbau, wo Objekt und Filter in der gleichen physikalischen Ebene positioniert werden.

18.2.2 Digitale optische Informationsverarbeitung

Die analoge Informationsverarbeitung bietet den Vorteil, bestimmte Operationen mit einer festgelegten optischen Hardware sehr effizient durchführen zu können. In diesem Zusammenhang spricht man von *special purpose*-Prozessoren. Bei der digitalen optischen Informationsverarbeitung ist die Ausrichtung etwas anders. Auch hier versucht man, die Parallelität optischer Verbindungen zu nutzen, aber gleichzeitig auch die Flexibilität der digitalen Rechentechnik.

Zur Durchführung digitaler Operationen benötigt man Schaltelemente, die nichtlineare logische Operationen ausführen. Hierzu gibt es seit Mitte der 1980er Jahre optoelektronische Bauelemente wie die sogenannten SEED-Elemente (*self electro-optic effect device*) zu nennen. Dabei handelt es sich um Quantenfilm-Strukturen aus GaAs, die als logische Gatter, als Modulatoren oder auch einfach als Detektoren verwendet werden können. Ansätze, digitale Rechenoperationen optisch zu realisieren, basieren auf der Verknüpfung von 2-D Arrays von logischen Gattern über den freien Raum, wobei die optischen Verbindungen zur Implementation der Rechenoperationen speziell „konfektioniert" werden; siehe Abb. 18.7. Der Ansatz, die Verbindungen auf der Ebene der logischen Gatter zur Verfügung zu stellen, erweist sich allerdings nicht als effizient. Bei den Experimenten der 1980er Jahre wurden pro Gatter zwei Verbindungen realisiert. Dies hat sich allerdings im Verhältnis zur erzielten Rechenleistung als nicht effizient erwiesen, u. a. weil bei den verwendeten Elementen die Anzahl der Logikgatter pro Chip mit $O(1000)$ relativ klein war im Vergleich zur elektronischen Konkurrenz. Ein elektronischer Prozessor hat heutzutage $O(10^5)$ logische Gatter bei mehreren hundert Ein-/Ausgängen zur Kommunikation mit den anderen Teilen des Computers.

Dateneingang   opt. Verbindungen   log. Gatter m. bin. Maske   Datenausgang

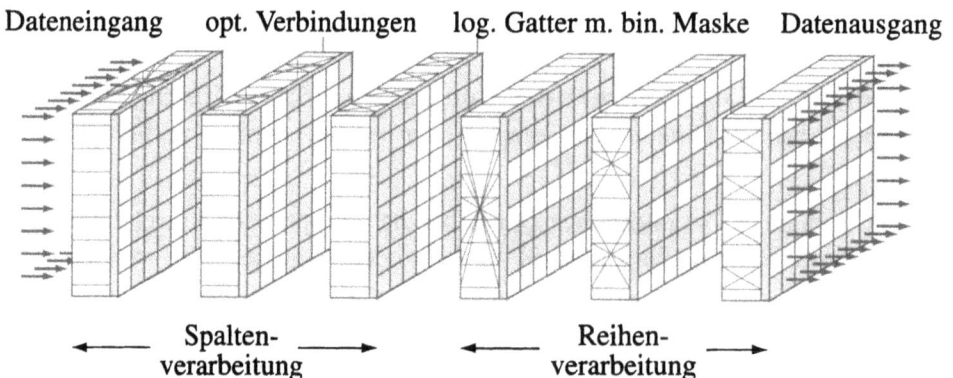

Spalten-   Reihen-
verarbeitung   verarbeitung

Abbildung 18.7: Modell eines optischen Computers. Zweidimensionale Datenebenen, als optoelektronische Elemente realisiert, werden über die dritte räumliche Dimension miteinander verbunden. Die Verbindungen werden mit Hilfe der Freiraumoptik realisiert.

In den letzten Jahren ist man daher zu einem etwas anderen Ansatz, dem „*Smart-Pixel*"-Konzept übergegangen. Hierbei werden die optoelektronischen Elemente nur noch als optische Ein- und Ausgänge verwendet, um wie oben dargelegt, eine 3-D Verbindungstechnik zu ermöglichen. Die Informationsverarbeitung erfolgt elektronisch. Nach den obigen Überlegungen zur Verbindungstechnik wäre es denkbar, $O(1000)$ optische Ein-/Ausgänge gleichmäßig über die Fläche eines Chips zu verteilen. Dies ist für die Verbindungstechnik in bestehenden elektronischen Computern mit Hilfe von Lichtsignalen von Interesse.

18.2.3 Optoelektronische Bauelemente für die optische Informationsverarbeitung

Eingangs haben wir festgestellt, daß es kennzeichnend für die Photonik ist, daß elektronische und optische Funktionen integriert werden. Für spezielle Anwendungen sind optoelektronische Komponenten entwickelt worden, die ganz bestimmte Funktionen realisieren. Wir betrachten zwei Komponenten: den „photonischen Mischdetektor" (PMD, auch für *photonic mixer device*), der u. a. für die analoge Informationsverarbeitung von Interesse ist (z. B. im Bereich der Sensorik), und das SEED-Element (*self-electro-optic effect device*) für Schaltanwendungen.

Photonic Mixer Device

Einfache Detektoren wandeln einen einfallenden Lichtstrom in ein elektrisches Strombzw. Spannungssignal um. Beim PMD erfolgt zusätzlich zur Strahlungsdetektion gleichzeitig auch eine Signalmultiplikation mit einem vorgegebenen Spannungssignal. Der Misch- und Korrelationsvorgang, wie man ihn z. B. bei speziellen Empfangs- und Meßverfahren kennt (z. B. dem optischen Überlagerungsempfang), ist hier in den Detektor integriert. Hierdurch ergeben sich vielfältige Vorteile, wie u. a. eine starke Reduzierung gegenüber Störeinflüssen.

Die Grundstruktur des PMDs ist in Abbildung 18.8 dargestellt. Man erkennt ein Paar transparenter Photogates, das gleichzeitig den lichtempfindlichen Detektorbereich definiert. In direkter Nachbarschaft befindet sich eine Auslesediode, welche als Schnittstelle zur nachgeschalteten, pixelzugehörigen Ausleseschaltung dient. Der Halbleiterbereich unterhalb den beiden Photogates dient sowohl für die Detektion des einfallenden Lichtes als auch für die Signalmultiplikation. Zusätzlich zur Ladungsträgererzeugung wird durch Anlegen einer Gegentakt-Modulationsspannung an die beiden Photogates ein Potentialgefälle erzeugt, das die generierten Ladungsträger je nach Polarität entweder zur linken oder zur rechten Auslesediode dirigiert („Elektronenschaukel"). In dieser Ladungsträgerseparation besteht der Mischeffekt. Die Photolöcher driften zur gemeinsamen negativen Anode.

Das beschriebene Bauelement wird zum Beispiel zur Entfernungsmessung verwendet. Durch Differenzbildung der beiden Stromsignale $i_a - i_b$ entsteht ein laufzeitabhängiges Signal. Das zeitlich modulierte optische Signal $P(t-\tau)$, welches von einem entfernten Gegenstand zum PMD zurückkommt (entspricht der Laufzeit des Signals), wird mit der Modulationsspannung multipliziert. Über einen Zeitraum T gemittelt erhält man als Ausgangssignal:

$$i_a - i_b \propto \int\limits_0^T u_m(t)\, P(t - \tau)\, dt \tag{18.6}$$

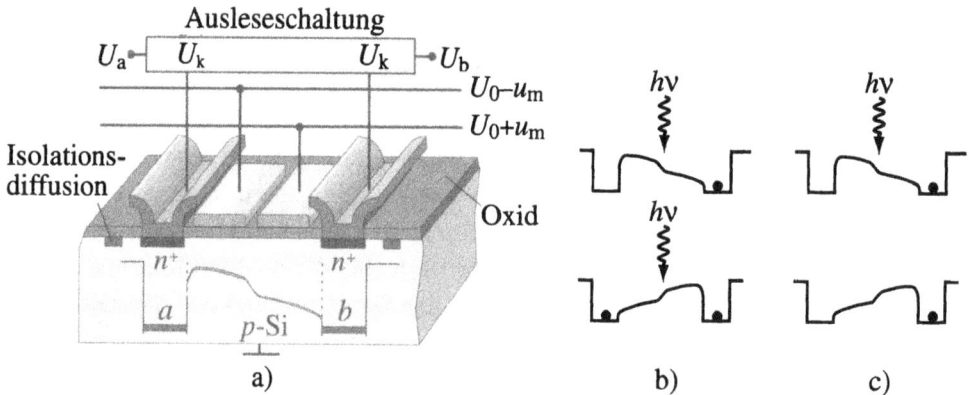

Abbildung 18.8: Grundprinzip des PMD: a) Struktur des Chips, b) Potentialverlauf als „Elektronenschaukel" für konstante Lichteinstrahlung, c) Potentialverlauf als „Elektronenschaukel" für moduliertes Licht (Quelle: Institut für Nachrichtenverarbeitung, Universität Siegen).

was einer Korrelationsoperation entspricht. Die zusätzlich erzeugte Summenspannung liefert wie üblich die Helligkeit des Meßgegenstandes.

SEED-Modulator als optischer Schalter

Das am meisten verwendete optoelektronische Bauelement für die Realisierung logischer Gatter ist der SEED-Modulator. SEED-Modulatoren beruhen auf dem Franz-Keldysh-Effekt, einer feldinduzierten Verschiebung des Absorptionspeaks von GaAs. Diesen Effekt beobachtet man in 3-D (*bulk*) GaAs nur bei tiefen Temperaturen. In zweidimensionalen Strukturen, die man seit einigen Jahren mit Hilfe der Molekularstrahlepitaxie (MBE) oder mit MOCVD (*metal organic chemical vapor deposition*) herstellen kann, ist dieser Effekt auch bei Raumtemperaturen zu beobachten (Abb. 18.9). Den ausgeprägten Absorptionspeak für geringe Feldstärken im Bereich von etwa 850 nm bezeichnet man als Exzitonenpeak, da Absorption eines Photons zur Entstehung eines Exzitons führt. Ein Exziton ist ein Elektron-Loch-Paar, was nicht gleich nach seiner Erzeugung auseinanderläuft, sondern ähnlich einem Wasserstoffatom (bestehend aus Elektron und Proton) einen gebundenen Zustand eingeht. In 3-D Kristallen sind Exzitonen größer (etwa 300 Å) und kurzlebiger, weswegen man den Effekt nicht bei Raumtemperatur beobachten kann. In einem dünnen zweidimensionalen Film (*quantum well*) jedoch ist ein Exziton energetisch durch die Seitenwände des Quantentopfes eingesperrt und bleibt über einen hinreichend langen Zeitraum intakt. Die Quantenfilme besitzen eine Dicke von nur etwa 50 Å.

Abb. 18.10 zeigt die Struktur eines SEED-Elementes, welches im wesentlichen aus mehreren übereinanderliegenden Quantentöpfen besteht, man spricht daher von ei-

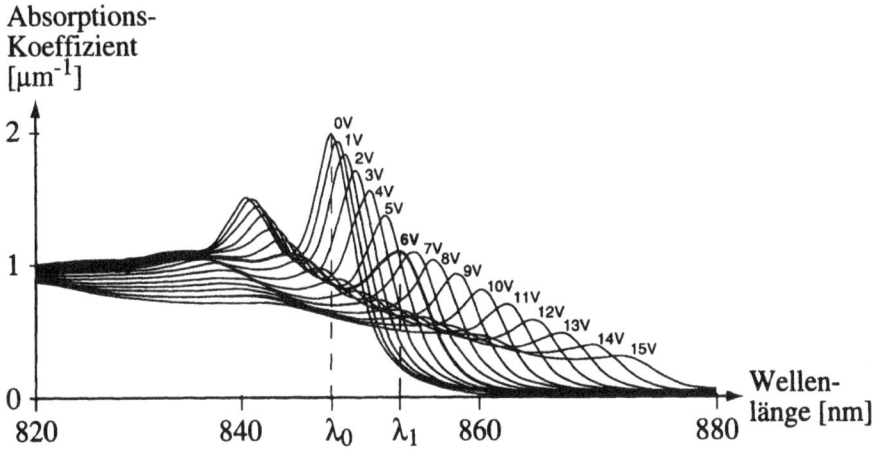

Abbildung 18.9: Absorptionsspektrum von GaAs als Funktion der Wellenlänge und der angelegten Spannung als Parameter.

ner *multiple quantum well*-Struktur (MQW). Bei Anlegen eines elektrischen Feldes werden Elektron und Loch in entgegengesetzte Richtungen bewegt, was das Exziton zerstört. Die notwendige Photonenenergie zur Erzeugung eines Exzitons wird durch ein angelegtes Feld reduziert, weswegen man eine (Rot-)Verschiebung des Absorptionspeaks zu kürzeren Wellenlängen hin beobachtet. Gleichzeitig flacht der Peak mit größer werdender Feldstärke ab.

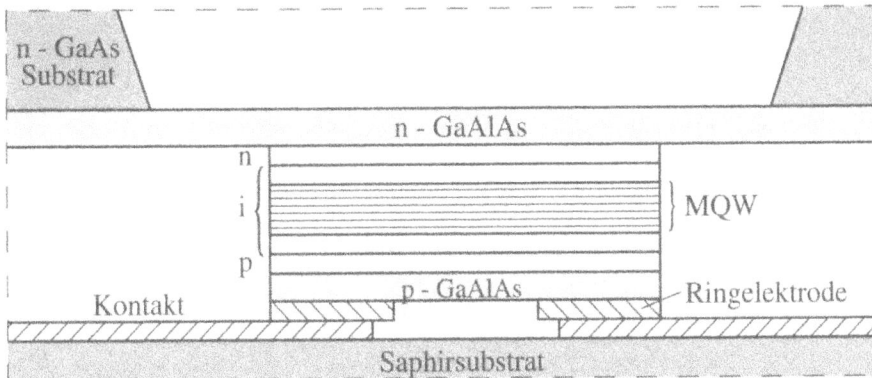

Abbildung 18.10: Aufbau eines SEED-Elementes aus GaAs-Quantentöpfen.

Bedingt durch diesen Effekt verändert sich für einen Lichtstrahl mit einer Wellenlänge λ_0 nahe der Absorptionskante die Absorption des SEED-Elementes. SEED-Elemente können in Transmission oder — unter Verwendung von integrierten Spiegeln — in Reflexion betrieben werden. Durch Verändern der angelegten Spannung, die typisch im Bereich einiger Volt liegt, kann man einen Lichtstrahl also entsprechend modulieren. Die erreichbaren Modulationsfrequenzen liegen für einzelne SEED-Elemente bei mehreren GHz, abhängig von der angelegten Spannung, der Fläche des SEED-Elementes und der optischen Leistung. Für praktische Zwecke ist man allerdings durch Sättigungs- und thermische Effekte auf Frequenzen von einigen hundert Megahertz beschränkt. Die Schaltenergie zum Umschalten der Absorption ist durch

$$E_\mathrm{s} = \frac{CU^2}{2} \tag{18.7}$$

gegeben und liegt typisch bei einigen fJ/μm^2.

19 Optische Speichertechnik

Speicherung von Information mit Hilfe optischer Verfahren ist in Form der Photographie jedem vertraut. Die Photographie mit Silberhalogeniden, vor über hundert Jahren entwickelt, hat bemerkenswerte Fortschritte gemacht, wenn es um die Speicherung analoger Bilder geht. Auf einem 35 mm-Negativ kann man mehrere Gigabit an Information speichern. Die Holographie stellt in gewissem Sinne eine Weiterentwicklung der Photographie dar, welche die Möglichkeiten der Speicherung und Darstellung von bildhafter Information zusätzlich erweitert hat. Wenn man allerdings in den technischen Bereich geht, ist die Verwendung analoger Bilder begrenzt. Mit zunehmender Zeit haben Digitalrechner die Anforderungen an die Peripherie, insbesondere auch die Ein- und Ausgabe von Information, verändert. Auch bildhafte Information liegt in zunehmendem Maße in Form digitaler Files vor.

Die moderne optische Speichertechnik befaßt sich mit der Aufzeichnung von digitaler Information. Die Ursprünge der optischen Speichertechnik reichen wie im Falle der optischen Übertragungstechnik und der optischen Informationsverarbeitung in die sechziger Jahre zurück, was im Zusammenhang mit der Demonstration des Lasers als Lichtquelle steht. Mit dem Laser wurde ein Werkzeug geschaffen, welches sich sowohl zum Einschreiben von Information in ein Speichermedium als auch zum Auslesen eignet. Der Laser ist interessant für die optische Speichertechnik, weil sich sein Licht auf einen beugungsbegrenzten Brennpunkt mit einem Durchmesser von etwa λ/NA fokussieren läßt. NA bezeichnet die numerische Apertur einer Linse. Es ist $NA = D/(2f) = 1/[2(f/\#)]$, wobei D der Durchmesser der Linse ist und f ihre Brennweite. Erreichbare Werte für NA liegen typisch bei 0,5. Der Durchmesser des Brennpunktes kann damit 1 μm oder weniger betragen. Damit ergibt sich zum einen die Möglichkeit, hohe Leistungsdichten zu erzeugen, welche zum Schreiben erforderlich sind. Andererseits bietet sich die Möglichkeit, hohe Datendichten von etwa 10^6 bit/mm^2 zu erzielen, was das Interesse an der optischen Speichertechnik mit begründete. Bereits 1966 wurde die thermische Erzeugung von Löchern in einen dünnen Metallfilm mit Hilfe eines unmodulierten Laserstrahls beschrieben. Kurz darauf folgte das Konzept, mit einem gepulsten Laser diskrete, nur Mikrometer große Markierungen in ein geeignetes Medium einzuschreiben. Der erste Vorschlag dieser Art entsprach bereits dem heute verwendeten Verfahren zur magneto-optischen Aufzeichnung digitaler Information in einem dünnen MnBi-Film. Die Verwendung des Lasers als Werkzeug zur Mikrostrukturierung von Metallfilmen wurde 1971 von Maydan wissenschaftlich begründet.

Es existieren eine Reihe von optischen Verfahren zur Speicherung digitaler Information. Bekannt ist die *Compact Disk*-Technologie, die neben ihrer Anwendung für die Audio- und Videowiedergabe als CD-ROM im Computerbereich mittlerweile weitgehend gebräuchlich ist. Bei der CD erfolgt nur das Lesen auf optischem Weg. Die Herstellung erfolgt mechanisch mit Hilfe von Replikation durch Prägen. Beschreibbare Compact Disks beruhen auf der Verwendung des magnetooptischen Effekts. Neben zweidimensionalen Speichermedien untersucht man auch die Verwendung dreidimensionaler Medien, die eine höhere Speicherkapazität ermöglichen. Daneben ist bei 3-D Speichern das parallele Ein- und Auslesen von Interesse, was im Prinzip sehr hohe Datentransferraten ermöglicht.

Im folgenden werden wir die Grundbegriffe der optischen Speichertechnik beschreiben (Abschnitt 19.1). Anschließend behandeln wir 2-D und 3-D Technologien in den Abschnitten 19.2 und 19.3.

19.1   Speichertechnik in Computern und Begriffsbestimmungen

Um die möglichen Anwendungsbereiche der optischen Datenspeicherung zu identifizieren, konzentrieren wir uns hier auf den Computerbereich und betrachten zunächst, welche Aufgabenstellungen dort existieren. In Computern existiert eine Hierarchie von Speichern, welche je nach ihrer Verwendung unterschiedlichen Anforderungen genügen müssen.

In einem Computer spielt der Datenaustausch zwischen Prozessor und Hauptspeicher eine große Rolle. Als Hauptarbeitsspeicher verwendet man höchstintegrierte Siliziumchips (sogenannte DRAMs, *dynamic random access memory*) mit Kapazitäten von mittlerweile 256 MB. Der Datenaustausch zwischen Prozessor und Arbeitsspeicher erfolgt über den Computerbus, welcher mit einer Taktrate von ca. 50 MHz arbeitet. Die Zugriffszeiten von Arbeitsspeichern liegen größenordnungsmäßig im Bereich von weniger als 100 ns.

Da der Datentransfer über den Computerbus relativ langsam ist im Vergleich mit den Verarbeitungszyklen des Prozessors, verwendet man zur effizienten Durchführung von Rechnungen das Prinzip des Cache-Speichers, der als Puffer wirkt. Beim Cache handelt es sich um einen Speicher mit relativ geringer Kapazität (z. Z. typisch 1 MB), aber schnellen Zugriffszeiten (maximal 10 ns). Cache-Speicher werden als sogenannte SRAMs (*static random access memory*) realisiert. Darin ist nach Wahrscheinlichkeitserwägungen ein gewisser „Vorrat" an Daten abgelegt, die der Prozessor vermutlich als nächstes benötigen wird. Cache-Speicher befinden sich auf demselben Chip wie der Prozessor, so daß die Kommunikation zwischen beiden den Computerbus nicht belasten.

Zur Speicherung von Datenfiles sind große Kapazitäten erforderlich, aber nur geringe Transferzeiten. Dies ist die Domäne der magnetischen Festplatten, die heutzutage mehrere hundert Megabyte bis zu mehreren Gigabyte an Information speichern. Für Archivzwecke wird nach wie vor das Magnetband (oder auch bei anderer Zielsetzung die Floppy Disk) eingesetzt. Tabelle 19.1 zeigt eine Übersicht über die Hierarchie von Speichern für Computeranwendungen.

	Kapazität in MB	Zugriffszeit in s
Cache	1	$10^{-8}\ldots 10^{-9}$
Hauptspeicher	100–1000	10^{-7}
Festplatte	10000	10^{-3}
Archivspeicher	> 10000	1

Tabelle 19.1: Größenordnungen für Kapazität und Zugriffszeiten für die Speicherhierarchie in Computern.

Als Merkmale von Speichern verwendet man i. w. folgende Kriterien: Speicherkapazität, Zugriffszeit, Datentransferrate sowie die Fehlerrate beim Schreib- und Auslesevorgang. Weitere Kriterien sind u. U. die Austauschbarkeit eines Speichermediums (wie bei Floppy Disk und Compact Disk) sowie seine Zuverlässigkeit.

Tabelle 19.2 zeigt eine qualitative Gegenüberstellung von Compact Disk, Magnetplatte und Magnetband in Bezug auf die genannten Kriterien. Alle drei sind eher der Computerperipherie zuzuordnen. Ein fairer Vergleich ist häufig schwierig. U. a. gilt es zu beachten, daß manche Technologien bereits voll entwickelt sind, während die optische Technologie eine relativ kurze Entwicklung hinter sich hat.

	Compact Disk	Magnetische Festplatte	Magnetband
Datendichte in bit/mm²	10^6	$10^5\ldots 10^6$	10^4
Kapazität in GB	1	10	1–10
Zugriffszeit in s	0,1	0,01	10
Datentransferrate in Mb/s	100	100	100

Tabelle 19.2: Vergleich optische und magnetische Speicher. Angegeben sind Größenordnungen.

19.2 Klassifizierung optischer Speicher

Das Hauptmotiv bei der Entwicklung optischer Speicher ist die hohe erreichbare Speicherdichte. Die optische Speichertechnik wird daher häufig als möglicher Ersatz für die magnetische Speicherung gesehen, welche heute in Form magnetischer Festplatten und Floppy Disks den Computermarkt weitgehend dominiert. Dabei handelt es sich um Massenspeicher mit Kapazitäten von mehreren hundert Megabyte und darüber hinaus. In den letzten Jahren hat man allerdings bei der Festplattentechnik große Fortschritte gemacht und sehr große Speicherdichten erzielt. Bei optischen Speichern ist die Speicherdichte durch die Wellenlänge des Lichtes begrenzt, welches man zum Einschreiben bzw. Auslesen verwendet. Bei der CD verwendet man zum Auslesen Laserdioden mit einer Wellenlänge von 780 nm, bei der neueren DVD-Technik arbeitet man bei 635 nm. Es besteht ein großes Interesse, mit Halbleiterlaserdioden in den blauen Bereich vorzustoßen, was weitere Kapazitätssteigerungen ermöglichen würde. Bei magnetischen Festplatten ist die Größe des Speicherkopfes begrenzt sowie die Speicherdichte bedingt durch den Abstand des Schreib-/Lesekopfes von der Platte während des Betriebes. Hier liegen die Hauptverbesserungen zur Erzielung deutlich höherer Speicherdichten als vor einigen Jahren. Die Unterschiede in der Zugriffszeit für Magnetplatten und optische Platten haben ihre Ursache in dem unterschiedlichen Gewicht der jeweils verwendeten Schreib-/Lese-Köpfe. Im Falle des optischen Schreib-/Lese-Kopfes liegt dies zur Zeit bei 100 g, im Falle des magnetischen Schreib-/Lese-Kopfes bei wenigen Gramm. Ein niedrigeres Gewicht gestattet schnellere Bewegungen.

Das Ausnutzen der dritten räumlichen Dimension ist wie bei der optischen Verbindungstechnik auch für die Realisierung von optischen Speichern ein Hauptmotiv. Optische 3-D Speicher sind als Massenspeicher von Interesse. Charakteristisch für Massenspeicher ist die Verwendung nicht vorstrukturierter Schichten oder Materialien und die Verwendung von i. a. mechanischen Scanmechanismen zum Ein-/Auslesen der Information. Bei Magnetplatten erfolgt dies seriell. Allerdings sind geeignete Ein-/Ausgabekomponenten notwendig, um einen parallelen Datentransfer zu unterstützen. Abb. 19.1 gibt eine graphische Darstellung diverser Speichertechnologien.

Optische Speicher kann man in unterschiedlicher Weise klassifizieren. Zum einen unterscheidet man nach Nur-Lese-Systemen (*read only*), die nur vorher eingeschriebene Information auslesen können, einmal beschreibbaren Speichern (*write-once*) und mehrfach beschreibbaren Speichermedien (*erasable*), bei denen gelöscht und beschrieben werden kann wie bei konventionellen magnetischen Speichermedien.

19.3   Zweidimensionale optische Speicher

19.3.1   Compact Disk als *Read-Only* Speichermedium

Der Prototyp eines zweidimensionalen optischen Speichers ist die Compact Disk (CD) bzw. die Videodisk. Beide sind zur Aufzeichnung und Wiedergabe von analoger Information (Audio bzw. Video) gedacht. Das analoge Signal wird pulskodemoduliert

Speicherkapazität

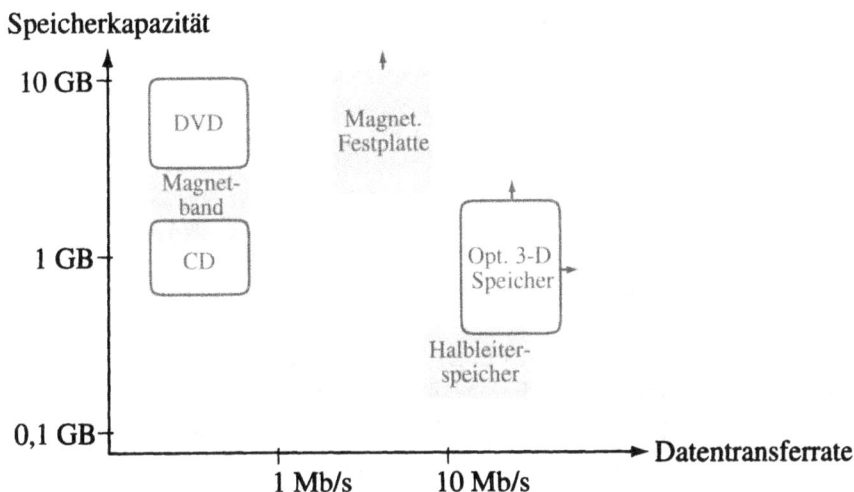

Abbildung 19.1: Darstellung gegenwärtiger Speichertechnologien bezüglich ihrer Kapazität und Datentransferrate. Trends sind durch Pfeile angedeutet. Die optische 3-D Speicherung zielt auf den Bereich hoher Kapazität und gleichzeitig großer Transferraten.

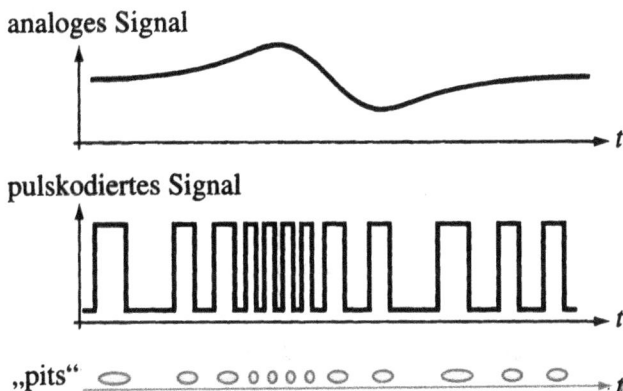

Abbildung 19.2: Darstellung eines analogen Signals durch Pulse unterschiedlicher Länge und Position, welche auf der CD durch Pits realisiert werden.

(Abb. 19.2). Die Pulse werden auf der Compact Disk als *„pits"*, d. h. als kleine Vertiefungen unterschiedlicher Länge und relativer Position, physikalisch realisiert, welche spiralförmig auf der CD angeordnet sind.

Eine Standard-CD hat einen Durchmesser von 120 mm. Der Spurabstand der pits beträgt 1,67 μm, ihre Breite etwas weniger als 1 μm. Zum Auslesen verwendet man einen fokussierten Laserstrahl (Abb. 19.3).

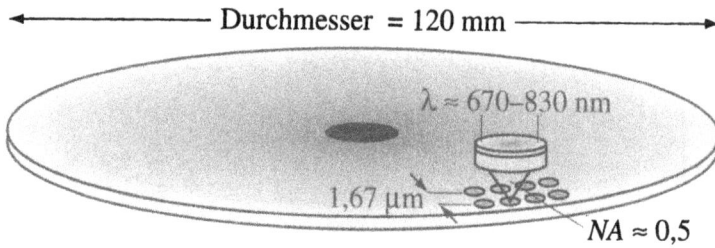

Abbildung 19.3: Geometrische Abmessungen bei der CD.

Im Querschnitt besteht eine CD aus einer Kunststoffscheibe der Dicke 1,2 mm welche durch ein Spritzgußverfahren hergestellt wird (Abb. 19.4). Die Pits werden dabei von einem vorgefertigten „Master" in das PC-Substrat eingeprägt. Nach dem Abformvorgang wird das Substrat mit Aluminium verspiegelt. Auf die Spiegelschicht wird anschließend noch eine Lackschutzschicht aufgebracht. Der Laserstrahl beleuchtet beim Auslesen die CD von der Seite der Schutzschicht her. Staubteilchen oder Kratzer auf dieser Schicht beeinflussen optisch gesehen den Auslesevorgang wenig (innerhalb gewisser Grenzen), weil sie sich außerhalb des Fokus des Laserstrahls befinden.

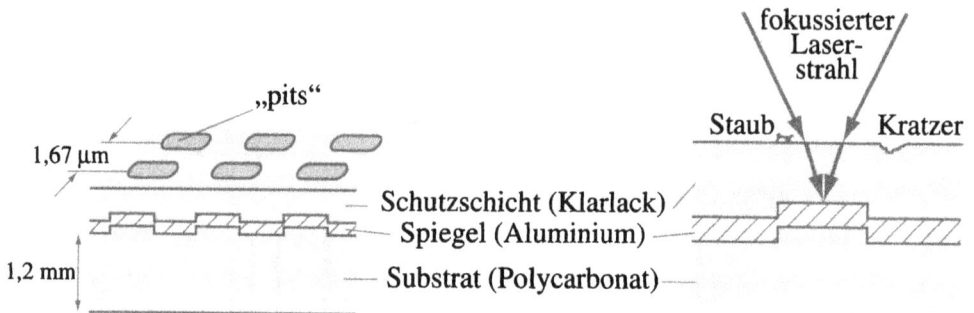

Abbildung 19.4: Querschnitt durch eine Compact Disk.

Das bevorzugte Material zur Herstellung von CDs ist Polycarbonat (PC), welches günstigere Stabilitätseigenschaften bietet als z. B. PMMA (Polymethylmetacrylat), ein anderes häufig verwendetes Kunststoffmaterial. PC bietet gute mechanische Eigenschaften (Steifheit, Stärke und Stabilität) und zusätzlich gute optische Eigenschaften wie eine hohe Transparenz. Der Schmelzpunkt von PC liegt bei 140 °C im Vergleich zu etwa 90 °C für PMMA. Nachteilig ist eine relativ hohe Spannungsdoppelbrechung, die als Folge des Abformprozesses auftritt.

Der Abformprozeß ist in Abb. 19.5 dargestellt. Als Stempel dient ein „Master" aus Nickel. Die Herstellung des Stempels erfolgt in mehreren Schritten. Zunächst wird eine Photolackschicht durch Direktschreiben mit einem kurzwelligen Laserstrahl (im blauen oder UV) strukturiert, wie in Kapitel 12 für mikrooptische Elemente erwähnt

(Abb. 19.5.a/b). Photolack ist im entwickelten und getrockneten Zustand ein brüchiges Material, was sich für den Replikationsvorgang nicht eignet. Man wählt daher Nikkel als Material, weil es für den Abformprozeß die gewünschten Eigenschaften bietet (hart, langlebig). Nachdem man es von der Photolackschicht wieder getrennt hat (Abb. 19.5.c), kann man diese flexible Scheibe als Stempel für das folgende Spritzgußverfahren verwenden (Abb. 19.5.d).

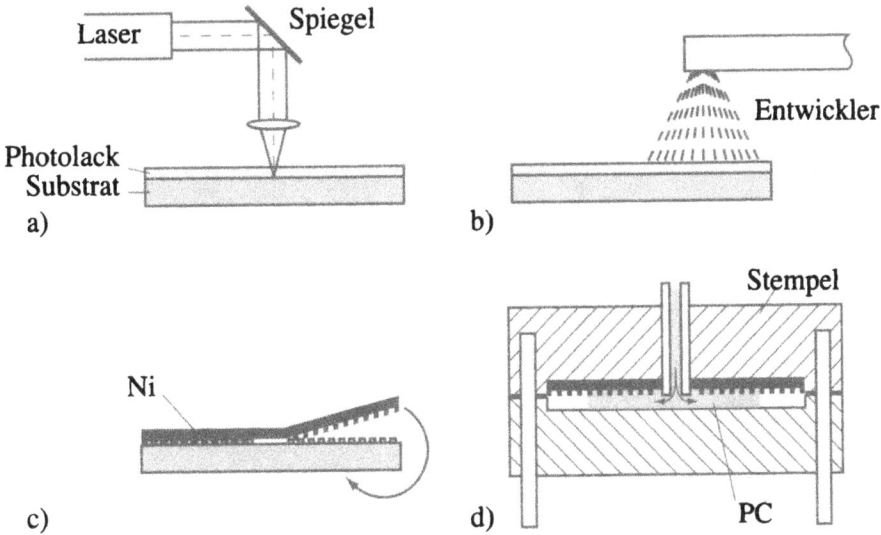

Abbildung 19.5: Herstellungsschritte für die Fertigung einer Compact Disk.

Das Auslesen der Information erfolgt mit Hilfe des fokussierten Laserstrahls, im Prinzip mit einem Aufbau wie in Abb. 19.6. Dabei verwendet man die sogenannte konfokale Abbildung, bei der eine Punktquelle auf ein Objekt (in unserem Fall die CD) abgebildet wird. Das reflektierte Licht wird über einen Strahlteiler auf einen Punktdetektor abgebildet. Die Intensität am Detektor variiert bedingt durch Defokussieren oder andere Einflüsse. Der Schärfentiefebereich der Abbildung ist gegeben durch

$$\Delta z = \frac{\lambda}{NA^2} \tag{19.1}$$

Durch die Reliefstruktur und bedingt durch Streuung des Lichtes an den Pits ergibt sich eine Modulation der Intensität am Detektor.

Die laterale Auflösung bei der Abbildung ist durch den Durchmesser des Brennpunktes gegeben. Dieser ist für eine Abbildungsoptik mit kreisförmiger Apertur $1,22\lambda/NA$. Unter Verwendung der oben genannten Zahlen erhält man hierfür einen Wert von $1,22\ \mu$m. Die endliche Breite des Fokus bewirkt, daß die Daten beim Auslesen mit einer endlichen Auflösung erfaßt werden (Abb. 19.7). Das Detektorsignal besteht da-

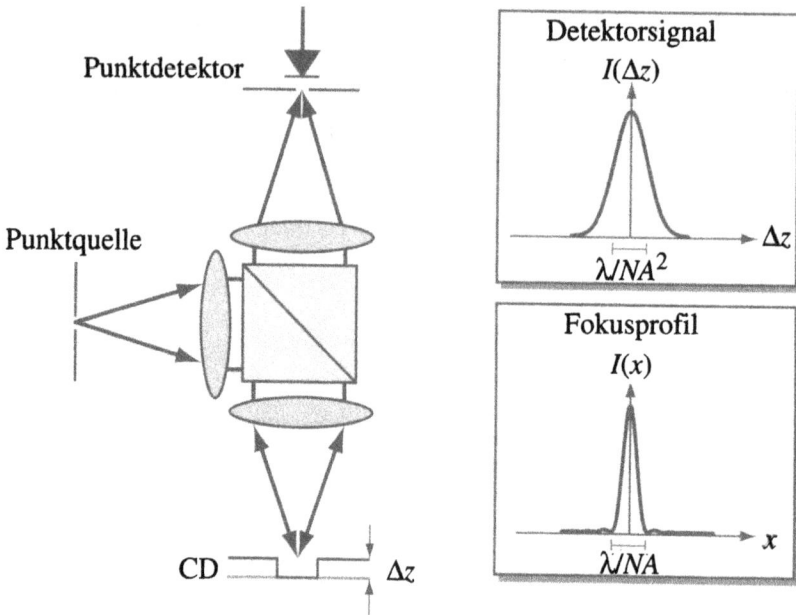

Abbildung 19.6: Detektion des Auslesesignals durch eine konfokale Optik.

her aus einer Folge von verbreiterten Pulsen, ähnlich wie bei der faseroptischen Übertragung über eine dispersionsbehaftete Strecke. Zwischen der digitalen Übertragungstechnik und der Aufzeichnung digitaler Informationen bestehen große Ähnlichkeiten,
was das Auftreten von Fehlern bei der Detektion angeht, aber auch in Bezug auf verwendete Datenformate und Fehlerkorrekturmechanismen. Wir wollen an dieser Stelle
allerdings nicht weiter auf diesen Punkt eingehen.

19.3.2 Digital Versatile Disk

Die DVD stellt eine Erweiterung der CD-Technik dar. Zum einen arbeitet man mit
feineren Strukturen auf der Disk, zum zweiten enthält die DVD zwei Schichten, in denen Information abgespeichert ist. Es gibt zwei kommerzielle Systeme, die in Abbildung 19.8 dargestellt sind. Tabelle 19.3 stellt die Eigenschaften dieser beiden Systeme
denen der CD-Technik gegenüber.

19.3.3 Einmal beschreibbare optische Speicher

Bei Write-Once-Systemen handelt es sich um Speicher, die optisch beschrieben werden, aber nicht mehr gelöscht werden können. Zur Schreiben der Daten nutzt man den
Umstand aus, daß auch bei relativ geringen Laserleistungen im Fokus sehr große Lei-

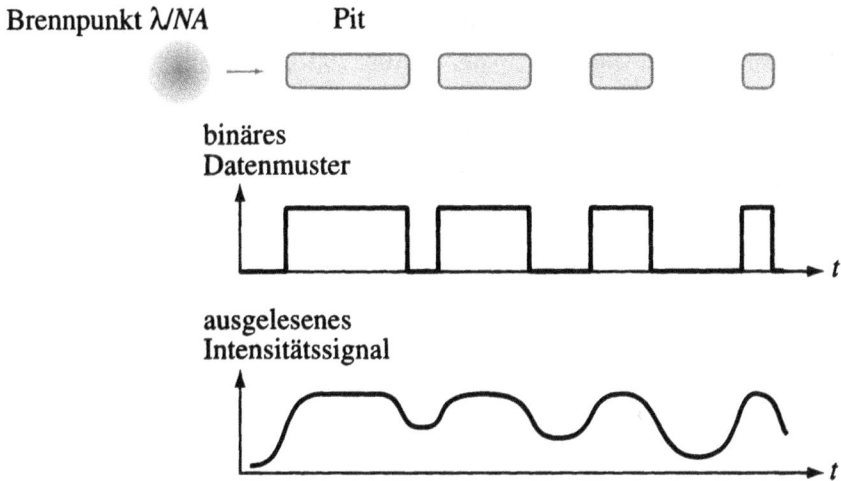

Abbildung 19.7: Auslesen der Daten von einer CD: Einfluß der endlichen lateralen Auflösung des Laserstrahls.

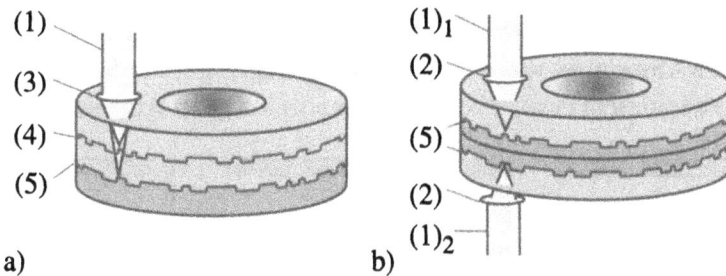

Abbildung 19.8: Digital Versatile Disk: Struktur der a) Multimedia Compact Disk (Sony/Philips) und b) Super Density Disk (Toshiba/Time Warner). (1) Auslesestrahl (635 nm), (2) Linse, (3) Linse mit variabler Brennweite, (4) teildurchlässige Spiegelschicht, (5) Verspiegelung.

	CD	MMCD	SDD
Durchmesser × Dicke	120 mm × 1,2 mm	120 mm × 1,2 mm	120 mm × 1,2 mm
Spurabstand	1,6 μm	0,73 μm	0,84 μm
Wellenlänge	780 nm	635 nm	635 nm
Kapazität	0,68 GB	5/10 GB	3,7/7,4 GB

Tabelle 19.3: Entwicklung der Disk-Speichertechnik.

stungsdichten auftreten können. Durch Absorption wird diese in Wärme umgewandelt, was man ausnutzt, um die Struktur einer dünnen Schicht zu verändern. Einige der verwendeten Prozesse sind vom Prinzip her in Abb. 19.9 dargestellt.

Abb. 19.9.a zeigt die thermische Ablation (das Abtragen) einer dünnen Metallschicht. Um Löcher zu formen, ist es notwendig, den Film lokal soweit zu erwärmen, daß er schmilzt und verdampft. Daher verwendet man für diesen Zweck Metalle mit niedrigem Schmelzpunkt wie z. B. Tellur, Wismut, Selen und Legierungen.

Bei manchen Materialien tritt bei Erwärmung über eine kritische Temperatur hinaus eine Phasenumwandlung auf, welche mit veränderten optischen Eigenschaften einhergeht (Abb. 19.9.b). So gehen z. B. Chalkogenide (Gläser, die auf den chalkogeniden Elementen S, Se und Te basieren) von einem amorphen in einen kristallinen Zustand über. Andere Materialien, wie z. B. eine Silber-Zink-Legierung, gehen von einem kristallinen Zustand in einen anderen über. Die veränderten optischen Eigenschaften, wie ein veränderter Brechungsindex oder andere Polarisationseigenschaften, lassen sich durch eine geeignete Optik auslesen.

Eine dritte Möglichkeit zeigt Abb. 19.9.c. Dabei nutzt man die Veränderung der Textur (der „Struktur“) einer Oberfläche aus. Dies wurde z. B. mit kleinen Tröpfchen aus Gold demonstriert, die isoliert voneinander sind. Wärme sorgt dafür, daß die Tröpfchen ineinander fließen („koaleszieren“). An den Stellen, wo die Oberfläche so verändert wird, ändert sich die Absorption, was wiederum optisch registriert werden kann. Ein anderes System, was auf diesem Prinzip beruht, verwendet TeO_x als Aufzeichnungsmedium.

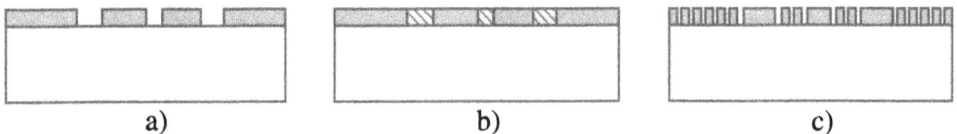

| a) | b) | c) |

Abbildung 19.9: Beispiele für write-once-Prozesse: a) Ablation eines Metallfilms, b) Kristallisation eines amorphen Films, c) Verschmelzen von Inseln von Te in einem TeO_x-Film.

19.3.4 Löschbare optische Speicher

Compact Disk und einmal beschreibbare Materialien sind kein vollwertiger Ersatz für magnetische Speichermedien. Die offensichtliche Ursache hierfür ist der Umstand, daß man die enthaltene Information nicht löschen kann. Wünschenswert sind Medien, bei denen die Information im Prinzip beliebig oft überschrieben und erneut ausgelesen werden kann. Für die optische Speicherung stehen hierfür mehrere Möglichkeiten zur Verfügung. Am weitesten fortgeschritten ist die Verwendung magnetooptischer Materialien, mit denen wir uns hier beschäftigen werden. Daneben untersucht man Materialien, bei denen reversible Phasenübergänge (z. B. zwischen zwei kristallinen Phasen) auftreten. Eine weitere interessante Möglichkeit sind organische Plastikmaterialien (interessant u. a. aus Kostengründen), die zum Teil auch für 3-D Speicher diskutiert werden; siehe nächster Abschnitt. Am anderen Ende der technischen Möglichkeiten steht ein Verfahren der nichtlinearen Optik, das sogenannte *spectral hole burning*. Mit diesem Verfahren kann man durch Wellenlängenmultiplex Speicherdichten erzielen, die um zwei bis drei Größenordnungen über denen konventioneller Verfahren liegen. Allerdings sind für dieses Verfahren tiefe Temperaturen durchstimmbarer Laserquellen erforderlich, so daß es von einer praktischen Anwendbarkeit noch entfernt ist.

19.4 Magnetooptische Speicherung

Im folgenden wollen wir das Verfahren der magnetooptischen Speicherung betrachten. Ein magnetooptischer Speicher besteht aus einem 2-D Film aus einem für Aufzeichnung und Auslesen geeigneten Material. Geeignet sind Materialien, deren magnetische Domänen bei Raumtemperatur stabil sind. Diese Stabilität wird durch eine große Koerzitivkraft angegeben, d. h. das erforderliche Magnetfeld, um die Magnetisierung zu ändern. Eine Koerzitivkraft von 2 kOe bedeutet, daß ein angelegtes magnetisches Feld mindestens 2 kG (kilogauß) stark sein muß, um die Magnetisierung zu ändern. Die Koerzitivkraft eines magnetooptischen Materials beträgt bei Temperaturen unterhalb von 100 °C typisch mehrere kOe. Oberhalb einer charakteristischen Temperatur, der sogenannten Curie-Temperatur T_{curie}, wird die magnetische Ordnung zerstört und die Koerzitivkraft verschwindet. Für typische magnetooptische Materialien liegt T_{curie} bei etwa 200 °C. Wenn das Material auf Temperaturen höher als die Curie-Temperatur erwärmt wird, verliert es die Erinnerung an seine vorherige Magnetisierung. Bei Abkühlung nimmt der Film die Magnetisierung an, die durch ein äußeres Magnetfeld vorgegeben wird.

Die magnetooptische Aufzeichnung erfolgt, indem der Laserstrahl lokal Leistung zuführt, um das Material über den Curie-Punkt zu erwärmen. Die Magnetisierung (also das „Einprägen" der Information) erfolgt durch das äußere Magnetfeld. Als Materialien verwendet man Filme, die eine Kombination der Elemente der seltenen Erden (z. B. Gadolinium, Terbium, ...) und Übergangsmetalle (z. B. Eisen, Kobalt, ...) enthalten; viel verwendet ist z. B. TbFeCo als Material. Zum Auslesen wird die magnetooptische Schicht durch einen fokussierten Laserstrahl beleuchtet. Man nutzt dabei einen der weiter unten beschriebenen magneto-optischen Effekte aus, welche alle den Polarisationszustand des Lichtstrahles beeinflussen, z. B. indem die Richtung der Polarisation um einen bestimmten Winkel gedreht wird. Mit Hilfe einer Polarisator-Analysator-Anordnung erreicht man eine Umwandlung des Polarisationszustandes des reflektierten Strahles in eine Intensitätsmodulation.

Es gibt mehrere magnetooptische Effekte wie den Faraday-Effekt, den magnetooptischen Kerr-Effekt (der überwiegend für die optische Speichertechnik eingesetzt wird) und den Cotton-Mouton-Effekt. Für die magnetooptische Speicherung wird hauptsächlich der magnetooptische Kerr-Effekt eingesetzt. Für ausreichend dicke Schichten ist zwar der Drehwinkel der Polarisation für den Faraday-Effekt wesentlich größer als die knapp 1°, welche man mit dem Kerr-Effekt erreicht. Allerdings tritt dann starke Absorption auf, so daß insgesamt das Meßsignal (proportional zum Produkt Transmission × Rotationswinkel) klein ist.

Faraday-Effekt: Bestimmte Materialien drehen die Polarisation eines Lichtstrahls, wenn sie sich in einem statischen magnetischen Feld befinden. Dies bezeichnet man als den Faraday-Effekt. Der Rotationswinkel α für einen linear polarisierten Lichtstrahl ist proportional zur Komponente B_z des Magnetfeldes in Ausbreitungsrichtung und der Ausbreitungslänge L (s. Abb. 19.10).

$$\alpha = V B_z L \tag{19.2}$$

V nennt man die Verdet'sche Konstante; ihre Einheiten sind °/(cm Oe). Sie ist umgekehrt proportional zur Wellenlänge. Materialien, die den Faraday-Effekt aufweisen, sind z. B. Gläser wie YIG (*yttrium-iron-garnet*) und TbAlG (*terbium-aluminum-garnet*). Die Verdet-Konstante von TbAlG ist bei $\lambda = 0,5\,\mu m \quad V = -1,16\,\text{min/(cm Oe)}$. Für die magnetooptische Speicherung war MnBi eines der ersten interessanten Materialien, mit einem sehr starken Faraday-Effekt von 73 °/(μm Oe).

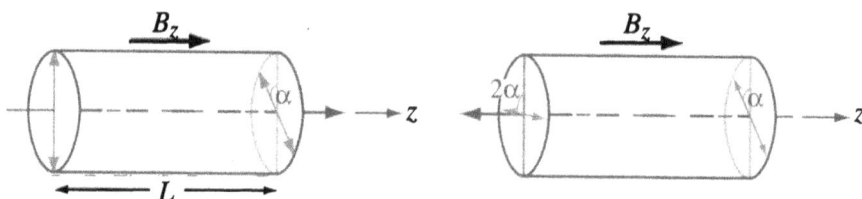

Abbildung 19.10: Drehung der Polarisation durch den Faraday-Effekt. Der Drehsinn ist für Lichtausbreitung in $+z$-Richtung und $-z$-Richtung gleich.

Bemerkenswert am Faraday-Effekt ist, daß der Drehsinn für die Rotation der Polarisation unabhängig von der Ausbreitungsrichtung ist und nur von der Richtung des Magnetfeldes abhängt. Dieser Umstand macht den Faraday-Effekt interessant für die Realisierung optischer Isolatoren.

Magnetooptischer Kerr-Effekt: Beim magnetooptischen Kerr-Effekt wird die Polarisation eines Lichtstrahls bei Reflexion an einem magnetisierten Medium gedreht. Der Drehsinn hängt von der Magnetisierung des Mediums ab. Die Drehwinkel sind i. a. klein, typisch $\leq 1°$ für magnetooptische Filme wie z. B. MnBi. Abb. 19.11 zeigt, wie der magnetooptische Kerr-Effekt eingesetzt werden kann, um die unterschiedlichen Domänen (entweder longitudinal oder vertikal magnetisiert) durch den Drehwinkel festzustellen. Da der Drehwinkel wie beim Faraday-Effekt proportional zur Komponente des Magnetfelds parallel zur Ausbreitungsrichtung des Lichtstrahls ist, ist es bei longitudinaler Polarisation günstig, den Strahl sehr schräg einfallen zu lassen.

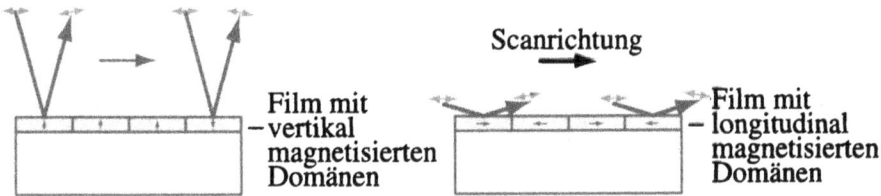

Abbildung 19.11: Magnetooptischer Kerr-Effekt.

Die mathematische Beschreibung des magnetooptischen Kerr-Effektes erfolgt mit Hilfe der Fresnel-Formeln für die Reflexion. Für absorbierende Materialien, wie im Falle magnetooptischer Materialien, hat man es allerdings mit einem komplexen Brechungsindex $\hat{n}$ zu tun, d. h.

$$\hat{n} = n + in' \tag{19.3}$$

Dabei beschreibt n' die Absorption des Materials. Im folgenden steht $\hat{n}_0 = n_0 + in_0'$ für das Medium, aus dem der einfallende Strahl kommt (wir nehmen Luft an mit $n_0 = 1$ und $n_0' = 0$) und $\hat{n}_1 = n_1 + in_1'$ für das magnetooptische Medium.

Die Reflexionskoeffizienten für die senkrechte und parallele Polarisationsrichtung werden geschrieben als:

$$r_{\mathrm{s}} = |r_{\mathrm{s}}|\, e^{i\delta_{\mathrm{s}}} \qquad \text{bzw.} \qquad r_{\mathrm{p}} = |r_{\mathrm{p}}|\, e^{i\delta_{\mathrm{p}}} \tag{19.4}$$

wobei δ_{s} und δ_{p} die Phasenänderung der Welle bei der Reflexion beschreiben. Die Reflektivitäten für die Intensität sind

$$R_{\mathrm{s}} = |r_{\mathrm{s}}|^2 \qquad \text{bzw.} \qquad R_{\mathrm{p}} = |r_{\mathrm{p}}|^2 \tag{19.5}$$

Für nichtsenkrechten Einfall unter dem Winkel Θ_0 sind

$$\tan\delta_{\mathrm{s}} = \frac{2n_0\cos\Theta_0 b}{n_0{}^2\cos^2\Theta_0 - a^2 - b^2} \qquad \text{bzw.} \qquad \tan\delta_{\mathrm{p}} = \frac{-2n_0 d/\cos\Theta_0}{c^2 + d^2 - \frac{n_0{}^2}{\cos^2\Theta_0}} \tag{19.6}$$

wobei a, b, c und d durch die folgenden Beziehungen festgelegt sind:

$$a^2 - b^2 \; = \; n_1{}^2 - n_1'{}^2 - n_0{}^2 \sin^2 \Theta_0 \tag{19.7}$$

$$ab \; = \; n_1 \, n_1' \tag{19.8}$$

$$c \; = \; a \left(1 + \frac{n_0{}^2 \sin^2 \Theta_0}{a^2 + b^2} \right) \tag{19.9}$$

$$d \; = \; b \left(1 - \frac{n_0{}^2 \sin^2 \Theta_0}{a^2 + b^2} \right) \tag{19.10}$$

Durch die Reflexion ändert sich der Polarisationszustand. Eine linear polarisierte Welle wird i. a. elliptisch polarisiert und gedreht. Der Drehwinkel α bei der Rotation der Polarisationsrichtung ist gegeben durch

$$\tan 2\alpha = \frac{2|r_s||r_p| \, \cos(\delta_s - \delta_p)}{|r_s|^2 - |r_p|^2} \tag{19.11}$$

Der *Cotton-Mouton-Effekt* stellt das magnetische Pendant zum elektrooptischen Kerr-Effekt dar. Bei Ausbreitung eines Lichtstrahls durch ein geeignetes Medium senkrecht zur Richtung eines angelegten Magnetfeldes ergibt sich eine induzierte Doppelbrechung mit zwei unterschiedlichen Brechungsindizes n_o und n_e. Dies ist ähnlich wie bei der Lichtausbreitung in einem uniaxialen Kristall, wenn sich das Licht senkrecht zur optischen Achse ausbreitet. Nach Durchlaufen einer Strecke L ergibt sich eine optische Phasendifferenz

$$\Delta\varphi = \frac{2\pi/\lambda}{n_o - n_e} \, L \tag{19.12}$$

$\Delta\varphi$ ist proportional zum Quadrat der Stärke des Magnetfeldes:

$$\Delta\varphi = 2\pi\gamma B^2 L \tag{19.13}$$

Die quadratische Abhängigkeit von B ist der Grund, weshalb man vom magnetischen Pendant zum elektrooptischen Kerr-Effekt spricht, bei dem eine Proportionalität zu E^2 vorliegt. γ ist ein Proportionalitätsfaktor, der von Wellenlänge und Temperatur abhängt.

19.5   Dreidimensionale optische Speichertechnik

19.5.1   Grundlegende Betrachtungen

Optische 3-D Speicher sind als Massenspeicher von Interesse. Charakteristisch für Massenspeicher ist die Verwendung nicht vorstrukturierter Schichten oder Materialien und die Verwendung von i. a. mechanischen Scanmechanismen zum Ein-/Auslesen der Information. Ein bekanntes Beispiel ist die magnetische Festplatte.

Was kann man durch die Verwendung dreidimensionaler optischer Speicher erreichen? Zum einen ist die Möglichkeit interessant, die Information 2-D parallel und damit schneller auszulesen als im Falle des magnetischen oder optischen Plattenspeichers. Hier ist also wie im Fall der Verbindungstechnik das Ausnutzen der dritten räumlichen Dimension von Interesse. Außerdem bietet ein 3-D Speichermaterial gegenüber einem 2-D Speicher prinzipiell einen deutlichen Zuwachs an Speicherkapazität. Die obere Grenze für die Speicherkapazität eines Würfels der Kantenlänge l ist $O(l^3/\lambda^3)$ Bits, wobei λ die Wellenlänge des Lichtes ist. Bei $l = 10$ mm und $\lambda = 0,5$ μm ergäbe sich somit eine Speicherkapazität von annähernd 10^{13} Bit, was weit über den mit anderen Technologien erreichbaren Kapazitäten liegt. Solche Werte lassen sich allerdings in der Praxis nicht realisieren aus Gründen, die im folgenden erläutert werden.

Bei der 3-D Speichertechnik erfolgt die Speicherung mehrerer zweidimensionaler „Datenseiten" in einem gemeinsamen Medium. Als Materialien werden z. B. photorefraktive Kristalle untersucht wie LiNbO$_3$, aber auch Plastikmaterialien wie PMMA, wobei unterschiedliche physikalische Effekte ausgenutzt werden. Im Falle der photorefraktiven Materialien verwendet man holographische Verfahren, bei der man Objekt- und Referenzwelle überlagert. Anders bei den Plastikmaterialien, wo man z. B. Zweiphoton-Absorption ausnutzt.

19.5.2 Zwei-Photon-Absorption

Es gibt organische Materialien, die sich für die optische Datenspeicherung mit Hilfe der Zwei-Photon-Absorption eignen. Dieses Verfahren beruht auf der gleichzeitigen Wechselwirkung zweier Photonen mit einem nichtlinearen Material. In einem photochromen Material zum Beispiel werden die Zustände 0 und 1 durch photochemische Veränderungen realisiert, welche zu zwei unterschiedlichen molekularen Formen eines chemischen Materials führen. Als photochromes Material verwendet man z. B. Rhodamin B, einen organischen Farbstoff. Die Grundform dieses Materials ist farblos und absorbiert im UV-Bereich. Die Absorption von Licht führt zu einer photochemischen Reaktion, welche zur zweiten Form des Moleküls führt. Diese erscheint farbig und absorbiert im Sichtbaren. Das Auslesen von Information geschieht durch Detektion von Fluoreszenzlicht, welches von dem Molekül emittiert wird, wenn es von zwei Photonen angeregt wird (Abb. 19.12). Die beiden Photonen stammen aus unterschiedlichen, nicht kohärenten Wellen gleicher Wellenlänge. Beim Schreibvorgang trägt eine Welle z. B. die Information über eine 2-D binäre Datenverteilung, während die andere Welle eine gleichmäßige Helligkeitsverteilung aufweist.

19.5.3 Holographische 3-D Speicherung

Die Holographie ist ursprünglich als analoges Verfahren zur Speicherung von Information verwendet worden, erlaubt aber natürlich auch die Speicherung von binären Ob-

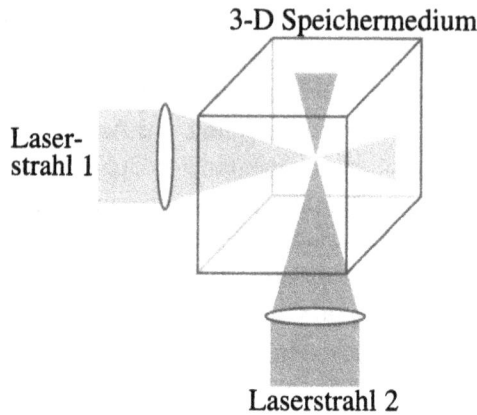

Abbildung 19.12: Schematische Darstellung des Schreib- und Ausleseprozesses für 2-Photon-Speicher.

jekten wie z. B. binären Datenfeldern. Bei der 3-D Speicherung verwendet man dicke Aufzeichnungsmedien, wie z. B. photorefraktive Kristalle, und den Bragg-Effekt, um mehrere Datenebenen in einem gemeinsamen Medium aufzuzeichnen. Zur Trennung der Information werden Multiplexverfahren eingesetzt. Hierzu eignen sich Winkel-multiplex (durch Verkippen der Referenzwelle), z-Multiplex (durch Einschreiben der Datenebenen in unterschiedlichen z-Ebenen) und Code-Multiplex. Beim Code-Mul-tiplex wird nicht eine ebene Welle als Referenzwelle verwendet, sondern eine Welle, die von mehreren kohärenten Punktquellen herstammt. Diese weisen alle eine Phasen-verschiebung von 0 oder π auf. Bei geeigneter Kodierung der Phasen ergibt sich bei Überlagerung eine Referenzwelle mit einer wohldefinierten Amplituden- und Phasen-verteilung. Zur Kodierung der N Punktquellen verwendet man orthogonale Kodes wie z. B. die Hadamard-Sequenzen.

Den prinzipiellen Aufbau eines holographischen 3-D Speichers zeigt Abb. 19.13. Die Daten werden mit Hilfe eines spatialen Lichtmodulators (SLM) als binäre 2-D Muster („Datenseiten") eingelesen. Die Unterscheidung zwischen unterschiedlichen Seiten beim Einschreiben und Auslesen erfolgt durch Ausnutzen von Multiplexverfahren, wobei Einfallswinkel, Wellenlänge und Phase der Referenzwelle variiert werden. Für jedes der genannten Verfahren läßt sich die Speicherkapazität C in der Darstellung

$$C = MN^2 \tag{19.14}$$

schreiben. Dabei ist N^2 die Anzahl der Bits pro Seite und M die Anzahl der überla-gerten Seiten. Wenn wir ein Bit pro Pixel annehmen, dann erreicht man für N^2 Werte von bis zu 10^6, wobei man durch die gegenwärtige SLM-Technologie als auch durch das Auflösungsvermögen des Abbildungssystems auf Werte von 10^6 begrenzt. Obere Werte für M liegen bei 10^3 bis 10^4, wobei der dynamische Bereich des Speichermediums sowie Übersprechen zwischen den unterschiedlichen Datenseiten begrenzend wirken. Pro lateraler Position ergibt sich also eine Kapazität von 1 bis 10 Gb. Systeme mit entsprechenden Kapazitäten sind in den vergangenen Jahren demonstriert worden. Zur Steigerung der Speicherkapazität ist es zusätzlich möglich, an unterschiedlichen Positionen des Speichermediums Information abzuspeichern (Raummultiplex).

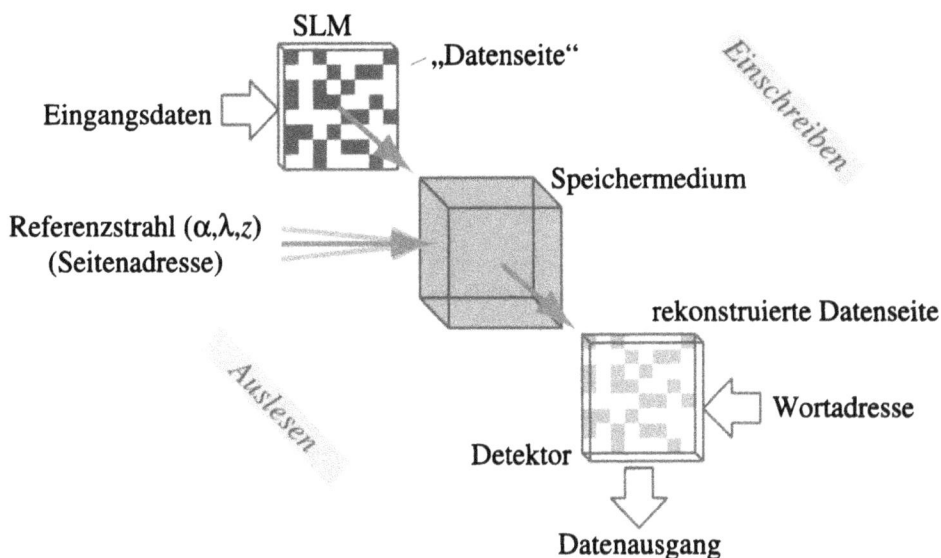

Abbildung 19.13: Prinzipieller Aufbau eines Systems zur holographischen 3-D Speicherung in Volumenmaterialien. Für den Schreibvorgang werden Objekt- und Referenzwelle im Speichermedium überlagert. Zum Auslesen wird der Speicher mit der Referenzwelle beleuchtet.

Welchen Platz könnte die 3-D optische Speichertechnik einnehmen? Die beiden konkurrierenden Techniken sind magnetische Plattenspeicher, die heute bereits kommerziell 1 GByte Kapazität und mehr anbieten, sowie Festkörperspeicher in Silizium. Um sich gegenüber beiden existierenden Technologien einen Platz zu sichern, sollte für die optische 3-D Speichertechnik die Zielsetzung sein, gleichzeitig große Speicherkapazitäten und große Datentransferraten zu realisieren (siehe Abb. 19.1), letzteres durch paralleles Ein- und Auslesen. Die Probleme, welche es zu überwinden gilt, sind zum größten Teil technologischer Natur. Hierzu gehört die weitere Verbesserung der Materialien (Stabilität, Effizienz) sowie der Komponenten (Stabilität der Laserquellen, Auslesegeschwindigkeiten der Detektorenarrays) eines Systems. Ein wesentlicher Aspekt für den Einsatz als Massentechnologie ist, wie im Fall der optischen Verbindungstechnik, auch hier das Systempackaging, wofür mikrooptische Lösungen stärker berücksichtigt werden müssen als bei gegenwärtigen Systemdemonstratoren.

Anhang

A Fourier-Transformation

Die Fourier-Transformation stellt eine Entwicklung einer Funktion nach harmonischen Funktionen dar. Für eine eindimensionale Funktion $f(t)$ lautet diese Entwicklung:

$$f(t) = \int \tilde{f}(\nu) \, e^{+2\pi i \nu t} \, d\nu \tag{A.1}$$

Dabei erstreckt sich der Integrationsbereich von $-\infty$ bis $+\infty$. ν bezeichnet man als Frequenzkoordinate und den ν-Raum als Frequenzraum. Die Fourier- oder Frequenz-Komponenten $\tilde{f}(\nu)$ ergeben sich gemäß:

$$\tilde{f}(\nu) = \int f(t) \, e^{-2\pi i \nu t} \, dt \tag{A.2}$$

Für die Zulässigkeit dieser Transformation kann man unterschiedliche Bedingungen angeben, z. B. daß $f(t)$ „quadratintegrabel" sein muß, d. h.

$$\int |f(t)|^2 \, dt < \infty \tag{A.3}$$

Bracewell hat 1962 gezeigt, daß die physikalische Existenz einer Funktion und der damit verbundene endliche Energieinhalt eine hinreichende Bedingung für die Zulässigkeit der Fourier-Transformation darstellt. Wir können daher für praktische Probleme i. a. den Fourier-Formalismus anwenden, ohne uns zuviel Gedanken über seine Berechtigung machen zu müssen.

Beispiel A.1   Fourier-Transformation einer Kosinusfunktion

Wir betrachten als einfaches Beispiel die Funktion $f(t) = A(r) \cos(2\pi\nu_0 t)$ (Abb. A.1.a). Die Transformierte ist dann gegeben als

$$\tilde{f}(\nu) = \frac{1}{2} A(r) \, [\delta(\nu - \nu_0) + \delta(\nu + \nu_0)] \tag{A.4}$$

Hierbei ist $\delta(\nu)$ die sogenannte Dirac'sche Deltafunktion. $\delta(\nu)$ wird i. a. indirekt definiert durch:

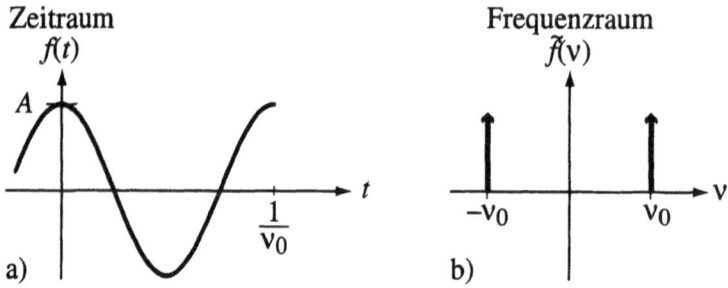

Abbildung A.1: Fourier-Transformation einer Kosinusfunktion.

$$\tilde{f}(\nu_0) = \int \tilde{f}(\nu)\,\delta(\nu - \nu_0)\,d\nu \tag{A.5}$$

Die Delta-Funktion $\delta(\nu - \nu_0)$ wählt also einen Funktionswert aus an der Stelle $\nu = \nu_0$. Sie wird graphisch häufig wie in Abbildung A.1.b dargestellt, nämlich als beliebig schmaler und beliebig hoher Peak, angedeutet durch den Pfeil.

Beispiel A.2   Fourier-Transformation eines Rechteckpulses

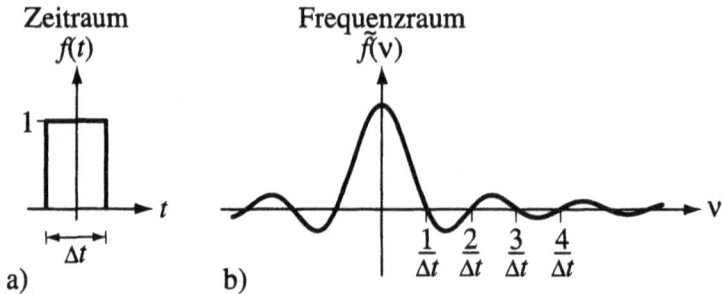

Abbildung A.2: Fourier-Transformierte eines Rechteckpulses.

In der digitalen Kommunikationstechnik werden Signale in Form binärer Pulse übertragen. Ein Rechteckpuls wie in Abbildung A.2 gezeigt wird mathematisch durch die rect-Funktion beschrieben:

$$f(t) = \text{rect}\left(\frac{t}{\Delta t}\right) = \begin{cases} 1\,, & \text{wenn } |t| \leq \frac{\Delta t}{2} \\ 0\,, & \text{sonst.} \end{cases} \tag{A.6}$$

Die Fourier-Transformierte von $f(t)$ läßt sich relativ einfach berechnen zu:

$$\tilde{f}(\nu) = \Delta t \cdot \text{sinc}\,(\Delta t\,\nu) \tag{A.7}$$

wobei die sogenannte sinc-Funktion ihrerseits definiert ist als:

$$\text{sinc}(\Delta t\,\nu) = \frac{\sin(\pi\Delta t\nu)}{\pi\Delta t\nu} \tag{A.8}$$

Neben der Eigenschaft der Linearität besitzt die Fourier-Transformation u. a. folgende interessante Eigenschaften. Wir nehmen jeweils an, daß $f(t)$ und $\tilde{f}(\nu)$ ein Fourier-Paar sind:

Skalierungsverhalten $\qquad f(t) \to f(at) \qquad \Rightarrow \quad \tilde{f}(\nu) \to \dfrac{1}{|a|}\,\tilde{f}(a\nu)$ $\qquad$ (A.9)

Realitätssymmetrie $\qquad f(t) = f^*(t) \qquad \Rightarrow \quad \tilde{f}(\nu) = f^*(-\nu)$ $\qquad$ (A.10)

Wenn die Funktion $f(t)$ reell ist, dann ist die Fourier-Transformierte hermitesch. $f^*(t)$ bezeichnet die zu $f(t)$ konjugiert komplexe Funktion.

Verschiebung in t $\qquad f(t) \to f(t - t_0) \quad \Rightarrow \quad \tilde{f}(\nu) \to \tilde{f}(\nu)\,e^{-2\pi i\nu t_0}$ $\quad$ (A.11)

Eine Verschiebung von $f(t)$ äußert sich im Spektrum in einem linearen Phasenfaktor. Man beachte, daß das Leistungsspektrum $|\tilde{f}(\nu)|^2$ unabhängig von (man sagt auch: invariant gegenüber) einer Verschiebung ist.

Differentiation nach t $\qquad f(t) \to \dfrac{df(t)}{dt} \qquad \Rightarrow \quad \tilde{f}(\nu) \to 2\pi i\nu\,\tilde{f}(\nu)$ $\qquad$ (A.12)

Multiplikation in $\qquad f(t) = g(t)\,h(t) \quad \Rightarrow \quad \tilde{f}(\nu) = \displaystyle\int \tilde{g}(\nu')\,\tilde{h}(\nu - \nu')\,d\nu'$
der Zeitdomäne

$$\tag{A.13}$$

Das Integral beschreibt eine Faltungsoperation (daher: Faltungstheorem).

Betragsquadratbildung $\qquad f(t) = |g(t)|^2 \quad \Rightarrow \quad \tilde{f}(\nu) = \displaystyle\int \tilde{g}(\nu')\,\tilde{g}^*(\nu' - \nu)\,d\nu'$
in der Zeitdomäne

$$\tag{A.14}$$

Parseval-Theorem $\qquad \displaystyle\int |f(t)|^2\,dt \quad = \quad \int |\tilde{f}(\nu)|^2\,d\nu$ $\qquad$ (A.15)

Integral über f(t) $\qquad \tilde{f}(0) = \displaystyle\int f(t)\,dt$ $\qquad$ (A.16)

B   Lineare Systeme

Ein lineares System läßt sich mathematisch wie folgt beschreiben:

$$g(x) = \int h(x; x')\, f(x')\, dx' \tag{B.1}$$

Wenn die Form der Impulsantwort $h(x; x')$ unabhängig vom speziellen Wert von x' ist (man spricht von Orts- bzw. Zeitinvarianz), dann läßt sich die Ausgangsfunktion $g(x)$ für eine beliebige Eingangsfunktion $f(x)$ als Faltungsintegral schreiben:

$$g(x) = \int h(x - x')\, f(x')\, dx' \tag{B.2}$$

Beispiele für Impulsantworten sind in Abb. B.1 für ein Übertragungssystem und ein Abbildungssystem dargestellt. Im Falle der Übertragung von Zeitsignalen spielt die Kausalität und die endliche Ausbreitungsgeschwindigkeit eine Rolle. Ein Puls erscheint am Ausgang mit einer gewissen zeitlichen Verzögerung τ, die der Laufzeit entspricht. Da diese für zeitinvariante Systeme konstant ist, kann in der mathematischen Darstellung darauf verzichtet werden, τ explizit mit anzugeben.

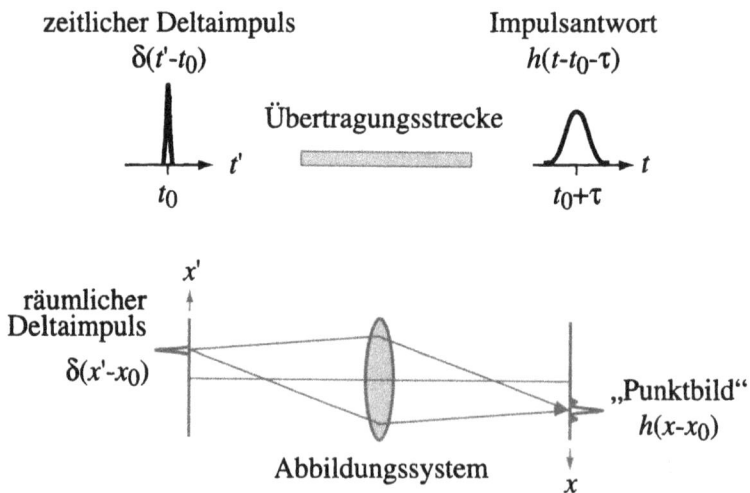

Abbildung B.1: Impulsantwort für zeitliche und räumliche Übertragungssysteme. Die Impulsantwort eines Abbildungssystems nennt man auch das „Punktbild".

Systeme, die durch (B.2) beschrieben werden, nennt man zeitinvariant (im Falle von Zeitsignalen) bzw. ortsinvariant (für räumliche Signale.) Hierbei handelt es sich um eine Idealisierung. Reale Systeme sind i. a. nicht orts- bzw. zeitinvariant. Im Fall eines

Abbildungssystems bewirken Aberrationen eine Ortsvarianz der Impulsantwort. Dennoch ist die vereinfachende Annahme der Invarianz nützlich, um die wesentlichen Systemeigenschaften zu beschreiben. Mit Hilfe des Faltungstheorems für die Fourier-Transformation läßt sich (B.2) in den Frequenzbereich übertragen:

$$\tilde{g}(\nu) = \tilde{h}(\nu)\,\tilde{f}(\nu) \tag{B.3}$$

Die Funktionen $\tilde{f}(\nu)$ und $\tilde{g}(\nu)$ sind die Frequenzspektren von f bzw. g. Die Funktion $\tilde{h}(\nu)$ ist die Übertragungsfunktion des Systems, welche angibt, wie die einzelnen Frequenzanteile eines Signals bezüglich Amplitude und Phase übertragen werden. Die Bandbreite eines Systems ist der Bereich im Frequenzraum, für den $|\tilde{h}(\nu)|$ größer ist als ein zu definierender Minimalwert. Beispiele für Übertragungsfunktionen sind der Tiefpaß und der Bandpaß (s. Abb. B.2).

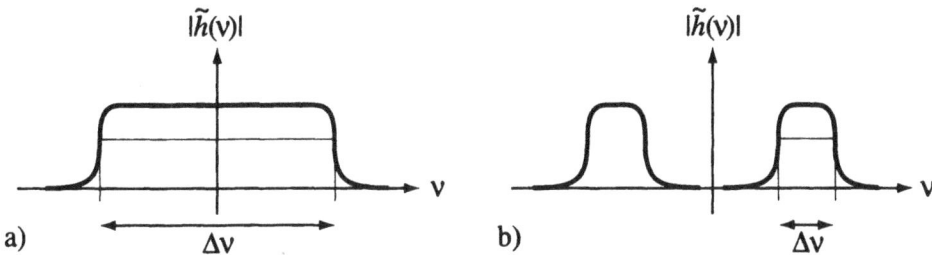

Abbildung B.2: Beispiele für Übertragungsfunktionen und Illustration des Begriffes Bandbreite. a) Tiefpaß, b) Bandpaß.

C Methode der stationären Phase

Die Methode der stationären Phase erlaubt einem die Berechnung von Integralen der Form

$$\int_{x_u}^{x_0} g(x)\,e^{ikf(x)}dx \tag{C.1}$$

Der Lösungsansatz beruht i. w. darauf, das Integral auf das Fresnel-Integral

$$\int e^{iax^2}dx \tag{C.2}$$

zu reduzieren. Hierzu wird angenommen, daß $f(x)$ für $x = x_0$ stationär ist, d. h. daß df/dx an der Stelle x_0 Null ist. In diesem Fall ist das Integral durch folgenden Ausdruck gegeben:

$$\int_{x_u}^{x_0} g(x)\, e^{ikf(x)} dx \approx \sqrt{\frac{2\pi}{k f''(x_0)}}\, g(x_0)\, e^{i[kf(x_0)+\pi/4]} \tag{C.3}$$

Für den Fall, daß $f(x)$ proportional zu x^2 ist, ergibt sich für das Fresnel-Integral eine Konstante:

$$\int e^{iax^2} dx = \sqrt{\frac{\pi}{a}}\, e^{i\pi/4} \tag{C.4}$$

D Zentraler Grenzwertsatz

Der Zentrale Grenzwertsatz sagt aus, daß wenn die Zufallsvariablen x_n unabhängig voneinander sind, dann ist für die Wahrscheinlichkeitsdichtefunktion $P(x)$ ihrer Summe $x = x_1 + x_2 + \cdots + x_N$ für $N \to \infty$ durch eine Normalverteilung gegeben, d. h.

$$P(x) = \frac{1}{\sigma\sqrt{2\pi}}\, e^{(x-\eta)^2/2\sigma^2} \tag{D.1}$$

Zum Verständnis dieser Aussage ist folgender Sachverhalt interessant. Die Wahrscheinlichkeitsdichtefunktion $P(x)$ einer Zufallsvariablen, die eine Summe von anderen Zufallsvariablen darstellt, ist als die Faltung der jeweiligen Wahrscheinlichkeitsdichtefunktionen P_n gegeben. Die P_n sind positive Funktionen.

$$P(x) = P_1(x) * \cdots * P_N(x) \tag{D.2}$$

Es ist eine Eigenschaft der Faltungsoperation, daß sich unabhängig vom Aussehen der einzelnen Funktionen P_n bei genügend großer Anzahl von Faltungsprodukten am Ende eine Gauß-Funktion ergibt.

E Wiener-Khintchin-Theorem

Sowohl für deterministische Funktionen als auch für Zufallsprozesse gelten die Wiener-Khintchin-Beziehungen, die aussagen, daß die Autokorrelationsfunktion $\Gamma(\tau)$ und die spektrale Leistungsdichte $S(\nu)$ ein Fourier-Paar bilden:

$$S(\nu) = \int \Gamma(\tau)\, e^{-2\pi i\nu\tau}\, d\tau \tag{E.1}$$

$$\Gamma(\tau) = \int S(\nu)\, e^{+2\pi i\nu\tau}\, d\nu \tag{E.2}$$

Eine besondere Eigenschaft der spektralen Leistungsdichte ist es, daß sie nicht-negativ ist, d. h.

$$S(\nu) \geq 0 \quad \text{für alle } \nu \tag{E.3}$$

Eine weitere Eigenschaft ist die Symmetrie:

$$S(\nu) = S(-\nu) \tag{E.4}$$

F Leistungsdichtespektrum einer Zufallsfolge von binären Pulsen

Das Signal $s(t)$ sei eine Folge von binären Pulsen der Dauer t_b, deren Zentren jeweils um Vielfache von t_b gegeneinander verschoben seien (siehe Abbildung F.1). Die Pulsfolge soll eine Zufallsfolge der logischen Signalwerte 0 und 1 darstellen, wobei das Auftreten von 0- und 1-Pulsen gleich wahrscheinlich sein soll, d. h. $p(0) = p(1) = 0, 5$.

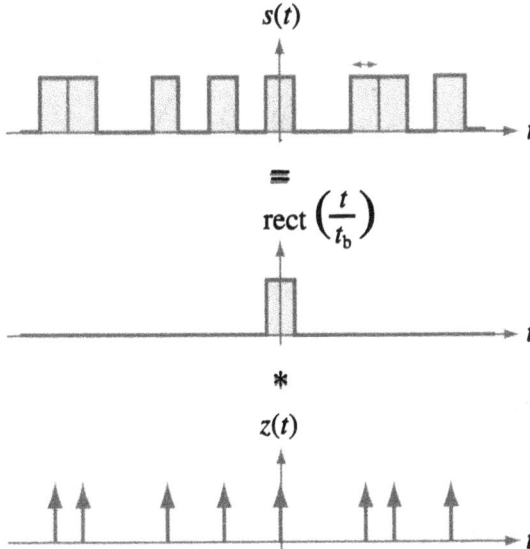

Abbildung F.1: Zufallsfolge von Rechteckpulsen dargestellt als Faltung eines Rechteckpulses mit einer Zufallsfolge von Deltafunktionen.

Mathematisch können wir das Signal als Faltungsprodukt eines Einzelpulses mit einem unregelmäßigen Kamm vom Deltafunktionen beschreiben, den wir mit $z(t)$ bezeichnen (s. Abbildung F.1).

$$s(t) = \text{rect}\left(\frac{t}{t_b}\right) * z(t) \qquad \text{mit} \quad z(t) = \sum_{(n)} r_n\,\delta(t - nt_b) \qquad \text{(F.1)}$$

Wir wollen das Leistungsdichtespektrum $|s(\nu)|^2$ mit Hilfe des Parseval-Theorems berechnen, indem wir zunächst die Autokorrelation von $s(t)$ bestimmen und diese anschließend Fourier-transformieren. Zur Berechnung nutzen wir aus, daß wir die Autokorrelation eines Faltungsprodukts auch als Faltung der Einzelautokorrelationen berechnen können[1]. Wenn wir dies anwenden, können wir die Autokorrelation von $s(t)$ schreiben als:

$$\text{AC}\{s(t)\} = \text{AC}\{\text{rect}\left(\frac{t}{t_b}\right)\} * \text{AC}\{z(t)\} \qquad \text{(F.2)}$$

Die Autokorrelation von $z(t)$, einer Zufallsfolge von Deltapeaks, läßt sich nur in Form von Erwartungswerten angeben. Hierzu benutzen wir die Wahrscheinlichkeiten, mit denen eine 0 oder eine 1 auftritt. Zunächst halten wir fest, daß die Autokorrelation von $z(t)$ nur für diskrete Werte $t = nt_b$ von Null verschieden ist. Für $n = 0$, ist der Wert der Autokorrelation von $z(t)$ durch die Wahrscheinlichkeit gegeben, mit der ein Peak auftritt also durch $p(1) = 0,5$. Für $n \neq 0$ ist der Wert der Autokorrelation gegeben durch die Wahrscheinlichkeit, mit der zwei Peaks aufeinanderfallen, also durch $p(1)\,p(1) = 0,25$. Insgesamt können wir schreiben:

$$\text{AC}\{z(t)\} = 0,25\,\delta(0) + 0,25 \sum_{(n)} \delta(t - nt_b) \qquad \text{(F.3)}$$

Damit wird:

$$\text{AC}\{s(t)\} = 0,25\,\text{trian}\left(\frac{t}{t_b}\right) + 0,25 \qquad \text{(F.4)}$$

Wenn wir diesen Ausdruck Fourier-transformieren, erhalten wir das Leistungsdichtespektrum der Pulsfolge:

$$|\tilde{s}(\nu)|^2 = 0,25\,[\delta(\nu) + t_b\,\text{sinc}^2(\nu t_b)] \qquad \text{(F.5)}$$

Das Leistungsdichtespektrum ist also gegeben durch eine sinc^2-Funktion, die von der Form des Einzelpulses bestimmt wird. Außerdem weist das Spektrum einen Peak im Ursprung auf, der vom Gleichanteil des Signals herrührt. Für bipolare Signale, bei denen physikalisch statt einer Null ein negativer Puls übertragen wird, ist der Gleichanteil Null und der Peak im Zentrum des Spektrums verschwindet.

---

[1] $\text{FOU}\{\text{AC}\{f * g\}\} = |\tilde{f}\,\tilde{g}|^2 = |\tilde{f}|^2\,|\tilde{g}|^2 = \text{FOU}\{\text{AC}\{f\} * \text{AC}\{g\}\}$

Glossar

Absorption Bei der Absorption wird ein Atom (bzw. Molekül oder Halbleiterkristall) von einem Zustand niedrigerer Energie in einen Zustand höherer Energie angehoben. Dazu muß das absorbierte Photon eine Energie haben, die größer oder gleich der Energiedifferenz entspricht. Bei Halbleitern ergibt sich wegen der endlichen Breite der Energiebänder ein breite Absorptionskennlinie mit einer Bandkante, deren Lage durch den Bandabstand bestimmt wird.

Abtasttheorem Das Abtasttheorem gibt an, welche Schrittweite bei der Diskretisierung eines Signals eingehalten werden muß. Die maximale Schrittweite (Nyquist-Rate) ist gleich dem Inversen der Bandbreite des Signals.

Airy-Scheibchen Beugungsbild einer kreisförmigen Apertur, mathematisch beschrieben durch $J_1(x)/x$, wobei J_1 die erste Bessel-Funktion darstellt.

Akustooptischer Effekt Beeinflussung des Brechungsindexes in einem Medium durch Schallwellen. Eine Änderung des Brechungsindexes wird bewirkt durch die Verdichtungen bzw. Verdünnungen des Materials über den photoelastischen Effekt. Akustooptische Modulatoren nutzen die Möglichkeit aus, über einen Transducer Bragg-Gitter in einem akustooptischen Material zu erzeugen, an dem eine Lichtwelle abgebeugt wird.

Akzeptor Atom, welches bei seiner Ionisierung ein Elektron aufnimmt. Beispiel: Bor bei der Dotierung von Si.

Augendiagramm Das A. ist ein visuelles Hilfsmittel zur Beurteilung einer Übertragungsstrecke. Es entsteht durch Überlagerung einer großen Anzahl von Bit„fenstern", so daß insgesamt alle Signalübergänge ($0 \rightarrow 0, 0 \rightarrow 1$ usw.) auftreten. Im Zentrum des Diagramms bildet sich ein Bereich heraus (das „Auge"), welches bei „guten" Übertragungsstrecken geöffnet ist. Für schlechte Übertragungsstrecken (hohe Dämpfung, starke Dispersion) schließt sich das Auge.

Bandbreiten-Längen-Produkt Gütemaß für Übertragungsstrecken, welches bei der Dimensionierung einer Strecke zur Abschätzung dienen kann. Für dispersionsbegrenzte Strecken ist das BLP konstant.

Beugung Ablenkung von Licht, bedingt durch räumliche Modulation des Winkelspektrums (in dessen Amplituden- und/oder Phasenverteilung). Einfachstes Beispiel ist die Beugung an einer Apertur mit endlicher Ausdehnung, wie sie in jedem optischen Aufbau auftritt. Sie beeinflußt z. B. die Auflösung der optischen Abbildung, da die Apertur als Tiefpaßfilter für die spatialen Frequenzen des Winkelspektrums wirkt. Der Ablenkungswinkel bei der Beugung ist proportional zur Wellenlänge des Lichtes. Von großer Bedeutung ist die Beugung an periodischen Strukturen (Gittern, Fresnel-Zonen-Platten), z. B. in Spektralapparaten oder in der Mikrooptik.

Bitfehlerrate, BER Anzahl der fehlerkannten Bits in Bezug auf die Gesamtanzahl von übertragenen Bits. Für Strecken, die der Übertragung von Sprache dienen, strebt man standardmäßig eine BER von 10^{-9} an. Bei der Übertragung von Daten sind deutlich kleinere Werte gefordert ($10^{-15} \ldots 10^{-17}$).

Brechung Lichtablenkung beim Übergang von Licht zwischen zwei Ausbreitungsmedien mit unterschiedlichem Brechungsindex. Die mathematische Beschreibung erfolgt mit Hilfe des Snellius'schen Brechungsgesetzes und besagt, daß das Licht im optisch dichteren Medium „zum Lot hin" abgelenkt wird. Der Brechungswinkel ist auf Grund der Abhängigkeit des Brechungsindexes von der Wellenlänge umgekehrt proportional zur Wellenlänge des Lichtes (bei „normaler Dispersion"). Die Brechung spielt eine Rolle u. a. bei der Funktionsweise von Prismen oder (refraktiven) Linsen oder auch bei Phänomenen in der Natur (Regenbogen).

Dämpfung (einer Glasfaser) Verluste der übertragenen Lichtleistung bedingt durch Absorption und Streuung. Die Dämpfung wird i. a. in dB/km angegeben. Typische Werte liegen im Bereich von 0,2–1 dB/km, abhängig von der Wellenlänge. Minima für die Dämpfungsverluste liegen bei Wellenlängen von 1,3 μm und 1,55 μm.

Digitalisierung Umwandlung eines analogen Signals mit kontinuierlichem Wertebereich in Signalwerte mit diskreten, speziell kodierten Werten. Die Digitalisierung beinhaltet die Abtastung des Signals (Diskretisierung im Zeit- oder Ortsbereich), die Quantisierung des Wertebereichs und die Kodierung (z. B. Binärkodierung).

Direktempfang Übertragungsschema, bei dem die Intensität des übertragenen Signals detektiert wird.

Dispersion Abhängigkeit des Brechungsindexes von der Wellenlänge der elektromagnetischen Strahlung. Die Dispersion eines Materials wird durch die Frequenzabhängigkeit der elektrischen Polarisierbarkeit bestimmt. Man spricht von normaler Dispersion, wenn der Brechungsindex mit der Wellenlänge abnimmt $(dn/d\lambda < 0)$ bzw. von anomaler Dispersion für $dn/d\lambda > 0$. Der Fall der anomalen Dispersion tritt nur im Bereich einer Absorptionslinie auf. Die Dispersion ist wichtig für die Verwendung von Prismen in Spektralapparaten und spielt eine (unerwünschte) Rolle bei der Übertragung von Signalen durch Glasfasern.

Dispersion (einer Glasfasertrecke) „Auseinanderlaufen" von Pulsen beim Durchlaufen einer Übertragungsstrecke. Ursachen sind Laufzeitdifferenzen zwischen unterschiedlichen räumlichen Moden in einer Multimodefaser (Modendispersion), unterschiedlichen Wellenlängen (chromatische oder Materialdispersion), unterschiedlichen Polarisationszuständen (Polarisationsdispersion). Weiterhin kann eine Abhängigkeit der Gruppengeschwindigkeit von der Wellenlänge zur Wellenleiterdispersion führen. Die Dispersion führt zu einem Tiefpaßverhalten der Übertragungsstrecke, welches i. a. durch eine Übertragungsfunktion mit Gauß'schem Verlauf beschrieben wird.

Donator Atom, welches bei seiner Ionisierung (z. B. beim Dotieren) ein Elektron abgibt. Beispiel: Arsen wirkt als Donator bei der Dotierung von Si.

Dotierung Verunreinigung eines Kristalls mit Fremdatomen. Bei p-Dotierung wird mit Atomen dotiert, die als Akzeptor wirken, bei n-Dotierung mit Donatoren.

Elektrooptischer Effekt Einfluß eines äußeren elektrischen Feldes auf den Brechungsindex (in geeigneten Materialien). Man unterscheidet den linearen (Pokkels-Effekt) und den quadratischen elektrooptischen Effekt (Kerr-Effekt). Kerr-Materialien weisen eine Zentrosymmetrie ihrer Molekülstruktur auf, welche bewirkt, daß der i. a. stärkere lineare Effekt nicht auftritt. Elektrooptische Materialien verwendet man zur Implementierung von Phasen- und Amplitudenmodulation.

Emission Vorgang, bei dem durch ein Medium ein Photon emittiert wird. Die Energie $h\nu$ wird durch den Übergang von einem höheren energetischen Niveau auf ein niedrigeres frei. Bei der spontanen Emission erfolgt die Aussendung des Photons unkorreliert und ohne äußere Einwirkung. Bei der stimulierten Emission erfolgt die Aussendung eines Photons durch Anregung über die Wechselwirkung mit einem externen elektromagnetischen Feld. Anregende und erzeugte Lichtwelle sind kohärent zueinander. Die stimulierte Emission ist der entscheidende Prozeß für die Erzeugung von Laserstrahlung.

Ewald-Kugel Kugel im Frequenzraum mit dem Radius $1/\lambda$. Anteile des Winkelspektrums, für welche $k_x{}^2 + k_y{}^2 < k^2$ ist, liegen innerhalb der Ewald-Kugel, Anteile des Winkelspektrums mit $k_x{}^2 + k_y{}^2 > k^2$ außerhalb (quergedämpfte

oder evaneszente Wellen). Das Konzept der Ewald-Kugel stammt aus der Kristal-
lographie, kann allerdings allgemein zur Beschreibung von Wellenausbreitungs-
phänomenen (z. B. der Gitterbeugung) verwendet werden.

Fermat'sches Prinzip Anwendung des Variationsprinzips auf die Optik. Das Fermat'sche Prinzip besagt, daß die Lichtausbreitung so stattfindet, daß der integrale optische Weg (Produkt aus geometrischem Weg und Brechungsindex)
ein Extremum sein muß. Das Fermat'sche Prinzip kann z. B. zur Erklärung der
Entstehung der optischen Abbildung verwendet werden oder auch zur Berechnung der Moden in einer Gradientenindexfaser.

Fernfeld-Beugung (Fraunhofer-Beugung) Beobachtung der Anteile des Winkelspektrums „im Unendlichen", d. h. für den Fall, daß die lateralen Dimensionen in der Beobachtungsebene klein sind gegenüber der Entfernung vom Beu-
gungsobjekt zur Beobachtungsebene. In der Praxis beobachtet man Fraunhofer-
Beugung immer dort, wo man ein Bild der Lichtquelle vorliegen hat. Im Falle
der Beleuchtung des Beugungsobjekts mit einer ebenen Welle ist dies die hin-
tere Brennebene einer Sammellinse. Mathematisch wird die Fernfeld-Beugung
durch die Fourier-Transformation beschrieben.

Finesse Maßzahl für das spektrale Auflösungsvermögen eines Fabry-Perot-Resonators. Der Wert wird durch die Reflektivität des Resonators bestimmt.

Freiraumoptik Optische Systeme, in welchen die Lichtsignale durch Linsen, Licht-
ablenker und Strahlteiler geführt werden. Im Gegensatz zur Lichtausbreitung in
Wellenleitern ist das Ausbreitungsmedium in lateraler Richtung i. a. homogen.
Die wichtigste Operation in der Freiraumoptik ist die Abbildung mit Hilfe von
Linsen.

Glasfaser Wellenleiter mit radialsymmetrischen Brechzahlprofil. Eine Glasfaser besteht aus einem Kern mit Brechungsindex n_1 und einem Mantel mit Brechungsindex n_2. Glasfasern werden i. a. aus SiO_2 hergestellt. Eine Glasfaser wird durch
ihr Dämpfungsverhalten und ihre Dispersion charakterisiert.

Gradientenindexfaser Glasfaser mit kontinuierlichem Brechzahlverlauf im Kernbereich, wobei das Brechungsindexprofil im Idealfall parabolisch ist. Gradientenindexfasern minimieren die Laufzeitdispersion für unterschiedliche Moden.

Grenzwinkel (einer Glasfaser) Maximaler Winkel α_g relativ zur optischen Achse,
unter dem man Licht in eine Glasfaser (oder allgemein: einen Wellenleiter)
einkoppeln kann. Der Grenzwinkel ist mit der numerischen Apertur NA der
Glasfaser über $n \sin \alpha_g = NA$ verknüpft, wobei n der Brechungindex außerhalb der Glasfaser ist.

Güte Maßzahl, welche angibt nach wieviel Oszillationen die Leistung der Schwingung auf $1/e$ abgefallen ist.

Halbleiter kristalliner oder amorpher Festkörper, dessen elektrische Leitfähigkeit zwischen der eines Isolators und der eines Metalls liegt. Die Leitfähigkeit wird stark von der Temperatur und der Dotierung (allgemein: Verunreinigungen im Material) sowie der Intensität des einfallenden Lichtes bestimmt. Bekannte Halbleitermaterialien sind z. B. Silizium, Galliumarsenid sowie Indiumphosphid. Man unterscheidet zwischen direkten und indirekten Halbleitern, abhängig davon, wie im (E, k)-Diagramm Maximum des Valenzbandes und Minimum des Leitungsbandes zueinander liegen. Für direkte Halbleiter (z. B. GaAs) liegen sie übereinander, für indirekte Halbleiter (z. B. Si) nicht. Indirekte Halbleiter eignen sich nicht gut für die Erzeugung von Licht, weil hierzu aus Impulserhaltungsgründen neben Photon und Elektron ein Photon als dritter Partner benötigt wird, was die Wahrscheinlichkeit des Prozesses stark reduziert.

Helmholtz-Gleichung zeitunabhängige Wellengleichung zur Behandlung stationärer Probleme. Die Helmholtz-Gleichung stellt eine lineare partielle Differentialgleichung zweiter Ordnung (vom elliptischen Typ) dar. Spezielle Lösungen im kartesischen Koordinatensystem sind die harmonischen Funktionen der Form $\exp\left[i(k_x x + k_y y + k_z z)\right]$.

Holographie Von Dennis Gabor entwickeltes Prinzip zur Speicherung von Amplitude und Phase eines Wellenfeldes in einem phasenblinden Medium (wie photographischem Film, z. B.). Zur Aufzeichnung eines Hologramms überlagert man die Objektwelle mit einer Referenzwelle, wodurch die Phase der Objektwelle als Intensitätsvariation aufgezeichnet wird. Bei der Wiedergabe des Hologramms wird nur mit der Referenzwelle beleuchtet. Es entsteht dann z. B. ein virtuelles Bild des 3-D Objekts.

Integrierte Wellenleiteroptik Teilgebiet der Optik, das sich mit der Lichtausbreitung in Wellenleiterstrukturen befaßt, welche auf ein Substrat integriert sind. Die Integration erlaubt die Herstellung miniaturisierter optischer "Schaltkreise", welche neben der optischen Funktion auch Lichtquellen, -detektoren oder -modulatoren beinhalten.

Interferenz Überlagerung zweier oder mehrerer Wellen, z. B. bei der Beugung von Licht. Bei kohärenter Überlagerung beobachtet man ein stationäres Interferenzmuster. Umgekehrt kann man mit Hilfe von Interferenzexperimenten den Kohärenzzustand eines Wellenfeldes bestimmen.

Intersymbol Interference Überlapp zwischen unterschiedlichen Signalfenstern (gegeben durch die Bitdauer). ISI wird durch Dispersion oder sonstige tiefpaßartige Einflüsse hervorgerufen.

ISDN (*Integrated Services Digital Network*) dienstintegrierendes Kommunikationsnetz für Sprache, Text, Daten und Bildinformation.

Kohärenz Zustandsgröße eines Wellenfeldes, die sich auf seine Stationarität bezieht. Man unterscheidet zwischen zeitlicher (stationäres Verhalten zu zwei Zeitpunkten) und räumlicher (stationäres Verhalten betrachtet an zwei Orten) Kohärenz. Die Kohärenzeigenschaften eines Wellenfeldes können mit Hilfe von Interferometern bestimmt werden: zur Messung des zeitlichen Kohärenzgrades verwendet man ein Michelson-Interferometer, zur Messung des räumlichen Kohärenzgrades verwendet man ein Young-Interferometer. Die Kohärenzeigenschaften eines Wellenfeldes hängen u. a. von der Natur der Lichtquelle ab. Laserquellen erzeugen weitgehend kohärente Strahlung (abhängig vom Lasertyp), „natürliche" Lichtquellen (wie Glühlampen, Gasentladungslampen, LEDs) erzeugen weitgehend inkohärente Strahlung.

Korrelationsfilter (auch *matched filter* oder angepaßtes Filter) lineares Filter, welches auf ein bestimmtes gesuchtes Eingangsobjekt hin angepaßt ist. Bei diesem Filterverfahren nutzt man die Eigenschaften der Korrelation aus, wonach die Autokorrelation (bei Auftreten des gesuchten Objekts) größere Werte annimmt als die Kreuzkorrelation.

Laser Akronym für *light amplification by stimulated emission of radiation*. Eine Laserquelle unterscheidet sich von einer natürlichen (thermischen) Lichtquelle durch die Art der Lichterzeugung, welche hier durch erzwungene Emission erfolgt. Hierdurch bedingt sendet ein Laser i. a. (quasi-)monochromatische, gerichtete Strahlung aus. Ein Laserresonator besteht i. a. aus zwei Spiegeln und einem nichtlinearen Lasermedium.

Laserdiode Ebenfalls eine pn-Struktur, wobei aufgrund von optischer Rückkopplung in einem Resonator eine Besetzungsinversion in den Energiebändern auftritt und durch stimulierte Emission Laserstrahlung erzeugt wird. Laserdioden werden ebenfalls als Kantenemitter und Oberflächenemitter realisiert. Für die faseroptische Übertragungstechnik sind sehr schmalbandige DFB-Laserdioden von Interesse, im Bereich der optischen Speichertechnik (CD-ROM) werden normale Kantenemitter verwendet. Die Abstrahlcharakteristik von Halbleiterlaserdioden ist bei Kantenemittern stark unsymmetrisch mit Abstrahlwinkeln von bis zu 30 Grad. Ausgangsleistungen können wenige Milliwatt bis hin zu mehreren Watt (bei gekoppelten Laserdiodenarrays) betragen.

Laserverstärker nichtlineares Medium, welches eine durchlaufende Welle optisch verstärkt. Der Gewinnfaktor wird durch das Lambert-Beer'sche Gesetz beschrieben. Wichtiges Beispiel für Laserverstärker ist der Erbium-dotierte Faserverstärker, der z.B. in transatlantischen Glasfaserstrecken eingesetzt wird.

LED (*light emitting diode*) Lichtquelle bestehend aus einem pn-Übergang in einem Halbleitermaterial (z. B. GaAs, GaP, InP). Bei der Lichterzeugung wird spontane Emission ausgenutzt. LEDs können als Kanten- oder Oberflächenemitter realisiert werden. Die Zufuhr von Energie erfolgt durch einen Injektionsstrom. LEDs sind i. a. spektral breitbandig und in ihrem zeitlichen Verhalten durch die Lebensdauer der injizierten Ladungsträger begrenzt. Optische Leistungen liegen im Bereich einiger Milliwatt.

Leistungsbilanz Gibt für eine Übertragungsstrecke den Dämpfungsverlauf (bedingt durch Verluste auf der Übertragungsstrecke, Einkoppelverluste usw.) an.

Magneto-optischer Effekt Man unterscheidet mehrere magneto-optische Effekte wie z. B. den magneto-optischen Kerr-Effekt und den Faraday-Effekt. In jedem Fall wird über ein angelegtes Magnetfeld und die Wechselwirkung über das Material die Phase der Lichtwelle geschoben, was man durch eine geeignete Optik auslesen kann.

Maxwell'sche Gleichungen mathematische Zusammenfassung der Maxwell'schen Theorie in vier Gleichungen. Sie verknüpfen das elektrische Feld E, das magnetische Feld B mit der elektrischen Ladungsdichte r und der elektrischen Stromdichte j. Die Maxwell'schen Gleichungen können in integraler oder differentieller Form dargestellt werden. Das System der Maxwell-Gleichungen ist ausreichend, um unter Hinzunahme von Randbedingungen jedes beliebige elektromagnetische Problem zu lösen. Ein zweckmäßiger Ansatz zur Lösung des Gleichungssystems besteht darin, die Zeitabhängigkeit gewissen Einschränkungen zu unterwerfen. Der einfachste Fall ist der der Zeitunabhängigkeit, wodurch die Gleichungen für E und B entkoppelt werden. Zur Behandlung zeitabhängiger Probleme drückt man zweckmäßigerweise die Feldvektoren durch Potentiale aus (die skalare Potentialfunktion Φ und das Vektorpotential A):

$$E = -\operatorname{grad} \Phi - \frac{\partial A}{\partial t} \qquad \text{bzw.} \qquad B = \operatorname{rot} A$$

Die Lösung solcher Probleme erfolgt mit der Methode der retardierten Potentiale. Diese besteht darin, die Potentiale als Summe von infinitesimalen Beiträgen zusammenzusetzen, wobei die endliche Ausbreitungsgeschwindigkeit berücksichtigt wird (Retardierung). Bei gegebener Verteilung der Ladungen und

Ströme kann man somit zunächst die Potentiale und daraus die Felder berechnen.

Mikrooptik Teilgebiet der Optik, welches sich i. w. mit lithographisch hergestellten Komponenten beschäftigt (passiv und aktiv, Freiraumoptik und Wellenleiteroptik).

Mode Physikalisch gesehen ein Eigenzustand eines Systems, im mathematischen Sinne Lösung der das System beschreibenden Differentialgleichung. Für einen Wellenleiter ergibt sich ein diskretes Modenspektrum, beschrieben durch unterschiedliche Wellenvektoren. Im freien Raum liegt ein kontinuierliches Modenspektrum vor ($\rightarrow$ Winkelspektrum).

Multiplexverfahren Mehrfachausnutzung eines Übertragungsmediums. Beispiele sind das Wellenlängenmultiplex (WDM) oder das Zeitmultiplex (TDM).

Nahfeld-Beugung (Fresnel-Beugung) Beobachtung eines an einem Objekt gebeugten Wellenfeldes in endlicher Entfernung. Für den paraxialen Bereich kann man jeden Objektpunkt als virtuelle Lichtquelle ansehen, von der eine Welle mit parabolischer Wellenfront ausgeht. Ein Spezialfall der Nahfeld-Beugung ist der Talbot-Effekt, d. h. die „Selbstabbildung" von Wellenfronten mit lateraler Periodizität.

Nichtlineare Optik Ab bestimmten Feldstärken ist der Zusammenhang zwischen der elektrischen Polarisation eines Mediums und dem elektrischen Feld nicht mehr linear. Hierdurch tritt eine Reihe nichtlinearer Effekte auf, wie z. B. eine Abhängigkeit des Brechungsindex von der Lichtintensität. Man klassifiziert nichtlineare optische Effekte unter anderem danach, ob sie von der zweiten oder dritten Potenz des E-Feldes abhängen. Weil der Zusammenhang zwischen elektrischer Polarisation und E-Feld durch die dielektrische Suszeptibilität χ beschrieben wird, spricht man von χ_2-Effekten (Beispiel: elektrooptischer Effekt) bzw. χ_3-Effekten (Beispiel: optischer Kerr-Effekt).

Optische Abbildung Mit Hilfe von Linsen kann man ein Bild eines Gegenstands erzeugen. Mit Hilfe der geometrischen Optik kann das Bild durch Hilfsstrahlen (Mittelpunktstrahl, Parallelstrahl) konstruiert werden. Im Bild der Wellenoptik (Fourier-Optik) wird ein Abbildungssystem als lineares, ortsinvariantes System dargestellt. Die Eigenschaften der Abbildung werden durch das Punktbild (*point spread function*) beschrieben. Bei der kohärenten Abbildung wird die Übertragungsfunktion des Systems durch die Fourier-Transformierte des Punktbildes $p(x)$ angegeben, im inkohärenten Fall durch die Fourier-Transformierte von $|p(x)|^2$. Für den Fall, daß Aberrationen auftreten, ist das Punktbild ortsabhängig und das Abbildungssystem ist ortsvariant (d. h. es läßt sich nicht mehr durch eine Übertragungsfunktion beschreiben).

Optische Speicher Medien zur Speicherung (oder auch nur zum Auslesen) von Information mit Hilfe optischer Signale. Man unterscheidet 2-D und 3-D Speicher. Bekanntestes Beispiel ist die CD-ROM, die in ihrer bekannten Form allerdings nur optisch ausgelesen wird. Als optische Schreib-/Lese-Speicher eignen sich z. B. magnetooptische Materialien.

Optisches Verbindungsnetzwerk Optisches System, welches zwischen Arrays von Eingängen und Ausgängen Verbindungen herstellt. Die Aufgabe ist z. B. zu verstehen, wenn man an Telephon-Vermittlungssysteme denkt. Man unterscheidet Verbindungsnetzwerke nach ihrer Topologie (z. B. ortsvariant, ortsinvariant, einstufig, mehrstufig usw.). Von Bedeutung sind insbesondere das Crossbar-Netzwerk und mehrstufige Permutationsnetzwerke (Bsp.: Perfect Shuffle).

Optische Verbindungstechnik Optische Datenübertragung über kurze Strecken im Computer. Man unterscheidet mehrere Hierarchieebenen: *rack-to-rack*, *board-to-board* und *chip-to-chip*, für die auch jeweils unterschiedliche Technologien von Interesse sind.

Photodetektoren Als Empfangselemente in der optischen Nachrichtentechnik werden Halbleiterphotodioden eingesetzt. Diese bestehen aus einem einfachen *pn*-Übergang, der in Sperrichtung gepolt ist oder aus einer *pin*-Struktur. Bei Absorption eines Photons wird ein Ladungsträgerpaar erzeugt. Der Quantenwirkungsgrad gibt an, wieviele der erzeugten Ladungsträgerpaare zum Photostrom beitragen. Durch Rekombination wird der Photostrom reduziert. Die Ansprechzeit einer Photodiode wird durch die Transitzeit der Ladungsträger durch die Raumladungszone bestimmt, durch die Diffusionskonstante der Ladungsträger, die von außerhalb in die Raumladungszone gelangen und die RC-Zeitkonstante der Diode. Neben der gewöhnlichen *pn*- bzw. *pin*-Photodiode sind die Avalanche-Photodiode und Schottky-Dioden von Bedeutung.

Photon Quant des elektromagnetischen Feldes. Ein Photon ist durch seine Energie $h\nu$ und durch seinen Impuls $\hbar k$ gekennzeichnet. Ein Photon hat die Ruhemasse Null. Es besitzt einen Drehimpuls der Größe $\hbar$, welcher entweder parallel oder antiparallel zum Photonenimpuls ausgerichtet ist.

(P,I)-Kennlinie Sie gibt für ein optisches Sendebauelement den Verlauf der optischen Ausgangsleistung P in Abhängigkeit des Injektionsstromes i an.

Polarisation Neben der Kohärenz eine weitere Zustandsgröße eines Wellenfeldes. Der Polarisationszustand einer Welle wird festgelegt durch die Phasenbeziehung zwischen beiden Komponenten des elektrischen Feldes. Bei polarisiertem Licht unterscheidet man zwischen linearer und elliptischer (im Spezialfall: zirkularer) Polarisation. Die Polarisationseigenschaften eines Wellenfeldes werden (wie im Falle der Kohärenzeigenschaften) durch die Natur der Lichterzeugung sowie durch die Lichtausbreitung und die Wechselwirkung mit optischen Komponenten bestimmt. Um Licht in seinem Polarisationszustand zu beeinflussen, werden vier Mechanismen ausgenutzt: Dichroismus, Reflexion, Streuung und Doppelbrechung.

Rauschen in Photoempfängern wird verursacht durch thermisches Rauschen (auch Johnson- oder Nyquist-Rauschen) im Verstärker sowie durch Dunkelstromrauschen und Quantenrauschen in der Empfängerdiode.

Rekombination Inverser Prozeß zur Erzeugung von Elektron-Loch-Paaren, also der Übergang eines Elektrons aus dem Leitungs- in das Valenzband. Bei der strahlenden Rekombination wird die freiwerdende Energie in Form eines Photons abgestrahlt. Nichtstrahlende Rekombination tritt z. B. auf, wenn die Energie auf Phononen (Gitterschwingungen) übertragen wird oder auf freie Elektronen im Kristallgitter (Auger-Elektronen).

Richtkoppler Spezielle Wellenleiterstruktur, bei der über quergedämpfte Wellen eine optische Kopplung zweier parallel verlaufender Wellenleiter stattfindet. Die Wellenleiter besitzen einen Abstand von nur wenige Mikrometern. Der Austausch der optischen Leistung zwischen beiden Wellenleitern kann elektrisch kontrolliert werden, um z. B. einen Strahlteiler oder Modulator zu realisieren.

Soliton Kurzer Puls einer bestimmten Form, welcher in der Lage ist, sich unter bestimmten Bedingungen in einem nichtlinearen dispersiven Medium auszubreiten, ohne seine Form zu ändern. Für optische Solitonen tritt dies auf, wenn die Dispersion der Gruppengeschwindigkeit den Effekt der Selbstphasenmodulation völlig kompensiert. Es gibt sowohl räumliche als auch zeitliche optische Solitonen. Charakteristisch für Solitonen ist, daß ihre Pulsform durch eine Sekans-Hyperbolikus-Funktion beschrieben wird.

Streuung Streuung tritt auf in Medien mit inhomogenem Brechungsindex, wobei die räumliche Verteilung der Inhomogenitäten zufällig ist. (Wenn die „Streuzentren" regelmäßig angeordnet sind, spricht man von Beugung.) Abhängig von der Größe der Streuzentren ist der Streuquerschnitt unabhänigig von der Wellenlänge des Lichtes (z. B. bei Regentropfen oder Nebeltröpfchen). In diesem Fall spricht man von Mie-Streuung. Im Fall von Streuzentren, die klein sind im Vergleich zur Wellenlänge von Licht (z. B. Molekülen), ist der Streuquerschnitt umgekehrt proportional zur vierten Potenz der Wellenlänge λ. Die Streuung spielt daher eine Rolle für die Entstehung mancher Naturerscheinungen (Farbe des Himmels). Sie ist aber auch von Bedeutung bei der Lichtausbreitung in Glasfasern, wo Streuung bedingt durch mikroskopische Inhomogenitäten des Brechungsindexes auftritt und somit für Lichtverluste sorgt.

Stufenindexfaser Glasfasertyp mit einem stufenförmigen Verlauf des Brechungsindexes, d. h. zwei Bereiche mit konstanten Brechungsindizes n_1 (im Kern) und n_2 (im Mantel), wobei $n_1 > n_2$.

Überlagerungsempfang (kohärenter Empfang) Übertragungsschema, bei dem am Empfänger das übertragene Signal und eine Lokale-Oszillator-Welle (LO) optisch gemischt werden. Beim Überlagerungsempfang unterscheidet man Homodyn- und Heterodynempfang abhängig davon, ob die Frequenzen der Signalquelle und des lokalen Oszillators gleich oder unterschiedlich sind. Der Überlagerungsempfang bietet gegenüber dem Direktempfang eine Steigerung der Empfängerempfindlichkeit um einen Faktor 2–4.

Welle räumlich und zeitlich periodischer Vorgang, allgemein beschrieben durch einen Ausdruck der Form $A(\boldsymbol{r}) \exp[i(\omega t - \varphi(\boldsymbol{r}, t)]$. Dabei ist $A(\boldsymbol{r})$ die Amplitude der Wellen, ω die Kreisfrequenz, welche mit der zeitlichen Frequenz ν der Schwingung über $\omega = 2\pi\nu$ zusammenhängt. $T = 1/\nu$ bezeichnet man als die Periode der Schwingung. $\varphi(r, t)$ ist die Phase der Welle. Für eine ebene Welle ist z. B. $\varphi = \boldsymbol{k} \cdot \boldsymbol{r}$, wobei $\boldsymbol{k}$ den Wellenvektor darstellt.

Wellengleichung lineare, homogene partielle Differentialgleichung zweiter Ordnung der allgemeinen Form $\Delta \Psi - (1/c^2)(\partial^2 \Psi / \partial t^2) = 0$. Dabei ist Ψ eine Raum-Zeit-Funktion, welche skalar oder vektoriell sein kann. Δ ist der Laplace-Operator. c bezeichnet die Ausbreitungsgeschwindigkeit der Welle (im Falle einer elektromagnetische Welle also die Lichtgeschwindigkeit). Ihr Wert hängt vom Ausbreitungsmedium ab. Falls die Ausbreitungsgeschwindigkeit der Welle von ihrer Frequenz abhängt, spricht man von Dispersion.

Wellenleiteroptik Optische Systeme, bei denen Lichtsignale in Wellenleitern (Glasfaser, integrierte Wellenleiter) geführt werden. Die Führung der Welle wird durch eine laterale Variation des Brechungsindexes bewirkt. Die Wellenleiterfunktion beruht auf der internen Totalreflexion.

Winkelspektrum im Sinne der Fourier-Darstellung einer Funktion stellt das Winkelspektrum die Zerlegung eines Wellenfeldes nach ebenen Wellen dar. Jede Komponente des Winkelspektrums ist durch seine Amplitude A_k und seinen

Wellenvektor k gekennzeichnet, wobei für die drei Komponenten die Beziehung gilt: $k_x{}^2 + k_y{}^2 + k_z{}^2 = k^2$. Statt der Komponenten des k-Vektors kann man auch die spatialen Frequenzen (ν_x, ν_y, ν_z) (mit $\nu_x = k_x/2\pi$, usw.) oder die Richtungskosinus (α, β, γ) (mit $\alpha = (k_x/2\pi)\lambda$, usw.) verwenden.

Zeit-Bandbreite-Produkt (eines Übertragungskanals) Maß für die Übertragungskapazität eines Übertragungskanals. Wenn man einen Übertragungskanal als lineares System betrachtet, dann läßt er sich durch seine zeitliche Impulsantwort bzw. seine Übertragungsfunktion, die Fouriertransformierte der Impulsantwort, beschreiben. (Beispiel: Eine breite Impulsantwort — verursacht etwa durch starke Dispersion, wie z. B. in einer Multimode-Stufenindexfaser — bewirkt ein starkes Tiefpaßverhalten.) Das Produkt aus Grenzfrequenz ν_g der Übertragungsfunktion und Länge L der Übertragungsstrecke bezeichnet man als das Zeit-Bandbreite-Produkt der Strecke. Da im einfachsten Fall die Grenzfrequenz linear mit L wächst, ist $\nu_g L \approx$ const. Über diese Beziehung läßt sich z. B. für ein Signal mit bestimmter Bandbreite die maximale Übertragungslänge angeben und umgekehrt.

Symbole und Abkürzungen

Symbole

a	elektrische Polarisierbarkeit
a	Gitterkonstante
a	Faserkernradius
$a(t)$	Beschleunigung
a_c	Cutoff-Durchmesser für Monomodebetrieb
A	Fläche
A	optische Amplitude
A_{21}	Einstein-Koeffizient für die spontane Emission
A_j	Sellmeier-Koeffizienten
B	Bandbreite
$\boldsymbol{B}$	magnetisches Feld
B_{12} bzw. B_{21}	Einstein-Koeffizienten für Absorption bzw. stimulierte Emission
c	Lichtgeschwindigkeit
C_m	*confinement factor;* relativer Anteil der im Wellenleiter geführten Lichtleistung
$\boldsymbol{d}$	elektrisches Dipolmoment
dA	infinitesimales Flächenelement
E bzw. $\mathcal{E}$	Energie
$\boldsymbol{E}$	elektrisches Feld
E_1, E_2	Energieniveaus
E_a	Energie des Akzeptorniveaus
E_c	Energie im Minimum des Leitungsbandes
E_f	Fermi-Energie
E_g	Bandlückenenergie
E_{lok}	lokales elektrisches Feld
E_v	Energie im Maximum des Valenzbandes
E_x	Exzitonniveau
f	Brennweite einer Linse
$f/\#$	f-Zahl einer Linse
$\langle f \rangle$	Zeitmittelwert einer Funktion $f(t)$
$f(E)$	Besetzungswahrscheinlichkeit

F	Rauschfaktor, auch verwendet für Überschußfaktor
$\mathcal{F}$	Finesse eines Resonators
$g(\nu)$	Linienform eines atomaren Übergangs
$G(\nu)$	Verstärkungsfaktor, Gewinnfaktor
h	Planck'sches Wirkungsquantum ($h = 6{,}62620 \cdot 10^{-34}$ Js)
$\hbar$	Planck'sche Konstante ($\hbar = h/2\pi$)
$h(t)$	Filterfunktion
h_π	Ätztiefe zur Implementierung einer Phasenverzögerung von π
i	komplexe Einheit
i	Stromstärke
i_F	Photostrom
I	Lichtintensität
$\mathrm{Im}\{z\}$	Imaginärteil einer komplexen Zahl z
j	Stromdichte
$\boldsymbol{k}$	Wellenvektor
$\hat{k}$	komplexe Wellenzahl
k_0	Wellenzahl im Vakuum
k_B	Boltzmann-Konstante
K	Kontrast
l	Indexzahl für die Phasenquantisierung
l_k	Kohärenzlänge
L	Länge der Übertragungsstrecke
m	Masse
m_0	Ruhemasse des Elektrons
m_c	effektive Masse eines Defektelektrons im Leitungsband
m_v	effektive Masse eines Defektelektrons im Valenzband
M	Modenanzahl
n	Brechungsindex
n	Photonenzahl, z. B. für die spontane Emission
n bzw. $\hat{n}$	(komplexer) Brechungsindex
$n(E)$	Elektronendichte als Funktion der Energie
n_{12}	relativer Brechungsindex
n_i	intrinsische Ladungsträgerdichte
n_w	Brechungsindex des Wellenleiters
N_1, N_2	Bevölkerungsdichten von Energieniveau 1 bzw. 2
NA	numerische Apertur
p	Periode (eines Gitters)
p	Wahrscheinlichkeitsdichte
p	photoelastische Konstante
$\boldsymbol{p}$	Impuls

$p(E)$	Defektelektronenkonzentration als Funktion der Energie
$\tilde{p}(\nu_x)$	Filterfunktion
P bzw. P_0	opt. Leistung (in W)
P	elektrische Polarisation
$\boldsymbol{P}$	elektrische Polarisation
$\mathcal{P}$	optische Leistung (in dBm)
$P\{f\}$	Wahrscheinlichkeitsverteilung einer statistischen Größe f
q	Elementarladung ($q = 1{,}6022 \cdot 10^{-19}$ C)
q	komplexe Koordinate
Q	Gütefaktor einer Schwingung
r	Rekombinationskonstante
r	linearer elektrooptischer Koeffizient (Pockels-Koeffizient)
r	Reflexionsfaktor (für die Lichtamplitude)
r, Θ, φ	Kugelkoordinaten
$\boldsymbol{r}$	Ortsvektor
r_c	Krümmungsradius
r_e	Erzeugungsrate pro Volumen- und Zeiteinheit
r_f	Radius der Fermi-Kugel
r_i	Rauschleistungsdichte
r_n	Rekombinationskonstante für nichtstrahlende Übergänge
r_p	Rate von absorbierten Photonen pro Volumen- und Zeiteinheit
r_s	Rekombinationskonstante für strahlende Übergänge
r_{sp}	Wahrscheinlichkeitsdichte für die spontane Emission
r_{st}	Wahrscheinlichkeitsdichte für die stimulierte Emission
R	Widerstand
R	Krümmungsradius eines Gauß'schen Strahls
R	Reflexionsgrad für die Lichtintensität
$\mathrm{Re}\{z\}$	Realteil einer komplexen Zahl z
s	quadratischer elektrooptischer Koeffizient (Kerr-Koeffizient)
S	Empfindlichkeit einer Photodiode
$\boldsymbol{S}$	Poynting-Vektor
$S(\nu)$	spektrale Leistungsdichte
t	Zeitkoordinate
t_b	Bitdauer
t_k	Kohärenzzeit
t_{sp}	Lebensdauer des spontanen Übergangs
T	Temperatur
T	Transmissiongrad für die Lichtintensität
$u(\boldsymbol{r}; \nu)$	monochromatische Komponente von U
$u(x, y)$	komplexe Amplitude

$\tilde{u}(\nu_x, \nu_y)$	Fourier-Transformierte von $u(x, y)$ bzgl. der Raumkoordinaten
U	Spannung
$U(\boldsymbol{r}, t)$	Komponente des elektrischen Feldes
U_π	Halbwellenspannung
v_d	Driftgeschwindigkeit
v_g	Gruppengeschwindigkeit
v_s	Schallgeschwindigkeit
V	Strukturparameter, V-Parameter, normierte Frequenz
V	Verdet'sche Konstante
V	Volumen
V	Spannung (*voltage*)
V_f	Volumen der Fermi-Kugel
w	Radius des Strahlquerschnitts eines Gauß'schen Strahls
w	Breite der Verarmungszone
w_{em}	elektromagnetische Energiedichte
W	Fläche gleicher Phase
W	Rekombinationsrate
W_0	Rekombinationsrate im thermischen Gleichgewicht
x, y, z	Raumkoordinaten
z_0	Rayleigh-Länge
z_k	Kopplungslänge
$Z(\boldsymbol{k})$	Zahl der Zustände im Volumenelement d^3k
α	Rotationswinkel für die Lichtpolarisation
α	Vektor der Absorptionskonstanten; Realteil des Wellenvektors $\boldsymbol{k}$
α	Absorptionskoeffizient
α	Winkel
α, β, γ	Richtungskosinus, Komponenten des Einheitsvektors $\boldsymbol{k}/k$
α_B	Brewster-Winkel
α_g	Grenzwinkel für die innere Totalreflexion
α_i	intrinsischer Verlust in einem Medium (bezogen auf die Lichtleistung)
α_{opt}	optischer Verlust ein einem Medium
α_p	Profilparameter zur Beschreibung eines Gradientenindexverlaufs
α_u	Resonatorverlust pro Umlauf
β	Wellenvektor im Wellenleiter
β	Vektor der Phasenkoeffizienten; Imaginärteil des Wellenvektors $\boldsymbol{k}$
$\beta = \beta_z$	z-Komponente von β
γ	Gewinnfaktor
γ	Dämpfungskonstante für die erzwungene Schwingung
$\gamma(\nu)$	Verstärkungskoeffizient

$\gamma(\tau)$ bzw. γ_{12}	(komplexer) Kohärenzgrad
Γ_{12}	wechselseitige Kohärenzfunktion
$\Gamma(\tau)$	(zeitliche) Kohärenzfunktion
δ	Phasenverschiebung
δs	Gangunterschied
δt	Abtastschritt im Zeitbereich
δx	Ortsauflösung
Δ	Laplace-Operator
Δ	relativer Brechzahlunterschied
Δ_T	zweidimensionaler Laplace-Operator
$\Delta\lambda$	spektrale Bandbreite
$\Delta\nu$	zeitliche oder räumliche Bandbreite
$\Delta\Omega$	Raumwinkel
ε	Winkel
ε	Dielektrizitätskonstante
ε_0	Dielektrizitätskonstante des Vakuums ($\varepsilon_0 = 8{,}854188 \cdot 10^{-12}$ As/Vm)
ε_r	relative Dielektrizitätskonstante ($\varepsilon = \varepsilon_r\varepsilon_0$)
$\hat{\varepsilon}_r$	komplexe Dielektrizitätskonstante
η	Impedanz eines dielektrischen Mediums
η	Wirkungsgrad
η_i	interner Quantenwirkungsgrad
Θ	Azimuthwinkel
Θ	Ausbreitungswinkel relativ zur Faserachse
Θ_0	Divergenzwinkel eines Gauß'schen Strahls
κ	Kopplungskonstante
λ	Wellenlänge
λ_0	Wellenlänge im Vakuum
Λ	Wellenlänge der Schallwelle
μ	magnetische Permeabilität
μ_0	magnetische Permeabilität des Vakuums ($\mu_0 = 1{,}256637 \cdot 10^{-6}$ Vs/Am)
μ_r	relative magnetische Permeabilität ($\mu = \mu_r\mu_0$)
ν	zeitliche oder räumliche Frequenz
ν_D	Differenzfrequenz zwischen Sender und lokalem Oszillator
ν_{LO}	Frequenz des lokalen Oszillators
ν_s	Frequenz des Senders
$\xi(x,t)$	Schallwelle beschrieben durch die laterale Auslenkung
ξ_{sp}	Photonenrauschflußdichte (pro Längeneinheit)
ρ	Ladungsträgerdichte
ρ	radiale Koordinate
ρ	radiale Ortsfrequenz

ρ	Zustandsdichte
ρ	mechanische Dichte
$\rho(\boldsymbol{k})$	Zustandsdichte im $\boldsymbol{k}$-Raum
$\rho_c(E)$	Zustandsdichte nahe der Bandkante im Leitungsband als Funktion der Energie
$\rho_v(E)$	Zustandsdichte nahe der Bandkante im Valenzband
σ	elektrische Leitfähigkeit
σ^2	mittlere quadratische Abweichung
σ_s	Wirkungsquerschnitt für die Streuung
τ	Zeitkonstante
τ	Lebensdauer von Ladungsträgern
τ_n	Lebensdauer für nichtstrahlende Übergänge
τ_s	Lebensdauer für strahlende Übergänge
φ	Winkelkoordinate
φ	optische Phase
ϕ	Photonenflußdichte
χ	elektrische Suszeptibilität
χ_{ij}	Komponenten des Suszeptibilitätstensors
Ψ	Wellenfunktion eines Elektrons
ω	Kreisfrequenz ($\omega = 2\pi\nu$)
ω_{res}	Resonanzfrequenz

Funktionen

$J_l(\mathrm{x})$	Bessel-Funktion der ersten Art und Ordnung l
$K_l(x)$	Bessel-Funktion der zweiten Art und Ordnung l (Hankel-Funktion)

$$\mathrm{rect}\,\frac{x}{\Delta x} = \begin{cases} 1, & \text{wenn } |x| \leq \Delta x \\ 0, & \text{wenn } |x| > \Delta x \end{cases}$$

$$\mathrm{sinc}\,\frac{x}{\Delta x} = \frac{\sin\frac{\pi x}{\Delta x}}{\frac{\pi x}{\Delta x}}$$

Abkürzungen

AC	Autokorrelation
A/D	analog-digital
AM	Amplitudenmodulation
ASE	*amplified spontaneous emission*
ASK	*amplitude shift keying*
BER	Bitfehlerrate (*bit error rate*)
CC	Kreuzkorrelation

CDM	*Code Division Multiplexing*
D/A	digital-analog
EDFA	*Erbium-doped fiber amplifier*
FDDI	*Fiber Distributed Data Interface*
FDM	*Frequency Division Multiplexing*
FM	Frequenzmodulation
FPI	Fabry-Perot-Interferometer
FSK	*frequency shift keying*
GI	Gitter-Interferometer
ISDN	*Integrated Services Digital Network*
IM	Intensitätsmodulation
ISI	*intersymbol interference*
ISO	*International Standards Organization*
LAN	*Local Area Network*
LD	*laser diode*
LED	*light emitting diode*
LO	lokaler Oszillator
MAN	*Metropolitan Area Network*
MI	Michelson-Interferometer
MZI	Mach-Zehnder-Interferometer
$mBnB$	m Bit-n Bit
NA	numerische Apertur
NRZ	*non-return-to-zero*
OSI	*Open Systems Interconnection*
PCM	*Pulse Code Modulation*
PE	Fehlerwahrscheinlichkeit (*error probability*)
PM	Phasenmodulation
PLL	*Phase Locked Loop*
PROM	*Pockels readout optical modulator*
PSK	*phase shift keying*
RZ	*return-to-zero*
SBP	Ortsbandbreiteprodukt (*space-bandwidth product*)
SI	Sagnac-Interferometer
TAT	*transatlantic transmission system*
TDM	*Time Division Multiplexing*
VCSEL	*vertical cavity surface-emitting laser diode*
WAN	*Wide Area Network*
WDM	*Wavelength Division Multiplexing*
YAG	*yttrium aluminum garnet*
YIG	*yttrium iron garnet*

Literatur

Physikalische Grundlagen

R. P. Feynman, R. B. Leighton, M. Sands, „Feynman Vorlesungen über Physik I–III", Oldenbourg, München (1991–1999).

H. Haferkorn, „Optik" (3. Aufl.), J. A. Barth, Leipzig (1994).

E. Hecht, „Optik" (2. Aufl.), Oldenbourg, München (1999).

H. Naumann, G. Schröder, „Bauelemente der Optik" (6. Aufl.), Hanser-Verlag, München (1992).

Photonik, Optische Nachrichtentechnik

H. Fouckhardt, „Photonik", Teubner, Stuttgart (1994).

G. Guekos (Hrsg.), „Photonic Devices for Telecommunications", Springer, Berlin (1999).

M. C. Gupta (Hrsg.), „Handbook of Photonics", CRC Press, Boca Raton (1997).

G. A. Reider, „Photonik — Eine Einführung in die Grundlagen", Springer, Wien (1997).

B. E. A. Saleh, M. C. Teich, „Fundamentals of Photonics", John Wiley & Sons, New York (1991).

J. M. Senior, „Optical Fiber Communications: Principles and Practice" (2nd ed.), Prentice Hall, Cambridge (1992).

H.-G. Unger, „Optische Nachrichtentechnik" (2. bearb. Aufl.), Hüthig, Heidelberg (1990).

Ch. P. Wrobel, „Optische Übertragungstechnik in der Praxis", Hüthig, Heidelberg (1998).

Grundlagen der Lichtausbreitung, Wellenleiter- und Fourier-Optik

M. Born, E. Wolf, „Principles of Optics" (7th (expanded) ed.), Cambridge University Press, Cambridge (1999).

J. W. Goodman, „Introduction to Fourier Optics", McGraw Hill, San Francisco (1996).

H. A. Haus, „Waves and Fields in Optoelectronics", Prentice-Hall, Englewood Cliffs, NJ (1984).

A. W. Lohmann, „Optical Information Processing", Erlangen (1978).

D. Marcuse, „Light Transmission Optics" (2nd ed.), Van Nostrand-Reinhold, New York (1982).

W. Stößel, „Fourieroptik", Springer, Berlin (1993).

Laser, Optoelektronik, Halbleiter

J. H. Davies, „The Physics of Low-Dimensional Semiconductors", Cambridge University Press, Cambridge (1998).

D. Dragoman, M. Dragoman, „Advanced Optoelectronic Devices", Springer, Berlin (1999).

K. J. Ebeling, „Integrierte Optoelektronik" (2. Aufl.), Springer, Berlin (1992).

J. Eichler, „Laser: Grundlagen, Systeme, Anwendungen", Springer, Berlin (1990).

C. Kittel, „Einführung in die Festkörperphysik", Oldenbourg, München (1983).

E. F. Schubert, „Doping in III-V Semiconductors", Cambridge University Press, Cambridge (1993).

M. Shur, „Physics of Semiconductor Devices", Prentice Hall, Englewood Cliffs, NJ (1990).

A. E. Siegman, „Lasers", University Science Books, Mill Valley, California (1986).

D. Wood, „Optoelectronic Semiconductor Devices", Prentice Hall, New York (1994).

Integrierte Optik, Mikrooptik, Mikrosystemtechnik, Mikrofabrikation

D. J. Elliott, „Integrated Circuit Fabrication Technology", McGraw-Hill, New York (1989).

H.-P. Herzig (Hrsg.), „Microoptics", Taylor & Francis, London (1997).

R. G. Hunsperger, „Integrated Optics: Theory and Technology", Springer, New York (1984).

K. Iga, Y. Kokubun, M. Oikawa, „Fundamentals of Microoptics", Academic Press, Tokyo (1984).

M. Kufner, S. Kufner, „Microoptics and Lithography", VUBPress, Brüssel (1996).

R. März, „Integrated Optics, Design and Modelling", Artech House, Dedham, MA (1995).

W. Menz, P. Bley, „Mikrosystemtechnik für Ingenieure", VCH Verlagsgesellschaft, Weinheim (1993).

H. Nishihara, M. Haruna, T. Suhara, „Optical integrated circuits", McGraw-Hill, New York (1987).

S. Sinzinger, J. Jahns, „Microoptics", Wiley-VCH, Weinheim (1999).

Th. Tamir, „Integrated Optics", Springer, New York (1979).

Nichtlineare Optik, Elektrooptik, Akustooptik

A. Korpel, „Acoustooptics", Marcel Dekker, New York (1988).

R. W. Munn, C. N. Ironside (Hrsg.), „Principles and Applications of Nonlinear Optical Materials", Blackie Academic & Professional, London (1993).

M. Schubert, B. Wilhelmi, „Einführung in die nichtlineare Optik", Teubner, Leipzig (1978).

S. Shimada, H. Ishio (Hrsg.), „Optical Amplifiers and their Applications", John Wiley & Sons, Chichester (1994).

Kommunikationssysteme, Netzwerke

F. Kaderali, „Digitale Kommunikationstechnik", Vieweg-Verlag, Wiesbaden (1991).

J. E. Midwinter, „Photonics in Switching", Academic Press, Boston (1993).

R. Schwarz, „Nachrichtenübertragung 1", Oldenbourg, München (1993).

R. Schwarz, H. Poisel, „Nachrichtenübertragung 2", Oldenbourg, München (1995).

W. Stallings, „Data and Computer Communications" (4th ed.), Macmillan Publishing Co., New York (1994).

Optische Informationsverarbeitung, Speicherung

W. Erhard, D. Fey, „Parallele digitale optische Recheneinheiten", B. G. Teubner, Stuttgart (1994).

J. L. Horner, „Optical Signal Processing", Academic Press, New York (1987).

J. Jahns, S. H. Lee, „Optical Computing Hardware", Academic Press, Boston (1994).

S. H. Lee (Hrsg.), „Optical Information Processing", Springer, Berlin (1981).

M. Mansuripur, „The Physical Principles of Magneto-optic Recording", Cambridge

University Press, Cambridge (1995).

A. B. Marchant, „Optical Recording", Addison-Wesley, Reading, MA (1990).

A. D. McAulay, „Optical Computer Architectures", Wiley, New York (1991).

Index